深海水道沉积地质理论与实践

赵晓明 等 著

科学出版社

北京

内 容 简 介

本书是作者团队十五年来在深海水道沉积地质领域研究成果的总结与升华，是结合全球著名深海油气区对海底水道沉积地质理论的丰富和发展。全书集基础理论、技术方法和应用实践于一体，系统阐述了深海水道的概念、成因、起源和类型，解译了深海水道的规模形态、沉积构成和盆内外主控因素，论述了深海水道的形态演化、弯曲机制和决口机理，提出了深海水道沉积构型级次划分方案，重点揭示了水道体系、复合水道和单一水道的外部形态与内部结构，研发了深海水道油气藏储层构型表征方法，创建了深海水道储层三维地质建模方法。本书在深海水道沉积地质理论方面发现并提出了许多新现象、新见解，在油气储层构型表征与建模方面形成了一系列新理念、新方法、新技术，对我国深海沉积学理论发展和深海油气勘探开发具有重要的实际意义。

本书可供沉积与古地理学、海洋地质学、深海油气地质勘探、深海油气田开发工程等领域的研究人员和工程技术人员参考，也可供相关专业方向的研究生和高年级本科生参考使用。

图书在版编目（CIP）数据

深海水道沉积地质理论与实践 / 赵晓明等著. -- 北京：科学出版社，2025.3. -- ISBN 978-7-03-079673-8

Ⅰ. P736.21

中国国家版本馆 CIP 数据核字第 2024242Y9P 号

责任编辑：万群霞　崔元春 / 责任校对：王萌萌
责任印制：师艳茹 / 封面设计：无极书装

科学出版社 出版
北京东黄城根北街 16 号
邮政编码：100717
http://www.sciencep.com
北京中科印刷有限公司印刷
科学出版社发行　各地新华书店经销

*

2025 年 3 月第 一 版　开本：787×1092 1/16
2025 年 3 月第一次印刷　印张：24 1/4
字数：572 000
定价：350.00 元
（如有印装质量问题，我社负责调换）

前　言

深海碎屑岩是构造升降、气候变迁、洋流活动、海平面变化等地球表层动力学过程信息的重要载体，也是重要的能源矿产富集体，因而成为当前国际沉积学领域研究的前沿和热点。伴随着我国加快建设海洋强国战略的提出，深海碎屑岩沉积地质研究将在国家海洋能源矿产、国防工程等领域发挥重要的理论支撑作用。

近几十年来，随着深海探测技术的不断进步和深海能源矿产资源的勘探开发，国内外学者对深海碎屑岩开展了大量研究，在深海重力流的流态学、深海碎屑岩的沉积动力学过程、深海碳汇过程与作用机制、全球气候变化等领域取得了诸多重要成果。这些理论认识很好地助推了全球深海油气勘探实践，各国先后在墨西哥湾盆地、西非尼日尔三角洲盆地、下刚果盆地、巴西坎普斯盆地、英国北海盆地、东非鲁伍马盆地和圭亚那-苏里南盆地等获得了一系列油气勘探突破，使深海成为当今全球油气储量的主要增长领域，也是油气勘探开发的热点。我国于 2006 年之后，在南海珠江口盆地白云凹陷、琼东南盆地中央峡谷水道深海油气勘探中也取得了突破。最新公开资料显示，近几年南海海域发现的深海沉积油气藏，探明可采储量达 4.09 亿 t 油当量，该海域有望成为全球深海油气勘探的热点区域之一。总之，深海沉积油气田无疑是未来能源勘探开发的重要领域。

深海水道是深海沉积体系的重要组成部分，自 20 世纪 70 年代开展海底扇和浊积岩研究以来，一直受到国内外学者的广泛关注。一方面，深海水道是陆源沉积物向深水区搬运的重要通道，在海底的形成、延伸及分布，直接控制着深海砂体的展布；另一方面，深海水道本身也是重要的粗碎屑物质堆积场所，在不同的陆缘盆地内均为重要的油气储层。纵观已发现的深海水道油气藏，尽管其储层往往具有较高的孔隙度和渗透率，但受沉积结构复杂多变的影响，即便是在几公里的很短侧向距离内，其储层厚度和连通性也会有较大变化。因此，加强深海水道沉积地质理论研究，尤其是小尺度沉积地貌、储层构型理论与表征实践研究，将有助于钻前预判深海水道砂体的空间分布及非均质性，降低钻探风险，提高油气藏开发方案设计质量，是实现该类油气藏高效勘探与开发的关键。

笔者关于深海水道的研究工作始于 2009 年，在导师吴胜和教授的指导下，有幸参与了我国第一个深海油气田开发地质研究。自此以后，笔者带领科研团队，在国家自然科学基金项目"泥岩底辟型微盆地中的深水水道沉积构型：控制因素及其作用机理""海底水道储层构型对泥岩底辟区同沉积构造的响应机理""盐底辟触发型块体搬运沉积：构型样式及控制因素""泥岩底辟型微盆地中的深海浊积朵叶沉积系列构型模式及控制因素"等资助下，以及中国海洋石油集团有限公司(简称中海油)、中国石油化工集团有限公司(简称中国石化)一批油田科研项目的支持下，针对深海水道沉积学、地貌学基础理论问题，以及油气储层高精度表征与建模关键技术问题，开展了历时十五年的理论与技术系统化攻关实践，最终提炼总结并编纂成书，即呈现于读者手中的这本《深海水道沉积地质理论与实践》。

全书共 7 章，第 1 章为深海水道概述，从概念出发，系统介绍了水道成因起源和类型划分；第 2 章讨论了深海水道沉积学特征，包括规模形态、沉积构成及沉积影响因素等；第 3 章为深海水道地震地貌学研究，重点探讨了深海水道的形态演化及相应的弯曲和决口现象；第 4 章分析了深海水道构型级次，提出了深海水道构型级次划分方案，揭示了不同级次构型单元特征；第 5 章为深海水道构型模式，分为水道体系、复合水道、单一水道三个级次，重点论述其外部形态和内部结构；第 6 章为深海水道储层构型表征与砂体展布，研发了基于井震模式拟合的储层构型表征方法，并将其应用于西非深海油藏；第 7 章为深海水道储层三维地质建模，提出了基于模式驱动的深海水道储层三维构型建模方法，并将其应用于西非深海油藏。

本书各章节撰写人员如下：第 1 章由赵晓明、齐昆、刘飞撰写；第 2 章由赵晓明、齐昆、冯潇飞撰写；第 3 章由赵晓明、Massine Bouchakour、齐昆撰写；第 4 章由赵晓明、葛家旺、刘丽撰写；第 5 章由赵晓明、刘丽、葛家旺、刘飞撰写；第 6 章由赵晓明、葛家旺、甄艳、冯潇飞、刘飞撰写；第 7 章由赵晓明、张文彪、葛家旺、周雪松、李明桦撰写。

赵晓明对全书进行统编和审定，齐昆、刘丽、葛家旺、甄艳负责统稿，课题组历届博士和硕士研究生刘丽、齐昆、Massine Bouchakour、刘飞、冯潇飞、李旭彪、李明桦、谢涛、冯圣伦、黄文奥、陈金阳等参加了相关研究工作，硕士研究生梁岳立、杨民鑫、成湘、胡成军、穆柏雨、覃淋、张永智、伍鹏举、杨凯等参加了部分图件编绘工作。

本书的出版首先要感谢国家自然科学基金项目（42072183、41872142、41402125、41602145）、四川省自然科学基金杰出青年科学基金项目（2024NSFJQ0065）、四川省国际科技创新合作项目（24GJHZ0465）的资助，更要感谢长期关心和支持我们的中国海洋石油国际有限公司、中海油研究总院有限责任公司、中国石化上海海洋石油局有限公司、中国石化石油勘探开发研究院等单位的历届领导和同行。

在本书的撰写过程中，参阅了大量国内外相关文献，在此向所有论著的作者表示由衷的感谢！

愿本书能为我国深海沉积学的发展和深海油气勘探开发做一点微薄的贡献。由于笔者水平所限，不足之处敬请读者不吝指正。

赵晓明
2024 年 8 月

目　　录

前言
第1章　深海水道概述 ·· 1
1.1　深海水道的概念 ·· 1
1.1.1　深海水道的地貌学含义 ··· 1
1.1.2　深海水道的沉积学含义 ··· 3
1.1.3　海底峡谷和海底冲沟 ·· 4
1.2　深海重力流 ··· 5
1.2.1　重力流成因机制 ·· 5
1.2.2　重力流形成条件 ·· 7
1.2.3　重力流类型划分 ·· 8
1.2.4　重力流沉积机制 ··· 12
1.3　深海水道起源 ·· 15
1.3.1　侵蚀起源 ·· 16
1.3.2　沉积起源 ·· 17
1.3.3　初始负地貌起源 ··· 18
1.4　深海水道类型划分 ··· 20
1.4.1　按发育位置分类 ··· 20
1.4.2　按侵蚀能力分类 ··· 21
1.4.3　按与平衡剖面的关系分类 ··· 22
1.4.4　按内部充填岩相分类 ··· 23

第2章　深海水道沉积学特征 ·· 32
2.1　深海水道规模形态 ··· 32
2.1.1　水道规模 ·· 32
2.1.2　水道形态 ·· 33
2.2　深海水道沉积构成 ··· 35
2.2.1　水道充填沉积 ·· 35
2.2.2　天然堤沉积 ··· 36
2.2.3　决口扇沉积 ··· 39
2.2.4　块体搬运沉积 ·· 42
2.2.5　其他特殊沉积单元 ·· 43
2.3　深海水道岩相构成 ··· 51
2.3.1　深海水道岩相划分方案 ·· 52
2.3.2　野外露头研究实例 ·· 54
2.4　深海水道沉积影响因素 ··· 65
2.4.1　盆外控制因素 ·· 66

2.4.2 盆内控制因素……75

第3章 深海水道地震地貌学研究……78
3.1 地震地貌学研究介绍……78
3.1.1 前人研究现状……78
3.1.2 尼日尔三角洲盆地深海水道地震地貌学研究……82
3.2 深海水道形态……89
3.2.1 地震相解释与地层单元……89
3.2.2 地形起伏与目标水道 ACLS……92
3.2.3 深海水道形态演化模式……107
3.3 深海水道弯曲……113
3.3.1 地震相解释与地层单元……113
3.3.2 深海水道弯曲带与侧向迁移……114
3.3.3 深海水道弯曲机制……132
3.4 深海水道决口……143
3.4.1 地震相解释与地层单元……143
3.4.2 决口水道网络研究……147
3.4.3 典型决口现象研究……162

第4章 深海水道构型级次……179
4.1 前人提出的深海水道构型级次框架……179
4.1.1 Gardner 和 Bore(2000) 及 Gardner 等(2003)的构型级次划分方案……180
4.1.2 Prather(2000)的构型级次划分方案……182
4.1.3 Sprague 等(2005)的构型级次划分方案……184
4.1.4 Mayall 等(2006)的构型级次划分方案……187
4.1.5 Pickering 和 Cantalejo(2015)的构型级次划分方案……188
4.2 笔者提出的深海水道构型级次框架……190
4.2.1 构型单元级次……192
4.2.2 各级次构型单元成因及时间跨度……192
4.2.3 构型分级方案适用性分析……193
4.3 不同级次的深海水道构型单元特征……195
4.3.1 1~6级构型单元特征……195
4.3.2 7~10级构型单元特征……199

第5章 深海水道构型模式……211
5.1 水道体系构型模式……211
5.1.1 水道体系类型、外部形态及内部结构……211
5.1.2 西非陆缘水道体系构型模式实例……225
5.2 复合水道构型模式……232
5.2.1 复合水道剖面构型模式……232
5.2.2 复合水道平面构型模式……238
5.3 单一水道构型模式……245
5.3.1 单一水道外部形态……245

5.3.2 单一水道内部结构 ·· 258

第6章 深海水道储层构型表征与砂体展布 ·· 271
6.1 深海水道油藏储层构型表征技术 ·· 271
　　6.1.1 深海水道储层构型表征方案 ·· 271
　　6.1.2 尼日尔三角洲盆地 A 油田储层构型解剖案例 ·· 272
　　6.1.3 下刚果盆地 G 油田储层构型表征案例 ·· 284
6.2 基于构型约束的深海水道砂体展布特征 ·· 298
　　6.2.1 水道体系层次砂体展布 ·· 298
　　6.2.2 复合水道层次砂体展布 ·· 303
　　6.2.3 单一水道层次砂体展布 ·· 308

第7章 深海水道储层三维地质建模 ·· 319
7.1 基于统计学的深海水道储层三维地质建模方法 ·· 319
　　7.1.1 深海水道储层示性点过程三维地质建模方法 ·· 319
　　7.1.2 深海水道储层多点统计学三维地质建模方法 ·· 323
7.2 基于模式驱动的深海水道储层三维构型建模 ·· 326
　　7.2.1 基于模式驱动的深海水道储层三维构型建模方法 ·· 326
　　7.2.2 A 油田深海水道储层构型三维建模实例 ·· 330
　　7.2.3 G 油田深海水道储层构型三维建模实例 ·· 338
7.3 深海水道储层质量分析与三维建模 ·· 346
　　7.3.1 A 油田储层质量分析 ·· 346
　　7.3.2 A 油田储层参数三维建模 ··· 357

参考文献 ·· 364

第1章 深海水道概述

深海水道(submarine channel)是海底扇沉积体系的重要组成部分,自20世纪70~80年代开展海底扇和浊积岩的系统研究(Normark, 1970, 1978; Piper and Normark, 1983)以来,其就一直受国内外学者的广泛关注。一方面,深海水道可以向深水生态系统输送营养物质(Pichevin et al., 2004; Biscara et al., 2011);另一方面,深海水道也有可能对海底基础设施建设造成危害(Paull et al., 2002; Xu, 2010)。然而,令国内外学者更为关注的则是深海水道重要的石油地质意义。深海水道是陆源沉积物向深水区搬运的重要通道,其在海底的形成、延伸及分布直接控制着砂体的展布;此外,深海水道本身也是重要的粗碎屑物质堆积场所,在不同的陆缘盆地内均为重要的油气储层(Kolla et al., 2001; Mayall et al., 2006)。随着墨西哥湾盆地(Prather et al., 1998; Beaubouef and Abreu, 2006)、巴西坎普斯盆地(Franke et al., 1990; Carminatti et al., 1996)、西非尼日尔三角洲盆地(Samuel et al., 2009; Scheidt and Caers, 2009)等一系列大型深海水道油气藏的发现,深海水道更是成为沉积学界和石油工业界的一大研究热点。本章就深海水道的基本概念、成因机制及划分类型等做系统介绍。

1.1 深海水道的概念

由于研究所用数据(多波束地形、地震反射数据、野外露头等)及所描述地质现象(海底地貌、地下沉积记录、露头剖面等)不同,现今地学界对"深海水道"这个术语的使用相对比较混乱。笔者认为,深海水道具有地貌学和沉积学双重内涵,前者是因为水道可作为陆源沉积物向深海平原输送的通道,后者是因为水道可作为沉积物沉降堆积的场所,鉴于此,本节将从地貌学和沉积学两个方面介绍深海水道的概念。

1.1.1 深海水道的地貌学含义

在地貌学范畴,深海水道指的是重力流侵蚀形成的线形长条状负地貌。这种负地貌广泛存在于世界各大陆边缘,全球现今深海水道数量达5800多条(Harris and Whiteway, 2011; Talling et al., 2015)。在研究深海水道地貌特征时,前人多使用多波束测深数据及浅层高分辨率地震资料对现代深海水道开展研究(图1-1)(Maier et al., 2013; Picot et al., 2016; de Leeuw et al., 2016)。

在强调深海水道的地貌学含义时,主要对其作为"陆源沉积物搬运通道"的角色进行介绍。作为地球上最大的沉积物输送系统之一,深海水道是重力流在流动过程中对下覆及周围沉积物进行侵蚀形成的,因此,其最明显的特征为发育侵蚀型基底。在垂直于流向的地形剖面上,深海水道一般呈U形或V形的负地貌,与早期沉积物常呈削蚀接触关系,在平面上则呈类似于陆上河道的条带状通道(图1-1)。

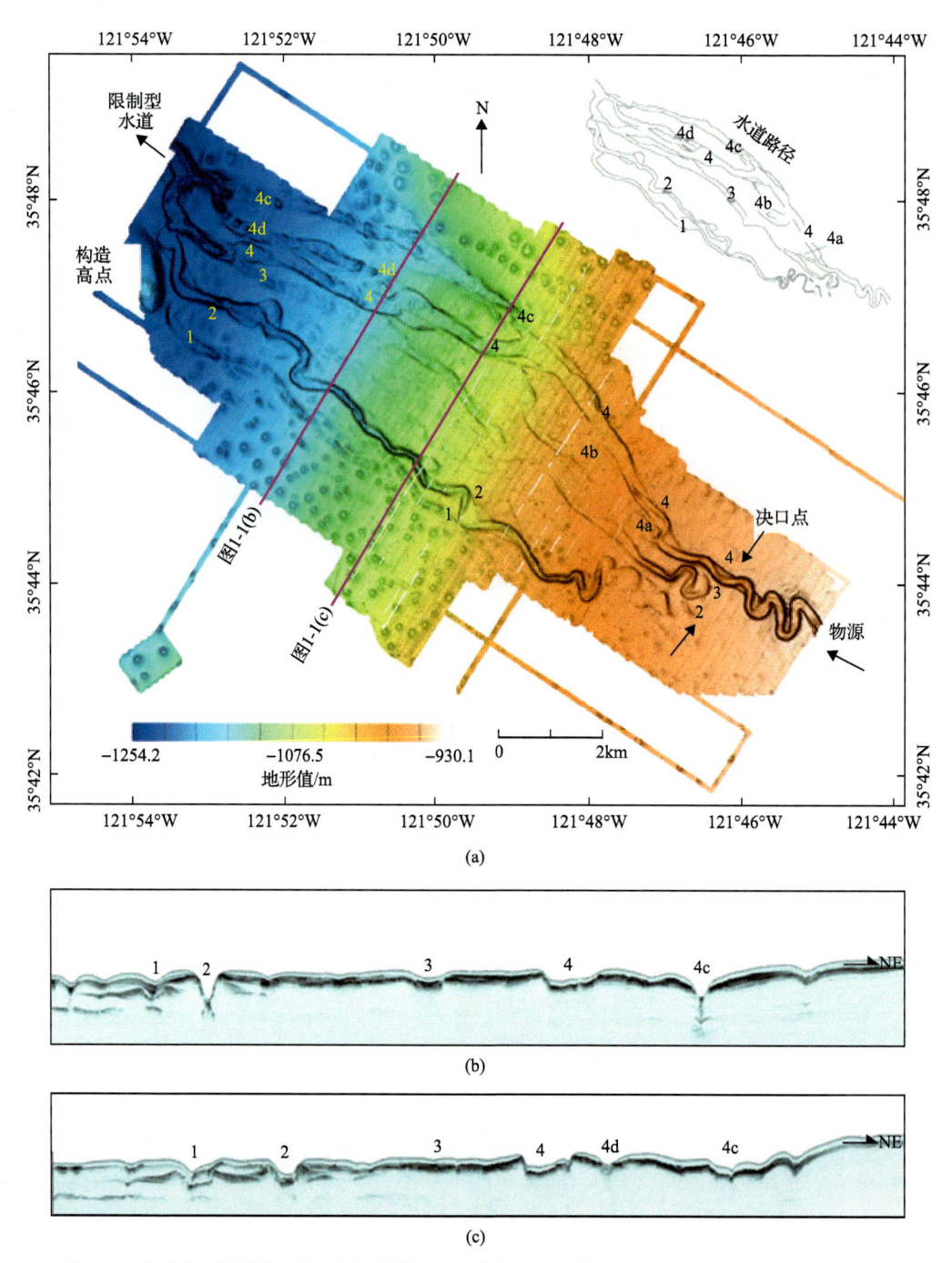

图 1-1　多波束测深数据及浅层高分辨率地震资料展示的加利福尼亚州陆缘中部的深海水道
[修改自 Maier 等（2013）]

(a)深海水道在多波束海底地貌图上的显示；(b)、(c)深海水道在浅层高分辨率地震剖面上的显示；
1~4、4a~4d 均表示水道编号

1.1.2 深海水道的沉积学含义

在沉积学范畴，深海水道是指重力流沉积体系(海底扇)内部次一级的沉积单元。自 1982 年第一届海底扇会议[First COMFAN(Committee on fans)Meeting]之后，Mutti 和 Normark(1987)识别和定义了重力流沉积体系(海底扇)内普遍发育的 5 种沉积结构单元：深海水道、漫溢沉积、朵叶体、水道-朵叶体过渡带及侵蚀界面。虽然在近年来对沉积结构单元的研究过程中，还有更多的沉积结构单元被发现和定义[如块体搬运沉积(mass-transport deposit, MTD)]等，但是深海水道一直是重力流沉积体系最核心的构成部分之一。在研究深海水道的沉积学特征时，前人多使用石油工业资料(地震反射数据和钻测井数据)及野外露头资料对古代深海水道开展研究(图 1-2)(Abreu et al., 2003; Posamentier and Kolla, 2003; Kolla, 2007)。

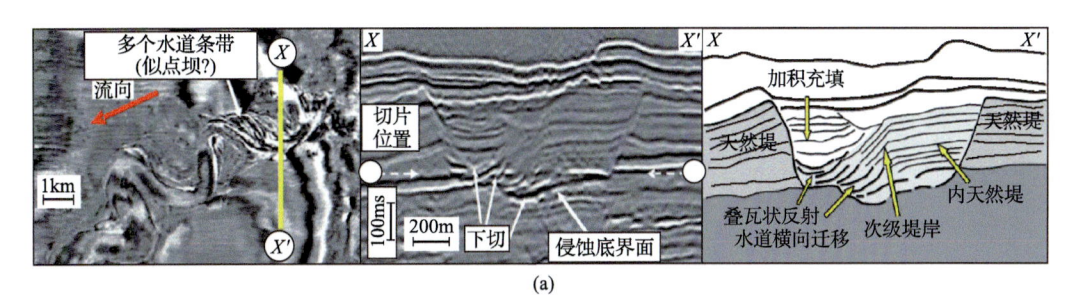

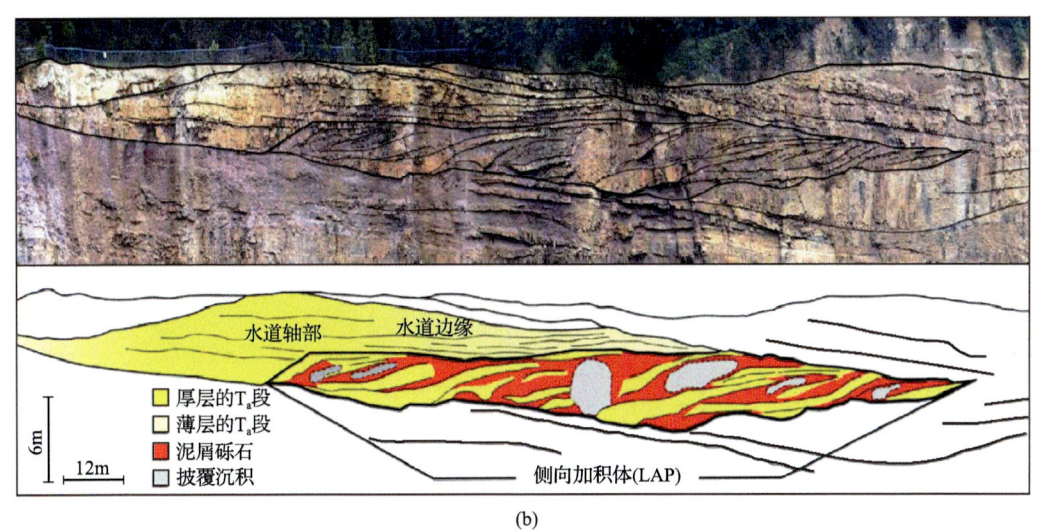

图 1-2 地震反射数据以及野外露头资料展示的深海水道

(a)西非尼日利亚陆缘更新世深海水道在振幅切片及典型地震剖面上的显示[修改自 Kolla(2007)]；(b)深海水道在爱尔兰雷伊(Rehy)悬崖附近罗丝组上部露头上的显示[修改自 Abreu 等(2003)]

在强调深海水道的沉积学含义时，主要对其作为"重力流沉积体系内部沉积单元"的角色进行介绍。由于早期重力流对基底的侵蚀作用，深海水道本身为沉积物提供了一定的可容空间。首先，在水道发育后期，重力流中的陆源碎屑物质可以在可容空间中沉积下来，堆积在水道内部，从而形成了大量的充填沉积(图 1-2)(Kneller, 2003; Mayall et al., 2006)。其次,在重力流沿着深海水道向下游流动过程中,流体上部较细粒的沉积物会从水道的可容空间溢出并堆积在两岸,从而形成天然堤沉积。此外,在个别情况下,深海水道内部的重力流还会冲破堤岸的限制,在水道一侧扩散开来,从而形成决口扇沉积。无论是水道内部的充填沉积,还是堤岸的天然堤和决口扇,都构成了深海水道不可或缺的一部分(Peakall et al., 2000; Posamentier and Kolla, 2003)。因此,笔者在使用"深海水道"这个术语来描述深海沉积单元时,除了指代其内部的充填沉积,还包括两岸的天然堤和决口扇沉积。

1.1.3 海底峡谷和海底冲沟

在使用"深海水道"来描述现今海底的地貌特征或者重力流沉积体系的沉积单元时,往往不可避免地还要提到"海底峡谷"(submarine canyon)及"海底冲沟"(submarine gully)这两个术语。目前,关于这两个术语与"深海水道"的区分还没有标准化的判定依据,特别是在描述古代沉积记录时。综合上面介绍的深海水道在地貌学及沉积学方面的含义,笔者将"海底峡谷"和"海底冲沟"统一归类到"深海水道"的范畴。

海底峡谷是下切到大陆架和大陆坡的谷壁陡峭的峡谷(Shepard and Dill, 1966),作为深海水道的一种特殊类型,主要具有以下几个特点:①海底峡谷仅发育在外陆架和陆坡上;大多数情况下,海底峡谷始于陆架坡折处,最远延伸到陆坡底部。②海底峡谷常发育在大江大河的河口之外。例如,在哈得孙河、恒河、扎伊尔河(刚果河)等河流入海口的下游地区,均发育有明显的海底峡谷(图1-3)。③海底峡谷具有大规模的侵蚀特征,其

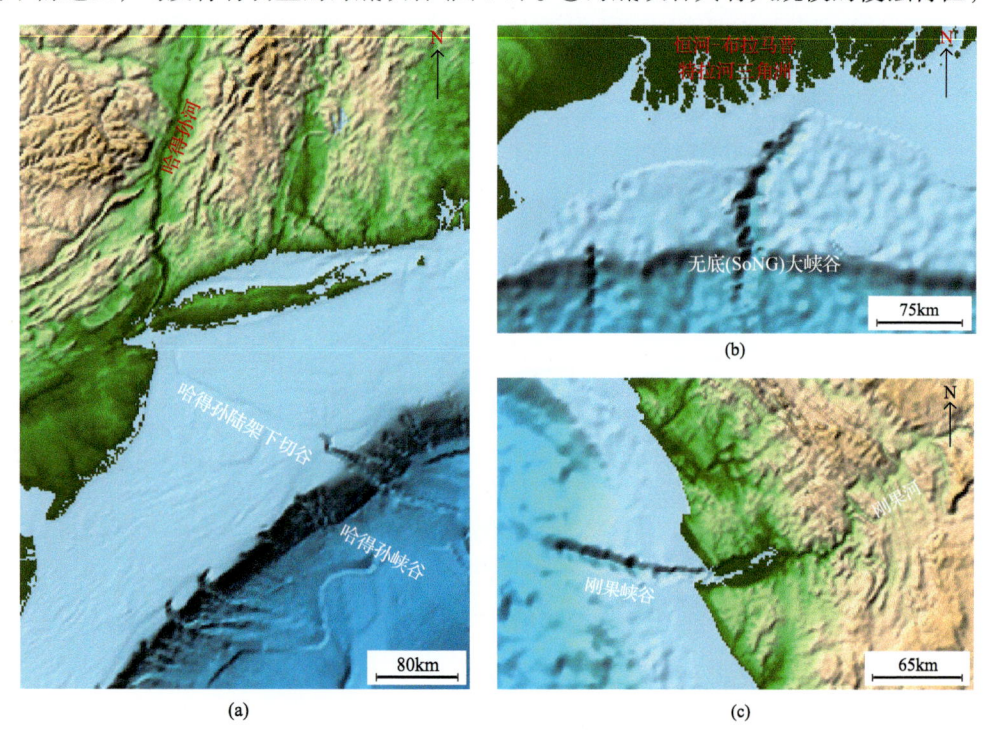

图 1-3 现今大陆边缘发育的典型河流及其入海口下游方向的海底峡谷

(a)美国东海岸的哈得孙河及哈得孙峡谷;(b)孟加拉湾的恒河及无底(SoNG)大峡谷;(c)西非陆源的刚果河及刚果峡谷

切割海底，造成下伏地层暴露，同时使峡谷壁拥有较大的起伏高度。以巴哈马峡谷为例，作为世界上最深的海底峡谷，峡谷壁垂直深度可达 4285m。④海底峡谷还以相对陡峭的坡度为特征。根据 Shanmugam(2016)的统计，海底峡谷底的平均坡度为 58m/km，通常峡谷越短，坡度越陡。例如，夏威夷峡谷群的平均坡度为 144m/km，而白令海峡的平均坡度仅为 7.9m/km。

海底冲沟是一种规模相对较小、不被天然堤所限制且往往在平面上呈线形展布的特殊深海水道。Surlyk(1987)在格陵兰(Greenland)东部上侏罗统暗里尔夫(Hareelv)组的野外露头中首次发现了海底冲沟的存在。大套的黑色页岩中存在间隔发育的砂体，这些砂体充填在具有陡峭堤岸的冲沟当中，Surlyk(1987)将这些砂体解释为外陆架及陆坡上发育的重力流沉积。随着海洋调查及海底观测技术的不断进步，发现了大量海底冲沟。在外陆架，这些海底冲沟往往是三角洲沉积物向海底峡谷搬运的重要通道，其往往在平面上表现为"汇聚型"的样式(Rogers et al., 2015; Qi et al., 2022a)。在大陆坡和深海盆地，海底冲沟往往大量存在，在此种背景下，其在平面上多呈"平行排列"，而且在其出口处常发育小规模的席状砂体(Shanmugam, 2016)。

1.2 深海重力流

如前所述，深水水道一方面是重力流侵蚀海底所形成的线形长条状负地貌，另一方面它又是整个重力流沉积体系次一级的沉积单元。因此，若要深入研究深海水道，首先需要对重力流这一陆源碎屑物质向深水环境搬运的主要载体有一定的认识。本节重点介绍重力流的成因机制、形成条件、类型划分和沉积机制。

1.2.1 重力流成因机制

现阶段，深海沉积学界将重力流大致定义如下：重力流是指沉积物入水后形成与水相溶的混合物流体，在重力的搬运作用下，沿着斜坡快速向下运动所形成的一种密度流。因此，重力流又可以称为沉积物重力流。目前，深海沉积学界将由沉积物重力驱动的水下流体统称为重力流(Weimer et al., 2000; Pickering and Hiscott, 2015)。

自重力流概念被提出后，关于它是如何在深海沉积环境下形成的问题，一直困扰着深海沉积领域的众多学者，过去受制于监测技术，关于这个问题的研究一直停留在理论层面，并没有较好的实验方法来证明。随着深海重力流监测技术的快速发展，近年来对重力流的成因认识有了长足的进步，目前，众多学者较为认可的重力流成因机制主要是多种触发机制作用下的沉积物再搬运成因和沉积物持续供给成因两种(Talling, 2013, 2014; Zavala and Arcuri, 2016)；此外，最近的研究还表明，深海环境下漂浮流体发生卸载沉降作用后，也可能会形成重力流(Hizzett et al., 2018; Hage et al., 2019)(图 1-4)。

1) 沉积物再搬运成因

沉积物再搬运成因指的是重力流由原始已经稳定的沉积体失稳垮塌形成，这种活动在浅水和深水环境下有可能发生，但大规模的沉积物再搬运重力流主要来源于陆架边缘

图 1-4　深海重力流的主要成因 [修改自 Hage 等 (2019)]
(a) 沉积物再搬运成因的重力流；(b) 沉积物持续供给成因的重力流；(c) 漂浮羽流卸载成因的重力流

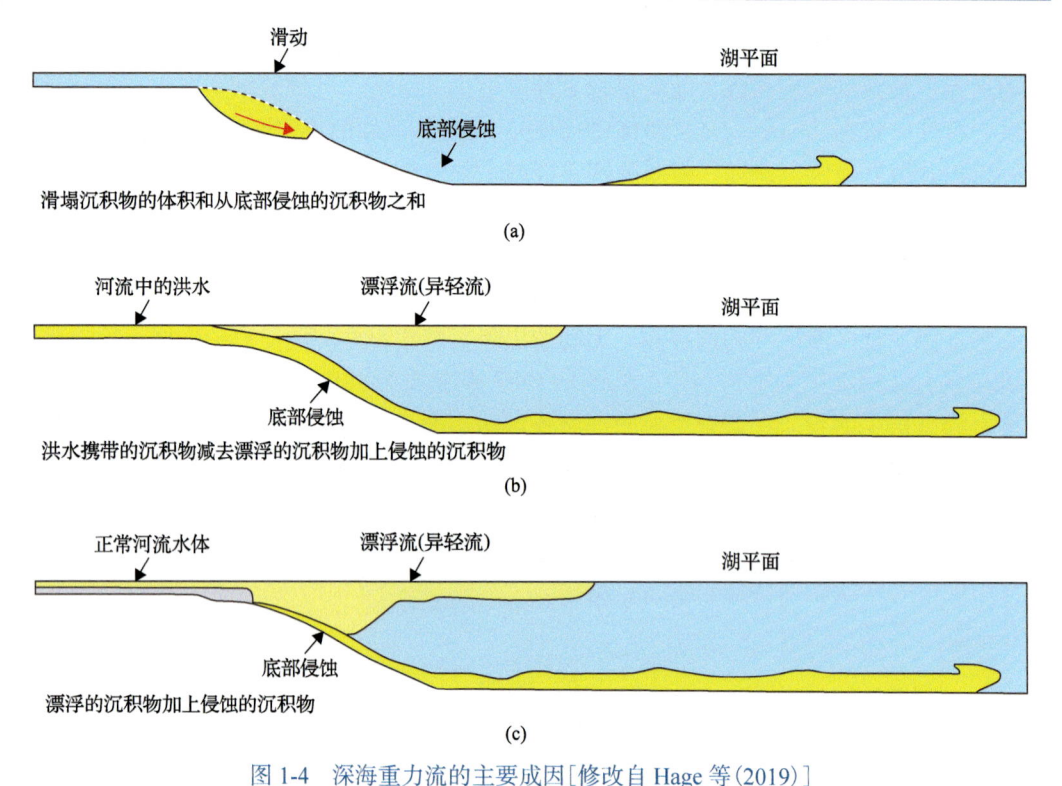

的浅水沉积 [图 1-4(a)]。在地震、海底火山喷发、断层活动、边坡失稳、负荷过载、风暴及地下气体外溢等因素的触发下，原来稳定的沉积环境遭到破坏，浅水区的沉积物沿具有一定倾斜度的应力面发生滑塌运移，向深水盆地方向再次搬运流动，进而逐渐由垮塌物转变为一系列流态的重力流。

2) 沉积物持续供给成因

沉积物持续供给所形成的重力流主要包含风暴再悬浮作用和（或）洪水作用形成的异重流直接向深水盆地搬运所形成的重力流 (Piper and Normark, 2009) [图 1-4(b)]。由于异重流沉积作用多受气候条件控制，研究其沉积特征及重复规律对探究古气候演化有重要的启示意义 (Mulder and Alexander, 2001; Zhang et al., 2014)。虽然现今重力流监测表明洪水形成的异重流只能携带粉砂及以下粒径的沉积物 (Talling, 2014)，但从气候演化的角度来考量，地质历史时期的洪水未必不能携带细砂以上粒径的粗碎屑沉积物；同时，沉积地理位置、地形坡度、物源区母岩性质与洪水能量大小等，都是控制异重流向深海搬运粗碎屑的关键控制因素。

3) 漂浮羽流卸载成因

对最新的重力流进行实际监测研究发现，即使在不发生沉积物再搬运或者洪水的情况下，重力流仍然可以频繁形成 [图 1-4(c)]。通过对加拿大哥伦比亚斯阔米什 (Squamish) 三角洲前端深海重力流沉积及河流流量、沉积物浓度的系统监测，发现正常河流携带的

第 1 章 深海水道概述

细粒沉积物入海后形成的漂浮羽流，在大潮混合作用下的卸载是形成深海重力流的重要机制（Hage et al., 2019）。实际上，漂浮羽流向重力流的转化主要受流体扩散或沉降驱动的对流所控制，漂浮羽流与环境水体的盐度差异是控制这种转化最重要的内因，盐度差异越小越有利于漂浮羽流向重力流的转化（Parsons et al., 2001; Jazi and Wells, 2020）。

1.2.2 重力流形成条件

在明确重力流成因机制的前提下，可以发现一些特定条件有利于重力流的形成，其主要包括五个方面：充沛的物源、一定的坡度、足够的水深、等效的水退及一定的触发机制。

1）充沛的物源

充沛的物源是形成重力流的基础和必要条件。无论是大量的洪水注入碎屑物质形成的异重流，还是三角洲沉积碎屑物质和浅水碳酸盐岩沉积物滑动形成的重力流，或是风暴浪形成的高密度重力流，当沉积物质来源丰富时，重力流流体密度增大，促使沉积界面坡度角增大，此时重力流的重力作用会变得更加明显，并且在重力驱动下向深水地区运动并发生大规模的沉积。物源的成分决定重力流沉积物的类型，随着物源成分的变化，重力流沉积物的类型也呈现有规律的变化，可为碎屑成分构成的重力流、碳酸盐岩组分构成的重力流，也可为火山物质构成的重力流。此外，物源供给和成分变化也可能使重力流流体性质发生变化，形成不同类型的重力流沉积。

2）一定的坡度

沉积物浓度、盐度和温度的差异都可能导致其产生密度流。具有大量悬浮物质的重力流是一种密度流，有效的密度差与斜坡、重力作用相结合，可启动并驱使重力流沉积物不断向前流动。足够的坡度角是造成沉积物不稳定和易受触发而做块体运动的必要条件。一般认为，重力流启动的最小坡度角为 3°～5°。但重力流流体性质与斜坡坡度之间的联动作用，可使形成重力流的斜坡坡度发生一定变化，如密西西比河三角洲前缘的滑塌坡度角仅有 0.5°（图 1-5）。

3）足够的水深

重力流是阵发性、短暂性或事件性快速沉积的、含大量悬浮物质的高密度流体，颗粒依赖于杂基和流体支撑，呈整体块状运动，可对斜坡产生侵蚀作用。重力流可形成于不同的水深，但一般认为，重力流沉积水深多达上千米，现在发现的最小水深可为 100m，最大水深是美国加利福尼亚州蒙特雷（Monterey）海底扇，深达 8000m。Klein（1975）认为形成重力流的最小水深是 80m，Galloway and Hobday（1983）则认为重力流沉积主要位于大陆边缘陆架坡折带的下倾方向深水地区。因此，足够的水深是相对的，不同盆地类型的重力流沉积水深变化较大，但无论是何种沉积环境、水深的大小如何，重力流沉积深度多位于风暴浪基面以下，这才易于重力流积后较少受后期底流的冲刷而得到保存。

4）等效的水退（不稳定背景）

等效的水退包括等效海退、等效潮退，其客观作用是使沉积物置于一个坡度较大、

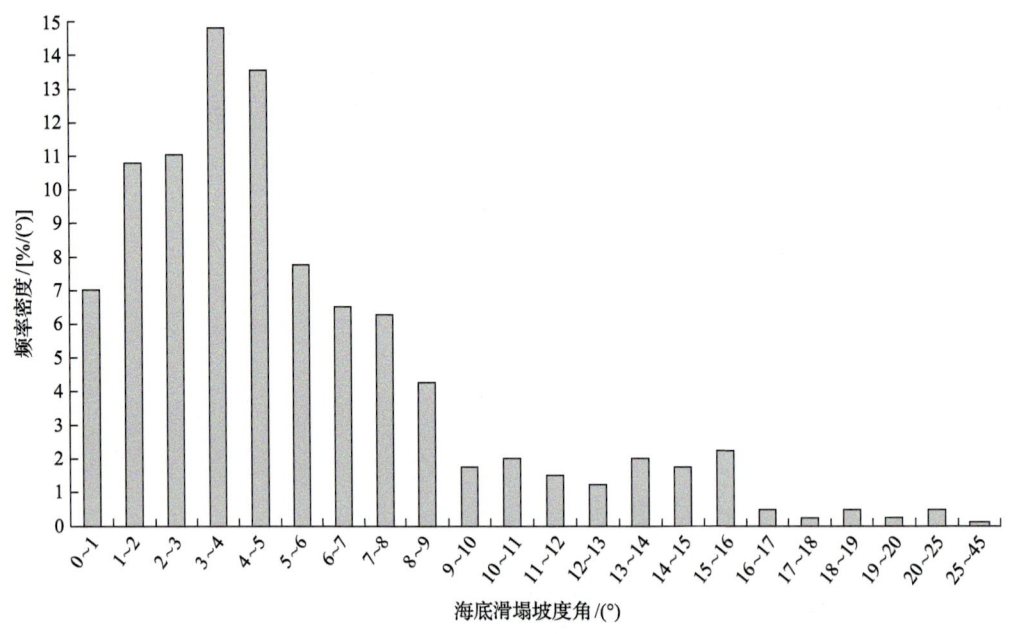

图 1-5　自然界海底滑塌坡度角统计图［修改自 Hance(2003)］

一触即发的不稳定状态。等效的水退可以是因地壳上升运动引起的区域性构造水退，也可以是同生断裂活动引起的局部构造水退，还可以是三角洲、冲积扇等沉积物不断加积而引起的沉积水退等。

5) 一定的触发机制

重力流往往是由一定的触发机制引起的，诸如强烈的构造活动、洪水、海啸巨浪、风暴潮、地震和火山喷发等阵发性地质因素直接或间接诱发，会导致洪水携带大量陆源物质进入盆地，或先期沉积物整体垮塌形成高密度重力流。除异重流直接入海(湖)外，大多数斜坡带沉积物必须达到一定的厚度和质量，再经一定的垮塌等触发机制诱导才能形成重力流。比如，在触发机制诱导下，重力的剪切力大于沉积物抗剪强度时，沉积物会顺坡向下滑动，形成一定规模和不同类别的重力流，如三角洲前缘沉积物垮塌形成的重力流沉积，就是三角洲前缘沉积坡度角不断增大由重力作用诱导而成的。

1.2.3　重力流类型划分

目前对重力流的分类尚未形成统一认识，分类依据主要有流体流变学性质、颗粒支撑机制、流体密度及搬运过程等。Dott(1963)最早基于重力流的流动机制将其划分为黏性流体与塑性流体。随后，Middleton 和 Hampton(1973)按重力流的颗粒支撑方式进行分类，提出了浊流(以湍流为主要支撑机制)、颗粒流(以粒间相互作用力为主要支撑机制)、液化流(以流体间的孔隙压力为主要支撑机制)及碎屑流(以流体基质强度为主要支撑机制)四类重力流类型。之后，Lowe(1982)综合上述两位学者提出的分类方式的优点，根据沉积物-流体混合物的流变学特征，将重力流划分为流体流(包括浊流、过渡的液化流)和岩屑流(包括过渡的液化流、颗粒流、泥石流)两大类。后来，Lowe(1982)还提出了高密度浊流和低密度浊流的观点,从而把岩屑流和流体流这两大类重力流归为一个连续的统一体系(图 1-6)。

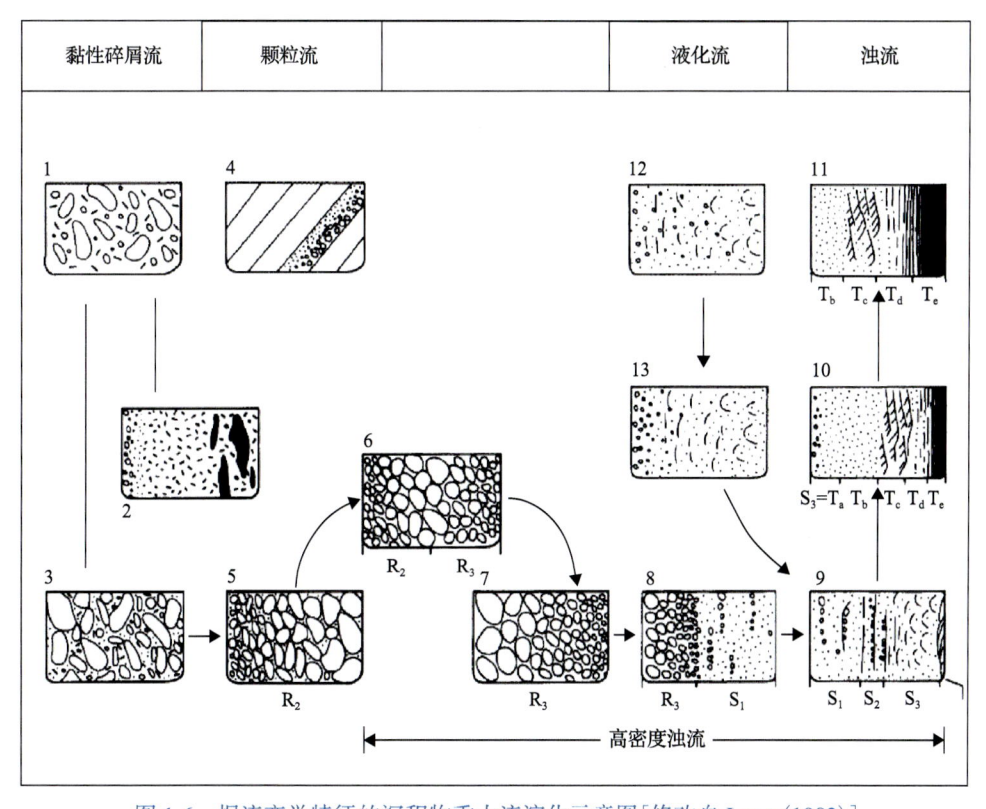

图 1-6 据流变学特征的沉积物重力流演化示意图[修改自 Lowe(1982)]
$T_a \sim T_e$-鲍马序列的 A~E 段;R_2-逆粒序段;R_3-块状或正粒序段;S_1-牵引流沉积段;S_2-牵引流沉积与悬浮沉积的过渡段;S_3-悬浮沉积段

相对于 Lowe(1982)提出的重力流分类方案,Shanmugam(1996)并不认可高密度浊流这一概念,并提出了砂质碎屑流及泥质碎屑流的概念。他认为浊流只具备低密度浊流的沉积特征,而高密度浊流沉积及鲍马序列的 T_a 段都应该为砂质碎屑流成因,而后他根据流变学特征将重力流分为牛顿流体和塑性流体,提出了砂质碎屑流和泥质碎屑流的概念[图 1-7(a)]。此外,Talling 等(2007,2012)根据过程沉积学原理,将水下密度流分为碎屑流和浊流,其中碎屑流又可细分为非黏性碎屑流、弱黏性碎屑流和黏性碎屑流,而浊流又可细分为高密度(砂质)浊流、低密度(砂质)浊流及泥质密度流,并对不同水下密度流的搬运、沉积过程及沉积特征进行了详细分析[图 1-7(b)]。

综上,可以发现关于重力流的分类方案,每个研究者所确立的原则不同,分类方案也不尽相同。这里主要介绍 Lowe(1982)基于流体流变学性质和颗粒支撑机制的重力流分类方案,其将重力流分为浊流、液化流、颗粒流和黏性碎屑流(泥石流)(图 1-6),虽然关于重力流分类方案的争议颇多,但 Lowe(1982)提出的分类仍是应用最广泛的方案。

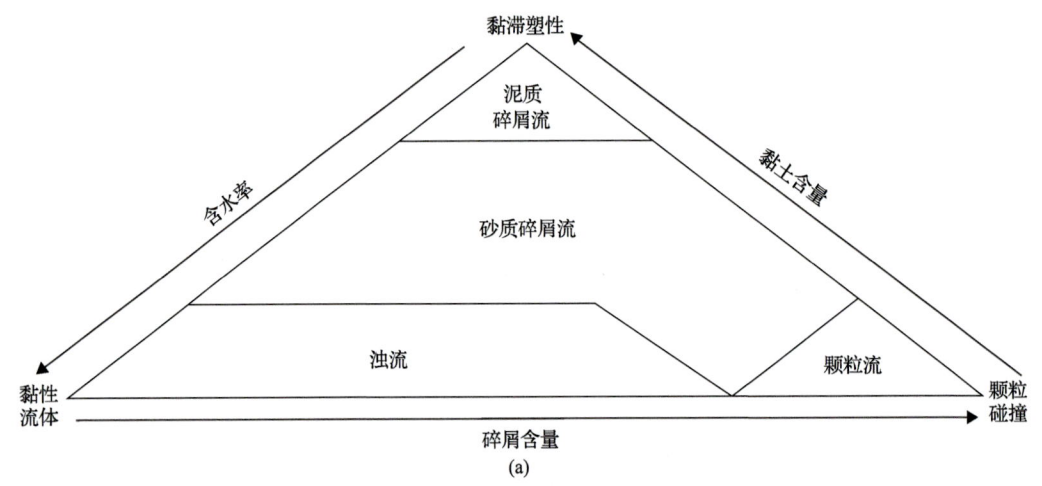

图 1-7 基于不同标准的重力流分类方案

(a) Shanmugam（1996）提出的重力流分类方案；(b) Talling 等（2012）提出的重力流分类方案

1）浊流

浊流内部的沉积物颗粒呈湍流状态悬浮于流体中，考虑沉积物颗粒大小的差异及砂泥颗粒的搬运机理和流体支撑机制，可以将浊流内部沉积物颗粒分为三类：①黏土、淤泥和细粒至中粒沉积物。这类沉积物颗粒可以单独通过流体湍流保持悬浮状态，沉积物颗粒的浓度对其是否悬浮影响不大，因此存在低密度沉积物颗粒的悬浮流动。②粗粒沉积物及部分砾石。当流动水体中该类沉积物颗粒浓度较小时，其无法大量完全悬浮进而产生沉降沉积。当流动水体中该类颗粒浓度较高时，其受自身高浓度导致的沉降受阻，以及水和较细颗粒沉积物提供的浮力向前悬浮运移。③浓度大于10%的碎屑和砾石大小的沉积物颗粒将受到流体湍流、沉降受阻、基质浮力升力和颗粒碰撞产生的分散压力的综合影响，这些因素与颗粒浓度直接相关。

根据沉积物流体中这三类碎屑颗粒类型的组成含量，又可以将浊流分为高密度浊流与低密度浊流。低密度浊流与鲍马序列存在一定联系，低密度浊流沉积物颗粒搬运减速并开始沉积的标志是沉积物从悬浮物转移到推移质，形成的沉积物与鲍马序列的 T_b 和 T_c 段特征相同，而 T_d 段反映出更直接的悬浮沉积，对应低密度浊流沉积后期的悬浮物质沉积。至于 T_a 段，还没有实验或理论证据表明其是由高速牵引沉积形成，但是有其他的实验结果表明 T_a 段是由高密度流的悬浮沉积物直接形成（Middleton and Hampton，1973），Lowe（1982）同样认为 T_a 不属于低密度浊流沉积序列。

高密度浊流自 Kuenen 和 Migliorini（1950）提出以来就一直饱受讨论与争议，因为并没有直接的证据能证明高密度浊流的沉积过程和机理，但是像许多古代深海沉积物，特别是所谓的"近端湍流岩"这类沉积物，其沉积特征与实验性高密度浊流沉积物表现出高度的相似性（Middleton and Hampton，1973）。这些沉积间接说明高密度浊流能有效地在深海中运输和沉积碎屑物质。众多学者通过野外露头对古代深海沉积物中的许多沉积结构和纹理进行观察，认为这些结构是由集中的浊流悬浮物沉积形成的，并推断浊流可能在滑塌和液化流失败后形成（Walker，1978；Lowe，1982）。Lowe（1982）将更高密度浊流分为两类：一类为砂质流，主要由第②种沉积物颗粒组成，由湍流和沉降受阻作用支持其在水体中悬浮运移；另一类为砾石流，由第③种沉积物颗粒组成，主要由分散压力和基质浮力支持运移。

2）液化流和流体化流

液化流可以由滑塌引发，然后发生沉积物破坏的液化作用，或者由超过3°或4°的斜坡上的自发液化作用形成（Lowe，1976）。当液化流沿斜坡向下移动时，可能会以层流形式直接沉积，形成类似于层状高密度悬浮物的沉积，或者加速形成湍流并演变成高密度浊流（Inman，1963；van der Knaap and Elrpe，1968；Lowe，1976）。液化流沉积物由颗粒支撑，主要由细粒砂和粗粉砂组成，可能形成泄水构造。液化流沉积物可能不会表现出粒度分级，或是仅在某段沉积厚度表现出部分粒度分级。由于液化流的层状特征和高密度，其沉积物将倾向于显示平坦的、无凹痕的底部。流体化流要么减速成为液化流，要么加速成为浊流，其沉积不需要解释说明。

3) 颗粒流

颗粒流主要由分散的刚性颗粒组成，仅靠颗粒碰撞产生的破坏性压力来维持悬浮运移。Middleton 和 Hampton(1973)、Lowe(1976)认为稳定颗粒流只能存在于接近静态俯仰角的坡度上，通常在 18°～28°。Lowe(1976)进一步提出，在改变影响因素(如更快速移动的上覆水流或高密度填隙基质)的情况下，单个颗粒流沉积物的厚度通常小于 5cm，因为颗粒流底部的砂粒无法产生足够的分散压力来支撑厚的上覆分散的沉积物柱。颗粒流沉积物由单个流动单元中的颗粒支撑砂组成，这些流动单元薄，通常呈一定角度倾斜，此类沉积单元最常见的是陆上和水下沙丘滑面上的单个前积沉积。单个颗粒流沉积单元的厚度通常超过 0.4m，由弹性支撑的砾石组成，这些砾石位于分选较差的砂、淤泥和黏土基质中。

4) 黏性碎屑流

黏性碎屑流也称为泥石流，与颗粒流的区别在于：黏性碎屑流内较大的颗粒由沉积物-水基质的黏性支撑，而不是由刚性颗粒之间的分散压力支撑。黏性碎屑流已被证明是陆上和水下环境中的有效运输载体，通过黏性连结沉积物的基质流体包括广泛的流变行为和沉积物-流体混合物。黏性碎屑流中较大的碎屑实际上由黏土-水基质的浮力和黏性支撑，形成的岩性包括许多所谓的含砾泥岩、漂砾黏土、冰碛岩和杂岩，是由悬浮在黏土-粉砂基质中的卵石、砾石及漂砾大小的碎屑组成。许多此类沉积物中基质所能支撑的沉积物颗粒不会超过某一范围，这表明较大的块状物(如果最初存在)会在流动过程中发生基质沉降，而后剩余的碎屑通常均匀分散在基质中，并表现出弱的粒间分散压力或湍流流动。在许多黏性碎屑流中，最大的碎屑实际上并不是分散独立悬浮在泥-水基质中，而是在滚动、滑动和间歇性地向下跳跃，彼此或多或少地保持接触。黏性碎屑流中黏土-水基质虽然仅占流量的 5%，但其却能够提供浮力，减少碎屑的有效质量并润滑颗粒。

1.2.4 重力流沉积机制

1) 重力流沉积作用

Shanmugam(2016)认为沉积物从陆架边缘(或三角洲前缘)沿斜坡向下搬运至深海平原，可依次分为滑动、滑塌、碎屑流、浊流四种重力驱动作用(图 1-8)。

滑动是一个块体或者岩块沿基本平坦的滑移界面向下移动，内部没有发生变形的过程。滑塌是指一个块体或者岩块沿上凹斜面向下滑动，并发生转动引起内部变形的过程。当岩块向斜坡下倾方向滑塌时，随着块体解体作用和沉积物与水混合作用的增强，滑塌可以向碎屑流转变，其中沉积物作为松散的黏滞状块体经由塑性流、碎屑流搬运。随着碎屑流沿斜坡向下流动，流体内水的含量不断增加，塑性碎屑流可以演变成紊流流体，即浊流。浊流是一种重力流，由流体湍流支撑，其内由于流体紊流作用沉积物呈悬浮状态搬运。

由浊流驱动主导沉积形成的沉积岩为浊积岩，也可称为经典浊积岩。浊流作为一种牛顿流体，其本身不具有固有的内在强度，它的变形与所施加的应力呈线性正相关。雷诺数大于 2000 时，即可发生紊流。浊流完全呈紊流状，沉积物浓度低，其体积浓度一

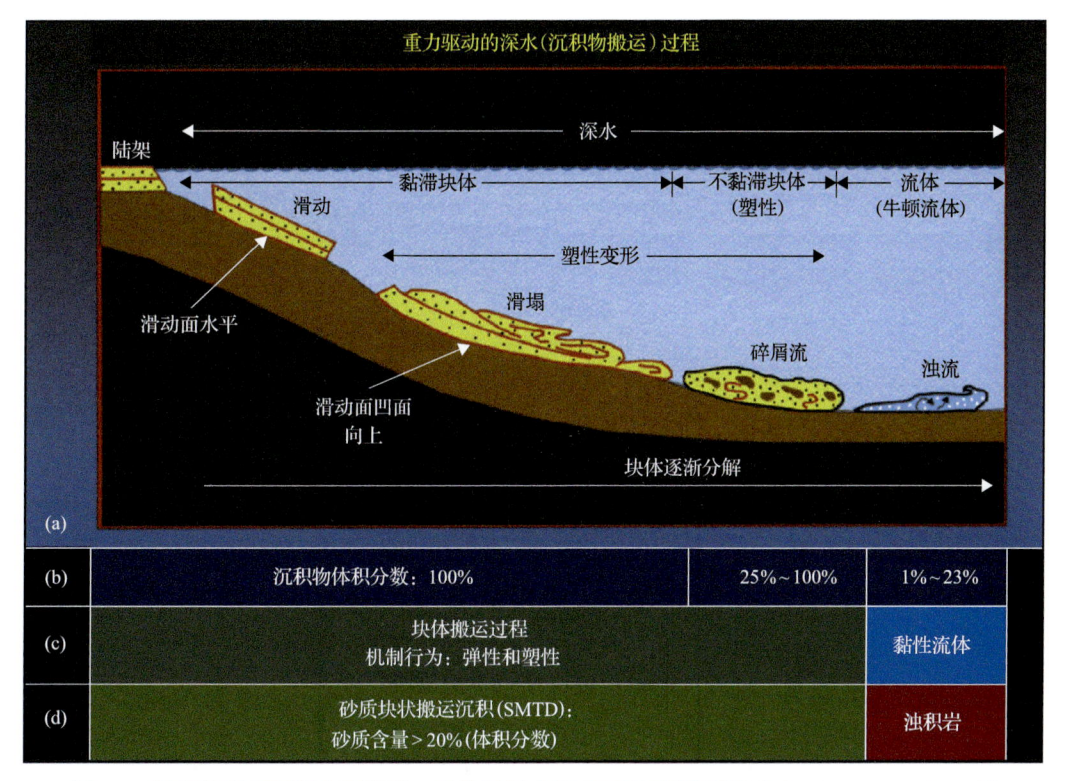

图 1-8 沉积物搬运至深水环境的 4 种常见重力驱动过程示意图[修改自 Shanmugam(2016)]

般小于 30%；物质呈紊流支撑的悬浮搬运状态，沉积物颗粒由悬浮状态发生顺序沉降，即粗重颗粒优先发生沉降，从而形成以正粒序为典型特征的沉积结果。正粒序递变层理是准确鉴别浊积岩的一项重要特征。

另外，砂质碎屑流形成的沉积岩为砂质碎屑岩。碎屑流为非牛顿流体，具有固有的内在强度，当所施加的力大于沉积物处于稳定状态的临界条件时，会发生变形和层流。虽然碎屑流随着水量加入、浓度变小而发展成紊流，但紊流不是碎屑流的典型特征，层流才是碎屑流沉积过程的标志，即层流时无流体的混合现象发生。碎屑流沉积物(debris-flow deposit)由杂基强度、分散压力和浮力支撑。流体物质浓度较高，一般为 50%~90%，表现为沉积物整体冻结式搬运沉积。当水体稀释作用加强，支撑沉积物的内聚强度、分散压力和浮力作用下降，发生整体快速沉积，形成中上部悬浮粗粒颗粒的块状层理砂岩或砾质砂岩。

总的来说，浊流作为牛顿流体，流体浓度小于 30%，表现为紊流支撑的悬浮搬运，沉积物平面多发育水道的扇形体，剖面砂体呈孤立透镜体[图 1-9(a)]。碎屑流为宾厄姆(Bingham)塑性体，流体浓度常大于 50%，由多种支撑机制搬运，沉积物平面多呈不规则的舌状体，剖面砂体呈连续块状或者席状[图 1-9(b)]。

2）重力流沉积流体转化

重力流沉积过程往往是连续有序的。随着对重力流流体类型认识的加深，越来越多的研究表明不同类型的深海重力流之间存在相互转化。早期研究强调了高浓度的碎屑流在搬运过程中偶遇环境水体的卷入稀释，向低浓度的浊流转化，这种转化过程也是沉积成因分析的基础。然而，大量的实例研究发现同样存在低浓度的浊流向高浓度的碎屑流转化的情况，这种转化是重力流混合事件层在沉积远端广泛发育的主要原因（图 1-10）（Haughton et al., 2009; Postma and Cartigny, 2014）。

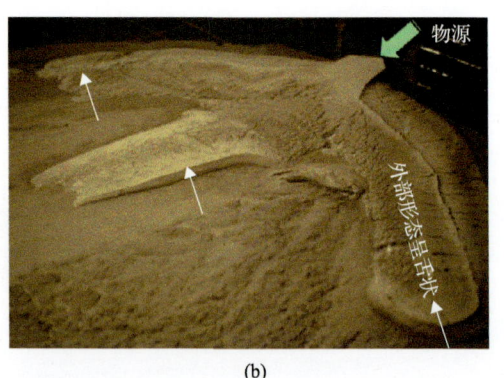

图 1-9　浊流与碎屑流的水槽模拟实验结果［修改自 Shanmugam（2012）］
(a)水道出口处浊流散开所形成的扇形沉积；(b)水道出口处碎屑流散开所形成的舌状沉积

碎屑流→砂质碎屑流→流体化流的演化，主要在于流体中颗粒的大小（粒度）和浓度变化，而基质的强度变化较小，甚至可忽略。流体性质变化的主控作用为颗粒的重力和流体的重力。在高密度浊流→低密度浊流→牵引流的演化中，紊流支撑机制不变，变化的是流体的速度和悬浮物的浓度，即流体的惯性力和重力的相对变化。流体化流—牵引流序列和砂质碎屑流—低密度浊流序列的演化在于基质的强度，即泥级颗粒的浓度，基质浓度越大，流体呈层流状态时为流体化流和砂质碎屑流，呈紊流状态时为牵引流和低密度浊流。

重力流从开始启动、搬运到形成沉积物的整个过程中，可能存在多个流体阶段和流体性质转换，其中最常见的是碎屑流和浊流之间相互转换而形成的混合重力流及混合事件层（鲜本忠等，2012；杨田等，2015；杨仁超等，2015）［图 1-10(a)和(b)］。所谓混合重力流是指同一重力流事件中，由于流体性质发生转化而形成的具有多种流变学性质的流体。流体转化是指同一重力流事件中不同流体之间（如碎屑流和浊流）相互转化的过程，流体转化方向主要与流体在流动过程中的沉积物与颗粒含量变化有关。根据混合事件层组成特征及流体转换可能的方式等，将深海沉积物混合事件层划分为下部砂质碎屑流—上部浊流混合事件层、下部浊流—上部泥质碎屑流混合事件层、泥质碎屑流和浊流频繁互层混合事件层三种类型（Haughton et al., 2009；邹才能等，2009；操应长等，2017）。

此外，在深水环境中，快速搬运的分层流体极易达到超临界状态［弗劳德数（Froude number）大于 1］，超临界流体具有很强的侵蚀能力，是深海水道形成的潜在动力；超临界流体与亚临界流体（弗劳德数小于 1）的频繁转化则是深水大型波状沉积底形形成的可能动力机制［图 1-10(c)］。水动力跳跃作用控制下超临界浊流向亚临界浊流的转化和湍流抑制作用控制下浊流向碎屑流的转化，成为目前重力流沉积动力学研究的核心热点问题［图 1-10(c)］。

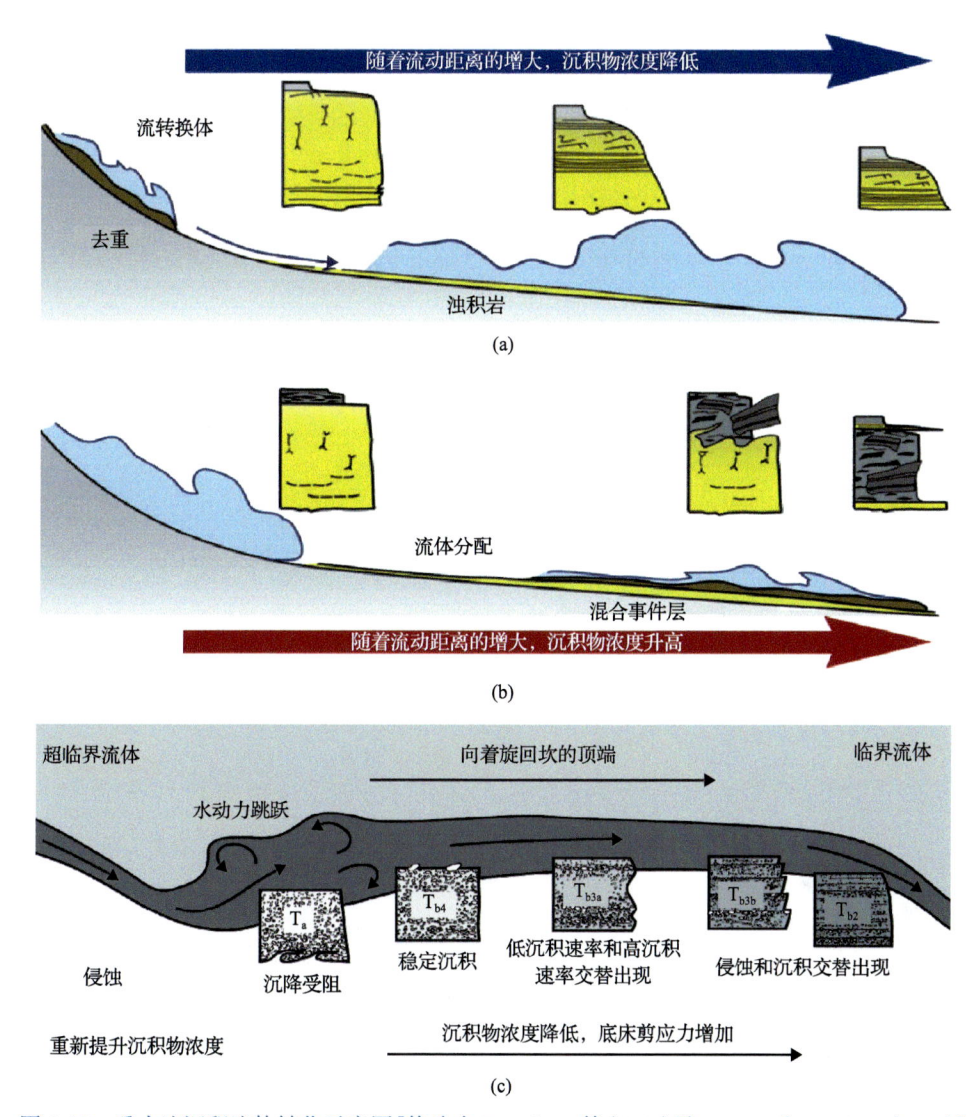

图 1-10 重力流沉积流体转化示意图［修改自 Haughton 等(2009)及 Postma 和 Cartigny(2014)］
(a)重力流沉积物浓度降低的演化过程及沉积序列；(b)沉积物浓度增加的演化过程及沉积序列；(c)超临界流体与亚临界流体之间的转化过程及沉积序列

1.3 深海水道起源

深海水道起源(channel inception)指的是"水道形态"(channel form)的建立过程。深海水道起源近年来一直是一个颇具争议的话题，前人根据不同的研究手段提出了不同的观点。笔者系统总结了前人的研究成果，将深海水道起源划分成侵蚀起源、沉积起源及初始负地貌起源三大类。

1.3.1 侵蚀起源

如前所述,深海水道的形成既包含重力流对早期沉积物(基底)的侵蚀作用,又包含内部充填沉积和两侧溢岸沉积的沉积物堆积过程。深海水道的侵蚀起源指的是重力流必须首先通过对基底的侵蚀建立限制性水道形态,之后才可以在两侧堆积沉积物进一步增强水道的限制性(图1-11)(Fildani et al., 2013; Maier et al., 2013)。这种侵蚀起源是目前沉积学界较为主流的观点。

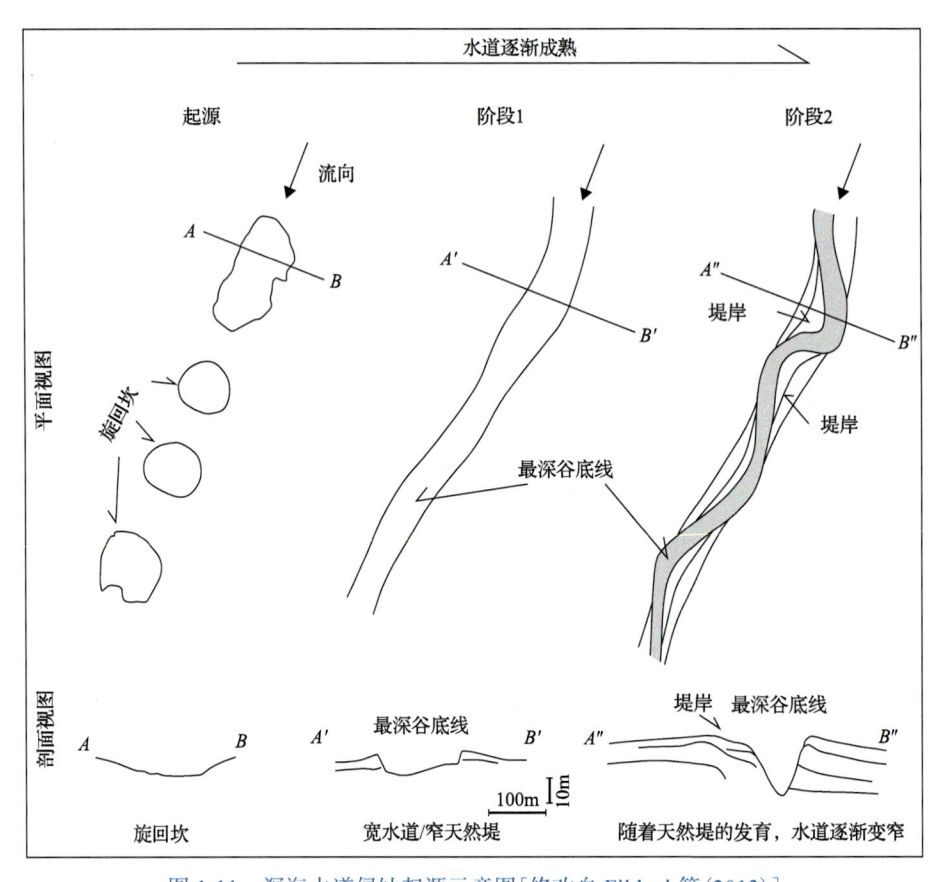

图1-11 深海水道侵蚀起源示意图[修改自Fildani等(2013)]

利用多波束地形及浅层高分辨率地震反射剖面,Fildani等(2013)对加利福尼亚州中部陆缘深水区的卢西亚·奇卡(Lucia Chica)水道进行了详细分析,发现在相对稳定的坡度背景下,Lucia Chica水道内部较老的水道单元比较宽阔、顺直且不发育溢岸沉积,然而内部较年轻的水道单元则相对比较狭窄、弯曲且发育明显的溢岸沉积。Fildani等(2013)认为以上现象反映了水道自身的演化规律,即首先通过重力流对基底的侵蚀来建立初始的限制性形态,之后在水道的两岸,重力流才会发生沉积作用,从而进一步增强水道的限制性,并逐渐使水道的发育趋于成熟(图1-11)。

以上深海水道的侵蚀起源也在野外露头研究和物理模拟(水槽模拟实验)中得到证实。在智利南部特雷斯帕苏斯(Tres Pasos)组(Armitage et al., 2009)、意大利北部麦克尼诺(Macigno)组(Eggenhuisen et al., 2011)、挪威北部前寒武系孔斯菲尤尔(Precambrian Kongsfjord)组(Clark and Pickering, 1996)的野外露头中,均识别出了深海水道演化早期的侵蚀现象。此外,Bradford 和 Katopodes(1999)、Rowland 等(2010)及 Huang 等(2007)采用水槽模拟实验证实在深水环境下,水道向盆地方向延伸首先需要重力流对海底产生侵蚀作用;他们使用次临界状态至超临界状态的一系列流体来验证是否纯沉积的重力流能形成限制性的水道形态,结果显示,水道两岸的溢岸沉积仅在深海水道已经侵入下伏基底的情况下才会发育;相反,在没有侵蚀形成的初始限制性条件下,平坦海底流动的重力流仅会形成一些朵叶状或席状沉积。

1.3.2 沉积起源

深海水道的沉积起源指的是重力流对海底基底不发生侵蚀,而是通过自身沉积作用所形成的天然堤来构建水道形态。这种深海水道的沉积起源虽然没有侵蚀起源使用得那么广泛,但确实是存在的。Stevenson(2013)使用浅层地震剖面、多波束地形数据及一系列岩心资料对西北非陆缘的马德拉(Madeira)水道进行了研究,发现经过 Madeira 水道的大部分重力流,在水道两岸侧向沉积了交错层理砂岩,而在水道轴部则几乎不沉积砂或泥;同时发现流经水道轴部的重力流虽然具有较高的能量,但是其对基底沉积物不具备侵蚀能力(图 1-12)。

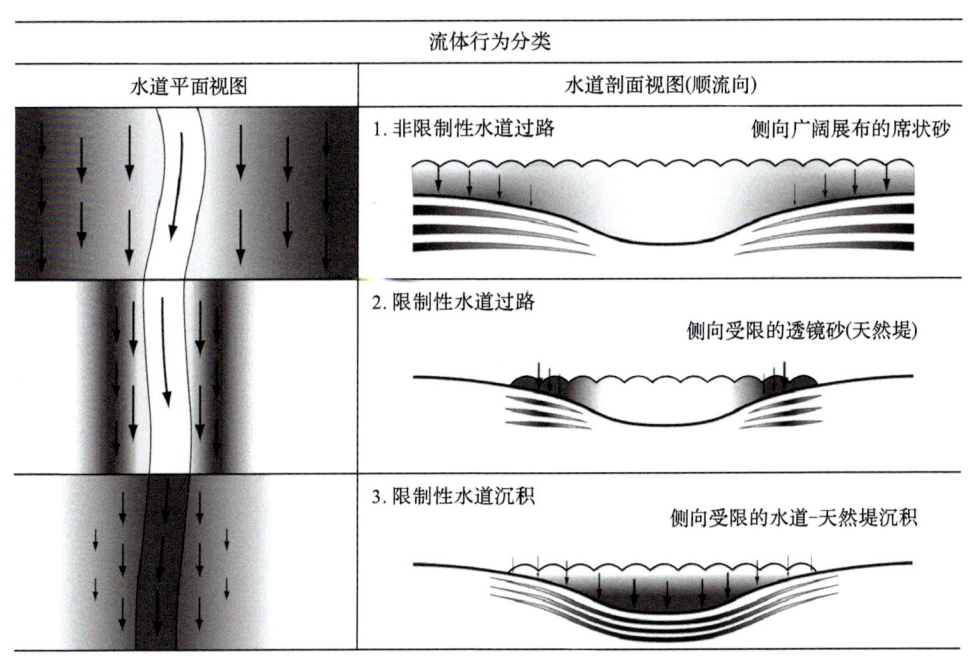

图 1-12 西北非 Madeira 水道的沉积起源[修改自 Stevenson(2013)]

在 Madeira 水道共存在三种流体行为和对应的沉积情况,如图 1-12 所示,箭头方向代表重力流流动方向,箭头粗细代表流速大小,深色和浅色阴影则分别代表有无沉积作用;可以发现无论在水道的内部通道还是两侧堤岸,都可以只发生沉积作用。因此,可以认为单纯通过水道两岸的天然堤来构建限制性的水道形态完全是可行的(图1-12)。

深海水道的沉积起源在水槽模拟实验中也同样得到证实。de Leeuw等(2016)对自然界和实验室的重力流采用了全新的比例约束，成功模拟了重力流在平坦的基底上直接沉积天然堤，从而形成限制性水道形态的过程。如图1-13所示，在一个稳定不变的斜坡上，先后释放三次重力流：第一次重力流沉积了两个次平行的砂脊，并且大部分流体在其之间发生过路，可见此种沉积样式形成了限制后续流体的形态；在随后的第二次和第三次重力流释放过程中，由于砂脊的持续沉积，限制形态的起伏高度逐渐增大(图1-13)，这种砂脊是由连续的重力流沉积单层组成，各沉积单层均表现为向水道轴部减薄的趋势，故可认为其代表深海水道两岸的天然堤(图1-13)。此外，通过对水槽模拟水道截取剖面，发现其和现今海底未被充填的水道具有很高的相似性。例如，加利福尼亚中部陆缘的Lucia Chica水道，其深度与宽度比为1：12，而模拟实验得到的水道深度与宽度比则在1：23～1：9，两者非常接近。综上所述，认为深海水道的沉积起源在自然界也是普遍存在的。

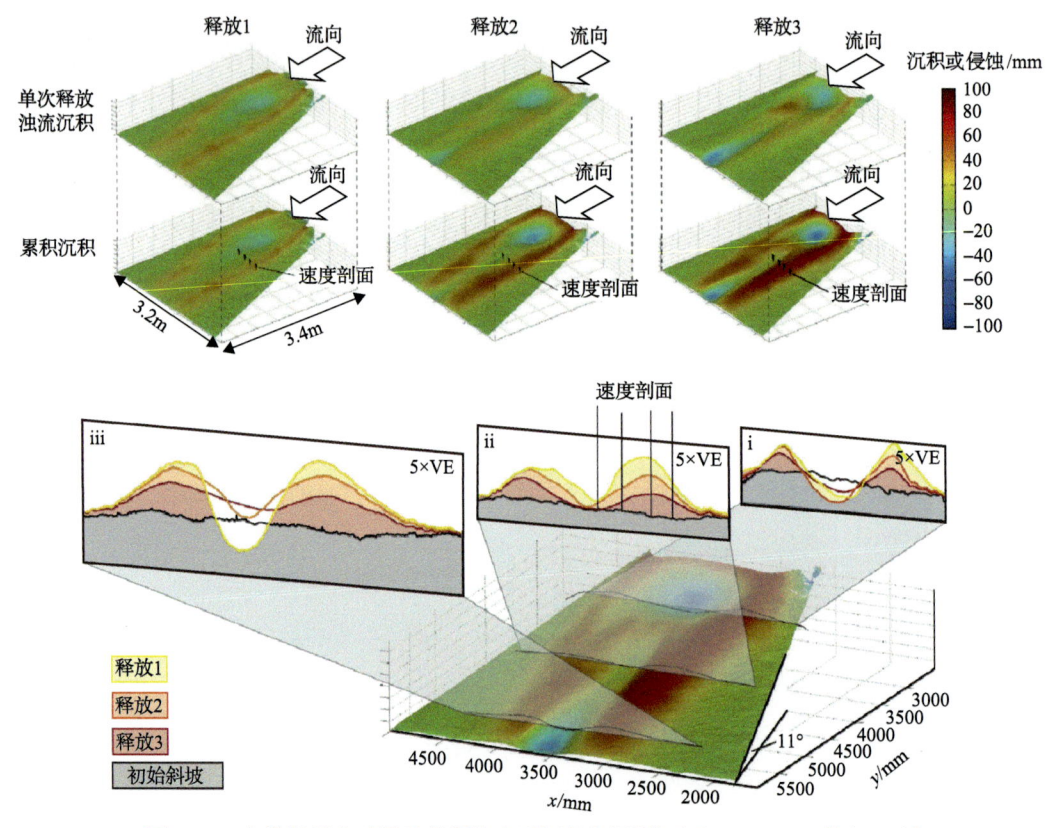

图1-13 水槽模拟实验揭示的深海水道沉积起源［修改自de Leeuw等(2016)］

VE-垂向放大

1.3.3 初始负地貌起源

重力流除了通过侵蚀或者沉积方式形成水道形态外，在一些情况下，也可以直接利

第1章 深海水道概述

用海底已经存在的限制性负地貌形成深海水道，这就是深海水道的初始负地貌起源。构造活动、海底旋回坎和麻坑(pockmark, PM)及早期朵叶体沉积都可以形成负地貌，其可以有效捕获重力流，从而为深海水道的形成提供初始负地貌(图 1-14)。

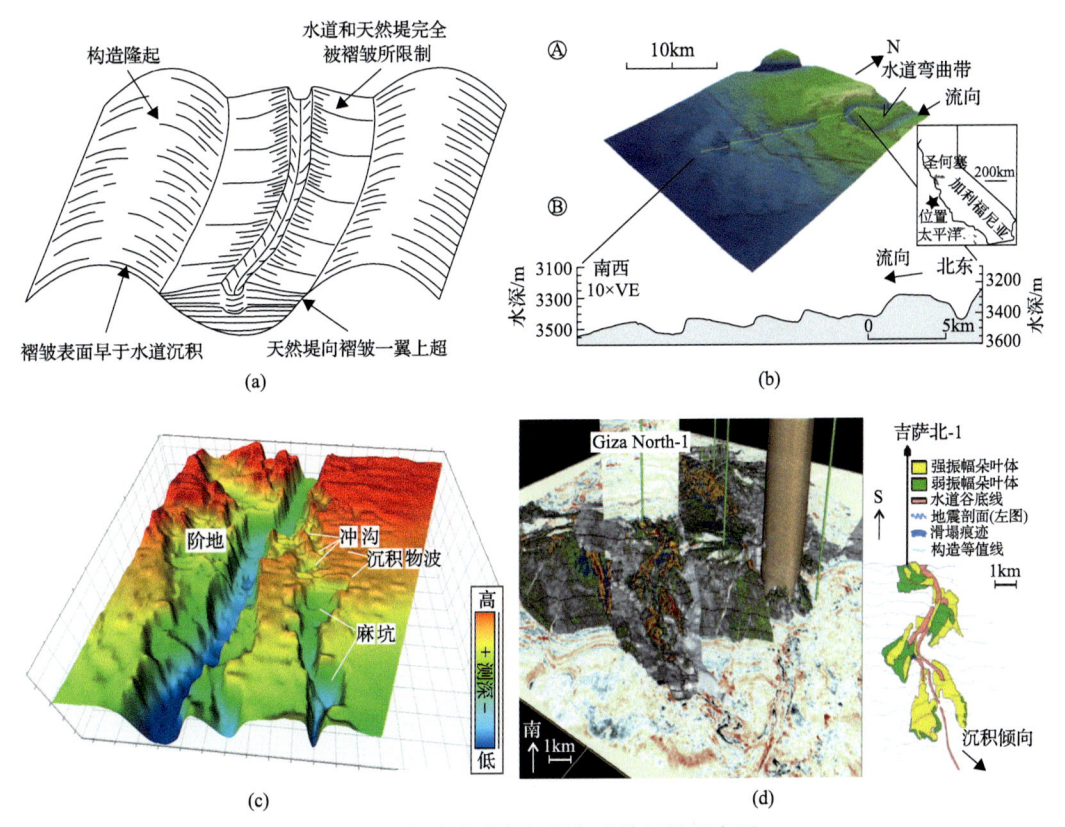

图 1-14 深海水道的初始负地貌起源示意图

(a)构造活动形成的初始限制对水道起源的促进作用；(b)海底底形(旋回坎)形成的初始限制对水道起源的促进作用[修改自 Fildani 等(2013)]；(c)海底麻坑形成的初始限制对水道起源的促进作用；(d)早期朵叶体沉积形成的初始限制对水道起源的促进作用[修改自 Morris 等(2014)]

1) 构造活动提供的初始负地貌

在大陆边缘深水区，频繁的火山、盐构造、泥构造及褶皱和断层活动会在海底形成大量具有负地形的复杂海底地貌。当重力流流经这种复杂地貌时，会直接利用负地形作为深海水道的初始限制沉积碎屑物质，并在两侧的地貌高点建造天然堤，从而逐步发育成稳定的深海水道。例如，在西非陆缘盐构造比较活跃的地区，大量的底辟构造在海底发育，所形成的负地貌可为深海水道提供初始限制，从而使深海水道在此处发育[图 1-14(a)]。

2) 海底旋回坎提供的初始负地貌

在深水区海底，由于个别情况下重力流流体速度比较大，厚度比较薄，很容易达到超临界状态。这种超临界重力流在海底往往发生一系列水动力跳跃，从而形成串珠状的冲沟(纯侵蚀型旋回坎)，它们同样可以起到提供初始限制性负地貌的作用，从而促进深海水道的形成。例如，在加利福尼亚中部陆缘 Monterey 水道的弯曲段，由于重力流从水道内部通道溢出并达到超临界状态，水道凹岸外侧形成了一系列冲沟，新的水道就直接在这些冲沟的基础上形成(Fildani et al., 2013)[图 1-14(b)]。

3) 麻坑提供的初始负地貌

麻坑是地层深部的流体从海底溢散，从而形成的类似火山口状的海底凹陷。其常常呈圆形、椭圆形和新月形，并可在海底呈条带状展布。这些海底麻坑同样可以为重力流提供初始限制，从而作为深海水道的雏形。例如，在西非尼日尔三角洲盆地布库玛(Bukuma)水道的弯曲段，溢出的重力流首先被海底麻坑捕获，从而在 Bukuma 水道的一侧形成了新的水道[图 1-14(c)]。

4) 朵叶体沉积提供的初始负地貌

除了以上介绍的几种情况，深海水道形成前，早期重力流沉积造成的起伏同样可以在海底形成一定的负地形。在深水环境下，深海水道往往和朵叶体沉积相伴生，有时候朵叶体会在海底离散发育，此时两个朵叶体之间可形成一定的负地形，从而为后期水道的发育提供初始限制。例如，在尼罗河陆缘的吉萨(Giza)深水区，深海水道就是借助两个朵叶体之间的负地貌作为初始限制，从而一步步发育(Morris et al., 2014)[图 1-14(d)]。

1.4 深海水道类型划分

深海水道存在多种多样的形态和沉积特征，结合水道的沉积背景及成因模式等，其类型划分存在多种方案。笔者首先按发育位置、侵蚀能力及与平衡剖面的关系三个方面，对前人提出的深海水道类型划分方案进行介绍；其次结合笔者的研究积累，按水道内部的充填岩相，提出一种新的深海水道分类方案。

1.4.1 按发育位置分类

根据深海水道在大陆边缘发育的相对位置，可以将其分为陆架边缘水道、深海陆坡水道和深海平原水道三种类型(图 1-15)。

陆架边缘水道一般发育于大陆架向陆架斜坡过渡区域，因为在这个区域地形坡度会向盆地方向出现快速增大，往往形成海底峡谷这类侵蚀作用非常强的深海水道。例如，在西非下刚果盆地及孟加拉湾北部陆缘的外陆架上，均发育有大型的海底峡谷，其多与陆上河流的下切谷或者三角洲相连接，因此可高效地向深水区搬运陆缘碎屑物质(Picot et al., 2016; Fauquembergue et al., 2019)。在较大的地形坡度下，重力流会沿斜坡向下加速运动，使一般砂质沉积物很少发生沉积，而一些质量较大的滑塌块或呈团状运移的碎屑流可能在此类水道中沉积。另外，在一些情况下，海底峡谷仅在陆坡上部发育，未能侵蚀到陆架边缘，此时，陆架边缘水道往往以汇聚型小水道(tributary gullies)的形式出现，其往往构成连接河流或三角洲体系与海底峡谷的桥梁。例如，在第四纪的南海北部陆缘(Qi et al., 2022a)，三角洲与海底峡谷之间就发育大量的汇聚型小水道，其在地震剖面上表现为具有明显侵蚀底界面的小 V 形，在平面上为低弯曲度的线状，且呈现"汇聚型"的样式。

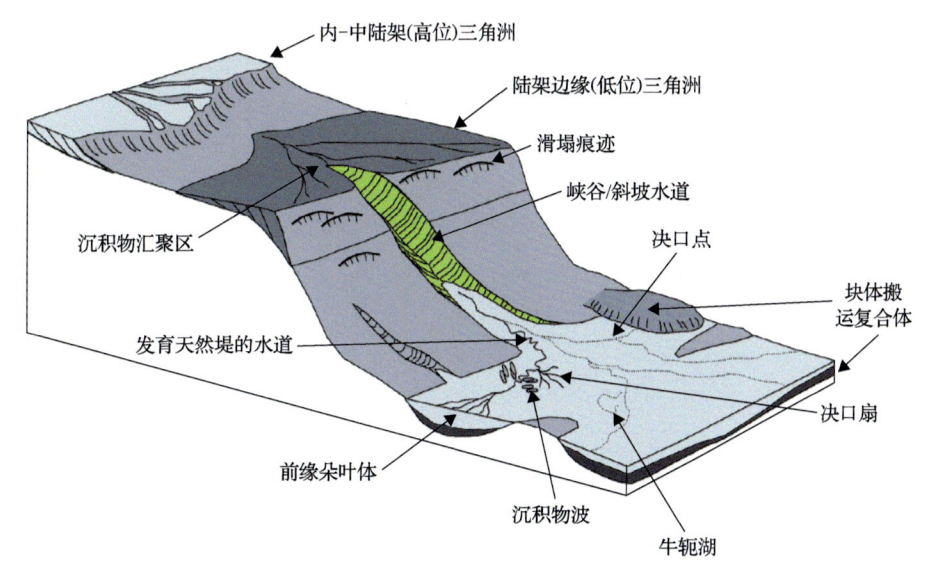

图 1-15　发育在大陆边缘不同位置(陆架、陆坡、深海盆地)的深海水道[修改自 Posamentier 和 Kolla(2003)]

深海陆坡水道一般由发育在陆坡上部的海底峡谷和发育在陆坡下部的水道构成。如前所述,陆坡上部的海底峡谷具有较强的侵蚀特征和较大的规模。至于陆坡下部的水道,由于地形坡度减小,重力流向下的侵蚀能力减弱,重力流沿斜坡向下运移并逐渐发生沉积作用,水道剖面形态由 V 形逐渐向 U 形转变,与下伏地层之间的接触关系逐渐趋于平缓,但与两侧地层之间仍可见明显的侵蚀面,水道内部中-粗粒砂质沉积物增多。

深海平原水道主要发育在具有平缓地形的深海平原,由于整体坡度较小,水道剖面形态向宽 U 形转变。此时水道内部沉积物质颗粒较细,往往在无外力作用下稳定沉积形成分选较好的中-细砂岩。此外,在深海平原,水道内重力流能量处于较低水平且逐渐消耗殆尽,因此往往在水道末端发散形成朵叶体沉积。

1.4.2　按侵蚀能力分类

根据形成水道的重力流对基底的侵蚀强度,可以将深海水道分为侵蚀型、加积型、侵蚀-加积混合型三类(图 1-16)(Clark and Pickering, 1996)。需要说明的是,以上三类水道并不是孤立存在的,在同一条水道不同位置,由于重力流转化、地形坡度等影响,重力流能量会不断调整变化,从而在不同位置形成侵蚀型、侵蚀-加积混合型和加积型的水道。

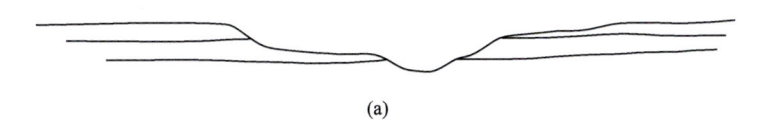

(a)

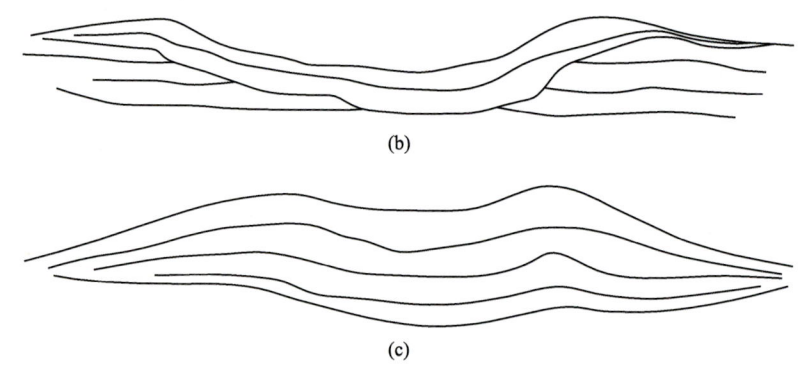

图 1-16　根据侵蚀程度的深海水道分类[修改自 Clark 和 Pickering(1996)]
(a)侵蚀型深海水道；(b)侵蚀-加积混合型深海水道；(c)加积型深海水道

侵蚀型水道主要由于重力流对基底的侵蚀作用形成。其在纵向剖面上往往呈 V 形或阶梯状，两岸相对比较对称且更为陡峭[图 1-16(a)]。在平面上，侵蚀型水道很少发生迁移，相对较顺直。侵蚀型水道中充填的沉积物颗粒较粗，且冲刷面较发育，在水道轴部发育有较尖锐的侵蚀面。此外，水道中还常发育碎屑流沉积和泥石流沉积。

侵蚀-加积混合型水道由于重力流的侵蚀和沉积双重作用形成。在垂向剖面上，此类水道一方面直接下切入早期沉积物当中，另一方面，其两侧的天然堤又在早期沉积物上建造[图 1-16(b)]。侵蚀-加积型水道内部主要由不同的沉积相序列组成，岩性主要为粗粒的砂砾质沉积，不同的相序列显示出不同的侵蚀阶段，这种序列在水道中可以单独存在，也可多个序列组合存在。

加积型水道主要由重力流的沉积作用形成。纵向剖面上，该类水道呈近半圆状，两侧为鸥翼状的天然堤，且往往发育定向排列的砂体，砂体之间的界线随沉积时间的增加而被其他泥质沉积物充填[图 1-16(c)]。水道主体由厚层砂岩和含砾砂岩层组成。从水道轴部向边缘，沉积物类型由厚层粗粒逐渐转变为薄层细粒沉积，且常被薄层泥岩分隔。水道中发育的这种沉积序列形成于一个沉积时期内，此时重力流中的大部分沉积物质都在水道中沉积，而非向更远的深海盆地搬运。

1.4.3　按与平衡剖面的关系分类

在重力流具有一定流体参数的条件下，理论上存在一个沉积物倾向于达到的斜坡剖面，称为平衡剖面(equilbrium profile)(Kneller, 2003)。根据深海水道剖面与这个平衡剖面的关系，可以将深海水道分为平衡水道、加积型水道及侵蚀型水道三种类型(图 1-17)。

当深海水道剖面高度恰好达到平衡剖面时，深海水道既不对基底进行侵蚀，又不表现出沉积作用，此时形成的深海水道就是平衡深海水道。平衡深海水道在海底表现为连续的侧向迁移，在剖面上具有较小的厚度，在平面上表现出非常高的弯曲度[图 1-17(a)]。

当深海水道剖面高度低于平衡剖面时，会在水道内部形成一定的可容空间，此时，深海水道会在通道内部及两侧堤岸上发生沉积，从而形成加积型深海水道。在剖面上，该类型深海水道具有一定厚度；在平面上，虽然弯曲度相较于平衡水道显著降低，但仍表现为弯曲状[图 1-17(b)]。

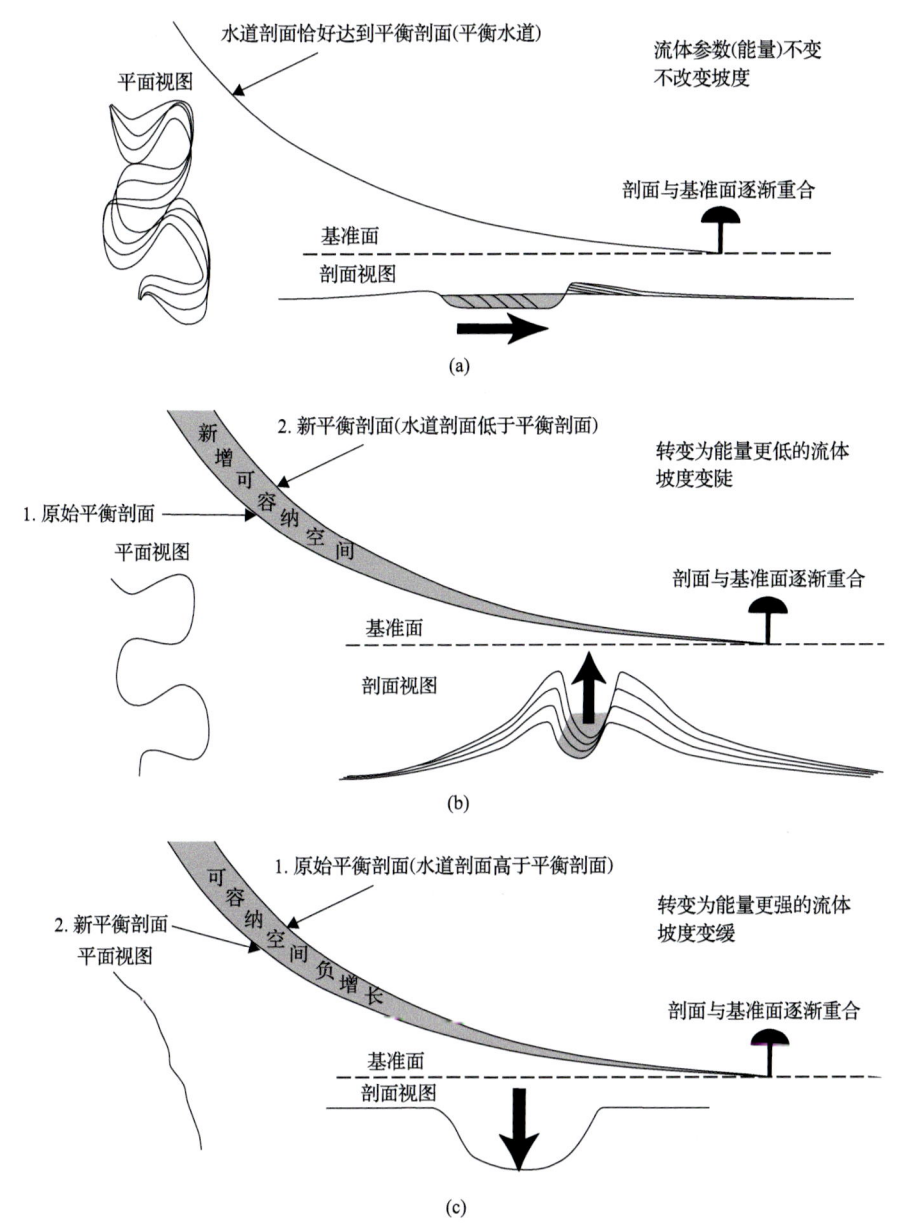

图 1-17　根据平衡剖面的深海水道分类［修改自 Kneller(2003)］
(a)平衡深海水道；(b)加积型深海水道；(c)侵蚀型深海水道

当深海水道剖面高于平衡剖面时，会降低水道内部的可容纳空间，此时，深海水道会通过侵蚀的方式来达到平衡状态，因此形成侵蚀型水道。与前面 Clark 和 Pickering(1996)所定义的侵蚀型深海水道类似，在剖面上，该类水道会下切入早期地层中，两岸相对较对称且更陡峭；在平面上，该类水道则很少发生迁移，相对较顺直［图 1-17(c)］。

1.4.4　按内部充填岩相分类

虽然按"侵蚀能力、平衡剖面"对水道进行分类被学界广为接受，但在实际应用时需考虑水道剖面形态，这使将已有水道分类方案应用于野外露头和油田地质研究中时存在局限性。例如，在野外应用时，受露头出露条件和水道规模的限制，多数已有的水道露头不能完整展现水道剖面形态，在地下地质应用时，钻井取心所反映出的仅为水道体某点上的一维地质信息，难以判别水道的剖面形态。此外，现有分类方案只是定性地对水道类型进行描述，缺乏定量化研究。为此，笔者依据水道内部充填的重力流沉积类型及所占比例，提出了一种新的深海水道类型划分方案，以期解决深海水道类型在实际应用中难以判断的问题(刘飞等，2021)。

1. 具体分类方案

基于前人划分方案在实际应用中存在的问题，笔者试图依据重力流沉积类型来划分深海水道，这主要基于三方面的考虑：一是重力流沉积岩相不受露头出露条件和钻井取心维度的限制，实际应用过程中具有更强的可操作性；二是重力流沉积组合类型可反映水道成因及其空间沉积演化过程；三是不同重力流沉积具有不同的油气储集性能，基于重力流沉积划分水道类型，有助于研究深海储层成因，并指导油气勘探开发。

为了能更科学合理地开展基于岩相成因类型的深海水道划分，在总结前人重力流沉积类型的基础上，系统分析了全球已公开的、出露条件相对完整的 26 处深海水道野外露头：多数露头位于海岸、陆内山脉轴部区域，主要为深海重力流沉积产物。基于这些露头，共识别出 61 条水道，并依据前期公开文献中的岩性描述，开展了各水道内部重力流相类型的界定。这里将深海重力流沉积类型简化为低密度浊流沉积(LTL)、高密度浊流沉积(HTL)、碎屑流沉积(DF)三大类(详见 2.3.1 节)。利用水道内部低密度浊流沉积、高密度浊流沉积和碎屑流沉积的占比，将水道划分为 9 种成因类型，如图 1-18 所示，分别为低密度浊流充填水道、高密度浊流充填水道、碎屑流充填水道、块状砂质混合充填水道、含砾砂质混合充填水道、层状砂质混合充填水道、夹碎屑砂质混合充填水道、等相混合充填水道和含砂砾质混合充填水道，不同水道类型的定义及沉积特征见表 1-1。

2. 井下实际应用

基于以上深海水道充填类型划分方案，将其应用于西非尼日尔三角洲盆地陆坡区中新统 X 油田中，其 X2、X5G 及 X5ST 井拥有完整的取心资料，且井位都分布于水道沉积范围，一定程度上能较好地反映水道内部沉积物特征。对三口钻井岩心的资料进行分析，发现实例区发育的岩石类型多样，泥岩、粉砂岩、砂岩及砾岩等均有不同程度的发育，主要发育的岩相类型有交错层状砂岩、层状粉砂岩、块状粗砂岩、块状砂质砾岩和块状泥质细砂岩等。依据冲刷面、岩性突变界面等水道边界标志，结合井震平-剖联合分析结果，将实例区的深海水道进行划分，并统计了不同水道内部各类重力流沉积的充填占比，确定其所属的水道类型，结果表明，实例区共识别出 6 种类型的水道(图 1-19 和图 1-20)。

第1章 深海水道概述

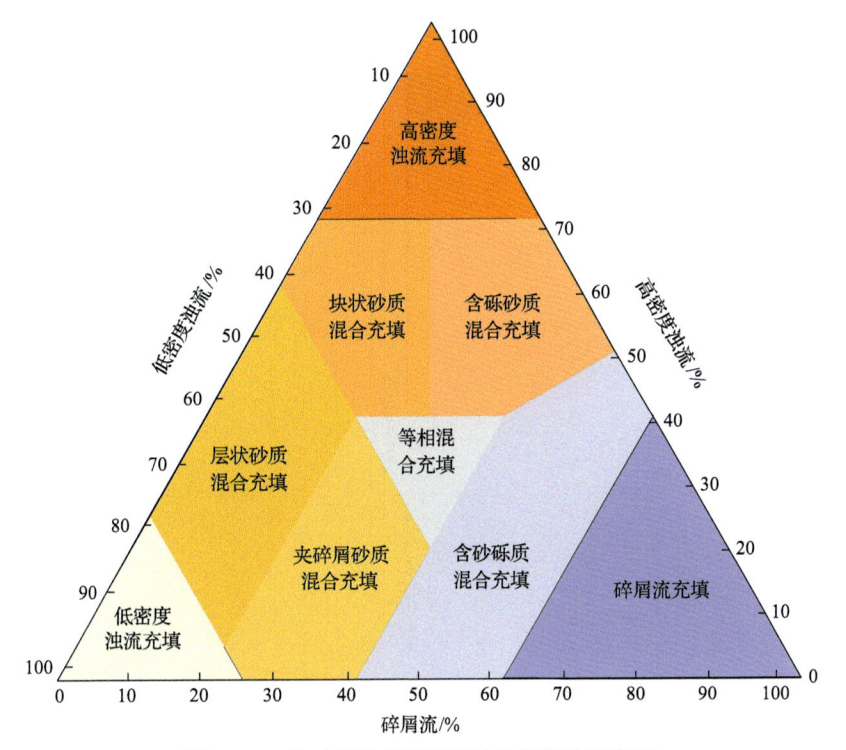

图1-18 基于岩相成因类型的水道划分三角图

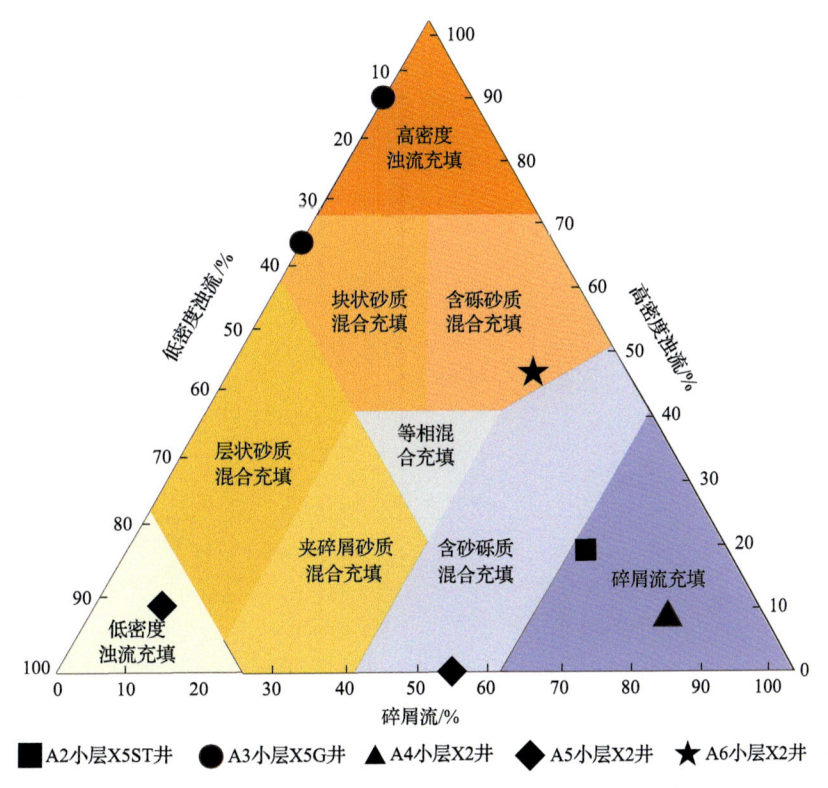

■ A2小层X5ST井　● A3小层X5G井　▲ A4小层X2井　◆ A5小层X2井　★ A6小层X2井

图1-19 尼日尔三角洲盆地X油田深海水道类型投点

表 1-1 不同充填类型水道基本特征

水道	岩相比例/%	沉积岩相特征	水道实例位置
高密度浊流充填水道	HTL>70	水道整体以泥质少的中砂岩为主，具有较明显的正韵律特征。底部偶见砾岩或砾质砂岩，可发育牵引构造及泄水构造；主体为块状或厚层粗砂岩；顶部为中-细砂岩或泥岩	南非 Bloukop Farm 露头
低密度浊流充填水道	LTL>75	水道整体以泥质含量较多的中-细砂岩为主。底部为块状、厚层状粗砂岩；主体为细砂岩与泥页岩的互层段，发育交错层理、泥页岩夹薄层粗砂岩；顶部为黑色薄层泥页岩，发育透镜状层理、波状层理、生物扰动构造	意大利 Tempa Rossa 露头
碎屑流充填水道	DF>60	水道整体以砾岩、砾质粗砂岩和块状粗砂岩为主，具体取决于各种类型碎屑的占比，泥质含量较多	加拿大 Castle Creek 露头
块状砂质混合充填水道	HTL: 40~70 LTL: 20~40 DF: 0~30	水道整体以泥质含量少的块状砂岩为主。底部为砾岩或块状或块质粗砂岩，顶底发育侵蚀面，主体为分选好的块状中-细砂岩，夹有薄层的中-细砂岩，顶部为薄层粉砂质泥岩，透镜状层理	尼加拉瓜 Punta Farallones La Flor 露头
含砾砂质混合充填水道	HTL: 40~70 LTL: 0~30 DF: 15~50	水道整体以泥质含量多的块状砂岩为主。底部为分选差的块状粗砂岩或块质粗砂岩，偶见矿物碎屑；主体为块状或厚层状的粗砂岩，夹薄层的交错层粗砂岩，顶部为中-细砂岩和泥岩，偶尔发育贯入砂岩	秘鲁 Lobitos Villag 露头

第 1 章 深海水道概述

续表

水道	岩相比例/%	沉积岩相特征	水道实例位置	岩性柱状图
层状砂泥质混合充填水道	LTL: 40~75 HTL: 5~60 DF: 0~20	水道整体以泥质含量较少的层状中-细砂岩为主。水道底部为中粗砂岩，含少量泥屑、砾石；主体为层状中-细砂岩，发育交错层理；顶部为层状泥岩段，发育水平层理与生物扰动构造	加拿大 Castle Creek 露头	~18 m
夹碎屑砂泥质混合充填水道	LTL: 40~75 HTL: 0~40 DF: 20~40	水道整体以泥质含量多的中-细砂岩为主。水道底部为砾岩或粗砂岩；主体为层状中-细砂岩与泥岩的互层段；顶部为泥岩及页岩，夹少量粗砂岩及页岩，以砂岩含量居多，发育水平层理和透镜状层理，偶见贯入砂岩	加拿大 Castle Creek 露头	~15 m
等相混合充填水道	HTL: 20~40 LTL: 20~40 DF: 20~40	水道内部岩相混杂。碎屑流成因的块状砾岩主要分布于水道底部；高密度浊流成因的粗砂岩分布于水道中上部；低密度浊流成因的泥岩在水道内部各段均有分布	智利 Cerro Divisadero 露头	~15 m
含砂砾质混合充填水道	DF: 40~60 HTL: 0~50 LTL: 0~60	水道整体以泥质含量高的块状砾岩或砾质粗砂岩为主。水道中下部为碎屑流沉积的砾岩；中上部为中粗砂岩和泥岩的互层	美国 San Clemente State Beach 露头	~28 m

注：Bloukop Farm-布劳科普农场；Tempa Rossa-坦帕罗萨；Castle Creek-格鲁克斯堡；Punta Farallones La Flor-蓬法拉；Lobitos Villag-洛维托斯镇；Cerro Divisadero-塞罗迪维萨德罗；San Clemente State Beach-圣克利门蒂州立海滩。

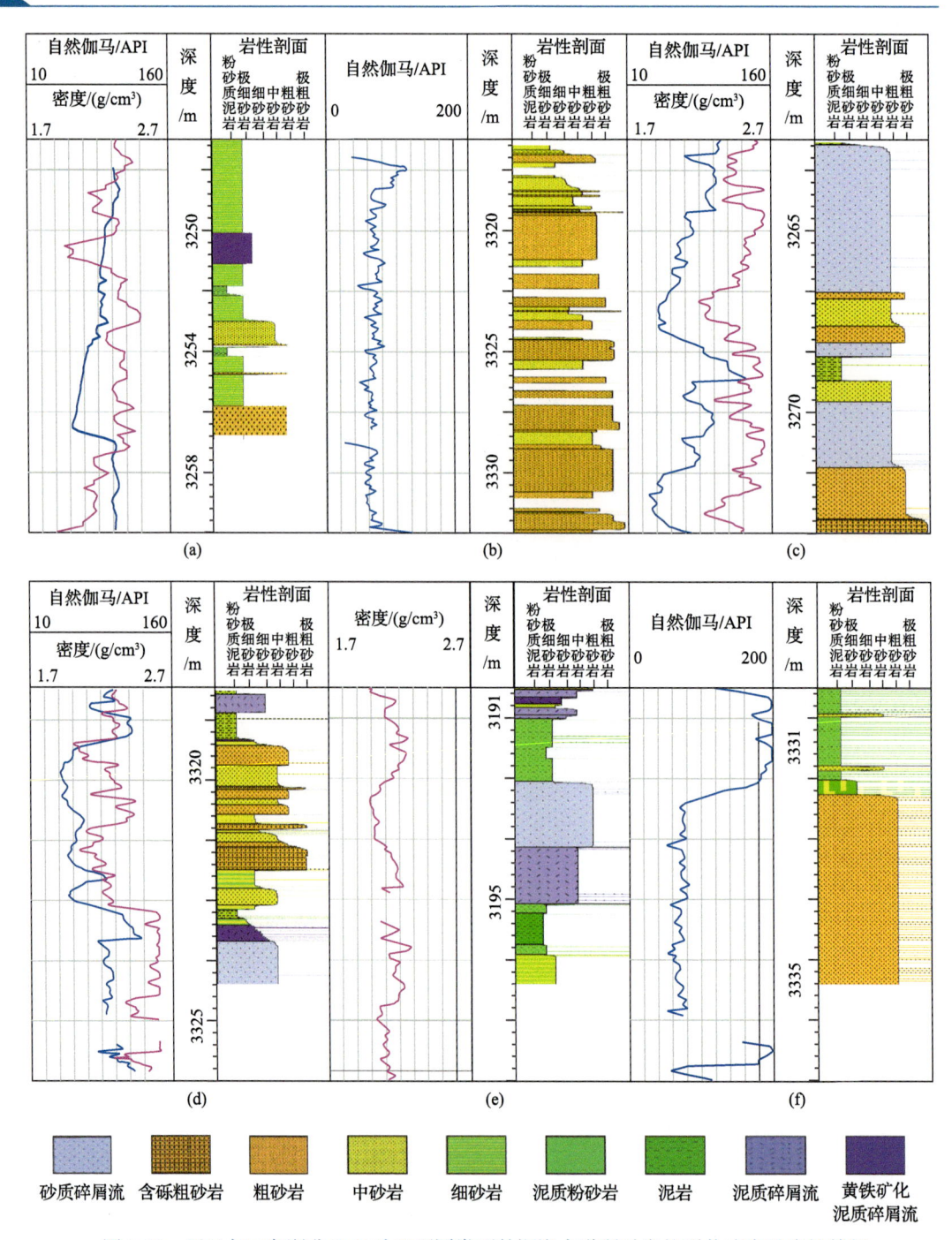

图 1-20 尼日尔三角洲盆地 X 油田不同类型的深海水道所对应的测井响应及岩性特征

(a)低密度浊流充填水道；(b)高密度浊流充填水道；(c)碎屑流充填水道；(d)含砾砂质混合充填水道；(e)含砂砾质混合充填水道；(f)块状砂质混合充填水道

1)低密度浊流充填水道

该类型水道厚度为 12m[图 1-20(a)]，其内部高密度浊流沉积充填占比 6.4%，低密度浊流沉积充填占比 83%，碎屑流沉积充填占比 10.6%，根据提出的深海水道划分方案，该类型水道属于低密度浊流充填水道。自然伽马曲线呈明显的钟形，沉积水动力较弱，流体能量向上减弱。低密度砂质浊流沉积主体为细砂岩和泥岩互层，以泥岩含量居多，形成 3～10cm 厚的韵律层序，发育水平层理、砂纹层理和透镜状层理，底部发育卷曲纹层。水道含少量砂岩、黑色薄层页岩和厚层泥岩，厚层泥岩段存在强烈的黄铁矿化生物扰动，页岩层发育粗的低角度交错层理。砂岩层包括中砂岩层和极少的粗砂岩层，两者的过渡段发育水平层理和波纹层理，顶部被有机质覆盖。

2) 高密度浊流充填水道

该类型水道厚度为 12m[图 1-20(b)]，其内部高密度浊流充填占比 87.9%，低密度浊流沉积充填占比 12.1%，碎屑流沉积充填占比 0%，根据提出的深海水道划分方案，其属于高密度浊流充填水道。自然伽马曲线呈箱形，沉积水体能量中等，沉积物颗粒整体较粗。水道内部具有较为明显的粗砂-中细砂韵律层，整体岩性以粗砂岩和中-细砂岩为主，水道底部发育块状砾质粗砂岩，夹少量层状砾岩层，主体向上发育块状的中-粗砂岩、中-细砂岩，含有少量粒径大于 1cm 的泥岩碎屑，顶部发育水平薄层细粒泥质砂岩，垂向上整体表现为正韵律特征。

3) 碎屑流充填水道

该类型水道厚度为 7m[图 1-20(c)]，其内部高密度浊流沉积充填占比 19.2%，低密度浊流沉积充填占比 19.1%，碎屑流充填占比 61.7%，根据提出的深海水道划分方案，其属于碎屑流充填水道。自然伽马曲线为两个钟形叠加，具较为明显的旋回性。水道内充填块状砂岩、层状粗砂岩、中-细砂岩、泥岩以及少量砾岩，顶底部发育冲刷面。块状砂岩属砂质碎屑流成因，构成水道主体，砂体中发育大量泥屑和少量砾石，部分层段底部发生强烈的胶结作用。砾岩位于水道底部，与下伏泥岩层之间呈侵入关系，上部为粗砂岩层，粗砂岩层中含有少量分选磨圆较差的砾石，砂体向上粒度进一步减小，过渡到中-细砂岩层段。泥岩段则主要为层状的粉砂质泥岩，含铁质，底部发育卷积纹层和黄铁矿化生物扰动构造。

4) 含砾砂质混合充填水道

该类型水道厚度为 8m[图 1-20(d)]，其内部高密度浊流沉积充填占比 45.6%，低密度浊流沉积充填占比 12.4%，碎屑流沉积充填占比 42%，根据提出的深海水道划分方案，其属于含砾砂质混合充填水道。自然伽马曲线呈箱形，沉积速率快。水道内部充填砂质碎屑流、高密度浊流和泥质浊流沉积。底部为块状砂岩，含有磨圆较差的泥质碎屑和菱铁矿碎屑，上覆层状砂岩，砂体中发育透镜状层理和黄铁矿化生物扰动构造；水道主体为砾岩—粗砂岩—中-细砂岩的沉积韵律体系，部分细砂岩层中发育低角度交错层理，夹有少量砂泥岩互层段和泥岩层，泥岩层中有菱铁矿碎屑发育；水道顶部由泥质浊流沉积的泥岩和页岩组成，泥岩层中发育透镜状层理且存在薄层的贯入砂岩，页岩层中有菱铁矿层发育。

5) 含砂砾质混合充填水道

该类型水道厚度为 8m[图 1-20(e)]，其内部高密度浊流沉积充填占比 0%，低密度浊流沉积充填占比46.7%，碎屑流沉积充填占比53.3%，根据提出的深海水道划分方案，其属于含砂砾质混合水道。水道由泥质碎屑流、砂质碎屑流和泥质浊流沉积物充填。水道底部为层状粉砂质泥岩夹薄层黑色页岩，主体由块状砂岩和层状中-细砂岩组成，较多泥屑发育且夹有薄层页岩，主体中间和上部发育层状的泥页岩，其间存在少量砾石和泥屑，水道主体还夹有泥岩、砂岩互层段，互层段中存在粉砂质透镜体，发育平行层理，顶部为滑塌层段、块状粗砂岩、层状中-细砂岩、粉砂质泥岩，发育泥质碎屑、砂质碎屑及菱铁矿碎屑。

6) 块状砂质混合充填水道

该类型水道厚度为7m[图1-20(f)]，其内部高密度浊流沉积充填占比65.8%，低密度浊流沉积充填占比34.2%，碎屑流沉积充填占比0%，根据提出的深海水道划分方案，其属于块状砂质混合充填水道。自然伽马曲线呈明显的箱形，沉积水动力相对较强。水道底部由砾质粗砂岩和薄层页岩组成，主体为粗-中粒砂岩，发育少量泥屑，顶部则为黑色页岩层，夹有少量薄层的中-细砂岩。水道整体上表现出一定程度的正韵律。

3. 水道成因类型演变

通过对X油田深海水道进行划分，可以看出实例区发育多种水道类型。底部分别发育含砾砂质混合充填水道、含砂砾质混合充填水道以及碎屑流充填水道，这些水道碎屑流沉积充填占比均大于40%，且多为砂质碎屑流沉积和底部滞留沉积，砾石、岩石碎屑及泥质含量较高；中部主要发育高密度浊流充填水道和块状砂质混合充填水道，水道内高密度浊流沉积充填占比较高；顶部发育含砂砾质混合充填水道，碎屑流沉积和低密度浊流沉积占比较多，且碎屑流主要为泥质碎屑流，泥质含量较高。由此可见，X油田底部水道类型以碎屑流沉积充填为主，中部以高密度浊流沉积充填为主，顶部则以泥质沉积物充填为主，总体上，X油田内部的泥质含量自下向上呈递增的趋势。

再结合对全球范围内其他水道系统的统计分析，发现不同类型水道在空间上具有一定的规律：①垂向上，碎屑流沉积充填占比较高的水道主要分布在底部，低密度浊流沉积充填占比较高的水道主要分布在顶部，高密度浊流沉积充填占比较高的水道则主要分布于中间部分；②沿物源方向，在由单次浊流事件形成的水道体系中，水道随内部流态变化而存在不同的成因类型，碎屑流充填水道或碎屑流沉积充填占比较高的水道主要分布于靠近峡谷和大陆斜坡一侧，高密度浊流充填水道或高密度浊流沉积充填占比较高的水道分布在靠近物源一侧，低密度浊流充填水道相对高密度浊流充填水道则更加远离大陆斜坡。

这些分布特征除了与重力流成因模式有关，还受峡谷形态、斜坡坡度、海平面升降、物源供给等因素控制。无论是垂向自下向上还是沿物源由近至远，水道的展布特征总表现出由碎屑流充填水道向高密度浊流充填水道再向低密度浊流充填水道演化的趋势。

4. 关于深海水道新划分方案的讨论

1) 新划分方案的适用性

前人已有的分类方案经常受水道露头出露不完整和岩心资料代表性不足制约，而且已有分类方案趋于理想化，缺乏明确的定义。同时，部分处于不同类型过渡区域的水道，无法对其进行类型划分。此外，在实际深海油藏应用过程中，受地震勘探分辨率限制，水道难以精细刻画，同时考虑到构造作用对水道形态的改造，进行实际油藏地质分析时，难以准确表征原始水道剖面形态，导致已有的分类方案适用性较差。

相对于传统划分方案，新方案进行了更为精细的研究，具有较好的适用性：首先，基于水道内部填充的重力流成因岩相类型，研究尺度小，分辨率较高。其次，方案划分主要依据野外露头和钻井取心等岩相资料，具有较好的便捷性和准确性，且不受地貌尺度和勘探尺度的限制；方案实施主要通过重力流沉积类型分析和数理统计，有极强的可操作性与实践性。同时，具体定义了水道内不同成因岩相占比范围，避免了不同水道类型之间过渡部分难以划分的问题。最后，由于不同重力流沉积的物性存在较大差异，不同类型水道的储集性存在一定差异，新划分方案具有更为重要的储层评价意义。

2) 新划分方案的发展性

在不考虑成岩作用条件下，不同重力流沉积物由于粒度、泥质含量、分选、磨圆度存在差异，孔渗条件不同。鉴于新方案是基于重力流沉积岩相类型及占比作为分类标准，因此，新方案中的九类水道对孔渗条件也具有较强的指示性，概括起来可划分为四类，即较好、一般、较差和差储层类型水道。较好储层类型主要为高密度浊流充填水道、层状砂质混合充填水道、块状砂质混合充填水道和含砾砂质混合充填水道，此类水道高密度浊流沉积充填较多，水道主体为中-粗砂岩，相对泥质含量较少，对油气的储集性较强。一般储层类型包括部分低密度浊流充填水道、夹碎屑砂质混合充填水道，此类水道充填多为低密度浊流沉积，水道中存在部分泥岩隔层，泥质含量相对较高，对储集性有一定的影响；低密度浊流充填水道中，当沉积类型主要为交错层状砂岩时，可作为较好储层类型。较差储层类型为等相混合充填水道、砂砾质混合充填水道，此类水道中沉积类型多样，砾石、泥质沉积物居多，不利于油气运移聚集。差储层类型为碎屑流充填水道，此类水道内部充填主要为底部滞留沉积与泥质碎屑流沉积物，泥质含量较高，泥岩夹层居多，可作为渗流屏障，对深海水道或(和)朵叶储集体起到分隔作用，从而构成不同的开发单元；当碎屑流充填水道类型主要为砂质碎屑流，且泥质含量较少时，其孔渗条件较好，可作为较好的储层类型。

需要说明的是，对深海水道中储层的判断，往往需要结合野外露头、钻井取心、测井资料及二维和三维地震资料进行联合分析，该方案在未考虑成岩、构造作用的前提下，仅从岩相沉积方面，对深海水道中的储层类型进行初步预测判断，对实际生产仅提供参考意见。

第 2 章　深海水道沉积学特征

作为整个深海重力流沉积体系的重要组成部分，深海水道在全球各大陆边缘的沉积记录中广泛发育。前人利用丰富的三维地震、钻测井及野外露头资料，对世界各地的古代深海水道展开了详细研究。本章在总结前人研究成果的基础上，结合笔者多年来的研究积累，系统分析了深海水道的规模形态、沉积构成、岩相等基本沉积学特征，并探讨了影响深海水道沉积特征的潜在因素。

2.1　深海水道规模形态

深海水道虽然在海底大规模发育，但是其发育时长和程度却不尽相同，有的深海水道在长达百万年的时间内持续受到重力流的改造，有的则仅在短时间内发育，很快就被废弃，这就导致各个独立的深海水道规模形态特征差异非常大，本节以全球不同地区发育的多条深海水道为样本，统计并分析其规模、形态特征。

2.1.1　水道规模

首先，笔者通过对全球多个公开深海水道的地震资料解释结果进行统计，发现深海水道宽度变化范围非常大，从几十米到数十千米不等（图 2-1）。例如，加利福尼亚中部陆缘 Lucia Chica 水道，宽度较窄处仅 90m 左右（Maier et al., 2013），加拿大瓦布什湖（Wabush Lake）水道宽度较窄处仅 30m 左右（Turmel et al., 2016）；然而，孟加拉湾海底峡谷的宽度

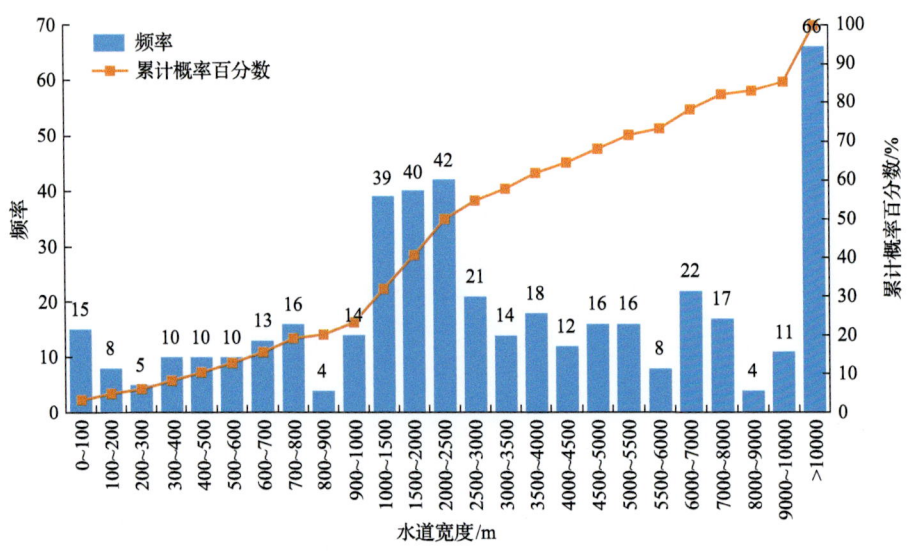

图 2-1　全球 53 条公开深海水道的宽度分布

共 451 组数据，见笔者建立的深海水道数据库

可达 28km（Curray et al., 2003）。另外，从统计数据中可以看出，宽度介于 1000～2500m 的深海水道相对比较发育，而且深海水道宽度超过 10km 的数目也相对比较多。

其次，基于全球多个公开深海水道的地震资料解释结果，发现深海水道深度变化范围也非常大，从几米到数百米不等（图 2-2）。统计结果显示，现代海底存在一些深度小于 10m 的水道。例如，加利福尼亚中部陆缘 Lucia Chica 水道，深度较小处仅 5m 左右；英属哥伦比亚海域的鲁珀特河湾水道（Ruppert Inlet）水道，深度较小处仅 4.3m；新西兰东南海域的邦蒂（Bounty）水道，深度仅 3.4m 左右。多数深海水道最大深度介于 5～210m，平均深度介于 5～110m；然而，深海也存在一些巨厚型水道，其沉积厚度可达数百米，如安哥拉深海区的刚果峡谷深度可达 1651m，印度西部海域水道深度可达 886m，地中海罗讷（Rhone）峡谷深度可达 574m，巴西北部海域亚马孙水道厚度可达 473m，阿拉斯加海域的勘测者号深海水道（Surveyor Channel）深度可达 460m（Shanmugam, 2012, 2016）。

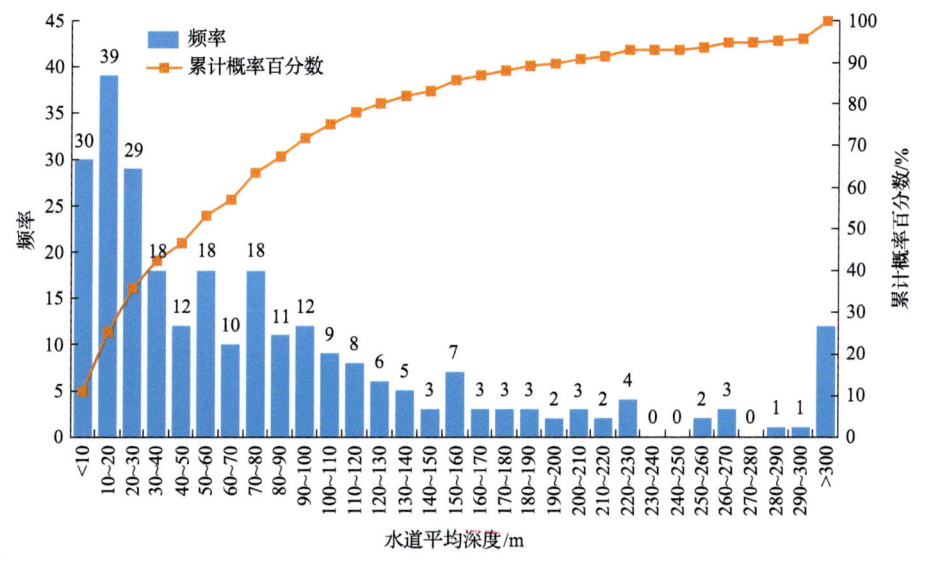

图 2-2 全球 42 条公开深海水道的平均深度分布

共 262 组数据，见笔者建立的深海水道数据库

最后，以上水道宽深比的统计结果显示，其总体变化范围较大，从几到数百不等，主要集中于 5～25，其次介于 25～50（图 2-3）。地震资料解释结果表明，现代海底存在一些宽深比小于 5 的水道，如尼日利亚海域的水道宽深比较小处仅 4.72 左右（Jobe et al., 2015），安哥拉海域的刚果水道宽深比较小处仅 5.09（Shepard and Emery, 1973）；多数深海水道最大宽深比介于 5～50，然而深海也存在一些宽深比较大的水道，其宽深比可达 100～200，如印度东部海域的孟加拉水道宽深比可达 242.19（Curray et al., 2003）。

2.1.2 水道形态

深海水道是陆源碎屑物向深水盆地或平原运移沉积形成的负地貌通道，其平面形态与河流相存在一定的相似之处。从大尺度平面范围来讲，水道呈方向不易改变的条带状分布于斜坡之上，但从小尺度平面范围来讲，其则是由若干个弯曲段相连组成的弯曲通道。相对于沉积后期的曲流河，水道弯曲段的曲率相对较小，在平面上呈有规律的折返重复[图 2-4(a)]。上面所述的水道形态是正常沉积水道平面形态特征，在一些特殊的地形条件下，水道也可能整体呈顺直，或是部分顺直部分弯曲的平面形态[图 2-4(a)]。

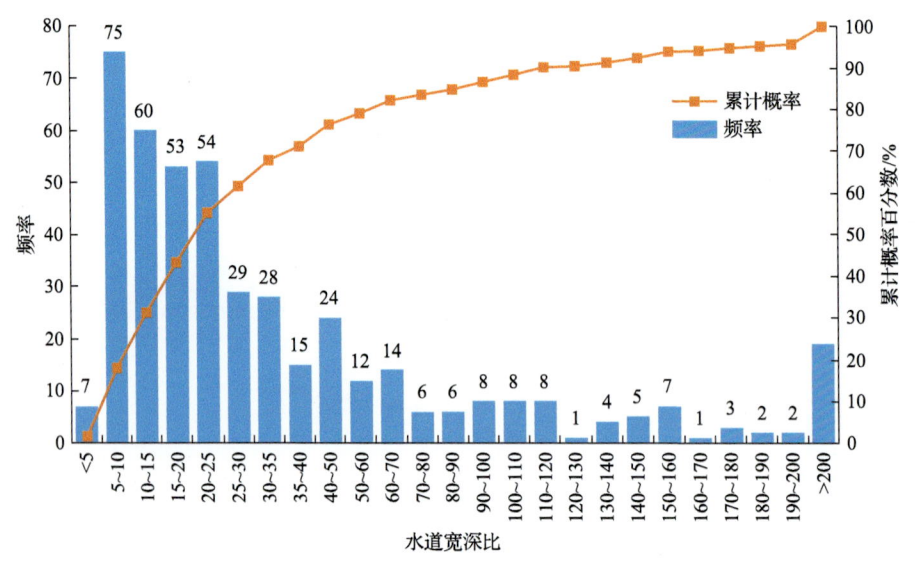

图 2-3　全球 53 条公开深海水道的宽深比分布

共 451 组数据，见笔者建立的深海水道数据库

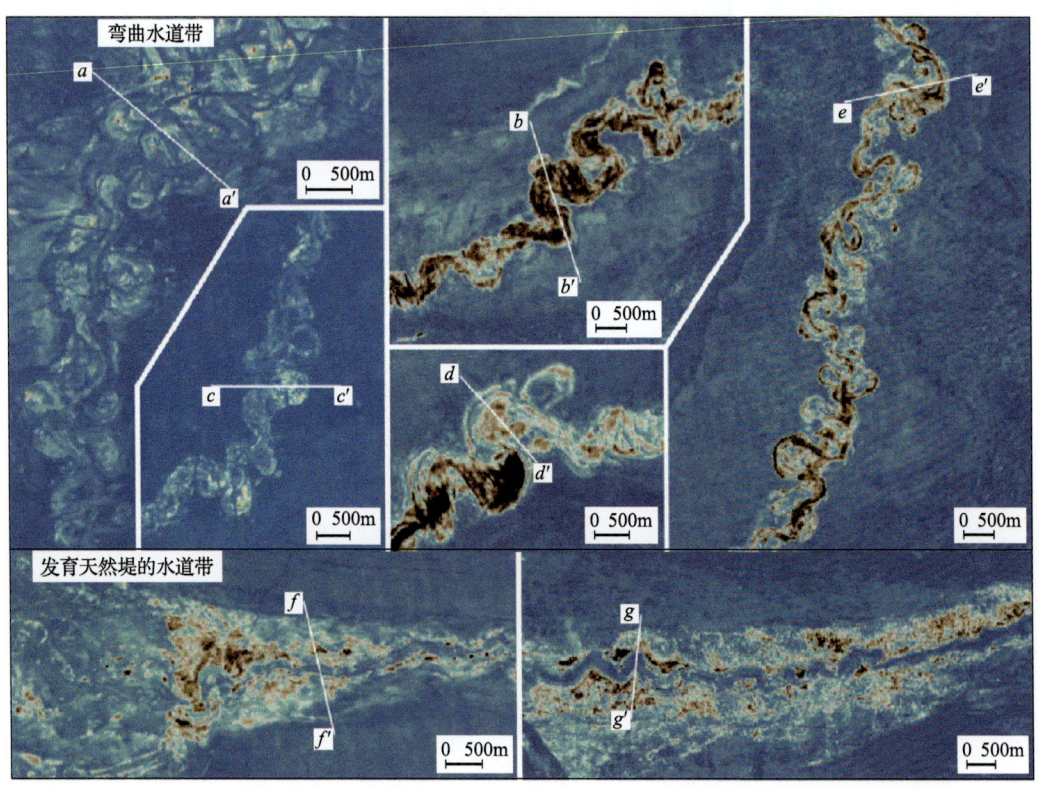

(a)

(b)

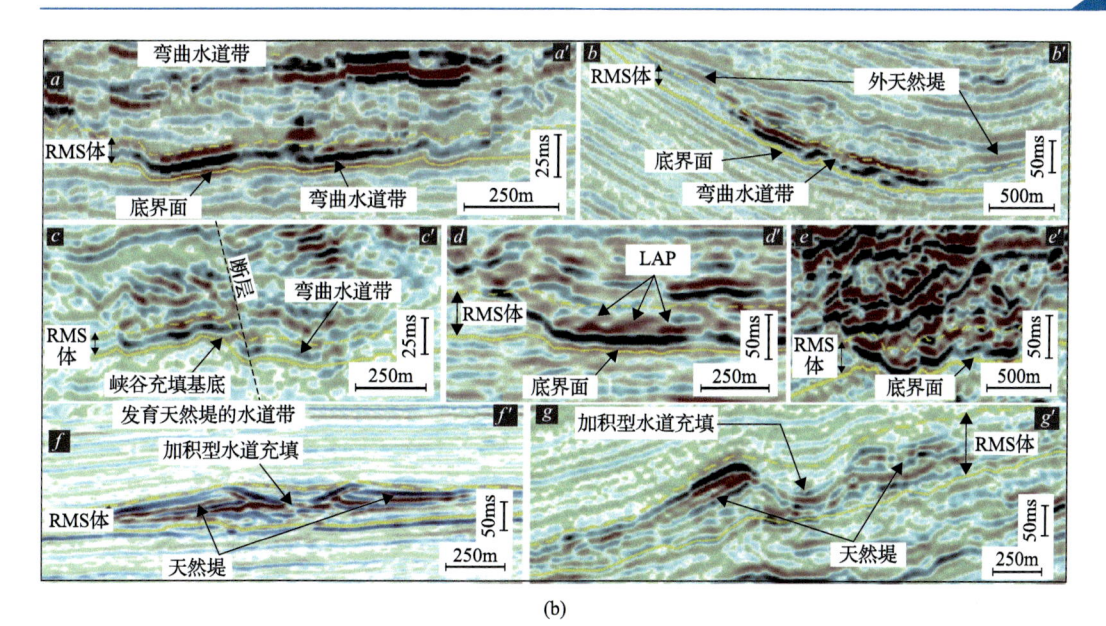

图 2-4 西非陆缘发育的深海水道所对应的平面以及剖面形态特征
(a)深海水道平面形态特征；(b)深海水道剖面形态特征；RMS-均方根振幅；LAP-侧向加积体

水道在剖面上整体呈下凹的形态特征，根据下凹程度及外部形态分为 U 形、V 形、宽 U 形及 W 形等[图 2-4(b)]。其中 U 形水道宽深较接近均衡，底部为不规则的侵蚀冲刷面，是最为主要、常见的水道形态，部分水道两侧还发育一定规模的溢岸天然堤；V 形水道深度明显大于宽度，多形成于砾石含量较多或成分混杂的碎屑流这类下切侵蚀能力强的流体，在地貌上表现为下切较深的沟壑，但规模一般偏小，水道内沉积物颗粒不易外溢，往往难沉积形成天然堤；宽 U 形水道的宽度明显大于深度，沉积物以中-细粒为主，向下的侵蚀能力弱，底部的侵蚀冲刷面偏向平缓，但侧向的加积能力变强，容易形成溢岸天然堤；W 形水道由不同时期沉积形成的水道侧向堆叠而成，两个或多个外部呈 U 形或 V 形水道在横向上拼接形成 W 形水道，整体属于水道复合体一类，易形成大规模天然堤。

2.2 深海水道沉积构成

若要对深海水道的沉积构成进行研究，需明确水道内部的沉积单元类型及特征。深海水道主要发育有水道充填沉积、天然堤沉积、决口扇沉积及块体搬运沉积。不同沉积单元在几何形态、叠置样式等方面存在差异，使它们的地震响应、测井响应特征各不相同，本节主要以西非尼日尔三角洲盆地陆坡区 X 油田为例，利用三维地震及钻测井资料对深海水道的不同沉积构成单元进行阐述说明。

2.2.1 水道充填沉积

水道充填沉积由多期浊流沉积、滑移滑塌体及细粒沉积物组成。水道充填沉积内部砂泥是互层的，砂体分布非均质性较明显。就 X 油藏所对应的水道而言，水道充填沉积的岩性多为块状或厚层状粗砂岩，经过陆架到深海较远距离的搬运作用，沉积物颗粒的分选及磨圆较好，泥质含量低，具备非常好的孔渗条件，是油藏主要的储层类型。

尼日尔三角洲盆地的部分深海水道中上部区域可见中-薄层中-细砂岩，发育平行层理及斜层理等沉积构造，整体沉积特征与鲍马序列 T_c 段相似，孔渗条件较好；水道底部偶见滑塌或碎屑流沉积物，发育大量砾石、泥砾，沉积物颗粒分选和磨圆较差；水道顶部与边缘多被块状或厚层深海泥岩披覆，可见少量透镜状砂质或生物碎屑分布（图 2-5）。在沉积构造方面，如图 2-5 所示，水道内以块状构造为主，可见交错层理、平行层理、透镜状层理等；在沉积韵律方面，水道沉积从底到顶，由富泥的碎屑流沉积转变为块状中-粗砂岩高密度浊流沉积，随后发育有细砂岩、粉砂岩、粉砂质泥岩的低密度浊流沉积、块状泥岩泥质浊流沉积-半远洋披覆沉积，整体表现为由粗至细的正韵律特征。

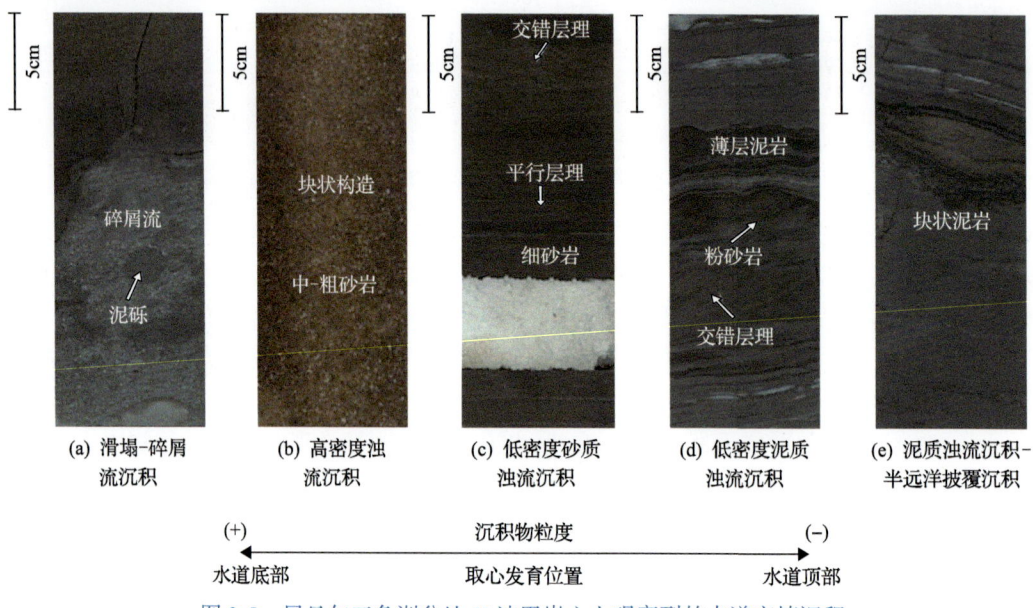

图 2-5 尼日尔三角洲盆地 X 油田岩心上观察到的水道充填沉积

此外，在测井曲线上，水道充填沉积对应的自然伽马（GR）曲线多呈箱形、钟形，电阻率曲线多呈漏斗形、近箱形的测井相特征，一般情况下水道沉积的测井曲线呈现出低伽马、高电阻率的规律[图 2-6(a)]。在研究区地震剖面上，水道充填沉积整体呈现出中—强振幅、平行或波状反射、连续性较好的内部反射特征，其外部表现出 U 形或 V 形的地震相形态。在所提取的 RMS 属性平面图上可以看出，水道充填沉积呈条带状，呈时而顺直时而弯曲的平面形态[图 2-6(b)]。

2.2.2 天然堤沉积

天然堤沉积也是深海水道不可或缺的一部分，被分为内岸天然堤与外岸天然堤。当重力流由陆架通过海底峡谷向深海盆地推进时，陡峭的上陆坡给予流体较大的动能，使

第2章 深海水道沉积学特征

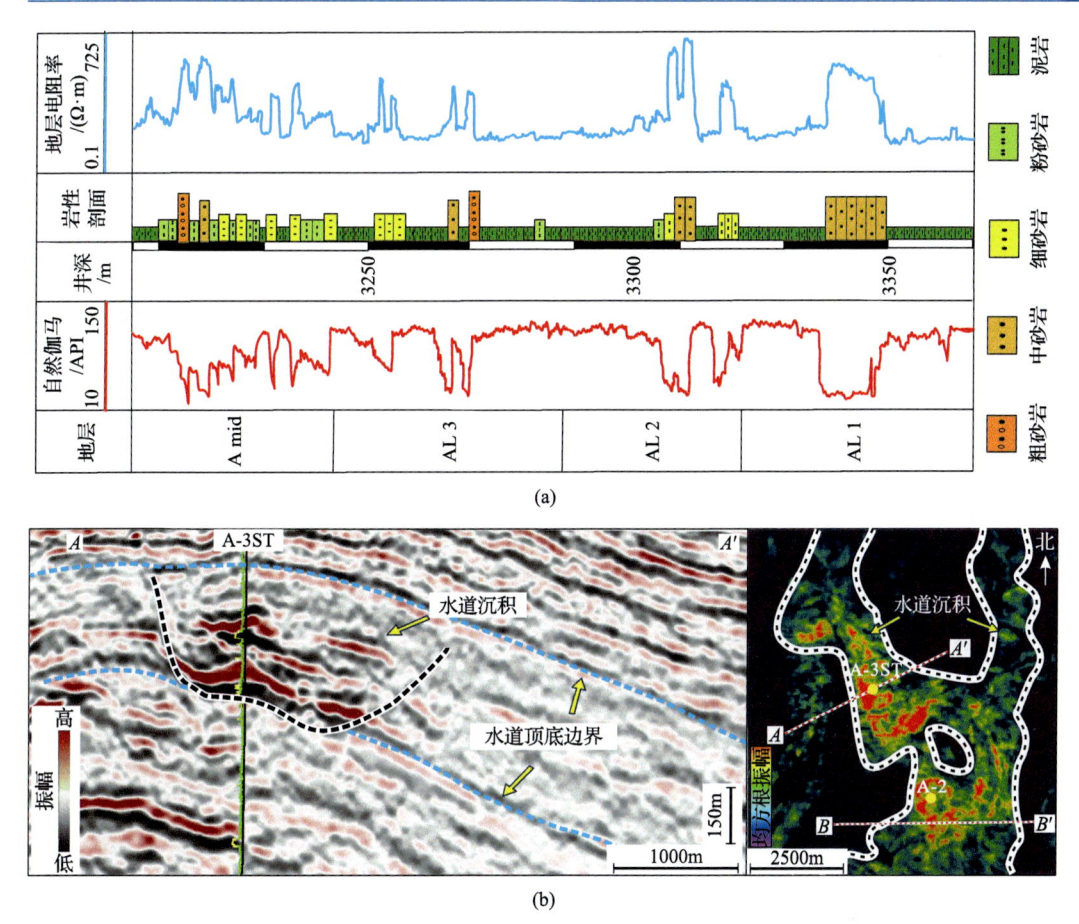

图 2-6 尼日尔三角洲盆地 X 油田深海水道充填沉积所对应的井-震响应特征

(a) 水道充填沉积所对应的测井曲线响应特征；(b) 水道充填沉积所对应的地震响应特征

流体快速向前运移，当流体到达坡度较小的下陆坡时，流体速度减缓，溢岸开始变得明显，重力流中较细的沉积物溢出堤岸并在水道边缘及外部沉积，形成了天然堤。如图 2-7 所示，溢出水道体系外边界的部分称为外岸天然堤；而水道体系内部，单一水道两侧的细粒沉积物则称为内岸天然堤。这里应该注意的是，内岸天然堤并不是在所有的深海水道中发育，很多时候深海水道只发育有外岸天然堤。

1) 外岸天然堤

针对尼日尔三角洲盆地的 X 油田，对岩心进行观察后发现，外岸天然堤的岩性以粉砂岩、泥岩为主，物性相对差于水道沉积[图 2-8(a)]；在测井曲线上，不论是自然伽马曲线还是电阻率曲线，其曲线侧向变化幅度不大，呈现出高自然伽马、低电阻率的特征[图 2-8(a)]；在研究区地震剖面上，外岸天然堤在垂直水道的方向呈现出弱振幅(振幅变化不大)、连续性较好、楔状的地震反射特征，其规模往往比较大，可以延伸数千米甚至十几千米，远离水道方向外岸天然堤厚度逐渐减薄[图 2-8(b)]。

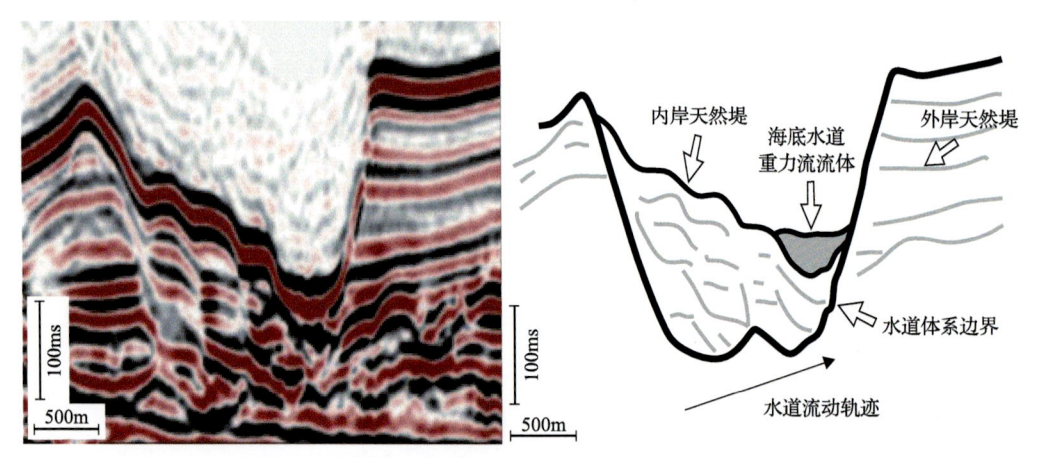

图 2-7　内外岸天然堤发育位置［修改自 Qin 等（2017）］

(a)

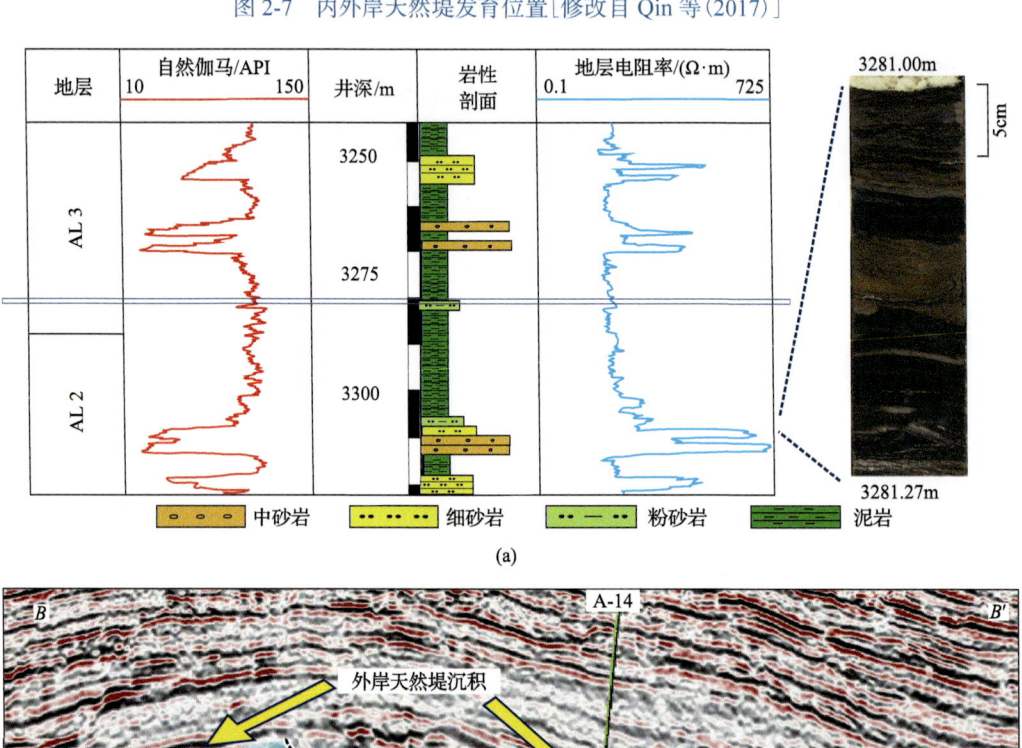

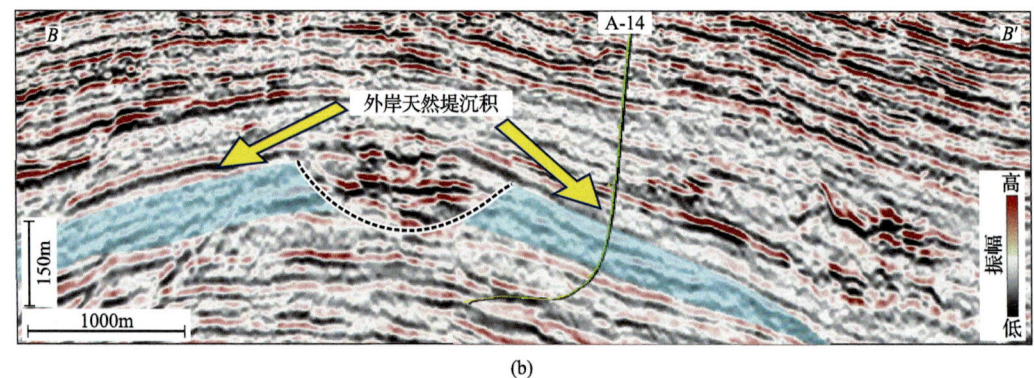

图 2-8　尼日尔三角洲盆地 X 油田深海水道外岸天然堤所对应的井震响应特征
(a)外岸天然堤所对应的测井曲线响应特征；(b)外岸天然堤所对应的地震响应特征

2）内岸天然堤

在 X 油田，内岸天然堤的规模相对于外岸天然堤要小得多。在水道内部，水道充填

第 2 章 深海水道沉积学特征

沉积经常发生侧向迁移及相互切叠的现象，致使在地震剖面上较难观察到清晰完整的内岸天然堤，因此，对于内岸天然堤，笔者将运用岩心资料及垂向分辨率较高的测井资料对其特征进行描述（图 2-9）。内岸天然堤经常与下部水道砂体呈正韵律分布，其岩性主要为交错层理细砂岩、泥岩与粉砂岩薄互层沉积，其物性相对于外岸天然堤较好；在测井曲线上，相比于外岸天然堤，内岸天然堤的自然伽马和电阻率曲线在侧向上有轻微变化，有时可呈现出锯齿状、指状的测井相特征（图 2-9）。

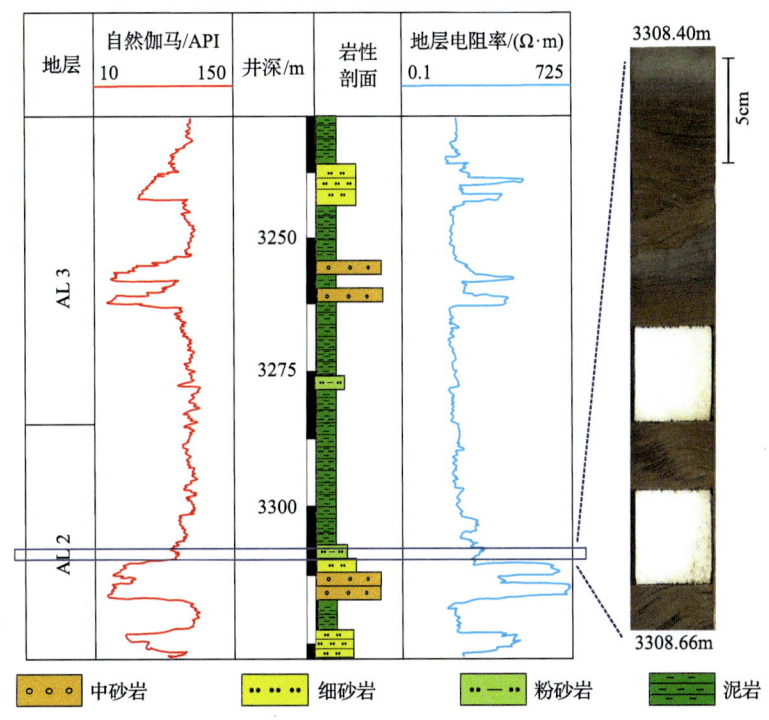

图 2-9 尼日尔三角洲盆地 X 油田深海水道内岸天然堤所对应的测井曲线及岩心特征

2.2.3 决口扇沉积

因为沉积物重力流总是寻求更短、更有效的路径达到平衡，所以一般在弯曲水道的凹岸一侧，重力流为了寻求优势流动路径，可能会发生决口，从而产生决口水道或者决口扇（Kneller，2003；Kolla，2007）（图 2-10）。

决口扇是水道决口后产生，所以不同于漫溢沉积的天然堤，其沉积物粒度相对较粗，有时可见少量中-粗砂岩，但其总体上还是由中砂岩、细砂岩、粉砂岩和泥岩组成，反韵律特征较为明显。在测井曲线上，自然伽马曲线和电阻率曲线都呈现出锯齿化漏斗状的测井相特征［图 2-10（a）］。在地震剖面上，其外形常呈楔状，内部结构和水道沉积相似，为中-强振幅层状反射，在 RMS 平面属性图上，决口扇呈现出较高属性值的不规则扇形特征，主要分布在水道弯曲凹岸外侧［图 2-10（b）］。

此外，根据天然堤的决口程度，前人还将决口扇进行了类型划分：如果天然堤发生了非常明显的破裂，突破水道限制的重力流会形成破裂扇（crevasse splay）；如果天然堤

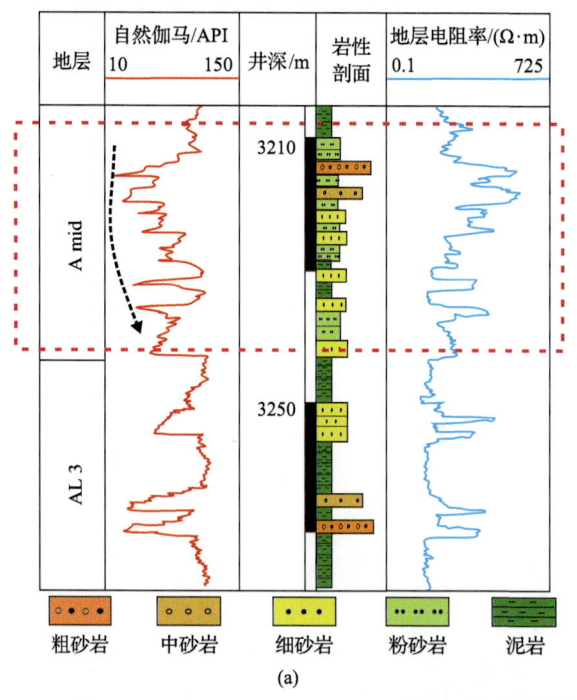

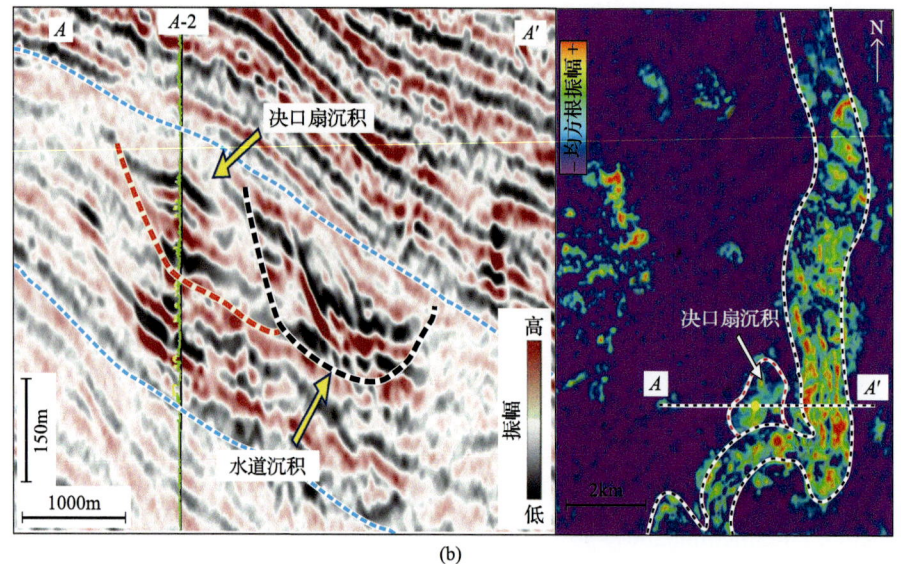

图 2-10 尼日尔三角洲盆地 X 油田深海水道发育的决口扇
(a)决口扇所对应的测井曲线响应特征；(b)决口扇所对应的地震响应特征

破裂程度非常低，重力流则主要通过溢出水道限制的形式形成溢岸扇(overbank splay)(图 2-11，表 2-1)。这种决口扇划分方案最早由 Posamentier 和 Kolla(2003)提出，随后 Lowe 等(2019)和 Qi 等(2022b)在各自的研究中都使用了该划分方案。但需要说明的是，这种对决口扇的分类方案只是使用天然堤的破裂程度作为分类标准，并没有考虑两类决口扇自身的形成过程及沉积特征。

第2章 深海水道沉积学特征

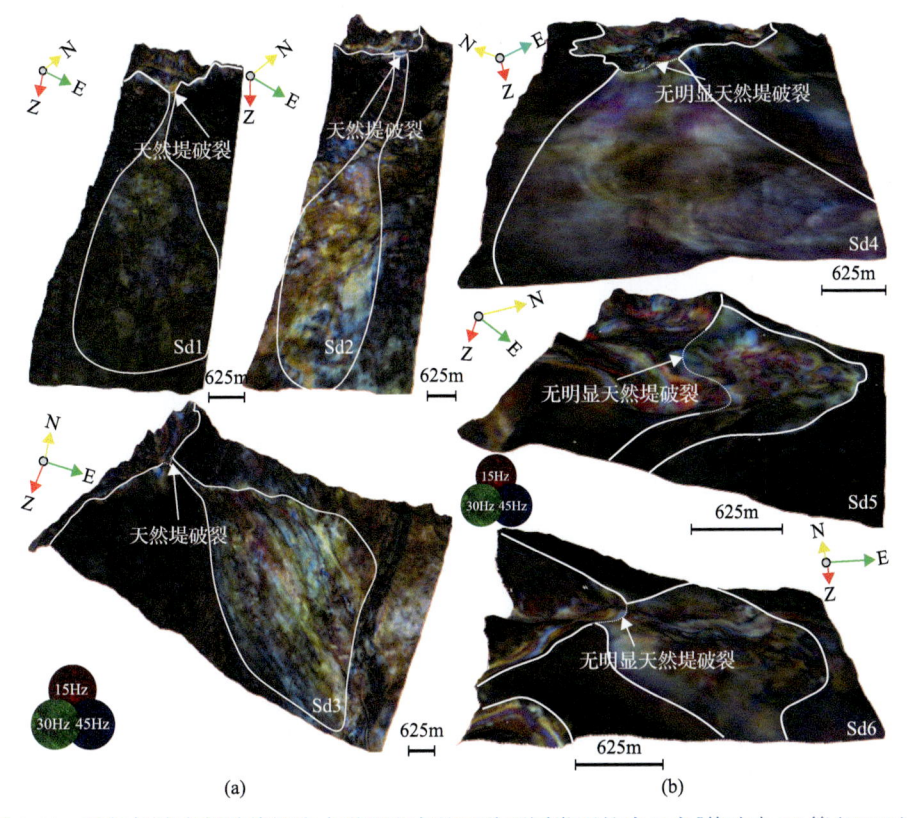

图 2-11 孟加拉湾东部陆缘深海水道所发育的两种不同类型的决口扇[修改自 Qi 等（2022b）]
(a) 孟加拉湾东部发育的三个破裂扇（Sd1～Sd3）；(b) 孟加拉湾东部发育的三个溢岸扇（Sd4～Sd6）

表 2-1 两种不同类型决口扇（破裂扇和溢岸扇）在规模、形态方面的差异（Qi et al., 2022b）

决口扇	面积/km²	最大厚度/m	位置	平面形态	天然堤侵蚀情况	分类	示意图
Sd1	29	77	远离堤岸	拉长形态	强烈	破裂扇	
Sd2	63	145					
Sd3	32	162					
Sd4	23	61	靠近堤岸	扇形	侵蚀或无	溢岸扇	
Sd5	15	115					
Sd6	16	102					

Qi 等（2022b）利用孟加拉湾东部陆缘发育的深海水道，对所伴生的一系列决口扇进行了详细表征，结果发现，破裂扇是由从天然堤破裂口流出的重力流形成。由于重力流固有的惯性，从破裂口流出的重力流会向前持续流动，从而在远离堤岸的位置形成拉长形态的、规模较大的破裂扇[图 2-11(a)中的 Sd1～Sd3；表 2-1]。与破裂扇不同，由于天然堤没有发生明显破裂，溢岸扇主要由从天然堤溢出的重力流形成。当水道内的重力流

高于两侧天然堤的顶端时，重力流上部未受限制的部分则会溢出到天然堤外，并在天然堤附近快速扩散开来，形成扇形的溢岸扇；此外，由于仅仅是有限的重力流从水道中溢出，溢岸扇往往规模比较小［图 2-11(b)中的 Sd4～Sd6；表 2-1］。

2.2.4 块体搬运沉积

块体搬运沉积是指除浊积岩之外的各种重力诱使的沉积体，主要由滑块体(slump)、滑移体(slide)及碎屑流沉积物组成。多数块体搬运沉积搬运距离较短，形成砂泥混杂的滑塌岩，其内部沉积物颗粒分选及磨圆一般较差；部分搬运距离较长的滑塌体可形成碎屑流沉积物，其内部沉积物颗粒分选及磨圆相对较好，但泥质碎屑或砾石含量仍较高［图 2-12(a)］。此外，块状搬运沉积体在地震平面属性图上表现为不规则形态，且内部常见一些不规则的块体，在地震剖面上表现为杂乱反射且振幅偏弱，呈条带状展布［图 2-12(b)］。

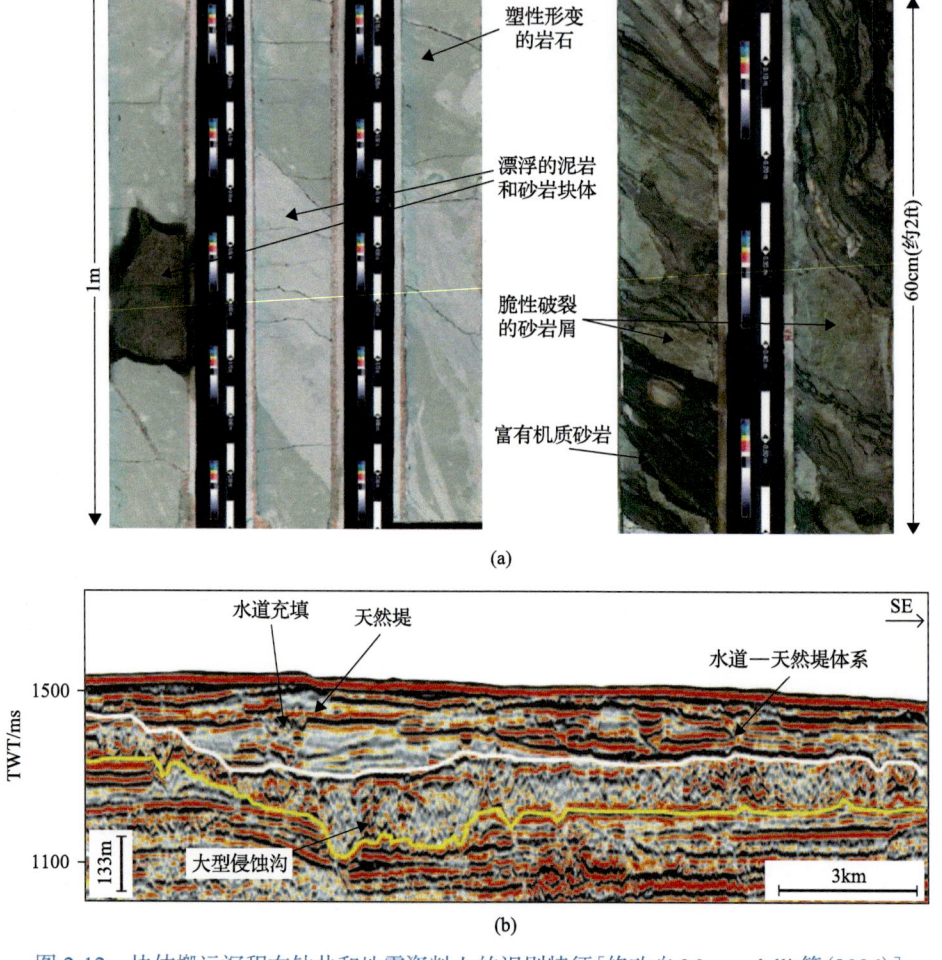

图 2-12　块体搬运沉积在钻井和地震资料上的识别特征［修改自 Moscardelli 等(2006)］
(a)马来西亚凯克(Kikeh)油田块体搬运沉积所对应的岩心；(b)南美特立尼达岛(Trinidad Island)陆缘发育的块体搬运沉积在地震剖面上的显示；1ft=3.048×10^{-1}m；1in=2.54cm；TWT-双程旅行时

第2章 深海水道沉积学特征

在深海水道中，块体搬运沉积可由两侧水道壁发生滑塌形成，因此，相对于陆架边缘或者陆坡上部大规模的海底滑坡，这类块体搬运沉积的规模相对较小。如图 2-13 所示，在尼日尔三角洲盆地的 Bukuma 水道中，水道两岸的天然堤发生了明显垮塌，形成的滑移体直接作为水道充填的底部。这种天然堤的垮塌一方面会造成水道内部快速充填，使水道堵塞；另一方面也会直接降低天然的限制性，使后期的重力流很容易从垮塌处溢出或者决口。

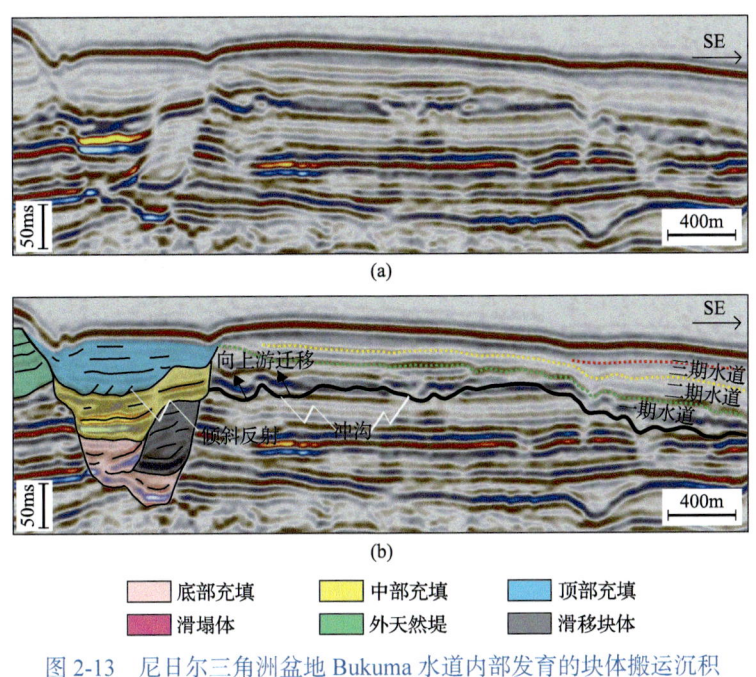

图 2-13 尼日尔三角洲盆地 Bukuma 水道内部发育的块体搬运沉积
红色代表波峰；深色代表波谷

此外，深海水道中发育的块体搬运沉积也可能来源于陆架边缘或者上陆坡的大规模海底滑坡。此种海底滑坡导致的碎屑流直接进入海底峡谷或者深海水道中，并在向下游搬运过程中在水道内部沉积下来。例如，在南海西北陆缘的中央大峡谷中，大规模的碎屑流在沿峡谷流动过程中沉积下来。由于碎屑流中存在较大体积的块体，其在搬运过程中对中央大峡谷的基底造成了明显的侵蚀，形成了类似冲沟一样的线状划痕；而且，由于这些大体积块体的沉积，峡谷内块体搬运沉积的顶界面往往是不平整的，产生大量零散分布的地形凸起(Gong et al., 2014)。

2.2.5 其他特殊沉积单元

深海水道内部除了以上常见的沉积单元外，在特定情况下还会发育一些特殊的沉积单元，如阶地、水道弯曲丘、侧向加积体（似点坝）及凹岸坝等。

1. 阶地

在深水环境中，"阶地"一词通常是指水道带内部地势较高的平坦地形单元，其对具体的形成过程没有明确的含义。因此，严格来说，"阶地"并不属于深海水道内部的沉积

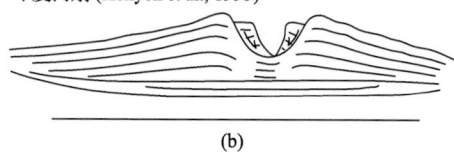

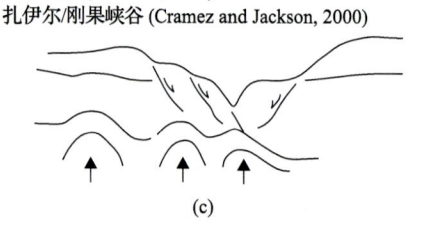

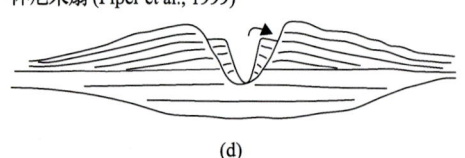

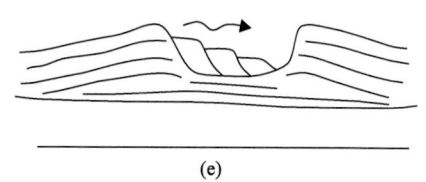

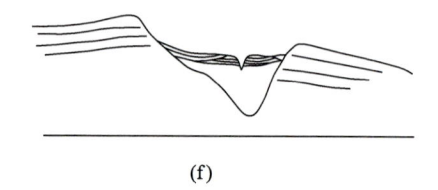

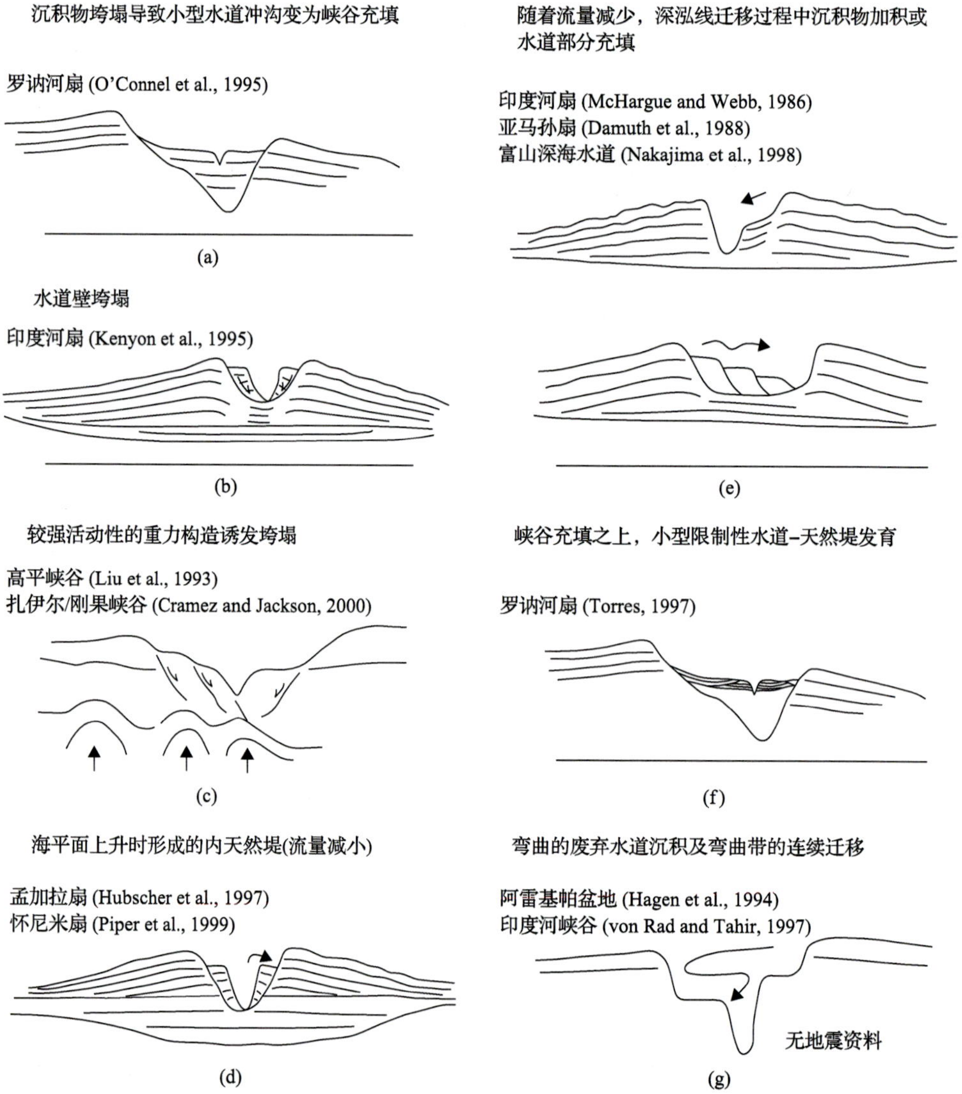

单元，然而"阶地"这一术语在一些情况下又可以代表水道内部平坦表面的残余沉积物。阶地这个平坦表面形成之后没有经历过大量的沉积作用，所以这些区域由不活跃的古老沉积物组成，该沉积物可能由水道残余充填物、坍塌沉积物、外岸天然堤沉积物、废弃水道沉积物或水道带内溢出的薄层浊积岩组成。水道内的阶地可能是水道深切作用、沉积物垮塌、内岸天然堤发育或弯曲带废弃造成的，在许多情况下，这四个过程的组合可能会形成不同类型的阶地（图 2-14）(Babonneau et al., 2004; Hansen et al., 2017)。

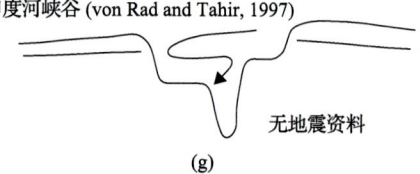

图 2-14 深海水道内不同类型的阶地形成示意图［修改自 Babonneau 等（2004）］
(a) 水道深切作用形成的阶地；(b)、(c) 沉积物垮塌形成的阶地；(d)~(f) 内岸天然堤发育形成的阶地；
(g) 弯曲带废弃形成的阶地

1）水道深切作用形成的阶地

深海水道中连续的侵蚀和充填过程后会形成复杂的阶地。在海底峡谷中，相似的过程同样会形成阶地。例如，沿着小罗讷河(Petit Rhone)峡谷，阶地的形成被解释为由水道最深谷底线深切峡谷充填物造成(O'Connell et al., 1995)[图 2-14(a)]；即在现今的海平面高位阶段，峡谷不断充填，然而，由于下游一次决口事件的发生，新形成的水道最深谷底线下切入峡谷充填沉积中从而形成阶地。深切沟型阶地是由水道连续填充和切割而形成的平坦区域，类似于河流体系中的阶地。这些平坦区域可能是水道在初始切割后保留的原有水道的残余部分，或是在横向迁移和切开水道后剩余的水道充填物在水道带内留下的高地势平坦区域[图 2-14(a)](Babonneau et al., 2004)。尼日利亚贝宁主水道和印度河扇水道的阶地就是由侵蚀水道初始切入陆坡沉积物形成的(Deptuck et al., 2003)。

2) 沉积物垮塌形成的阶地

沉积物垮塌常被解释为海底峡谷中阶地的成因(McHargue, 1991; Klaucke and Hesse, 1996)。因为滑塌沉积在海底峡谷中被普遍观察到，所以许多阶地被认为是由水道壁垮塌形成[图 2-24(b)]。例如，在 Monterey 水道，利用精准的侧扫声呐成像，阶地被解释为由水道壁垮塌形成(Masson et al., 1995)。然而，还发现这些阶地的走向与溢岸流的流向几乎平行，这又说明阶地的形成可能和溢岸过程有关。在构造活跃地区，沉积物的垮塌可能和断裂活动有关。例如，沿着高平峡谷，峡谷壁的垮塌就与泥底辟活动有关[图 2-14(c)] (Liu et al., 1993; Chow et al., 2001)。

3) 内岸天然堤发育形成的阶地

在有些例子中，深海水道中的阶地是由内岸天然堤发育形成的。例如，孟加拉扇[图 2-24(d)]在全新世最年轻的水道仍然是活跃的，当外岸天然堤的生长停滞时，内岸天然堤则开始在水道内发育。此外，通过一些发表的地震数据，前人也识别到了内天然堤的加积，如图 2-14(e)所示的亚马孙扇和印度河扇(Babonneau et al., 2004)。在 Petit Rhone 峡谷，阶地首先被解释为由水道深切作用形成的，这个假设随后被 Torres(1997)使用新数据进行了验证，如图 2-14(f)所示，新数据表明，这些下切水道中的沉积物其实是堤岸沉积，即整个 Petit Rhone 峡谷的上部是由一个小规模的水道天然堤体系充填而成，这些堤岸沉积形成了阶地。

4) 弯曲带废弃形成的阶地

此外，有些小型的阶地与弯曲带的迁移有关。这些阶地早期多被解释为滑塌体的边界，但随着侧扫声呐技术的进步，这些弧形的滑塌痕迹被新解释为弯曲段的边界[图 2-14(g)]，这些阶地上发育的一些废弃水道段及截弯取直的痕迹进一步证实了这个解释。因此，深海水道中阶地的形成也与同时期的水道弯曲有关(Babonneau et al., 2004)。

2. 水道弯曲丘

水道弯曲丘是由 Phillips(1987)对重力流砂体进行测井解释时发现并提出的。在地震平面属性图上，水道弯曲丘是以强振幅反射特征出现，并分布于水道弯曲带内部，是水道内砂体聚集分布的另一种形式(图 2-15)。水道弯曲丘主要由粗粒砂质沉积物组成，被认为是由于水道弯曲处的流体剥离作用(flow stripping)产生(Clark and Pickering, 1996)。然而，迄今为止，在水槽模拟实验中，水道弯曲丘并未在模拟流体剥离过程中产生(Peakall et al., 2000), 所以, 部分学者提出了其他形成机理: 一种观点认为弯曲丘是由于水道壁的滑塌物阻碍, 含沉积物流体停滞形成的砂体; 另一种观点认为弯曲丘是凹岸坝被侵蚀后形成的残余砂体(Wynn et al., 2007; Peakall et al., 2007; Nakajima et al., 2009)。

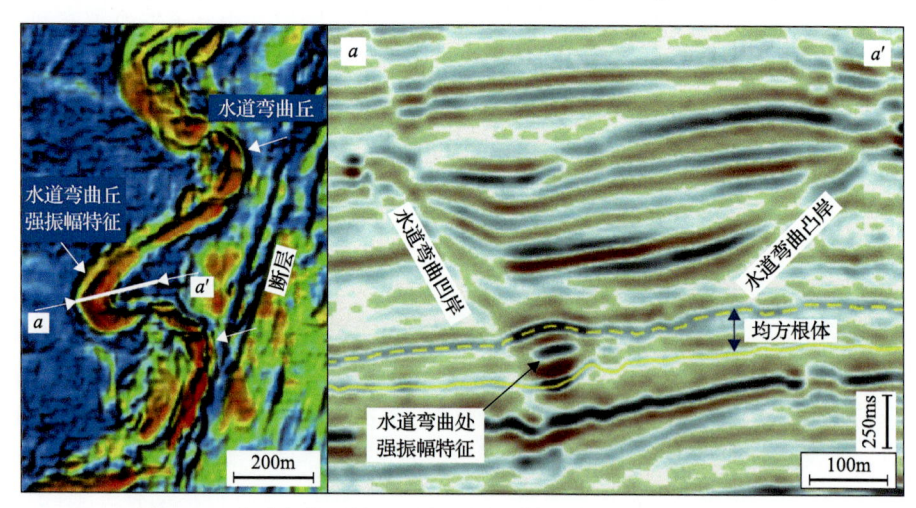

图 2-15 水道弯曲丘的地震响应特征[修改自 Janocko 等(2013)]

3. 侧向加积体

在深水环境中, 前人发现深海水道中同样发育类似河流点坝的沉积单元, 进而将其命名为似点坝或者侧向加积体。这种侧向加积体是由 Abreu 等(2003)在研究西非安哥拉陆缘深海水道沉积特征时首次提出的, 其形态特征与陆上河流点坝极为相似, 但其发育规模、沉积环境、形成过程和成因机制与河流点坝均不相同(Kolla, 2007)。一般而言, 深海水道垂直物源方向侧向摆动(swing)和顺物源方向顺流迁移(sweep)都可以形成这种侧向加积体。如图 2-16(a)所示, 在平面上, 侧向加积体由一系列相互嵌套、同心半环状的亮色混相分频属性条带构成; 这些半环状亮色条带的弯曲度在 1.2~2.5, 且由内环向外环依次增大。在剖面上, 侧向加积体以叠瓦状反射为主要特征, 由一系列彼此并排平行的叠瓦状地震反射构成; 其下部表现为明显的强振幅、断续地震反射, 推测为多期相互切叠的水道底部富砂沉积, 横向连通性好; 上部表现为明显的弱振幅、中连续地震反射, 推测为富泥沉积[图 2-16(b)](Qi et al., 2022b)。

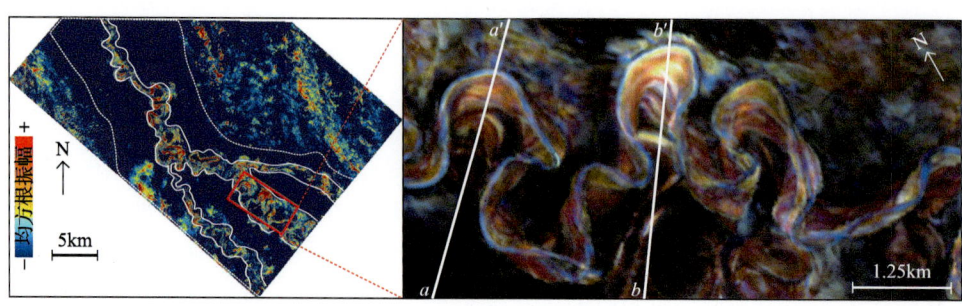

(a)

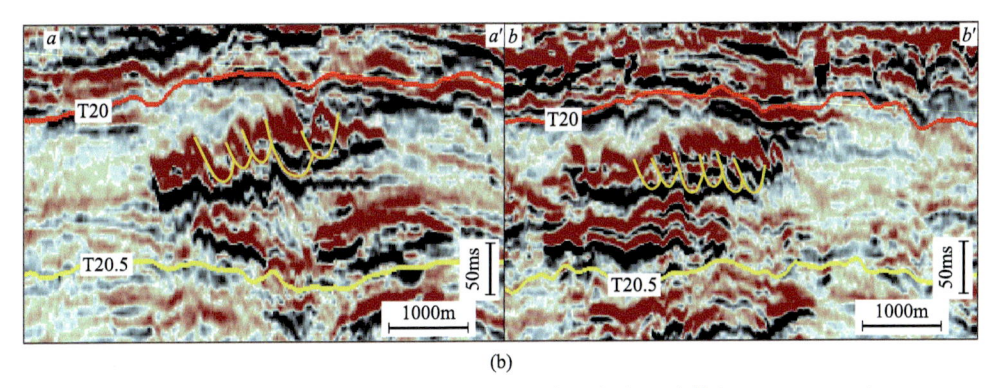

图 2-16 孟加拉湾东部陆缘深海水道所发育的侧向迁移体(Qi et al., 2022b)

(a)侧向加积体在平面上的特征；(b)侧向加积体在剖面上的特征

4. 凹岸坝

近年来研究发现，在少数深海弯曲水道侵蚀作用较为强烈的凹岸一侧也会有砂体沉积(Twichell et al., 2005; Heiniö and Davies, 2007; Kolla et al., 2007)。Straub 等(2008)运用水槽模拟实验证实了这一观点，并通过改变水道内流体浓度等实验条件，来控制产生在水道弯曲凹岸处砂质沉积物的规模大小。在此后的研究中，多位学者通过数值模拟等方法也相继发现了水道弯曲凹岸处的砂质沉积物，并称其为凹岸坝(outer-bank bar)(Janocko et al., 2013; Peakall and Sumner, 2015)(图 2-17)。

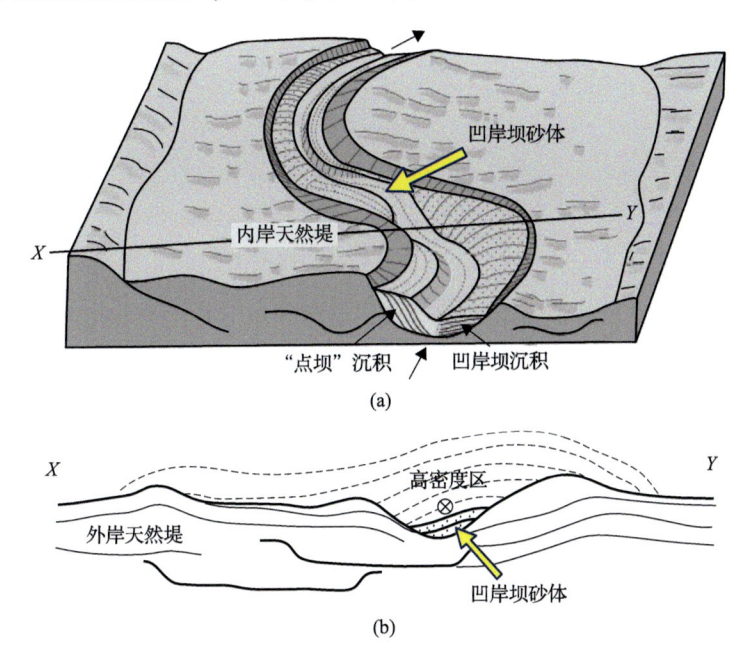

图 2-17 深海水道中凹岸坝发育情况示意图[修改自 Nakajima 等(2009)]

有部分学者认为凹岸坝其实就是水道弯曲丘，但实际上两者并不相同。凹岸坝和水道弯曲丘的主要区别首先在于凹岸坝的连续性要比独立分布的水道弯曲丘强，并且凹岸坝顺物源方向有时还可以与似点坝相连接；其次，水道弯曲丘的规模相对于凹岸坝要小得多，其内部岩层倾斜方向不固定，不过大部分情况下倾向于水道弯曲凸岸一侧；最后，凹岸坝只向水道内弯曲凸岸一侧进行扩张发育，而水道弯曲丘向水道弯曲凹岸、凸岸处都有可能进行扩张发育(图2-17)。

鉴于上述问题，笔者利用尼日尔三角洲盆地陆坡区浅层高品质地震数据，对深海水道凹岸坝沉积特征及形成机制做进一步说明(冯潇飞等，2020)。地震属性平面图可以充分反映复合水道内部沉积单元在平面上的展布(图2-18)。基于浅层高频地震资料进行复合水道内部的构型剖析研究时，通过提取 RMS 属性发现，末期水道内部弯曲凹岸处也有类似于点坝的较强振幅反射特征出现，这个分布于研究区末期复合水道弯曲凹岸处的特殊沉积单元即凹岸坝[图2-18(a)]。

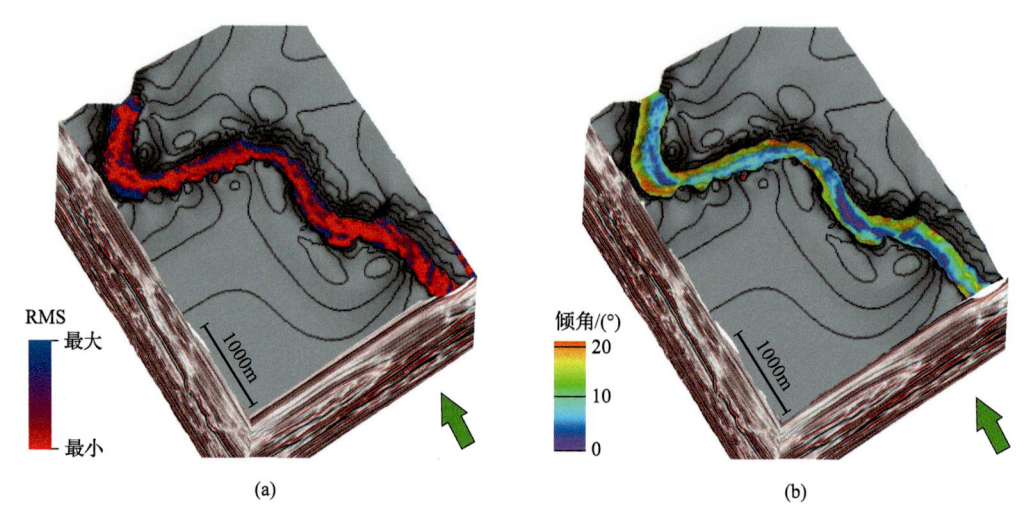

图 2-18　尼日尔三角洲盆地某一深海水道发育的凹岸坝在平面属性图上的特征
(a) RMS 属性图；(b) 地震反射倾角属性图

1) 凹岸坝平面特征

为了能更好地在平面上显示出水道内岩层界面倾角的分布范围，笔者提取了地震反射倾角属性图[图2-18(b)]。对倾角属性图进行分析得出，弯曲凹岸处地层界面整体呈现出 1°~20° 的倾角变化，位于水道弯曲弧顶处的凹岸坝倾角最大，沿弧顶上下游两侧倾角依次减小，并且从倾角属性图可观察出凹岸处沉积界面的倾角相对于点坝 5°~10° 的倾角范围略微偏大。

对提取的地震平面属性进行分析得到水道内沉积单元平面展布图，以便清晰地观察到凹岸坝的平面分布特征(图2-19)。总的来说，凹岸坝是一种分布于水道内部弯曲弧顶及靠近弧顶上下游处类似点坝形态特征的沉积单元，但与点坝分布于凸岸不同，凹岸坝分布于水道弯曲凹岸处一侧(图2-19)。

2) 凹岸坝剖面特征

地震剖面可以清晰地反映水道内部结构特征，并识别出凹岸坝的剖面形态特征。在图 2-19(b) 上截取同时存在点坝和凹岸坝的剖面 a-a'[图2-19(c)]进行观察，可见凹岸坝

第 2 章 深海水道沉积学特征

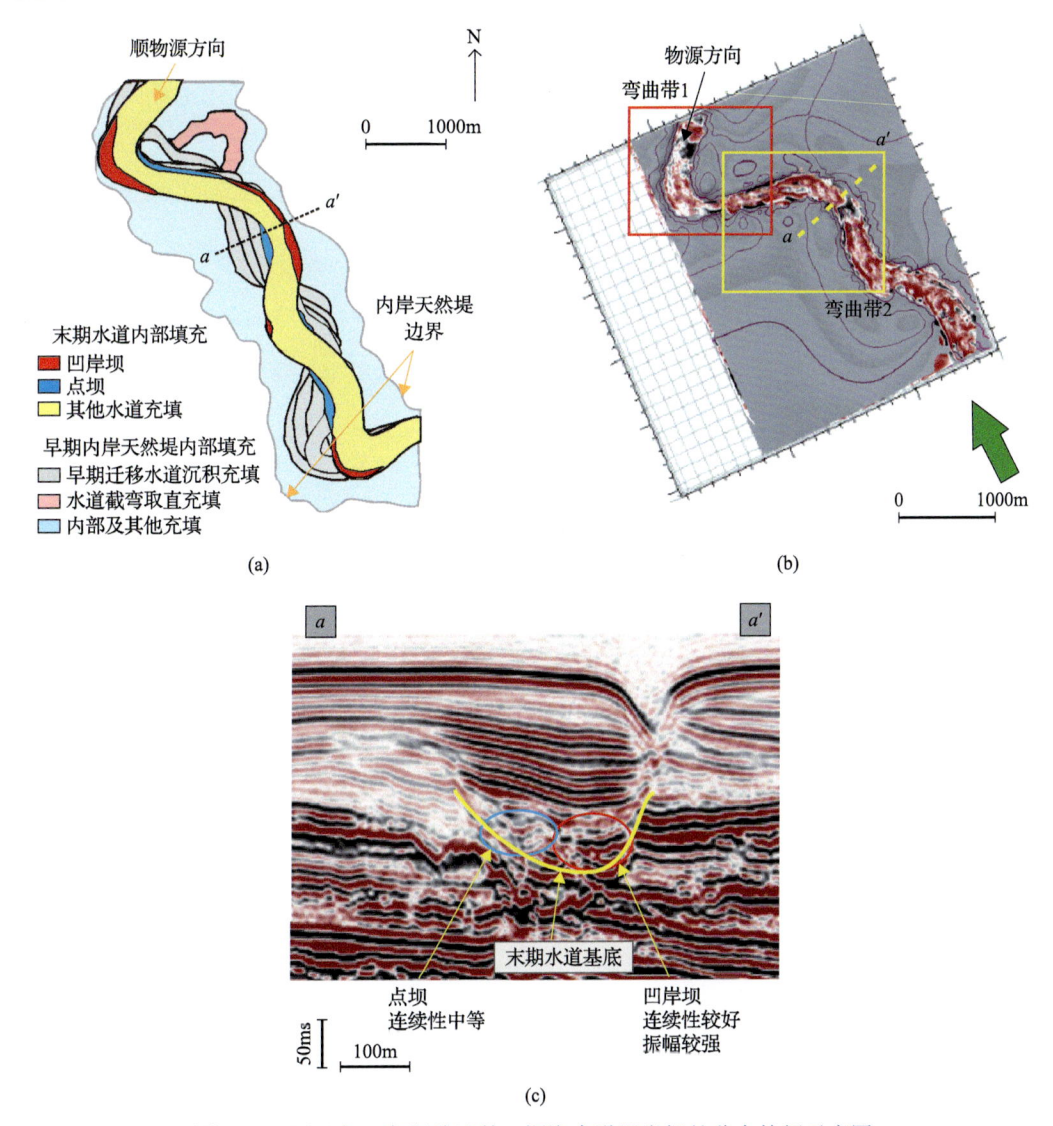

图 2-19 尼日尔三角洲盆地某一深海水道凹岸坝的分布特征示意图
(a)水道内沉积单元平面展布图；(b)深海水道振幅属性图；(c)横切深海水道弯曲带的地震剖面

倾斜分布于水道弯曲凹岸一侧，其倾向与点坝倾斜方向相反，并且在地震剖面上，自弯曲凹岸至弯曲凸岸，以及强振幅、连续性较好的凹岸坝，在横向上转变为中-强振幅、地震反射连续性相对较弱的点坝沉积单元；两沉积单元之间多呈现一些弱振幅、连续性较差(泥质)或杂乱(MTD)的地震反射特征。横向上这种地震反射特征呈现差异的主要原因是早期水道弯曲处多阶段的侧向迁移及海平面升降影响物源供给等(Abreu et al., 2003; Peakall et al., 2007; Marzo and Puigdefábregas, 2009)。

由图 2-20 中 f-a、z-l 等一系列地震剖面可知，凹岸坝存在侧向连续堆叠的特征，这个特征在形态上与早期侧积体的侧向加积作用相似，但是其成因机制与规模大小都与侧积复合体存在较大差异；倾向于凸岸的凹岸坝岩层倾角大小(剖面 d-a、z-n)在水道弯曲弧顶处达到峰值，且沿水道轴线方向上，弯曲弧顶两侧的岩层倾角值有减小趋势。

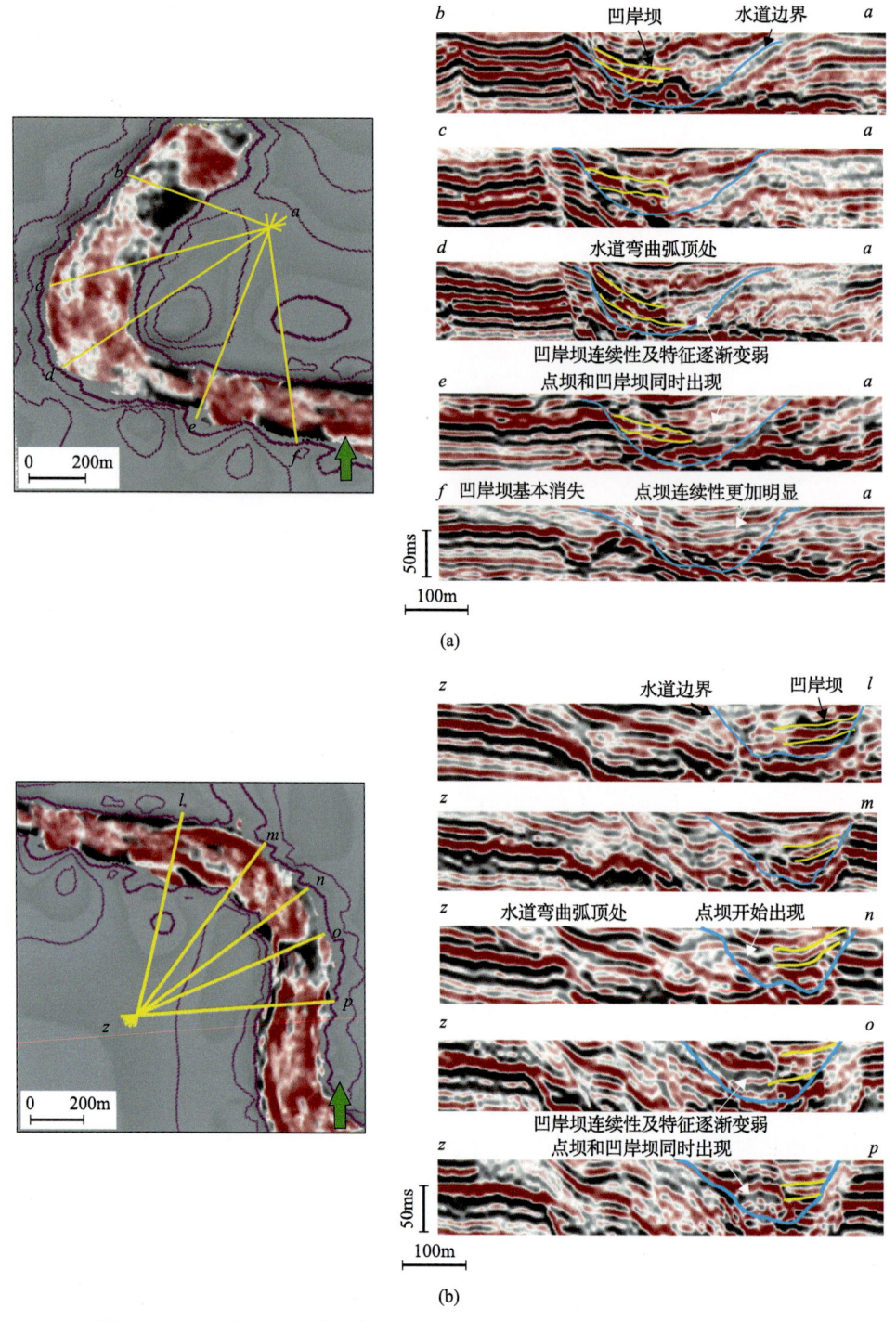

图 2-20　尼日尔三角洲盆地某一深海水道在两个弯曲带处的一系列地震剖面

(a)上游弯曲带处[平面位置见图 2-19(b)]的一系列地震剖面；(b)下游弯曲带处[平面位置见图 2-19(b)]的一系列地震剖面

3) 凹岸坝形成机制

凹岸坝的形成条件较为苛刻。Wynn 等(2007)在早期研究中提出,由于水道弯曲凹岸处侵蚀作用比较强,在深海水道的水槽模拟及数值模拟实验中,基本无法模拟出自然界状态下水道弯曲凹岸处的砂质堆积。之后,Straub 等(2008)在水槽模拟实验中将水道内通过的一般浓度流体改为物源供给十分强烈的流体后,水道弯曲凹岸处在水槽模拟实验中才产生少量砂质沉积物。同期,Kane 等(2008)通过实验得出,位于水道弯曲凹岸处的砂质沉积时常发生在限制或者半限制环境下高弯曲度的水道中。由此可推测,凹岸坝只有在特定条件下才会产生。

实例区研究结果表明,凹岸坝的形成与弯曲水道的曲率大小、水道复合样式有一定联系。在水道弯曲数目与水道半径统计直方图中可以看出,当水道弯曲处曲率较大(水道弯曲处半径<2km)时,凹岸坝发育;但当水道弯曲处曲率较小(水道弯曲处半径>2.5km)时,凹岸坝将不会出现。与此同时,在整体宽度较窄、以垂向加积为主的末期复合水道(水道宽度<1km)出现凹岸坝的数目较多,而在整体宽度相对较宽、以侧向加积为主的早期被强烈侵蚀的水道(水道宽度>2km)中凹岸坝则很难完整保存。综上可知,凹岸坝只有在弯曲曲率较大并以垂向加积发育为主的末期复合水道中才可能会产生。

笔者认为,惯性在凹岸坝形成机制中占主导作用。通过对水道地震属性平面和凹岸坝统计直方图的观察,发现凹岸坝产生于高弯曲度水道弯曲凹岸处,并且在地震剖面上,弯曲弧顶处凹岸坝岩层拥有最大倾斜角度,由此可以推断惯性引导的离心力作用是形成凹岸坝的关键。充足的物源供给流经水道时,在水道曲率较大、半径较小的弯曲处,离心力作用使流体产生快速的流体超高(super elevation)(Wynn et al., 2007),当流体内沉积物分层明显时,上部为密度较小的悬浮负载颗粒,下部为粒度较粗的砂质颗粒,在惯性作用下流体剥离,上部密度较小的部分流体爬升越过内岸天然堤形成溢岸沉积,正是在此过程中,水道弯曲处流体流量减小,其所携带沉积物的能量也随之减弱(Hiscott, 1994),即水流携砂能力小于沉积物负载,此时沉积物将快速沉降,形成凹岸坝。与此同时,如果存在与曲流河内部二次环流流向相反的深海水道内环流,在一定程度上也会使凹岸坝的沉降进程加快,但这种影响对于凹岸坝沉降进程并不起决定性作用,只有惯性引导的离心力才会起决定性作用(Corney et al., 2006; Keevil et al., 2006; Wynn et al., 2007)。

2.3 深海水道岩相构成

通过以上介绍,对深海水道各沉积构成单元在地震反射资料及钻测井资料的表现特征形成了清楚认识。然而,受地震分辨率及其他多方面因素的影响,对各沉积构成单元的解释存在多解性,这使难以较为有效地预测和对比沉积时间短、规模较小的重力流沉积,造成解释结果和准确度都需要进一步探讨与验证。相反,野外露头对深海水道研究有着直观性的突出优势,通过对岩相这一小尺度的沉积记录进行研究,可以对深海水道的沉积构成和发育演化形成更为清晰的认识。

2.3.1 深海水道岩相划分方案

关于深海水道内部的岩相，前人主要是基于重力流的成因类型进行分类。例如，可以将水道内部的岩相分为低密度浊流成因岩相、高密度浊流成因岩相、碎屑流成因岩相三大类。

1) 低密度浊流成因岩相

低密度浊流成因岩相由密度小、分选好的细砂岩沉积物组成。岩性为层状中-细砂岩和泥岩相，常发育交错层理、波状层理及透镜状层理，包括交错层状砂岩相、粉砂质浊流沉积成因岩相、砂泥混杂质浊流沉积成因岩相及泥质浊流成因岩相(表2-2)。除交错层状砂岩相外，低密度浊流成因岩相具有泥质含量较高、孔渗较差的特征。沉积时水动力条件较弱且稳定，此时砾石、粗砂粒等密度较大的沉积物颗粒已沉积完成；细砂颗粒与泥质开始缓慢沉积，形成薄层的中-细砂岩或薄层砂泥岩互层段。岩相整体粒级向上递减，表现出一定的正韵律特征。

表 2-2　尼日尔三角洲盆地 X 油田低密度浊流成因岩相类型

	交错层状砂岩相	粉砂质浊流沉积成因岩相	砂泥混杂质浊流沉积成因岩相	泥质浊流成因岩相
地层	新近系中新统阿格巴达组			
岩性	层状细砂岩	层状泥质粉砂岩	层状砂泥混杂浊积岩	灰黑色层状泥岩
孔隙度/%	27～33	15～21	17～23	17～20
渗透率/mD	>100	<0.01	<0.01	<0.01
沉积物颗粒粒径/mm	0.1～0.15	0.01～0.1	0.01～0.05	0.001～0.01
取心岩性图片				

注：1D=0.986923×10^{-12}m^2。

2) 高密度浊流成因岩相

高密度浊流成因岩相由密度很高、分选差—极差的砂岩沉积物组成。岩性为不含泥屑或泥屑含量低、块状层理的砂岩相，包括块状中-细砂岩、块状砾质-粗砂岩、块状含泥屑砾质-粗砂岩(表2-3)。这一类岩相属高密度浊流成因(鲜本忠等,2013；Janocko and Basilici,2021)，具有泥质含量低、孔隙度和渗透率高的特征；沉积环境水动力条件相对强且稳定，形成块状或厚层的中-粗砂岩及少量砂砾(砾石)，整体粒级差异不大；砂岩层底部偶尔可见具牵引构造或泄水构造的砾石层。

3) 碎屑流成因岩相

碎屑流成因岩相主要由密度高、成分杂、分选差的碎屑沉积物组成。岩性为泥质

第 2 章 深海水道沉积学特征

含量较高的块状砂砾岩相；往往发育大量的泥屑或砾石，砾石粒径从几毫米到几厘米不等。主要岩相包括泥质碎屑流成因岩相、底部滞留沉积成因岩相及砂质碎屑流成因岩相。这类岩相具有泥质含量高、孔渗条件差的特征（表2-4）。沉积时大量的沉积物质沿陆坡向深海运移，水动力条件较强且不稳定，此时整体运动的碎屑流团块较其他分散的沉积物颗粒更容易遇阻向下沉积，裹挟砂质或泥质颗粒形成块状砾岩。

表 2-3 尼日尔三角洲盆地 X 油田高密度浊流成因岩相类型

	不含泥屑或泥屑含量低、块状层理的砂岩相		
地层	新近系中新统阿格巴达组		
岩性	块状中-细砂岩	块状砾质-粗砂岩	块状含泥屑砾质-粗砂岩
孔隙度/%	25~35	25~35	20~27
渗透率/mD	>100	>100	>100
沉积物颗粒粒径/mm	0.1~0.3	0.2~0.3	0.3~0.35
取心岩性图片			

表 2-4 尼日尔三角洲盆地 X 油田碎屑流成因岩相类型

	泥质碎屑流成因岩相	底部滞留沉积成因岩相	砂质碎屑流成因岩相
地层	新近系中新统阿格巴达组		
岩性	层状细粒泥砂岩	块状砂质砾岩	块状泥质细砂岩
孔隙度/%	16~20		13~17
渗透率/mD	<0.01		<100
沉积物颗粒粒径/mm	0.1~0.15		0.2~0.3
取心岩性图片			

2.3.2 野外露头研究实例

本小节以西秦岭甘南直合隆地区下—中三叠统隆务河组深海沉积露头为例，采用碎屑流、超高密度流、高密度浊流、低密度浊流的分类方式，通过对露头岩性、粒度、沉积构造等特征进行分析，共总结出六种基本岩相类型(黄文奥等，2020)。在此基础上，还根据这六种岩相的组合规律，识别出了深海水道内部 3 种不同的沉积单元。

1. 西秦岭甘南直合隆地区地质背景

三叠纪，扬子板块与华北板块逐渐拼合，最终发生碰撞形成秦岭造山带。在古特提斯洋前陆逆冲带的作用下，西秦岭海盆发生强烈的伸展作用，形成三叠纪裂陷槽，裂陷槽中心位于甘肃合作至陕西凤县一线[图 2-21(a)和(b)](赖旭龙等，1995；冯益民等，2003；塔斯肯等，2014)(图 2-21)。

该地区区域构造变形强烈，褶皱、断裂带普遍发育。主断裂构造向东延伸入陕西，向西经过同仁延伸入青海整体呈 NWW 向的夏河—合作区域性逆冲推覆断裂带(田向盛等，2016)。研究区位于夏河—合作断裂带的南西方向，靠近桑科南-格里那断裂[图 2-21(c)]，隶属于西秦岭褶皱带，主要为三叠系，出露下—中三叠统隆务河组深海沉积露头。裂陷槽中心发育深海槽盆碎屑岩沉积，往北逆着盆地物源搬运方向依次发育斜坡浊积岩沉积和华北地台边缘海湾沉积(图 2-21)。

整体区域内下—中三叠统隆务河组和中三叠统古浪堤组共同组成倒转背斜构造，轴向 NW—SE。核部出露隆务河组，两翼出露古浪堤组，两翼地层倾向 N—NE，南翼为倒转翼(严琼等，2017)。下—中三叠统隆务河组常见灰绿色-灰黑色-黑灰色长石石英砂岩，部分夹薄层灰岩、泥灰岩及断续分布的砾石，在其下岩层组部分发育深灰色泥岩、粉砂质板岩(赵江天和杨逢清，1991)，自下而上由含砾中-粗砂岩—块状中-细砂岩—粉砂岩及延伸并不稳定的泥岩层等基本层序有序叠加而成。岩层组原生沉积构造较为发育，砂岩中发育正韵律层理、平行层理，粉砂岩中发育水平层理。研究区内隆务河组剖面未见底，与上覆地层整合接触，地层整体倾向为 351°～356°，倾角为 78°～86°。

研究区直合隆地区位于甘肃省西南部的甘、青、川三省交界处的甘南藏族自治州，处于青藏高原和黄土高原过渡地带，地势西北部高、东南部低。此次研究选取直合隆地区出露条件较好的 3 条剖面(剖面①～剖面③)[图 2-21(d)]，其中 3 条剖面两两相距约 400m，有利于沉积体系的横向追踪对比。

2. 岩相类型及特点

如前所述，通过对西秦岭直合隆剖面露头岩性、粒度、沉积构造等特征进行分析，共总结出六种基本岩相，分别是滑塌岩相(F1)、碎屑流沉积岩相(F2)、超高密度流沉积岩相(F3)、高密度浊流沉积岩相(F4)、低密度浊流沉积岩相(F5)及深海泥岩相(F6)。

1) 滑塌岩相(F1)

研究区内滑塌岩相发育规模小，连续性差，剖面②处未见其发育，主要集中发育在

第 2 章 深海水道沉积学特征

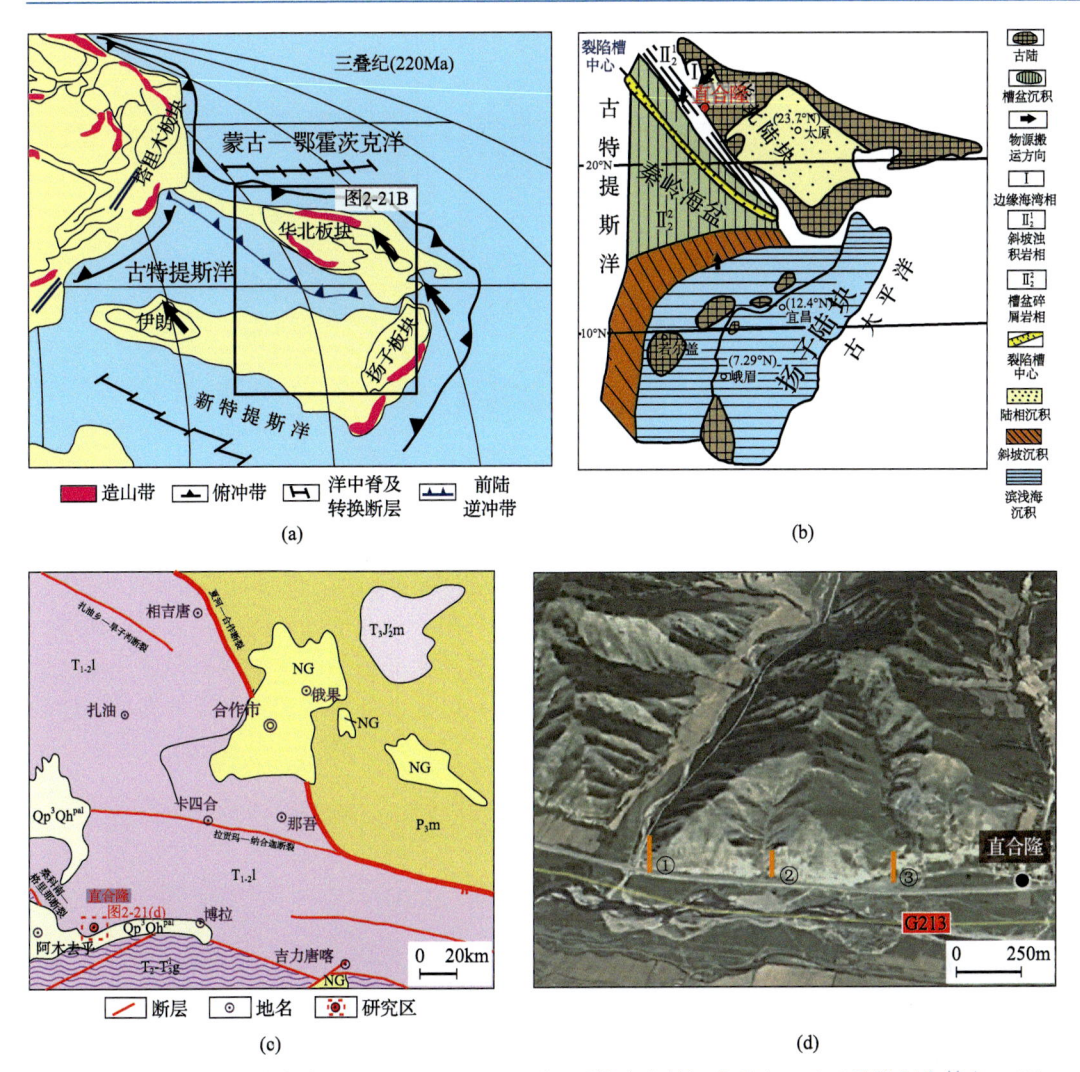

图 2-21 西秦岭甘南直合隆地区地质概况及地理位置[修改自赖旭龙等(1995)以及塔斯肯等(2014)]
(a)、(b)秦岭造山带的板块构造背景；(c)研究区地理位置；(d)研究区的 3 个野外露头

剖面①处，总厚度为 7.01m，剖面③处少量发育，厚度仅为 0.48m(图 2-22)。该种岩相特征是滑塌体内发育明显的揉皱变形，存在大量变形泥砾及变形砂块。整体呈不规则状分布，混杂堆积，与下伏块状砂体间存在不规则接触面(图 2-22)。

滑塌岩相起始发育在斜坡上，由于地震或其他外界因素影响，沉积物发生垮塌。沉积物是由开始较为完整连续的滑动块体转变为部分质点较为分散的滑塌块体，并向坡底滑动，随着能量逐渐损失，在坡底堆积形成沉积体；或者是随地形的起伏，与遮挡物连续碰撞接触等损失能量后在斜坡上形成沉积体(孙宁亮等，2017；操应长等，2017)。纵观整个过程，可发现与其相对应的沉积构造及特点。滑塌过程中，滑塌体底部会出现拖拽变形，层内也会发育揉皱及变形层理，具有明显的滑动和角砾化现象(图 2-23)。变形构造是识别滑塌体的重要标志(袁珍等，2011；廖纪佳等，2013)。

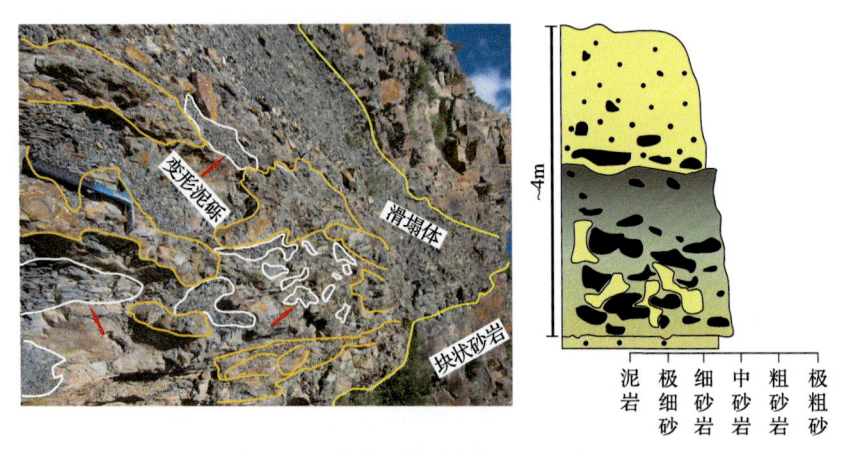

图 2-22　甘南野外露头典型滑塌岩相

2) 碎屑流沉积岩相(F2)

研究区内碎屑流沉积发育较为局限，剖面①和剖面③处均有发育，剖面②处不发育。平均厚度为 1.9m，最厚可达 4.5m。以厚层块状中-粗砂岩或中砂岩为主，无明显粒序，分选较差。多数砂岩底部与下伏地层平坦接触，对下伏沉积物没有明显的侵蚀现象。而且砂岩层内发育长轴方向保持一致的砾石或泥砾，可见部分泥质碎屑顺层分布在砂体的各个层位(图 2-24)。

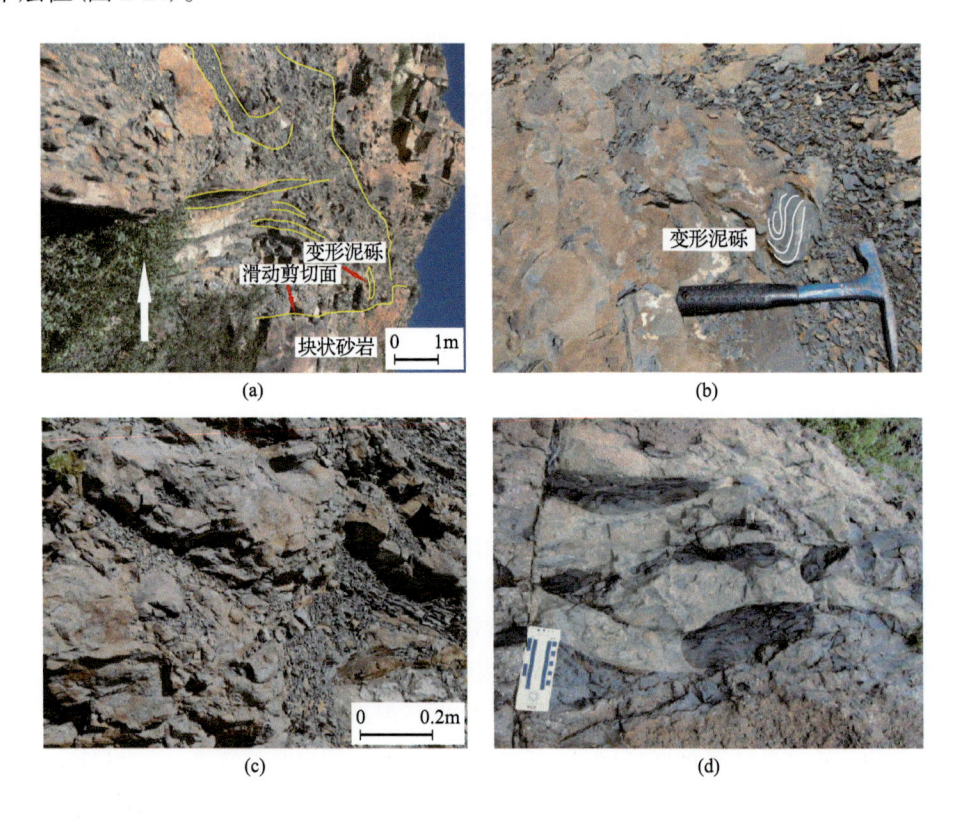

第 2 章 深海水道沉积学特征

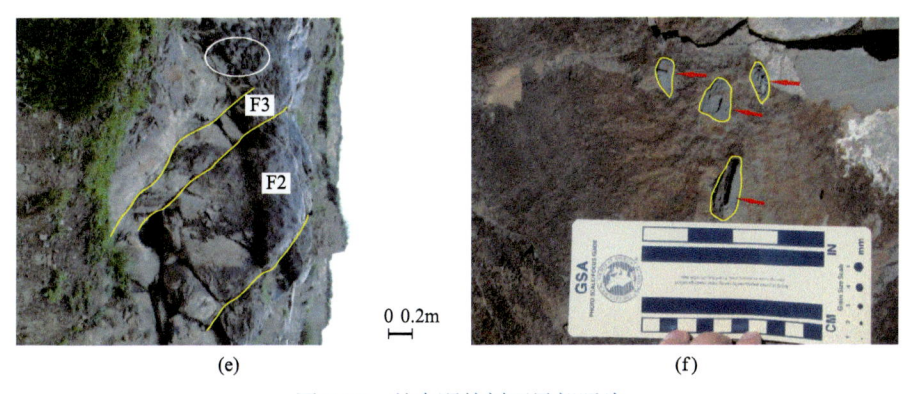

图 2-23 甘南野外剖面局部照片

(a)滑塌体与砂岩间的滑动剪切面；(b)变形泥砾；(c)滑动变形；(d)风化的角砾；(e)不同成因下形成的块状砂岩及重荷模(白色圈)；(f)定向排列泥砾

图 2-24 甘南野外露头典型碎屑流沉积岩相

碎屑流通常发育在靠近物源处，是以泥质基质为主，混杂砂质或砾质碎屑的塑性流体。以整体形式裹杂着碎屑物质缓慢向前筏运过程中，黏结性泥质基质具有凝聚力，能阻止围水进入，保持了碎屑流流体内部结构，所以可见碎屑物质散乱分布在砂体内部(Middleton and Hampton, 1973)。由于"滑水机制"(Mohrig et al., 1998)的存在，在远距离搬运过程中，阻止了碎屑流对下伏地层发生侵蚀作用，其沉降方式只能因为能量的递减，整体固结沉降形成块状砂岩。长轴方向保持一致的碎屑物质反映了碎屑流内部处于层流状态(Hamilton, 1993; Dasgupta, 2003; Scully et al., 2022)。

3) 超高密度流沉积岩相(F3)

研究区内超高密度流沉积岩相广泛分布，占主导地位。平均厚度为 2.1m，最大厚度为 7.7m，主要为厚层块状中-细砂岩、中砂岩，砂岩内部不具明显粒序层和其他构造，具平坦或不规则接触面，砾石或泥砾散乱分布在层内不同位置。

超高密度流是一种泥质基质含量较少，以砂质为主，沉积物颗粒之间相互分散且不具有黏结性的塑性流体(Mulder and Alexander, 2001)。因其具有沉降受阻的沉积特点，在超高密度流发生沉降时，内部结构相对稳定，各质点以相同速率向下运动，形成块状砂岩(Johansson and Stow, 1995)。塑性流体不具侵蚀性，若下伏地层层面平坦，则块状砂岩与其平坦接触。若下伏地层被早期流体侵蚀而未被沉积充填时，则会表现出不规则接触面(图 2-25)。

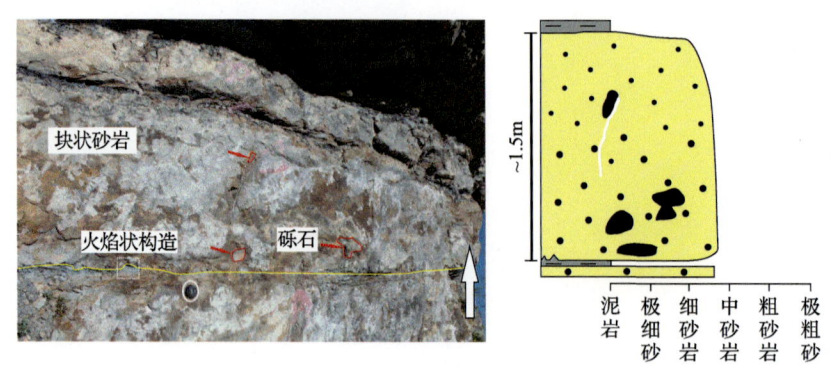

图 2-25 甘南野外露头典型超高密度流沉积岩相

4) 高密度浊流沉积岩相(F4)

研究区内高密度浊流沉积岩相并不常见，发育规模较小，平均厚度为 1.1m，最大厚度为 1.95m。主要是近块状或弱正粒序结构的中-细砂岩、细砂岩。底部可为含砾石或泥砾的块状砂岩，而顶部出现平行层理或流水砂纹层理、交错层理(图 2-26)。

图 2-26 甘南野外露头典型高密度浊流沉积岩相

高密度浊流是一种介于超高密度流和低密度浊流之间的过渡性流体，其沉积物密度也同样介于两者之间，并兼具两种流体的性质及沉积特点(Postma et al., 1988;张兴阳等, 2001)。上部沉积物颗粒向下补充，密度逐渐变小，在相对较强的水动力作用下沉积形成平行层理。上部呈悬浮状态的细粒沉积物不断供给，导致砂纹在流动过程中向前推移并能在垂向上叠置形成流水砂纹层理。抑或是早期形成的平行层理，接受后期流体的改造而形成交错层理(Aalto, 1976; Sohn, 1997)。

5) 低密度浊流沉积岩相(F5)

低密度浊流在研究区内均有发育，平均厚度约为 1m，最大规模低密度浊流沉积体以砂泥互层的形式产出，厚度可达 15m(图 2-27)。主要为具正粒序结构的中-细砂岩、细砂岩，部分砂岩发育不完整的鲍马序列 $T_a \sim T_d$ 段，具平坦底面或侵蚀底面，底部偶见冲刷面、槽模、沟模、重荷模等构造。

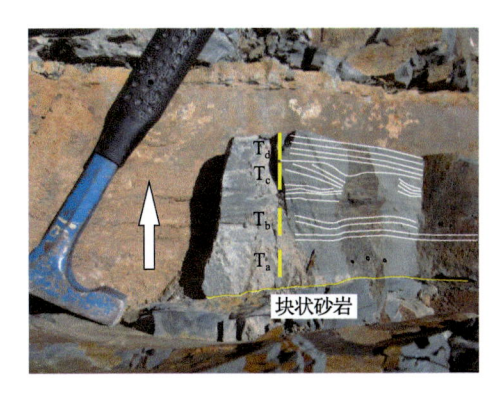

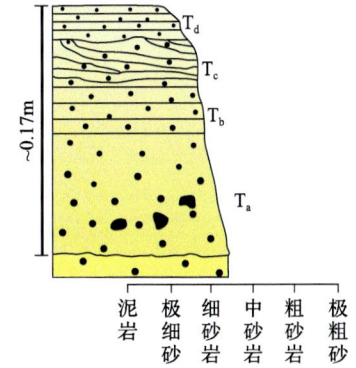

图 2-27 甘南野外露头典型低密度浊流沉积岩相

低密度浊流是最为熟知的深海重力流类型,其沉积物颗粒含量最低,流体内部各质点均处于完全紊乱的状态,以湍流支撑(孙宁亮等,2017)。低密度浊流是流体流,一旦给予初始动力,便会一直向前运动。但随着能量的损失,粗细颗粒按各自沉积速率以悬浮沉降的方式不断卸载沉积物颗粒,形成正粒序结构,流体密度降低后向牵引流转化,继续沉降形成平行层理,或经后期流体改造形成交错层理等(Lowe, 1982; Arnott and Hand, 1989)。

当低密度浊流沉积物颗粒粒度较小时,侵蚀能力较弱,会形成较为平坦的接触界面。当粒度较大时,侵蚀能力明显增强,流体能量更大,可侵蚀下伏地层形成冲刷面,带动底部砾石向前运移形成工具模等(李林等,2011; Talling, 2013)。

6) 深海泥岩相(F6)

研究区内深海泥岩相发育较局限,整体上厚度较大,平均厚度为 3.7m,最大厚度可达 5m,单独产出的泥岩层单层最薄厚度为 1.6m,主要是灰黑色纯净泥岩,是半远洋—远洋悬浮沉降的产物。

水体较深,稳定环境下沉积的泥岩质较纯,厚度较厚。在重力流发育较为频繁的部位,泥岩以薄层形式产出,且上下泥岩中可发育砂质夹层,此时的泥岩并不纯净,可能为粉砂质泥岩。

3. 沉积单元识别

上述已识别的岩相类型在研究区内有着不同的占比,反映了不同的流动过程(孙宁亮等,2017)。根据岩相的局部特征及其占比,水道砾石成分、大小磨圆(图 2-28)及砂体的堆叠形式,研究区共识别出限制性水道充填、弱限制性水道充填及天然堤三类沉积单元体(表 2-5)。

1) 限制性水道充填沉积

对于研究区剖面 1 下部①~⑩层(图 2-29)及研究区剖面 3 下部①~⑫层(图 2-30),从野外露头可以直观地观察出相互叠置较为复杂的砂体。其中剖面 1 第①层局部砂岩层面发育散乱分布的砾石；第⑦层发育具明显切叠关系的砂体(图 2-29)，且上覆局部砂体有明显的揉皱变形(图 2-29)；第⑩层为滑塌块体，发育大量变形泥砾。剖面 3 第⑦层底面大规模发育槽模构造；第⑩层发育多套砂岩夹泥岩层；第⑫层砂岩夹泥岩层规模相当但厚度减薄(图 2-30)。

砾石成分	大小(长、宽)/cm	磨圆度	典型照片	沉积环境
泥砾	18、6	次棱角状		限制性水道
泥砾	12、4	次棱角状		限制性水道
砂砾	16、7	次棱角状		限制性水道
泥砾	45、20	棱角状		限制性水道
砂砾	2.5、0.8	次圆状		弱限制性水道
泥砾	1.3、0.9	次圆状		弱限制性水道
砂砾	3.5、12	圆状		弱限制性水道
砂砾	3.3、16	次圆状		弱限制性水道

图 2-28　深海水道砾石属性统计图

表 2-5　各沉积单元岩相类型占比统计表　　　　　　　　(单位：%)

沉积单元	露头剖面	岩相类型					
		F1	F2	F3	F4	F5	F6
限制性水道充填	剖面 1	16.65	16.99	62.56			3.8
	剖面 3	1.54	21.6	54.4	6.4		16.06
弱限制性水道充填	剖面 1			71.9	3.6	24.5	
	剖面 2			70.02		29.98	
天然堤	剖面 3			72.5		22.05	5.45
	剖面 2					52.42	47.58

第 2 章 深海水道沉积学特征

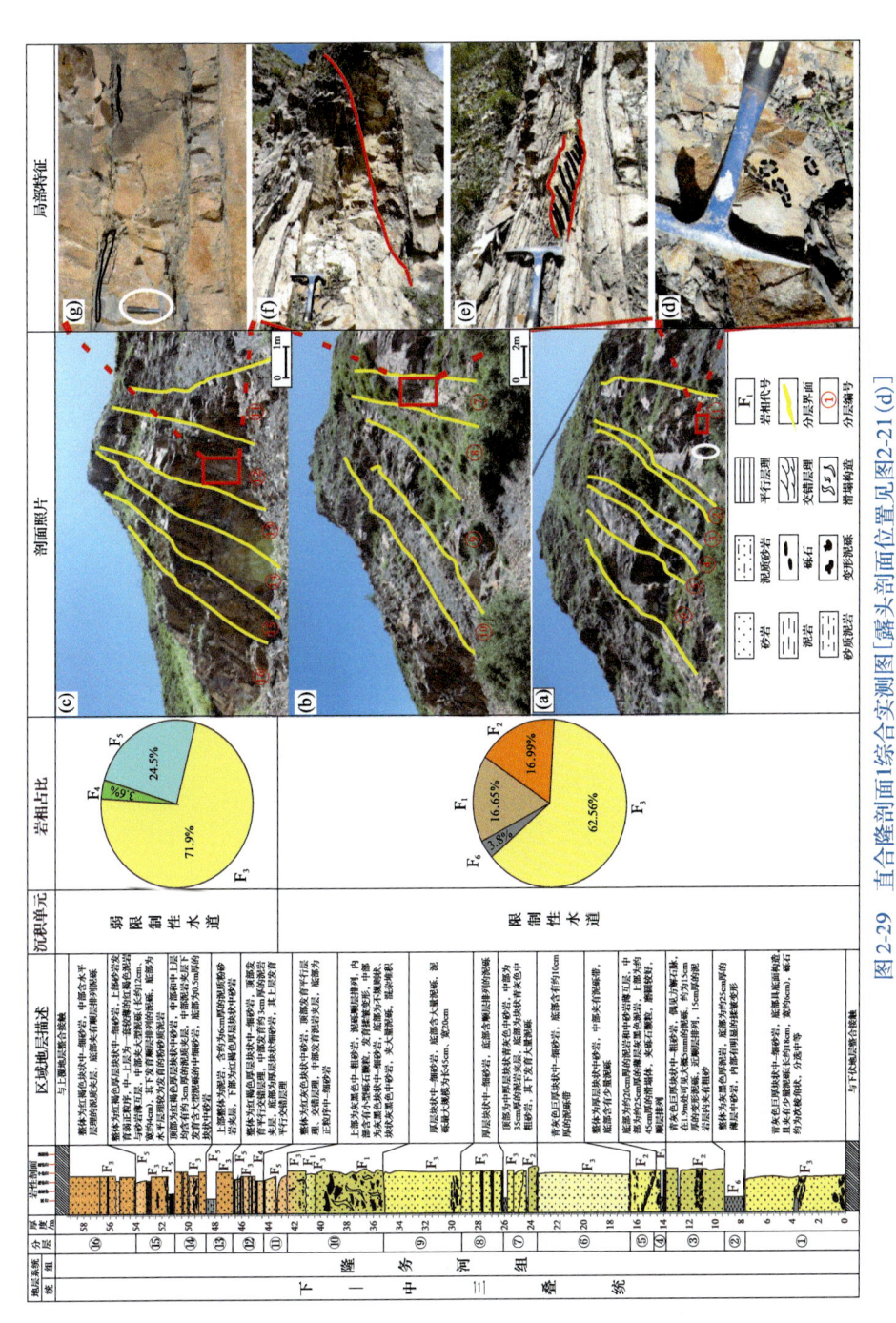

图 2-29 直合隆剖面 1 综合实测图 [露头剖面位置见图 2-21 (d)]

(a) 野外剖面①~⑥层段；(b) 野外剖面⑦~⑩层段；(c) 野外剖面⑪~⑯层段；(d) 散乱分布的小型泥砾；(e) 变形砂体；(f) 砂体切叠；(g) 厚层块状砂体规整堆叠

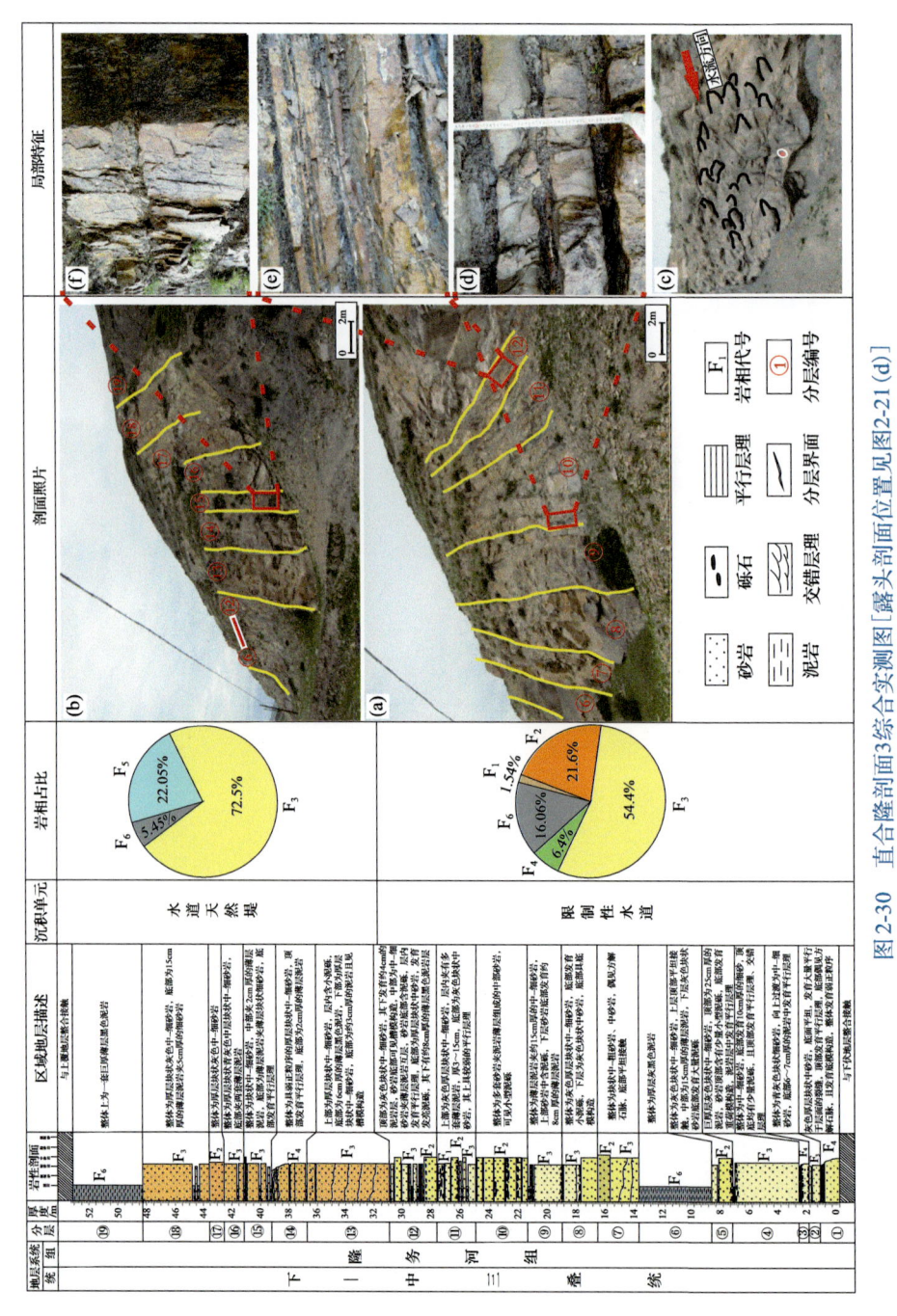

图2-30 直合隆剖面3综合实测图[露头剖面位置见图2-21（d）]

(a) 剖面⑥~⑫层段；(b) 剖面⑬~⑲层段；(c) 槽模构造；(d) 砂岩夹泥岩层；(e) 砂岩层夹薄层泥岩；(f) 厚层块状砂体夹小型冲刷面界面

由岩相占比分析可得，两处剖面下部层段整体上均以超高密度流发育为主，表现为厚层块状砂体的叠置，其次是粒度较粗的碎屑流沉积。碎屑物质沿着海底峡谷向海底平原输送，距物源越近的沉积体粒度越粗。一部分碎屑物质入水会形成碎屑流，另一部分则可能形成超高密度流，而碎屑流在搬运碎屑物质的过程中，会逐渐发生流动转化形成超高密度流，于是造成水道整体上以超高密度流沉积为主、碎屑流沉积次之的沉积特点。由于环境的限制，高能量流体会冲刷水道底部，形成冲刷面，可推动大型砾石向前移动，形成槽模构造，同时还会卷入部分砾石或泥砾。在流体向前运动的过程中，碎屑物质粒度大的先发生沉积，后续流体因为早期沉积砂体的阻挡，能量会大幅度损失，沉积时局部砂体会产生变形现象(图 2-29)。

2) 弱限制性水道充填沉积

研究区剖面 1 上部⑪~⑯层如图 2-29 所示；剖面 3 上部⑬~⑱层如图 2-30 所示；剖面 2 下部①~⑦层如图 2-31 所示。从野外露头可以直观地观察出叠置较为规则的砂体。其中剖面①第⑫层发育具弱正粒序的砂岩及不完整的鲍马序列 T_a~T_d 段，常见低密度浊流侵蚀下伏地层形成的不规则界面，可见厚层块状砂岩内部夹有不连续的泥质薄层(图 2-29)。剖面 3 第⑮层砂岩平坦接触，叠置较为规则(图 2-30)，其他特征在上述两个剖面中均有描述，如多发育砂岩夹泥岩层，存在多处侵蚀界面等。剖面 2 下部常见砂岩夹泥质板岩，第④层发育规模较大的底面构造，如沟模、重荷模等(图 2-31)，部分层内偶见大型泥砾发育。

由岩相占比分析可得，此时仍以超高密度流相占主导地位，其次占比最高的岩相则由碎屑流相转变为低密度浊流相。与限制性环境沉积体相比，整体上砂体粒度偏细。这是因为在重力流流动过程中，随着距离的增加，部分粗颗粒碎屑物质在斜坡带上逐渐沉积，流体密度降低，流体逐渐转变为密度更低的沉积物重力流。此时，由于限制性环境的减弱，重力流流动面积变得更宽泛，沉积的砂体则表现出宽而薄的特点。正粒序的发育指示具低密度浊流特点的砂岩，鲍马序列的 T_b 段发育平行层理，说明它们是具有牵引流性质的低密度流体流动而产生的结果。低密度浊流相在侧向上延伸稳定，反映其沉积作用受水道限制较小或不受水道限制。

3) 天然堤沉积

主要发育在剖面 2 的第⑧层，为巨厚的砂泥互层(图 2-31)，各岩相类型占比为 F5(52.42%)、F6(47.58%)，可定为弱限制性水道两侧天然堤，是水道末期消亡时的产物(Mohrig and Buttles, 2007)。水道内发育的重力流在沿下坡向深海平原运动的过程中，由于水道的限制性减弱，位于重力流顶部密度较小的偏泥质或粉砂质物质会溢出水道，形成天然堤，这些细粒物质常常为发育水平层理或上攀砂纹层理的泥质粉砂岩或粉砂质泥岩(图 2-31)。随着水道内部重力流砂泥比的增大，水道两侧溢出的偏细粒的物质逐渐减少，所形成天然堤的高度也逐渐降低，最终当其高度无法限制重力流时，重力流就会呈席状散开形成朵叶体沉积(Posamentier and Walker, 2006; 蒋恕等, 2008)。

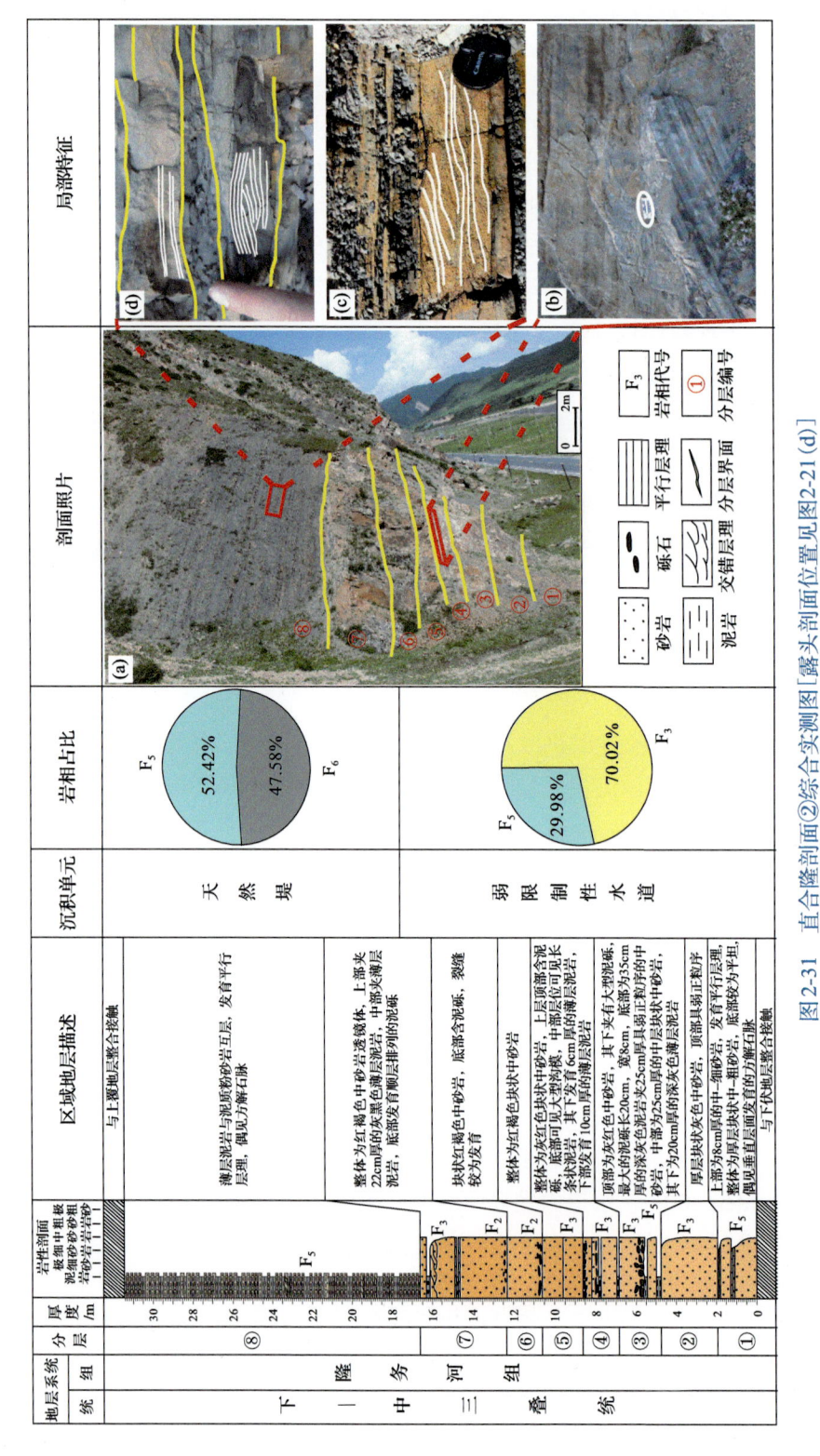

图 2-31 直合隆剖面②综合实测图[露头剖面位置见图2-21 (d)]

(a) 剖面①~⑧层段；(b) 沟模、工具模；(c) 泥质粉砂岩水平层理；(d) 粉砂质泥岩水平层理及上攀砂纹层理

2.4 深海水道沉积影响因素

Stow 等(1996)通过对前人研究成果的系统分析，认为相对海平面波动、区域性构造运动及沉积物供给(物源、种类和速率)这三者是控制深海水道沉积最为根本的因素[图 2-32(a)]。与 Stow 等(1996)的总结有所不同，美国深海沉积学家 Kolla(2007)则把所有控制因素划分为盆外(又称异旋回)控制和盆内(又称自旋回)控制两大类[图 2-32(b)]。此种分类可以清楚地介绍沉积物在源-汇系统的不同部分受各种因素影响的比例，目前

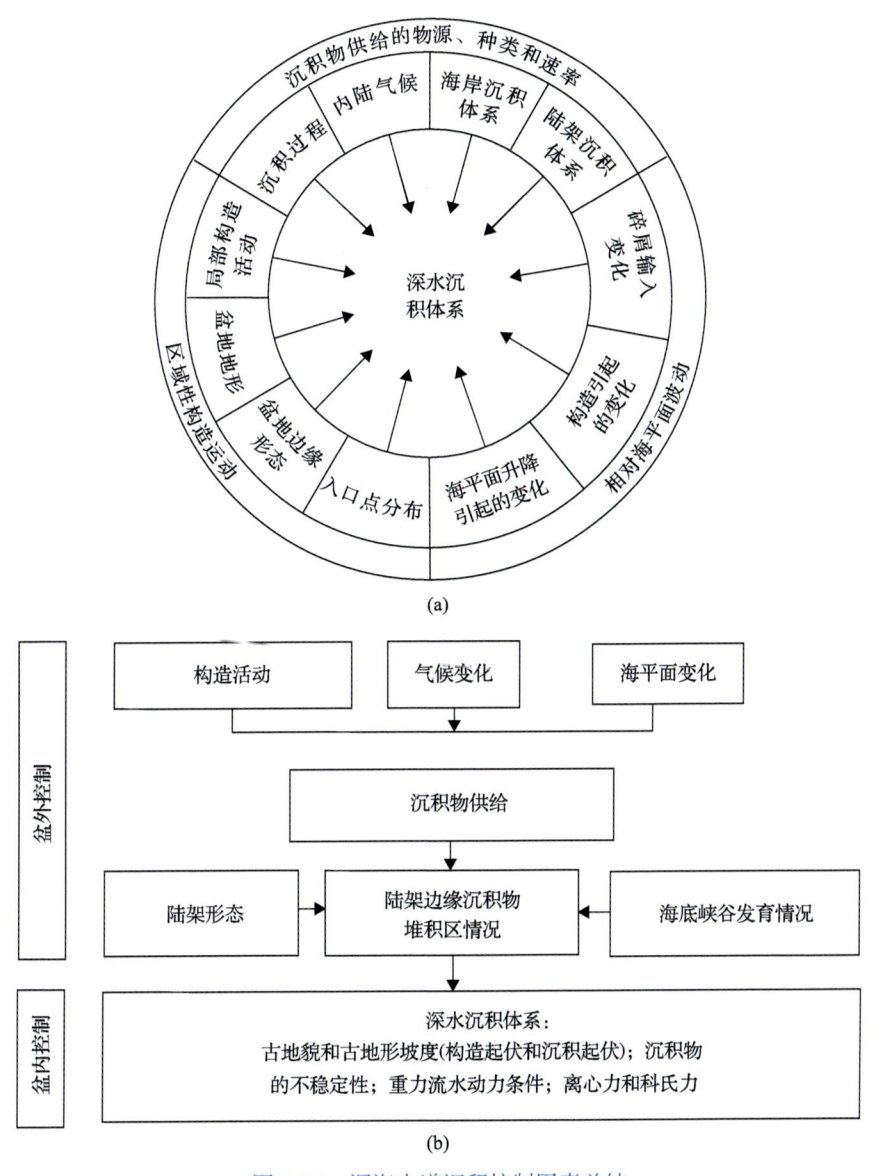

图 2-32 深海水道沉积控制因素总结
(a) Stow 等(1996)总结的控制因素；(b) Kolla(2007)总结的控制因素

在国际上被广泛接受。本小节主要分盆外和盆内因素两大类对控制深海水道沉积的各种因素进行介绍。

2.4.1 盆外控制因素

大陆边缘源-汇系统中，在沉积物由陆上部分向陆架部分搬运并沉积过程中，主要是构造活动、气候变化、海平面变化及陆架形态控制着沉积物向陆架集结区（陆架边缘三角洲）的供给情况，它们被统称为盆外（异旋回）控制因素[图2-32(b)]。

1. 海平面变化

在经典层序地层学理论框架下，海平面变化被认为是最主要的因素（Vail et al., 1977; Mitchum, 1985）。在海平面低位时期，由于陆架暴露剥蚀，沉积物得以直接过路并在陆架边缘附近不断堆积，进而在一定触发机制的作用下以沉积物重力流的形式向深水区搬运，从而促进深海水道的发育[图2-33(a)]；而在海平面高位时期，由于陆架上可容空间大量发育，陆源沉积物倾向于被截留在内陆架上而很难到达陆架边缘，因而很少向陆坡和深海盆地搬运，从而使深海水道的发育相对不活跃[图2-33(b)]。

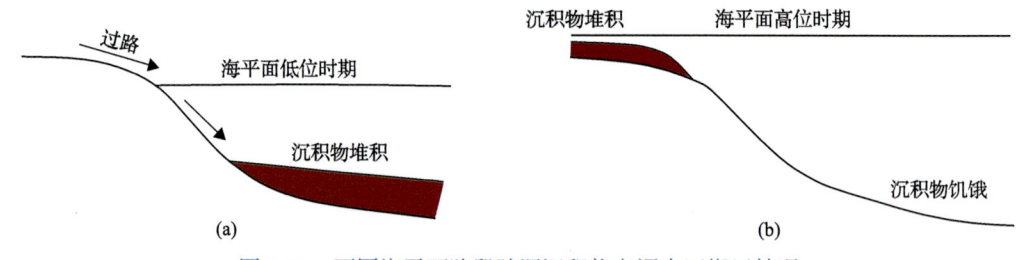

图2-33 不同海平面阶段陆源沉积物向深水区搬运情况
(a)海平面低位情况下；(b)海平面高位情况下

一般来说，深海沉积的地层序列通常以重力流为主的低位体系域沉积与以凝缩段为主的高位和海侵沉积交替为特征。低位体系域沉积早期通常是以逐渐增大和富砂的流体为特征，而低位体系域沉积晚期通常是以逐渐减小和富泥质的流体为特征。由于富泥的流体更利于天然堤的建造，而天然堤会限制重力流，在低位体系域沉积晚期，沉积物重力流流动得更远，直至盆地底部。因此，低位体系域沉积晚期深海水道与末端朵叶体的过渡点通常向盆地方向延伸得更远（图2-34）。一般来说，低位体系域沉积晚期深海水道覆盖于低位体系域沉积早期末端扇之上。

重力流的活跃沉积时间多对应于相对低海平面时期（低位体系域）。在这一时期，由于强制性海退，沉积中心往往被迫向大陆架边缘移动，大陆架边缘实际上是砂质沉积物的聚集地。砂体通过河流输送到该区域后，或者是通过异重流继续搬运进入深水区，或者是先在该区域沉积，然后由于斜坡失稳垮塌，再被沉积物重力流搬运到深水区。当河口及相关的沉积中心位于大陆架边缘或附近时，砂体被搬运到斜坡及深水平原的可能性会更大。随着海平面下降，越来越多的砂体被输送到大陆架边缘。与海平面下降相关的还有沉积物在搬运过程中在陆架上过而不留，从而进一步加强了向陆架边缘输送砂体的

第 2 章 深海水道沉积学特征

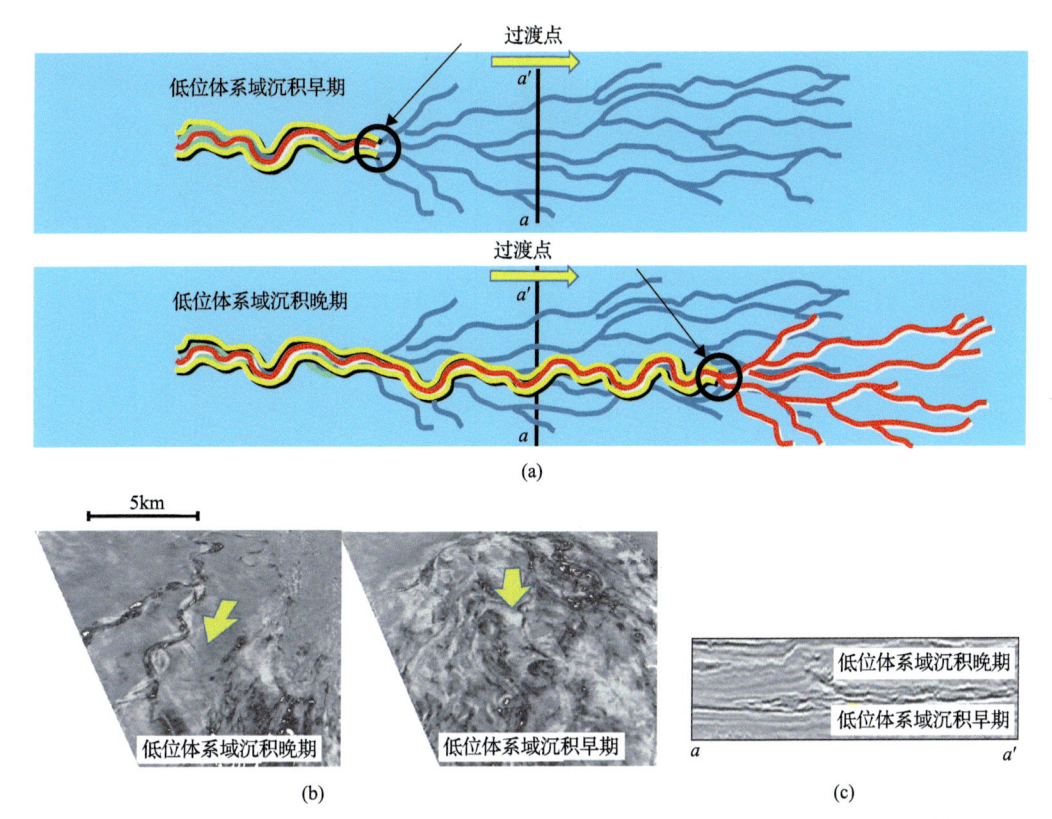

图 2-34 低位体系域沉积早期和晚期深海水道沉积的平面及剖面特征[修改自 Posamentier 等(2019)]
(a)低位体系域沉积早期深海水道平面特征；(b)低位体系域沉积晚期深海水道平面特征；(c)低位体系域沉积期间深海水道剖面特征

能力。海平面低位体系域沉积期的深海沉积速率显著高于海平面高水位期。海平面高水位期，以远洋沉积和半远洋沉积为主，从而形成凝缩层。

为了便于讨论，将海平面低位体系域沉积时期细分为早期和晚期。沉积物重力流事件的频率和强度在低位体系域沉积早期逐渐增加，而在低位体系域沉积晚期逐渐减少。低位体系域沉积早期利于砂体进入深水区，此时海平面下降导致风暴浪基面降低，进而影响到高水位期间不受干扰的部分海底。随着海平面开始下降，波浪撞击使上斜坡失稳，斜坡垮塌及沉积物重力流频发。这种低位体系域沉积早期的斜坡失稳可能发生在沉积中心到达陆架边缘之前。因此，在最早的低位体系域沉积时期，斜坡失稳和相应的沉积物重力流无法得到从河流输入的砂质，主要涉及泥质沉积物。随着相对海平面继续下降，沉积中心接近大陆架边缘，越来越多的砂质沉积物被带到大陆架边缘。重力流的流量、含砂量及发生频率均会增加。图 2-35 展示了海平面周期变化与流体、含砂量和频率之间的关系。

在低位体系域沉积早期，随着重力流频率和规模的增加，每一次后续的流体往往比前一次能量更强，因而侵蚀能力越来越强。这种情况下，沉积物重力流不能被上一次流体事件所形成的水道容纳，其最终结果是深海水道以侵蚀为主，并很难有水道充填沉积得以保存(图 2-36)。在低位体系域沉积晚期，随着相对海平面缓慢上升，沉积物重力流的强度、频率和含砂量逐渐减小，原因可能是随着基准面的升高和河流下切作用的减

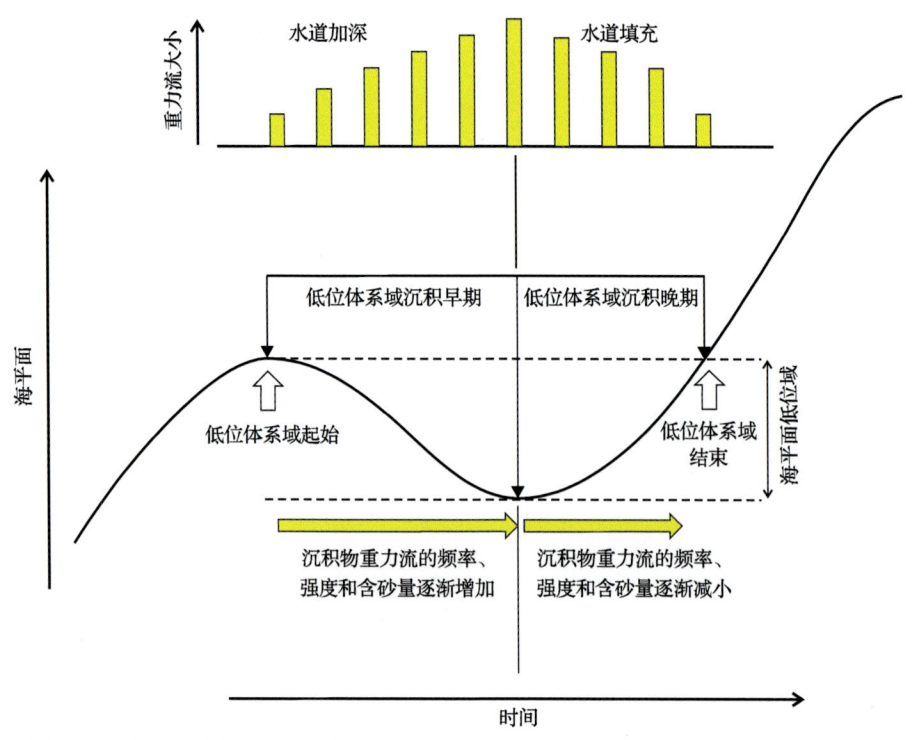

图 2-35 重力流的大小、频率与海平面变化关系示意图［修改自 Posamentier 等（2019）］

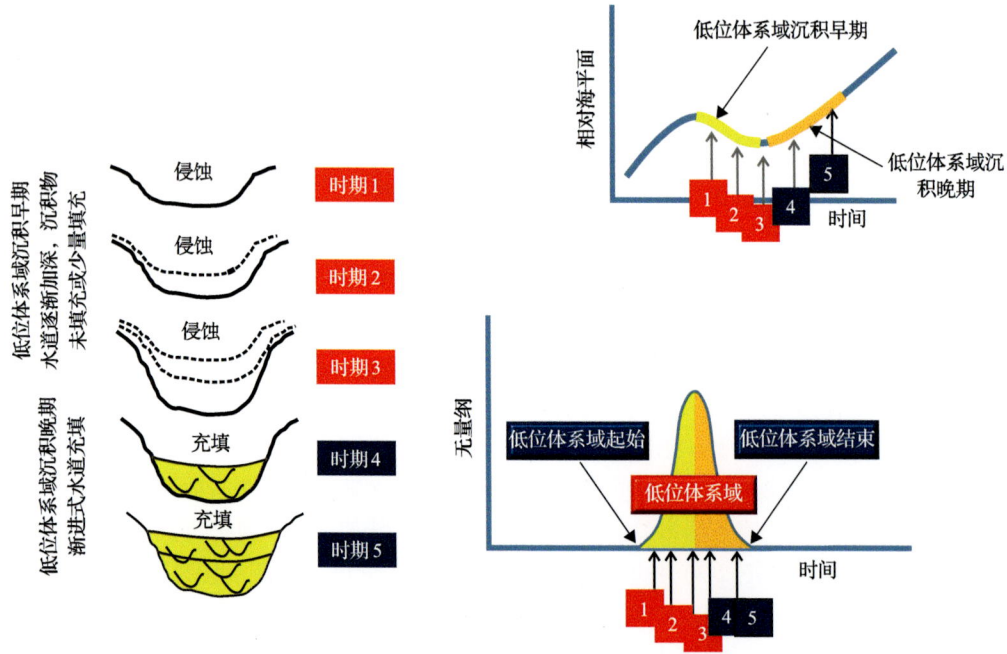

图 2-36 深海水道低位体系域沉积早期的侵蚀和低位体系域沉积晚期的充填［修改自 Posamentier 等（2019）］

1～5 对应时期 1～时期 5

弱，陆架上的过路沉积作用减弱。粗颗粒沉积物被阻挡于海岸线一带，因而输送到陆架边缘的中粗粒沉积物含量较少。还有一种可能是海平面上升导致沉积中心逐渐向陆地方向转移。由于输入陆架边缘的沉积物减少，流体的流量及频率都将减小。由于规模和频率逐渐减小，每一次后续的流体将倾向于不像前一次那样充满活力，从而导致水道内发生净沉积作用。在这种情况下，沉积物重力流都可以被上一次流体事件所形成的水道所容纳。深海水道中的这种沉积序列如图 2-36 所示。在低位体系域沉积末期，流体流量非常小，以至于深海水道和末端朵叶体之间的过渡点向上迁移到深海水道内部，导致末端朵叶体的沉积围限于深海水道壁之内(图 2-37)。

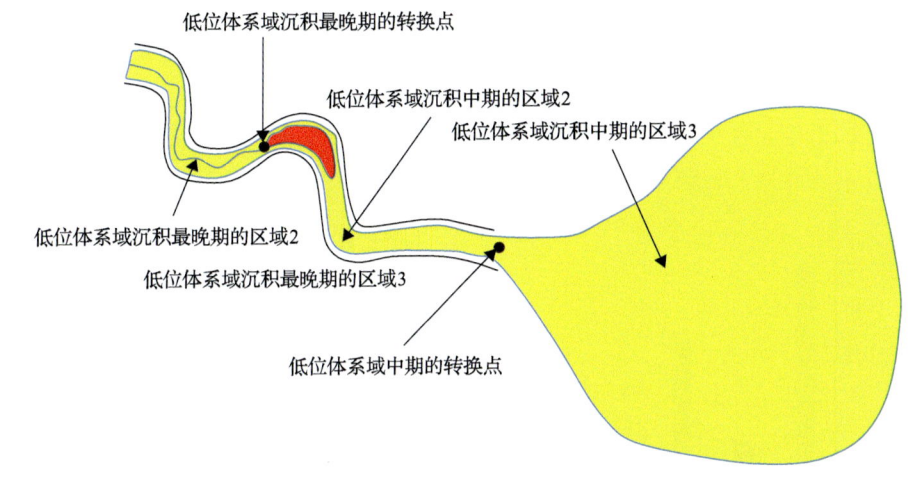

图 2-37　低位体系域沉积末期流体规模减小的沉积响应[修改自 Posamentier 等(2019)]

2. 气候变化

气候系统通过控制温度和降雨量，对地球表层动力学过程具有重要影响。其对深海水道沉积的影响主要是通过调节海平面变化和沉积物供给变化两个方面来实现的。

1) 气候系统通过调节海平面变化控制深海水道的发育

首先，全球气候的冷暖波动直接控制着两极地区的冰川体积，进而影响着全球海平面的高低。例如，在末次冰期最寒冷的末次盛冰期(last glacial maximum, LGM)，全球海平面达到了历史最低点，比现在低大约 120m(Stanford et al., 2006; Harrison et al., 2019; Leonard et al., 2023)。当时，全球陆地面积比现在也要大很多。例如，我国的渤海和黄海大部分地区都是一片广袤的大平原，长江的入海口则一直延伸到了冲绳海槽。末次冰期全球海平面如此之低，主要是因为在全球气温很低的情况下，大量海水蒸发以后会变成降雪储存到两极地区的冰川当中。例如，加拿大和美国北部当时被一个厚厚的劳伦冰盖覆盖，这个巨大冰盖最大厚度达到了 3.2km，使北美大陆和格陵兰岛连成一片，其几乎和现在的南极洲大小相同。

由于全球气候冷暖波动直接与海平面变化挂钩，在地质历史比较冷的时期，即冰室气候时期(简称冰室期)，全球海平面总体是比较低的。此时，陆源沉积物相对较容易搬运到陆架边缘，从而进一步向深水区输送，使深海水道较容易发育。然而，在地质历史

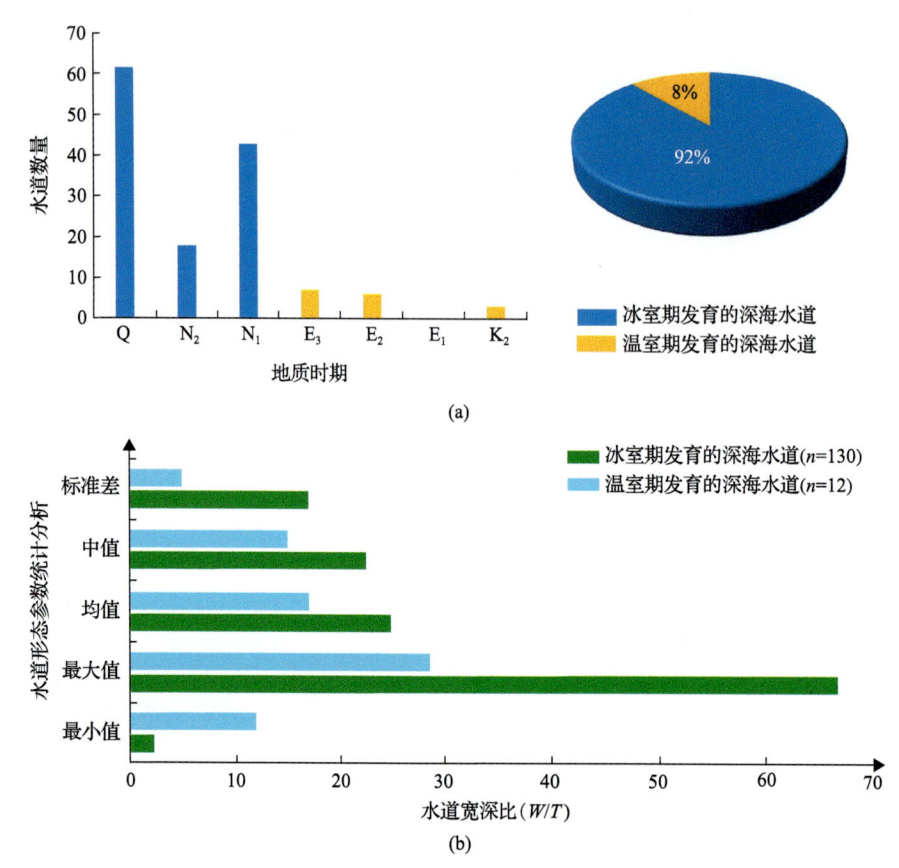

比较温暖的时期，即温室气候时期（简称温室期），全球海平面总体比较高，此时，即使在海平面低位时期及强制海退时期，陆源沉积物仍较难搬运到陆架边缘，从而使深海水道较难发育。Gong 等（2020）对全球 142 个古代深海水道进行了调研，发现在过去的 540Ma，虽然温室期占据了 72%，但是在温室期发育的深海水道却只占据总水道数量的 8%；然而，对于冰室期，虽然其只占据地质历史时期的 18%，但是在冰室期发育的水道的数量却占据了整个数据库的 92%[图 2-38（a）]。以上统计数据很好地证明了全球气候背景对于深海水道发育的控制。另外，冰室期全球海平面波动的幅度和频率都比较大（Somme et al., 2009），陆源沉积物在海平面低位时期和高位时期向深水区的搬运情况存在很大的差异，此时重力流在深海的活动情况也存在较大的变化，这就导致了冰室期形成的深海水道规模各异，因此，统计其宽度和深度也出现较大的变化[图 2-38（b）]。相反，在温室期，全球海平面波动的幅度和频率都比较小（Somme et al., 2009），陆源沉积物在海平面低位时期和高位时期向深水区的搬运情况差别不大，此时重力流在深海的活动情况也相对较稳定，这就导致温室期形成的深海水道的规模差异较小[图 2-38（b）]。

图 2-38　冰室期及温室期全球深海水道的发育情况[修改自 Gong 等（2020）]
(a)冰室期和温室期水道发育数量；(b)冰室期和温室期发育的深海水道的规模

除了上述深海水道的总体分布情况，气候变化还可以通过调节全球海平面，进而直接影响深海水道的生长演化。Fauquembergue 等（2019）利用一个位于孟加拉扇深海水道

第 2 章 深海水道沉积学特征

堤岸上的重力活塞样,通过一系列实验室分析,验证了全球气候波动对于海底扇生长的影响。如图 2-39 所示,在末次冰期(大洋氧同位素阶段 4-2,缩写为 MIS4-2)及倒数第二次冰期(MIS6),由于全球气温较低,两极地区发育大量冰川,全球海平面总体比较低,此时三角洲滨岸线靠近陆架边缘,陆源沉积物较容易向深水区搬运,使深海水道堤岸上的重力流活动相对比较活跃。然而,在 MIS5 及 MIS1 等间冰期,由于气候比较温暖,全球海平面相对比较高,三角洲滨岸线被限制在内陆架上,陆源沉积物较难向深水区输送,使得深海水道堤岸上的重力流活动非常有限(图 2-39)。

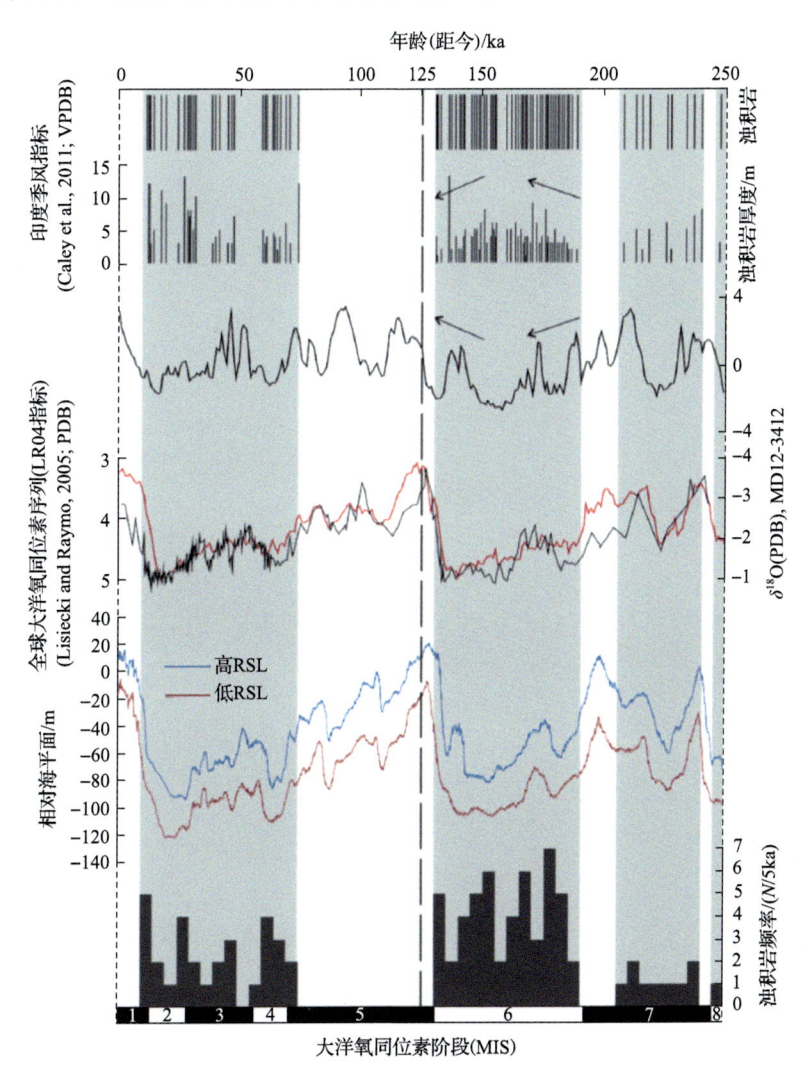

图 2-39 孟加拉扇深海水道在气候波动背景下的发育演化情况[修改自 Fauquembergue 等(2019)]
VPDB-同位素丰度的 PDB 标准;PDB-同位素标准;RSL-相对海平面变化;N-浊积岩出现的次数

2)气候系统通过调节沉积物供给控制深海水道的发育

除了以上全球气候变化,地球表层一些次一级的气候系统会在物源区使降雨量剧烈变化,造成河流体系流量明显改变,从而严重影响陆源沉积物向大陆边缘的供给情况。

在物源区气候比较干旱的情况下，降雨量比较小，汇水盆地各水系的流量比较小，从而使陆源沉积物向大陆边缘的供给较弱。在这种情况下，即使海平面比较低，沉积物向深水区输送的量仍比较少，从而不利于深海水道的发育。

另外，在物源区气候比较湿润的情况下，由于降雨量比较大，汇水盆地各水系流量较大，陆源沉积物向大陆边缘的供给比较充足。此时，即使在海平面高位时期，沉积物依然可以进积到陆架边缘附近并大量向深水区输送，从而促进深海水道的发育(图2-40)。

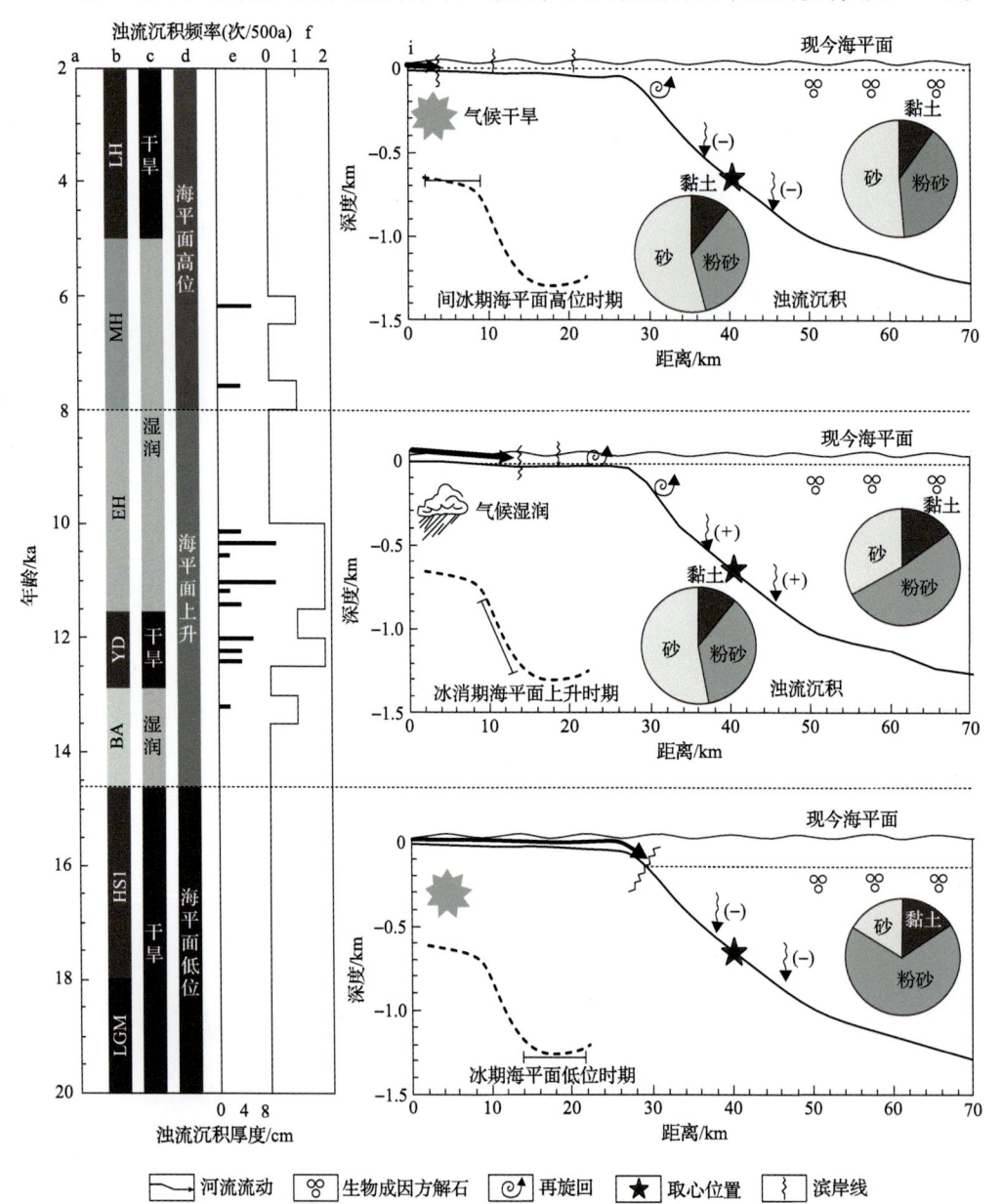

图2-40 东非坦桑尼亚陆源深海水道在物源区气候变化背景下的发育情况［修改自 Liu 等(2016)］

LGM-末次盛冰期；HS1-海因里希事件1；BA-博林-阿勒罗德(Bølling-Allerød)暖期；YD-新仙女木冷期；EH-全新世早期；MH-全新世中期；LH-全新世晚期

Liu 等(2016)利用东非坦桑尼亚陆源一个位于深海水道堤岸上的重力活塞样,系统分析了这条深海水道在物源区气候发生变化时的发育情况。如图 2-40 所示,在末次冰盛期及 HS1 时期,即使全球海平面非常低,但是内陆气候比较干旱,沉积物供给严重不足,使深海水道中的重力流活动非常有限。然而,在全新世中后期,虽然全球海平面比较高,但是由于内陆气候非常湿润,大量降雨使陆源沉积物的供给非常充足,从而使深海水道中的重力流非常活跃(图 2-40)。

3. 构造活动

深海水道属于整个深海重力流沉积体系次一级的沉积单元,其发育的范围和规模都相对有限,因此,很难将其和板块尺度的构造活动(大陆边缘的隆升、沉降等)建立联系。前人对于构造活动控制深海水道的研究一般都是集中在褶皱、断层活动造成的局部变形上。

1) 褶皱活动造成的局部变形对于深海水道的控制

褶皱活动造成的局部变形往往在海底形成明显的地形起伏,其给深海水道的分布和发育演化带来了一系列影响,其中主要包括限制、转向、偏向及阻挡四类作用(图 2-41)。

限制作用指的是早期构造变形形成的地貌凸起对深海水道流动的限制[图 2-41(a)]。构造变形限制住了水道路径,深海水道很难在侧向上发生迁移,这就使其在平面上相对比较顺直[图 2-41(a)]。如果此种限制构造后期不再活跃,深海水道的不断加积会使限制性随时间不断减弱;此外,除了限制深海水道的侧向迁移,构造变形内部有限的可容空间还可以有效遏制水道的厚度和空间分布[图 2-41(a)]。

转向作用指的是早期构造变形造成的深海水道流动路径的改变[图 2-41(b)]。这种转向作用往往发生在构造变形的走向与深海水道的流向呈高角度相交的情况下,此时深海水道倾向于沿着地形障碍(构造变形)流动,然而,一旦水道绕过障碍,便会继续沿着斜坡向下流动[图 2-41(b)]。这种转向作用可以使深海水道在局部尺度和区域尺度均发生流动方向的变化,其中,局部尺度大概造成水道发生数百米的侧向迁移,然而如果构造变形的规模比较大,则可以使水道发生数千米到数十千米的侧向迁移。

偏向作用指的是深海水道位置逐渐远离正在生长的构造的轴线位置,从而占据新形成的地貌低点的过程[图 2-41(c)]。和转向作用造成的深海水道位置的忽然迁移不同,偏向作用下水道的流动路径随时间发生连续改变。区分转向作用和偏向作用的关键在于水道形成和构造变形的相对时间。深海水道一侧的侧向加积界面及另外一侧的侵蚀可以说明水道正在逐渐远离相邻的构造变形。

阻挡作用指的是与水道流向高角度相交的构造变形。地形起伏的存在,阻止了重力流进一步向下游搬运和沉积[图 2-41(d)]。这种阻挡作用可能是构造变形的生长速率远高于深海水道的侵蚀和加积速率所导致的,因此在构造变形的下游方向,可能发育有未被完全充填的水道残余。然而,在构造变形的上游方向,由于流体的反射以及水道的快速充填,深海水道往往呈被抑制的形态。

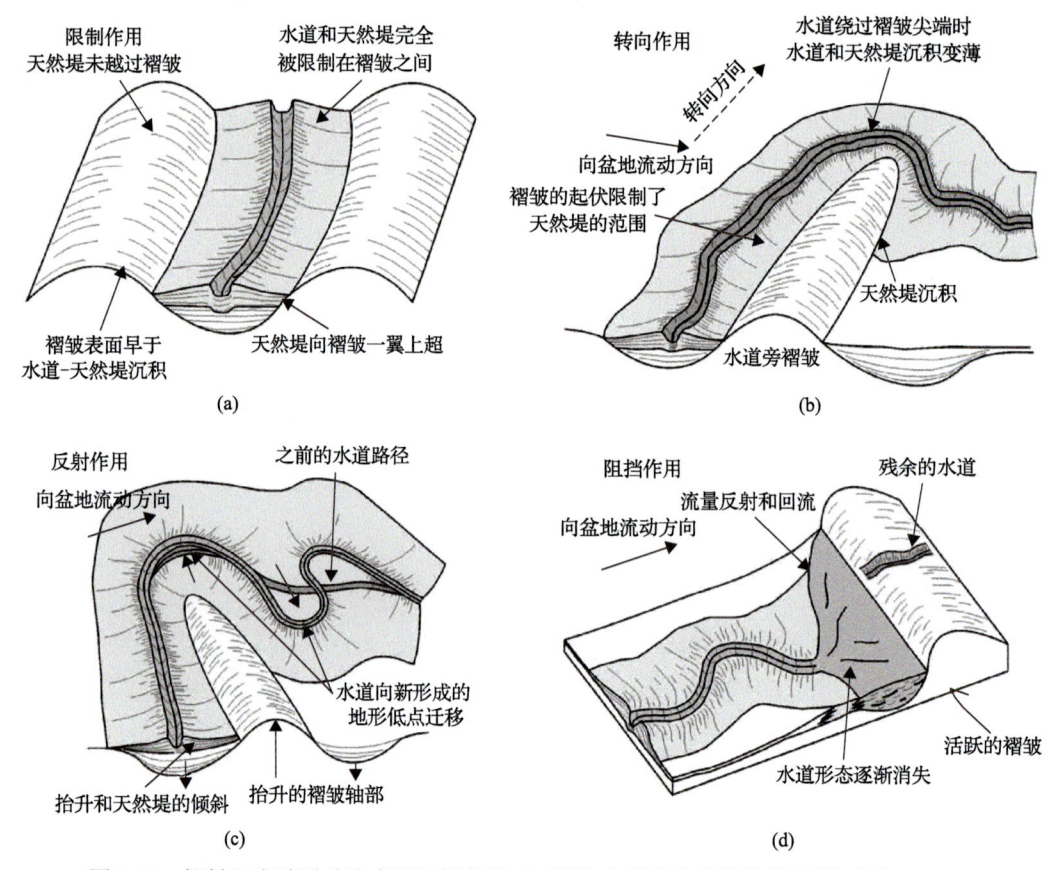

图 2-41　褶皱和底辟活动造成的局部变形对于深海水道发育演化的控制[修改自 Clark 和 Cartwright（2009）]

(a)构造变形对水道的限制作用；(b)构造变形对水道的转向作用；(c)构造变形对水道的偏向作用；(d)构造变形对水道的阻挡作用

2）断层活动造成的局部变形对于深海水道的控制

断层活动，尤其是伸展断层，同样可以在海底形成明显的地形起伏，从而对深海水道形成及发育演化带来影响。Wang 等（2022）利用三维地震及钻测井资料对南海西北陆缘的断层活动进行了分析，发现其在海底形成了一系列平行于斜坡走向的小凹陷。根据这些小凹陷的平面形态及长度的不同，可以将其大致分为三类，它们均发育在断层带上，并由下伏老断层的再次活动控制。

如图 2-42 所示，第一种凹陷相对比较短（小于 20km），呈椭圆形，且只有一个沉积中心；第二种凹陷相对比较长（25~70km），且常常有多个沉积中心；第三种凹陷则更长一些（超过 190km），往往与沿斜坡流动的深海水道相连接。可以认为第三种凹陷属于发育比较成熟的深海水道，而第一种和第二种凹陷则为水道发育演化早期形成的水道雏形。据此，Wang 等（2022）提出了一个大陆边缘走滑-伸展断层控制的深海水道形成及发育演化模式（图 2-42）。

在下伏断层开始活动的情况下，海底开始出现一些断续的椭圆形小凹陷；之后，随

第 2 章 深海水道沉积学特征

着断层持续活动,这些小凹陷逐渐连接起来,沿着大陆坡走向形成了长条形的凹陷;最后,当这些长条形的凹陷与顺斜坡流动的深海水道连接时,重力流就会改道沿着这些长条形凹陷流动,从而形成了上述沿斜坡走向展布的深海水道(图 2-42)。

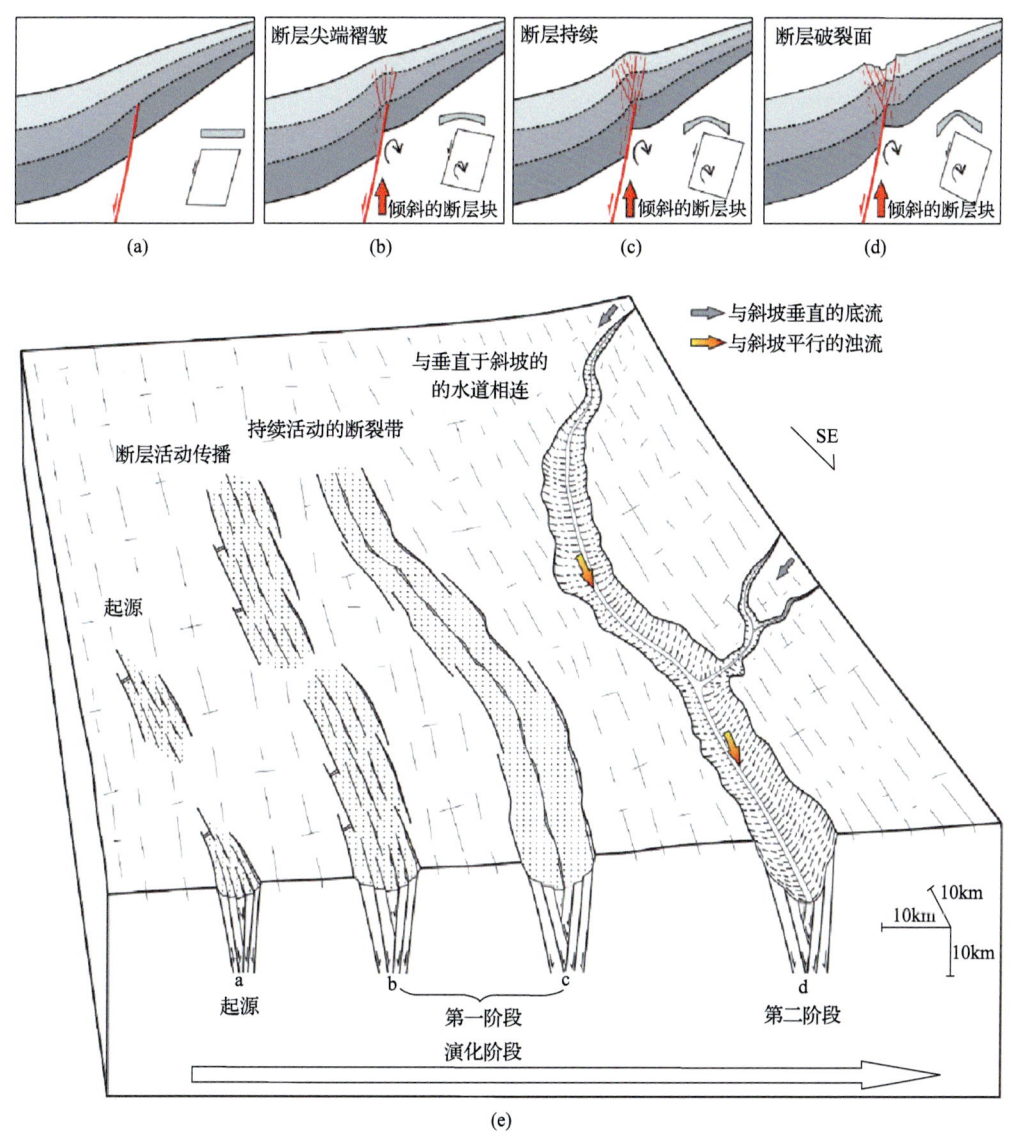

图 2-42 南海西北陆缘断层活动造成的局部变形对深海水道形成和发育演化的控制[修改自 Wang 等 (2022)]
(a)~(d)断层逐步活动;(e)断层造成的局部变形对深海水道的影响

2.4.2 盆内控制因素

在源-汇系统的深水部分(submarine segment),起源于陆架边缘的重力流沉积体系主要受到地貌背景和水动力条件等盆内(异旋回)控制因素的影响(图 2-32)。由于构造活动、早期沉积物堆积及其他深海过程的存在,海底地貌是相对比较复杂的,其对深海水道的形成发育造成了明显的影响。需要说明的是,本书的1.3.3节和2.4.1节已经分别介绍了地貌背景对深海水道起源和发育演化的影响。因此,本小节重点介绍重力流的水动力条件对深海水道发育演化的控制。

当重力流的上部高于深海水道的限制时,未受限制的部分则会扩散出来并发生减速,从而与下部受限制的流体剥离分开,这个过程就是流体剥离(Piper and Normark, 1983; Peakall et al., 2000)。由于重力流表现为明显的密度分层,底部流体沉积物含量较高,而上部流体沉积物含量则较低,故流体剥离现象主要使重力流上部富泥成分从水道中剥离出来(图2-43)。该流体剥离现象在深海水道的弯曲处更为明显,由于流体惯性及其引导的离心力的存在,当充足的物源供给流经水道时,在水道曲率较大、半径较小的弯曲处,离心力作用使流体上部未受限制的部分更容易脱离限制环境(图2-44)。

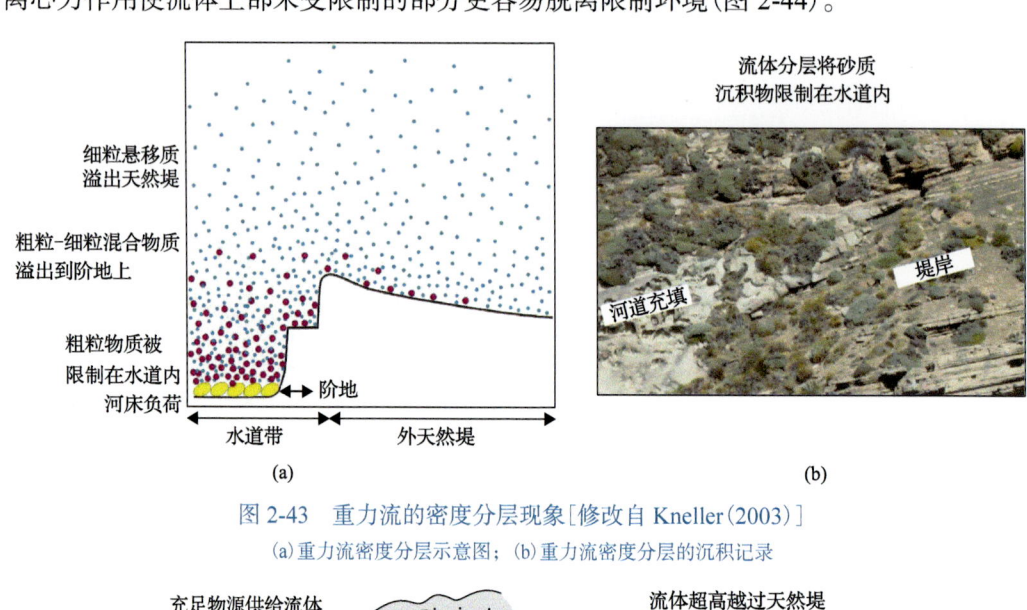

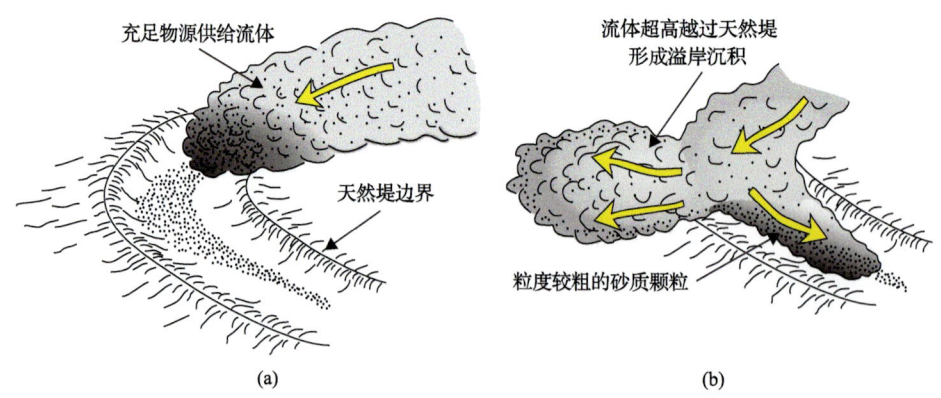

图2-43 重力流的密度分层现象[修改自Kneller(2003)]
(a)重力流密度分层示意图;(b)重力流密度分层的沉积记录

图2-44 深海水道弯曲处发生的流体剥离现象[修改自Peakall等(2000)]

由于流体剥离现象的存在,细粒沉积物会不断从水道化流体中分离出来并在两侧堤岸上沉积,从而造成天然堤不断建造。通常情况下,深海水道天然堤的高度向下游方向会逐渐降低(Skene et al., 2002; Pirmez and Imran, 2003; Posamentier and Kolla, 2003)。因此，沿着深海水道向下流动的重力流会通过流体剥离不断损失其细粒成分，较粗粒的砂质成分的含量则不断提高，该过程可以称为流体过滤现象。流体过滤现象使重力流向下游方向逐渐变薄并且逐渐富砂，此外，其还能保证只要重力流上部富泥，堤岸沉积则也会富泥。泥质沉积物黏结性比较高，具有中等或者高等剪切力，这就使其很难被侵蚀，这种比较稳定的堤岸可以保证深海水道的限制性。

随着流体不断向下游流动，如果坡度和天然堤的高度逐渐降低，重力流上部的富泥部分最终会被完全剥离，而下部的富砂成分也会随之溢出到岸上。此时，深海水道的堤岸会因为砂质成分太高而没有黏结性，相应地，深海水道的限制高度就会因为太低而失去效用。这种情况下，深海水道就会频繁地摆动，最终扩散开来形成末端朵叶体。

第 3 章 深海水道地震地貌学研究

由于现代深海水道仅在海底或者近海底位置发育，其目前仍处在演化过程中，受时间尺度的限制很难使用多波束地形及其他观测数据研究深海水道从起源到最终废弃的全过程。相应地，埋藏在地下的古代深海水道目前仍是学界探索深海水道沉积地质理论的主要研究对象，石油工业获取的各种资料则成为开展具体工作的基础。然而，由于深海地区钻井数量非常少，广大学者仍主要基于三维地震资料，采用地震地貌学的方法来分析深海水道的发育演化规律。

3.1 地震地貌学研究介绍

就深海水道而言，形态特征是其最为核心的沉积记录，而弯曲和决口则反映其随时间的动态演化过程，因此，厘定这三项内容可以进一步完善深海水道沉积地质理论。本节就深海水道的形态、弯曲及决口三个方面，概述了前人的相关研究成果，分析了前人研究中存在的不足，进而介绍了利用西非尼日尔三角洲盆地大量三维地震资料所开展的新研究。

3.1.1 前人研究现状

1. 深海水道形态研究现状

深海水道形态复杂多变，受海平面变化、地形、沉积物供给等多种因素的影响（Pirmez and Imran, 2003; Morgan, 2004; Hansen et al., 2015, 2017）。其中，海底地形被认为是最重要的控制因素，直接决定了可容空间在海底范围的分布，进而通过调节水道的侧向迁移和垂向加积使水道达到平衡状态（Kneller, 2003; Deptuck et al., 2007; Georgiopoulou and Cartwright, 2013）。在深海环境下，海底地形的变化主要有两种：一种是构造变形导致的，另一种则与沉积物堆积有关。

前人描述过深水环境下深海水道与构造变形的相互作用，包括西非陆缘（Jolly et al., 2016）、北非陆缘（Zucker et al., 2017）、加勒比海（Huyghe et al., 2004）及墨西哥湾（Carter et al., 2016）。其中，断层活动的影响主要是在深切顺直型水道或峡谷中被发现，而褶皱对水道位置、迁移及弯曲度的控制也同样被大量证实（Mayall et al., 2010; Chima et al., 2019）。Clark 和 Cartwright（2009）根据深海水道的流动路径，基于地中海黎凡特（Levant）盆地的实例，提出了四种深海水道与构造变形的相互作用，其在前面已进行了详细介绍。此外，陆源沉积物的供给速率与褶皱的生长速率同样可以决定深海水道与构造高点发生相互作用的样式（Jolly et al., 2016; Zucker et al., 2017）。

当深海水道穿过 MTD 时，其流动路径会被水道位置与 MTD 变薄之间的补偿关系控制。由于 MTD 内部既有滑塌形成的相对完整的块体，又有相对分散的碎屑流形成的基质，其在内部成分上是不均一的，这就使 MTD 可以有效调整海底地形（Ward et al., 2018; Doughty-Jones et al., 2019）。因此，以 MTD 为基底的深海水道会根据后者的成分及分布来调整自己的流动路径（Kneller et al., 2016; Zhao et al., 2019）。

由于数据资料有限，对发育在构造活跃的斜坡上的深海水道展开定量分析相对比较困难。许多实例表明，深海水道的形态主要受构造活动控制，如水道的宽度和深度（Gee et al., 2007; Ashiru et al., 2020），以及其具体位置和弯曲曲率向下游的变化（Kane et al., 2010; Oluboyo et al., 2014）。然而，需要说明的是，以上这些形态参数的变化非常大，这说明除了构造变形，必然还存在其他潜在因素（Clark and Cartwright, 2011; Jolly et al., 2016）。例如，海底的等深流沉积就可以有效地使重力流转向，使天然堤在等深流的下游发育，从而造成深海水道向相反的方向迁移。综上，关于构造变形与沉积物堆积所形成的地形起伏是如何共同控制深海水道形态特征的研究是不足的。

2. 深海水道弯曲研究现状

深海水道的沉积过程一方面受到自旋回机制的控制，包括重力流的性质、溢岸沉积及水道壁限制等（Hansen et al., 2015; Jobe et al., 2016）；另一方面其对异旋回过程也存在响应，包括海平面变化及构造变形等（Kneller, 2003; Janocko et al., 2013）。以上这些因素直接决定了深海水道的地貌参数及演化规律，如曲率及相关的侧向迁移（Deptuck et al., 2007; Hansen et al., 2017）。与陆上河流类似，在深海水道中也识别出了垂向加积和侧向迁移阶段，其被用来解释深海水道的演化过程及内部充填的叠置样式（Mayall et al., 2006; Palm et al., 2021）。然而，在一个单独水道弯曲带上，宽度、深度等参数随着水道的顺流向迁移及侧向扩张而不断发生变化，给厘定深海水道侧向迁移的机制及相关的水道弯曲带带来一定的难度。在构造复杂的陆坡上，对于水道弯曲带中水道各参数及叠置样式的控制因素仍认识不足。

由于构造活动，深海水道会围绕相关海底变形发生弯曲，这里将其统称为偏向水道弯曲带（deflected channel bend）（Clark and Cartwright, 2009, 2011）。虽然前人对构造不活跃地区水道弯曲带的平面几何形态开展了大量定量分析，但关于受到构造活动影响的偏向水道弯曲带的研究仍相对较少。在叠置样式方面，偏向水道发育明显的侧向加积界面，并存在不同的侧向迁移：迁移中期频繁的冲刷、迁移晚期垂向上的加积及狭窄水道通道中发生的侧向加积和侵蚀-充填过程。然而，由于对水道内部叠置样式缺乏定量评估，对水道弯曲机制的认识仍不明确。

3. 深海水道决口研究现状

深海水道的决口是指水道化的沉积物重力流偏离既定流动路线而形成一个新的流动路径的现象。其作为深海水道沉积学研究的前沿问题，目前对其的研究程度仍相对较低。需要说明的是，这里所探讨的水道决口指的是具有一定规模的现象，弯曲深海水道在弯曲段的截弯取直或者辫状深海水道的短期改道虽然符合深海水道决口的定义，但是并不在本书讨论范围内。

深海水道的决口现象很早就被人们在海底扇沉积体系中发现(Damuth et al., 1983; Kolla and Coumes, 1987; Manley and Flood, 1988; Flood and Piper, 1997)。沿着大陆坡的倾向，海底峡谷、深切谷、主供给水道及分支水道都会频繁发生决口，从而形成一定的决口水道网络(Kenyon et al., 1995; Pirmez et al., 1997; Droz et al., 2003; Curray et al., 2003)。整个海底扇的发育就是通过水道网络中各水道的侧向迁移、垂向加积及相伴随的块体搬运沉积来实现的(Damuth et al., 1988; Weimer, 1990)，因此，深海水道的决口直接控制着深水区沉积物的分配和整个海底扇的演化(Pirmez and Flood, 1995; Ortiz-Karpf et al., 2015)。

1) 决口成因机制

因为沉积物重力流总是寻求路程更短且有效的路线到达基准面，所以深海水道就会不可避免地发生决口来满足这个需求，这是深海水道决口发生的根本原因(Kneller, 2003)。至于决口发生的具体原因，Kolla(2007)认为主要有两个方面：水道自身不稳定性的增加及一定的触发机制，他以一种定量化的手段系统地把产生以上两个条件的过程或突发事件分为三类(表3-1)。

表3-1 深海水道决口成因机制总结[据Kolla(2007)]

类别	潜在决口率(S_a/S_e)变化	具体控制因素	是否作为触发事件	水道携带沉积物的能力
第一类	增大(S_e减小)	水道曲率增加	否	减小
		水道长度增加	否	减小
		局部构造隆升造成的斜坡坡度变小或反转	是	减小
第二类	增大(S_a增大)	水道自身加积	否	无影响
		水道起伏降低	否	减小
		水道内部的差异充填	否	减小
		局部构造引起的水道侧向摆动	是	减小
		早期沉积地形引起的水道侧向摆动	是	减小
第三类	无关	沉积物重力流流量急剧增大	是	减小
		水道垮塌和堵塞	是	减小
		水道堤岸的固结程度	是	减小
		早期水道的存在	是	减小

注：S_a/S_e，即潜在决口路径的坡度/现存水道的坡度

前两类都是与水道自身不稳定性有关，其用一个称作潜在决口率的具体数值来表征大小，该数值越大，水道内部不稳定性越大；其中，第一类影响因素是通过增大S_a来实现潜在决口率增大，而第二类影响因素则是通过减小S_e来实现潜在决口率增大(表3-1)；第三类影响因素与水道决口触发机制有关，其主要通过突发事件来减小水道容纳沉积物重力流的能力来产生决口(表3-1)。另外，以上三类造成水道决口的过程或事件在根本上

第 3 章　深海水道地震地貌学研究

都受到气候条件、海平面变化和构造活动等盆外控制因素的影响。

2) 深海决口水道网络

根据以上决口成因机制，深海水道在发育过程中会频繁地发生决口，进而形成一定的决口水道网络。深海水道决口事件的最大特点就在于当决口水道形成并变得活跃之后，母水道决口点的下游部分会废弃，而上游部分继续作为一个活跃的通道来运输沉积物进入决口水道，也就是说在一个给定的时间点上，决口水道网络中只有一条水道是活跃的(Curray and Moore, 1971; Damuth et al., 1983; Droz et al., 2003; Kolla, 2007)。在这样一个前提下，决口水道网络主要表现为两种形式：递进式和扩散式。

在递进式决口水道网络中，决口水道形成并变得活跃之后，会作为下一次决口事件的母水道再次发生决口，并以此类推向下游方向递进，如在亚马孙扇中的决口水道网络就属于此种类型(图3-1)(Flood and Piper, 1997; Piper et al., 1997; Pirmez et al., 1997)；在扩散式决口水道网络中，决口水道从母水道决口出来之后，过一段时间就会废弃，紧接着下一次决口则仍然在原母水道上发生，从而形成一个主水道连接多个分支水道的扩散形式，如孟加拉扇(Bengal Fan)(Curray et al., 2003)和扎伊尔扇(图3-2)(Droz et al., 2003)中所发现的决口水道网络。

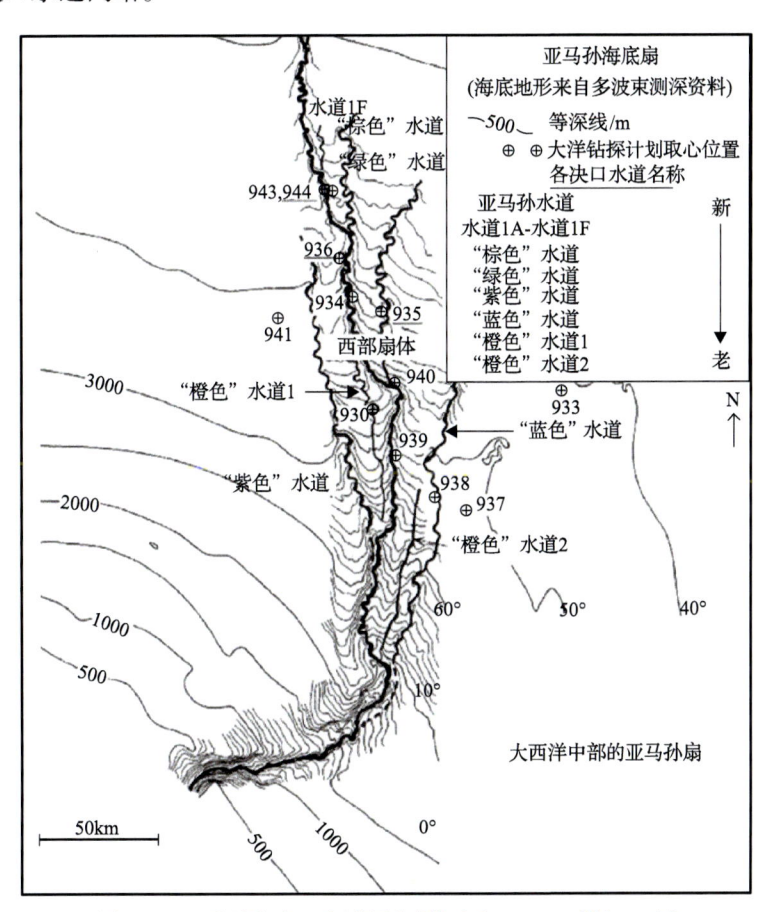

图 3-1　亚马孙扇决口水道网络[修改自 Pirmez 等(1997)]

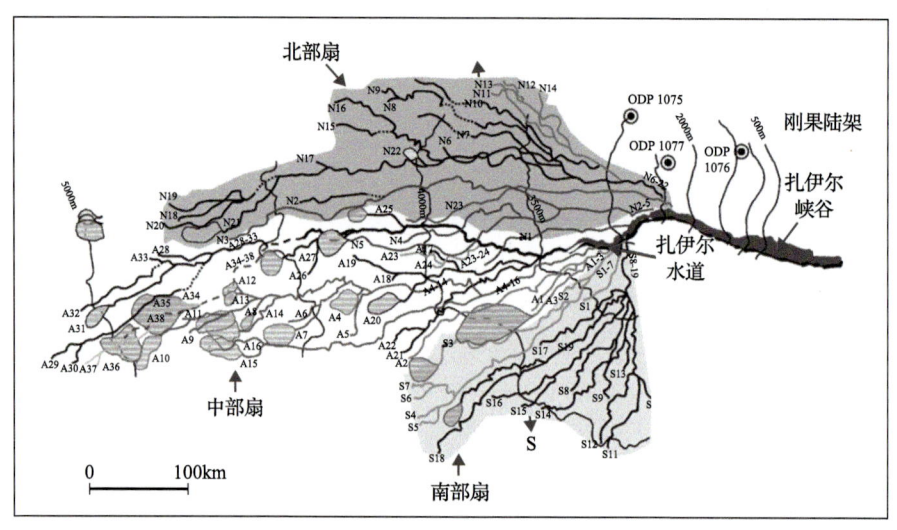

图 3-2 扎伊尔扇决口水道网络[修改自 Droz 等（2003）]

ODP-大洋钻探计划

3）深海水道决口事件分布

深海水道决口事件的分布主要表现为两种形式：随机式和放射式(Kolla, 2007)。

随机式指的是各决口点随机零散地分布在较大范围内，按照时间先后，各决口点可能表现为向海洋方向移动(fore-stepping)，也可能表现为向陆地方向移动(back-stepping)，如亚马孙扇（图 3-1）(Pirmez et al., 1997) 和北部扎伊尔扇（图 3-2）(Droz et al., 2003) 的水道决口现象。

放射式指的是各决口点集中分布在有限范围内。有学者将这个狭小的区域称为决口节点(avulsion node)，其常常分布在高级次水道（如海底峡谷或水道-堤岸体系）决口处，如在印度河扇(Kenyon et al., 1995)、南部扎伊尔扇（图 3-2）(Droz et al., 2003) 和孟加拉扇(Curray et al., 2003) 的水道网络中所含有的决口点就是如此分布的。

3.1.2　尼日尔三角洲盆地深海水道地震地貌学研究

1. 尼日尔三角洲盆地深海水道形态研究

1）研究简介

针对构造起伏与沉积起伏如何联合控制深海水道形态特征这一重要科学问题，笔者以西非尼日尔三角洲盆地浅层发育的阿玛库水道-天然堤体系(Amaku Channel levee System, ACLS)为研究对象，这里将其简称为 ACLS（图 3-3 和图 3-4）。首先，借助尼日尔三角洲陆缘高分辨率地震资料，来记录 ACLS 形态参数变化并分析其存在的控制因素；其次，探索泥底辟活动所形成的地形特征对 ACLS 形态的影响；最后，评估早期 MTD 及其他沉积物对 ACLS 流动的控制(Bouchakour et al., 2022)。

尼日尔三角洲盆地为典型的被动大陆边缘盆地，其演化经历了早白垩世—晚白垩世裂谷期和古新世以来的漂移期两个阶段，早始新世以来，长期海退形成了现今的尼日尔三角洲（图 3-3 和图 3-4）(邓荣敬等, 2008)。该三角洲面积约 $12 \times 10^4 km^2$ (Doust and Omatsola,

第3章 深海水道地震地貌学研究

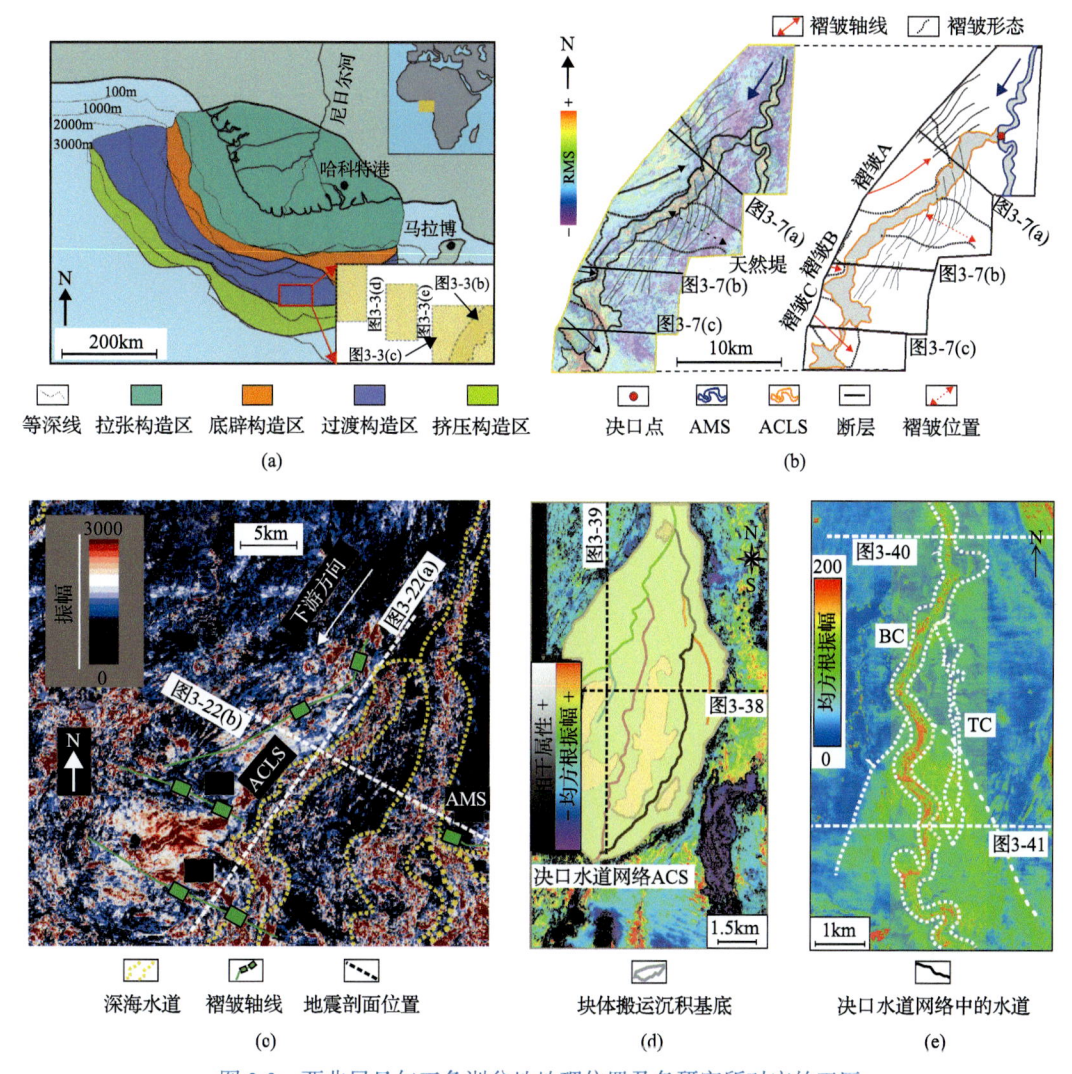

图3-3 西非尼日尔三角洲盆地地理位置及各研究所对应的工区

(a)西非尼日尔三角洲盆地地理位置；(b)深海水道形态研究所对应的工区；(c)深海水道弯曲研究所对应的工区；(d)深海水道决口研究所对应的工区1；(e)深海水道决口研究所对应的工区2；BC-布库玛水道(Bukuma Channel)；TC-汤姆比亚水道(Tambia Channel)；AMS-阿玛库水道系统(Amaku Major System)；ACS-阿巴拉巴水道体系(Abalama Channel System)

1990)，在前积推进过程中，受大陆边缘重力作用的影响，自北向南依次形成了拉张构造区、底辟构造区和挤压构造区(图3-3)(Doust and Omatsola, 1990; Morley and Guerin, 1996)。拉张构造区包括陆地部分和大陆架，以发育铲形正断层为主；底辟构造区位于大陆坡上部，以发育大量的泥底辟构造为主要特征；而挤压构造区则包括大陆坡下部和大陆隆两个部分，发育有一系列逆冲推覆断层(Damuth, 1994)(图3-3和图3-4)。

本研究工区位于尼日尔三角洲盆地的大陆坡位置，水深1300～1700m。其面积约为2231km²，属于底辟构造区的最远端位置，与下游的挤压构造区紧邻[图3-3(a)]。如图3-3(b)所示，在研究工区南部，发育有一系列构造，包括泥火山、断层、褶皱等，这些构造变形形成了一个复杂的海底地貌。在所要研究的深海水道ACLS附近发育有数个

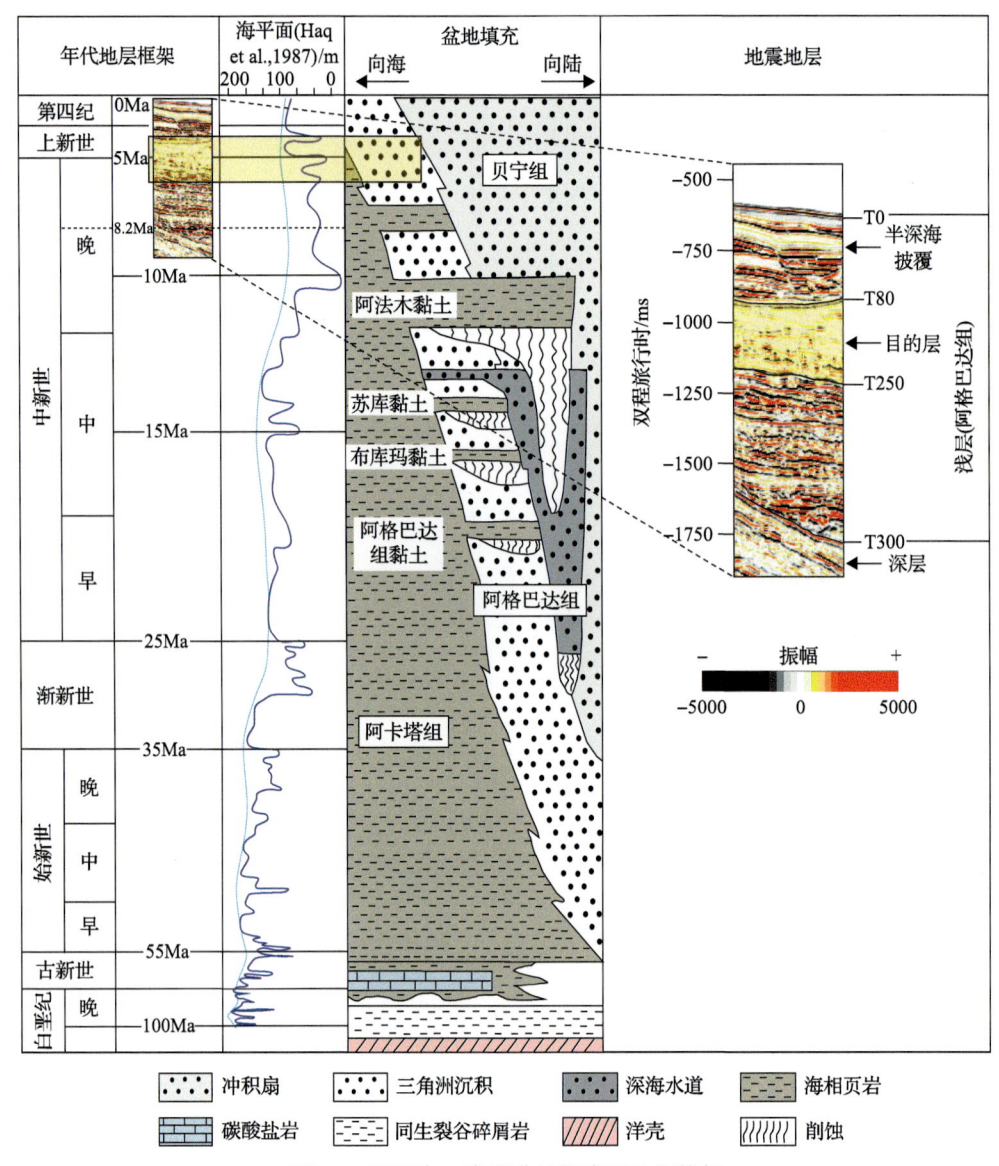

图 3-4 尼日尔三角洲盆地深水区地层格架

褶皱,其构成了一个呈拉长形态(N—S 走向)的沉积中心的侧向边界[图 3-3(b)]。

2)地震解释

本章使用的三维地震资料的采样间隔为 3ms,处理面元为 12.5m×12.5m,优势频宽为 15~90Hz,主频约 70Hz;地层速度若按 1900m/s 计算,可推算其垂向分辨率约为 6m。另外,地震数据被处理为零相位,以勘探地球物理协会(SEG)负极性显示(在地震剖面上,正反射系数对应波阻抗增加)。

本章采用剖面地震相分析与三维地震地貌学相结合的方法来分析深海水道的外部形态。由于钻测井资料缺失,地震相解释主要基于地震反射的振幅、连续性及几何形态等参数进行。本章对深海水道各个沉积单元的剖面地震相及平面地震属性进行了详细介绍,

第 3 章 深海水道地震地貌学研究

其中均方根振幅属性图有助于推测岩性，而相干属性则可以表征地层的连续性，并且帮助识别块体搬运沉积和深海水道带。同时，三维地震地貌学分析还可以表征深海水道的侵蚀特征及内部构型。此外，根据地震反射同相轴的特征及反射终止关系，研究区开展了地震地层格架的划分(图 3-4)。

针对深海水道的形态参数，本章沿着深海水道每隔 300～600m 开展一次测量。最终，共有 58 个垂直于水道流向的地震剖面被选中，在这些剖面中，对深海水道及其内部水道单元的形态参数都进行了测量。深海水道 ACLS 内部由三个次一级的水道单元构成，分别简写为 C1、C2 和 C3，它们的宽度普遍小于 1km，厚度则小于 100m。这三个水道单元首先在沿沉积走向的地震剖面上被明确定义，之后通过识别目标水道的下部、中部和上部充填的边界进行追踪。

如图 3-5(a)所示，深海水道的宽度指的是两侧天然堤最高点的横向距离，厚度则指的是最深谷底线(侵蚀界面的最深点)与水道顶界面的垂直距离。此外，本章还测量了 ACLS 的侵蚀深度，其指的是最深谷底线与水道顶界面平均深度所对应的反射点之间

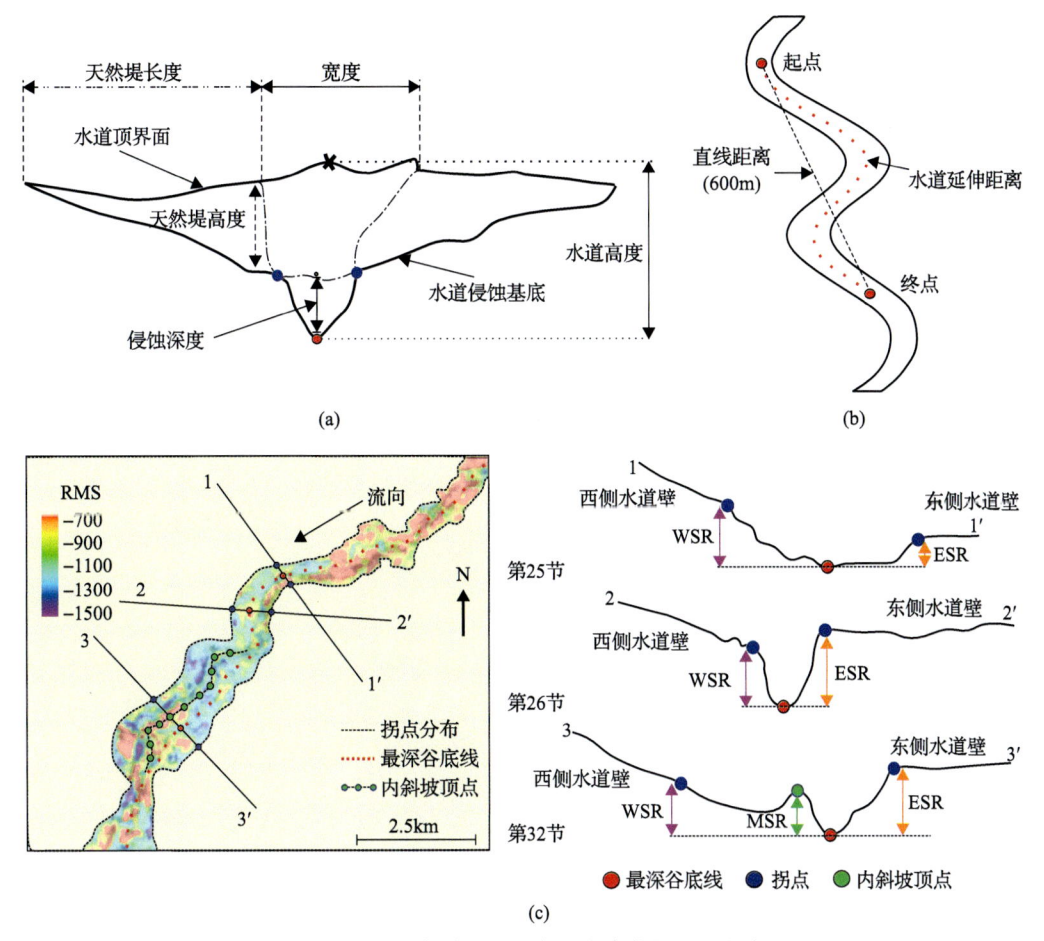

图 3-5 深海水道 ACLS 各形态参数的测量方案

(a)剖面上测量的深海水道各参数；(b)平面上测量的深海水道各参数；(c)ACLS 部分段的 RMS 属性图及相应的三个剖面(展示水道壁起伏高度测量)；ESR-东侧水道壁起伏高度；WSR-西侧水道壁起伏高度；MSR-内斜坡起伏高度

的垂直距离[图 3-5(a)]。这个深海水道的侵蚀深度前人在研究中也有测量过，Catterall 等(2010)将其命名为水道下部充填厚度，Zhao 等(2018)则将其称为限制高度。本章对水道测量的天然堤同样进行了测量，其中天然堤宽度指的是水道壁与天然堤(楔状体)远端尖灭位置之间的水平距离，厚度则指的是水道侵蚀基底与顶界面的最大垂直距离[图 3-5(a)]。至于深海水道的曲率，如图 3-5(b)所示，其为测量单元(直线距离约 600m 的水道段)延伸距离与起止点直线距离的比值。

对于每一个垂直流向的地震剖面，水道东西两侧水道壁的起伏高度被定义为水道壁拐点与最深谷底线之间的垂直距离。如图 3-5(c)所示，如果深海水道内部包含两个由地貌高点分隔的通道，这个中部地貌高点则被称为内斜坡，其对应的起伏高度则为最高点与最深谷底线之间的垂直距离。

2. 尼日尔三角洲盆地深海水道弯曲研究

1) 研究简介

在探究深海水道的弯曲机制时，主要评估深海水道对于构造变形的响应，同时集中分析构造高点附近的一系列偏向水道弯曲带。本章的研究对象为西非尼日尔三角洲盆地陆坡浅层发育的两条深海水道：ACLS 和 AMS(Bouchakour et al., 2023)。其中，ACLS 水道由主水道 AMS 决口形成。AMS 和 ACLS 两条水道属于 TWT>1200ms 的地震层位，大约对应晚—中新世至现今海底的 Agbada 组(图 3-4)。关于构造变形的发生时间，主要利用天然堤对应的几何形态进行判断(Clark and Cartwright, 2011)。

本章通过地震剖面及不同地震属性的平面图来对 AMS 和 ACLS 两条水道发育的偏向弯曲带进行分类，使用水道侧向迁移的相关参数来分析偏向弯曲带的形成机制，最后基于以上认识，提出构造变形和沉积起伏对深海水道弯曲时空演化的综合控制机理。

研究目的层属于 Agbada 组的浅层部分，工区深部地层变形比较强烈，而浅部地层变形则相对有限(图 3-4)。Maloney 等(2010)将 T300 以上的地层解释为生长地层；根据生物地层学分析，Fadiya and Salami(2015)及 Olayiwola 等(2017)将 T300 确定为 8.2Ma 左右(图 3-4)。这说明目的层是在晚—中新世至第四纪发育，该时间段对应较强的构造活动，故其提供了研究深海水道与构造活动相互作用的绝佳机会。

2) 地震解释

为了展示目标水道的内部充填特征，提取它们内部各水道单元的底界面至堤岸沉积顶界面之间的地震属性图，包括频谱分解体及 RMS 属性的红绿蓝(RGB)三色融合图。RGB 频谱分解体主要用来展示各沉积单元的细微特征(Henderson et al., 2007; McArdle and Ackers, 2012)。与传统的振幅体、相干和 RMS 属性图相比，RGB 频谱分解体可以更好地显示深海水道的平面几何形态。RGB 三色融合图是将三个特定频率的 RMS 振幅属性图分别赋予红、绿、蓝色，进而进行融合形成，可以更好地显示具有较弱振幅特征的沉积单元。

为了定量分析紧邻褶皱发育的水道弯曲带，在 AMS 和 ACLS 内部各水道单元的底界面进行了测量。在平面上，水道弯曲带被定义为两个拐点(水道曲率值最小)之间的部分，其对应的顶点则具有最高的曲率值(Palm et al., 2021)。本章主要对围绕构造高点发育的水道弯曲带进行测量。水道弯曲带直线长度(S)指的是弯曲带上游和下游拐点之间的直线距离(图 3-6)，水道弯曲带延伸距离(L)则指水道中线在弯曲带的延伸距离。与 Micheli 和 Larse(2010)及 Palm 等(2021)一样，本章将 L 和 S 的比值作为弯曲带曲率。对于较大尺度上深海水道的曲率，则为水道延伸距离(A_l)和直线距离(C_d)之间的比值[图 3-6(a)]，与使用 2km(Clark and Cartwright, 2011)或 15km(Zucker et al., 2017)的测量单元不同，本章使用整个水道段作为测量单元。至于水道弯曲带幅度，本章将其定义为水道弯曲带直线长度(S)与弯曲带顶点之间的距离[图 3-6(a)]。

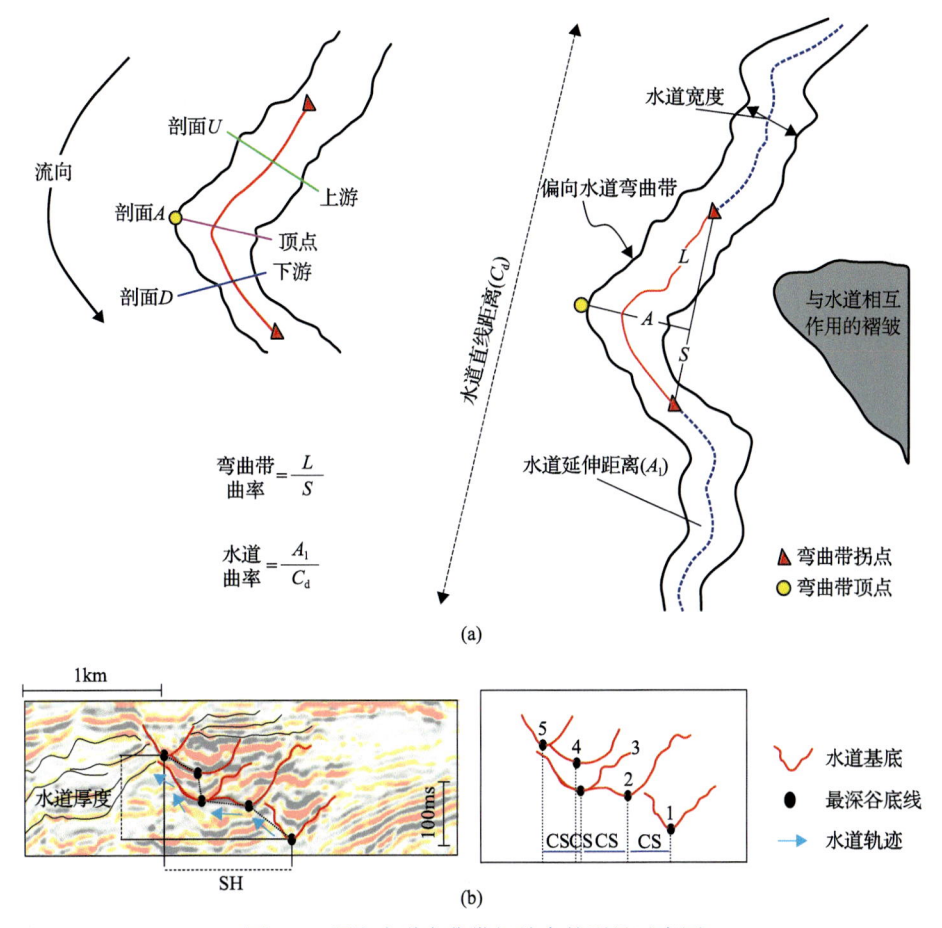

图 3-6 深海水道弯曲带相关参数测量示意图

(a)沿着水道弯曲带测量的相关参数；(b)弯曲带相关参数的剖面测量实例；A-弯曲带幅度；SH-侧向水平迁移距离；CS-水道间距

关于对水道侧向迁移的测量，主要是在三个位置的地震剖面上(垂直水道轴向)进行。这三个剖面分别是剖面 U、剖面 A 和剖面 D，它们分别垂直弯曲带的上游、顶点及下游。测量参数包括侧向水平迁移距离(SH)和水道间距(CS)；其中侧向水平迁移距离是指最老的最深谷底线与最年轻的最深谷底线之间的水平距离，而水道间距则指的是两个连续的最深谷底线之间的水平距离[图 3-6(b)]。在每个水道弯曲带，用水道单元内部连续的最深谷底线之间的变化来表示水道轨迹[图 3-6(b)]。

为了比较不同大小的水道弯曲带的侧向迁移参数,将侧向摆动、侧向间距及宽度等参数标准化(分别为 SH_x/SH_0、CS_x/CS_0 及 W_x/W_0),从而更好地识别水道弯曲带的形态特征。用于标准化的分母(SH_0、CS_0 和 W_0)根据每个弯曲带测量的所有参数获得。在一些前人的数据集中,如果缺乏沿着弯曲带的测量数据,则使用多个弯曲带的所有测量数据来对侧向迁移参数进行标准化。为了证明这两类测量结果可以在正态分布的数据中相结合,本章对不同参数进行了 T 检验,相关性与 P 值具有显著的结果。为了更精确地将测量点投点到具有不同规模的弯曲带上,将弯曲带延伸距离也进行了标准化(L_x/L),其中如前所述,L 代表弯曲带延伸距离,L_x 则代表测量点与上游拐点之间的距离。

此外,为了分析弯曲带处深海水道与构造变形的时间关系,使用天然堤内部地震反射同相轴的几何形态及其与褶皱—翼的上超关系来进行判断。Clark 和 Cartwright(2011)及 Rovere 等(2014)分别使用了相似的方法,来探究深海水道与盐构造活动、泥构造活动的相互作用。天然堤内部反射在褶皱—翼的终止关系可以用来判断深海水道是发育在构造变形之前,或者是与构造活动同时进行,再或是发生在构造活动之后。如果是前两种情况,深海水道会被构造活动形成的地形所限制。虽然天然堤内部的反射同相轴会向着早期的构造变形上超,但是如果构造变形仍然是活跃的,上超关系会在构造变形的一翼向上反转。

3. 尼日尔三角洲盆地深海水道决口研究

针对深海水道决口研究中所存在的问题,本章围绕决口水道网络和典型水道决口现象,采用传统的二维地震相分析与三维地震地貌学相结合的方法来揭示水道决口的机制与机理。

1)宏观上的决口水道网络

在尼日尔三角洲盆地浅层沉积记录中,发现了一个发育在大型 MTD 之上的决口水道网络,将其命名为 ACS(图 3-3 和图 3-4)。针对此水道网络,首先,根据块体搬运沉积在地震剖面和属性平面图上所表现出的地震反射特征,描述其展布方向与范围,划分成分单元,分析其起源,并刻画其作为水道基底所表现出的古地貌特征。其次,在地震剖面及属性图上,对各条决口水道进行详细追踪,描述其展布特征,测量宽度、深度、横截面积及曲率等构型参数,识别与其伴生的天然堤沉积,并以此为基础,分析下伏 MTD 与水道决口的耦合关系。最后,根据各决口水道的追踪和测量结果,描述各决口点附近母水道和决口水道的相互关系,对比其构型特征的差异,进而判断各决口事件发生的先后顺序,完成对水道决口类型的理论划分,并总结整个水道网络的发育演化过程;同理,对远物源端的水道汇聚点也进行上述刻画,进而分析水道发生汇聚的具体原因,并总结其基本特征。

2)微观上的典型水道决口现象

根据以上对决口水道网络的研究,形成了对水道决口现象的大尺度认识,但由于水道网络中各决口事件规模的限制,不适合对小尺度的决口过程及决口后的水道发育演化进行分析,为此,特利用在工区内所识别出的另外一个独立的、规模较大的水道决口现象开展上述研究。在该独立的水道决口现象中,母水道属于一个水道-堤岸体系,将其命名为 Bukuma Channel,简称为 BC;决口水道是一个规模较小的水道,未发育有堤岸,将其命名为 Tombia Channel,简称为 TC(图 3-3)。针对该典型水道决口现象,首先,在地震剖面上识别出母水道 BC 的最深谷底线,并在整个工区内对其展开追踪,从而建立母水道在决口点附近的坡度背景,另外,在决口点附近对 BC 内部充填进行分析,划分并描述不同期次的充填单元,从而恢复母水道决口之前在决口点附近的水动力条件,进而分析详细的水道决口成因机制。其次,结合地震剖面解释和平面地震属性分析,对决口水道 TC 进行详细表征,包括外部形态沿流动方向的变化、各期次水道在垂向上的变化及最深谷底线坡度背景的变化,从而建立水道决口后的发育演化模式。最后,在决口点附近,利用地震剖面及平面属性图对存在的古地貌进行详细刻画,包括决口后沉积物重力流形成的沉积底形及原始存在的古海底地形,从而借助前人的经验性认识,对沉积物重力流冲破母水道堤岸阻挡发生决口并进一步形成决口水道这一具体过程进行重构。

3.2 深海水道形态

3.2.1 地震相解释与地层单元

1. 地震相解释

在开展水道 ACLS 形态特征研究时,在相应工区内[图 3-3(a)和(b)]共识别出 4 种地震相。地震相 1 在剖面上表现为不规则的 V 形或者 U 形,在平面上则统一呈现为弯曲的带状(表 3-2)。地震相 2 和地震相 3 发育在目标深海水道的两侧,呈现为楔状或扁平的外部形态。其中,地震相 2 总体展布范围比较大,为汇聚型的强振幅或弱振幅反射;地震相 3 为扁平-轻微楔状的强振幅反射,在平面上则呈现为典型的朵叶状(表 3-2)。地震相 4 多在水道侧向边缘发育,在部分水道轴部也可见,在地震剖面上表现为杂乱的、变化振幅的反射,内部偶尔包含一些强振幅的块体(表 3-2)。

表 3-2 在深海水道 ACLS 中识别出的地震相及其所对应的沉积单元

地震相	地震剖面	平面属性图	描述	外部形态	沉积解释	参考文献
地震相 1			侵蚀性界面内不连续—变化振幅的反射特征	U 形或 V 形	水道充填	Abreu 等(2003);Deptuck 等(2003);Posamentier 和 Kolla(2003)
地震相 2			连续—平行且弱振幅的反射特征(向远离地震相 1 的方向汇聚)	楔状	天然堤	Nakajima 和 Kneller(2013);Hansen 等(2015,2017)

续表

地震相	地震剖面	平面属性图	描述	外部形态	沉积解释	参考文献
地震相 3			强振幅—连续反射特征；在平面上向远离地震相 1 的方向形成拉长朵叶体形态	扁平-楔状	席状砂(决口扇和朵叶体)	Twichell 等(1991)；Pirmez 和 Flood(1995)
地震相 4			杂乱—弱振幅反射特征(内部含有连续性差的强振幅反射单元)	杂乱	MTD	Moscardelli 等(2006)；Posamentier 和 Martinsen(2011)；Zhao 等(2019)

注：HAR 为强振幅反射。

地震相 1 被解释为典型的水道充填沉积，其中强振幅反射被普遍认为是砂质水道充填(Abreu et al., 2003; Gee et al., 2007)，而弱振幅反射则认为是泥质水道充填(Zhang et al., 2015, 2018)。地震相 2 则被解释为天然堤沉积，其往往由较细粒的碎屑沉积物构成(Deptuck et al., 2003; Nakajima and Kneller, 2013)，然而，本章以上天然堤在局部表现为强振幅反射特征，被解释为相对富砂的、靠近水道轴部的近端天然堤。地震相 3 被解释为水道两侧或者末端的席状砂，其中发育在水道两侧的席状砂相对比较薄(约 23m 厚)，且往往与天然堤互层，被解释为流体剥离所形成的决口扇沉积(Twichell et al., 1991; Pirmez and Flood, 1995; Posamentier and Kolla, 2003)；而发育在水道末端的席状砂厚度较大，可达 50m，被解释为末端朵叶体(Posamentier and Kolla, 2003)。地震相 4 则被解释为块体搬运沉积复合体，它由碎屑流沉积及一些早期残留沉积物构成；其内部有时还包含一些强振幅反射的块体，可能由水道壁或者基底垮塌形成(Moscardelli et al., 2006; Hansen et al., 2017)。

2. 地震地层格架

从现今海底往下，在研究区内共识别出四个关键地层界面，它们分别是 T0、T80、T250 及 T300，其中 T300 将整个地层序列划分为埋藏较深的、变形剧烈的地层及埋藏较浅的、变形较弱的地层(图 3-7)。基于以上四个地层界面，共确定了三套地震地层单元，从下至上它们被分别命名为地层单元 1~3(图 3-7)。

底部地层单元 1 的顶底边界分别为 T250 和 T300，覆盖在下部变形剧烈的地层之上；其中，底边界 T300 之上为 100m 厚的杂乱、连续性较差、中等-强振幅反射，即大套的 MTD(表 3-2)。在早期的地形凹陷中，这些 MTD 的厚度明显增大[图 3-7(b)]，在研究区南部，地层单元 1 中可以看到超过 200m 的强振幅-中等振幅反射交互发育[图 3-7(c)]。地层单元 1 的最大厚度约为 550m，在研究区西部的构造高点位置，其厚度减少为 300m，并且在这里发育大量的汇聚型反射。总体来说，地层单元 1 主要为强振幅反射，内部多

第 3 章　深海水道地震地貌学研究

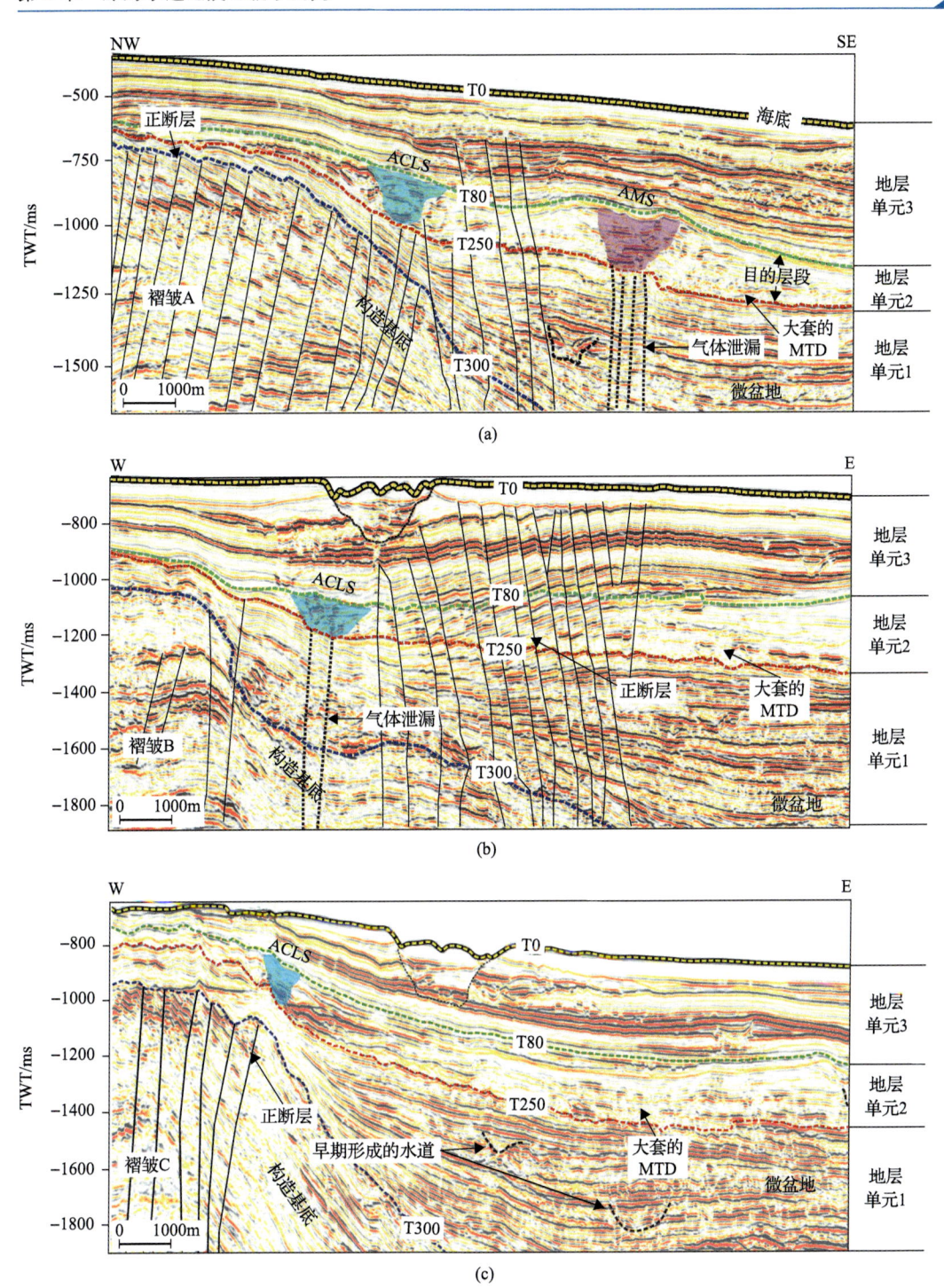

图 3-7　沿沉积走向展示构造单元以及地震地层格架的三个地震剖面[剖面位置见图 3-3(b)]

(a) 横切 ACLS 上游的地震剖面；(b) 横切 ACLS 中游的地震剖面；(c) 横切 ACLS 下游的地震剖面

见杂乱、连续性差的地层，且还发育有一些 V 形或 U 形的强振幅反射特征(地震相 1A)，即深海水道。

中部的地层单元 2 为本研究区目的层，其顶底边界分别为 T80 和 T250（图 3-7）。在底边界 T250 之上，发育有 100m 厚的杂乱、连续性差、弱振幅反射（地震相 4A），其向着西部的构造高点逐渐上超。地层单元 2 的最大厚度约为 220m，包含两条深海水道，它们分别是早期供给水道 AMS 和目标水道 ACLS，这两条水道发育有弱振幅的楔状沉积单元（地震相 2），并且延伸约 2200m。向着西部的构造高点，地层单元 2 的厚度迅速降低到小于 50m，在此处，同相轴变形明显，从而上超或下超到 T250 界面之上[图 3-7(b) 和 (c)]。

上部的地层单元 3 以现今海底（T0）和 T80 为顶底边界，其内部主要为平行或者波状反射结构，在西部构造高点发育有明显的上超或者轻微变形[图 3-7(b) 和 (c)]。地层单元 3 最大厚度约为 430m，其内部为强振幅反射和弱振幅反射交互发育；另外，地层单元 3 最顶部覆盖一套无明显反射的层位，推测其为深海披覆泥。

3.2.2 地形起伏与目标水道 ACLS

1. 研究区构造起伏

1）褶皱和微盆地

地层单元 2 底界面 T250 的时间构造图共显示了 3 个主要的地形低点，其分别位于研究区的东部和西南部[图 3-8(a)]。其中，西南部的地形低点呈拉长、狭窄形态，最大深度约为 1600ms（TWT）[图 3-8(a)]。地形高点沿 NE—SW 向延伸，对应的 TWT 范围为 1000～800ms[图 3-8(a)]。这些构造高点指示了 3 个褶皱，它们分别被命名为褶皱 A～褶皱 C。褶皱 A 和褶皱 B 通过一个平缓的马鞍构造相连接，总体构成了一个 NE—SW 向延伸的、长度超过 17km 的主构造[图 3-8(a)]。褶皱 A 的两翼相对比较平缓，其中东南翼的形态相对不规则；褶皱 B 的枢纽沿 W—E 向延伸，大约长 5km，其中东部枢纽发育有一个明显的地形凹陷，研究区的地层单元 1 主要充填在这里。褶皱大约沿 WNW—ESE 向延伸，为等斜褶皱，其不规则的古地形显示东部一翼地层倾角较大[图 3-7 和图 3-8(a)]。

T80 界面的时间构造图显示在地层单元 2 沉积后，古地形发生了明显的变化：地形低点明显变浅；褶皱 A 和褶皱 B 之间被更高和更宽的内褶皱带连接；并且有一个 NW—SE 向的地形高点发育在东南部两个地形低点之间[图 3-8(b)]。

T250 和 T80 所限定的地层厚度图表明，地层单元 2 受到了不同位置（尤其是西部位置）构造变形的强烈影响[图 3-8(c)]。这套地层在东南部的地形低点具有较大的厚度，向着褶皱位置厚度迅速降低[图 3-8(c)]。根据厚度变化、古地貌从 T250 至 T80 的改变及紧挨着褶皱发育的汇聚型反射结构的变化，认为地层单元 2 沉积发生在构造活动之前或者与构造活动同时发生。

2）断层情况

研究区各断层主要沿 N—S 向延伸，在平面上表现为直线或曲线形态，其相互之间的间隔为 300～900m（图 3-9）。在褶皱 A 的北翼，发育有 NNE—SSW 向延伸的断层，间隔为 800～1000m（图 3-9）。地震剖面显示，许多断层几乎是垂直的，其打断了各层位界面的连续性，因此，被解释为气体泄漏的通道，这些特征主要发育在 T250 界面（对应目标

第3章 深海水道地震地貌学研究

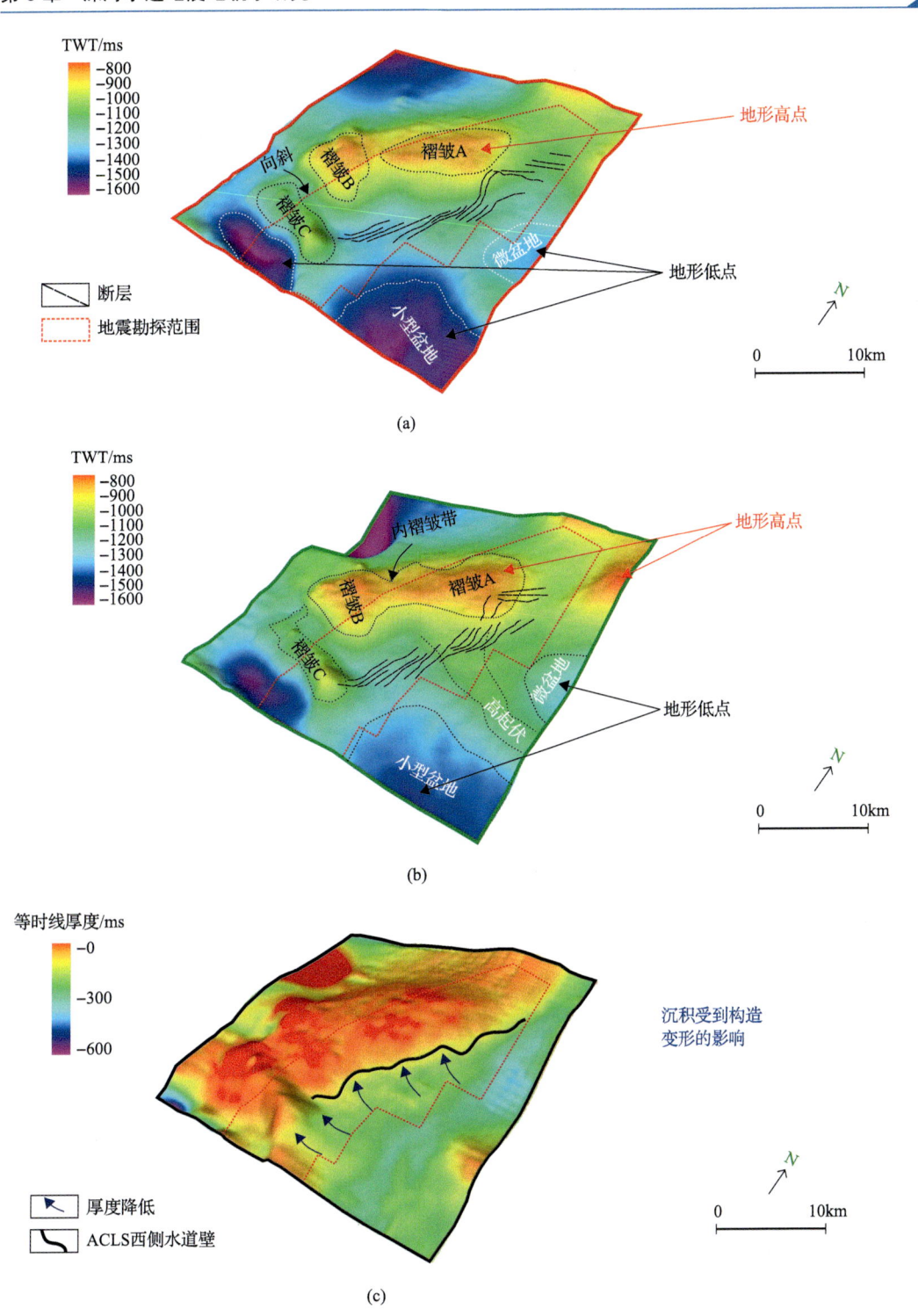

图 3-8 目的层顶底界面的构造图及其对应的厚度图

(a) T250 界面的构造图；(b) T80 界面的构造图；(c) 目的层（地层单元 2）的厚度图

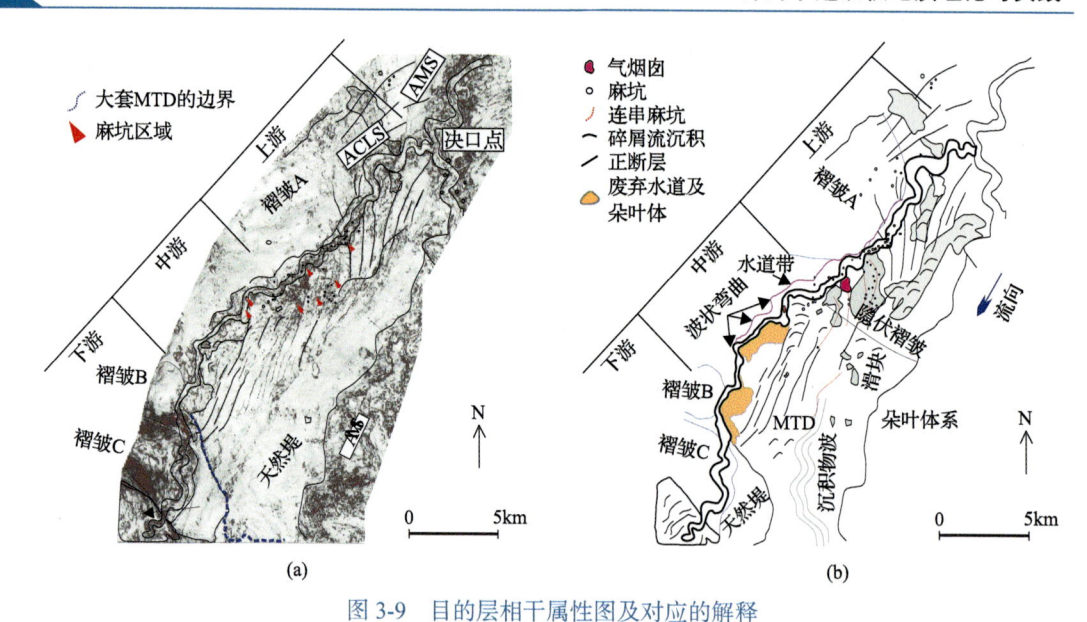

图 3-9　目的层相干属性图及对应的解释

(a)展示研究区各构造和沉积单元的相干属性图(提取自 T250 以上 15ms)；(b)各褶皱、断层、麻坑、MTD 及朵叶体发育位置的素描图

水道的底部)之下(图 3-7)。在相干属性图上可以看到，以上特征与椭圆形的麻坑有关，其长度为 200~500m[图 3-9(a)和(b)]。这些海底麻坑在深海水道的内部和外部均有发育，而且其有时还沿着褶皱 A 东南翼气烟囱附近的断层发育[图 3-9(a)和(b)]。

2. 研究区沉积起伏

根据平面属性图，在地层单元 2 的底界面(T250)共识别出两类 MTD[图 3-9(a)和(b)]，它们分别为分布广泛的 MTD(简称 E-MTD)和分布局限的 MTD(简称 L-MTD)。其中，E-MTD 在三维地震覆盖的大部分区域发育，然而 L-MTD 只在所研究的目标深海水道的轴部发育[图 3-9(a)和(b)]。

E-MTD(50~120m 厚)主要下伏在目标水道的底部，其整体向南延伸直至褶皱 C，呈朵叶体形态，主体覆盖范围大约为 120km^2[图 3-9(a)和(b)]，另外，E-MTD 向着构造高点逐渐尖灭。E-MTD 的顶界面相对是不规则的，其上部发育有明显的水道侵蚀及目标深海水道和主供给水道的天然堤。在相干属性图上，E-MTD 主要表现为杂乱特征，在北部可见长度超过 50m 的块体，被解释为沉积物垮塌形成的巨型块体(表 3-2)。

可观察到 L-MTD 在褶皱 A 的侧翼及目标水道(ACLS)的西部一侧发育，其包括两个次级沉积单元，被分别命名为 L-MTD Ⅰ 和 L-MTD Ⅱ (图 3-10)。L-MTD Ⅰ 主要是依据"平面上垂直于目标水道轴向位置的 RMS 强度突然降低"作为识别标准，如图 3-10(a)所示。L-MCD Ⅰ 大约长 1307m、宽 750m。在平面上，其前端位置发育一些中等振幅的曲面，这里将其解释为压力脊(pressure ridges)。这些压力脊从 NE—SW 走向的断层开始发育，穿过褶皱 A 的侧翼，并且在坡脚位置处厚度达到了 80m[图 3-10(b)]。

第3章 深海水道地震地貌学研究

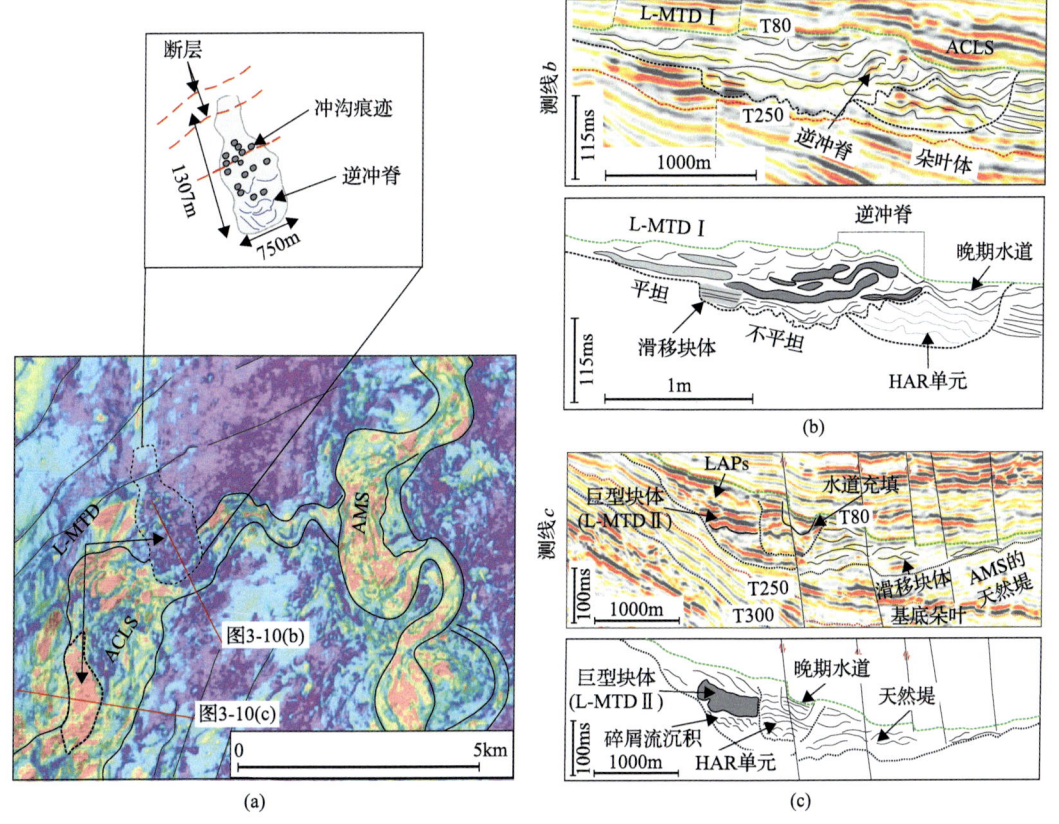

图 3-10 目标深海水道 ACLS 底部的属性图以及两个关键位置的地震剖面

(a) ACLS 底部的 RMS 振幅属性图及相干属性图；(b) 解释 L-MTD Ⅰ 和 ACLS 关系的典型地震剖面；(c) 解释 L-MTD Ⅱ 和 ACLS 关系的典型地震剖面

在内部，L-MTD Ⅰ 主要由弱振幅反射的基质及少量强振幅反射的巨型块体构成，它们同时也构成了压力脊的主要成分[图 3-10(b)]。此外，在 L-MTD Ⅰ 的底部，共识别出了 16 个冲沟痕迹和多个滑移块体[图 3-10(a)和(b)]。L-MTD Ⅰ 在侧向上从近端的扁平形态转变为远端的不规则形态，而且在远端，L-MTD Ⅰ 向着目标水道 ACLS 正向倾斜[图 3-10(c)]。L-MTD Ⅱ 在 ACLS 内部形成了强振幅的反射体，其长度大约 900m，厚度约为 60m[图 3-10(c)]。在提取自 T250 界面以上 40ms 位置处的相干属性图上，L-MTD Ⅱ 呈块状，其被解释为沉积物垮塌形成的巨型块体[图 3-10(c)]。

3. 目标深海水道(ACLS)

对于目标深海水道 ACLS，本小节对其侵蚀界面平面(曲率)和剖面(宽度、厚度、侵蚀深度及相应的天然堤)形态进行了详细描述。为了便于描述，将整个 ACLS 划分为上游、中游及下游三段，每一段均和不同褶皱发生了相互作用(图 3-11)。其中，上游段延伸长度最大，超过 14km，起源于主供给水道 AMS 发生的一次决口，并且沿着与褶皱 A 平行的方向流动；在平面属性图上，上游段对应强 RMS 振幅，其内部的水道单元表现为不同的流动路径(图 3-11)。ACLS 的中游段沿着与褶皱 A 和褶皱 B 平行的方向流动，总体延伸长度约 11.5km，在 RMS 属性图上则表现为弱振幅(图 3-11)。ACLS 的下游段穿过褶皱 B 和褶皱 C 之间的向斜，向下侵蚀褶皱 C，并最终在末端形成面积约 6km² 的朵叶体(图 3-11)。

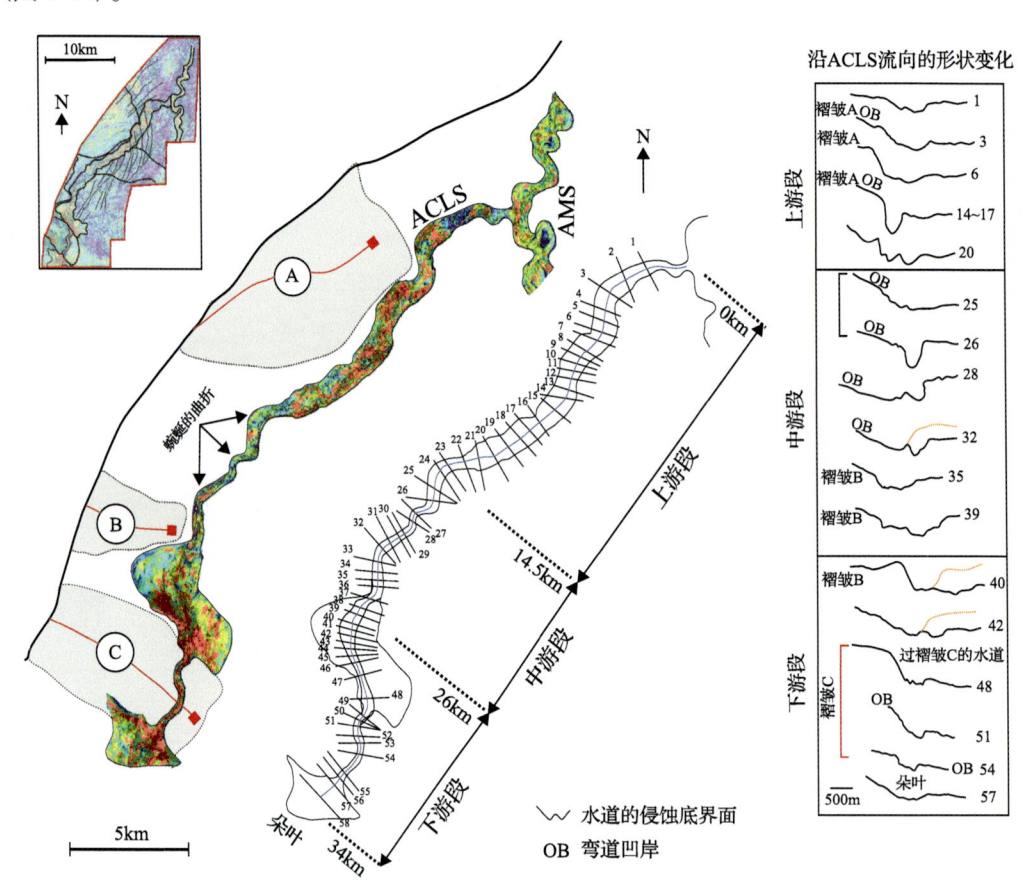

图 3-11　目标深海水道 ACLS 所对应的 RMS 属性图及其与各褶皱的关系

1) ACLS 不同水道段

在上游段，ACLS 的最深谷底线相对比较平滑，但是在剖面 17 下游的断层发育区，最深谷底线则变得相对粗糙[图 3-12(a)]。相对于东部水道边缘，ACLS 西部水道边缘的起伏变化更大，对应 914~820ms 的双程旅行时[图 3-12(a)]。水道在上游段的宽度变化也比较大，在弯曲带，其宽度最大可达 1200m(如剖面 3、6 和 17)[图 3-12(b)]。此外，在上游段，水道流动路径总体比较顺直，对应的最低曲率值为 1.16[图 3-12(c)]，然而，在与褶皱 A 相接触的位置(如剖面 3)，水道由构造低点向地貌高点迁移，对应的曲率值最高可以达到 1.45[图 3-12(c)]。在水道穿过断层带的位置，水道坡度值增加到了 0.8°[图 3-12(d)]。ACLS 在上游段的平均厚度约为 165m，该厚度同样在断层带急剧增大，达到了 232m，但是在向下游方向，厚度又不断降低[图 3-12(e)]。在上游段，深海水道厚度值与侵蚀深度的差异是相对比较小的，两者差值不会超过 80m[图 3-12(e)]。在地震剖面上，ACLS 的侵蚀界面为 U 形，并且其在褶皱 A 接触的位置发生了明显的

第 3 章 深海水道地震地貌学研究

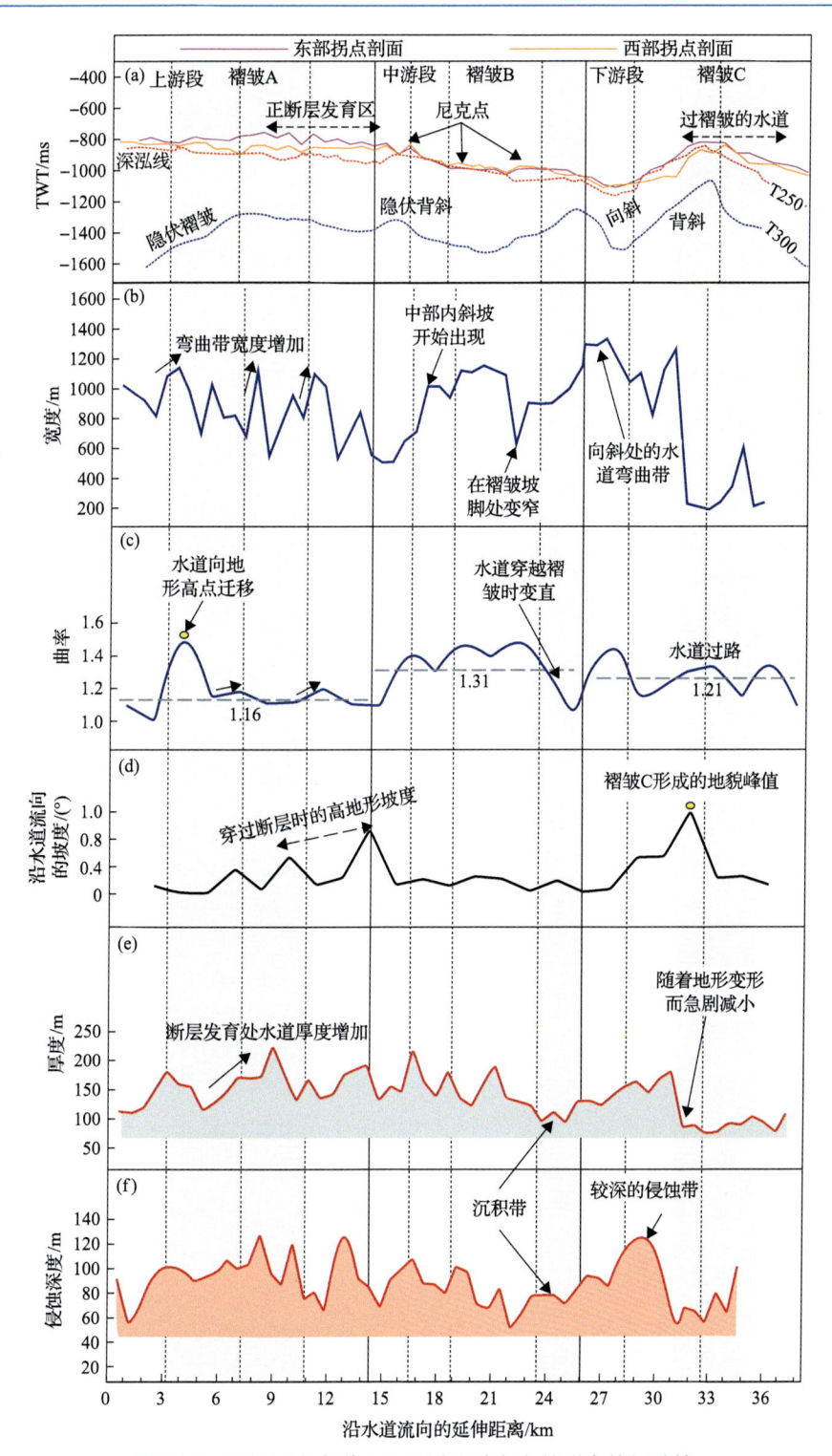

图 3-12 目标深海水道 ACLS 沿流动方向的形态特征总结

(a) ACLS 水道不同段的反射点所对应的深度；(b) ACLS 的宽度测量；(c) ACLS 的曲率测量；(d) 沿着 ACLS 轴线的坡度变化；(e)、(f) ACLS 的水道厚度和侵蚀深度测量

倾斜(图 3-11)。然而，在穿过断层带的位置(如剖面 17)，ACLS 的侵蚀界面表现为明显的 V 形(图 3-13)。

在中游段，深海水道 ACLS 最深谷底线的分布范围为 950～1160ms(TWT)，而且包含多个弯曲带连接的尼克点(图 3-11)。其东部边缘相对不规则，对应的双程旅行时为 900～1100ms[图 3-12(a)]。从剖面 26 开始，ACLS 的宽度陡然增加到 1200m，而且，在这个位置，水道 V 形的侵蚀界面转化为由中部陡坡分隔的两个次级通道[图 3-11 和图 3-12(b)]。向下游方向，深海水道在遇到褶皱 B 之前又明显变窄，而且其对应侵蚀界面又变为 U 形或者 V 形。

虽然在中游段 ACLS 的平均曲率相对较高，但是其在褶皱 B 附近表现出最低的曲率值 1.08[图 3-12(c)]。此外，在中游段，ACLS 坡度值最小，在 0.4°以下，其对应的剖面相对比较平缓，且没有受到褶皱 B 的影响[图 3-12(d)]。穿过褶皱 B，深海水道的厚度明显降低，从 200m 减少到了 100m 左右，然而其对应的侵蚀深度却显示出轻微增长，从 50m 增加到了 80m 左右[图 3-12(e)]。深海水道厚度和侵蚀深度之间的差异表明，在中游段沉积作用是相对比较明显的[图 3-12(e)]。

在下游段，深海水道 ACLS 最深谷底线深度最低值为 1200ms，其穿过褶皱 B 和褶皱 C 之间的向斜，并在褶皱 C 之上达到最高值 800m。在向斜区域，水道平均曲率为 1.21，在弯曲带的作用下，其对应最大的宽度值 1500m[图 3-12(c)]。在褶皱 C 上，水道厚度和侵蚀深度分别增长到了 180m 和 120m，而且在穿过褶皱 C 的位置，水道宽度减小为 300m，侵蚀深度则减小为 90m[图 3-12(d)]。以上水道厚度和侵蚀深度之间的巨大差异表明，在水道与褶皱发生相互作用之前，水道就已经发生了明显的侵蚀作用[图 3-12(e)]，其侵蚀界面从相对比较复杂的形态变为单一的 U 形，而且在褶皱 C 中，水道的曲率值为 1.21[图 3-12(b)]。

2) ACLS 内部水道单元

在深海水道 ACLS 内部，共识别出三个次级水道单元，从老到新，它们分别是 C1、C2 和 C3(图 3-13)。ACLS 的底部充填沿 NE-SW 向延伸，包含最老的水道单元 C1，它下切入早期的 MTD 之中，东部边缘则由滑移体沉积、天然堤沉积及朵叶体沉积构成(图 3-13); C1 的西部边缘主要由上超到褶皱上的地层单元 1 和地层单元 2 地层组成(图 3-7、图 3-13 和图 3-14)。ACLS 的中部充填对应 C1 和 C2 水道单元的主要流动路径(图 3-15)，在剖面上，这些单元由砂质水道充填及席状砂构成。ACLS 上部的水道充填主要由晚期的 C3 水道单元和决口扇构成(图 3-16)。

C1 水道单元对应的平均曲率为 1.19，其大约厚 81.5m(表 3-3)。在上游段，水道强振幅反射区域向着褶皱 A(剖面 3 附近)弯曲，之后则向着盆地方向流动[图 3-14(a)]。在中游段，C1 为杂乱反射或无反射特征，局部分布有中等 RMS 振幅的块体[图 3-14(b)]。在下游段，C1 主要为强振幅反射特征，反映出较好的连续性[图 3-14(c)和表 3-3]，此外，当 C1 侵蚀下游段的向斜部分时，其厚度从 81.5m 增加到 110m(表 3-3)。与其他水道单元不同，C1 并没有穿过褶皱 C，而是转向东部[图 3-14(c)]。

第3章 深海水道地震地貌学研究

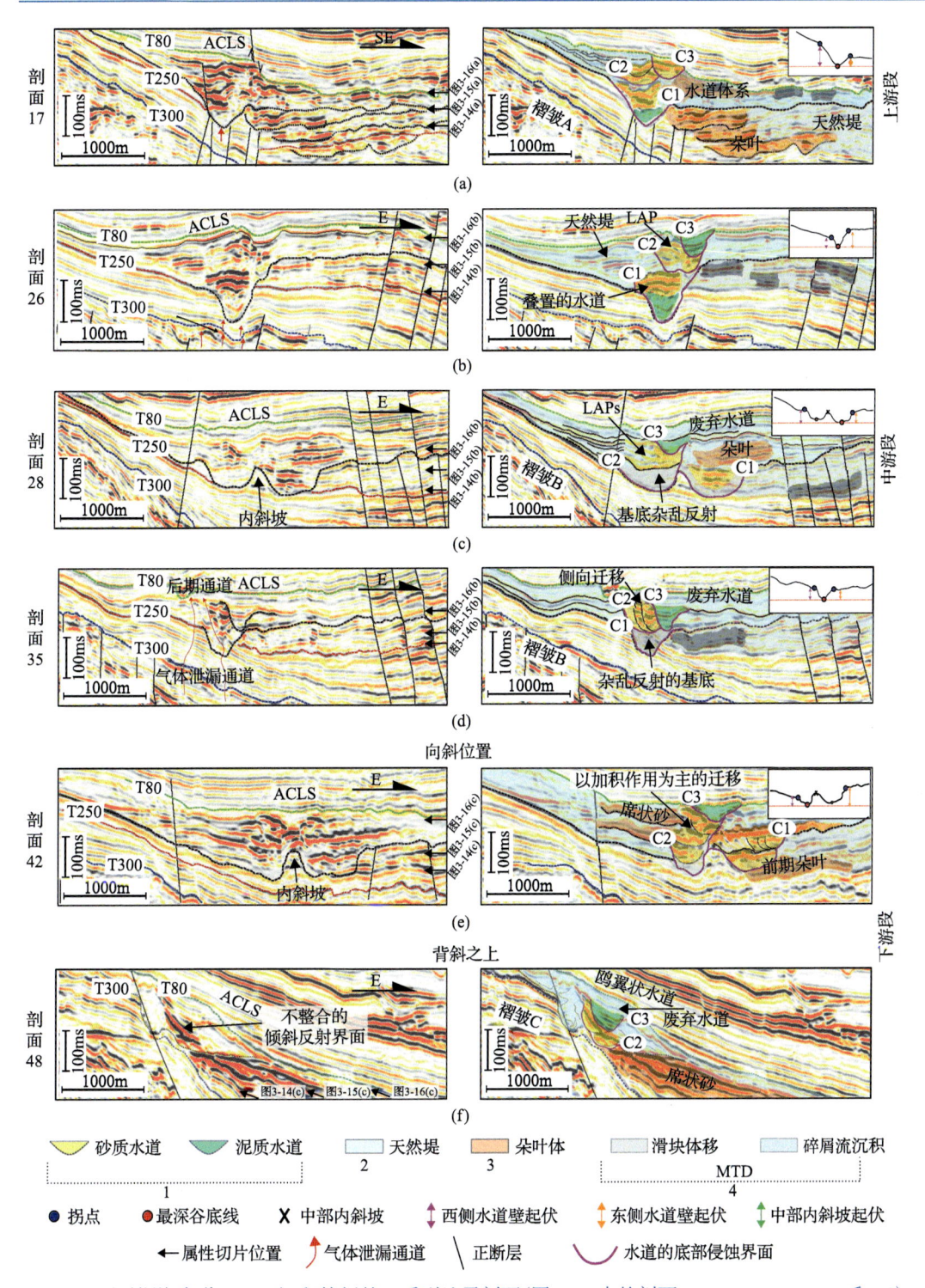

图 3-13 展示深海水道 ACLS 沉积特征的一系列地震剖面(图 3-11 中的剖面 17、26、28、35、42 和 48)
(a)过 ACLS 上游的 1 个地震剖面及其解释；(b)~(d)过 ACLS 中游的 3 个地震剖面及其解释；(e)、(f)过 ACLS 下游的 2 个地震剖面及其解释

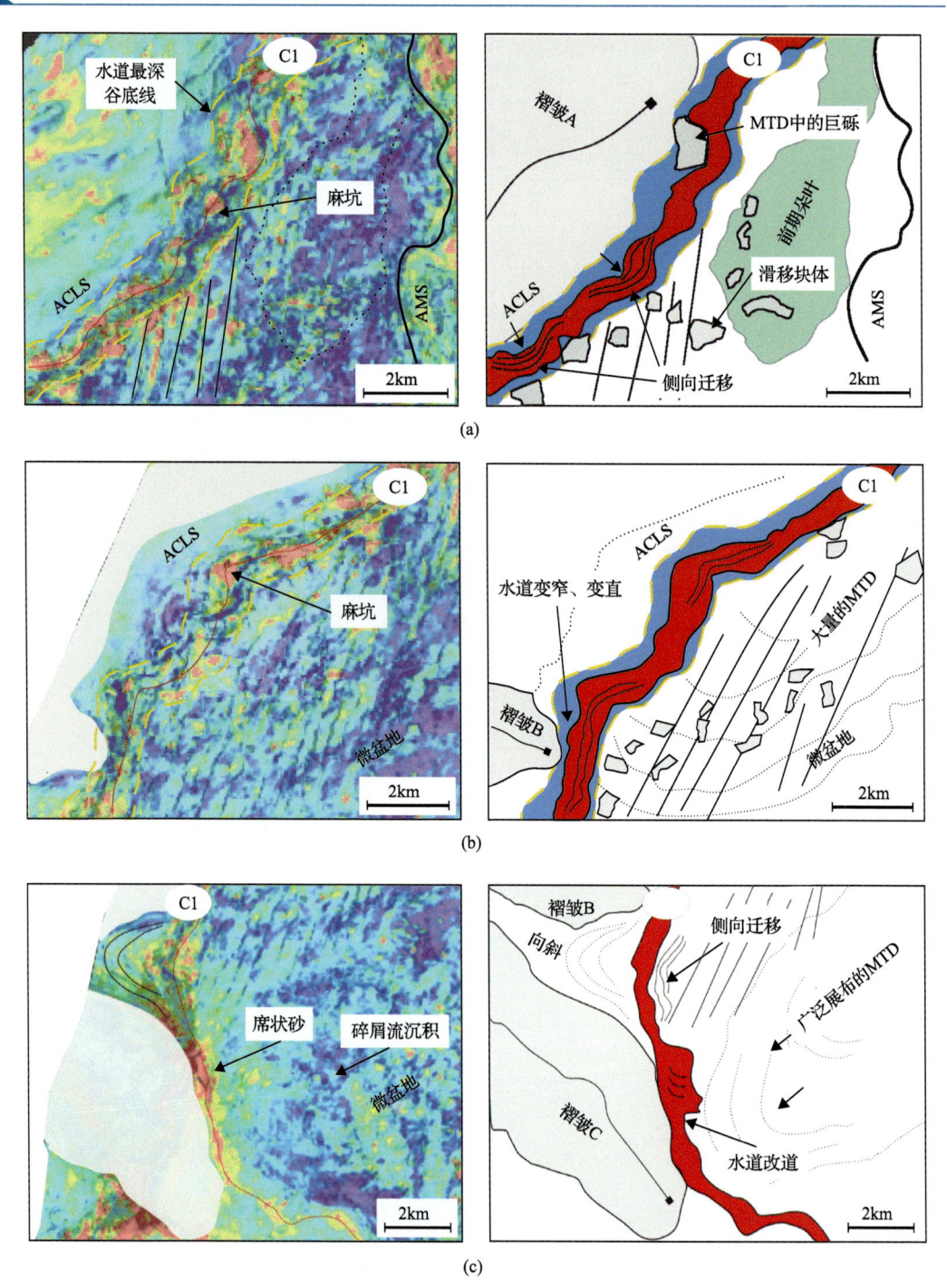

图 3-14 ACLS 下部水道充填（C1 水道单元）发育演化的属性图

(a) C1 水道单元上游部分的属性图；(b) C1 水道单元中游部分的属性图；(c) C1 水道单元下游部分的属性图

　　C2 水道单元对应的平均曲率值最大，约为 1.25，且厚度平均值也是最大的，达 104m（表 3-3）。在上游段，除了剖面 3 附近及剖面 17～剖面 22 区域，C2 流动路径几乎与 C1

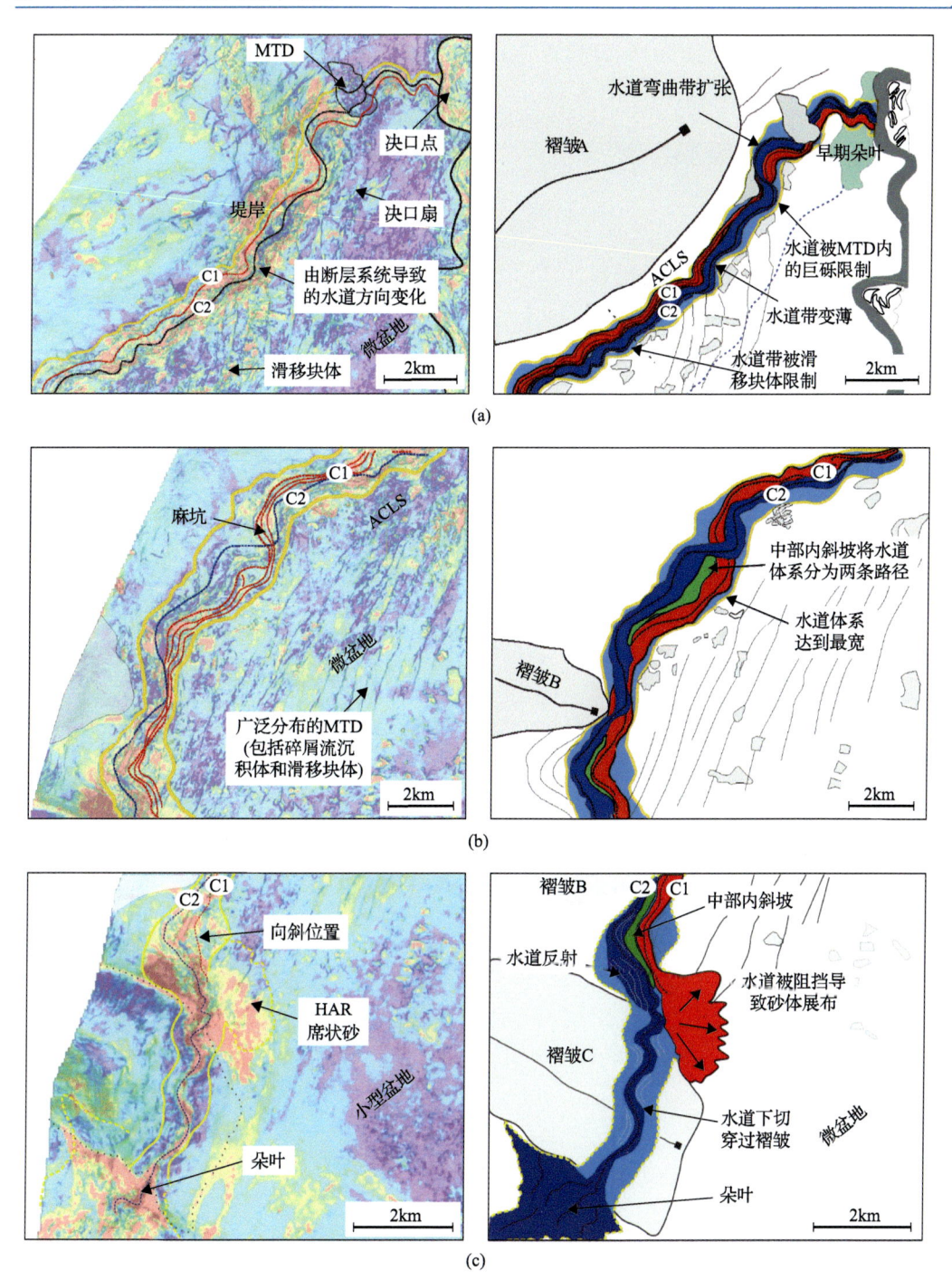

图 3-15　ACLS 中部水道充填（C2 水道单元）发育演化的属性图

(a) C2 水道单元上游部分的属性图；(b) C2 水道单元中游部分的属性图；(c) C2 水道单元下游部分的属性图

平行，其内部表现为垂向加积特征[图 3-15(a)]。在中游段，C2 在平面上的连续性相对较差，在局部切穿了早期的 C1，且流向后者的西部，在这个位置，其平均厚度和曲率分别达到了 162m 和 1.33［图 3-15（b）和表 3-3］。在剖面上，C2 由侧向加积的充填沉积构成，底部则发育有杂乱反射沉积体（图 3-13）。

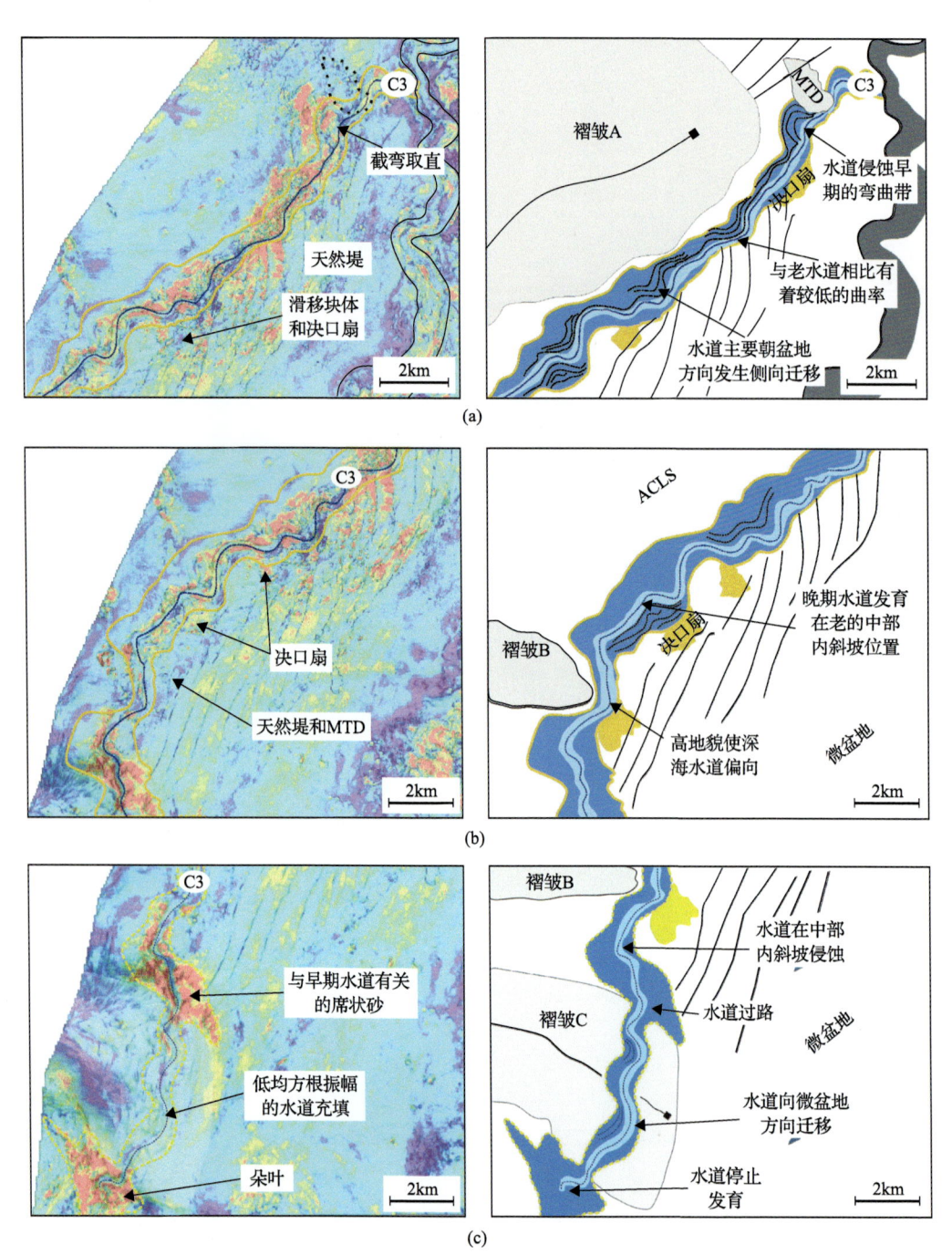

图 3-16　ACLS 上部水道充填（C3 水道单元）发育演化的属性图

(a) C3 水道单元上游部分的属性图；(b) C3 水道单元中游部分的属性图；(c) C3 水道单元下游部分的属性图

表 3-3　ACLS 内部各水道单元形态学参数总结

水道单元	位置	曲率/均值		宽度/m	厚度/均值/m		剖面		平面	
							水道充填	地震剖面	均方根振幅	单元连续性
C1	上游	1.14	1.19	260~850	81.5	91.6	无反射或杂乱反射	剖面 17 和 26	高	中
	中游	1.26			83.3		杂乱反射或无反射特征	图 3-13(a)和(b)	中	中
	下游	1.17			110		强振幅、垂向叠置反射	剖面 48 [图 3-13(f)]	高	高
C2	上游	1.18	1.25	400~780	51.3	104	强振幅、垂向叠置反射	剖面 17 [图 3-13(a)]	中	低
	中游	1.33			162		中振幅、水道或倾斜反射	剖面 28 [图 3-13(c)]	中	低
	下游	1.25			100		强振幅、垂向叠置反射	剖面 42 [图 3-13(e)]	高	高
C3	上游	1.08	1.12	250~550	51.6	38.13	弱振幅、中振幅的水平或加积反射	剖面 35 和 48 [图 3-13(d)和(f)]	中	高
	中游	1.13			33.3				低	中
	下游	1.16			29.5				中	高

经过褶皱 B，C2 水道单元轻微转向西部[图 3-15(b)]，并且显示出强振幅侧向迁移的水道充填沉积。在下游段，C2 水道单元再次转向内斜坡的西部，进入褶皱 B 和褶皱 C 之间的向斜区域。在此处，其内部充填沉积既具有侧向迁移的特征，又具有垂向迁移的特征，如图 3-15 中 RMS 振幅和相干属性的融合显示图所示。在穿过褶皱 C 之后，C2 水道单元在西南部逐渐转化为末端朵叶体[图 3-15(c)]。

作为最年轻的次级水道单元，C3 水道单元厚度相对比较小，约为 38.13m，平均曲率为 1.12(表 3-3)。在平面上，C3 水道单元向盆地方向转向，并表现出较高的连续性(图 3-16)。在剖面上，C3 水道单元内部主要变为垂向加积(图 3-13)。该最年轻的水道单元几乎沿着东部的水道壁流动，在中游段和下游段，其发育在内斜坡造成的地形起伏之上[图 3-16(b)和(c)]。

水道宽度沿流向的变化，主要是在 ACLS 下部、中部和上部水道充填的地震属性融合显示图上进行展示，图 3-14 和图 3-15 可以反映 C1 和 C2 水道单元，而图 3-16 则可以反映 C3 水道单元。从图 3-14 和图 3-15 上可以发现，C1 水道单元宽度沿流向发生了明显变化，其在剖面 15 达到最大值 850m，而在剖面 15~剖面 22 区域，即水道穿过 N-S 向正断层的区域，其宽度减小为 260m[图 3-17(a)]。此外，在中游段向着褶皱 B 的位置，C1 水道单元宽度也减小到了大约 300m[图 3-17(a)]。在下游段的向斜位置，尤其是靠近褶皱 C 部分，C1 水道单元宽度增大超过了 600m[图 3-17(a)]。C2 水道单元宽度沿流向变化相对有限，总体在 550~780m，其数值在上游段和中游段的弯曲处发生了明显增大[图 3-17(b)]。在穿过褶皱 C 的下游段，C2 水道单元宽度达到最低值，在 400m 以下[图 3-17(b)]。至于 C3 水道单元宽度，其总体数值较小，普遍在 550m 以下，并且其并没有受到褶皱和断层的明显影响[图 3-17(c)]。

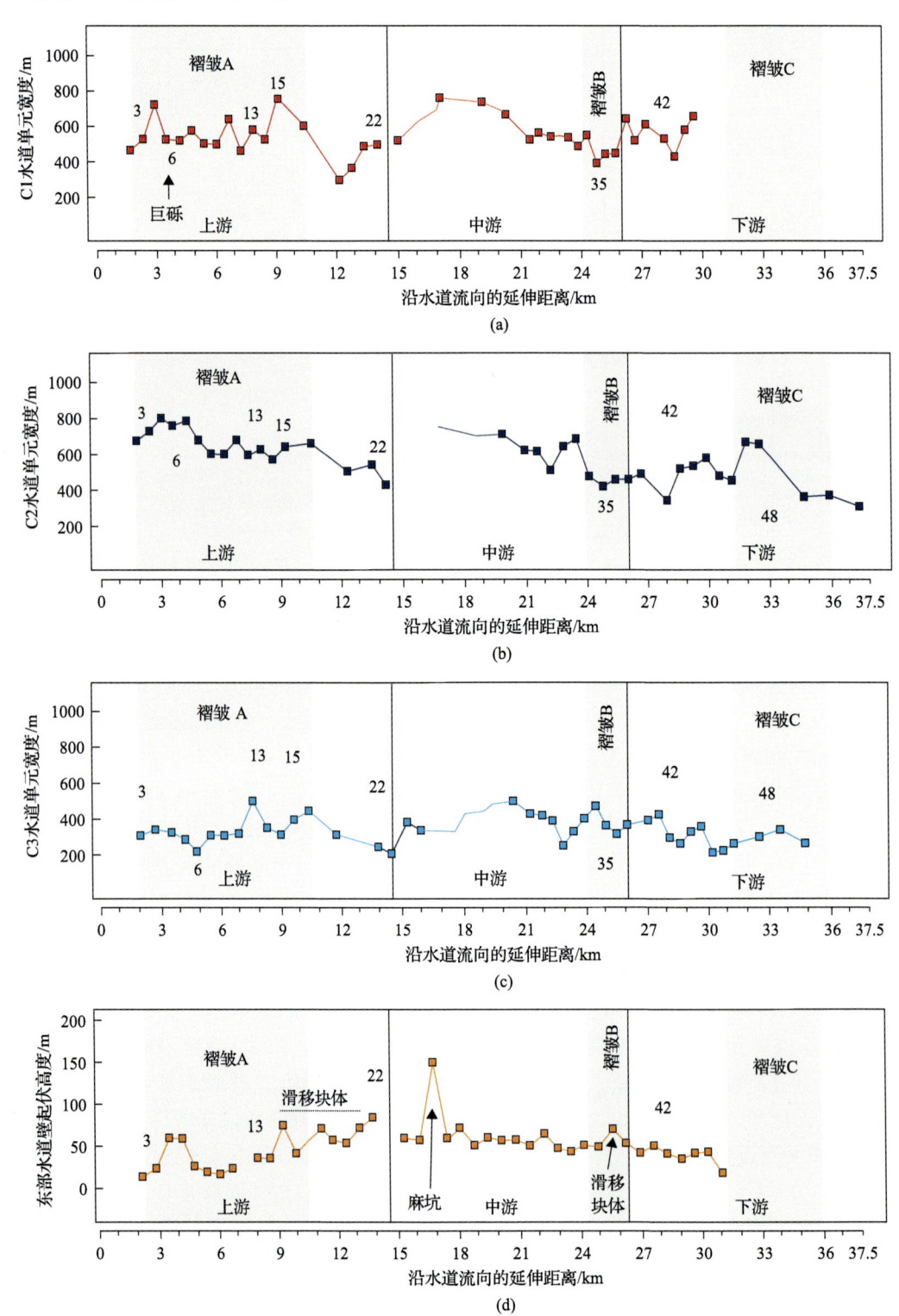

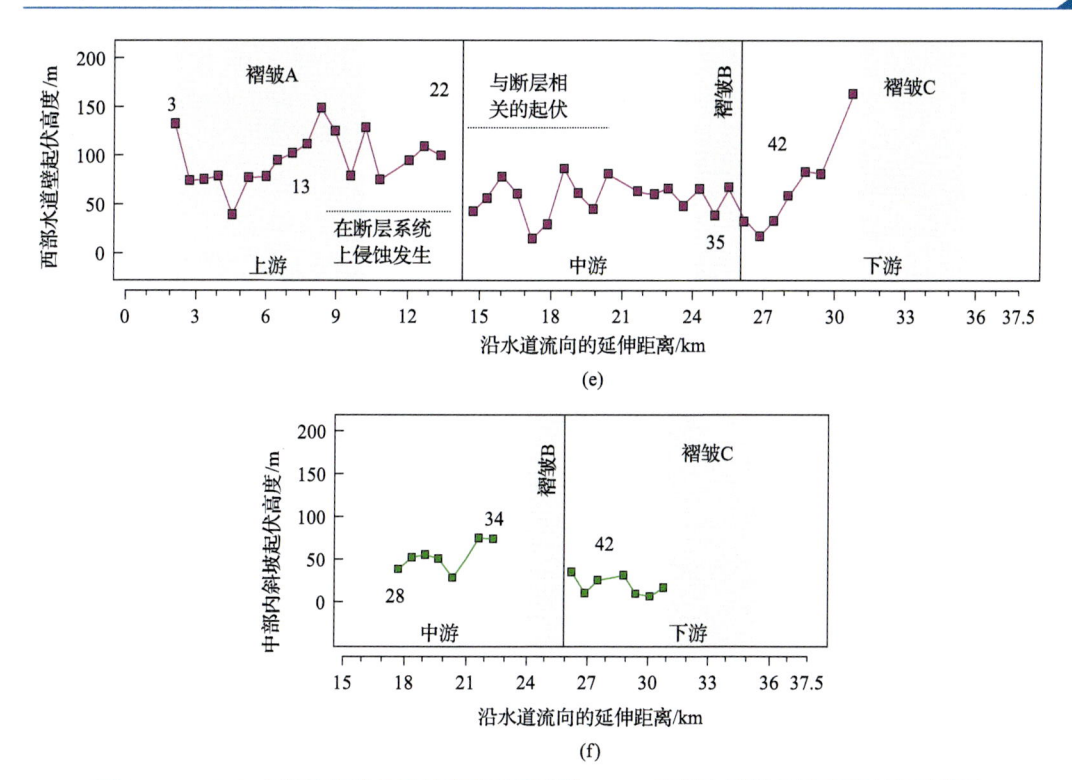

图 3-17 ACLS 内部各水道单元的宽度测量以及 ACLS 两侧水道壁起伏高度变化示意图
(a)~(c)C1~C3 水道单元的宽度测量；(d)~(f)ACLS 两侧水道壁起伏高度测量及其与褶皱、断层和 MTD 的关系

3) ACLS 水道壁起伏

东部水道壁的起伏高度在上游段表现为增长趋势[图 3-17(d)]，在剖面 13 附近的褶皱 A 区域达到了最大值 80m，之后则一直保持在 50~80m[图 3-17(d)]。在中游段，东部水道壁的最高起伏为 150m，是麻坑的存在加深了水道侵蚀界面所产生的[图 3-17(d)]。在下游段，东部水道壁显示出了轻微降低的趋势，而且大部分水道壁起伏高度的峰值对应东部水道壁沉积物的垮塌，如剖面 35 附近[图 3-13(d)和图 3-17(d)]。

西部水道壁的起伏高度总体变化较大，在 10~150m[图 3-17(e)]。在上游段，起伏高度从 40m 增长到 120~150m。然而在中游段，起伏高度总体较低且变化较大，在 10~100m[图 3-17(e)]。在水道穿过向斜区的下游段，水道壁起伏高度再次增大，从 20m 增加到褶皱 C 附近的 150m。这可能是褶皱生长造成水道倾斜导致的，然而西部水道壁起伏高度的变化主要还是受到下伏断层活动的影响。

中部内斜坡发育在水道的中游段和下游段，起伏高度在 30~80m[图 3-17(f)]。该中部内斜坡的起伏高度主要存在于两个水道段：第一个水道段位于中游段，在这里中部内斜坡的起伏高度在剖面 34 附近增加到最高值 75m[图 3-17(f)]；第二个水道段位于褶皱 B 和褶皱 C 之间的向斜区域，其对应起伏高度轻微降低，如图 3-17(f)所示，数值从 50m 降低到了 10m。

如图 3-18 所示的统计图，相对于东部水道壁起伏高度，西部水道壁起伏高度明显较高，后者最高超出前者约 100ms，该现象从图 3-11 和图 3-13 中的相应地震剖面中也能看出。在上游段，起伏高度的最大差值发生在 3 个位置，分别是剖面 3、6 及 17，其数值分别对应为 50ms、130ms 及 80ms；剖面 3 主要为生长褶皱 A 使深海水道倾斜（图 3-18 和图 3-11），剖面 6 主要为西部水道壁垮塌形成的沉积物，剖面 17 则位于断层之上（图 3-18）。在中游段，西部水道壁与东部水道壁起伏高度的差值为负值，这说明东部水道壁的起伏高度更大（图 3-18）。此外，图 3-18 中的低值对应东部水道壁的垮塌及水道向着褶皱的弯曲。穿越褶皱 B，受到西部水道壁附近地形起伏的影响，水道壁起伏高度的差值从 30ms 增加到了 50ms。然而，在下游段，水道壁起伏高度差值再次转化为正值，在水道达到褶皱 C 的位置增加到 130ms（图 3-18）。

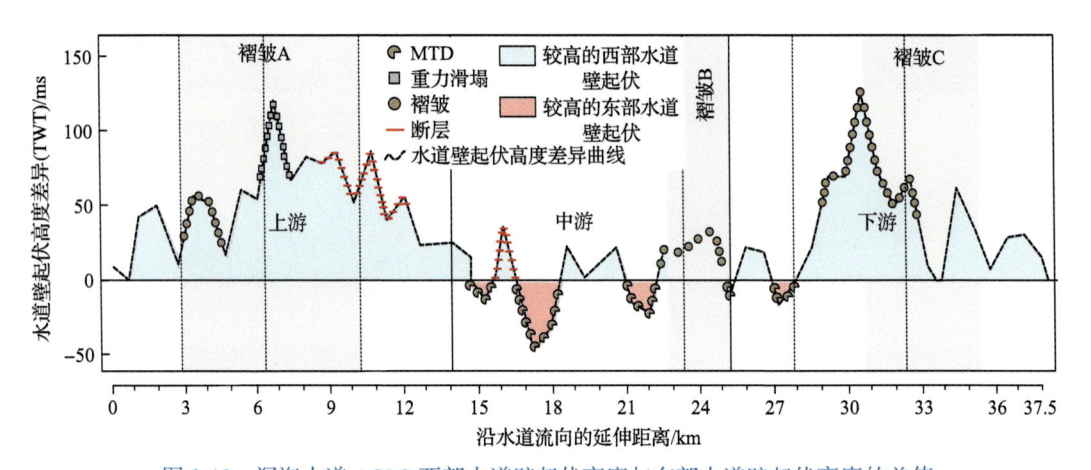

图 3-18　深海水道 ACLS 西部水道壁起伏高度与东部水道壁起伏高度的差值

4）ACLS 天然堤发育情况

在水道 ACLS 的两侧，天然堤发育相对明显，总体宽度在 400~2500m，高度为 40~190m（图 3-19）。当东部天然堤对应水道弯曲带的外岸时，天然堤的规模相对比较大；此种情况发生在褶皱 A 附近及褶皱 B 和褶皱 C 之间的向斜区域，在这里水道单元 C2 向盆地方向发生了明显迁移（图 3-19 中的剖面 6 和剖面 17）。穿越褶皱 B，在东部水道壁发生滑塌的位置，东部天然堤的宽度明显减小[图 3-19（a）]。在褶皱 A 和褶皱 B 附近，西部天然堤的宽度则发生降低[图 3-19（b）]。在穿越褶皱 C 的位置，东侧和西侧天然堤都明显变窄，其中西部天然堤的宽度降到了 500m[图 3-19（b）]。

在 ACLS 两侧，天然堤的高度在 40~190m，东侧天然堤高度最大值超过 100m，其与上游段水道的倾斜有关，而在中游段和下游段，其则对应沉积物的垮塌。西侧天然堤厚度较大的区域，普遍对应块体搬运沉积及强振幅的决口扇沉积[图 3-19（d）]。ACLS 水道东侧的天然堤主要受到 AMS 主供给水道天然堤所造成的地形起伏的限制，如图 3-20 所示，AMS 主供给水道弯曲带西侧的天然堤对 ACLS 水道的东侧天然堤形成了明显限制。AMS 主供给水道的西侧天然堤侧向延伸超过 2500m，平均高度为 120m。这种限制关系从图 3-20（b）剖面 3 中也可以看出，代表 ACLS 东侧天然堤的地震同相轴向着 AMS 西侧天然堤不断上超。

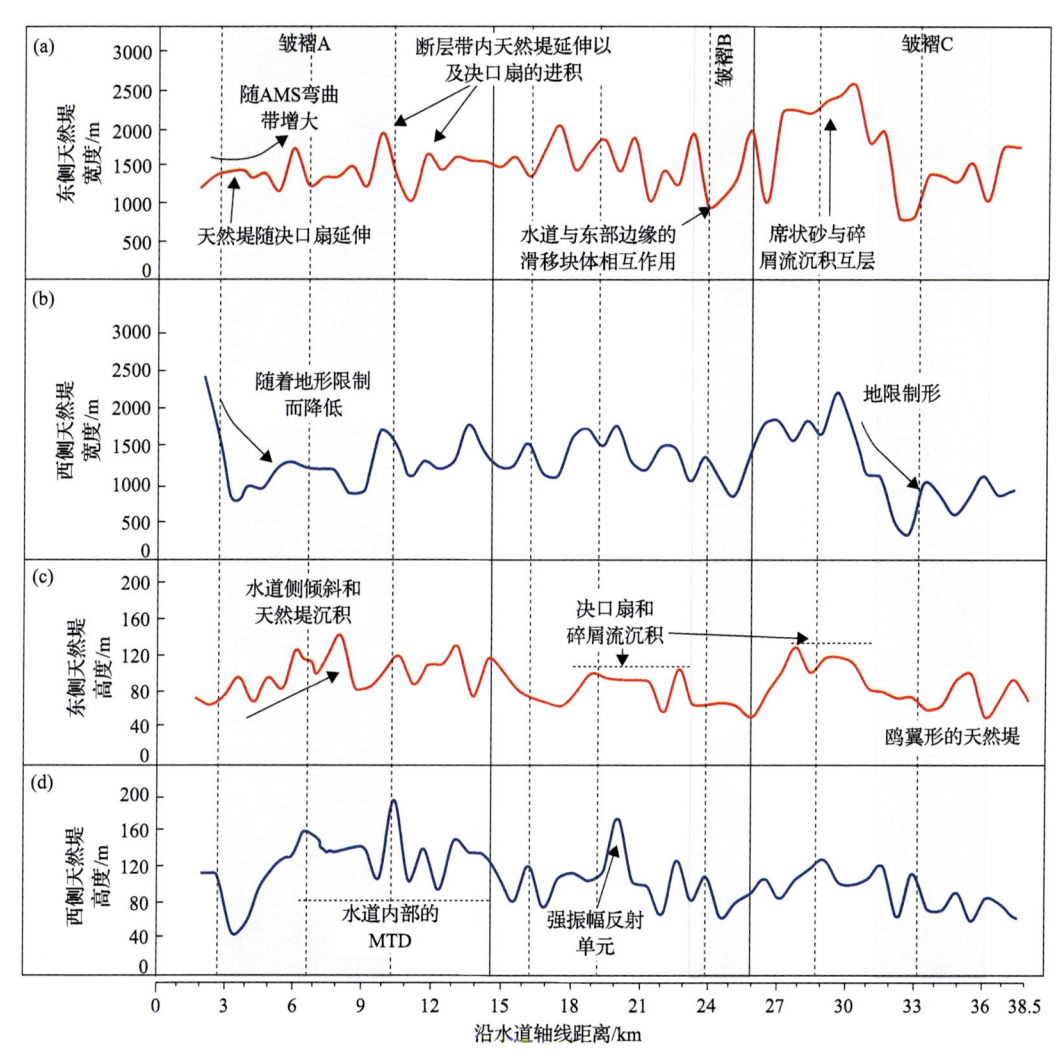

图 3-19 深海水道 ACLS 两侧天然堤沉积所对应的宽度和高度
(a) 东侧天然堤宽度；(b) 西侧天然堤宽度；(c) 东侧天然堤高度；(d) 西侧天然堤高度

3.2.3 深海水道形态演化模式

1. 深海水道演化阶段

根据水道 ACLS 的沉积特征，可以将其演化过程划分为 3 个阶段：阶段 1～阶段 3。其中阶段 1 对应水道的下切及向西的迁移，阶段 2 对应向东的迁移及砂体大量发育，阶段 3 对应水道泥质成分的垂向加积及天然堤的生长。

阶段 1 记录了水道 ACLS 从主供给水道 AMS 中决口形成并不断侵蚀基底的过程；该决口现象的发生可能与坡折带及 MTD 所形成的不规则地形有关[图 3-9(b)]。ACLS 的最深谷底线下切入早期的 MTD 及 AMS 水道的西侧天然堤之中，紧接着，最老的次级水道单元 C1 发生沉积。水道单元 C1 内部的充填沉积表现为强振幅或者杂乱反射特征，

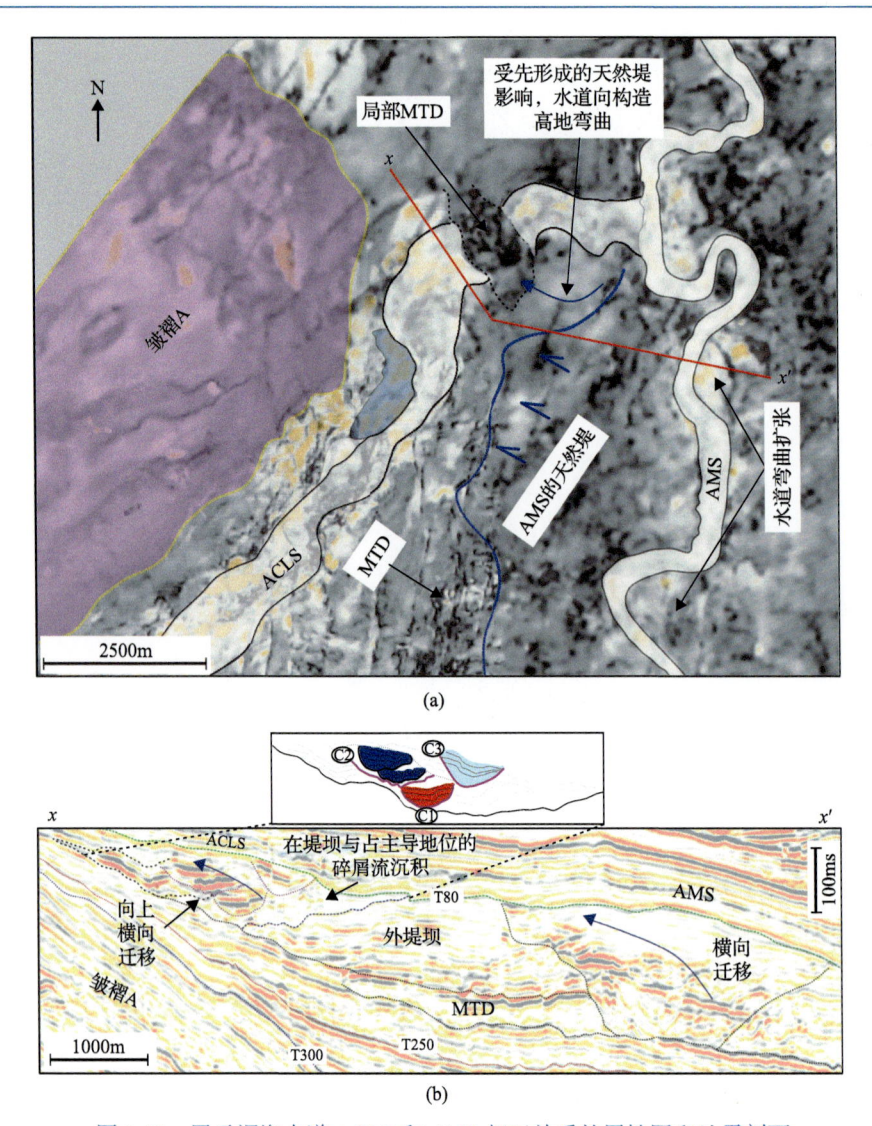

图 3-20 展示深海水道 ACLS 和 AMS 相互关系的属性图和地震剖面

(a)展示 AMS 天然堤对 ACLS 上游段水道迁移控制的均方根振幅属性图；(b)展示 ACLS 和 AMS 相互关系的地震剖面

推测为高密度浊流或者碎屑流沉积（图 3-13 和图 3-14）。沿着 ACLS，水道单元内部的岩性及叠置样式与侵蚀-沉积事件的频率及幅度有关（Hubbard et al.，2020）。深海水道的位置受到微盆地（AMS 水道天然堤及早期 MTD 上）补偿性充填的影响，如图 3-20(b)所示，整个微盆地充填向着褶皱 A 变薄。然而，C1 水道单元在与褶皱 C 接触后转向东部，其宽度同时表现出轻微增大，被解释为早期起伏形成的砂体侧向分布[图 3-21(a)]。

阶段 2 对应 ACLS 中上部 C2 水道单元的发育，该阶段发生在 C1 水道单元充填及褶皱 C 前末端朵叶体发育之后[图 3-15(c)和图 3-21(b)]。当然，这也有可能是 C1 水道单元形成朵叶体后，在褶皱 C 提供的限制性作用下，继续向东南方向流动[图 3-21(b)]。虽然起始于阶段 1 的向下迁移在上游段的北部持续存在，但是在阶段 2，深海水道主要表现为向东迁移。这种向盆地方向的迁移伴随着侧向加积体的形成及水道侵蚀-沉积结构

第3章 深海水道地震地貌学研究

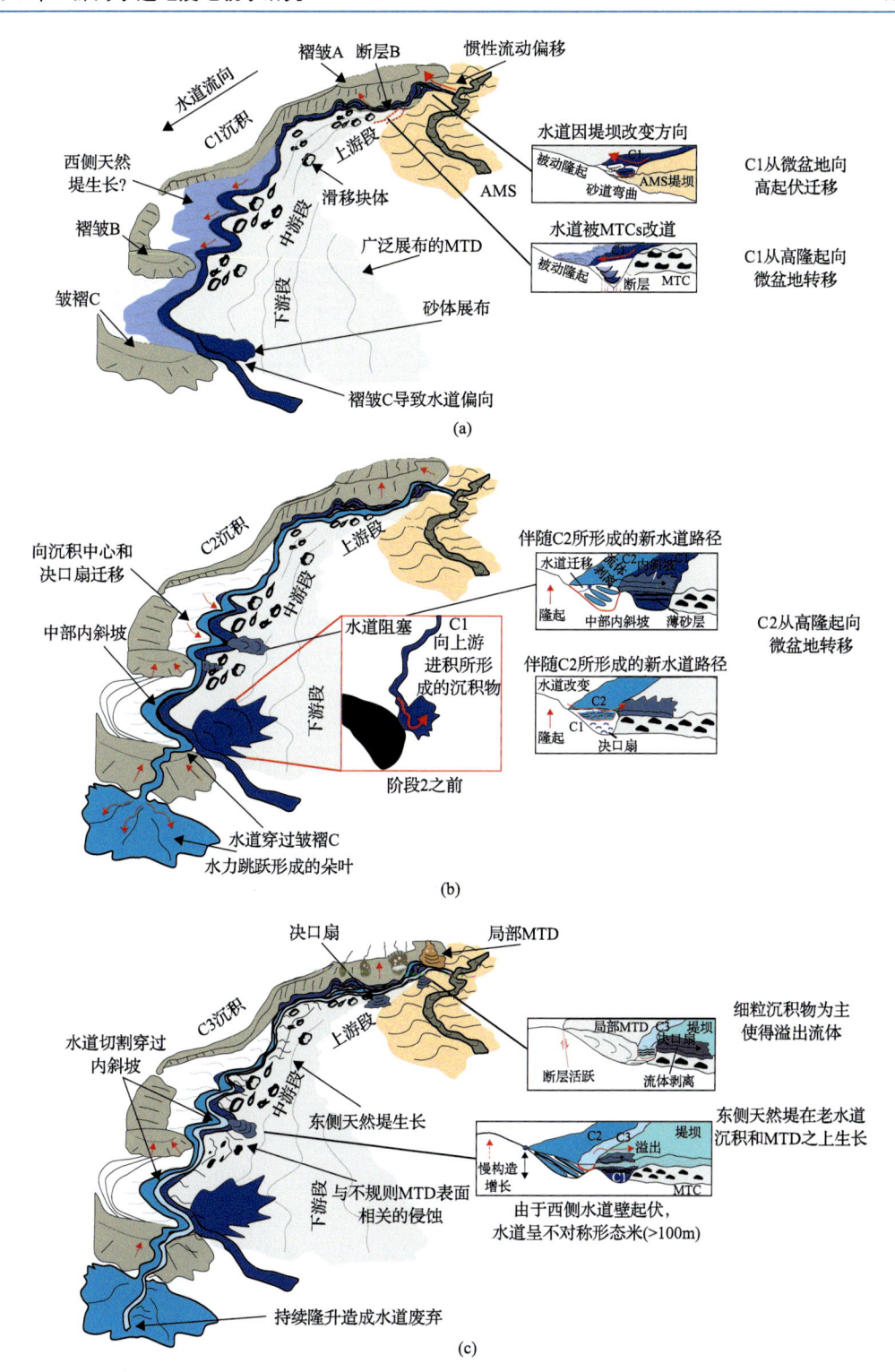

图 3-21 深海水道 ACLS 在构造起伏及沉积起伏作用下的发育演化模式图

(a)深海水道 ACLS 在阶段 1 发育演化(水道下切并向西迁移);(b)深海水道 ACLS 在阶段 2 发育演化(砂体展布并向东迁移);
(c)深海水道 ACLS 在阶段 3 发育演化(加积和天然堤生长)

的发育[图 3-13(b)和(c)]。在平面上，这种向东迁移可以从上游段及中游段北部水道位置的改变看出[图 3-15(a)和(b)]。在中游段的下游部分，C2 水道单元具有一个新的流动路径，其下切入 C1 水道单元和构造起伏之间的区域[图 3-13(c)]。在下游段，C2 水道单元穿过褶皱 C 并在研究区南部的凹陷中终结，从而形成了非限制性的朵叶体沉积[图 3-15(c)]。本节认为该末端朵叶体与水道坡度或者流体特征的急剧改变有关[图 3-21(b)]。

阶段 3 对应 ACLS 晚期 C3 水道单元的发育。在这一阶段，水道沉积表现为以弱振幅反射特征为主，为细粒的低密度浊流沉积(图 3-13 和图 3-16)，主要记录了一个次级水道单元内部的垂向加积，代表了水道的废弃阶段。尽管如此，仍发育一些类似 MTD 的沉积物，其表现为杂乱-弱振幅反射特征。C3 水道单元内发育的这种与碎屑流沉积相似的沉积及低密度浊流沉积，均表明褶皱 A 顶部可能发生了垮塌[图 3-21(c)]。在缺少其他资料的情况下，以上局部 MTD 在水道演化晚期或者之后的发育仍属于推测。这里认为上游段水道最深谷底线位置发育的巨型块体(L-MTD Ⅱ)是由水道壁垮塌形成的，其可能与断层发育导致坡度急剧变化有关[图 3-12(a)和(d)]。水道壁垮塌是在水道 ACLS 发育期间发生的，因为这些 MTD 位于水道沉积之上并且有效限制了较年轻水道的沉积，相似的现象同样被 Normark 等(1998)及 Mayall 和 Stewart(2000)发现。本节认为西部水道壁的垮塌是由褶皱 A 的隆升导致的，其在水道下切入断层发育的一侧后逐渐停止(图 3-10)。

以上结果说明 C3 水道单元代表着 C2 水道单元侧向迁移的结束，这促进了流体的溢出及东侧天然堤的扩张。而且在水道的东岸，发育有一系列决口扇(图 3-16)。阶段 3 沿着 C3 水道单元弯曲带频繁发生流体剥离事件，而且在流体惯性作用下，重力流很容易越过天然堤或者直接导致天然堤破裂(Posamentier and Kolla, 2003; Maier et al., 2013)。东侧天然堤相对不均一的成分、杂乱-中振幅反射特征及孤立的强振幅块体可以进一步证明以上过程。在水道向盆地方向迁移过程中，流体发生的剥离现象同样可以解释决口扇的发育[图 3-13(d)和(e)]。在 ACLS 的中游段和下游段，年轻的 C3 水道单元在 C1 和 C2 水道单元之间发育，对 C2 水道单元有明显的侵蚀作用(图 3-16)。沿着 C2 水道单元的流动路径，C3 水道单元穿过了褶皱 C 形成的地形高点并且紧邻早期的朵叶体沉积继续向南流动[图 3-21(c)]。

2. 构造起伏对于水道流动路径的控制

深海水道对于海底地貌的响应主要表现在发育位置、曲率及宽度等方面(Huyghe et al., 2004; Clark and Cartwright, 2009, 2011; Mayall et al., 2010)。前人研究介绍了多种深海水道对于正地貌的响应，如穿过、转向、阻挡及限制等。所有这些深海水道与海底地貌的相互作用在本节 ACLS 演化过程中都可以观察到。其中水道发生转向主要发生在阶段 1(C1 水道单元被褶皱 C 转向)[图 3-21(a)]，水道被阻挡主要发生在阶段 2(C1 水道被褶皱 C 阻挡)[图 3-21(b)]，而水道穿过正地貌则在阶段 2 和阶段 3 都有发现，如图 3-21(b)和(c)所示，C2 和 C3 水道单元均穿过了褶皱 C。

一般来说，构造起伏存在于深海水道形成之前，或者其在水道发育过程中不断生长，深海水道会被地貌高点转向(Jolly et al., 2016; Zucker et al., 2017)。在深海水道与地形障碍发生相互作用时，其可能发生中等程度的转向，使曲率轻微改变，并形成1~5km宽的弯曲带。在本研究区，C1水道单元被褶皱C转向了3km，从而使其向东南方向的微盆地流动[图3-14(c)]。观察到的现象可以证明研究区褶皱的活跃期发生在ACLS形成之前或ACLS发育过程中。如图3-8和图3-13所示，地层单元2的厚度向着NW—SE向的褶皱不断减薄，而西侧天然堤对应的地震同相轴则向着褶皱上超；此外，褶皱A和褶皱C旁边的西侧天然堤变得更加受限[图3-19(b)]。

另外，深海水道在早期地形起伏前也可能发生较大程度(达15km)的转向。这种较大程度的转向主要与较大规模的构造变形有关，如岩墙、泥底辟等海底起伏；此时往往形成大规模的决口扇和朵叶体，展示出广泛的砂体分布(Mayall et al., 2010)。在深海水道被地形起伏阻挡时，重力流便不能向下游流动，从而使砂体在地形高点的前缘大量堆积。Bursik和Woods(2000)的实验揭示以上阻挡作用发生在地貌高点的高度超过重力流的厚度时，阶段1发生转向的C1水道单元在褶皱C的东北翼形成末端朵叶体[图3-15(c)和图3-21(b)]。RMS振幅和相干属性的融合显示，在被转向砂质沉积物的下游，重力流保持以狭窄水道的形式向下流动[图3-15(c)]。总体有两种情况可以解释砂体分布：首先，水道化流体的厚度小于构造高点，使水道路径被阻挡；其次，水道坡度在阶段2前发生了改变，使C1水道单元转向并导致溢出的流体流向改造低点[图3-15(c)]。地层单元2顶底界面的构造图表明沉积过程使古地貌发生了明显改变(相反的地貌高点及变浅的地貌低点)，这也支持了第二种情况。褶皱C同样在侧向上影响了深海水道，增大了西侧水道壁的起伏高度，使水道变倾斜，从而促使水道沉积物向东北方向建造。

当水道化重力流的高度超过构造高点或者当水道沉积速率超过构造的生长速率时，深海水道会穿过构造高点。此种深海水道往往具有较高的侵蚀能力，使其轴部砂体连续性较差(Heiniö and Davies, 2007; Mayall et al., 2010)。然而，本节中穿过褶皱的深海水道具有不同的特征，如图3-15(c)所示，在穿过褶皱C的C2水道单元的轴部，砂体表现出了较好的连续性。考虑水道厚度和侵蚀深度的差异，在穿过褶皱C之前，水道表现出很强的侵蚀作用，而且在相同位置，C2水道单元对应宽度增大及较宽的决口扇[图3-17(b)]。在下游的穿过区域，水道记录了厚度和侵蚀深度的降低，而且C2水道单元变得更加狭窄[图3-17(b)]。以上结果表明，猛增的流体和上游部分较高的沉积速率，使C2水道单元在穿过褶皱C时仍具有较高的砂体连续性。同时，中部内斜坡地形使内部充填沉积在垂向上叠加，从而限制了侧向迁移，也促使水道穿过了褶皱C。此外，褶皱的生长也使C2和C3水道单元被极大地限制在中部内斜坡，并且使内部的水道充填向不同方向倾斜，导致水道在构造高点附近比较狭窄，并且保留了地层的连续性。

3. 构造和沉积起伏联合作用下的深海水道发育

本节研究结果表明，深海水道ACLS的发育演化受构造起伏和沉积起伏的联合控制。沉积起伏有时候比构造起伏更容易造成水道路径的改变。ACLS的沉积演化模式揭示了多次向西(即从地貌低点向地貌高点)迁移(阶段1)，以及向东(从构造起伏向地貌低点)迁移(阶段2和阶段3)[图3-21(b)]。向西迁移主要对应C1水道单元，其每次向着褶皱区的迁移距离都超过1km(图3-14)。然而，水道向东迁移对应C2水道单元，其迁移量小于 1km（图 3-15）。

C1 水道单元向东迁移主要受到了东部边缘沉积起伏的影响[如图 3-15(a)和图 3-17(d)中的剖面 3]。在平面上，以上水道迁移同样表现在大规模的水道弯曲带上[图 3-12(c)和图 3-14]。在剖面上，水道向西迁移表现为充填沉积的倾斜堆叠及杂乱反射[图 3-13(c)和(e)]，这表明重力流主要在东侧被限制。在遇到 MTD 形成的起伏，特别是滑移体形成的沉积起伏时，重力流往往会发生侧向迁移(Hansen et al., 2013; Masalimova et al., 2015; Corella et al., 2016)。在本节研究中，MTD 的广泛发育同样造成水道向西迁移，在 ACLS 的中游段和下游段，滑移体在东部水道壁形成了地貌高点，从而使水道向西迁移并形成了大规模的弯曲带[图 3-14(b)、(c)和图 3-18]。

本节研究展示的地震剖面同样表明 C2 水道单元发育过程中发生了明显的向东迁移，可以看出侧向加积体及侵蚀-充填特征不断从褶皱向地貌低点演化(图 3-13)。同样地，有学者对褶皱生长造成海底变形从而使得深海水道发生迁移进行了描述(Clark and Cartwright, 2009; Mayall et al., 2010)。由于西部水道壁起伏高度较高，水道向东迁移，这表明褶皱使水道发生了倾斜，从而增强了其在微盆地的建造及随后东侧天然堤和决口扇的发育[图 3-13 和图 3-19(a)]。除了褶皱，断层同样造成流体的溢出及决口扇的形成；水道东侧沿着断层带发育有多个决口扇，其比较狭窄且沿着断层走向展布，此外，断层带附近天然堤的厚度发生了明显增大。以上特征是由流体剥离现象造成的，而这种流体剥离与水道弯曲、变窄及快速充填有关(Deptuck et al., 2007; Maier et al., 2013)。

前人研究表明，MTD 可以作为一个地形容器，从而改变随后流体的性质，如厚度、粒度及垂向密度等。通过对东部水道壁起伏高度及水道宽度的数值分析，推测 C2 水道单元的形态特征仍然受到广泛分布的 MTD 的影响。测量可以发现，东部水道壁起伏高度和水道高度表现出相反关系，特别是在东部水道壁包含滑塌沉积的部分(如 ACLS 的上游段及褶皱 B 附近)。微盆地中沉积物的大量堆积及滑塌沉积的存在，阻止了水道进一步向东部地貌低点迁移，因此限制了东侧天然堤的发育及弯曲带的增大[图 3-17(b)和图 3-19(a)]。在中游段，中部斜坡带的起伏高度同样和 C2 水道单元宽度表现为相反关系，这表明较老的水道沉积限制了其向东的迁移。在 ACLS 接近褶皱 A 的东北翼时，水道弯曲带在较老的天然堤沉积作用下从沉积中心向构造高点迁移，从而使曲率明显增大。沿着水道-褶皱接触部分，ACLS 内部的 C1 和 C2 水道单元表现为倾斜堆叠[图 3-14(a)、图 3-15(a)和图 3-20]。在褶皱的一翼，C1 和 C2 水道单元表现为不同的倾斜，这表明褶皱生长过程可能存在补偿[图 3-20(b)中的剖面 x-x′]。尽管如此，褶皱 A 并不是使 C1 和 C2 水道单元发生转向的有效地形障碍。在本节研究中，较老的天然堤相较于褶皱 A，在水道迁移中扮演着更主要的角色[图 3-20(b)]。这种天然堤对于重力流活动的控制并不是新观点，许多之前的研究将其作为水道通道中重力流的边缘限制(Peakall and Sumner, 2015)，天然堤地貌形成的限制或半限制地形造成了随后的水道迁移及加积(Droz et al., 2003; Babonneau et al., 2004; Catteral et al., 2010)。特别是在构造不活跃地区，天然堤可以影响流动路径的演化。在不对称的、具有不同天然堤高度的深海水道中，流动路径会发生侧向变化,使沉积物向外岸方向迁移(Pirmez and Imran, 2003; Deptuck et al., 2003, 2007)。由多个研究水道弯曲的实验发现,天然堤的生长及水道的限制性促进了水道牵引力的反转(Wynn et al., 2007)。水道内岸流体的偏离、水道内部的增生及外岸的侵蚀塑造了水道的外部形态。与天然堤通过自旋回过程造成水道迁移相似,AMS 外岸天然堤的补偿起伏造成了重力流的迁移及随后水道向构造高点的弯曲,即 C2 水道单元向天然堤和褶皱之间的可容空间发生迁移[图 3-20(b)]。这里认为上面提到的天然堤和褶皱之间的补偿起伏从根本上控制了整个 ACLS 的形成演化及较老的 C1 水道单元的初始侵蚀。

3.3 深海水道弯曲

3.3.1 地震相解释与地层单元

如前所述,本章具体展开工作的主供给水道 AMS 及目标水道 ACLS 位于地层单元 2,其顶底界面分别为 T80 和 T250(图 3-22)。在地层单元 2 中,进一步识别出 3 个地震界面,它们分别为 S1~S3;其中,S1 和 S2 为 AMS 的底界面和顶界面,而 S2 和 S3 则为 ACLS 的底界面和顶界面(图 3-22)。在 AMS 和 ACLS 内部还存在次一级的水道单元,其中 AMS 可以进一步划分为 AMS-C1、AMS-C2 和 AMS-C3,它们的底界面分别为 S1.1、S1.2 及 S1.3;而 ACLS 可以进一步划分为 ACLS-C1、ACLS-C2 及 ACLS-C3,其对应的底界面分别为 S2.1、S2.2 及 S2.3(图 3-22)。

在对水道 ACLS 的形态特征进行研究时,识别出了多个地震相,它们分别对应水道充填沉积、天然堤、席状砂(末端朵叶体和决口扇)及块体搬运沉积等(表 3-2)。

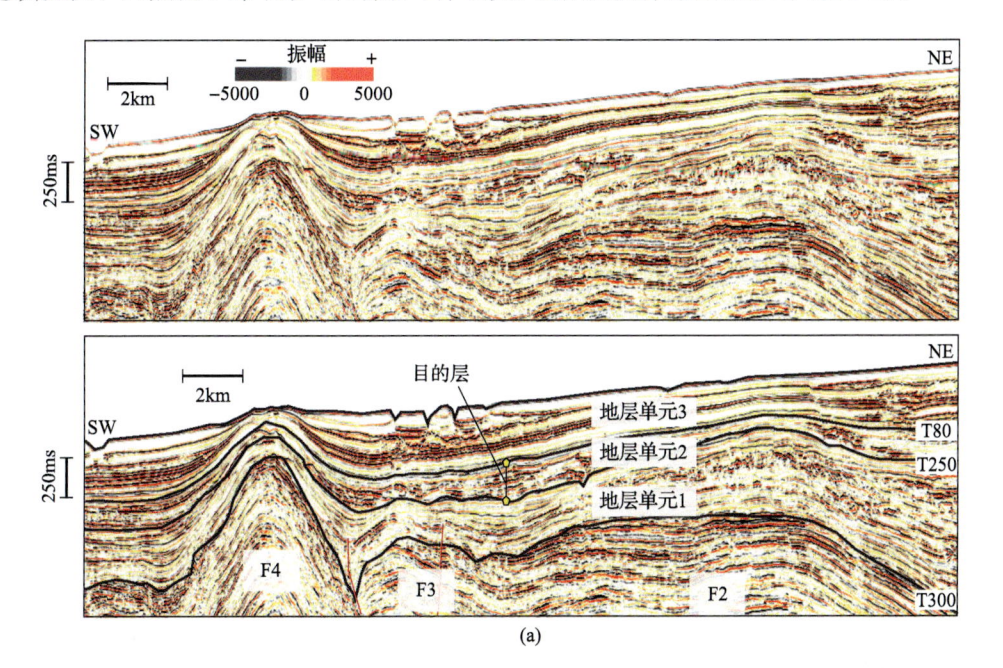

(a)

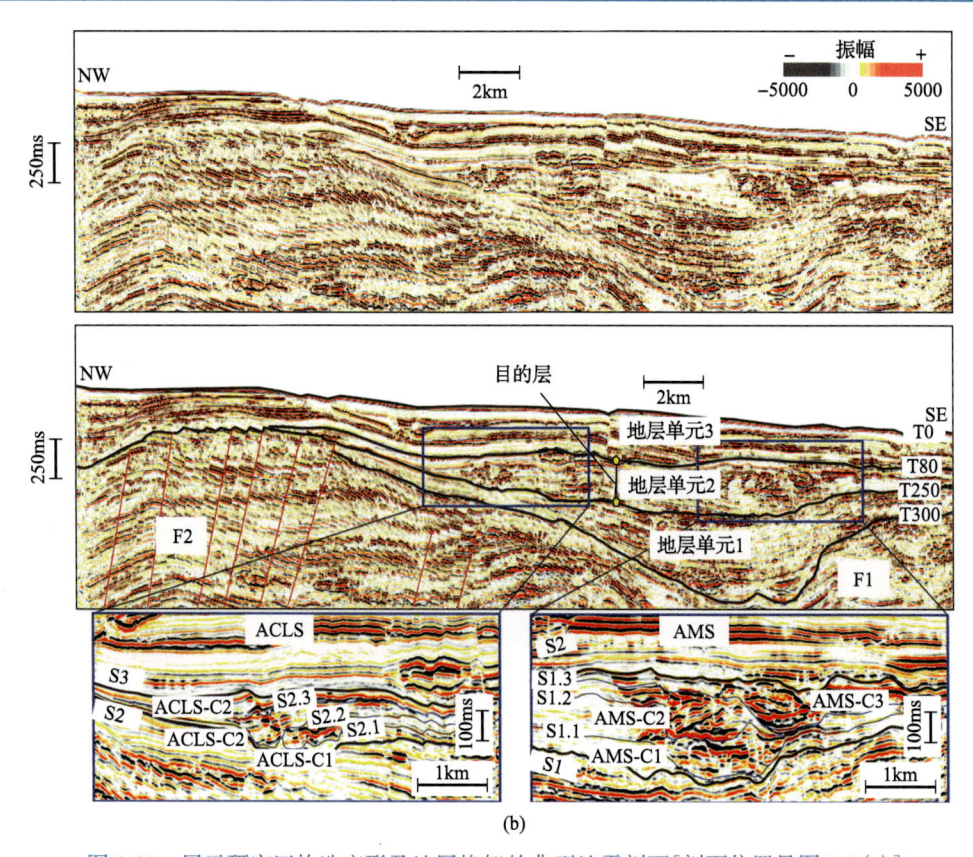

图 3-22　展示研究区构造变形及地层格架的典型地震剖面［剖面位置见图 3-3(c)］

(a)垂直于褶皱走向、展示构造变形特征的区域地震剖面；(b)横切深海水道、展示 AMS 和 ACLS 两条深海水道的区域地震剖面；F1～F4 为褶皱

3.3.2　深海水道弯曲带与侧向迁移

1. 水道内部叠置关系

在 AMS 和 ACLS 内部的水道单元中，识别出多种类型的充填沉积叠置样式。如表 3-4 所示，总共包括四种类型：随机叠置、垂向叠置、倾斜叠置及侧向叠置。其中，随机叠置主要出现在研究区水道化的朵叶体沉积中，相应的水道主要为 U 形且具有较小的厚度；此种叠置样式主要由弱限制环境导致水道分散沉积形成。垂向叠置使得水道单元具有较大的厚度，超过了 200ms(大约 190m)，而且此时主要为 V 形或者 U 形的充填沉积在垂向上相互切割。垂向叠置样式多出现在水道弯曲带及顺直段的多个水道单元中，是富砂水道内部在长期侵蚀—充填旋回过程中形成的(Deptuck et al., 2003; Mayall et al., 2006; Sylvester et al., 2011)。强振幅和弱振幅的水道充填大部分表现为倾斜充填，在靠近内岸天然堤的位置表现为叠瓦状反射。倾斜叠置样式是水道发生侧向迁移的同时伴随加积过程导致的(Deptuck et al., 2003; Kolla, 2007)。侧向叠置样式可进一步分为三类：一是侧向叠置的 U 形水道充填，对应迁移过程中发生的侵蚀—充填旋回；二是叠瓦状的 V 形水道充填，对应 Abreu 等(2003)提出的侧向加积体；三是强振幅的点坝，可以解释为水道的

第 3 章 深海水道地震地貌学研究

表 3-4 深海水道内部充填沉积不同类型的叠置样式

类型	地震剖面	地震相描述	水道单元	类似叠置样式解释
随机叠置		底部连续的 U 形强振幅水道充填；顶部则分离开	AMS-C1 (弯曲带 A)	不规则叠置的砂质水道 (Funk et al., 2012; McHargue, 1991)
垂向叠置		V 形和 U 形强振幅水道充填在垂向上堆积	AMS-C1；AMS-C2 (弯曲带 A)；ACLS-C1	加积的砂质水道 (Deptuck et al., 2003; Sylvester et al., 2011)
倾斜叠置		U 形和 V 形中振幅水道充填表现为倾斜轨迹	AMS-C3 (弯曲带 B)	迁移-加积型水道 (Deptuck et al., 2007; Kolla, 2007)
侧向叠置		U 形强振幅及杂乱反射的水道充填表现为侧向迁移的轨迹	AMS-C3 (弯曲带 A)；ACLS-C2 (弯曲带 C)	侵蚀-充填模式的侧向迁移 (Deptuck et al., 2003, 2007)

续表

类型	地震剖面	地震相描述	水道单元	类似叠置样式解释
侧向叠置		U形强振幅及杂乱反射的水道充填表现为侧向迁移的轨迹	ACLS-C3 (弯曲带 E)	侧向加积体 (Abreu et al., 2003)
			ACLS-C2 (弯曲带 D)	附带明显砂体展布的水道侧向迁移

第3章 深海水道地震地貌学研究

侧向拓宽及广泛的砂体分布和决口扇(Mayall et al., 2010)(表3-4)。

2. 水道弯曲带特征

RMS 和相干属性的融合图(图3-23)清楚展示了 AMS 和 ACLS 水道的空间分布,两者均表现为 N—S 向展布,并且大约延伸了 22km。这两条水道内部均表现为较强的 RMS,两侧则为低—中等振幅的天然堤和杂乱反射 MTD,在水道延伸的末端则为强振幅特征的末端朵叶体。AMS 为研究区相对较老的水道,其紧挨着 S1 界面发育。在 AMS 内部,底部发育有 MTD 及内岸天然堤,随后则连续发育 AMS-C1、AMS-C2 和 AMS-C3 三个水道单元(图3-23)。在北部,以上三个水道单元表现为垂向上的叠置[图3-24(a)和(b)],在南部接近决口点及褶皱 F1 时,其转化为倾斜叠置[图3-24(c)],而且在这里 AMS-C3 具有不同的流动路径。在决口点的南部,AMS 内部的叠置关系变化比较明显,如图3-24(d)

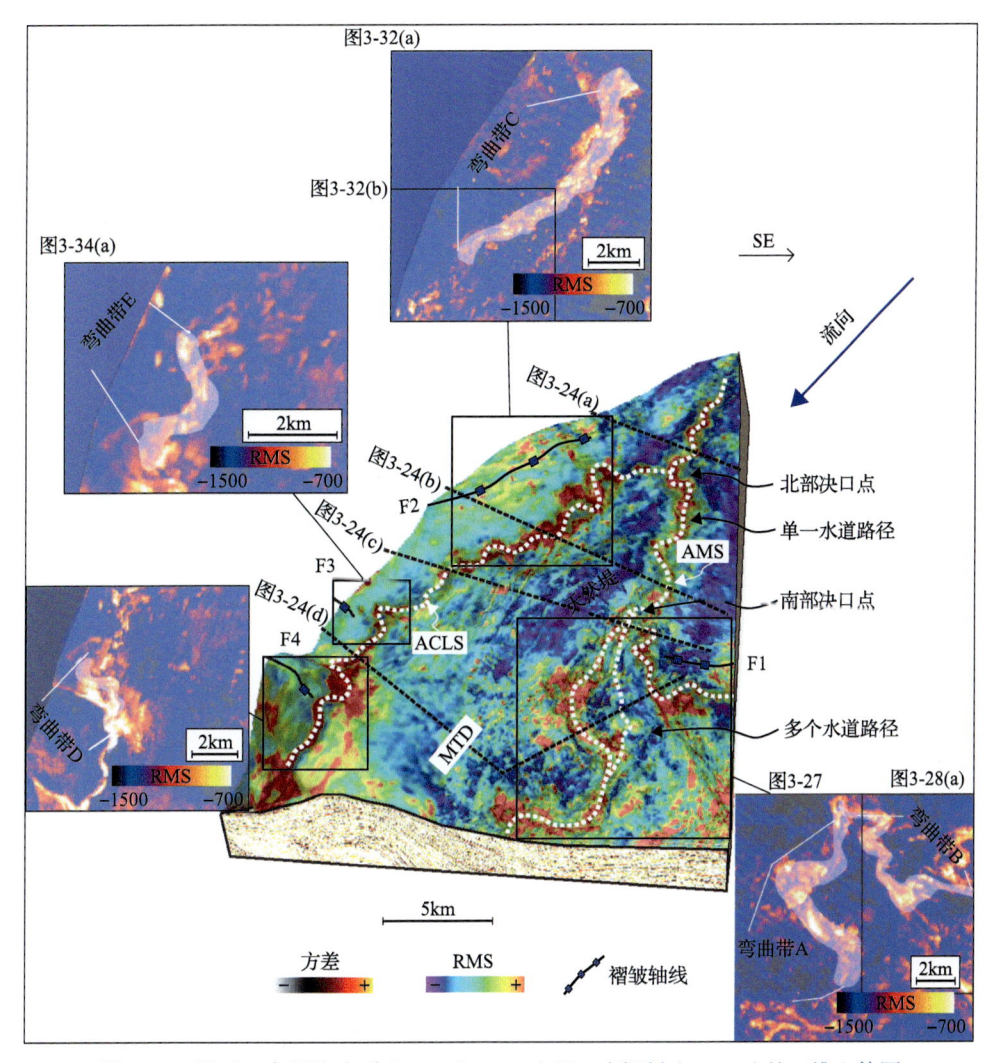

图3-23 展示 2 条深海水道(AMS 和 ACLS)及 4 个褶皱(F1～F4)的三维立体图

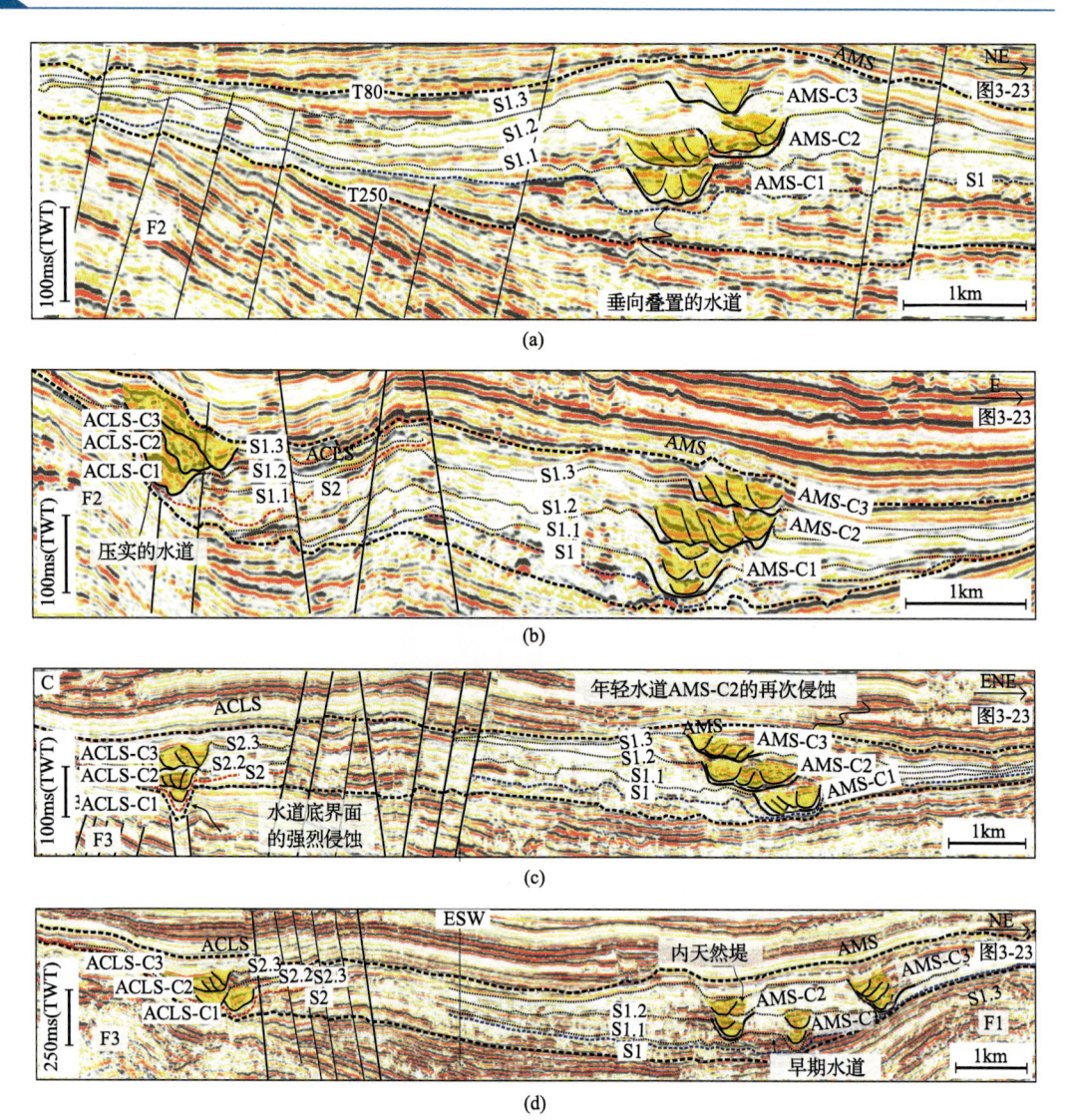

图 3-24 展示 AMS 和 ACLS 内部充填叠置样式的一系列地震剖面(剖面位置见图 3-23)
(a)横切 AMS 决口点以上部分的 1 个地震剖面;(b)~(d)横切 AMS 决口点以下部分的 3 个地震剖面

所示,AMS-C1、AMS-C2 和 AMS-C3 内部分别表现为随机、垂向及倾斜叠置关系。

ACLS 起源于北部 AMS 水道的决口,其虽然在下游遇到了褶皱(F1~F4)的阻挡,但是始终保持单一的流动路径。ACLS 在底部(S2 界面之上)同样主要由 MTD 和天然堤组成,之后其发育有 ACLS-C1、ACLS-C2、和 ACLS-C3 三个次级的水道单元。沿着流动方向,这些水道单元从强振幅的垂向叠置(具有 U 形和 V 形侵蚀界面)[图 3-24(b)和(c)]转变为半杂乱和中等振幅的充填沉积(具有 W 形的侵蚀界面)[图 3-24(d)]。

水道流经褶皱时发生了明显的偏向。本节研究共识别出了 5 个弯曲带,分别将其命名为弯曲带 A~E。其中弯曲带 A 和弯曲带 B 位于 AMS 水道和褶皱 F1 相互作用的区域,而弯曲带 C~弯曲带 E 则对应 ACLS 和褶皱 F2~F4 相互作用的区域(图 3-23)。可以发现，除了弯曲带 C 发育在水道和褶皱 F2 呈平行关系的背景下，其他 4 个弯曲带均对应水道和褶皱的垂直关系。

1) AMS 水道及其弯曲带(弯曲带 A 和弯曲带 B)

如图 3-25(a)所示，在 S1.1 界面之上的 AMS-C1 具有超过 30km 的延伸距离及 2km 长的末端朵叶体。其中末端朵叶体发育在研究区的最南端，位于褶皱 F1 的下游方向，对应宽度超过了 3km[图 3-25(a)]。然而，AMS-C1 的厚度向下游方向逐渐增大，而且在褶皱 F1 附近，厚度并没有发生大幅度变化。在弯曲带 A 之外，西侧天然堤发育更为明显，其厚度向着朵叶体逐渐增大，然而，东侧天然堤相对较窄，其厚度向着褶皱 F1 逐渐减薄。

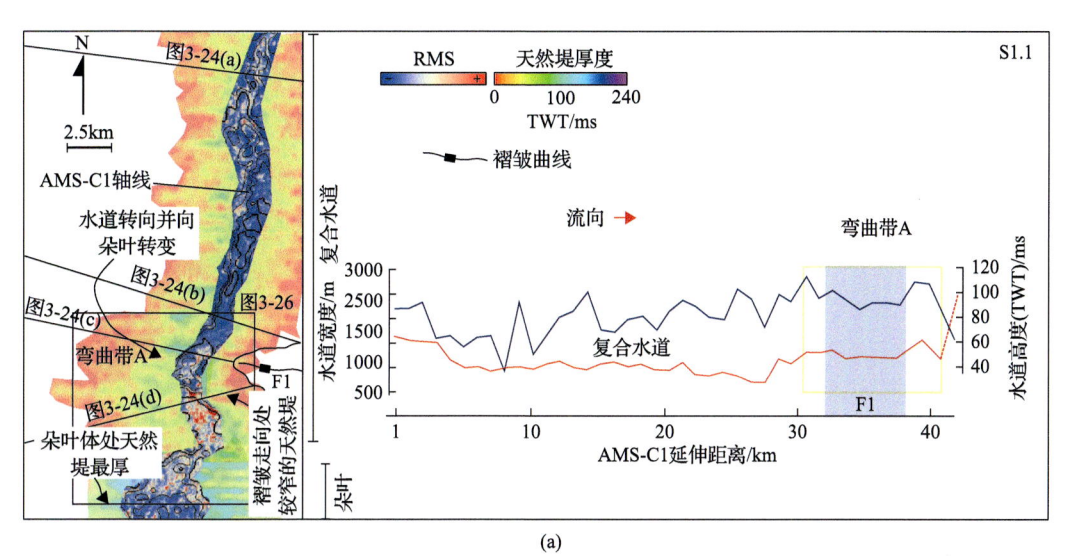

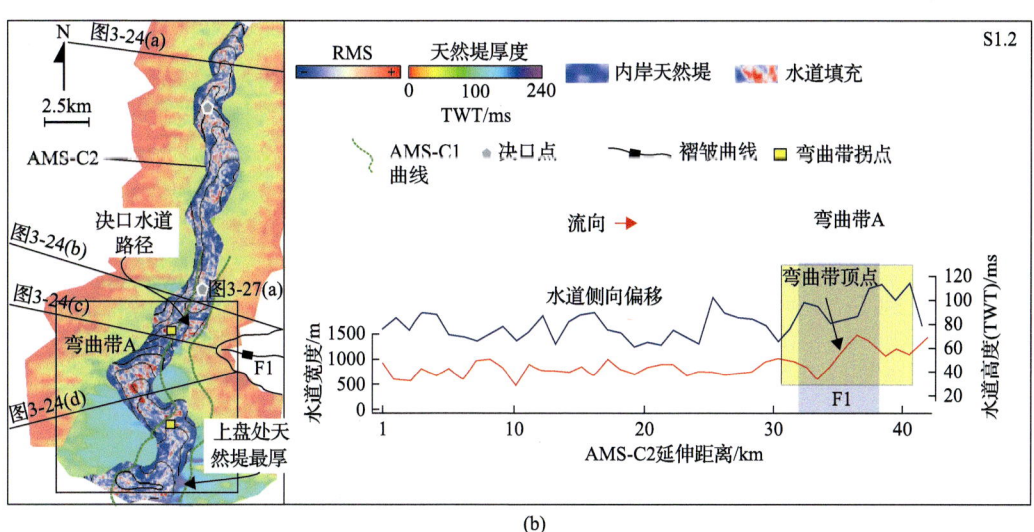

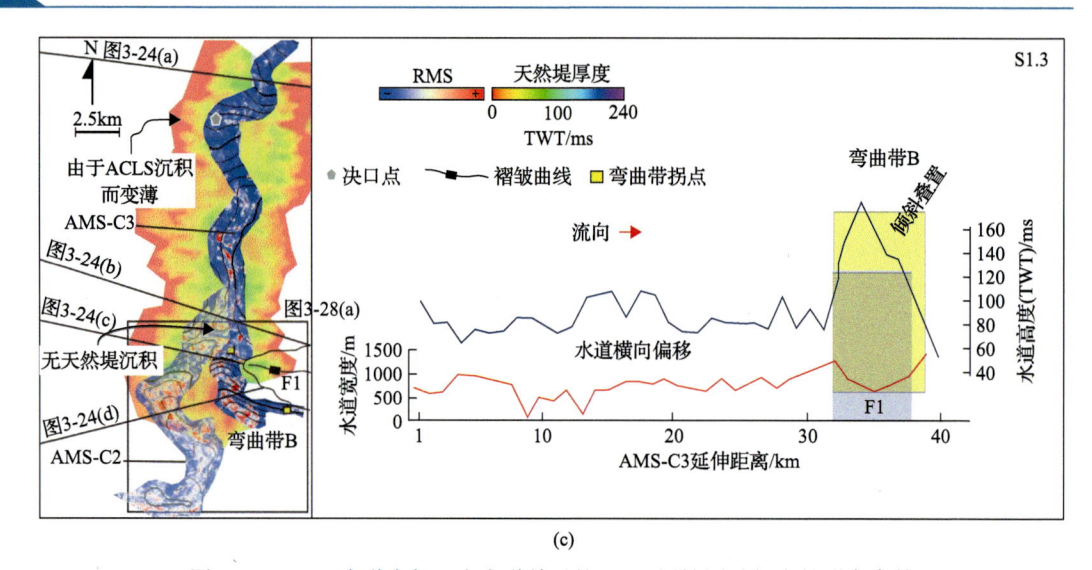

图 3-25　AMS 水道内部 3 个水道单元的 RMS 属性图及相应的形态参数

(a) AMS-C1 的 RMS 属性图及相应的形态参数；(b) AMS-C2 的 RMS 属性图及相应的形态参数；(c) AMS-C3 的 RMS 属性图及相应的形态参数

AMS-C2 发育在 S1.2 界面之上，延伸约 40km，与 AMS-C1 的流动路径几乎相同；该水道单元表现为弯曲的强振幅特征，两侧被弱振幅的内岸天然堤限制［图 3-25(b)］。在上游方向，AMS-C2 的平均曲率约为 1.35，在褶皱 F1 附近，则发育有大规模的水道弯曲带（如水道弯曲带 A），对应的曲率值增加到了 1.52［图 3-25(b)］。然而，在弯曲带 A 的下游方向，AMS-C2 的宽度仅发生了轻微增长。天然堤在弯曲带 A 的下游方向则发生了明显增厚，达到了 120ms（约 114m），这相对于其他水道单元明显更为发育［图 3-25(b)］。

AMS-C3 相对于早期的 AMS-C2 在褶皱 F1 的上游位置具有不同的流动路径，沿着约 39km 长的路径流动，其厚度达到了 160ms（约 152m）［图 3-25(c)］。该水道单元内部具有较低的 RMS 振幅，而且由于下游最南部弯曲带发育，其对应的平均曲率值为 1.33。虽然 AMS-C3 的宽度相对比较小，大约稳定在 700m，其厚度值却在弯曲带 B 附近发生了急剧增大。天然堤的平面延伸也相对有限，小于 2.5km，天然堤厚度为 AMS 各水道单元中最薄的，平均值只有 50ms（约 47.5m）。AMS-C3 在西侧的天然堤在决口点的南部正好缺失，而且其沿着决口点附近具有较小的厚度，只有约 20ms（19m）［图 3-25(c)］。对于以上三个水道单元，它们在褶皱 F1 附近的 RMS 和连续性表现出明显的增大趋势，其在地震剖面（图 3-24）及 RMS 属性图（图 3-25）上都可以明显看到。

如图 3-26 所示，在 S1.1 界面之上 15ms RGB 三色融合图中，AMS-C1 在褶皱 F1 附近发生了明显的偏向。该图同样展示了弯曲带 A 最老的沉积物，因为随后的 AMS-C2 的侵蚀主要发生在 AMS-C1 的天然堤上。从图 3-26 中 a-a'剖面中还可以看出 AMS-C1 底部主要由杂乱和中等振幅的反射构成，上部则发育有叠瓦状的水道迁移反射。在剖面 b-b'中，AMS-C1 侵蚀到早期沉积物当中并且发育有随机叠置的水道充填沉积，厚度达到了约 1km。在下游方向的剖面 c-c'中，AMS-C1 内部则发育有多个水道充填，它们相互叠置且单个充填的宽度较小，不超过 400m。

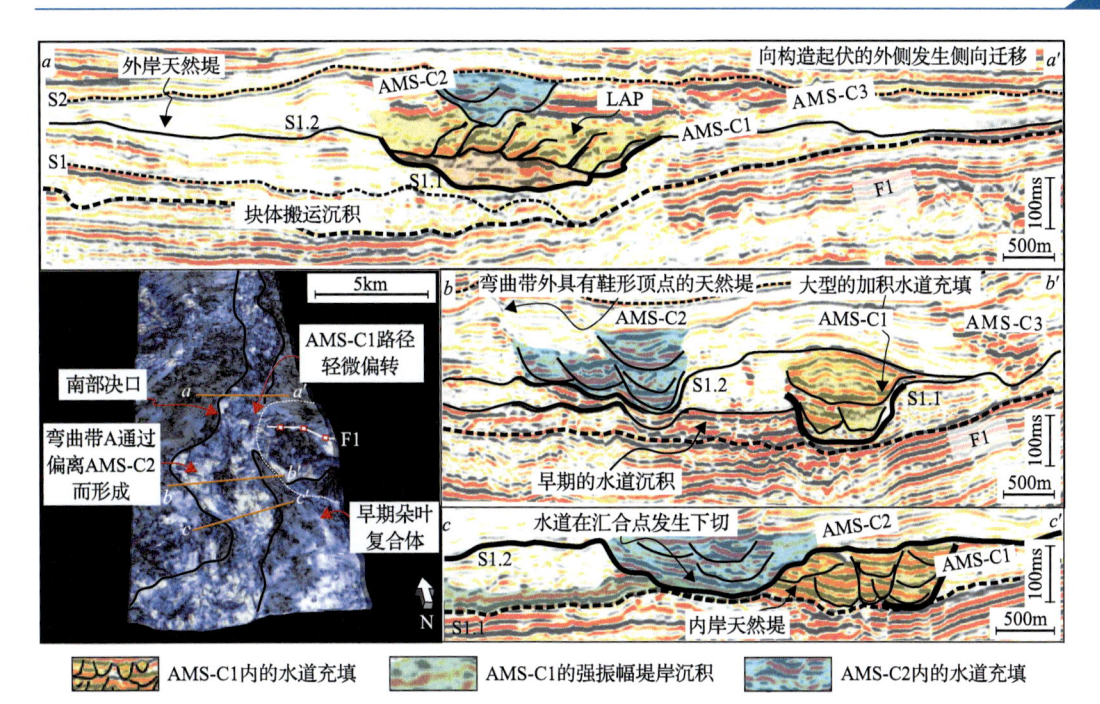

图 3-26　S1.1 界面以上 15ms 处的 RGB 三色融合属性图及若干地震剖面
展示穿过褶皱 F1 的 AMS-C1 水道单元的形态特征；LAP-侧向加积体

在褶皱 F1 的上游方向，AMS-C2 侵蚀 AMS-C1 轴线部分的沉积，而且在褶皱 F1 的侧缘向西发生决口，进而侵蚀 AMS-C1 的天然堤和下伏更老的沉积，之后，AMS-C2 进一步回到之前的流动路径，侧向侵蚀 AMS-C1 的充填沉积(图 3-26)。

弯曲带 A 规模较大，对应幅度为 2.7km，上游的拐点紧挨着褶皱 F1 的末端(图 3-27)。弯曲带 A 对应 7.5km 长的延伸距离和 5.1km 长的直线长度，相应曲率为 1.47。而且，在 AMS-C2 的弯曲带中，3 个水道充填沉积(分别命名为 1~3 号)的曲率逐渐增大，表明弯曲带是扩张的(图 3-27)。最后，内部另一个较年轻的水道充填沉积(4 号)发育在 3 号和 2 号水道充填沉积之间(图 3-27)。

在剖面上，可以发现上游方向由于天然堤发育，水道充填主要表现为垂向上的叠置(图 3-27 中的 a-a')；在弯曲带的顶端，内部充填则主要表现为侧向叠置(图 3-27 中的 b-b')。尽管如此，水道内部充填沉积也不是按照顺序分布的，如最年轻的 4 号水道充填沉积向相反的方向迁移，侵蚀 3 号和 2 号水道充填沉积之间的区域。在下游方向，水道充填沉积则在内岸天然堤上广泛垂向叠置，而且 4 号水道充填沉积向着褶皱 F1 的方向发生摆动(图 3-27 中的 c-c'剖面)。

弯曲带 B 是由 AMS-C3 水道单元形成，发育在南部决口点的下游方向[图 3-28(a)]。它主要围绕褶皱 F1 发育，上游和下游的拐点分别位于褶皱 F1 的北翼和南翼，对应的幅度大约为 1km。弯曲带 B 的延伸距离为 9.2km，直线长度则为 3.2km，曲率值为 2.91。整个弯曲带 B 可以进一步划分为 3 个次一级的小弯曲带，它们分别为 B1、B2 和 B3，分别位于整个弯曲带 B 的上游、顶部及下游方向[图 3-28(b)]。B1 和 B2 之间由一段相对弯曲的水道相连接，而 B2 和 B3 之间则相对顺直。其中，B2 对应较小的弯曲幅度和曲

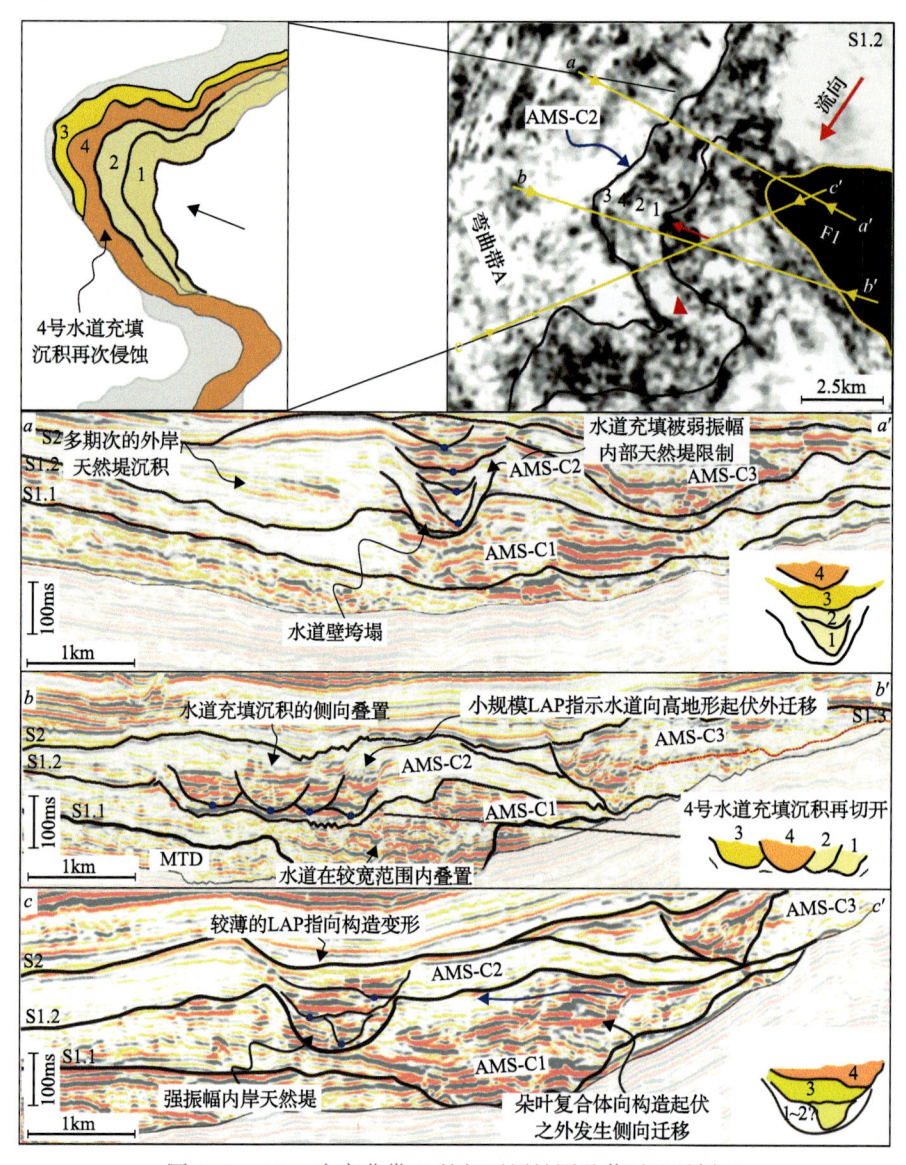

图 3-27　AMS 在弯曲带 A 的相干属性图及若干地震剖面

展示 AMS-C2 内部 4 套（1～4 号）水道充填沉积向褶皱外的偏向

率，两个值分别为 750m 和 1.7，而 B3 对应较大的弯曲幅度，达到了 1376m，而且其弯曲带曲率值也比较大，为 2.82（表 3-5）。如图 3-28（b）中提取界面 S1.3 处的 RMS 振幅属性所示，B1 小弯曲带中包含多组侧向扩张及向下游方向迁移的充填沉积[图 3-28（b）]。在 B1-B2 连接处，同样观察到了充填沉积向下游迁移的特征，这与 B2 的轻微侧向扩张有关[图 3-28（c）]。

在剖面上，小弯曲带 B1 内部可见 5 套强振幅倾斜叠置的 U 形和 V 形充填沉积，在图 3-29（c）的剖面中，各套充填沉积表现为倾斜叠置，然而在图 3-29（a）和（b）的剖面中，各套充填沉积则表现为间距不等的侧向叠置。在连接 B1 和 B2 的水道段，AMS-C3 整体

第 3 章 深海水道地震地貌学研究

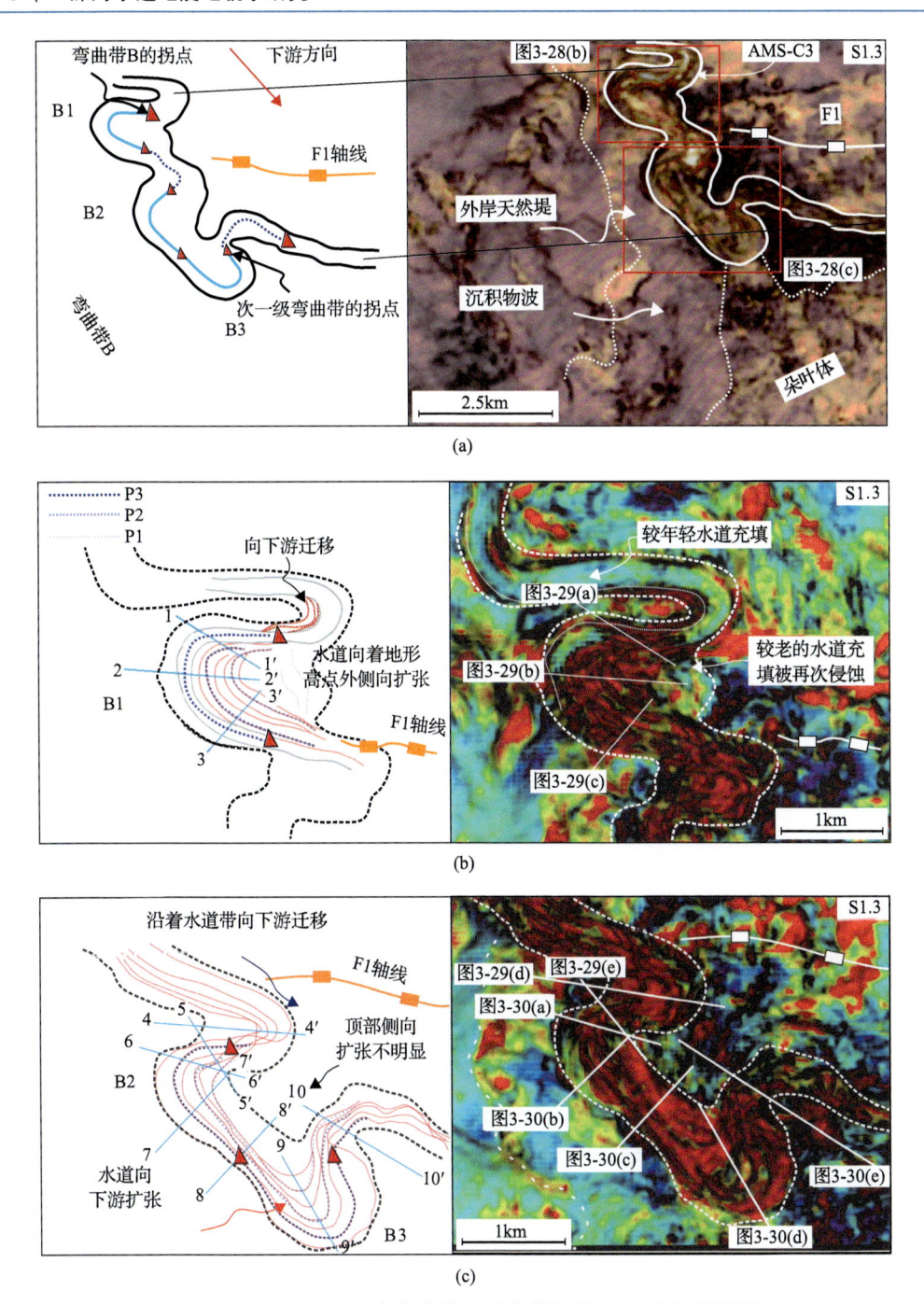

图 3-28 展示 AMS 在弯曲带 B 形态特征的 RMS 振幅属性图

(a) AMS 在弯曲带 B 的总体形态特征；(b) AMS 在 B1 小弯曲带的形态特征细节；(c) AMS 在 B2 小弯曲带的形态特征细节

变得比较狭窄，宽度从 500m 减小到 250m，而且其内部除 4 号水道充填沉积外，主要呈现为垂向上的叠置[图 3-29(d)]。至于 B2 小弯曲带，其上游拐点附近的充填沉积主要表现为随机叠置[图 3-29(e)]，垂向或者倾斜叠置关系主要发育在 B2 的顶点[图 3-30(a)剖面］，在其下游部分，内部充填则主要为侧向上的叠置［图 3-30(b)剖面］。至于 B3 小弯曲带，在其上游部分，内部充填沉积为倾斜叠置关系，顶点处为侧向叠置关系，而在下游部分，水道则变得相对狭窄［图 3-30(c)～(e)］。

表 3-5 各个偏向水道弯曲带的形态特征总结

水道弯曲带		弯曲带延伸长度/m		弯曲带直线长度/m		弯曲带幅度/m		弯曲带曲率	内部水道单元曲率	对应通道复合体
A		7500		5100		2700		1.47	C1: 1.08	AMS-C2
									C2: 1.28	
									C3: 1.47	
									C4: 1.63	
B	B1	9400	2250	3230	1149	1057	1045	1.95	P1: 2.51	AMS-C3
	B2		1980		1160		750	1.7	P2: 2.80	
	B3		3600		1275		1376	2.82	P3: 2.91	
C		11772		10500		1140		1.12	C1: 1.43	ACLS-C2
									C2: 1.25	
									C3: 1.18	
									C4: 1.04	
D		2620		2110		1130		1.23	P1: 1.14	ACLS-C2
									P2: 1.37	
									P3: 1.32	
E		1170		1000		400		1.17	P1: 1.18	ACLS-C3
									P2: 1.17	
									P3: 1.19	

2) ACLS 水道及其弯曲带(弯曲带 C～E)

ACLS-C1 水道单元延伸长度约 27km，直接发育在界面 S2.1 之上，并且拥有相对顺直的流动路径［图 3-31(a)］。ACLS-C1 的厚度向着褶皱 F2 和褶皱 F3 逐渐增大，达到了 100ms(95m)，然而其宽度却保持相对稳定，大约为 700m。由于该水道单元在 MTD 和构造变形之间发生强烈的侵蚀作用，ACLS-C1 两侧不发育天然堤。如图 3-31(a)所示，ACLS-C1 东部边缘下切入 MTD 之中，而在西部边缘，其主要由褶皱 F2、褶皱 F3 和褶皱 F4 所形成的地形起伏限制。

ACLS-C2 水道单元发育在界面 S2.2 之上，其对应较强的 RMS 振幅，延伸约 30km，相对弯曲，宽度比较稳定，平均值为 700m［图 3-31(b)］。ACLS-C2 的厚度总体变化比较大，最大值为 120ms(114m)，其数值在弯曲带 C 增大，而在侧向迁移发生的位置则减小［图 3-31(b)］。

ACLS-C2 内部的充填沉积在弯曲带 D 处表现为侧向充填，使厚度值呈现为一个平缓的峰值(表 3-5)。该水道单元外岸天然堤是不对称的，其中东部天然堤延伸范围比较大，超过 3km，而西部天然堤被构造变形(褶皱 F2、F3 和 F4)完全限制［图 3-31(b)］。东部天然堤的厚度相对变化较大，其在东部弯曲带 C 附近达到最大值，约为 100ms(95m)，之后顺着流向，其逐渐从 50ms 减薄到 10ms［图 3-31(b)］。

第 3 章 深海水道地震地貌学研究

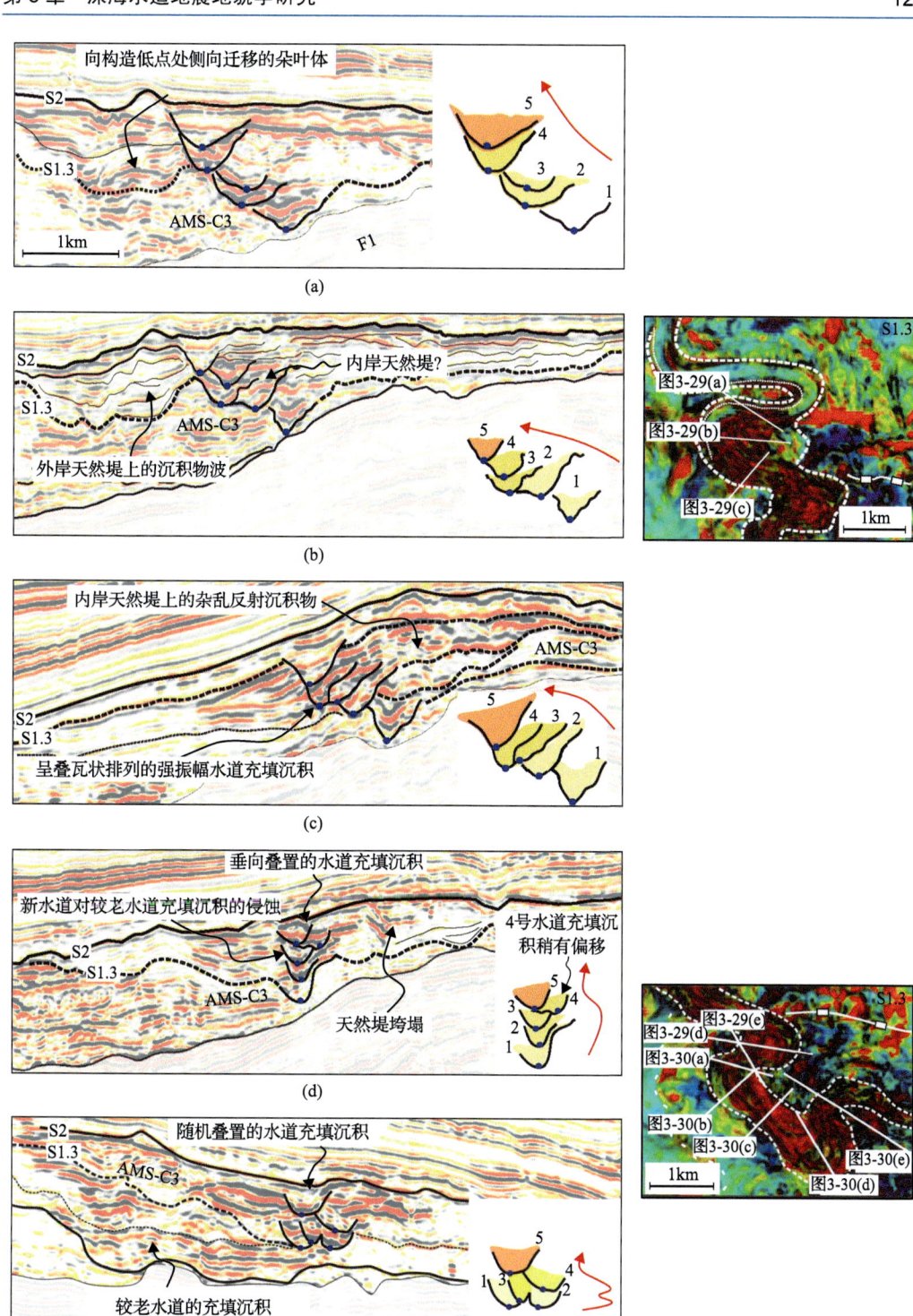

图 3-29 展示 B1 和 B2 小弯曲带细节的一系列地震剖面[剖面位置见图 3-28(b)和(c)]
(a)~(c)沿着 B1 小弯曲带水道沉积特征的变化;(d)过 B1 和 B2 小弯曲带连接部分的地震剖面;(e)展示 B2 小弯曲带上游部分水道随机叠置的地震剖面

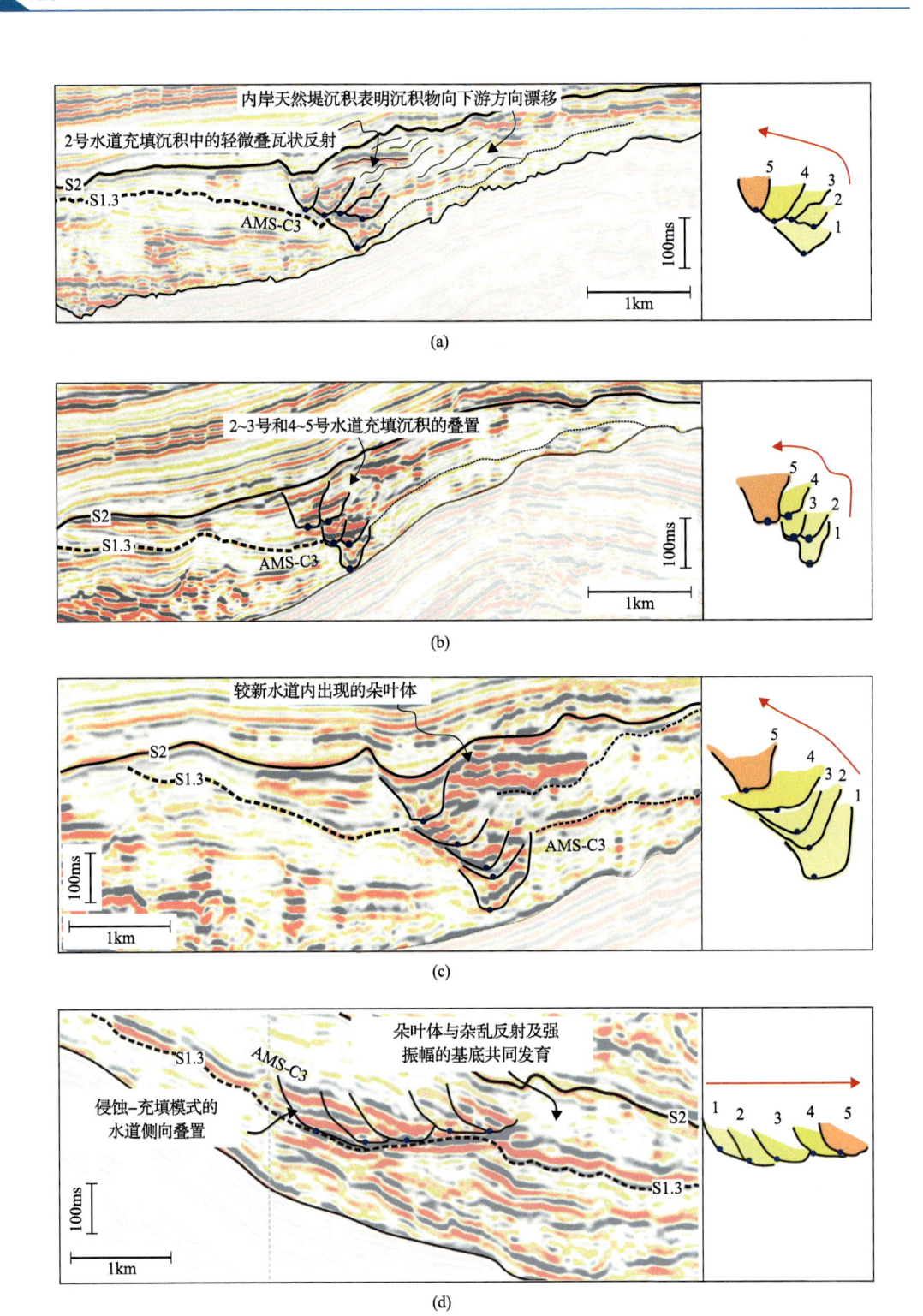

126　深海水道沉积地质理论与实践

内岸天然堤沉积表明沉积物向下游方向漂移
2号水道充填沉积中的轻微叠瓦状反射
S2
S1.3
AMS-C3
100ms
1km

(a)

2~3号和4~5号水道充填沉积的叠置
S2
S1.3
AMS-C3
100ms
1km

(b)

较新水道内出现的朵叶体
S2
S1.3
AMS-C3
100ms
1km

(c)

朵叶体与杂乱反射及强振幅的基底共同发育
S1.3
AMS-C3
侵蚀-充填模式的水道侧向叠置
S2
S1.3
100ms
1km

(d)

第3章 深海水道地震地貌学研究

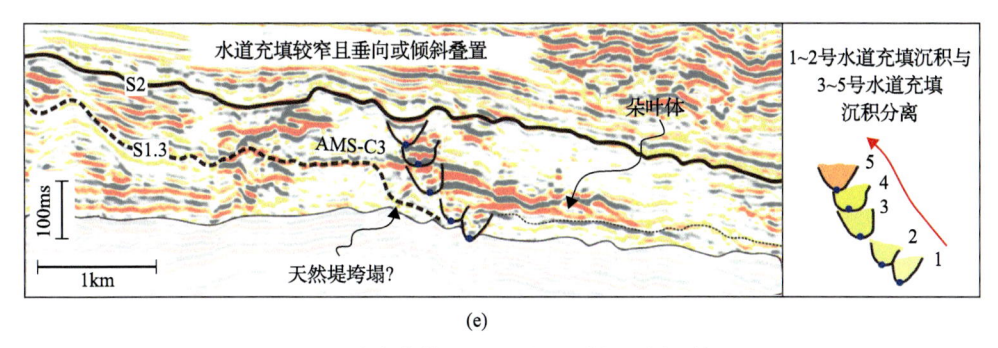

(e)

图 3-30 过 B2 和 B3 小弯曲带的一系列地震剖面[剖面位置见图 3-28(c)]

(a)、(b)展示 B2 小弯曲带内部充填特征的一系列地震剖面;(c)~(e)展示 B3 小弯曲带内部充填特征的一系列地震剖面

ACLS-C3 水道单元发育在 S2.3 界面之上,其轴向呈振幅变化的反射特征[图 3-31(c)]。虽然该水道单元的流动路径发生了多次变化,但其平均曲率保持为 1.25。ACLS-C3 相对比较宽,达到了 1700m,而在弯曲带 E(穿过褶皱 F3),该数值减小。至于该水道单元的厚度,虽然其数值很不稳定,但其总体和宽度表现为相同的变化趋势。ACLS-C3 两侧的天然堤总体是对称的,在接近褶皱 F4 的西侧天然堤,发育有多个厚度峰值。

沿着 ACLS 的整体流动方向,可以发现其内部多个水道单元的侵蚀能力逐渐降低,

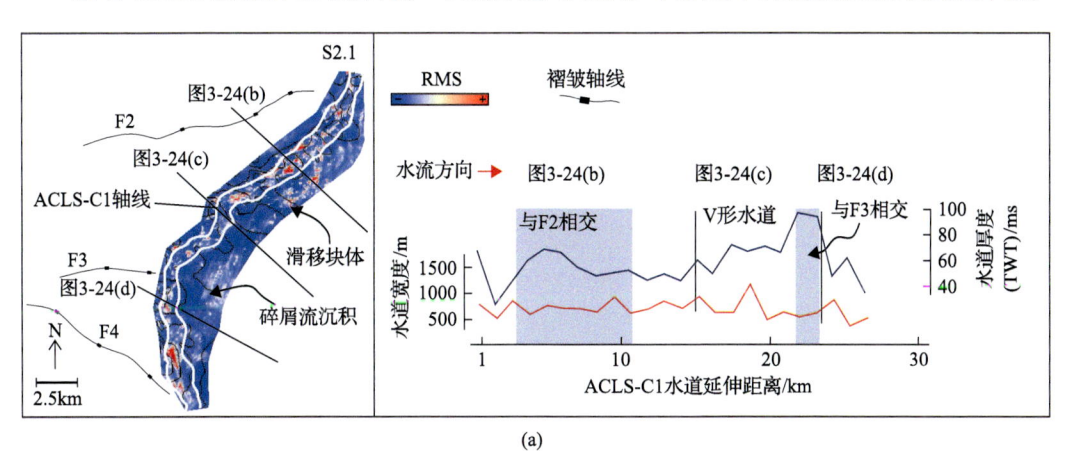

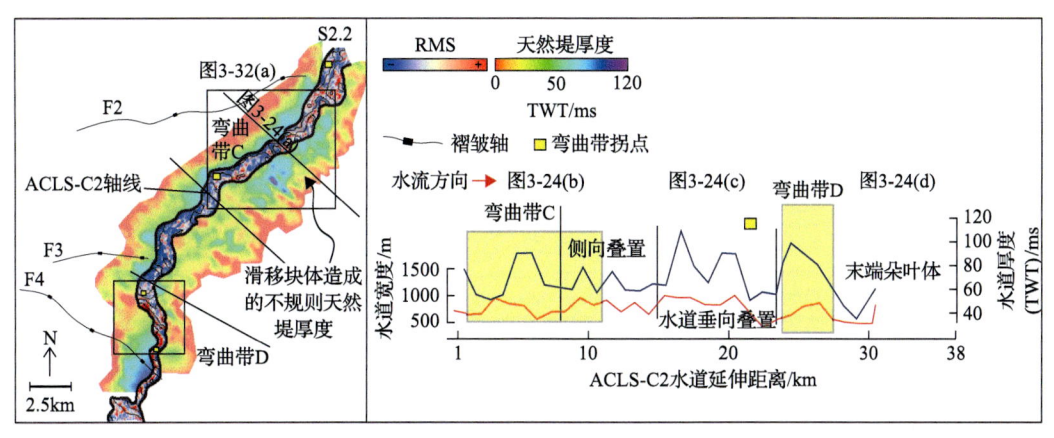

(a)

(b)

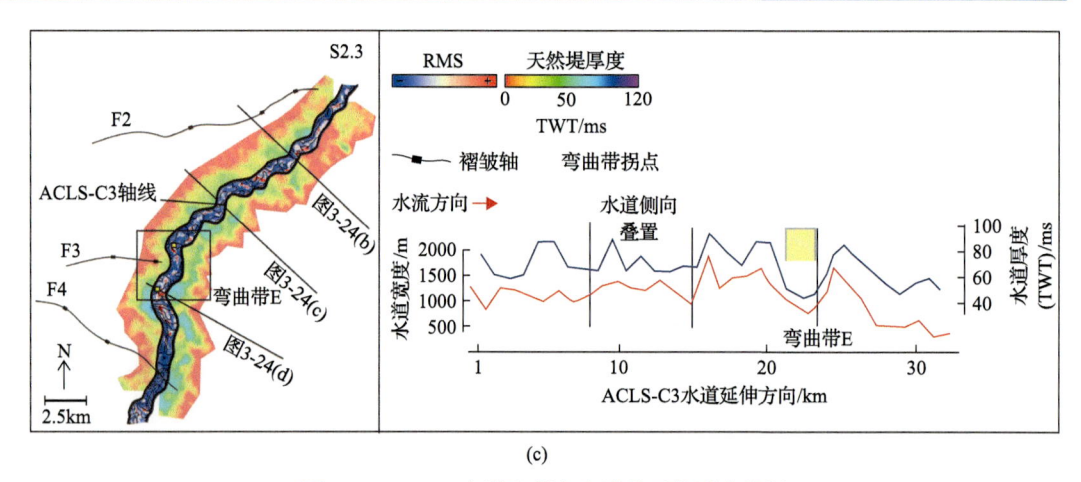

图 3-31 ACLS 水道内部各水道单元的形态特征
(a)ACLS-C1 水道单元的形态特征；(b)ACLS-C2 水道单元的形态特征；(c)ACLS-C3 水道单元的形态特征

其中 ACLS-C1 内部充填沉积表现为垂向或者倾斜叠置，而 ACLS-C2 和 ACLS-C3 内部则为侧向叠置。从图 3-31 展示的各水道单元的垂向变化可以发现在 ACLS-C2 内部，强振幅反射变得更加集中。

弯曲带 C 发育在 ACLS 上游部分，其对应 ACLS-C2 和褶皱 F2 的相互作用(图 3-32)。S2.2 界面所对应的 RMS 属性图显示了一个相对顺直的水道段，其对应弯曲带幅度较小，仅为 1.14km，该弯曲带从 ACLS 接近褶皱 F2 的位置开始延伸，直至水道离开褶皱[图 3-32(a)]。

弯曲带 C 虽然对应极小的曲率值，但是其具有较长的延伸长度和直线长度，分别达到 11.77km 和 10.5km。在弯曲带 C 的上游区域，由于水道强烈的侵蚀作用及 MTD 的发育，缺乏高质量的地震剖面来展示其内部充填特征，这里主要使用弯曲带 C 顶部及下游位置的地震剖面来揭示内部充填的叠置规律[图 3-32(b)]。

在弯曲带 C 的下游区域，ACLS-C2 内部共发育有 4 套(1~4 号)水道充填沉积，虽然它们向着褶皱 F2 弯曲，但是却向远离褶皱 F2 的方向逐渐迁移[图 3-32(b)]。在剖面上，这些充填沉积表现为倾斜叠置，而且每一个最深谷底线和上一个相比，均发育在地貌更低的位置[图 3-32(c)]。在弯曲带 C 的顶部，如图 3-32(d)所示的地震剖面，共识别出了 5 套充填沉积，它们均表现为半杂乱的 U 形或 V 形充填。

弯曲带 D 发育在整个 ACLS 的下游部分，对应 ACLS-C2 接近褶皱 F4 的位置(图 3-33)。ACLS-C2 在褶皱 F3 和褶皱 F4 之间的向斜区域发生弯曲，从而在接近褶皱 F4 的位置形成了弯曲带 D，其具有 1.13km 的弯曲幅度、2.62km 的延伸长度及 2.11km 的直线长度；弯曲带 D 的上游拐点位于向斜区，而下游拐点则位于褶皱 F4 褶皱的北翼，其对应的曲率值为 1.23。

在弯曲带 D，ACLS-C2 内部共发育 3 套强振幅单元，分别命名为单元 1~单元 3(U1~U3)，厚度均超过了 25ms(23.75m)[图 3-33(a)]。在以上每套强振幅单元的底部界面，提取了 RGB 三色融合图，从而揭示其特征差异。首先，U1 表现为多个反转的小路径水道，其在与褶皱相遇时明显发生了合并，从而形成了涡卷特征[图 3-33(b)]，这主要在弱

第 3 章 深海水道地震地貌学研究

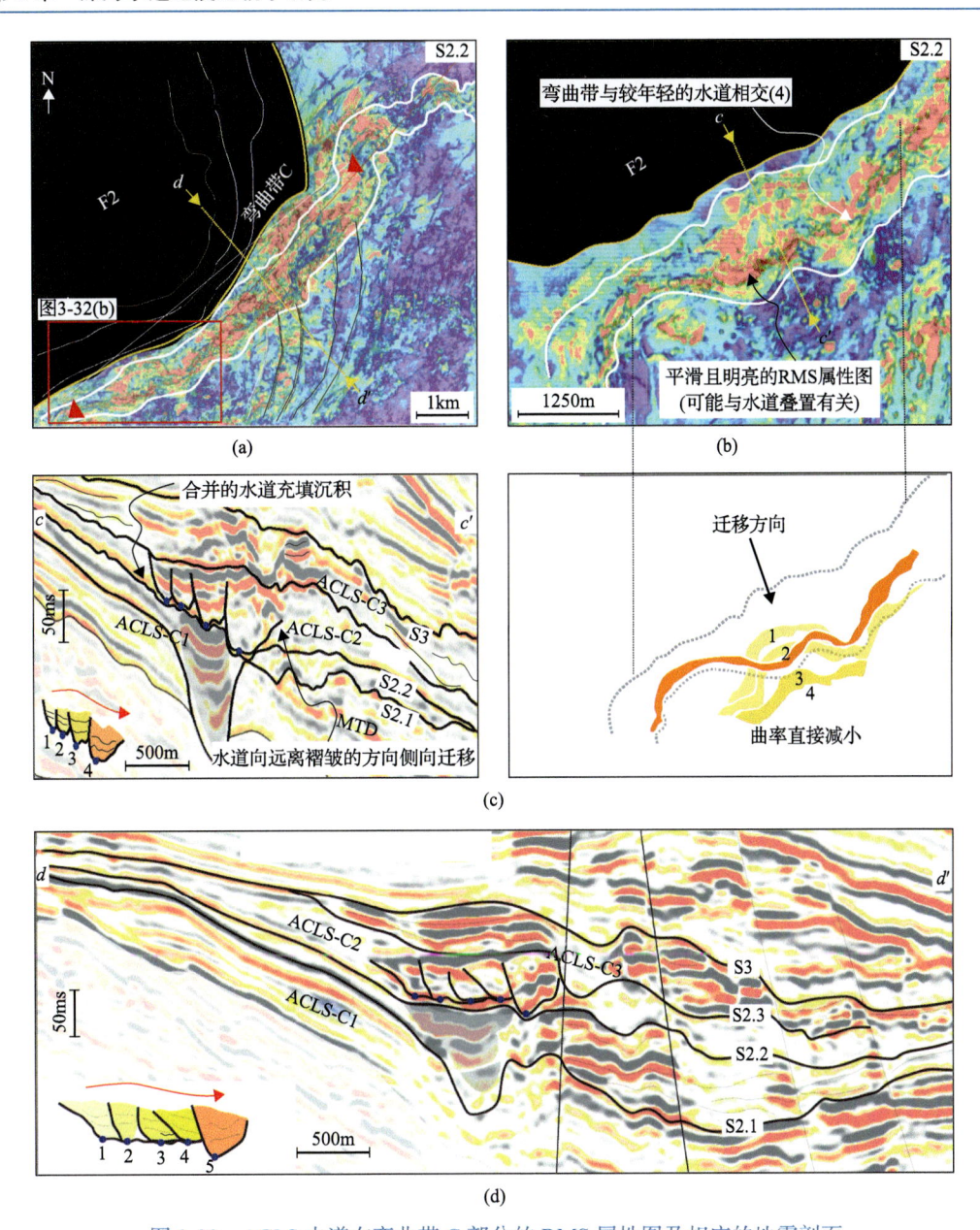

图 3-32 ACLS 水道在弯曲带 C 部分的 RMS 属性图及相应的地震剖面

(a)、(b)ACLS 水道在弯曲带 C 的 RMS 属性图；(c)过弯曲带 C 下游部分的地震剖面[剖面位置见图 3-32(b)]；(d)过弯曲带 C 顶点的地震剖面[剖面位置见图 3-32(a)]

振幅—中等振幅的点坝上被观察到(图 3-33 中的 $b\text{-}b'$ 剖面)。U2 主要表现为弱振幅的水道路径，其在与褶皱相遇的位置振幅强度逐渐增大，被解释为扩散特征[图 3-33(c)]。在相关地震剖面上，U2 表现为增生的叠瓦状反射，说明沉积物在向斜区主要发生过路而在褶皱 F4 则又重新被限制[图 3-33(c)]。U3 记录了一个相对较宽的单一水道路径，其主要表现为侵蚀特征，伴随有向远离褶皱 F4 方向发育的似点坝[图 3-33(d)]。在剖面上，以

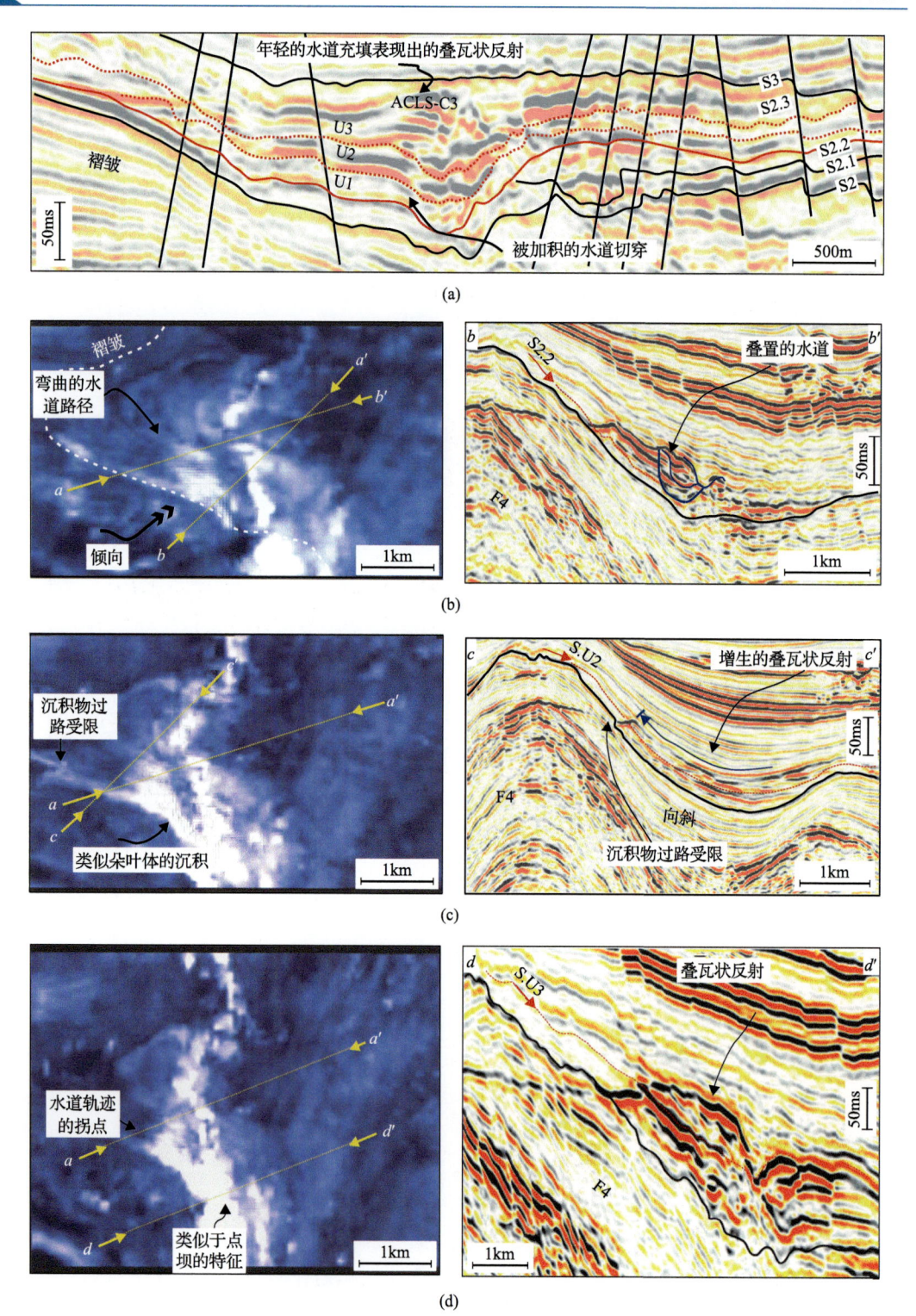

图 3-33　弯曲带 D 附近的 RGB 三色融合图及相应的一系列地震剖面

(a)展示弯曲带 D 内部结构的地震剖面；(b)~(d)展示决口扇和似点坝特征的三色融合属性图及地震剖面

第3章 深海水道地震地貌学研究

上点坝沉积表现为明显的叠瓦状反射特征，说明其向着构造低点逐渐迁移[图 3-33(d)中的 d-d'剖面]。

弯曲带 E 与水道单元 ALCS-C3 和褶皱 F3 的相互作用有关，其对应的幅度值最低，仅为 400m，上游和下游的拐点分别位于褶皱的北翼和南翼[图 3-34(a)]。弯曲带 E 是整个研究区发育的规模最小的弯曲带，其延伸长度为 1.17km，直线长度为 1km，对应的曲率仅为 1.17。提取的 S2.3 界面 RGB 三色融合属性图显示弯曲带 E 内部包含一系列相对顺直的充填沉积，但是其延伸方向在个别位置发生了多次转向；其相对弯曲的部分可以进一步划分为 3 个小路径，分别命名为 P1～P3，它们在上游段表现为侧向迁移，在顶部则发生合并。在剖面上，弯曲带 E 内部充填沉积表现为侧向上叠置的侧向加积体，它是由 V 形充填及杂乱-弱振幅反射相互叠置形成的[图 3-34(b)～(d)]。

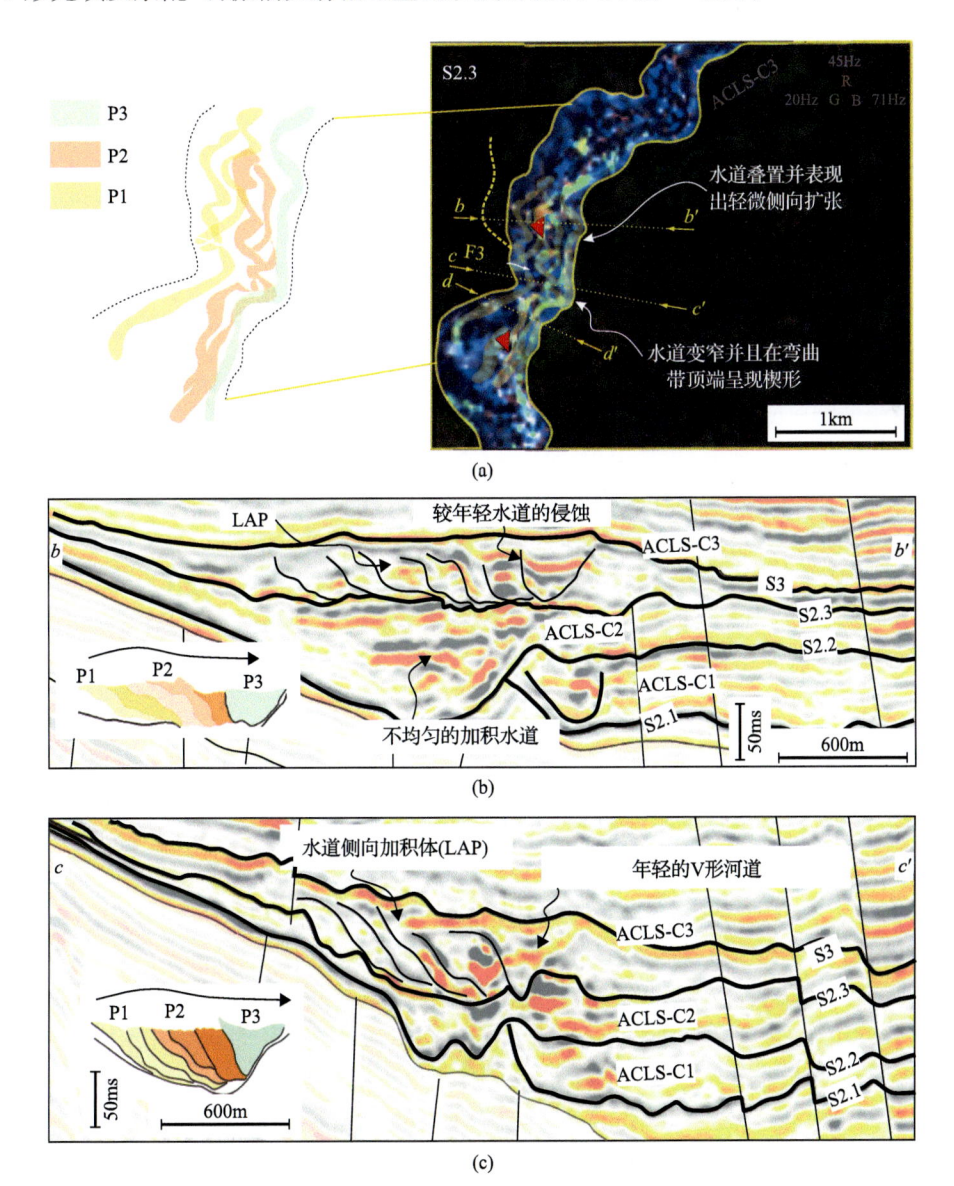

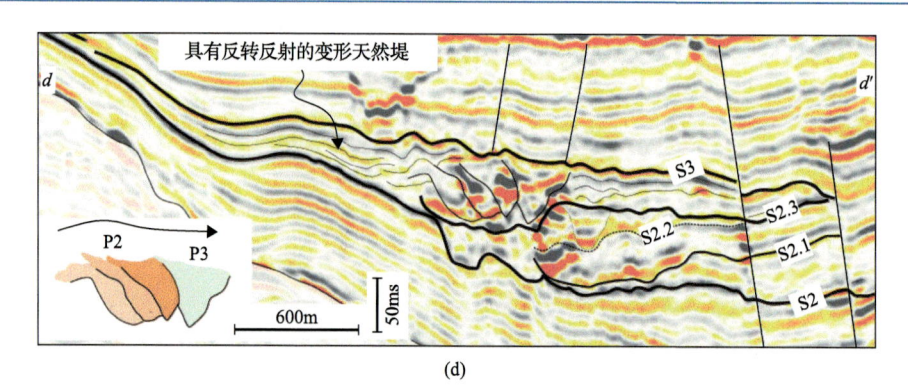

图 3-34 弯曲带 E 附近的 RGB 三色融合图及相应的一系列地震剖面

(a)展示 ACLS 在弯曲带 E 形成的 3 个小路径的三色融合属性图;(b)～(d)展示水道沉积特征沿流向变化的 3 个地震剖面[剖面位置见图 3-34(a)]

3. 水道迁移表征

水道迁移的表征主要是基于水道侧向水平迁移距离 SH 和水道间距 CS 两个参数进行。如前所述，SH 指的是最老的最深谷底线和最年轻的最深谷底线之间的水平距离，CS 则为弯曲带内部单个充填单元所对应的最深谷底线之间的水平距离。本节各个弯曲带对应的 SH 和 CS 在地震剖面上的测量结果均列在了表 3-6 中，可以看出 SH 对应的最大值对应弯曲带 B(图 3-35 中的剖面 D)，为 1145m，最小值则发生在弯曲带 A 中(图 3-35 中的剖面 U)，对应值为 123m。至于 CS，其最大值出现在弯曲带 A 中(图 3-35 中的剖面 A)，而最小值则对应弯曲带 D(图 3-35 中的剖面 D)，大约为 100m。统计结果还显示在弯曲带 A、B 和 C 的顶端(剖面 A)，SH 和 CS 的数值明显比上游段和下游段(剖面 U 和剖面 D)要高。需要说明的是，在弯曲带 C 的上游段，由于 MTD 的干扰，水道沉积记录并不清楚(剖面 U)，所以缺乏高质量的地震剖面来进行测量。另外，在大部分弯曲带(弯曲带 A、C、D 及 E)中，内部充填沉积表现为单向或者双向轨迹；而在弯曲带 B 中，内部 1～4 号充填则表现为多向轨迹，其主要从水平方向转变为倾斜方向(图 3-35)。在弯曲带 E，内部的充填沉积则表现为单向的侧向迁移[图 3-34(b)～(d)]。

3.3.3 深海水道弯曲机制

以上研究结果提供了尼日尔三角洲盆地陆坡区深海水道和褶皱相互作用的记录，展示了水道内部充填的运动学及几何形态特征。之前的关于深海水道和构造变形相互作用的研究提出了"偏向水道"发育的概念，其涉及剖面上充填沉积的侧向迁移(远超垂向加积)及平面上弯曲带的扩张(Clark and Cartwright, 2009, 2011; Mitchell et al., 2021)。与之前环境中展示的模式有所不同，本节对水道与褶皱的相互作用所形成的偏向水道开展了细致分析，包括内部叠置样式及几何形态等，从而反映了早期沉积物和自旋回过程的影响。

为了探究深海水道的弯曲机制，本节讨论了构造活动相对于水道演化所发生的时间，从而分析海底变形对于水道沉积的控制，同时还分析了不同类型的水道弯曲带。在此基础上，本节根据地震地貌学特征(弯曲带的幅度、曲率等及内部充填沉积的迁移情况)和潜在的自旋回控制因素来分析水道弯曲带的形成机制。

第3章 深海水道地震地貌学研究

表 3-6 AMS 和 ACLS 内各个水道单元和构造生长的时间关系分析

水道单元	内部天然堤反射	厚度变化	水道与附近褶皱的关系	剖面
ACLS-C3	向褶皱一翼楔状减薄	向褶皱一翼急剧减薄（从 100ms 到 <20ms）	水道沉积与褶皱隆升同时发生	
ACLS-C2				
ACLS-C1	无天然堤沉积	无天然堤沉积	褶皱在水道之前发育	
AMS-C3	在褶皱一翼出现反转	厚度从 100ms 减薄到 80ms	褶皱隆升与水道沉积同时发生	
AMS-C2	逐渐向褶皱一翼反转	厚度从 120ms 轻微减薄到 90ms	褶皱隆升与水道沉积同时发生	
AMS-C1	向褶皱一翼上超	厚度从 80ms 向褶皱轴部减薄到 40ms	褶皱在水道之前发育	

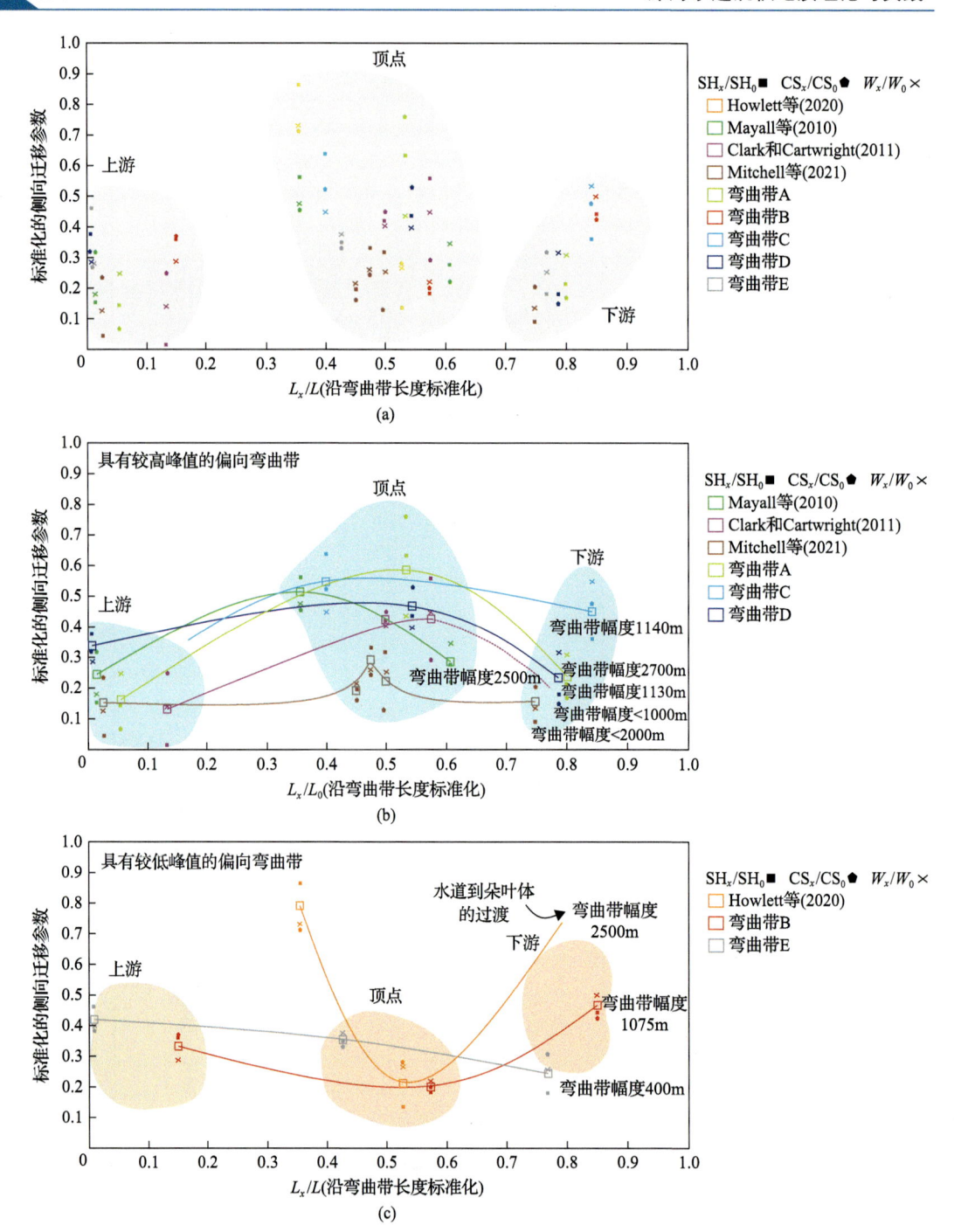

图 3-35 标准化的水道侧向迁移各参数沿着弯曲带的散点图及其与其他数据库(Howlett et al., 2020; Mayall et al., 2010; Clark and Cartwright, 2011)中相关参数的对比

(a)所有水道弯曲带侧向迁移标准化参数与 L_x/L_0 的散点图；(b)弯曲带 A、C 和 D 侧向迁移标准化参数与 L_x/L_0 的散点图；(c)弯曲带 B、E 侧向迁移标准化参数与 L_x/L_0 的散点图；SH_x/SH_0-标准化的水道侧向水平迁移距离；CS_x/CS_0-标准化的水道间距；W_x/W_0-标准化的水道宽度

1. 构造生长对于水道弯曲的控制

为了厘定构造生长对深海水道的影响，在水道单元尺度上对褶皱附近的天然堤特征（Clark and Cartwright, 2009; Mayall et al., 2010）进行了分析，同时，对构造变形附近水道的流动路径（Gee and Gawthorpe, 2006; Howlett et al., 2021）也进行了解释。通过对 ACLS 和 AMS 内部各水道单元（AMS-C1～AMS-C3 及 ACLS-C1～ACLS-C3）所对应的天然堤厚度图进行分析，发现其数值在褶皱附近出现忽然降低的现象，甚至出现了无沉积的现象（图 3-25 和图 3-31），这反映了构造变形对水道演化过程中两侧限制性的潜在影响（Ferry et al., 2005; Mayall et al., 2010）。从图 3-27～图 3-34 中展示的平面属性图及地震剖面可以发现在构造变形附近，深海水道会围绕构造发生弯曲，并向远离褶皱的方向发生迁移。最近的关于尼日尔三角洲盆地深水区的研究同样发现了类似的褶皱和逆冲断层，其表明从 15Ma 开始，尼日尔海域发生了明显的重力构造变形（Jolly et al., 2016; Pizzi et al., 2020）。考虑前人研究与本研究区非常接近，可以认为两个所研究的深海水道发育期间（晚中新世—上新世），重力构造变形同样比较活跃（图 3-20）。另外，目的层（地层单元 2）底界面和顶界面的构造图也揭示了目的层沉积期间古海底发生了明显的变化。

对天然堤的表征，可证实各个弯曲带受到同时期构造活动的影响。天然堤的内部反射特征及厚度变化主要反映了水道和两种构造的相互作用，分别是被动构造（passive structure）和生长构造（growing structure）（图 3-25、图 3-31 及表 3-6）。AMS 和 ACLS 中两个最老的水道单元 AMS-C1 和 ACLS-C1 主要在古海底中构造不活跃的位置建立流动路径，因此它们对应的天然堤的同相轴向着褶皱上超或者直接无沉积（表 3-6）。ALCS-C1 剖面中充填沉积的叠置样式记录了向褶皱方向的迁移，这证明了水道是和被动构造发生相互作用[图 3-24(b)～(d) 及图 3-32(c)]。至于其他水道单元（AMS-C2、AMS-C3 及 ACLS-C2、ACLS-C3），主要受到生长构造的控制，可以从天然堤内部同相轴向上反转及逐渐尖灭中看出（表 3-6）。本节所有弯曲带的发育均受到生长构造的控制（表 3-6）。

在所研究的各个弯曲带中，水道的流动路径和侧向叠置样式也可记录同时期生长构造的活动性。海底地貌起伏对于水道路径和沉积样式的控制在安哥拉陆缘（Gee and Gawthorpe, 2006; Howlett et al., 2020）、尼罗河三角洲（Clark and Cartwright, 2009, 2011）及尼日尔三角洲盆地（Jolly et al., 2016; Ashiru et al., 2020）都有发现。这种水道对于构造活动的响应主要依赖于水道侵蚀-沉积速率和构造生长速率的关系（Clark and Cartwright, 2009; Jolly et al., 2016）：当水道侵蚀-沉积速率高于构造生长速率时，水道往往可以穿过构造（Jolly et al., 2016; Mayall et al., 2010）；然而，如果构造生长速率高于水道侵蚀-沉积速率，水道则发生偏向。Mitchell 等（2021）发现偏向水道往往对应水道带围绕构造高点的扩张及内部充填沉积的大规模侧向叠置。然而，在本节中，不同的偏向水道弯曲带表现出对构造活动的一系列响应，其内部充填沉积既表现为侧向叠置，又包含垂向和倾斜叠置（图 3-29、图 3-30、图 3-32 及图 3-34）。而且，在一个相同的弯曲带中，偏向水道还涉及多种相互作用。例如，在弯曲带 D 中，其三套叠置单元（U1～U3）的关系说明水道被部分阻挡，限制了流量，从而在 ACLS-C2 接近褶皱的位置造成了扩散沉积的发育[图 3-33(c) 和 (d)]。

由此可以推测，以上偏向水道中不同类型的内部叠置关系在其他受构造活动影响的深海水道也是存在的。下面将对不同水道弯曲带发育过程中的构造控制和其他控制因素进行系统分析。

2. 偏向水道弯曲带分类

AMS 和 ACLS 水道中各个水道单元均显示了围绕海底变形发育的水道弯曲带。结合地震剖面、平面属性图及定量数据，对弯曲带的形态和沉积学特征进行了分析，进而总结出 5 中弯曲带类型，即决口弯曲带(avulsive bend)、限制弯曲带(confined bend)、截弯取直弯曲带(cut-off bend)、阻挡弯曲带(blocked bend)及扭节弯曲带(kinked bend)。

1) 决口弯曲带

弯曲带 A 中决口的发生与其他环境中发现的褶皱促进水道迁移(Clark and Cartwright, 2009; Mayall et al., 2010)一致。因为 AMS-C1 的流动路径在褶皱 F1 作用下仅发生了轻微偏向，AMS-C2 则向远离构造变形的方向发生了明显偏离（图 3-26）。因此，AMS-C2 摆动离开了初期的流动路径，从而形成了具有较大幅度（>2.5km）的弯曲带 A（表 3-5）。受生长构造控制的决口弯曲带同样出现在安哥拉陆缘(Gee and Gawthorpe, 2006)，在该处，水道发育过程中的盐构造活动造成了一系列决口的发生、较大幅度(4.5km)弯曲带的形成及水道宽度的增大。本节中，水道宽度并没有明显增大，这可能与后期发育的天然堤的限制作用有关[图 3-25(b)]。在决口弯曲带的下游方向，较大厚度天然堤的发育使 AMS-C2 重新回到了 AMS-C1 的路径中（图 3-26），这种弯曲带下游位置天然堤的限制作用同样造成了水道单元宽度减小[图 3-25(b)]、内部充填随机叠置及较小的 SH 值和 CS 值（表 3-6）。

2) 限制弯曲带

Mitchell 等(2021)发现深海水道往往围绕构造发生侧向迁移，所以地层活动系数，即水道侧向迁移与垂向加积的比值(Jobe et al., 2016)对构造的影响比较敏感。然而，在本节中，各弯曲带的情况是不同的，其在地震剖面上同样表现出了明显的垂向叠置和倾斜叠置（图 3-29 和图 3-30）。AMS-C3 表现为向远离褶皱 F1 方向迁移，从而形成了幅度较小(1km)、曲率较低的弯曲带 B（图 3-28 及图 3-35）。可以发现弯曲带 B 主要受到沉积起伏的控制，其中 B1 和 B2 小弯曲带表现出的向下游方向的迁移及 B3 小弯曲带表现出的侧向扩张说明 AMS-C3 中的重力流主要受到西侧地形障碍的限制。AMS-C3 早期的几套充填沉积（C1~C3）在侵蚀作用形成的限制环境下发育，早期发育的 AMS-C1 和 AMS-C2 发挥着重要角色，使水道迁移和褶皱 F1 的关系不明显。之后，随着西侧天然堤的发育，其取代了早期沉积物的角色。我们认为这种限制性促进了水道多套充填沉积的发育，形成了高角度的倾斜叠置关系及单纯的侧向叠置关系（图 3-29、图 3-30 及表 3-6）。B1 和 B2 小弯曲带中的早期沉积形成的起伏使水道内部充填表现为倾斜叠置及垂向加积（图 3-29 和图 3-30）。在弯曲带 B 下游的 B3 小弯曲带，天然堤的限制作用相对较弱，这里水道内部充填仅表现为侧向叠置关系[图 3-30(d)]。和决口弯曲带不同的是，限制弯曲带（弯曲带B)明显更为弯曲，其曲率值达到了2.91(表3-5)，这说明在AMS-C3的侵蚀性通道中，因为西侧天然堤及东侧F1起伏的限制，其内部充填沉积发生了强的摆动。

3) 截弯取直弯曲带

本节研究显示，虽然水道弯曲带在构造变形的影响下发育，但是个别弯曲带却表现出极低的曲率。例如，弯曲带C对应曲率值只有1.12[图2-32(d)和表3-5]。在弯曲带C的下游位置，虽然水道向着远离褶皱F2的方向发生侧向迁移，其内部充填沉积所对应的最深谷底线的曲率却表现出依次减小的趋势(图3-32)。这种形态对应截弯取直造成的弯曲带变短，正如陆上河流系统中那样。河流系统中截弯取直的发生与多种因素有关，Lewis和Lewin(1983)认为截弯取直与较高的坡度背景及容易侵蚀的基底有关，而Hooke(1995)则认为堤岸的较低起伏使洪水期流体溢出从而造成截弯取直发生。在深海水道中，截弯取直的发生更可能与弯曲带内岸点坝的不断堆积有关，其使弯曲带C下游区域的延伸距离(1号充填~4号充填)逐渐减短[图3-32(c)]。以上截弯取直的发生与地形坡度也有关，弯曲段变短后的流动路径明显比变短前更具有优势。由于褶皱F2的生长，ACLS-C2的坡度增大，从而有利于截弯取直的发生。在弯曲带C的下游区域，地震剖面展示的4套内部充填沉积显示出逐渐远离褶皱倾斜向下的轨迹，进一步证明了构造活动的影响。

在深海环境中，截弯取直现象在安哥拉陆缘也有发现(Kolla et al., 2001)。相关地震剖面显示出不对称的水道边缘：在低坡度的边缘，内部充填沉积呈现出侧向迁移，但是在高坡度的水道边缘，充填沉积则为垂向加积(Kolla et al., 2001)。深海水道的截弯取直过程在加蓬(Gabon)峡谷的年度海洋调查中也有发现，在2006~2007年，水道轴线向着内岸发生了9~36m的迁移(Biscara et al., 2013)。另外，在现今冰岛南部陆缘水深2000~2200m的位置，深海观测发现了内岸处一个宽150m、深35m的侵蚀现象。

4) 阻挡弯曲带

同一条深海水道可以和构造发生多种类型的相互作用(Clark and Cartwright, 2009; Jolly et al., 2016)。例如，弯曲带D既经历了偏向，又经历了阻挡(图3-33)。这个阻挡弯曲带记录了内岸天然堤中发育的大量沉积，包括3套强振幅单元，即U1、U2和U3，这些强振幅单元可以说明水道沉积物经历了阻挡，因此形成了向着褶皱一翼的上超终止关系[图3-33(b)~(d)]。

另外，以上沉积记录还说明构造生长具有较高的速率，从而才可以阻挡水道向下游的流动。在平面属性图上[图3-33(b)]，可以发现U1~U3单元在向斜区域发育扩张和反转的水道充填，在水道和构造相互作用的位置，形成垂直-水平的充填沉积叠置样式，然而在阻挡弯曲带D，则又形成了扩张和反转的水道充填。随后，在外岸处，由于频繁的重力流溢出，形成了扩散沉积，而在弯曲带的内岸处，则发育类似"点坝"的特征。这种扩散沉积及砂体的大量发育，在偏向深海水道中比较常见，其往往见于深海水道流向与构造走向几乎垂直的情况(Clark and Cartwright, 2009; Mayall et al., 2010)。扩散沉积往往与大范围的偏向或者部分阻挡作用相关，此时，天然堤会被重力流冲破(Mayall and Stewart, 2000; Mayall et al., 2010)，因此高弯曲度的偏向水道往往在褶皱坡脚的上倾位置发育决口扇和富砂沉积(Clark and Cartwright, 2009)。

5）扭节弯曲带

向着远离褶皱 F3 方向迁移的弯曲带发育有急剧的转向，其内部主要呈现弱振幅反射特征，即相对富泥的充填沉积［图 3-34(b)］。Jobe 等（2015）提出重力流本身对深海水道发育具有明显的控制作用，其密度越低，形成的深海水道的曲率越小，宽度也越小。以上情况对应的就是扭节弯曲带，即弯曲带 E，其对应非常小的幅度（0.4km）及非常低的曲率（1.17）（表 3-5）。富泥的重力流在狭窄且较浅的水道中流动时，极容易形成两岸天然堤的建造，这些天然堤可以进一步在剖面上限制深海水道的横截面积（Pirmez and Imran, 2003）。本节对 ACLS-C3 的表征证实了弯曲带 E 外岸厚度较大的天然堤的存在，而且 ACLS-C3 本身在弯曲带具有较小的横截面积。因此，偏向水道段为外岸天然堤的快速建造及随后的限制作用提供了很好的机会。在弯曲带的顶端，水道变窄及侵蚀作用的加强同样可以形成以上限制情况。如图 3-34 中地震剖面所示，在弯曲带 E 上游位置为内部 U 形充填的叠置，在弯曲带顶端和下游位置则呈现 V 形且杂乱的地震反射特征。

3. 水道弯曲带特征

本研究结果表明，偏向水道的形态和内部充填叠置关系对构造活动和沉积作用形成的地形起伏非常敏感。一些之前的研究定性地强调了深海水道对构造活动的响应，揭示了水道围绕构造发生的迁移及弯曲带的形成。定量研究则表明，与没有受到构造活动影响的水道相比，受到构造控制的水道的宽度、宽深比会增大，并发育侧向迁移（相对于垂向加积）(Mitchell et al., 2021)。尽管如此，在本节中，受到构造控制的深海水道并没有表现出上述特征，主要原因体现在以下方面：首先，各水道弯曲带形态是变化的，如各弯曲带曲率在 1.12~2.91 变化（表 3-5）；其次，不同弯曲带剖面上内部充填沉积的叠置样式是变化的，而且在同一个弯曲带的不同位置，其同样也会发生改变；最后，平面几何形态与剖面叠置样式之间的关系也是复杂的。例如，尽管水道在弯曲带 E 发生了非常充分的侧向迁移，但是该弯曲带对应的幅度却非常低，大约只有 400m（表 3-5）；另外，最大的弯曲带曲率（弯曲带 B）则与剖面上明显的倾斜叠置或垂向叠置充填沉积相对应（图 3-29，图 3-30，表 3-6）。因此，在这些受到构造活动控制的深海水道中，必然还存在其他影响因素，如自旋回过程或者沉积起伏。

本节同样证明，由 SH 和 CS 这两个水道侧向迁移参数，可以细致地探究水道偏向主要受构造活动控制还是受沉积过程控制。本节将获得的水道侧向迁移参数与前人的数据库（Howlett et al., 2020; Mayall et al., 2010; Clark and Cartwright, 2011; Mitchell et al., 2021）进行了对比。将标准化后的 CS 和 SH 数值沿着弯曲带的延伸长度进行投点，可以得到三个非常明显的数据簇［图 3-35(a)］。在弯曲带的顶点，以上两个参数的数值（平均值为 0.4）相对于弯曲带上游和下游位置的数据（平均值分别为 0.28 和 0.35）偏大［图 3-35(a)］。虽然在大多数情况下 SH 和 CS 的数值从弯曲带上游点向着顶点逐渐增大，然后向着下游方向又逐渐降低，但是也存在个别不同的情况，此时顶点对应的数值相对较小。

由 SH 和 CS 这两个参数在弯曲带不同位置的分布规律，可以发现受构造活动影响的偏向水道在顶点处具有更高的 SH 和 CS 值［图 3-35(b)］。在决口弯曲带（弯曲带 A）、截弯取直弯曲带（弯曲带 C）及阻挡弯曲带（弯曲带 D）中，顶端区域的 SH 和 CS 参数（标准化后)具有更高的数值,这与前人的研究案例相匹配(Mayall et al., 2010; Clark and Cartwright, 2011; Mitchell et al., 2021)[图 3-35(a)]。弯曲带顶点发生的水道侧向迁移与侵蚀-充填模式或者 LAP 有关。本节中弯曲带 C,即截弯取直弯曲带,具有最大的 SH 和 CS 值[如 3-35(b)],虽然没有获得弯曲带 C 上游段的参数,不过可以推测其数值相对是较小的。在弯曲带 A 中,SH 和 CS 参数的大小与 Clark 和 Cartwright(2011)记录的尼罗河陆缘深海水道参数具有可比性。这些深海水道在弯曲带上游段具有垂向叠置的内部充填,在顶端具有侧向叠置的内部充填,在之后的下游段则又发育垂向叠置的内部充填。这种构造控制的侧向迁移与同时期外岸上天然堤的建造有关,其最后会作为地形障碍从而限制充填沉积的侧向摆动,从而使充填沉积在水道轴部重新排列(图 3-27 中的 4 号水道充填沉积),或者使充填沉积在倾斜方向上叠置[Clark 和 Cartwright(2011)提到的水道充填]。

阻挡弯曲带,即弯曲带 D 和 Mayall 等(2010)提到的水道极为相似,其与构造走向几乎均呈垂直关系,而且在构造活动的影响下发生了明显的偏向。弯曲带 D 被部分阻挡,从而在弯曲带顶点堆积砂质的扩散沉积[图 3-32(b)]。构造生长造成的水道侧向迁移,会在周围负地貌存在的情况下变得更加复杂(Mitchell et al., 2021)。在弯曲带 D 中,由于较大的可容空间,内部充填的轨迹表现为垂向上的变化,从而限制了 SH 和 CS 这两个水道侧向迁移参数的大小。由以上结果可以发现,虽然偏向水道的侧向迁移主要受到构造活动的驱动,但是根据 SH 和 CS 参数的大小,仍然可以判断是否有其他因素来破坏或者限制水道的排列。

有趣的是,偏向水道形成的弯曲带幅度可以有效反映构造活动的控制。本节收集到的关于弯曲带形态的数据及从前人研究中汇编的数据,并没有反映弯曲带幅度的明显变化趋势(图 3-35)。例如,对于截弯取直弯曲带,即弯曲带 C,SH 和 CS 参数反映其受到构造活动的控制,对应的弯曲带幅度相对较低,仅为 1140m[图 3-35(b)]。这种情况可能与以下原因有关:首先,ACLS-C2 的流向与褶皱 F2 的走向几乎平行;其次,ALCS-C2 东部边缘的限制性建立在不规则的早期沉积物之上[图 3-32(c)和(d)]。另外,偏向水道弯曲带的幅度可以比 1km 超出一个数量级,如本节中阻挡弯曲带(弯曲带 D)的幅度就超过了 15km,这与地形障碍的几何形态及水道路径与构造走向之间的夹角大小有关(Mayall et al., 2010; Zucker et al., 2017; Howlett et al., 2020)。

根据对水道侧向迁移参数 SH 和 CS 的分析,可以发现有些偏向水道在弯曲带顶端的发育十分有限,这可能与沉积起伏造成的限制性有关[图 3-35(c)]。限制弯曲带(弯曲带 B)和扭节弯曲带(弯曲带 E)与许多前人识别到的水道弯曲带都不匹配,如尼罗河陆缘(Clark and Cartwright, 2011)及尼日尔三角洲陆缘等其他深水区(Mitchell et al., 2021)发育的深海水道所对应的弯曲带,其顶端都对应较小的 SH 和 CS 数值[图 3-35(c)],而且弯曲带顶端侧向迁移参数相对于上游和下游部分的参数也比较小;弯曲带 B 和弯曲带 E 与 Howlett 等(2020)在安哥拉陆缘宽扎盆地中识别到的路径 B 是相似的,虽然弯曲带围绕构造发育,但是其顶点的侧向迁移受到了另一个地形障碍的限制,而且这个路径 B 也包含多个小弯曲带,顶端区域主要由狭窄且垂向叠置的充填沉积构成,它也受到了其他因素(地层几何形态、斜坡坡度)的部分控制。在弯曲带 B 中，顶端区域的缩小与褶皱 F1 西南侧早期天然堤堆积所造成的限制性有关(图 3-29 和图 3-30)。对于这种类型的弯曲带，侧向迁移参数(SH 和 CS)向着下游区域表现出增长趋势，因为水道离开弯曲带顶端，随着限制性减弱，其会发生侧向迁移[图 3-35(c)]。Howlett 等(2020)识别出的路径 B 也一样，其在下游脱离强限制性后开始发育朵叶体。扭节弯曲带(弯曲带 E)的情况比较特殊，对应的 SH 和 CS 参数从弯曲带的上游向下游持续变小[图 3-35(c)]。这种现象可能有以下两种原因：首先，在下游位置，ACLS-C3 广泛发育天然堤，这为弯曲带提供了较强的限制性；其次，弯曲带顶端 LAP 大量发育，促进了流体剥离的发生及天然堤的建造，从而使水道单元的限制性向弯曲带下游方向逐渐增大。因此，本节中的弯曲带 B、弯曲带 E 及 Howlett 等(2020)发现的路径 B，反映了不同程度的构造控制和沉积起伏控制的相互作用(图 3-36)。

综上所述，本节识别到的 5 个弯曲带(弯曲带 A～弯曲带 E)说明水道侧向迁移在其他因素(早期地形、天然堤沉积、水道沉积等)的影响下会变得相对复杂。在忽略上述挑战的情况下，这里根据水道侧向迁移参数(SH 和 CS)沿着弯曲带发生变化的规律及相应的主控因素，进一步将水道弯曲带划分为两类：由构造作用主控侧向迁移的弯曲带(截弯取直弯曲带、决口弯曲带及阻挡弯曲带)[图 3-35(a)～(c)]及由早期或同时期沉积作用导致有限侧向迁移的弯曲带(限制弯曲带和扭节弯曲带)[图 3-35(d)和(e)]。

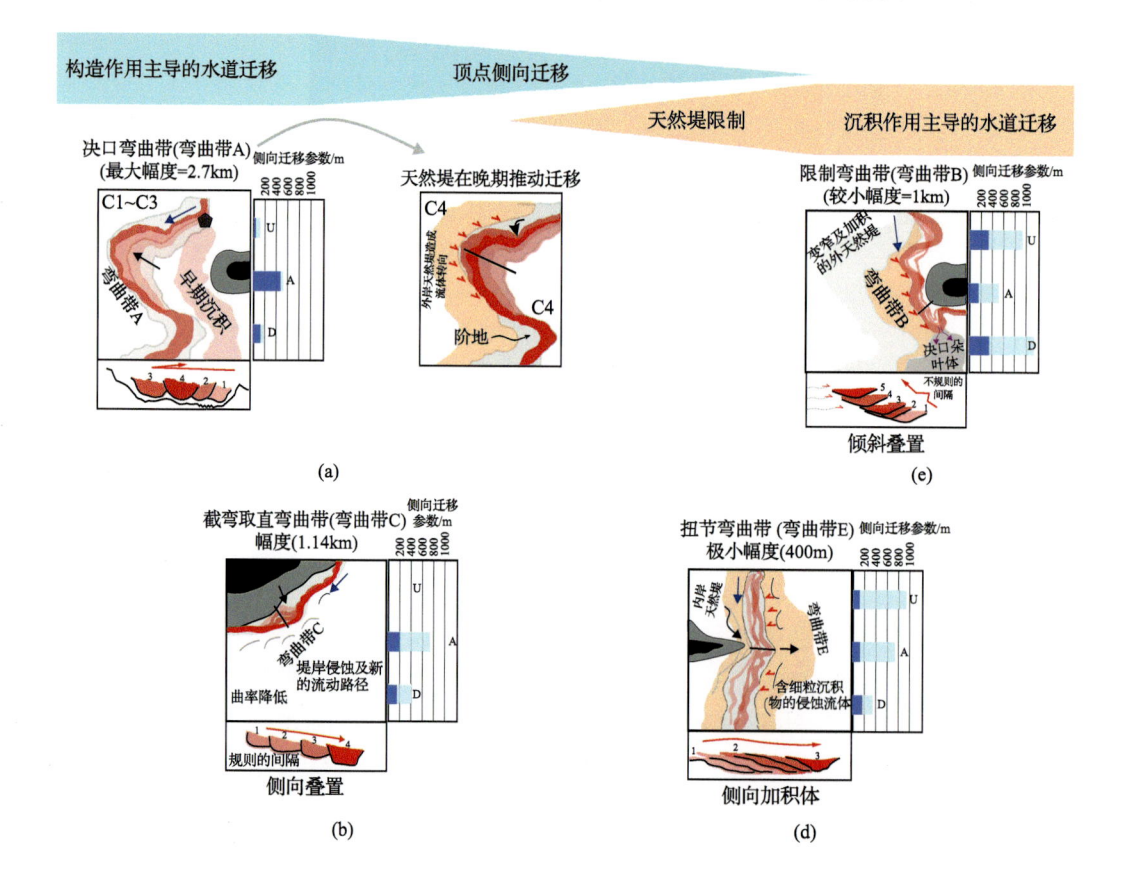

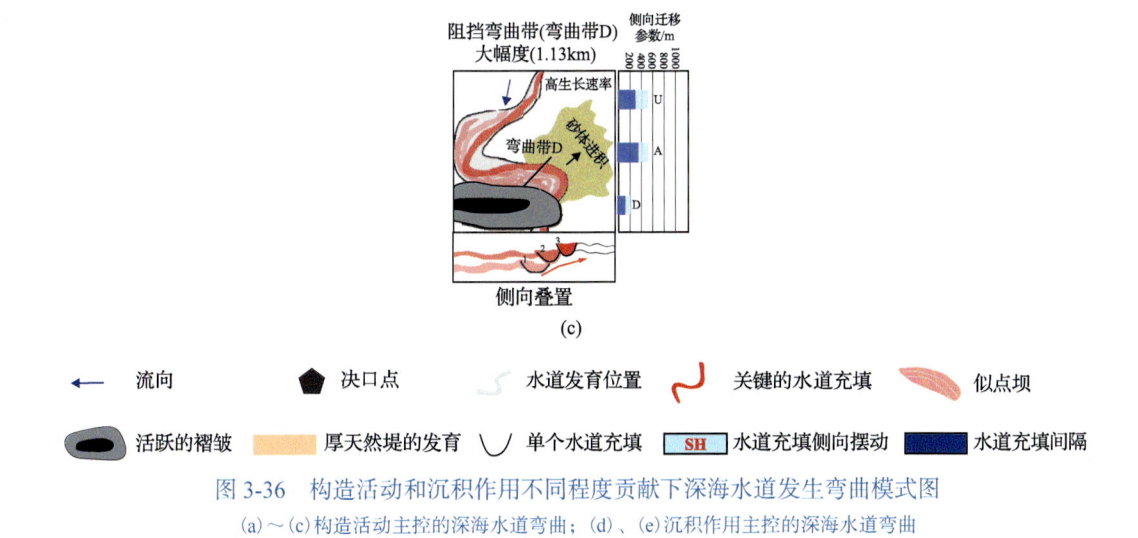

图 3-36　构造活动和沉积作用不同程度贡献下深海水道发生弯曲模式图

(a)～(c)构造活动主控的深海水道弯曲；(d)、(e)沉积作用主控的深海水道弯曲

4. 关于构造活动影响下深海水道发育演化的新认识

近年来，有越来越多的研究分析构造变形对于深海水道的控制，从而提出了深海水道发育演化的新模式(Covault et al., 2019; Ashiru et al., 2020; Mitchell et al., 2021)。如同许多构造复杂的大陆边缘一样，本节中深海水道弯曲带的发育同样受到了构造活动和沉积作用的控制。本小节在分析 AMS 和 ACLS 水道时空演化的基础上，探究了内部各水道单元的发育过程及其所形成的各弯曲带(图 3-37)。通过对不同弯曲带在整个深海水道中地层位置的比较，可以更好地理解其运动学特征及内部充填的叠置样式。

在弯曲带形成之前，AMS 水道就在受构造活动和早期沉积物改造的海底上进行侵蚀及加积，围绕褶皱 F1 所形成的地形起伏发生了明显转向[图 3-37(a)展示的阶段 1]。这次转向所形成的弯曲带的几何形态及规模，受到沿着水道路径的海底变形长度的影响(Oluboyo et al., 2014)。在随后的 AMS-C2 发育过程中，随着褶皱 F1 的生长活动，AMS-C2 逐渐离开早期 AMS 的流动路径，从而发生决口现象，并形成了决口弯曲带(弯曲带 A)[图 3-37(b)展示的阶段 2]。许多研究都表明在持续的构造隆升情况下，水道单元在弯曲带扩大的过程中发生连续迁移(Mayall et al., 2010; Mitchell et al., 2021)。本节中 AMS-C2 在构造活动主控下发生的侧向迁移体现出了限制性的变化，因为其内部年轻的充填沉积(4 号水道充填沉积)向着相反的方向发生迁移(图 3-27)。在构造活动的作用下，AMS-C2 内部发生从 1 号到 3 号水道充填沉积的侧向迁移充填，使得重力流很容易发生溢出，从而使得西侧天然堤大规模发育(图 3-26 和图 3-27)。在天然堤建造后，其形成的地形起伏促使 AMS-C2 内流动的重力流向相反的方向迁移，从而造成后期的 4 号水道充填沉积对早期充填再次形成侵蚀[图 3-27(b)]。4 号水道充填沉积向相反方向迁移的另外一个原因可能与构造隆升创造大量可容纳空间有关，其由此"吸引"了水道的流动路径[图 3-27(b)]。AMS-C3 天然堤的地震反射特征表明在阶段 3，褶皱 F1 发生持续生长[图 3-27(c)]，然而在限制弯曲带(弯曲带 B)生长期间，决口弯曲带(弯曲带 A)对应的天然堤形成了明显的地形阻碍。在自旋回作用下，天然堤和水道充填在相邻的海底持续堆积。虽然不清楚

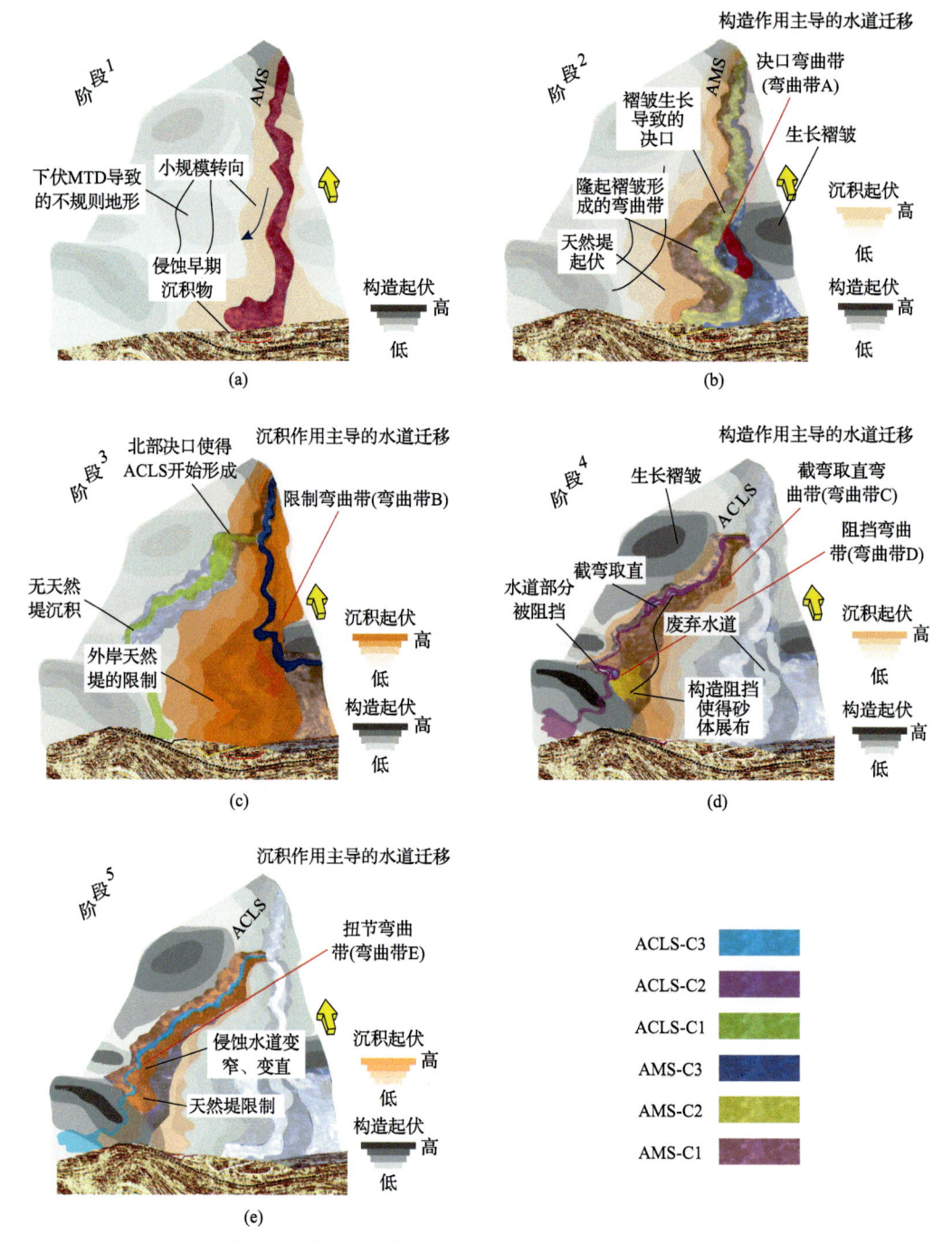

图 3-37　构造活动背景下 AMS 和 ACLS 发育演化模式图

(a) AMS 在阶段 1 的发育演化；(b) AMS 在阶段 2 的发育演化；(c) AMS 和 ACLS 在阶段 3 的发育演化；(d) ACLS 在阶段 4 的发育演化；(e) ACLS 在阶段 5 的发育演化

决口发生的具体触发因素，但是 AMS-C3 确实从同一个决口点形成决口[图 3-23 和图 3-25(c)]。弯曲带 B 的发育受到了东侧天然堤(弯曲带 A 发育时期堆积)的明显限制。

随着 AMS 水道演化逐渐成熟，另一次新的决口现象在北部的决口点发生，从而使 ACLS 水道开始在褶皱 F2～F4 对应的地形起伏及早期 MTD 和 AMS 天然堤对应的地形起伏之间发育，并逐渐形成了截弯取直弯曲带，即弯曲带 C[图 3-37(c)]。这个截弯取直弯曲带对应 ACLS-C2，其在褶皱 F2 不断活动的情况下不断发育，使 ACLS-C1 的一个老弯曲带发生截弯取直而形成[如图 3-37(d)所示的阶段 4]。虽然褶皱 F2 持续活动使 ACLS-C2 不断发生侧向迁移，褶皱 F4 却部分阻挡了 ACLS-C2，使被阻挡的重力流在褶皱 F4 的前缘斜坡上快速堆积，从而造成了阻挡弯曲带（弯曲带 D）的形成。与 AMS 水道的演化相似，在 ACLS 中水道的侧向迁移也是从构造活动主控变为沉积作用主控[如图 3-37(e)所示的阶段 5]。因此，最后形成的扭节弯曲带（弯曲带 E）在天然堤限制作用下对应有限的侧向迁移和弯曲带扩张（图 3-34）。弯曲带 E 在发育后期受到的限制作用与弯曲带 B 有所不同，在后者发育的后期，主要受到早期沉积物形成的地形起伏的限制，而弯曲带 E 则主要受到自身建造的天然堤的限制。

基于以上对两条深海水道（AMS 和 ACLS）的分析，可以发现在构造活动期间，虽然水道会首先在构造影响下发生弯曲，但是迁移方向处天然堤的大规模建造又会形成一个复杂的地形起伏，从而在不同程度上限制水道的进一步侧向迁移。这种沉积作用形成的限制水道侧向迁移的地形起伏，既可以是在水道迁移过程形成的，也可以是由早期沉积物堆积形成的。本节提出的深海水道侧向迁移模式与其他地区展示的构造活动主控的水道弯曲过程（Clark and Cartwright, 2009; Mayall et al., 2010）有明显不同。

3.4 深海水道决口

3.4.1 地震相解释与地层单元

在进行深海水道决口研究时，主要研究区包括两个工区：工区 1[图 3-3(d)]和工区 2[图 3-3(e)]。其中工区 1 位于西北部，在其范围内主要开展决口水道网络的研究；工区 2 位于东南部，在其范围内则主要开展典型决口现象的研究[图 3-3(a)、(d)和(e)]。

1. 工区 1 地震地层格架与地震相

工区 1 面积约 220km^2，浅层共发育 4 条区域性的界面，从底到顶分别是 T200、T130、T110 和 T0（图 3-38）。T0 是现今的海底面，其与 T110 之间为一套弱振幅、连续性非常好的地层，推测为深海披覆泥，厚度为 80～100m；由 T200 和 T130 所限定的位于底部的地层也具有相似的地震反射特征，只是其厚度比较小，大约只有 20m，推测为海平面相对较高时期发育的凝缩层；而工区 1 的目的层段则分别以 T110 和 T130 为顶和底，其内部地震反射特征比较复杂，发育多种沉积体，厚度也相对较大，为 180～200m（图 3-38 和图 3-39）。另外，从沿陆坡倾向的区域地震剖面（图 3-39）中还可以看出，以上三套地震地层单元都向着泥底辟及其造成的地形高点方向尖灭，这可以说明位于下游位置的泥底辟构造是在目的层沉积之前或沉积过程中发育的。

工区 1 目的层段内共识别出了 5 种地震相（地震相 1～5），需要说明的是，由于本节

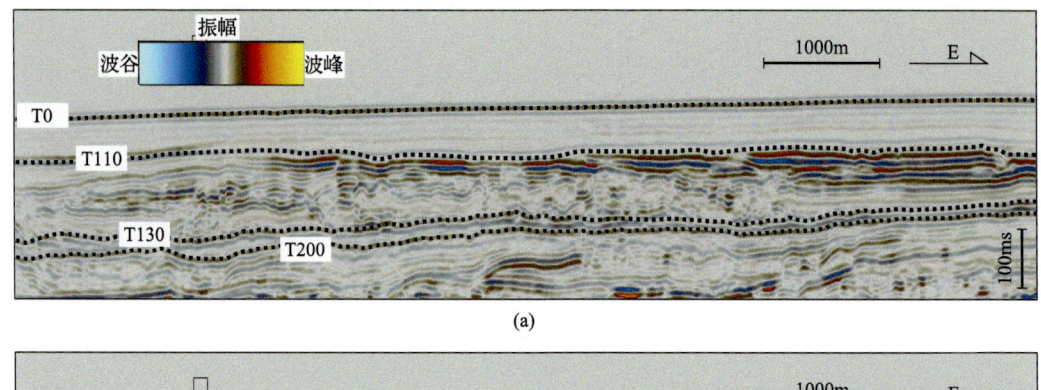

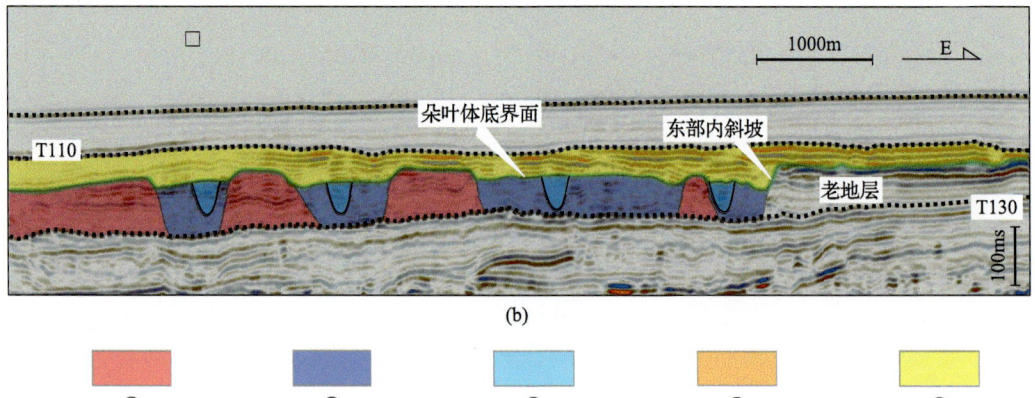

图 3-38 工区 1 沿陆坡走向的区域地震剖面[剖面位置见图 3-3(d)]
(a)未解释的地震剖面；(b)已解释的地震剖面

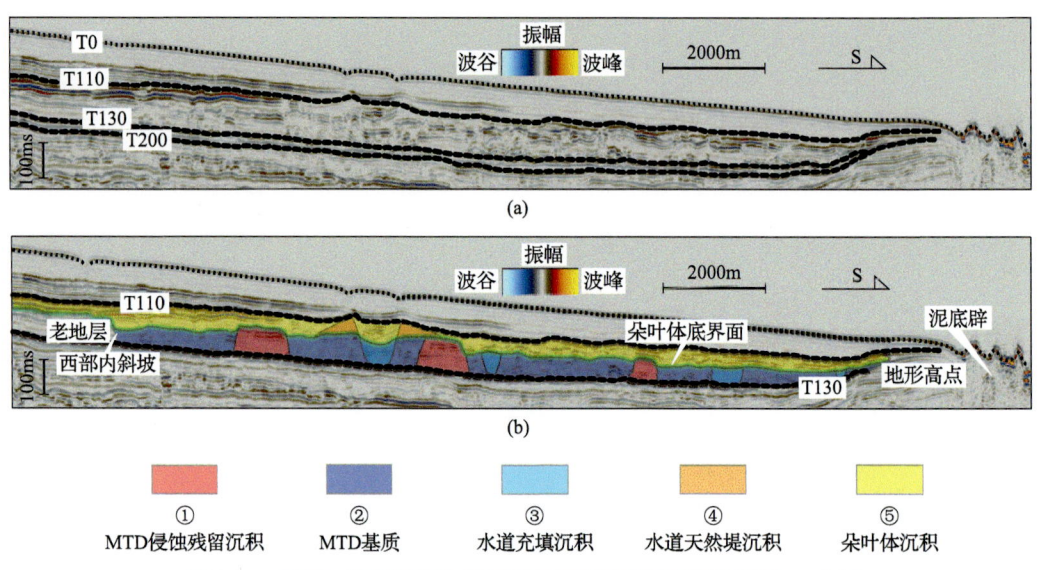

① MTD侵蚀残留沉积　② MTD基质　③ 水道充填沉积　④ 水道天然堤沉积　⑤ 朵叶体沉积

图 3-39 工区 1 沿陆坡倾向的区域地震剖面[剖面位置见图 3-3(d)]
(a)未解释的地震剖面；(b)已解释的地震剖面

缺少钻井资料的岩性标定,对于这些地震相向沉积相的解释,则主要是参考之前已发表的且广为接受的深海沉积物地震相解释模板(具体见表3-7)。

表3-7 目的层内五种地震相的定义、描述及解释

地震相	描述	解释
地震相1	振幅变化不定、连续性较差,发育于U形或V形侵蚀面内,平面上呈弯曲拉长的形态,两侧常发育有地震相2	水道充填沉积(Abreu et al., 2003; Posamentier and Kolla, 2003; Gee et al., 2007)
地震相2	弱振幅、连续反射特征,呈楔状上超或下超在老地层之上并向一侧尖灭;常位于地震相1两侧且平面上与地震相1平行	水道天然堤沉积(Deptuck et al., 2003; Nakajima and Kneller, 2013; Zhao et al., 2018)
地震相3	总体呈杂乱、不连续的反射特征,拥有侵蚀性的底界面和不规则的顶界面	MTD基质(Bull et al., 2009; Gong et al., 2014; Ortiz-Karpf et al., 2015)
地震相4	平行、强振幅、连续的反射特征,呈席状分布在整个工区1内	朵叶体沉积(Weimer and Slatt, 2007; Saller and Dharmasamadhi, 2012)
地震相5	平行、连续的反射特征,多表现为南北向延伸的块体并以不规则的形态分布于地震相3之内	MTD侵蚀残留沉积(Moscardelli et al., 2006; Ortiz-Karpf et al., 2015)。

地震相1表现为振幅强度变化大、连续性较差的反射特征,由一个U形或V形的侵蚀面限定,在这里被解释为水道充填沉积(Abreu et al., 2003; Posamentier and Kolla, 2003; Gee et al., 2007)。地震相2发育于地震相1的两侧,表现为弱振幅、连续性较好的反射特征,其在地震剖面上往往表现为楔状,在这里被解释为水道天然堤沉积(Deptuck et al., 2003; Nakajima and Kneller, 2013; Zhao et al., 2018)。地震相3则表现为典型的杂乱反射特征,其常被解释为MTD基质(Bull et al., 2009; Gong et al., 2014; Ortiz-Karpf et al., 2015)。地震相4以平行、强振幅、连续性较好的反射为主要特征,其往往被解释为朵叶体沉积(Weimer and Slatt, 2007; Saller and Dharmasam adhi, 2012)。地震相5表现为振幅强度变化的、连续的反射特征,在剖面上往往被地震相3削蚀并包围,呈不规则状,常被解释为MTD侵蚀残留沉积(Moscardelli et al., 2006; Ortiz-Karpf et al., 2015)。另外,对于MTD发育之前的"老地层",其在MTD不发育的工区侧向边缘完整保存了下来,并在与MTD交界的位置形成了明显的MTD侧向内斜坡,这里将它们分别命名为西部内斜坡和东部内斜坡(图3-38和图3-39)。

从横切工区1的地震剖面(图3-38和图3-39)上可以看出,MTD对老地层、深海水道对块体搬运沉积均存在明显的削蚀现象,而朵叶体沉积则上超于它们之上。此种接触关系说明目的层段内的MTD、深海水道及朵叶体沉积按照时间顺序先后形成,也就是说MTD基质及相伴生的侵蚀残留沉积是整个决口水道网络发育的基底。

2. 工区2地震地层格架与目标水道

工区2面积约350km^2(图3-3),在其范围内,工区1所识别出的4条区域性界面同样可以被连续追踪,并且各界面所限制的地层单元所表现出的地震反射特征与工区1也极为相似(图3-40和图3-41)。T110和T130在工区2同样作为目的层顶底限制了一套包含水道充填、天然堤及朵叶体等多种沉积体的地层单元,然而其厚度相对工区1则有明显

减小，只有 100～140m；至于上覆和下伏于目的层的地层单元则同样表现为弱振幅、连续性好的反射特征，为明显的深海重力流不活跃时期发育的深海披覆泥(图 3-40 和图 3-41)。

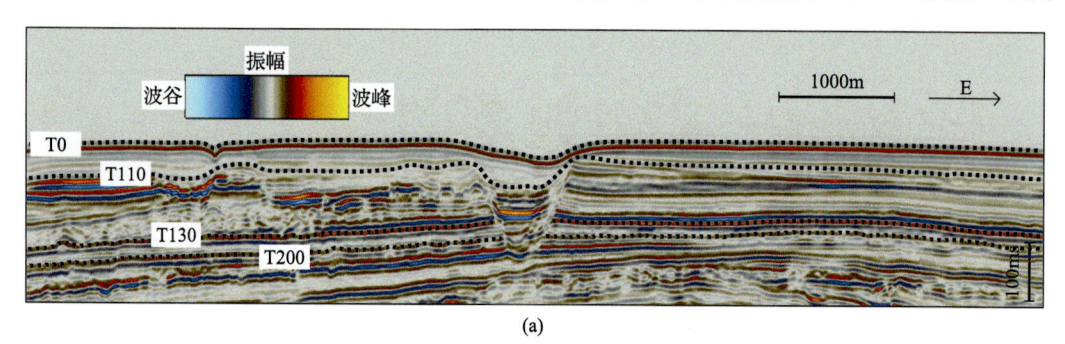

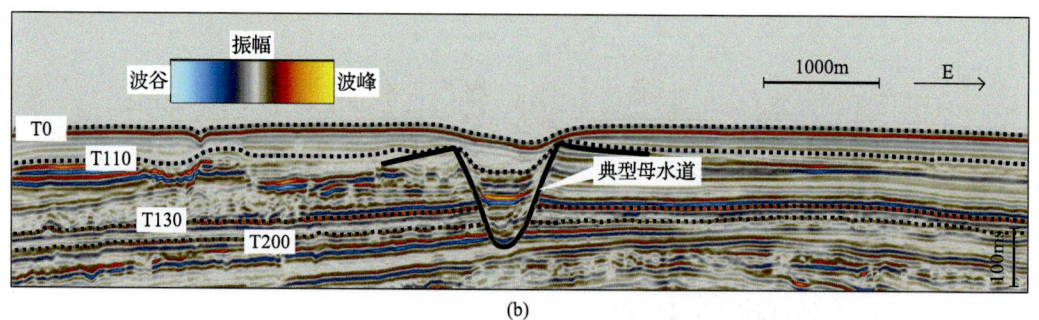

图 3-40　工区 2 上游方向横截目标水道的区域地震剖面［剖面位置见图 3-3(e)］
(a)未解释的地震剖面；(b)已解释的地震剖面

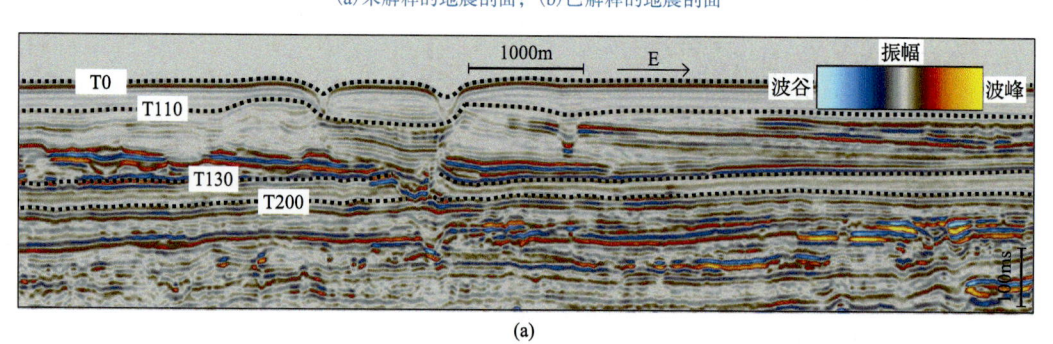

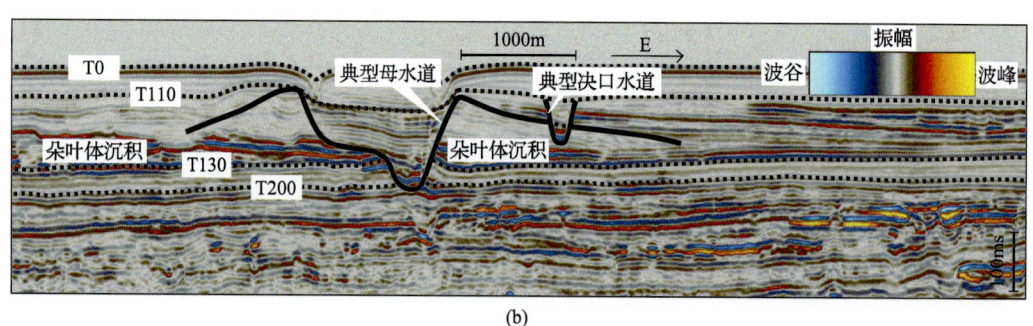

图 3-41　工区 2 下游方向横截目标水道的区域地震剖面［剖面位置见图 3-3(e)］
(a)未解释的地震剖面；(b)已解释的地震剖面

第 3 章 深海水道地震地貌学研究

笔者在工区 2 所研究的典型决口现象包括目标母水道和决口水道，它们均主要发育在由 T110 和 T130 限制的目的层内（图 3-40 和图 3-41），只是母水道的侵蚀能力较强，在局部位置甚至会切穿最底部的 T200。另外，该典型母水道在上游位置始终独立存在，未发生决口，而在下游位置，决口现象则在左侧堤岸上发生，形成了削蚀母水道左侧天然堤的典型决口水道（图 3-41）。

3.4.2 决口水道网络研究

1. 块体搬运沉积（MTD）

1）块体搬运沉积基本特征

工区 1 目的层内的块体搬运沉积作为决口水道网络发育的基底，主要由 MTD 基质（地震相 3）和 MTD 侵蚀残留沉积（地震相 5）组成，展布范围约 120km^2（图 3-42）。MTD 底界面为一个明显的侵蚀面，其削蚀之前存在老地层并形成了多个大范围的侵蚀性凹

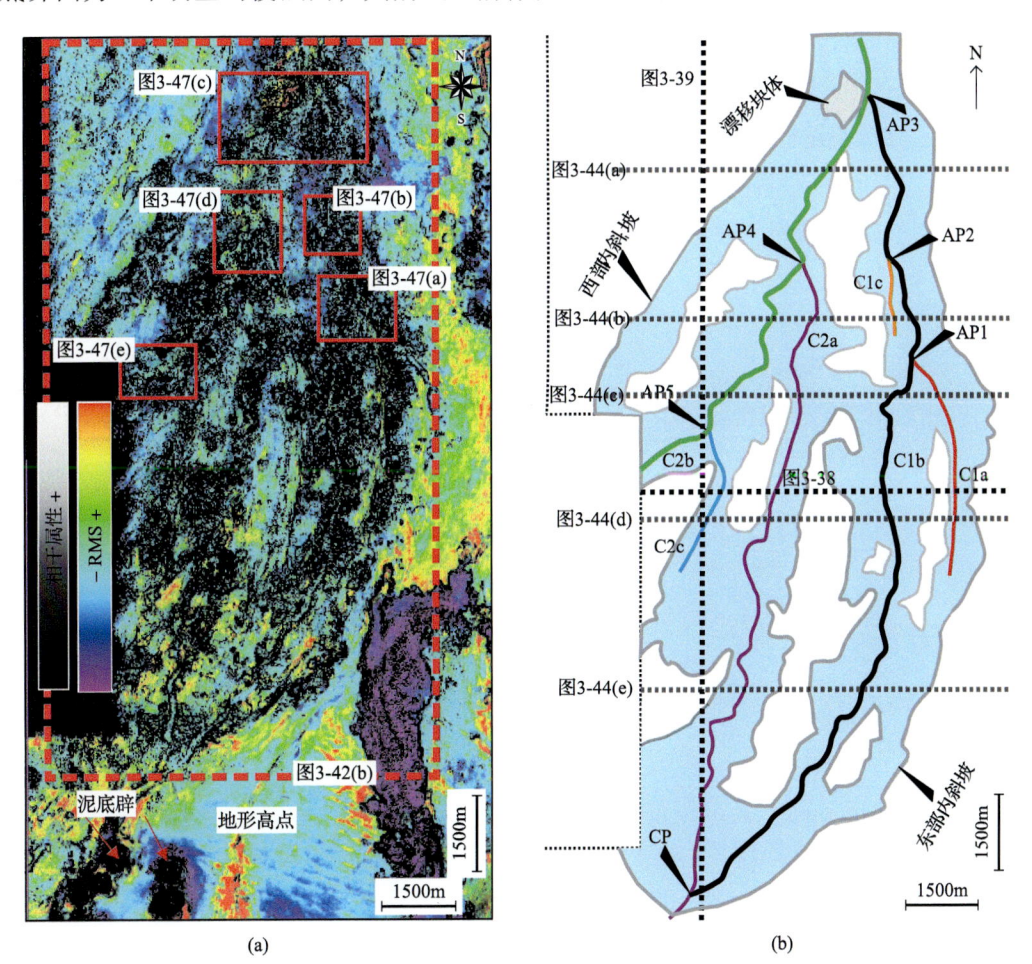

图 3-42 工区 1 目的层 RMS 和相干属性联合显示图及地震解释

(a) 工区 1 RMS 和相干属性联合显示图；(b) 工区 1 属性图的对应解释；C1a～C1c、C2a～C2c 均为决口水道名称；AP1～AP4 均为决口点名称

坑；这些侵蚀性凹坑的深度变化不等，介于 70～105m，并呈现出一个向下游方向递减的趋势（图 3-43 和图 3-44）。

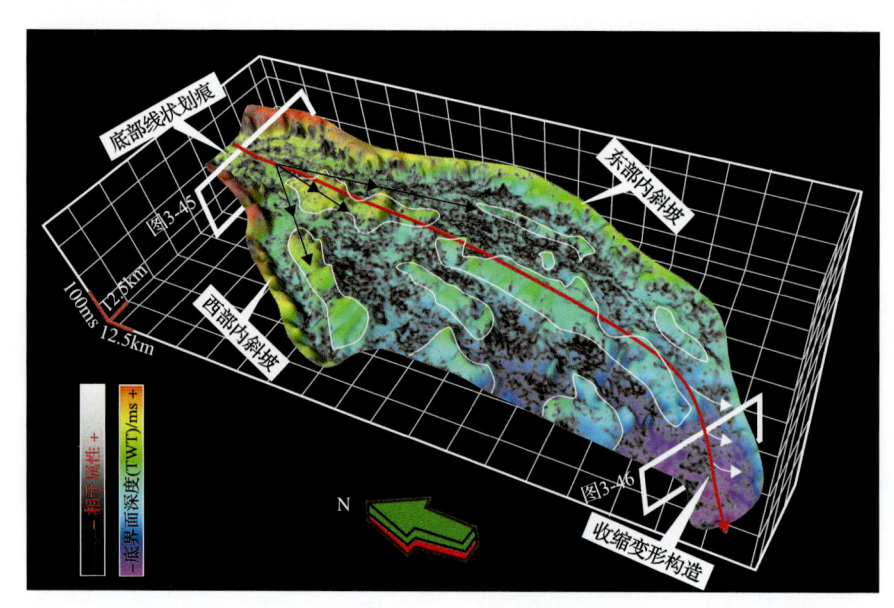

图 3-43　块体搬运沉积底界面构造与目的层相干属性三维联合显示图

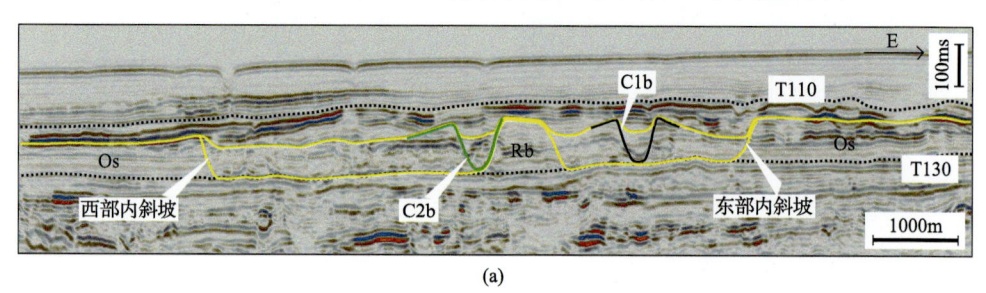

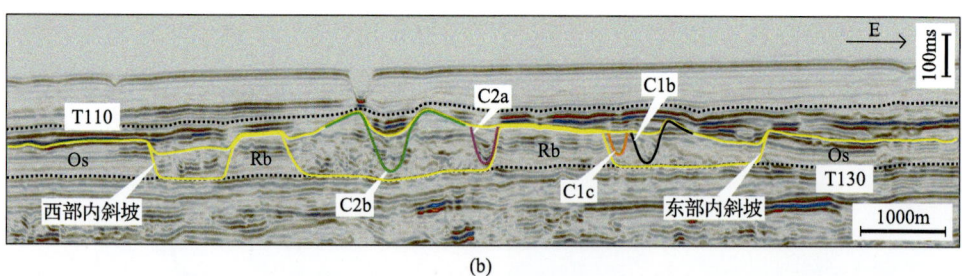

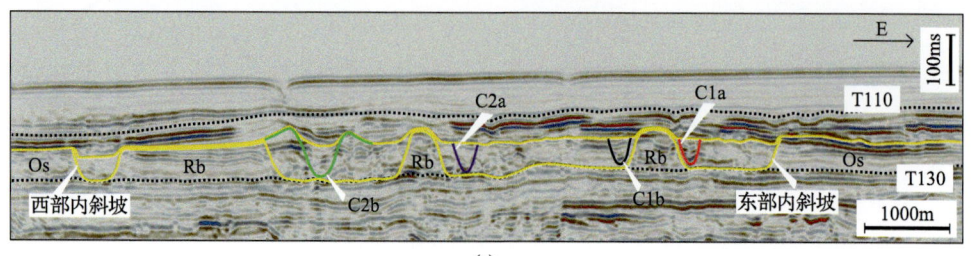

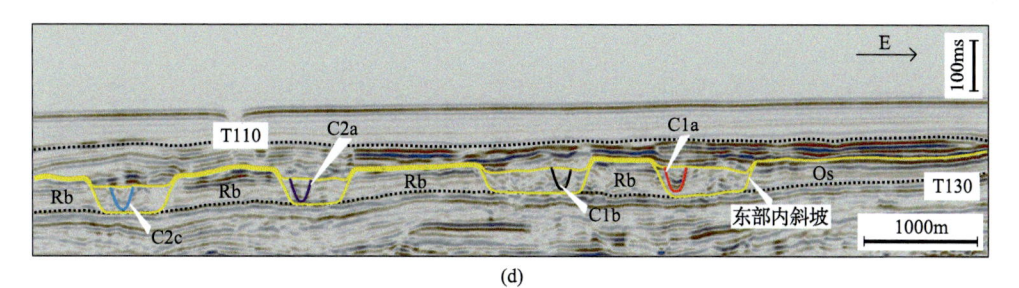

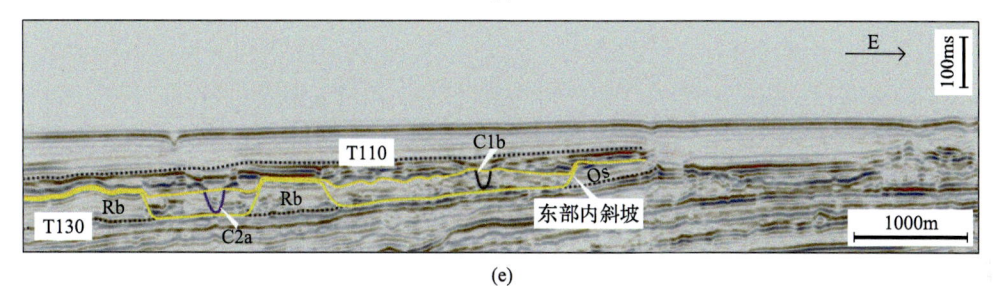

图 3-44　一系列切物源方向展示的 MTD 和深海水道向下游方向变化的地震剖面(剖面位置见图 3-42)

Os-老地层；Rb-残余块体

从平面上看，该块体搬运沉积展布形态比较复杂，总体上呈现为一个沿大陆坡延伸的趋势(图 3-42 和图 3-43)。在工区的最北端，块体搬运沉积的底界面表现为明显的 U 形，代表一个较强的限制性环境，然而其很快向下游方向扩散开来，即转变为一个非限制性的环境；在工区的最南端，块体搬运沉积的延伸则受到了泥底辟活动形成的地貌高点的阻挡并发生转向，其基本延伸方向由最初的 S—N 向变为 EN—WS 向(图 3-42 和图 3-43)。

2) 块体搬运沉积的沉积单元和不规则的顶界面

笔者所研究的块体搬运沉积主要包括两大沉积单元：MTD 基质和 MTD 侵蚀残留沉积。其中，MTD 基质(地震相 3)除了在地震剖面上所表现出的杂乱、不连续的反射特征之外(表 3-7)，在相干属性图上主要表现为明显的深黑色[图 3-42(a) 和图 3-43]，且分布和充填在早期形成的侵蚀性凹坑当中，面积约 80km^2[图 3-42(b) 中的蓝色部分]，厚度为 60~90m。从工区 1 的区域地震剖面(图 3-38 和图 3-39)中可以看出，MTD 基质的厚度普遍小于早期侵蚀性凹坑的深度，这说明其并没有完全充填满早期的侵蚀性凹坑，即代表着水道发育之前的负地貌(图 3-43)。

MTD 侵蚀残留沉积(地震相 5)是块体搬运沉积的另一主要沉积单元，其分布面积约 40km^2[图 3-42(b) 中的白色部分]，在地震剖面上表现为"狭窄的脊"(图 3-38 和图 3-39)，在属性图上则表现为"漂浮的岛状"[图 3-42(a) 和图 3-43(a)]。从平面上看，这些 MTD 侵蚀残留沉积的轴线向下游发散开来，并在近物源端汇聚到一点(图 3-43)，本节认为该汇聚点代表着形成块体搬运沉积的块体流由非限制状态转变为限制状态的位置。另外，从工区 1 的区域地震剖面上(图 3-38 和图 3-39)可以看出，这些保存的老地层沉积物普遍高于 MTD 基质的顶界面，即代表着水道发育之前的正地貌(图 3-43)。

3) 块体搬运沉积的起源和发育过程

块体搬运沉积的起源与沉积物的垮塌有关，而沉积物的垮塌又是由一系列因素导致的，包括过高的沉积速率(Dugan and Stigall, 2010; Masson et al., 2010; Gong et al., 2014)、海平面的波动(Manley and Flood, 1988; Brami et al., 2000; Masson et al., 2010)、天然气水合物的溶解(Maslin et al., 2004; Grozic, 2010)及地震活动(Alfaro and Holz, 2014; Gong et al., 2014)等。

由于地震资料的覆盖范围有限，所研究的 MTD 的总体面貌无法确定，但是可以肯定的是其绝不是起源于工区的近物源端，因为在工区的最北端并没有发现沉积物垮塌形成的头部内斜坡(headwall escarpment)(Moscardelli et al., 2006; Bull et al., 2009; Gong et al., 2014)(图 3-42 和图 3-43)。因此，本节位于陆坡中部的块体搬运沉积最有可能起源于更上游位置的沉积物垮塌，可能是陆坡上部，也可能是外陆架或陆架边缘三角洲；根据尼日尔三角洲盆地的构造-沉积演化历史，这些位置的沉积物垮塌可能和尼日尔三角洲盆地始新世以来较高的沉积速率与阶段性的海退有关(Doust and Omatsola, 1990; Deptuck et al., 2007)。

由于缺少井资料进行年代标定，本节无法确定块体搬运沉积或沉积物垮塌所发生的具体时间，但是从地震剖面上可以发现目的层段的底界面 T130 与块体搬运沉积的底界面在块体流的侵蚀区域是重合的(图 3-44)。这说明地层界面 T130 在控制块体搬运沉积的厚度方面发挥着重要作用，它和 T200 所限定的 20m 左右的强度较弱的泥岩层是作为一个拆离面存在的，而上覆沉积物则发生大的岩崩作用。

因为所研究的块体搬运沉积在工区 1 的近物源端限制在 U 形的侵蚀界面内(图 3-45)，而向下游方向却忽然失去限制性扩散开来，形成类似朵叶体形态展布特征(图 3-42 和图 3-43)，推测形成块体搬运沉积的块体流是以之前存在的水道作为通道，从物源区搬运到现在的工区(水道口)沉积下来的。

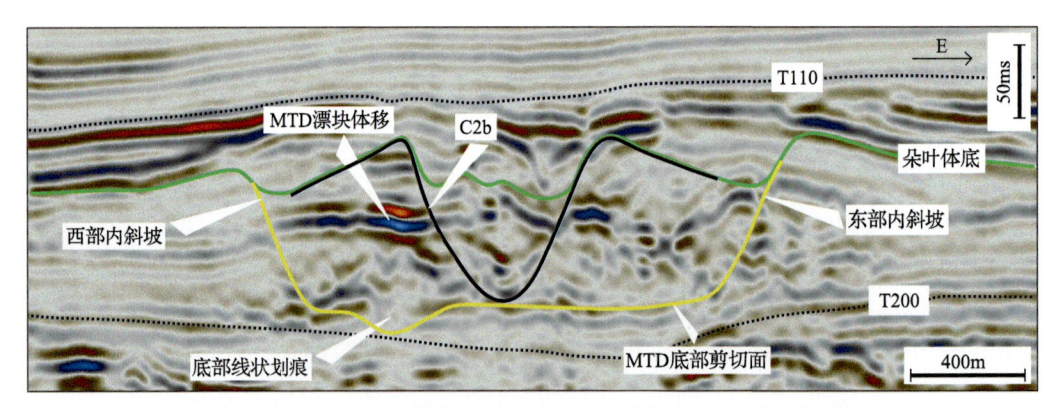

图 3-45　横截 MTD 北端限制区的地震剖面及其解释(剖面位置见图 3-43)

块体流沿着早期深海水道流动过程中，倾向于拥有较高的沉积物搬运速率，并夹带底部的水道充填沉积物，从而破坏原有的水道形态，并在底部形成线状的划痕和相应的夹在基质中的漂移块体，这恰恰符合在横截 MTD 北端限制区的地震剖面中所观察到的现象(图 3-45)。事实上，这种在水道限制下向下游搬运的块体搬运沉积及相伴生的底部线状划痕和漂移块体在特立尼达海域(Moscardelli et al., 2006)、哥伦比亚海域(Qin et al., 2017)及中国南海(Gong et al., 2014)都有所发现。

在更下游方向,当块体流失去早期水道的限制作用之后,会相应地降低对基底沉积物的夹带,从而形成大量的 MTD 侵蚀残留沉积(图 3-42 和图 3-43)。最后,在工区的最南端,当块体流遇到泥底辟活动形成的地形高点的阻挡后,流动方向被转向了西南方,在这样一个块体搬运沉积延伸方向的转向区,发现了明显的同生逆冲断层现象(图 3-46);这种同生逆冲断层是因为块体流遇到地貌高点的阻挡后发生突然的减速和内部变形而形成的(Moscardelli et al., 2006;Ortiz-Karpf et al., 2017),类似的现象同样在世界各地的深水盆地内有所发现(Posamentier and Kolla, 2003;Moscardelli et al., 2006;Bull et al., 2009;Gong et al., 2014)。

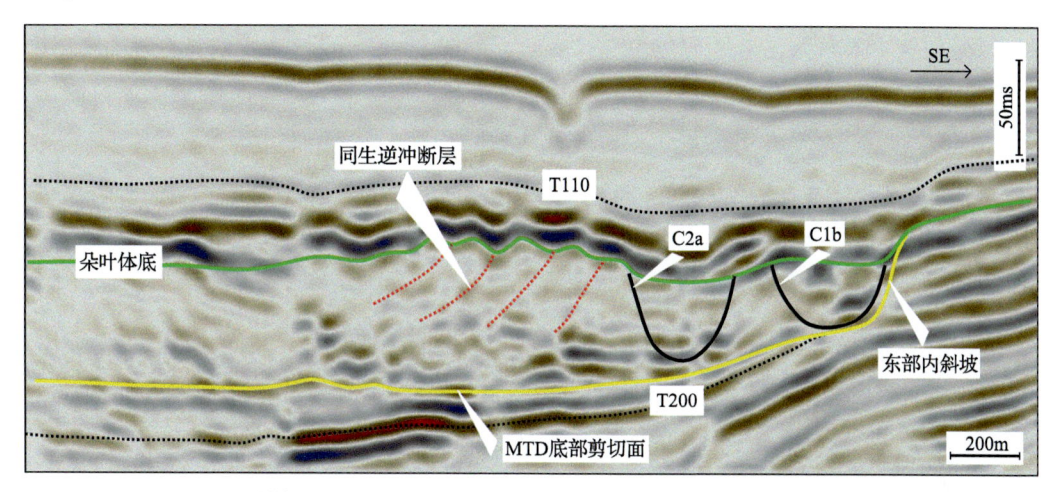

图 3-46 横截 MTD 南端转向区的地震剖面及其解释(剖面位置见图 3-43)

2. 决口水道网络(ACS)

1)决口水道网络基本特征

通过对目的层段 RMS 和相干属性的提取(图 3-42),得到发育在块体搬运沉积之上的决口水道网络(ACS)的总体面貌。ACS 总共包括 6 条决口水道,按照从老到新的顺序,依次将其命名为 C1a、C1b、C1c、C2a、C2b 和 C2c,它们均起源于各自母水道在某一位置所发生的决口事件,相应的 5 个决口点则被依次命名为 AP1、AP2、AP3、AP4 和 AP5(图 3-42)。需要说明的是,这里各决口水道形成的相对时间是根据决口水道和母水道的切叠关系确定的,具体见各决口点附近的古地貌图和相关地震剖面(图 3-47)。在工区上游方向,各决口水道呈现为明显的"发散样式",其中 C1b 和 C2b 从 MTD 北端限制区发散出来,并沿着 MTD 两个侧向内斜坡向下游方向延伸(图 3-42 和图 3-43);然而在工区下游方向,各决口水道则表现为一种"汇聚样式",其中后期发育的 C2a 重新汇入了早期的 C1b 当中,造成了一种水道合并或汇聚现象(图 3-42)。

由属性平面图(图 3-42)和相关地震剖面(图 3-44)可以看出,C1a、C1b、C1c、C2a、C2b、C2c 这六条决口水道统一发育在负地貌的 MTD 基质(地震相 3)之上,并受到正地

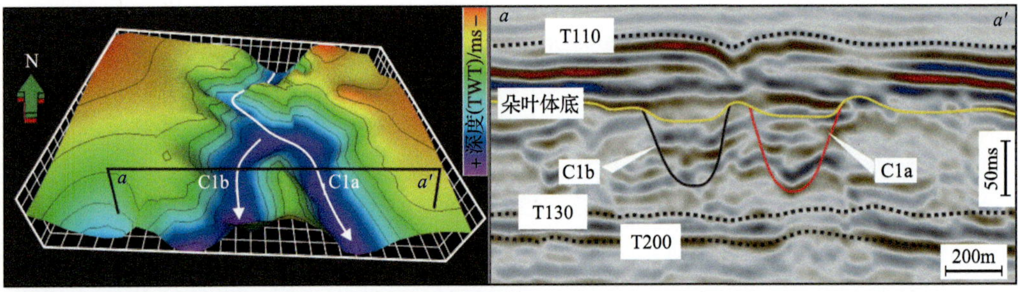
N
+深度(TWT)/ms−
a
C1b
C1a
a′
T110
朵叶体底
C1b
C1a
50ms
T130
T200
200m

(a)

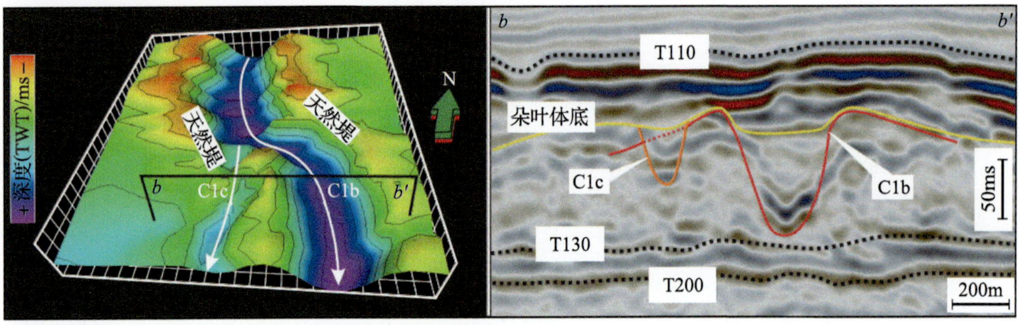
+深度(TWT)/ms−
N
天然堤
天然堤
b
C1c
C1b
b′
T110
朵叶体底
C1c
C1b
50ms
T130
T200
200m

(b)

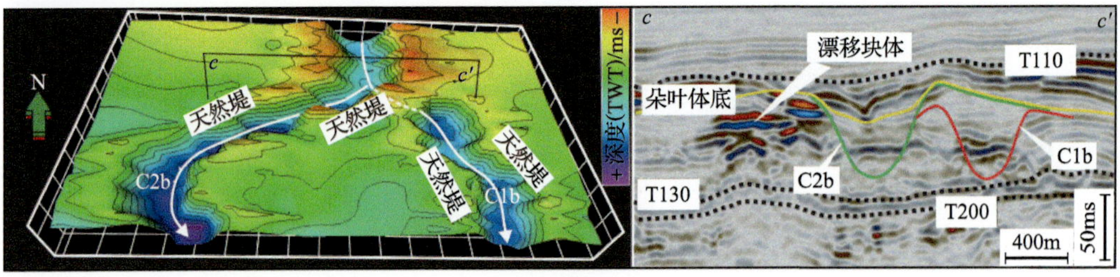
N
c
c′
天然堤
天然堤
天然堤
天然堤
C2b
C1b
+深度(TWT)/ms−
漂移块体
T110
朵叶体底
C1b
C2b
T130
T200
400m
50ms

(c)

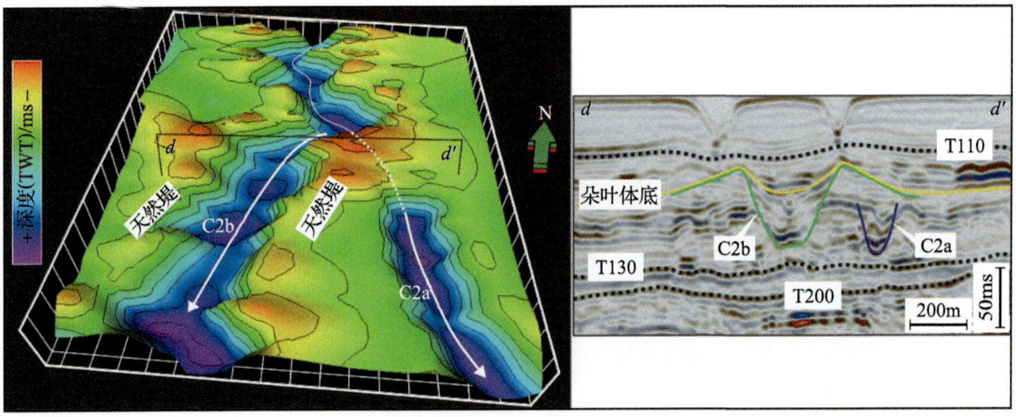
+深度(TWT)/ms−
N
d
d′
天然堤
C2b
天然堤
C2a
T110
朵叶体底
C2b
C2a
T130
T200
200m
50ms

(d)

第 3 章　深海水道地震地貌学研究

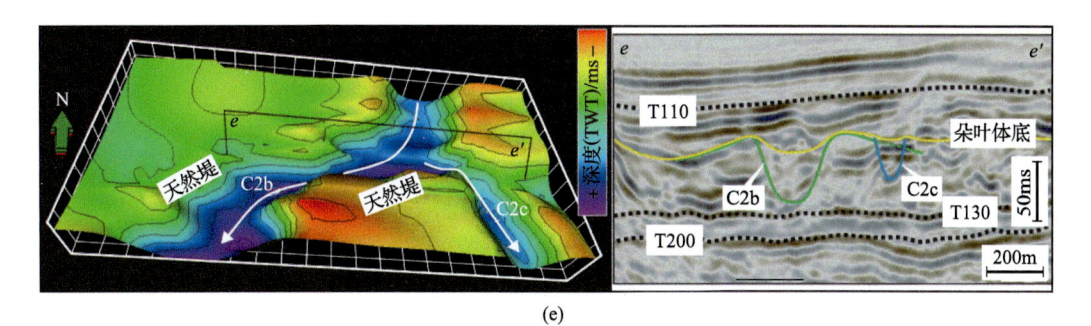

(e)

图 3-47　决口点 AP1～AP5 附近三维古地貌图和相关地震剖面

(a)决口点 AP1 附近三维古地貌图和相关地震剖面；(b)决口点 AP2 附近三维古地貌图和相关地震剖面；(c)决口点 AP3 附近三维古地貌图和相关地震剖面；(d)决口点 AP4 附近三维古地貌图和相关地震剖面；(e)决口点 AP5 附近三维古地貌图和相关地震剖面

貌的 MTD 侵蚀残留沉积（地震相 5）或边缘内斜坡的侧向限制，在个别限制程度较强的情况下，水道甚至会直接利用 MTD 侵蚀残留沉积作为自己的堤岸（如图 3-44 中的 C2b）。此外，笔者还发现各决口点都统一发育在母水道的弯曲段处（图 3-42 和图 3-44），在这些位置，弯曲段的顶点都紧邻着决口水道的头部，也就是说，工区内各决口事件倾向于发生在母水道弯曲段的凹岸处。然而，并不是每个母水道的弯曲段都可以保存在沉积记录中，如在 C2b 从 C2a 中决口出来的决口点 AP4，由于后期决口水道 C2b 的持续发育破坏了母水道 C2a 原有的弯曲段，该决口点没有在属性平面图或古地貌构造图上被识别出（图 3-42 和图 3-47）。

2）各决口水道定量表征

C1a 是该水道网络中首先发育的水道，其总体向东南方向延伸，曲率值为 1.12，两侧未发育有明显的天然堤沉积（图 3-42 和表 3-8），沿着流动方向，其宽度（213～275m）、深度（41～55m）及横截面积（4750～9351m²）变化不明显（图 3-48 和表 3-8）。

表 3-8　工区各决口水道构型参数统计表

水道	宽度/m	深度/m	横截面积/m²	曲率	天然堤是否发育
C1a	213～275	41～55	4750～9351	1.12	否
C1b	137～540	30～85	2227～30114	1.21	仅上游部分
C1c	123～180	24～44	1900～6234	1.04	否
C2a	150～437	32～72	3117～14992	1.09	否
C2b	391～637	58～108	13656～38890	1.17	是
C2c	110～212	24～50	2565～8460	1.08	否

C1b 仅在上游部分发育有天然堤，其在决口点 AP1 从 C1a 中决口出来后首先向南延伸，之后又忽然转向西南方向，因此，其曲率值略高，为 1.21[图 3-42，图 3-47(a)，表 3-8]；另外，C1b 的各横截面参数沿着流动方向变化很大（宽度、深度及横截面积变化范围分别为 137～540m、30～85m 及 2227～30114m²），总体呈现为向下游方向递减的趋势，但是在决口点 AP1 附近，C1b 和 C1a 的各横截面构型参数却是相当的（图 3-48 和表 3-8）。

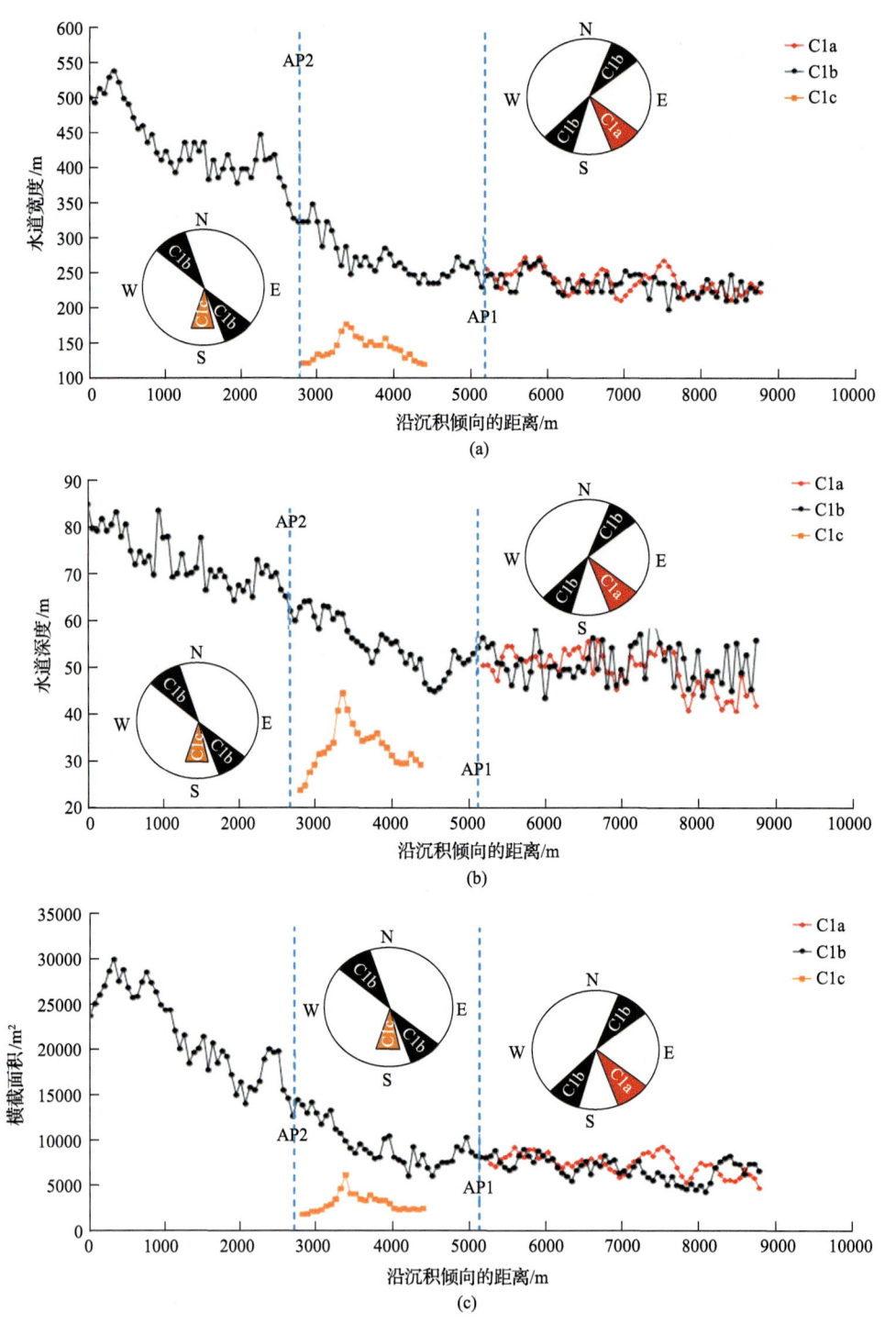

图 3-48　水道 C1a、C1b 和 C1c 各构型参数的定量统计

(a)各水道宽度定量统计；(b)各水道深度定量统计；(c)各水道横截面积定量统计

C1c 在决口点 AP2 从 C1b 中决口出来，并发育在 C1b 右侧天然堤上，其在平面上以线形向南延伸，曲率值仅为 1.04[图 3-42，图 3-47(a)，表 3-8]；另外，C1c 两侧未发现

第 3 章 深海水道地震地貌学研究

有天然堤沉积，各规模参数在工区各水道中也是最小的(宽度、深度及横截面积范围分别为 123~180m、24~44m 及 1900~6234m²)，尤其是在决口点 AP2 附近，其各构型参数远小于母水道 C1b(图 3-48 和表 3-8)。

C2a 在决口点 AP3 从 C1b 的右侧堤岸中决口出来，然而其上游部分(即决口点 AP4 以上水道段)由于被后发育的 C2b 长期改造，从而继承了 C2b 的基本特征，这里将其归属为 C2b 的一部分(图 3-42)；定义的 C2a 两侧没有天然堤发育，其一直向东南方向延伸，直至汇入 C1b 当中并流出工区，曲率值为 1.09(图 3-42 和表 3-8)，由于 C2a 形态在汇聚点附近发生了急剧变化，其各横截面构型参数总体上变化也相对较大，宽度、深度及横截面积变化范围分别为 150~437m、32~72m 及 3117~14992m²(图 3-49 和表 3-8)。

C2b 在决口点 AP4 从 C2a 中决口出来后主要向西南方向延伸，曲率值为 1.17(图 3-42，图 3-47，表 3-8)。C2b 是工区范围内规模最大的一条水道(宽度、深度及横截面积分别为 391~637m、58~108m 及 13656~38890m²)，两侧也发育有明显的天然堤，和 C1b 相似，其各横截面构型参数都表现为一种向下游方向递减的趋势，其中，在决口点 AP3 附近，C2b 和 C1b 规模相当，而在决口点 AP4 附近，C2b 的规模参数却远大于 C2a(图 3-49)。

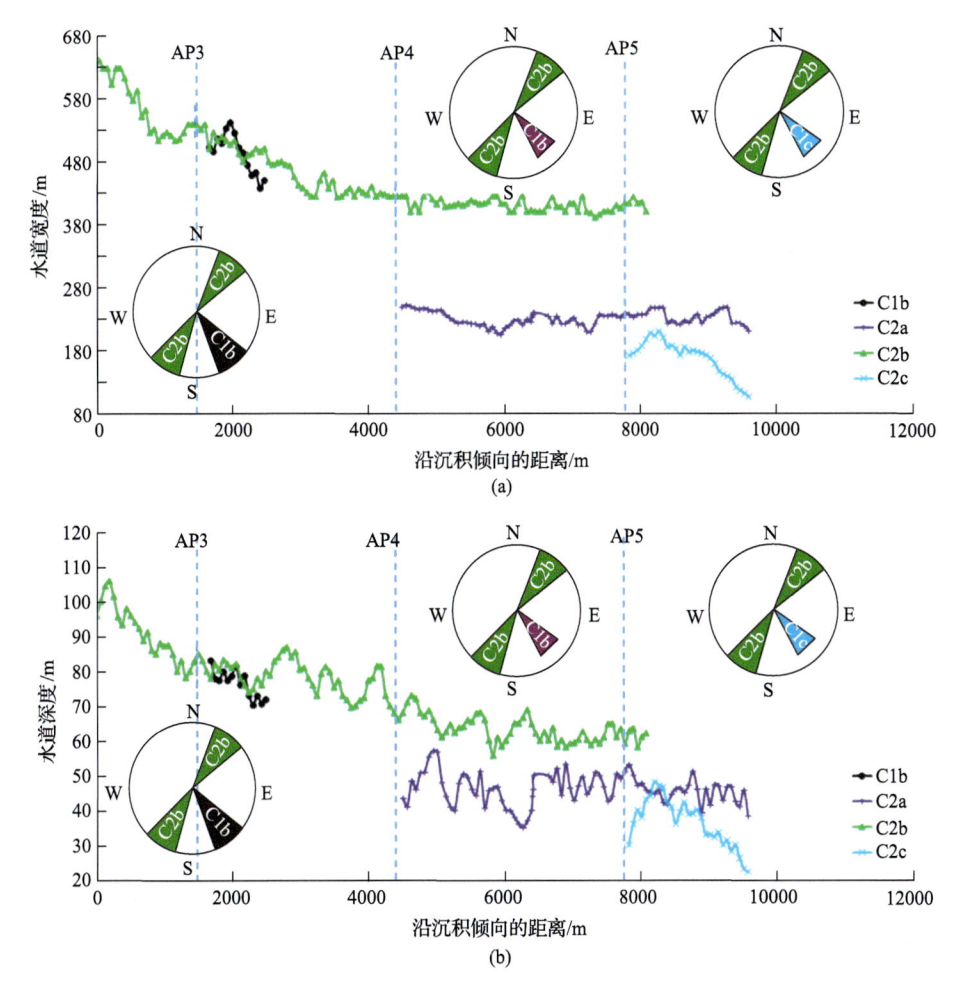

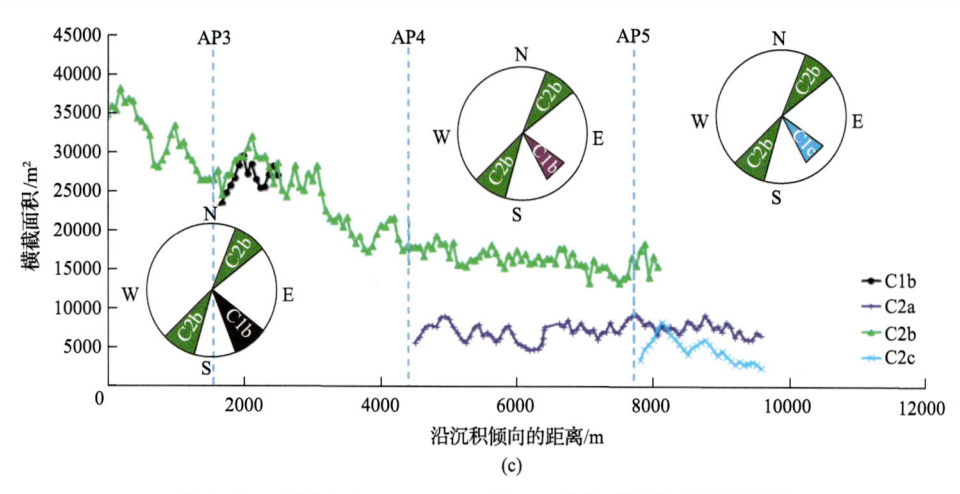

图 3-49 水道 C1b、C2a、C2b 和 C2c 各构型参数的定量统计
(a)各水道宽度定量统计；(b)各水道深度定量统计；(c)各水道横截面积定量统计

至于 C2c，其两侧无天然堤发育，在决口点 AP5 从 C2b 的左侧天然堤上决口出来后，先向南延伸，再转向西南方，曲率值为 1.08（图 3-42，图 3-47，表 3-8）；规模上，其和 C1c 类似，属于工区内较小的水道（宽度、深度及横截面积分别为 110~212m、24~50m 以及 2565~8460m），尤其是在决口点 AP5 附近，各构型参数远小于 C2b（图 3-49 和表 3-8）。

3) 深海水道汇聚现象

工区远物源端存在两个明显的泥底辟构造，其在水道网络沉积之前或沉积过程中形成了一定的地形高点（图 3-39）。在东部的汇聚水道 C1b 发育过程中，该地形高点像使早期块体流转向一样，同样使 C1b 转向了西南方向；紧接着，后期发育的西部汇聚水道 C2a 在这个地貌高点的坡脚位置处，重新汇入了已经废弃的 C1b 当中，从而形成了一种水道汇聚现象（图 3-50）。需要说明的是，这里的水道汇聚现象并不是指两条同时存在的水道相汇，而是指前后不同时间发育的水道在局部拥有相同的流动路径。另外，对这两条水道在汇聚点附近的构型参数也进行了测量，统计发现，汇聚点下游部分的水道段相对于汇聚点上游部分虽深度无明显变化，但宽度却明显增大（图 3-50）。

针对两水道发生汇聚的具体原因，认为其与工区下游方向泥底辟的发育密切相关。一般来说，浊流在通过决口事件逃离深海水道的限制后，会自发地寻求最高效的路径到达基准面（Kneller, 2003; Ferry et al., 2005），而位于泥底辟坡脚位置处的汇聚点不仅是一个地势低点，还可以提供原始的侧向限制来使决口后的非限制性浊流水道化，因此，其捕获了来自不同决口事件的浊流，并造成了水道的汇聚现象。事实上，这种紧邻底辟构造发生的深海水道汇聚现象在巴西东南部大陆边缘也是有发现的（Gamboa et al., 2012; Qin et al., 2016）。另外，汇聚点下游水道段急剧增大的宽度和几乎不变的深度（图 3-51）可以说明在 C2a 汇入 C1b 过程中，是形成 C2a 的浊流对下伏块体搬运沉积的侵蚀作用占主导地位，而不是传统的多期次水道的侵蚀-充填过程，笔者认为这和 MTD 基质未经过充足的固结和压实作用而强度较弱有关。

第 3 章 深海水道地震地貌学研究

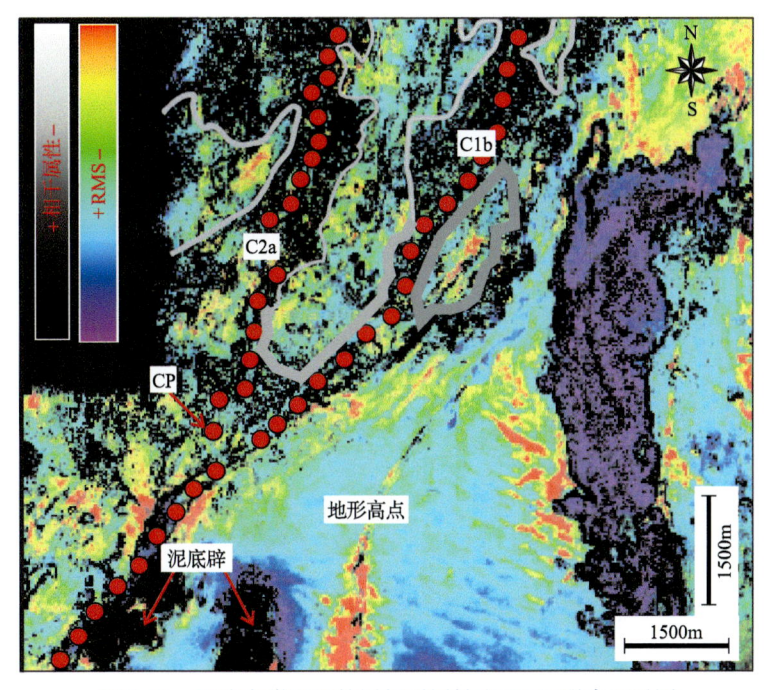

图 3-50 汇聚点附近目的层相干属性和 RMS 联合显示图
CP-汇聚点

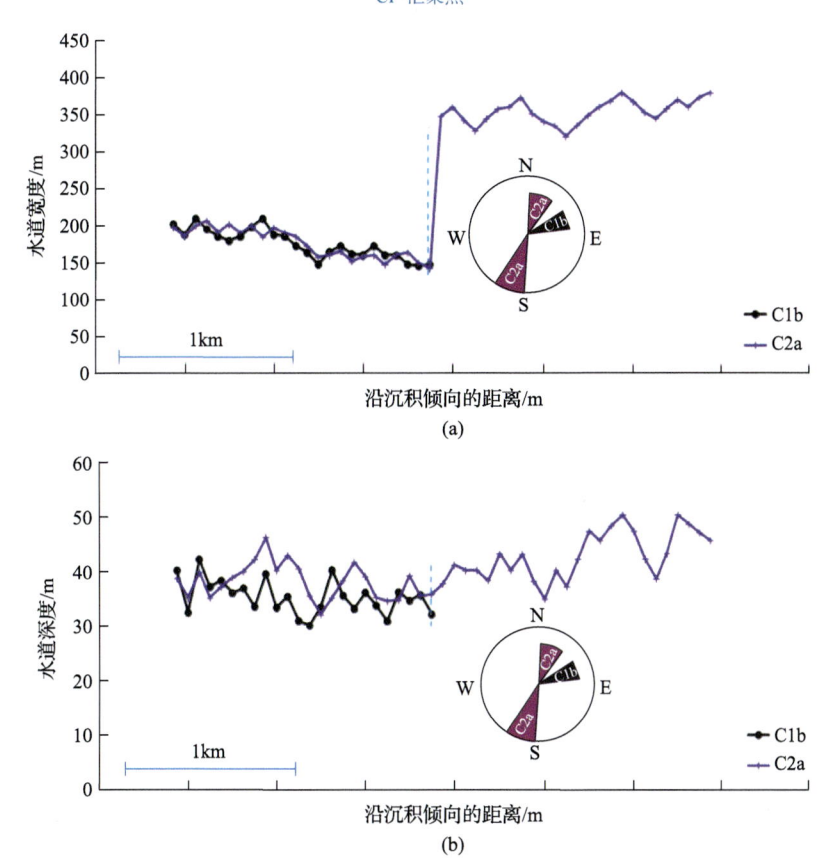

(a)

(b)

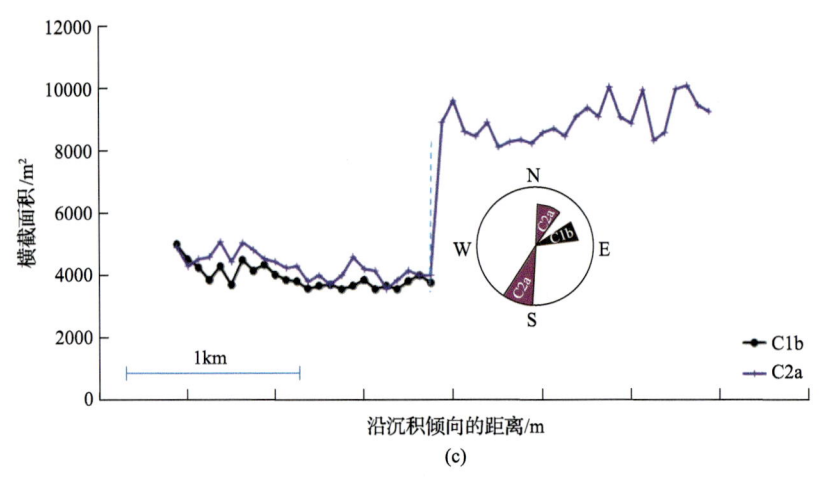

图 3-51　汇聚点附近水道 C1b 和 C2a 各构型参数的定量统计
(a)各水道宽度定量统计；(b)各水道深度定量统计；(c)各水道横截面积定量统计

3. 块体搬运沉积对决口水道网络发育的影响

块体搬运沉积可以有效地改变海底地形，形成局部可容空间，并最终控制浊积砂体在大陆坡上的展布(Joane et al., 2010; Kneller et al., 2016)。比如，这种由块体搬运沉积造成的不规则海底地形在前人基于露头(Jackson et al., 2009；Armitage et al., 2009)、地震资料(Ortiz-Karpf et al., 2015; Kneller et al., 2016)、井资料(Eggenhuisen et al., 2010; Corella et al., 2016)和数值模拟(Straight et al., 2013)的研究中都是有发现的。

笔者所研究的块体搬运沉积由未完全充填的侵蚀性凹坑和凸起的侵蚀残留沉积组成，它们作为决口水道网络发育的基底，分别对应地貌的高点和低点来限制各水道的展布(图 3-42 和图 3-43)。可以发现，6 条决口水道统一选择侵蚀性凹坑作为潜在的流动路径，其底部下切到 MTD 基质中，且从不跨越 MTD 侵蚀残留沉积(图 3-42 和图 3-44)。这种决口水道网络和块体搬运沉积的特定空间组合关系可以从两个方面来解释：首先，块体搬运沉积不规则的顶界面提供了原始的地形限制作用来集中和水道化浊流，当浊流的流动受到地貌高点阻挡后，往往不能跨越障碍而是被反弹回地貌低点，这种现象在其他深海沉积系统也是普遍存在的(Hansen et al., 2013; Masalimova et al., 2015; Ward et al., 2018)；其次，块体搬运沉积中 MTD 基质和 MTD 侵蚀残留沉积的物理强度与抗侵蚀能力往往是不同的(Ward et al., 2018)，形成深海水道的浊流更倾向于侵蚀较为松散的 MTD 基质，这在一定程度上也促使了浊流在侵蚀性凹坑处的集中化和水道化。

虽然水道网络中的 6 条决口水道都受到块体搬运沉积形成的古地貌的限制，但是不同水道在不同位置的受限制程度却是不同的。比如，在某些受限程度较强的情况下，决口水道甚至会直接利用 MTD 侵蚀残留沉积作为堤岸，而不是自身加积的天然堤[图 3-44(a)中 C1b]；相反，在某些限制程度较弱或突然减弱的位置，各水道倾向于发生侧向迁移从而形成一定的弯曲段，笔者所记录的 5 次决口事件恰恰就是发生在这些弱限制区水道弯曲段的外岸(图 3-42 和图 3-47)。弯曲段的发育会增加水道的局部曲率和长度，从而造成水道自身的不稳定性增加。当在一定触发机制的作用下，深海水道就会不可避免地在弯曲段的顶点发生决口(Kolla, 2007)。

4. 深海水道决口基本类型

深海水道在最初的侵蚀作用形成之后(Fildani et al., 2006, 2013; Kostic, 2011)倾向于规模逐渐增大、发育天然堤,并变得弯曲(Posamentier and Kolla, 2003; Gee et al., 2007; Maier et al., 2013)。这种渐进的演化是水道内的浊流与海底的累积相互作用造成的,反映了水道"成熟度"的增加(Maier et al., 2013)。基于母水道和决口水道在决口点附近此种"成熟度"的差异,提出了三类理论上的深海水道决口类型(图 3-52)。

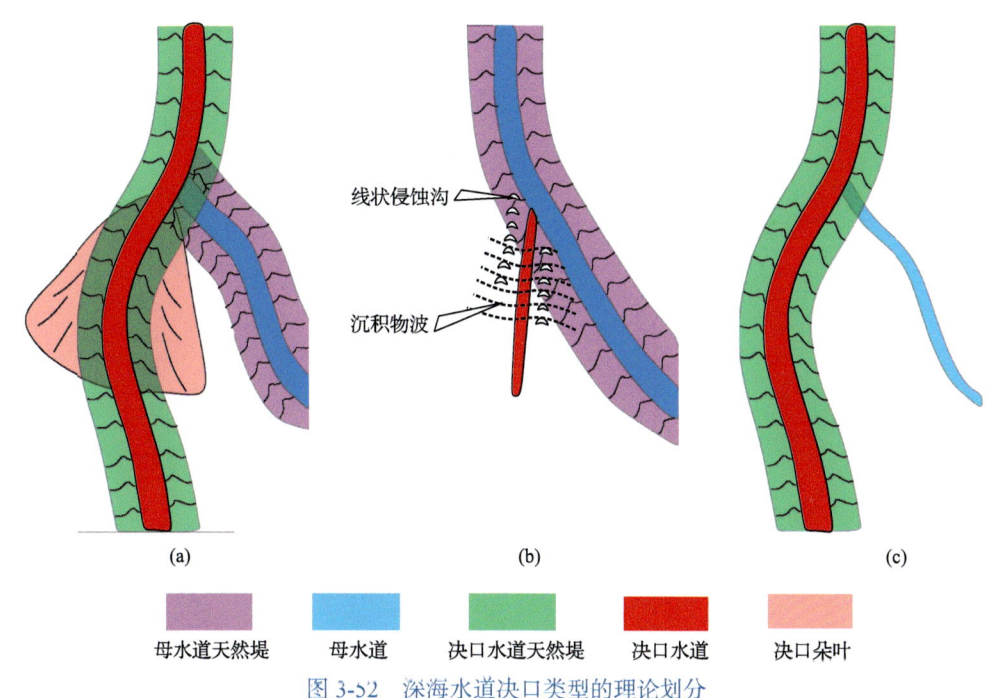

图 3-52 深海水道决口类型的理论划分
(a)第一类深海水道决口; (b)第二类深海水道决口; (c)第三类深海水道决口

第一种类型,母水道和决口水道具有相似的成熟度,即两者规模相当,均发育有明显的天然堤,都具有一定的弯曲程度。另外,在此类决口水道的底部还常常发育有决口扇或决口朵叶体[图 3-52(a)],这种富砂的席状沉积形成于决口事件早期,在地震资料上一般表现为强振幅、连续性好的反射特征,因此被学者称为"强振幅反射体"(Flood et al., 1991; Pirmez et al., 1997)。此类决口属于比较经典的决口事件,很早就在世界各地深水环境中有所发现(Kenyon et al., 1995; Pirmez et al., 1997; Curray et al., 2003)。考虑 C1a 和 C1b、C1b 和 C2b 分别在决口点 AP1 和 AP3 附近具有相似的成熟度(图 3-47,表 3-8),笔者把这两次决口事件划归为第一种类型(图 3-53,表 3-9),有所不同的是,在 C1b 和 C2a 的底部并没有识别出强振幅反射体,Posamentier 和 Kolla(2003)认为这可能和母水道堤岸坡度较低或决口后浊流砂泥比较低有关。

第二种类型,母水道成熟度较高而决口水道成熟度却很低,如图 3-52(b)所示,母水

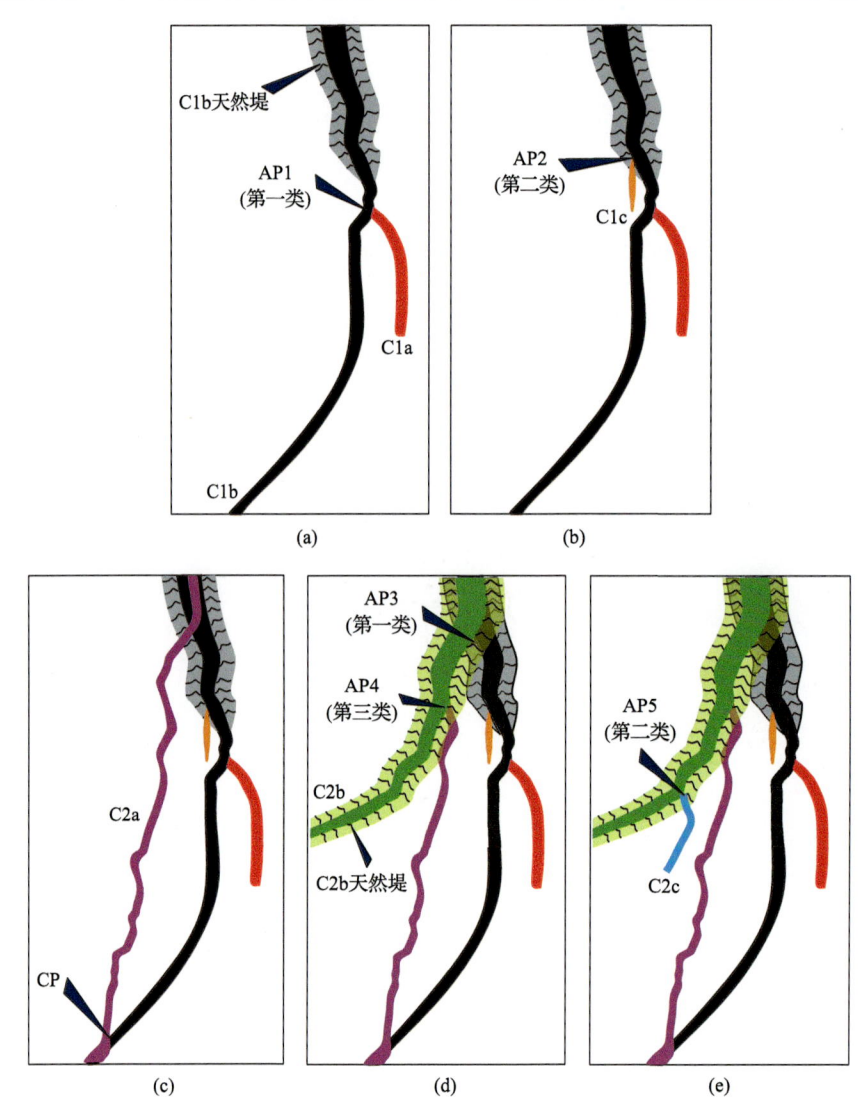

图 3-53　决口水道网络 ACS 演化模式图

(a) C1a 决口形成；(b) C1c 决口形成；(c) C2a 决口形成；(d) C2b 决口形成；(e) C2c 决口形成

表 3-9　工区 1 内 5 次决口事件基本信息

决口点	母水道	决口水道	决口类型
AP1	C1a	C1b	第一类
AP2	C1b	C1c	第二类
AP3	C1b	C2a	第一类
AP4	C2a	C2b	第三类
AP5	C2b	C2c	第二类

道天然堤发育明显，曲率高，然而决口水道规模则相对很小，平面上呈线状，几乎不发育弯曲段。此类决口代表一种未完成的或突然中断的决口过程，这里将其命名为"部分决口"。部分决口现象的出现依赖于决口水道沉积物供给突然中断，这可能是整个深海沉积系统停止发育造成的，也可能是水道上游更为完善的决口带来的沉积物流动路径的改变造成的(Fildani et al., 2006; Maier et al., 2013)。由于决口水道发育突然中止，一些在决口过程早期形成的沉积底形常常可以保存下来，如沉积物波(sediment waves)、线状的侵蚀沟(linear scars)等，其最早由Fildani等(2006, 2013)在美国西部大陆边缘的东蒙特雷水道系统(Monterey East System)和卢西亚水道系统(Lucia Channel System)中发现。决口水道C1c和C2c的成熟度相对于母水道C1b和C2b来说很低(图3-47，表3-8)，所以在决口点AP2和决口点AP5发生的决口事件应属于此种类型(图3-53，表3-9)。

第三种类型深海水道决口类型与第二种恰恰相反，母水道成熟度较低，而决口水道成熟度则很高。这说明决口水道在决口发生后经历了充足的演化，因此决口初期发育的沉积底形及决口朵叶体往往被破坏殆尽，并且母水道的头部也常常被决口水道的天然堤覆盖[图3-52(c)]。在所研究的水道网络决口点4(AP4)，决口水道C2b相较母水道C2a拥有更大的规模、更弯曲的流动路径和明显的天然堤沉积(图3-47，表3-8)，因此该决口事件应属于此种类型(图3-53，表3-9)。

5. 决口水道网络的时空演化

前人研究成果表明，每一次决口事件的发生都会导致母水道决口点下游部分的废弃，也就是说，在一个给定的时间点上，只有一条水道是活跃的(Curray and Moore, 1971; Damuth et al., 1983; Droz et al., 2003; Kolla, 2007)。该规律同样适用于所研究的决口水道网络，即C1a、C1b、C1c、C2a、C2b及C2c按照时间顺序先后活跃和废弃。

笔者把ACS的演化历史大体分为Ⅰ和Ⅱ两个阶段。阶段Ⅰ以决口点随时间向陆地方向移动为特征，而在阶段Ⅱ中，各决口点却随着时间向盆地方向移动(图3-53，图3-54)。

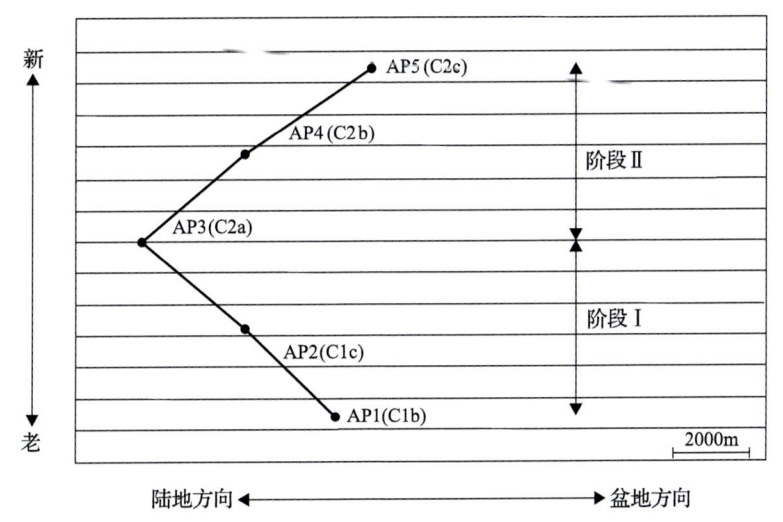

图 3-54　决口水道网络 ACS 中 5 次决口事件的时空分布图

在阶段Ⅰ初期，C1b 首先在决口点 AP1 从 C1a 中决口出来并变为一条活跃的水道，相应地，C1a 决口点下游部分被废弃，而上游水道段则始终活跃并作为 C1b 的上游部分而存在[图 3-42，图 3-53(a)]。因此，C1b 的上游部分作为通道搬运沉积物的时间要比下游部分更长，具有更高的成熟度，这就很好地解释了 C1b 的各构型参数规模呈现向下游方向递减的趋势(图 3-48，图 3-49)，且天然堤仅在上游部分出现[图 3-53(a)，表 3-8]的事实。紧接着，C1c 在更上游的决口点 AP2 从 C1b 中决口出来，其对 C1b 的右侧堤岸有明显的削蚀作用[图 3-53(b)]。如前所述，在决口点 AP2 发生的决口现象属于第二类决口，即"部分决口现象"，这里认为其有效保存是因为 C2a 在更上游的决口点 AP3 迅速发生决口从而造成沉积物从 C1b 到 C1c 突然中断。

发生在决口点 AP3 的决口，即 C2a 的形成代表着阶段Ⅰ的结束和阶段Ⅱ的开始(图 3-54)。在阶段Ⅱ，决口点 AP4 和 AP5 随着时间连续向盆地方向移动，依次形成了 C2b 和 C2c。在 C2b 活跃的时候，原 C1b 和 C2a 在决口点 AP3 和决口点 AP4 上游的水道段同时作为 C2b 的一部分而存在[图 3-42(b)，图 3-53(c)]，因此 C1b 越上游的部分活跃和演化的时间越长，其也和 C1b 一样表现为各构型参数规模向下游方向阶段性递减的趋势(图 3-49)。至于 C2c 的决口，其代表另一个"部分决口现象"(表 3-9)，与 C1c 所不同的是这次的沉积物供给突然中断则是因为整个水道网络沉积活动停止，因为 C2c 恰恰是 ACS 最晚发育的水道[图 3-53(e)]。

笔者所发现的"前进"(决口点向海方向移动)或"后退"(决口点向陆地方向移动)的水道决口模式，事实上在亚马孙扇(Pirmez and Flood, 1995; Pirmez et al., 1997)及扎伊尔扇北部(Droz et al., 2003)中是有所记录的，这种决口点较离散的时空分布与在印度河扇(Kenyon et al., 1995)及孟加拉扇(Curray et al., 2003)中所发现的决口点集中分布在一定区域的"放射式"决口模式形成了鲜明的对比。

3.4.3 典型决口现象研究

以上针对工区 1 决口水道网络的研究形成了对水道决口现象的宏观认识，包括其与基底的相互作用、基本类型和时空分布等。然而，由于水道网络中各决口事件的规模有限，无法对水道决口过程和决口后水道的演化展开具体研究，为此，另选取工区 2 内一个独立的、具有一定规模的水道决口现象展开精细解剖[图 3-3(a)和(e)]。

在工区 2 所发现的水道决口现象中，母水道 BC 规模和曲率较大，发育有明显的天然堤，而决口水道 TC 规模却很小，平面上几乎呈线状，也没有天然堤发育(图 3-55)，因此，该决口属于一个典型的"部分决口现象"。如前所述，此类决口代表一个未完成或突然中断的决口过程，此时部分决口水道 TC 尚未完全捕获母水道 BC 内的浊流而造成其决口点下游部分废弃，也就是说这两条水道在短时间内是同时存在的。与第一类或第三类决口水道不同，部分决口水道 TC 的沉积记录保存了决口活动初期的一些基本特征，这为分析决口发生机制、恢复具体决口过程及探讨决口水道演化提供了绝佳条件。

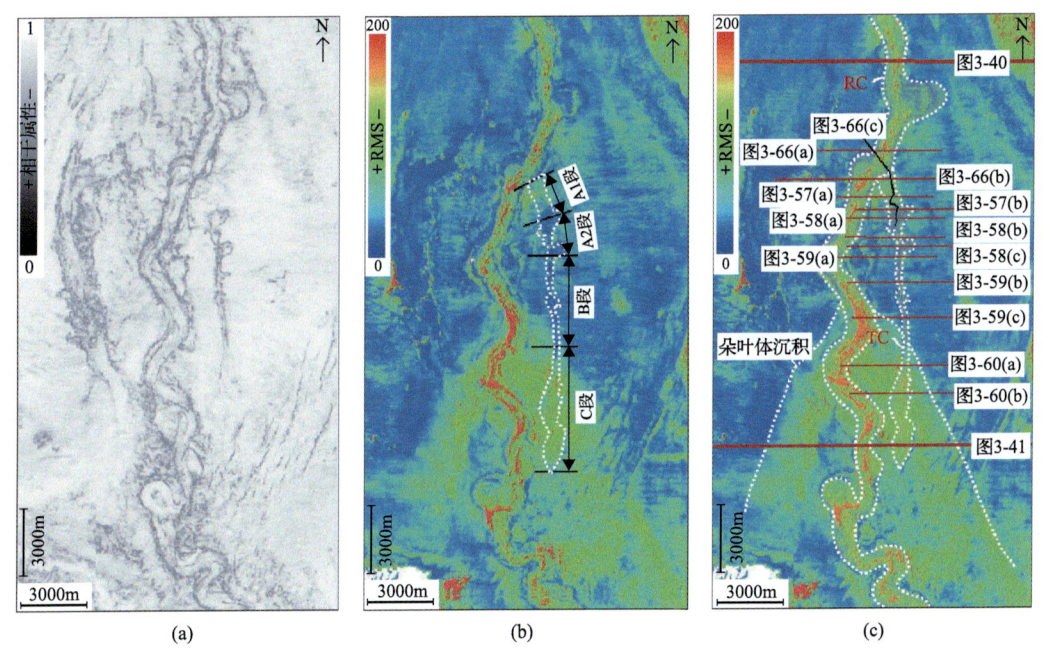

图 3-55　工区 2 目的层地震属性图及相关解释
(a)相干属性图；(b)RMS 属性图；(c)相关地震解释

1. 决口水道(TC)表征

1)TC 外部形态

从平面上看，典型决口水道 TC 延伸约 10km，按照外部形态特征的变化，笔者沿流动方向将其划分为三部分，分别为 A(3.4km)、B(3.2km)、C(3.4km)段，其中 A 段又可进一步分为 A1 段(1.6km)和 A2 段(1.8km)(图 3-55)。总体来说，TC 曲率较低(只有 1.1)，在平面上几乎呈线形延伸；其宽度在上游的 A 段和下游的 C 段变化较大，在 500~800m，而在中游的 B 段较为稳定，为 300~400m。笔者认为 TC 宽度在 A 段的突然加大与古海底中麻坑(PM)的存在有关，在 TC 的流动路径中可以识别出四个麻坑(PM1~PM4)，其间隔为 1000~1200m，大小差距较大，长 300~500m，宽 400~800m (图 3-56)。这些麻坑在古海底中表现为椭圆形的洼地，在洼地之下，可以看到较明显的同相轴错断，代表气体泄漏的通道(gas migration pathway, GMP)(Gay et al., 2003, 2007; Gay, 2006; Benjamin et al., 2015; Le et al., 2015)。相似的椭圆形麻坑(PM5~PM7)在 TC 东部地区也有发现，其同样在古海底中表现为负地貌(图 3-56)。

从剖面上看，TC 两侧未发育有天然堤，沿着流动方向，共识别出四种截然不同的横截面形态(表 3-10)。在 A1 段[图 3-55(b)]，TC 主要表现为碟状，底部侵蚀面比较平缓(图 3-57)，据统计，该部分水道宽度为 500~800m，深度在 10~20m(表 3-10)；在 A2 段，TC 主要表现为深 U 形的几何形态，水道侵蚀特征比较明显(图 3-58)，深度增加为 70~80m，宽度则为 500~700m(表 3-10)；V 形水道形态主要出现在 B 段(图 3-59)，其宽度相较深 U 形明显降低，为 300~400m，深度则为 50~70m(表 3-10)；在最下游的

C 段，水道形态由 V 形逐渐变为浅 U 形，且底界面不太规整（图 3-60），宽度和深度则分别为 600～900m 和 50～70m（表 3-10）。

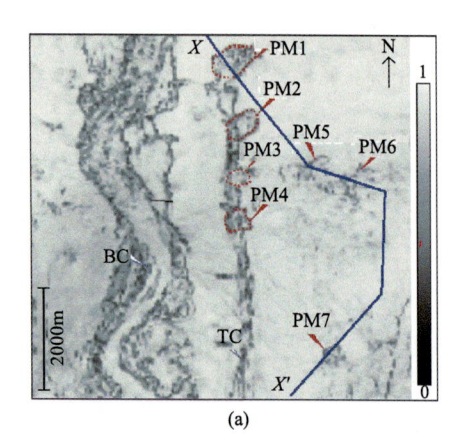

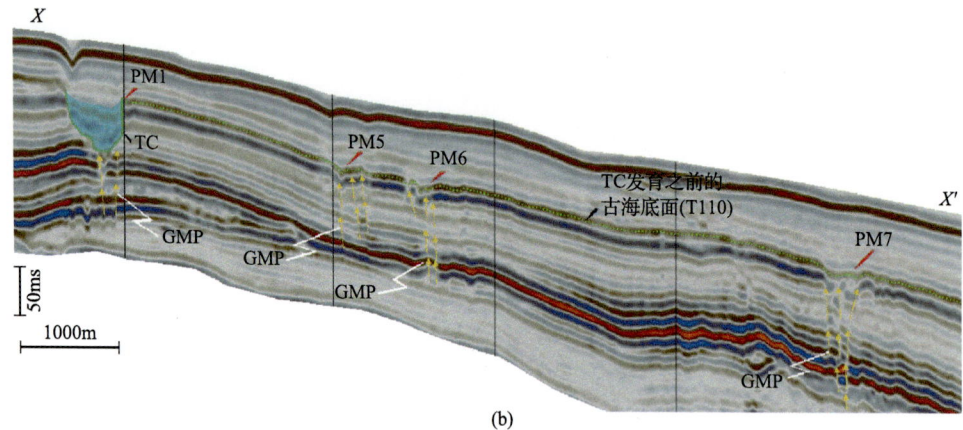

图 3-56 展示麻坑的属性图以及地震剖面
(a)沿 T10（古海底）的相干属性切片；(b)经过各麻坑的任意地震剖面［剖面位置见图 3-56(a)］

表 3-10 TC 横截面形态统计表

外部形态	发育位置	宽度/m	深度/m	宽深比	实例图	地震剖面
碟状	A1 段	500～800	10～20	40～50	图 3-57	
深 U 形	A2 段	500～700	70～80	7.1～8.8	图 3-58	

第 3 章　深海水道地震地貌学研究

续表

外部形态	发育位置	宽度/m	深度/m	宽深比	实例图	地震剖面
V 形	B 段	300~400	50~70	5.7~6.0	图 3-59	
浅 U 形	C 段	600~900	50~70	11~13	图 3-60	

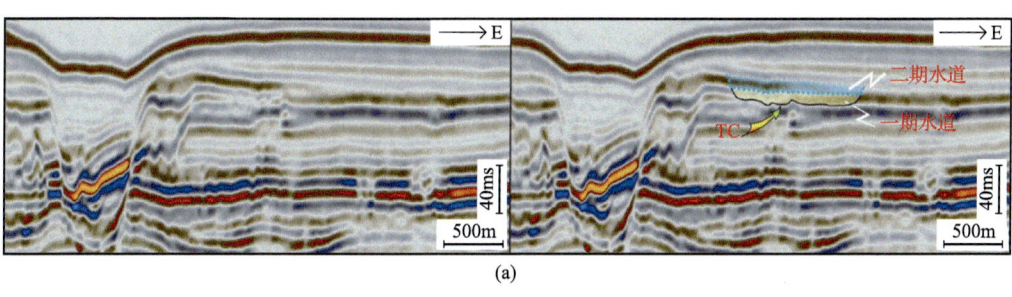

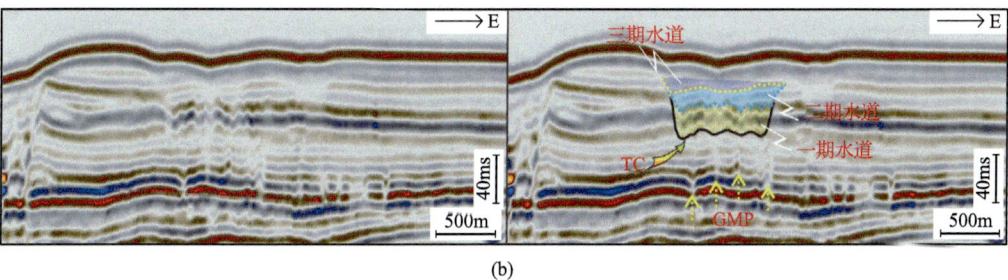

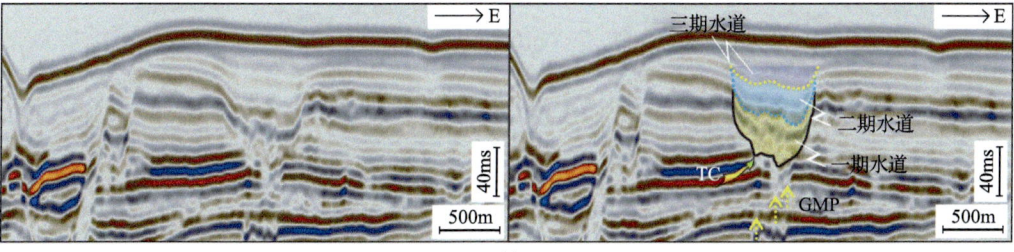

图 3-57　横截 TC 深海水道 A1 段部分的 2 个地震剖面［剖面位置见图 3-55(c)］

(a)过 A1 段上游的地震剖面；(b)过 A1 段下游的地震剖面

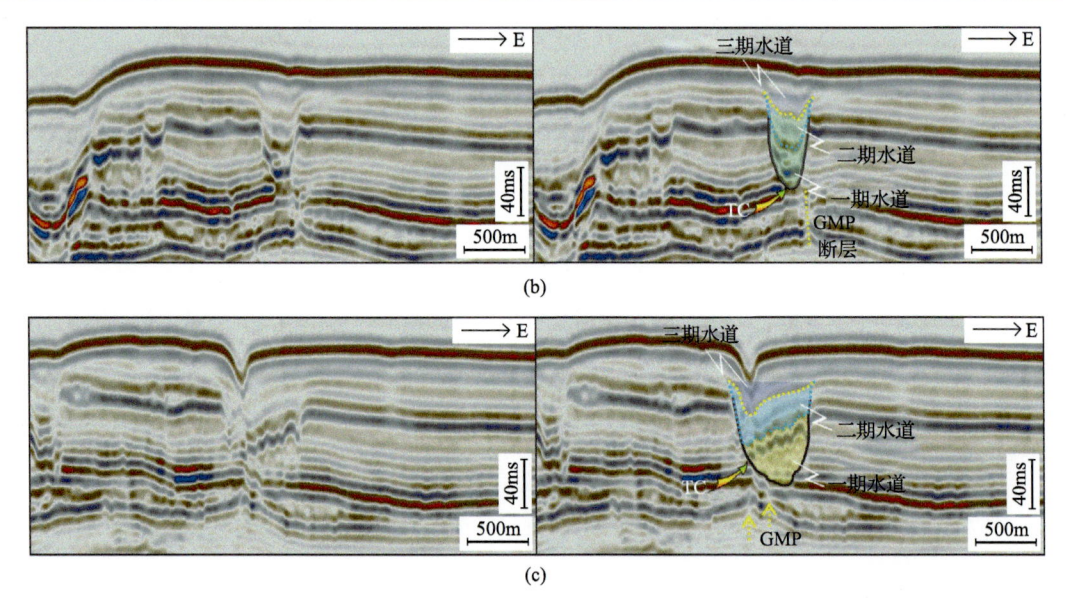

图 3-58　横截 TC 深海水道 A2 段部分的 3 个地震剖面［剖面位置见图 3-55(c)］
(a)过 A2 段上游的地震剖面；(b)过 A2 段中游的地震剖面；(c)过 A2 段下游的地震剖面

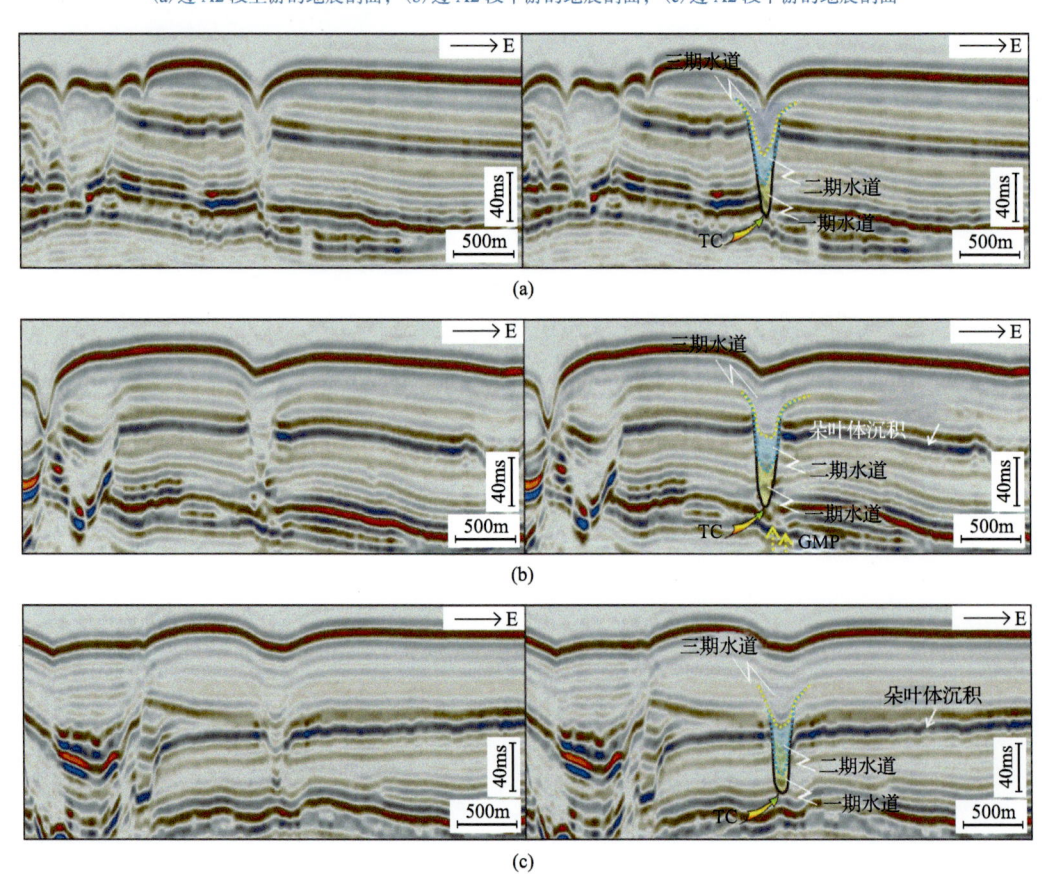

图 3-59　横截 TC 深海水道 B 段部分的 3 个地震剖面［剖面位置见图 3-55(c)］
(a)过 B 段上游的地震剖面；(b)过 B 段中游的地震剖面；(c)过 B 段下游的地震剖面

第 3 章 深海水道地震地貌学研究

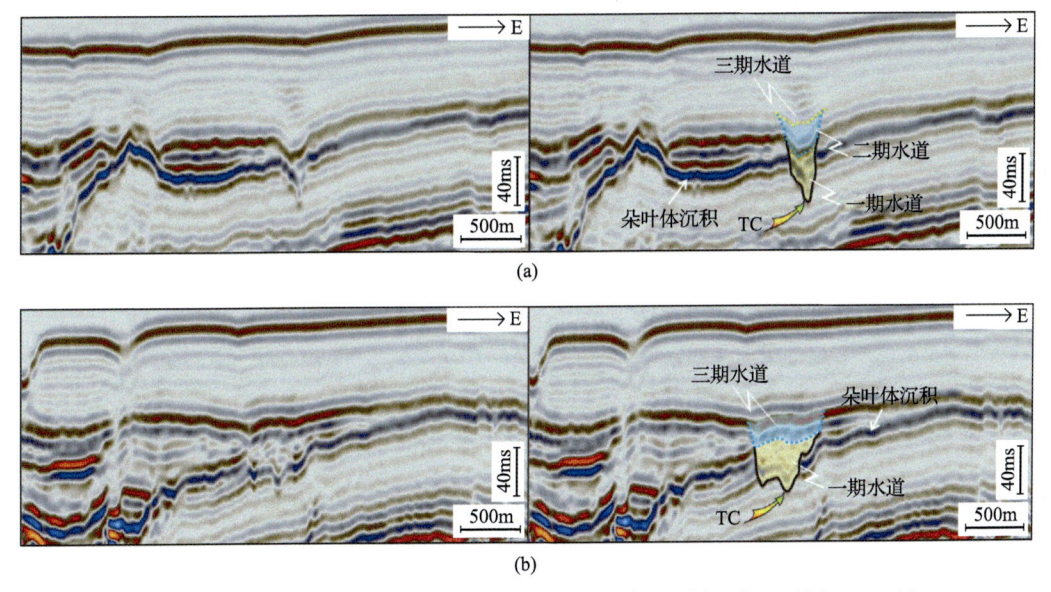

图 3-60 横截 TC 深海水道 C 段部分的 2 个地震剖面［剖面位置见图 3-55(c)］
(a)过 C 段上游的地震剖面；(b)过 C 段下游的地震剖面

2) TC 内部结构

根据 TC 内部地震反射特征，共识别出三个期次的水道(图 3-57～图 3-60)。一期水道作为 TC 最底部的充填沉积，底界面侵蚀能力较强，可在整个 TC 延伸范围内连续追踪(图 3-61，表 3-11)；其总体表现为中-强振幅、连续性较好的反射特征，在上游的 A 段常呈现为波状次平行的几何形态(图 3-57，图 3-58)，而在中游的 B 段和下游的 C 段则表现为凹面向上的透镜状形态(图 3-59，图 3-60)。

二期水道同样具有一定的侵蚀能力，且可在整个 TC 延伸范围内连续追踪(图 3-61，表 3-11)，在上游 A 段，其主要表现为透明-弱振幅反射特征，也常呈现波状次平行的几何形态(图 3-57，图 3-58)；而在中游的 B 段和下游的 C 段，二期水道则主要以凹面向上的透镜状弱-中振幅反射为特征(图 3-59，图 3-60)。

三期水道是 TC 的顶部充填，相对来说侵蚀能力较弱，只能在 B 段和小部分 A、C 段被识别出来(图 3-57～图 3-59)，其在 A 段和 B 段中上游主要表现为透明-弱振幅反射特征(图 3-57，图 3-58)，而在 B 段和 C 段的局部则主要表现为弱振幅反射(图 3-58，图 3-59)。

另外，笔者还提取了沿 TC 流向的地震剖面(图 3-61)及三个期次水道各自的 RMS 属性图(图 3-62)，从中可以清楚地看到各期次水道的振幅和 RMS 向下游方向呈现递增的趋势，而向浅层则呈现递减的趋势。

因为缺少井数据的标定，只能根据三个期次水道的地震反射情况对其岩性特征进行推测。根据前人对浅层重力流沉积研究的经验，沉积物的粒度往往与地震反射的振幅强度呈正相关；水道内的强振幅反射部分常被解释为高密度浊流沉积形成的富砂沉积物(Damuth et al., 1983; Kastens and Shor, 1985; Deptuck et al., 2003; Armitage et al., 2012)，而弱振幅部分则常被解释为低密度浊流或深海披覆过程形成的富泥沉积物(Posamentier and

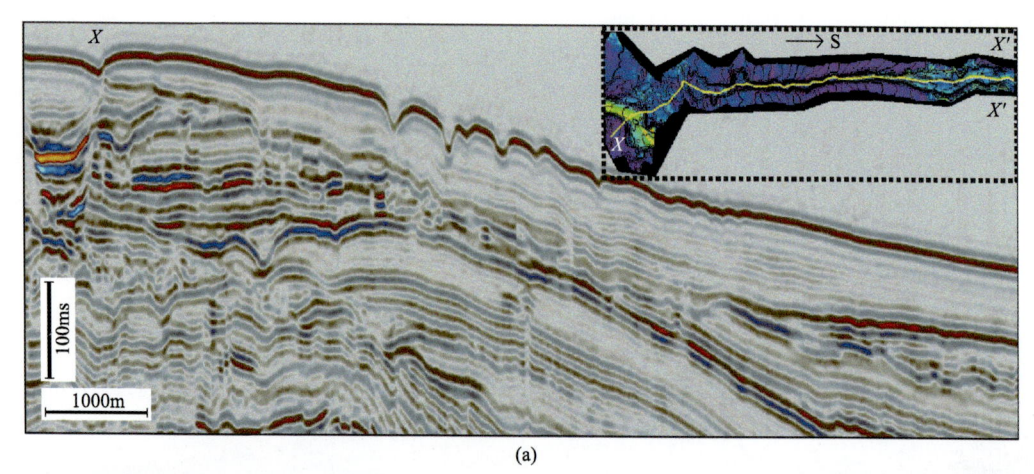

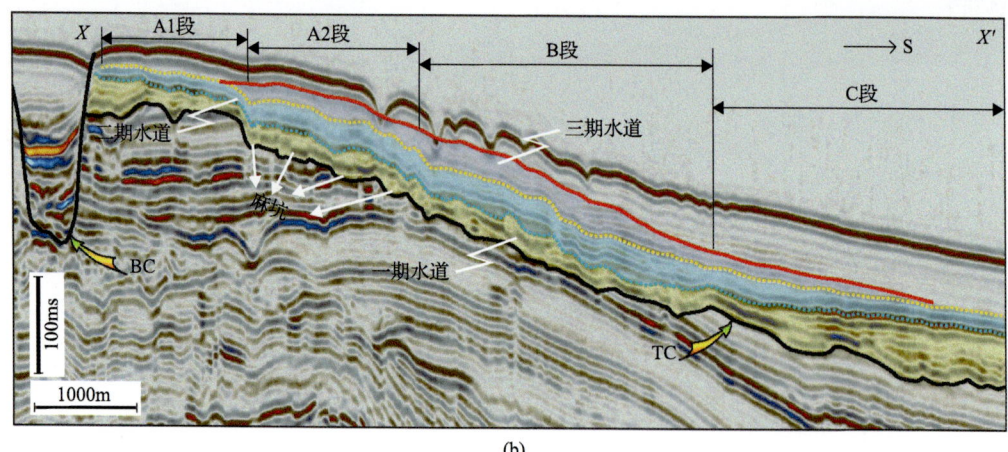

图 3-61 沿 TC 流向的地震剖面［剖面位置见图 3-55(c)］
(a)原始地震剖面；(b)剖面地震解释结果

表 3-11 TC 三个期次水道的地震反射特征

水道期次	位置	横截面地震反射特征			平面地震反射特征	
^	^	振幅	连续性	实例图	RMS	实例图
一期水道	A 段	弱—中	差	图 3-57，图 3-58，图 3-61	中	图 3-62(b)
^	B 段	中	差	图 3-59，图 3-61	中	图 3-62(b)
^	C 段	中—强	好	图 3-60，图 3-61	强	图 3-62(b)
二期水道	A 段	透明—弱	中等—好	图 3-57，图 3-58，图 3-61	弱	图 3-62(c)
^	B 段	弱	中等	图 3-59，图 3-61	弱	图 3-62(c)
^	C 段	弱—中	好	图 3-60，图 3-61	中	图 3-62(c)
三期水道	部分 A 段	透明	好	图 3-57，图 3-58，图 3-61	弱	图 3-62(d)
^	B 段	弱	好	图 3-59	弱	图 3-62(d)
^	部分 C 段	弱	好	图 3-61	弱	图 3-62(d)

第 3 章 深海水道地震地貌学研究

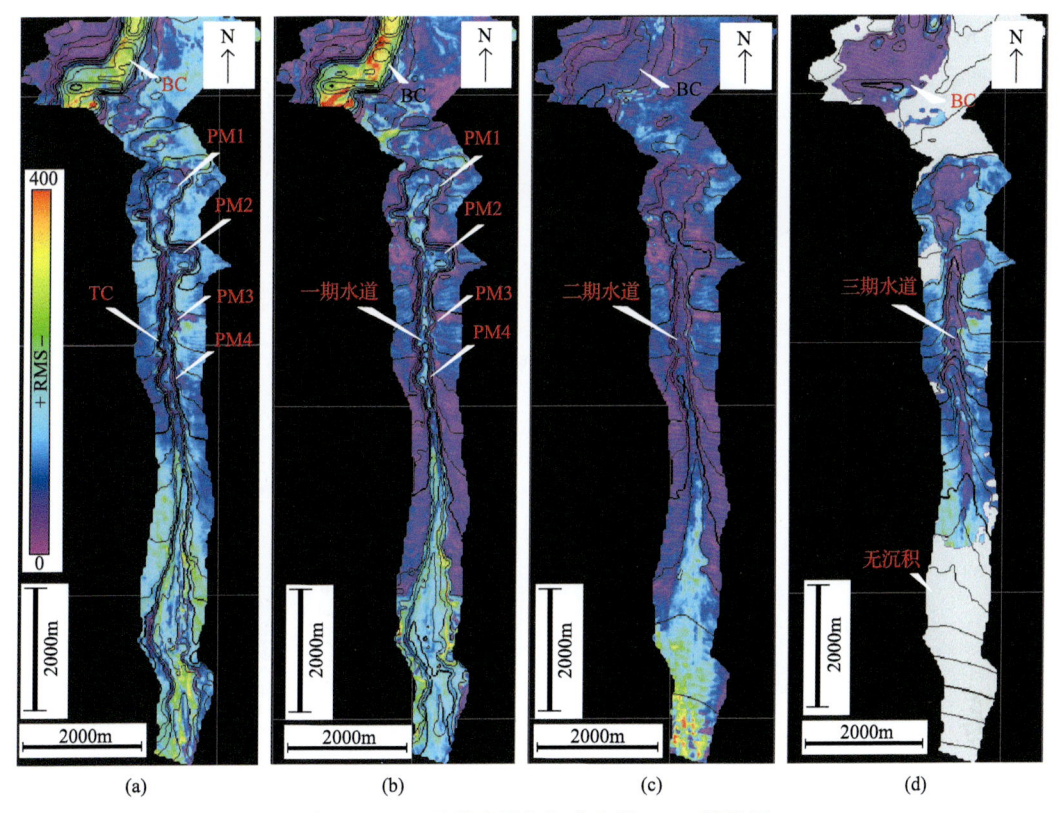

图 3-62 TC 及其内部各期次水道 RMS 属性图

(a) 决口水道 TC 的 RMS 属性图；(b) 一期水道 RMS 属性图；(c) 二期水道 RMS 属性图；(d) 三期水道 RMS 属性图

Kolla, 2003；Abreu et al., 2003; Cross et al., 2009; Zhang et al., 2015)。以此认识为前提，并结合前面所观察到的 TC 内振幅强度的变化规律，可以发现三个期次的水道形成了向上变细的沉积序列，这可能和母水道 BC 的逐渐废弃有关；至于各期次水道振幅强度向下游方向递增所代表的水道充填沉积物粒度沿流向的增加，认为是浊流尾部逐渐稀释造成的 (Hubbard et al., 2010)。

3) TC 背景坡度

水道背景坡度指的是水道发育之前的古海底面在水道延伸方向的地形坡度，可以近似由水道的最深谷底线坡度来表示 (Clark and Cartwright, 2009; Catterall et al., 2010)。为了得到 TC 的最深谷底线坡度，笔者以 5 个地震道 (62.5m) 为测量单元，选取垂直水道流向的地震剖面来确定最深谷底线的位置，并以两个位置之间的垂向距离与水平距离的比值作为坡度角的正切值来计算准确的坡度。需要注意的是，所测量的两个最深谷底线之间的时间域垂向距离需要以 1900 m/s 的地层速度转换为深度域。

最终的测量及统计结果 (图 3-63，图 3-64) 显示：TC 在 A1 段、A2 段、B 段及 C 段的平均背景坡度分别为 0.82°、1.56°、2.00° 及 1.58°；从统计图中 (图 3-63) 还可以看出，在 A1 段与 A2 段及 A2 段与 B 段的交界位置，坡度变化相对比较剧烈，为明显的坡折带，而在 B 段和 C 段的交界位置，坡度变化则比较平滑，没有坡折带存在。

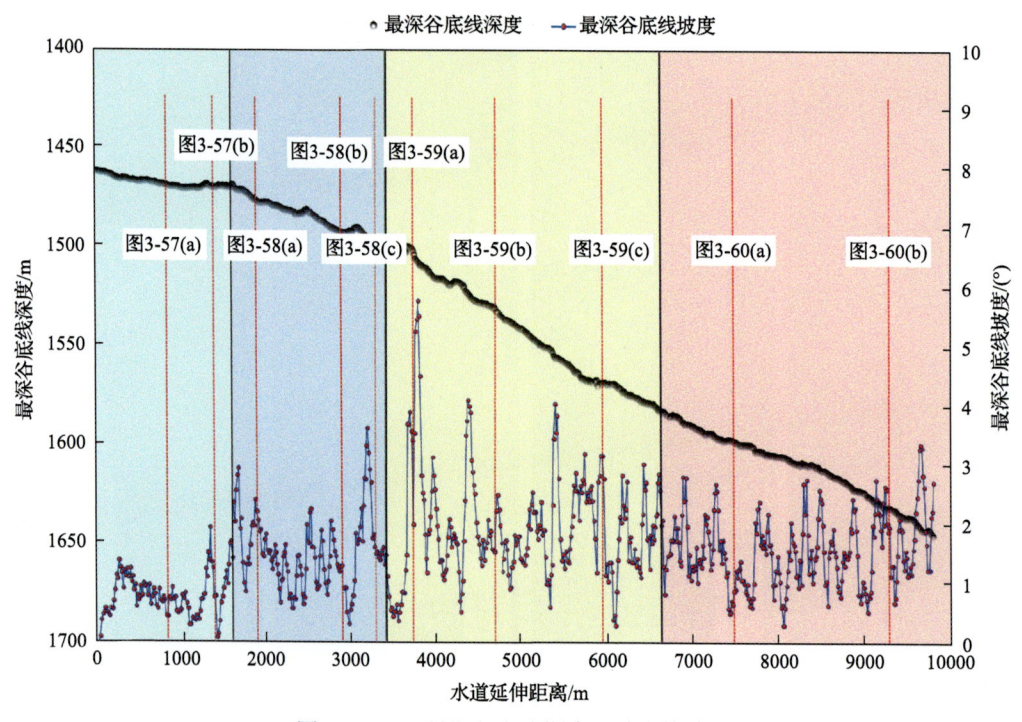

图 3-63 TC 最深谷底线深度及坡度统计图

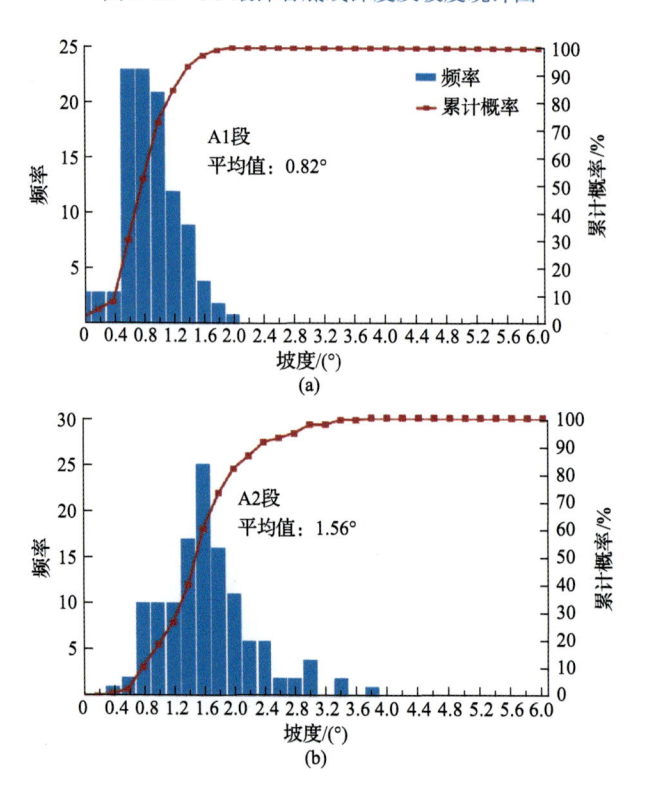

第 3 章 深海水道地震地貌学研究

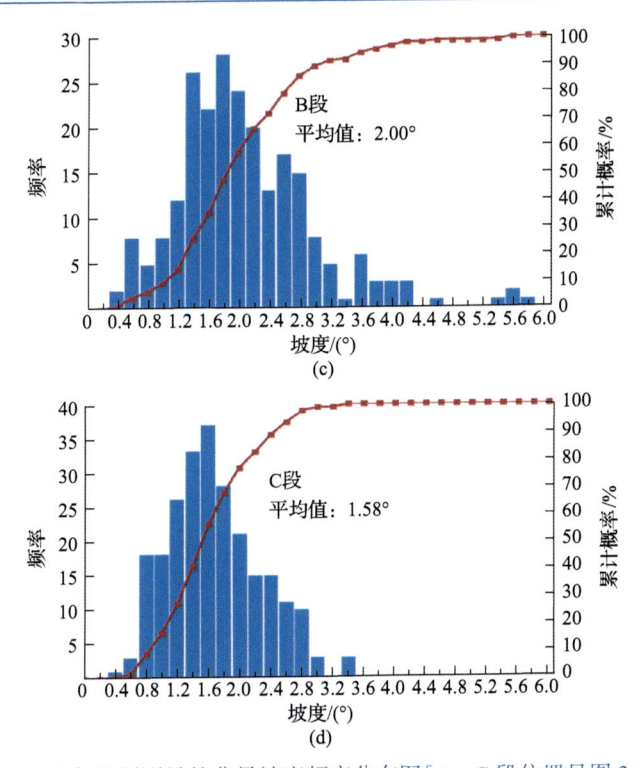

图 3-64 TC 各段所测量的背景坡度频率分布图[A~C 段位置见图 3-55(b)]

(a) A1 段背景坡度频率及累计概率分布图；(b) A2 段背景坡度频率及累计概率分布图；(c) B 段背景坡度频率及累计概率分布图；(d) D 段背景坡度频率及累计概率分布图

2. 母水道(BC)表征

1) BC 背景坡度

母水道 BC 延伸超过 25km，其宽度在 500~2000m，深度则介于 90~150m，笔者针对其背景坡度的测量方法与决口水道一致，只是测量间隔有所不同，在这里调整为 40 个地震道(500m)。根据最终的背景坡度测量结果，把 BC 划分为 4 段，分别为较平缓的 A 段(0.2°)、较陡峭的 B1 段(1.4°)和 B2 段(1.3°)，以及又变为平缓的 C 段(0.1°)[图 3-65(a)]。另外，还可以发现，在较陡的 B1 段和 B2 段之间存在有一个明显的坡折带和坡度过渡带(图 3-65)，其中这个坡度过渡带几乎是水平的(<0.1°)，延伸约 2.2km，最为重要的是所研究的决口水道 TC 恰恰起源于这里[图 3-65(b)]。

2) BC 坡度过渡带

在 BC 坡度过渡带，笔者共识别出 4 个地震相(图 3-66)。地震相 A 总体振幅强度变化较大，由一个明显的侵蚀面所限定，被解释为水道充填沉积(Abreu et al., 2003; Deptuck et al., 2003; Posamentier and Kolla, 2003)；地震相 B 发育在地震相 A 的两侧，为楔状体，表现为平行、连续性好的反射特征，在这里被解释为 BC 的外岸天然堤(Deptuck et al., 2003; Nakajima and Kneller, 2013)；地震相 C 内部反射比较混乱，振幅强度变化比较大，呈不规则形状，被解释为与阶地相伴生的滑塌体(slumps)(Masson et al., 1997; Pickering

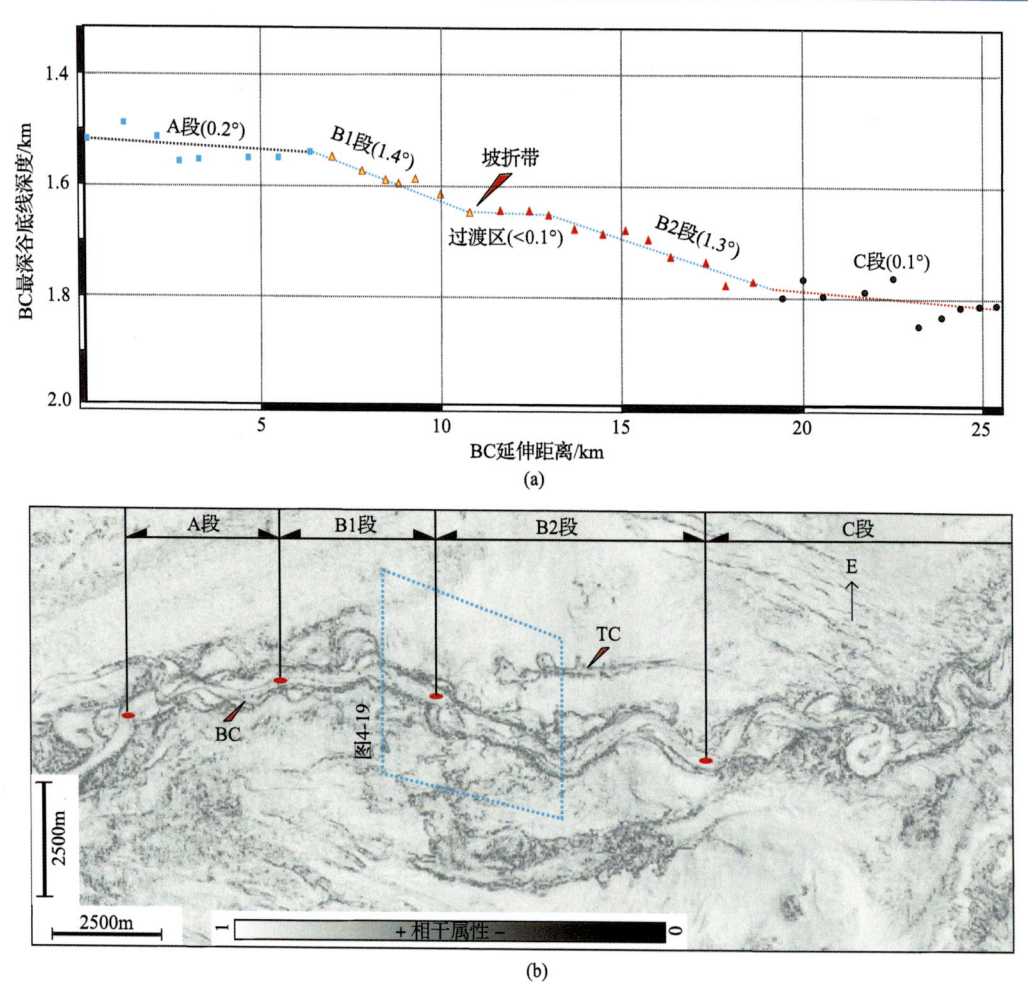

图 3-65　深海水道 BC 最深谷底线深度散点图以及 BC 在相干属性图上的分段划分

(a)BC 最深谷底线深度散点图；(b)BC 在相干属性图上的分段划分

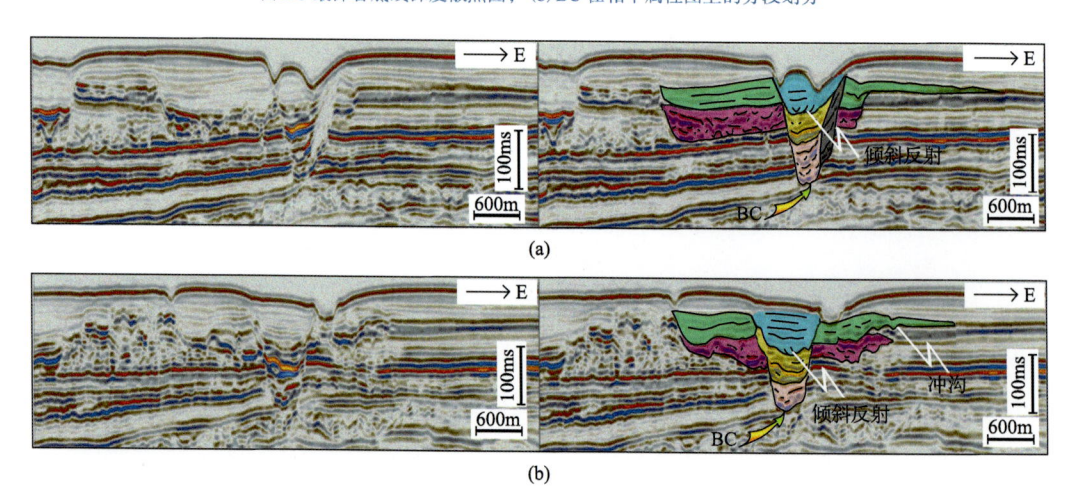

第 3 章 深海水道地震地貌学研究

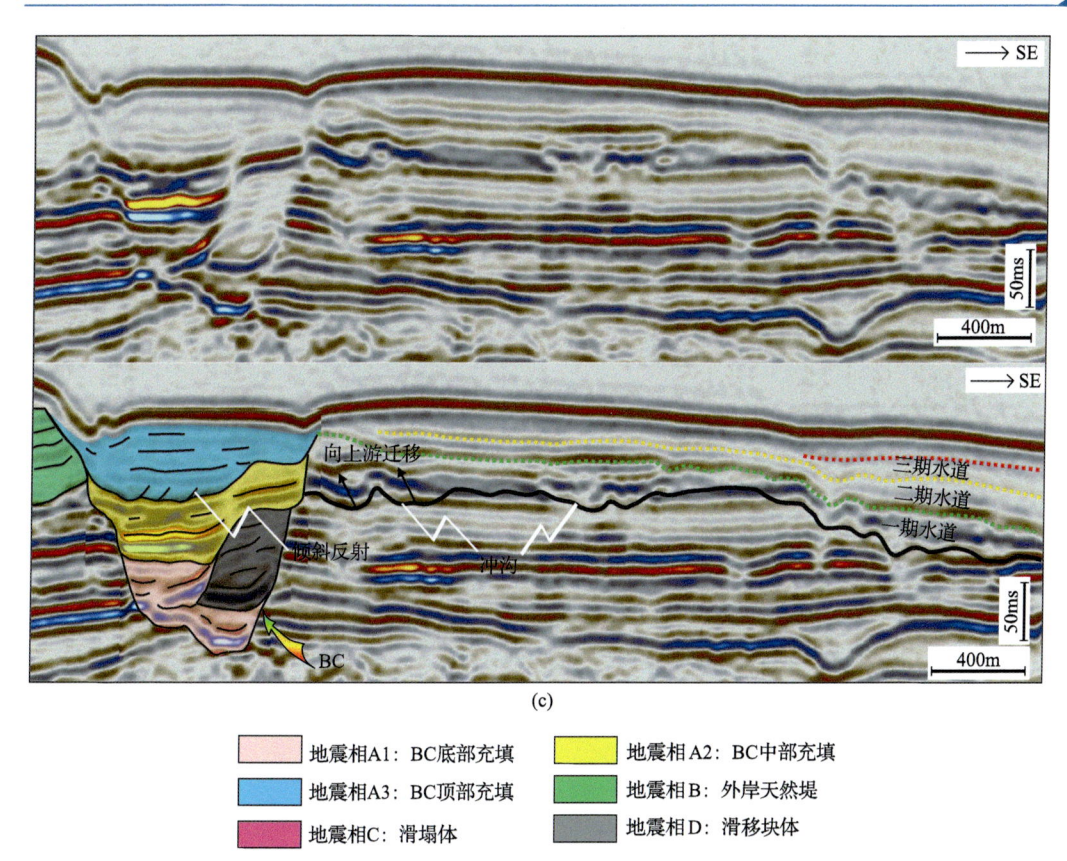

图 3-66 深海水道 BC 在坡度过渡带的地震相划分及相应的沉积学解释[剖面位置见图 3-55(c)]
(a)决口点以上顺流向的地震剖面；(b)过决口点的顺流向地震剖面；(c)过深海水道 BC 且沿深海水道 TC 流向的地震剖面

and Corregidor, 2005; Moscardelli et al., 2006; Bull et al., 2009)；地震相 D 同样由 BC 的侵蚀性界面所限制，其内部反射结构比较规整，连续性也比较好，在这里被解释为天然堤的滑移块体(slides) (Kane and Hodgson, 2011; Ortiz-Karpf et al., 2015) (图 3-66)。

需要指出的是，BC 水道充填沉积(地震相 A)内部地震反射非均质性很强，笔者在这里将其进一步划分为互相切叠的三个沉积单元，从下到上分别对应地震相 A1、地震相 A2 和地震相 A3，它们代表着 BC 自身加积过程的不同阶段。

具体来说，地震相 A1 内部反射比较混乱，振幅强度变化也较大；地震相 A2 对 A1 有明显的侵蚀作用，主要表现为强振幅、连续性好的反射特征；至于地震相 A3，其作为 BC 的顶部充填，表现为弱振幅、连续性较好的反射特征，另外，在其底部，可见明显的倾斜反射结构(图 3-66)。由横截 BC 且沿 TC 流向的复合地震剖面[图 3-66(c)]可以发现，地震相 A2、地震相 B 及 TC 内一期水道的底界面是连续的，而地震相 A3 和 TC 内二期水道的底界面是连续的，这说明地震相 A2、地震相 B 和 TC 一期水道是同时发育的，随后，地震相 A3 和 TC 二期水道则同时发育。

本节提取了地震相 A2、地震相 B 及 TC 一期水道底界面的二维[图 3-67(a)]和三维古地貌图[图 3-67(b)]，可以发现决口水道 TC 起源于母水道 BC 在坡度过渡带处所发育的一个弯曲段的顶端，在弯曲段两侧，由于滑塌体普遍发育(图 3-66)，水道两侧形成了明显的阶地[图 3-67(a)]。另外，在 BC 弯曲段外岸的决口点附近，还可以发现一个小规模的沉积物波区，其被沿着 TC 发育的呈线状排布的小冲沟和麻坑横切，这些小冲沟长度为 250~450m，深度则在 10m 左右[图 3-67(b)]，并且在决口点附近呈现向上游方向迁移的趋势[图 3-66(c)]。

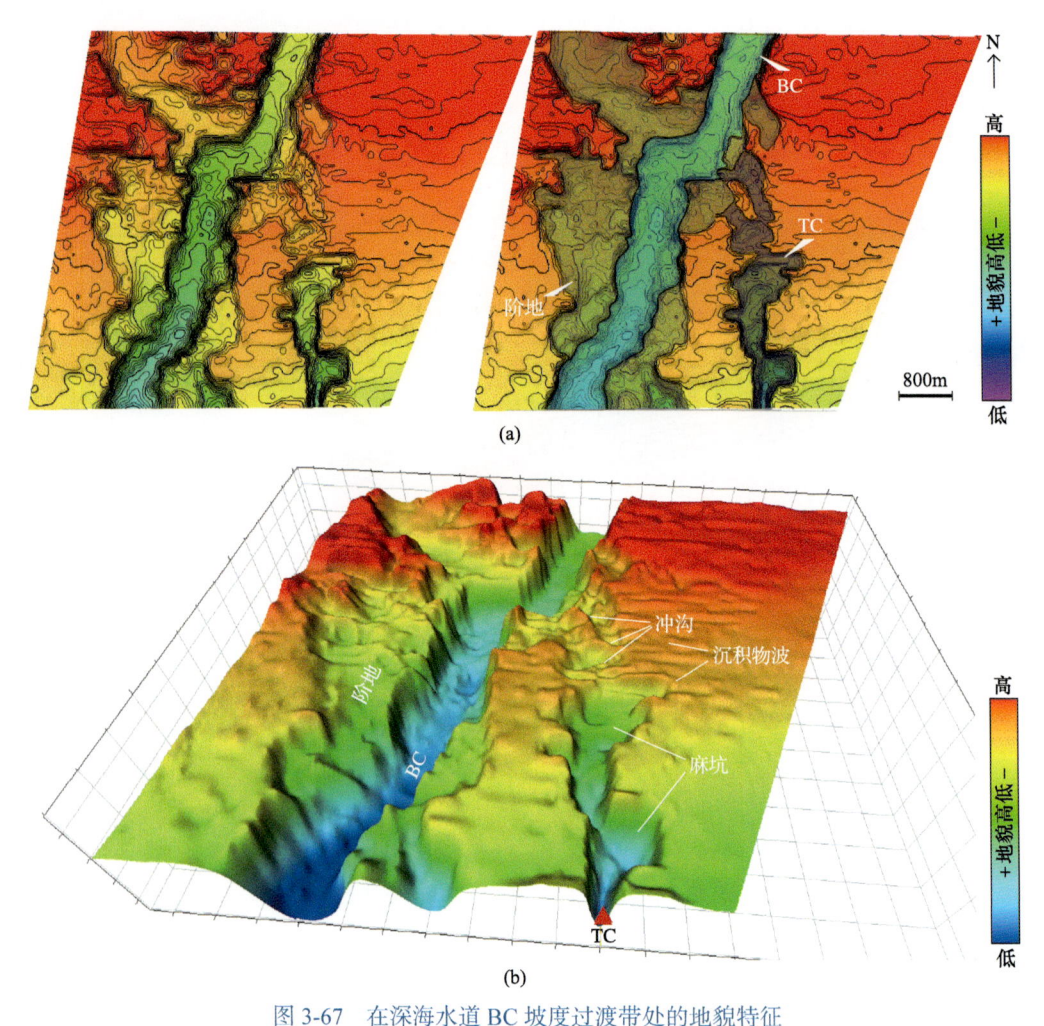

图 3-67 在深海水道 BC 坡度过渡带处的地貌特征
(a)坡度过渡带处地震相 A2、地震相 B 及 TC 一期水道底界面的古地貌图；(b)坡度过渡带处三维古地貌图

3. 决口发生机制与决口过程

1) 决口发生机制分析

理论上说，深海水道决口的发生在根本上受到气候、海平面变化及构造这三个盆外控制因素的影响(Kolla, 2007)，然而由于 BC 所发生的决口事件规模小且持续时间短，以上盆外控制因素发挥的作用很小，几乎可以忽略。因此，盆内控制因素如古地貌和古地形坡度则在决口的发生机制中扮演着更为重要的角色(Kolla, 2007; Picot et al., 2016)，而且从所观察到的现象来看，BC 决口的发生确实与其平缓的坡度过渡带有紧密联系(图 3-65)。

一方面，因为 BC 坡度过渡带近乎水平（小于 0.1°），BC 内的浊流在此处流速很小，水动力也较弱，不足以对基底造成强烈下切，而向倾向于沿着海底面侧向摆动，所以形成了明显的弯曲段（图 3-65，图 3-67）(Kolla et al., 2001; Wynn et al., 2007)，其直接导致水道自身曲率和长度加大；另一方面，由于坡度过渡带比理论上水道所对应的平衡剖面（Ferry et al., 2005）更平缓，BC 会倾向于通过自身加积来达到平衡剖面状态(Smith, 2004)，也就是说在坡度过渡带，BC 自身加积初期所形成的地震相 A1 及其所造成的水道限制程度的减弱非常明显（图 3-66）。以上两个方面所对应的 BC 曲率、长度加大，以及加积发生和限制程度降低，都是导致水道自身不稳定性增大并进而引发决口的重要因素(Kolla, 2007)。

除了 BC 自身不稳定性高度发育，决口的发生还需要一定的触发机制(Kolla, 2007)。笔者认为在地震相 A2 发育时期，一次大流量的浊流事件触发了本次决口事件。这个大流量的决口事件可能也和坡度过渡带有关，虽然平缓的坡度降低了浊流的流速，但是浊流会在过渡带前的坡折带处（图 3-65）发生水动力跳跃，并因此夹带大量的海水(Macdonald et al., 2009)，这在很大程度上增加了 BC 内浊流的流量及流态，当其与不稳定水道在弯曲段相互作用时，就会不可避免地造成水道天然堤决堤（图 3-66 中的滑移块体），从而导致决口的最终发生。

2）决口过程重构

事实上，在母水道 BC 决堤之前，决口水道 TC 就已经开始发育了，其主要是 BC 弯曲段顶端所发生的流体剥离现象(Piper and Normark, 1983)，以及相伴生的侵蚀作用造成的[图 3-66(b)，图 3-67(b)]。TC 一期水道底部所发育的线状冲沟就是从弯曲段剥离出的流体形成的 TC 的雏形，一般来说其保存潜力较低，然而沉积物供给突然中断使其保存成为可能，从而也为研究水道决口过程提供了绝佳的条件。

BC 中流体剥离现象的发生与弯曲段（图 3-67）的存在及地震相 A2（图 3-66）发育时期所发生的大流量浊流事件紧密相关。在本身分层特性及弯曲段处较强离心力的作用下，大流量浊流的上部成分倾向于保持原来的流动方向，并越过/溢出天然堤，而受到天然堤较强限制且拥有粗粒成分的浊流下部成分，则因为沉积物载荷损失，在短时间内减速并快速沉积下来，形成 BC 中的地震相 A2（图 3-66）；从弯曲段剥离出的浊流上部成分，由于本身所含沉积物成分较细，再加上天然堤上较陡的坡度和非限制环境，往往拥有较高的流速和较小的流体厚度，这些特征往往促使其从次临界状态转变为超临界状态(Postma et al., 2009; Kostic, 2011; Sequeiros, 2012; Postma and Cartigny, 2014)。根据 Fildani 等(2006)和 Kostic(2011)所做的数值模拟及 Spinewine 等(2009)所开展的水槽实验，位于可侵蚀基底上的超临界浊流会变得不稳定，进而形成所观察到的沉积物波和线状的冲沟[图 3-67(b)]。从本质上来说，这些冲沟与沉积物波统称为旋回坎，它们都是通过一系列的水动力跳跃向上游方向迁移[图 3-66(c)]，这使其区别于等深流成因的"沉积物波"及传统的"逆行沙丘"(Fildani et al., 2006; Kostic and Parker, 2006; Kostic, 2011)。至于沉积物波和线状冲沟的区别，Fildani 等(2006)认为其和形成旋回坎的浊流流动状态有关，纯侵蚀性的浊流倾向于形成线状冲沟，而纯沉积性的浊流则倾向于形成沉积物波，也就是说，浊流从 BC 弯曲段剥离后，在某个点从纯沉积状态转变为了纯侵蚀状态，并因此形成了横切沉积物波的线状冲沟[图 3-67(b)]，即 TC 的雏形。

当 BC 的决口真正发生之后，这个 TC 的雏形会随着决口后的流体汇集到线状冲沟上而发生更大程度的侵蚀，并且在多期次浊流作用下，这些冲沟会逐渐连接起来，从而形成一个相对连续的水道最深谷底线，即 TC 一期水道[图 3-66(c)，图 3-67(b)]。然而，需要指出的是，除了浊流自身的侵蚀作用，TC 的形成也在一定程度上利用了海底中本身就存在的负地貌麻坑[图 3-56，图 3-67(c)]，这些位于 TC 的 A2 段和 B 段上游的麻坑为 TC 的形成提供了最为原始的地形限制，因此其在一定程度上也影响了 TC 的流动路径。

4. 决口水道外部形态与背景坡度

沿着流动路径，TC 外部形态发生了明显变化(图 3-57～图 3-60，表 3-10)，笔者认为这主要是由 TC 的背景坡度控制的。在 A1 段，由于背景坡度很低，仅为 0.82°，水道内浊流倾向于拥有较低的流速和较弱的水动力，不足以对基底造成强烈的下切(Kneller, 2003; Ferry et al., 2005)，因此其更倾向于通过侧向摆动来拓宽宽度，这最终造成了碟状的水道外部形态(图 3-57)。可以想象，如果该决口过程没有突然中断，母水道 BC 持续向 TC 供给沉积物，A1 段会逐渐演化为一个高曲率的水道段。

在 A2 段和最下游的 C 段，由于背景坡度分别增高到了 1.56°和 1.58°(图 3-58)，水道内浊流会倾向于拥有相对较高的流速和较强的侵蚀能力(Adeogba et al., 2005; Ferry et al., 2005; Catterall et al., 2010)。因此，TC 在 A2 段和 C 段的外部形态都转变为了具有一定侵蚀特征的 U 形(图 3-58，图 3-59，表 3-10)，然而由于 A2 段古海底中发育有负地貌的麻坑(图 3-57)，其底界面深度更大，因此表现为深 U 形。

TC 的背景坡度在 B 段达到了最高值 2.00°(图 3-59)，外部形态则转变为明显的 V 形，这种水道外部形态的变窄和加深可以借助平衡剖面理论进行解释。一般来说，在给定的流体参数下，斜坡水道都会向着理论上的一个平衡状态演化(Ferry et al., 2005)，这意味着水道内浊流的行为会随着流体参数或背景坡度的变化而改变，进而调整最终的外部形态，其主要表现在两个方面：首先，浊流本身密度和厚度的增大或者所含沉积物粒度的降低都会促使其对基底进行下切，进而形成顺直深切型水道(Kneller, 2003)，Jobe 等(2015)在尼日利亚陆坡区所观察到的一个深海水道就属于此种类型；其次，浊流在背景坡度忽然变陡时，同样会通过下切来使水道调整到平衡状态(Smith, 2004)，如美国西海岸陆坡区拉荷亚扇中的深海水道就属于此种情况(Normark, 1970)。很明显，所研究的 TC 在 B 段的变化应属于后者，即浊流在遇到突然增大的背景坡度后，会形成又窄又深的 V 形外部形态(Pirmez et al., 2000)。

5. 决口水道发育模式

由以上对典型决口现象的研究，可以得到这样的结论：决口水道 TC 的起源及外部形态和内部结构的发育，受到了背景坡度、古海底麻坑及浊流水动力特点等综合影响。在分析 TC 从起源到废弃的时空演化模式时，这些因素需要结合起来考虑(图 3-68)。

第 3 章 深海水道地震地貌学研究

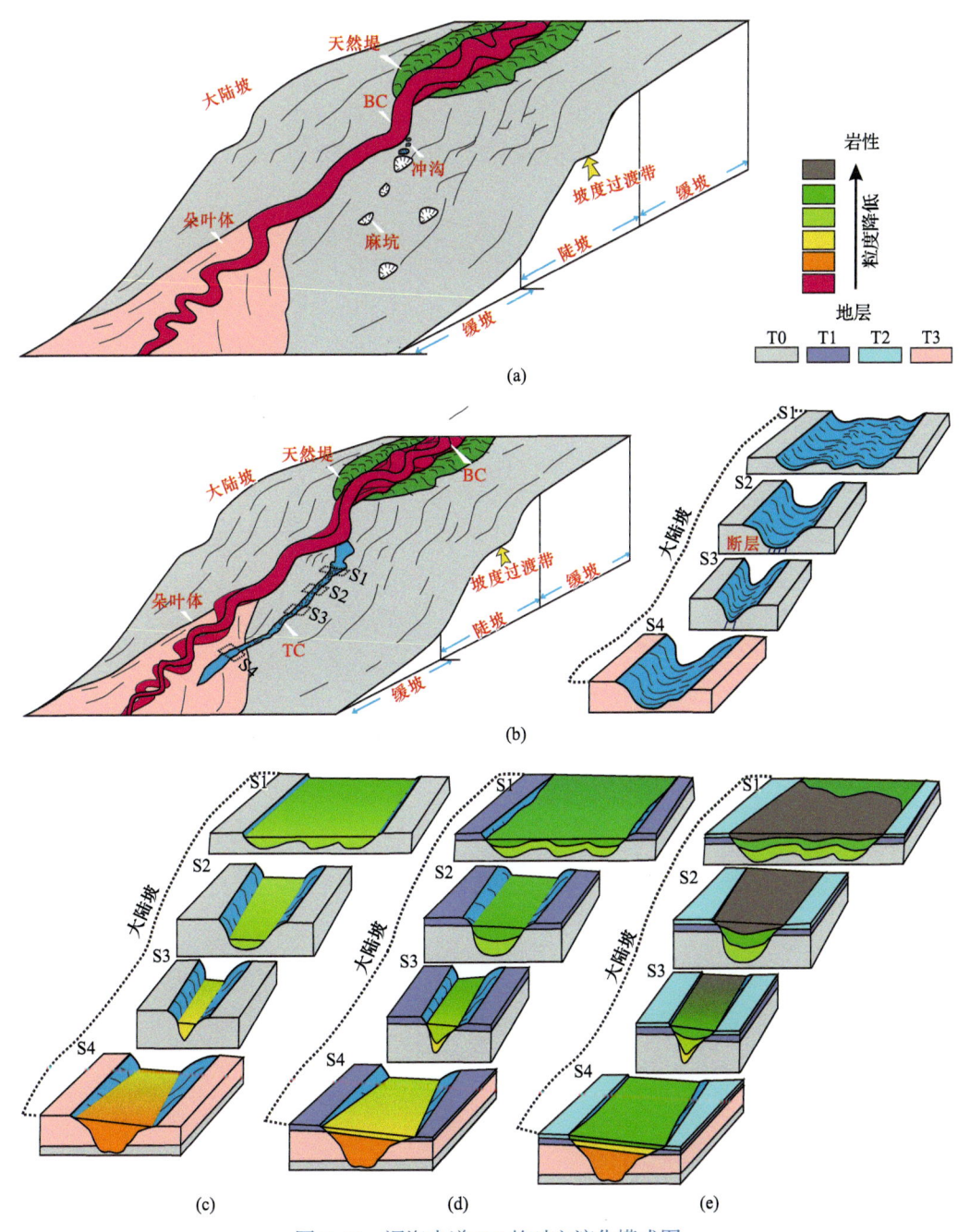

图 3-68 深海水道 TC 的时空演化模式图

(a) 在流体剥离作用下 TC 的发育在阶段 Ⅰ 开始启动；(b)、(c) TC 在阶段 Ⅱ 形成了稳定的流动路径并充填了一期水道；(d) TC 在阶段 Ⅲ 充填了二期水道；(e) TC 在阶段 Ⅳ 充填了三期水道（披覆沉积）

总体来说，TC 的时空演化可以划分为四个阶段：阶段 Ⅰ 指的是 TC 雏形形成阶段，发生在 BC 决口之前，以剥离流体与 BC 天然堤的相互作用为主[图 3-68(a)]。阶段 Ⅱ 指的是决口发生后的初期，在此阶段主要是水道流动路径的基本确立及早期水道充填沉积的形成(一期水道)[图 3-68(b)和(c)]。由于 BC 在坡度过渡带处的地震相 A2 和 TC 一期水道具有相似的(强振幅、连续性好)地震反射特征,再加上两者的底界面是连续的[图 3-66(c)],可以认为它们都是由前两个阶段的浊流事件沉积发育而成的,这些浊流(包括阶段Ⅰ的剥离流体和阶段Ⅱ的决口流体)的水动力条件都受到了 TC 背景坡度和麻坑的影响,侵蚀能力沿着流动路径由低到高,又再次降低,这直接造成了 TC 一期水道依次出现碟状、深 U 形、V 形及浅 U 形的外部形态[图 3-68(c)]。

  TC 时空演化的阶段Ⅲ,以水道流动路径的进一步巩固和二期水道的沉积为特征[图 3-68(d)],因为 BC 坡度过渡带处的地震相 A3 和 TC 二期水道具有相似的地震反射特征和连续的底界面[图 3-66(c)],笔者认为它们都是由 BC 中相对后期的浊流事件同时沉积形成的。在阶段Ⅲ早期,该浊流事件还保持有一定的强度,因此形成了地震相 3 底部的倾斜反射结构(图 3-66),另外,在阶段Ⅲ,TC 外部形态的变化仍然持续受到背景坡度的影响,因为二期水道的几何形态同样表现出一期水道的变化规律[图 3-68(d)]。TC 在经历了阶段Ⅱ和阶段Ⅲ的内部充填之后,其沉积起伏基本已经被抹平,尤其是在近物源端和远物源端[图 3-68(e)],因此在 BC 向 TC 沉积物供给中断之后的阶段Ⅳ,即水道废弃阶段,主要发生深海披覆过程对 TC 的 B 段和部分 A、C 段残余水道负地貌的充填[图 3-68(e)]。

第4章 深海水道构型级次

1977年,Allen在第一次国际河流沉积学研讨会上,首次将建筑学的术语"构型"(architecutre)引入河流沉积当中,提出了"河流构型"(fluvial architecture)的概念,用来强调河流层序中河道和溢岸沉积的几何形态及内部结构(Allen,1977)。1985年,Miall在第三届国际河流沉积学大会上提出了一套河流相储层构型分析法,同年发表了 *Architectural-element analysis: A new method of facies analysis applied to fluvial deposits* 一文,将储层构型定义为"储层及其内部构成单元的几何形态、尺寸、方向及其相互关系"(Miall,1985)。可以发现,构型这一概念是从层次结构的角度对地质体进行研究的,从这一概念出发,储集体的层次结构即储层构型沉积体的层次结构即沉积构型。笔者所要分析的深海水道构型指的是深海水道内部不同级次构成单元(又称构型单元)的形态、规模、方向及其叠置关系。若要对这些基础内容展开工作,首先需要对深海水道的"构型级次划分"形成系统认识。

4.1 前人提出的深海水道构型级次框架

严格来说,深海水道有明确的级次框架,不同级次有其特定的表达术语和构型单元,但目前国内外学者对构型级次的划分不仅不统一,甚至还比较混乱。本节系统梳理了前人的构型级次分类,并在总结相关优缺点后提出了自己的划分方案。

对于前人建立的深海水道构型级次框架,笔者选择了最为重要的几套方案进行介绍(表4-1)。这里对其相关的分级目的、分级标准、环境背景及数据收集都进行了详细说明。

表4-1 前人研究中典型深海水道构型级次划分方案

Mutti 和 Normark (1987)	Ghosh 和 Lowe (1993)	Pickering 等 (1995)	Gardner 和 Borer (2000)	Gardner 等 (2003)	Navarre 等 (2002)	Sprague 等 (2005)	Pickering 等 (2015)
	1级:颗粒、构造变化段	0级:层系界面					1级:纹层
5级:浊积岩层	2级:流体事件界面	1级:层系组界面				1级:岩层	2级:岩层
						2级:岩层组	3级:岩层组
4级:岩层组		2级:岩层组	1级:单一水道	1级:单一水道	7级:相组合	3级:岩层系列	4级:岩层系列
	3级:水道沉积单元	3级:大型侵蚀面	2级:水道复合体	2级:复合水道	6级:水道充填	4级:水道充填和朵叶体	5级:水道充填或块状搬运单元

续表

Mutti 和 Normark(1987)	Ghosh 和 Lowe(1993)	Pickering 等(1995)	Gardner 和 Borer(2000)	Gardner 等(2003)	Navarre 等(2002)	Sprague 等(2005)	Pickering 等(2015)
				3级：水道复合体	5级：单一水道	5级：水道/朵叶体复合体	6级：水道复合体
3级：扇体亚阶段	4级：水道复合体	4级：盆地范围侵蚀接触面	3级：海底扇通道	4级：海底水道通道	4级：水道复合体	6级：水道复合体系列	
2级：单一扇体	5级：扇体沉积	5级：单个扇体系界面	4级：海底扇通道复合体		3级：水道体系	7级：水道复合体体系	7级：砂岩沉积体
1级：扇复合体	6级：扇复合体	6级：盆地充填层序界面			2级：巨层序沉积	8级：水道复合体体系列	8级：水道体系

4.1.1 Gardner 和 Bore(2000)及 Gardner 等(2003)的构型级次划分方案

基于野外露头资料，Gardner 和 Borer(2000)首先将水道-朵叶体过渡带(channel-lobe transitional zone，CLTZ)的构型单元划分为 4 个级次。该分级方案考虑了沉积学、古地理学、地层学及构型单元分析的概念，能反映构型单元各个界面及它们的相互切叠关系。该分级方案是根据美国得克萨斯州二叠系布拉希(Brushy)峡谷组的野外露头研究总结得出，这些露头研究重点分析了 CLTZ 的水道发育情况。Gardner 和 Borer(2000)发现在重力流行为发生明显改变的 CLTZ，各构型单元的空间规模与下游位置的规模表现出明显不同，这表明沿着沉积倾向，具有相似规模的构型单元可能代表了不同的持续发育时间，即不同的级次水平。对于级次的划分往往参考构型单元几何形态及规模的周期性生长，其主要表现在界面之上[图 4-1(a)]。Gardner 和 Borer(2000)及 Gardner 等(2003)认为深海水道的 4 个级次构成了相关地层的基本格架。

作为最低的级次，单一水道大约 7m 厚、200m 宽，其代表一套独立的水道充填；在其内部，还包含有多个具有侵蚀基底的沉积体(sediment bodies 或 geobodies)，但这种沉积体没有被进一步定义[图 4-1(a)]。更高一级的级次为水道复合体，其大约 25m 厚、800m 宽，被解释为层序地层学(Vail et al.，1977)中的 5 级旋回。此外，这些水道复合体由具有锯齿边缘的砂体构成，它们呈叠瓦状排列，从而形成了更高一个级次的沉积体，这里将其称为海底扇通道(submarine fan conduit)。这个海底扇通道大约对应 4 级层序地层旋回，形成 1~2km 宽的通道[图 4-1(a)]。最后，这些海底扇通道还可以进一步叠置，从而形成了最大的构型级次，称之为海底扇通道复合体(submarine fan conduit complex)，其代表海底扇发育期间一直保持活跃的沉积物搬运路径，大约对应层序地层学中的 3 级旋回[图 4-1(a)]。

第 4 章 深海水道构型级次

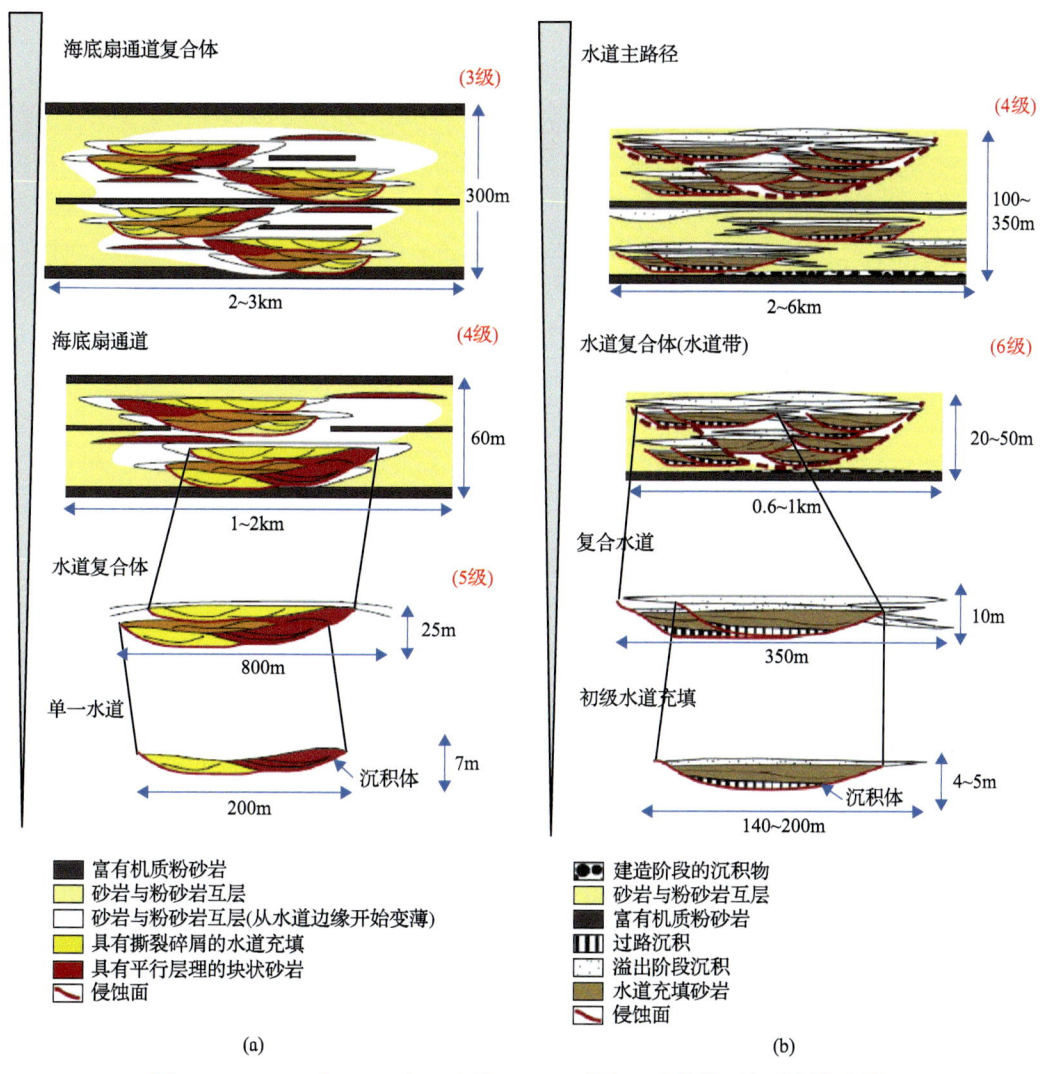

图 4-1 Gardner 和 Borer (2000) 及 Gardner 等 (2003) 的构型级次划分方案
(a) Gardner 和 Borer (2000) 的构型级次划分方案；(b) Gardner 等 (2003) 的构型级次划分方案

在以上 4 个级次中，Gardner 和 Borer(2000)认为单一水道和水道复合体记录了可识别的沉积物沉积和过路旋回，将其称为建造—侵蚀—充填—溢出(build-cut-fill-spill)序列。这些建造—侵蚀—充填—溢出阶段记录了不同的相模式，其中每个阶段都对应不同的沉积学过程和流体能量变化趋势。这些阶段在不同的时间尺度和空间尺度上都可以发生。其中，建造阶段记录了水道化之前的沉积过程，因此在上陆坡区域，以代表沉积物过路的侵蚀界面为识别标志。

Gardner 等(2003)对深海水道-朵叶体过渡带部分级次框架进行了更新，其进一步纳入了控制沉积物分布和地貌特征的过程，更新修改了各级次术语的使用，并改变了各级次和层序地层学旋回的对应关系。该更新后的级次划分方案仍然来自对 Brushy 峡谷组露头的研究，两个版本方案的不同如表 4-1 及图 4-1 所示。修改后的级次框架仍是 4 个构型级次，其中，最低一级改称为初级水道充填，它由侵蚀限制的水道充填构成，内部可进一步划分为多个侵蚀—充填单元或沉积体[图 4-1(b)]。如 Gardner 和 Borer(2000)所介绍的，这个沉积体是最小的沉积建造单元。这种初级水道充填不断叠置就会形成复合砂体，进而将其称为复合水道，它由成因上关联的、向一个方向统一迁移的一系列砂体构成，根据测量结果，复合水道平均大约 10m 厚、350m 宽[图 4-1(b)]。多个成因上关联的复合水道及相关的溢岸沉积构成了 6 级旋回的水道复合体，也可称之为水道带(channel belt)。根据水道复合体内部各水道的特征(深切或者侧向摆动)，该沉积单元可以表现为迁移的叠置样式，也可以表现为限制的叠置样式。而且，在水道复合体这个 6 级层序地层学旋回中，Gardner 等(2003)同样识别出了建造—侵蚀—充填—溢出各阶段。至于最高一个级次，将其称为水道主路径(submarine channel fairway)，其和 Gardner 和 Borer(2000)中海底扇通道复合体是一个概念，均代表长期存在的沉积物搬运通道。不同的是，Gardner 等(2003)将这个级次的沉积单元解释为 4 级层序地层学旋回，因此，其仅代表 3 级层序地层学旋回中的低位体系域，而不是整个沉积层序[图 4-1(b)]。

4.1.2　Prather(2000)的构型级次划分方案

Prather(2000)同样注意到将深海沉积序列划分为不同级次的单元是非常行之有效的做法。由于不同数据集涉及的时间和空间尺度不同，再加上深海沉积体系所对应的环境不同，可以使用不同的方法来划分深海水道构型级次。Prather(2000)充分考虑了地震资料分辨率的限制，展示了一个深水富砂环境下的级次框架，该划分方案的提出使用了覆盖墨西哥湾斜坡内盆地的三维地震资料及一些野外露头案例[如挪威孔斯峡湾(Kongsfijord)组野外露头](图 4-2)。

总的来说，Prather(2000)将深海水道的构型级次划分为 4 个地震资料可识别的级次及 3 个超过地震资料分辨率的级次，将其分别称为地震级次(seismic orders)及亚地震级次(sub-seismic orders)(图 4-2)。Prather(2000)承认在亚地震级次中，因为不能使用传统的地震手段来识别沉积单元，各级次存在较大的不确定性。Prather(2000)识别到的最低一级为第 3 亚地震级次，其分别和 Mutti 和 Normark(1987)的浊积岩层及 Pickering 等(1995)的层组相对应。至于亚地震级次中的最高一级，即"第 1 亚地震级次"，其通过识别内部各旋回的侵蚀型边界描述了沉积单元中的环形形态，并将其解释为水道砂体。此外，Prather(2000)还发现，由于砂体分布在较短岩层上的变化，对于深海水道储层的建模会过于简化。为了解决这一问题，其提出了建造单元这一新的级次，即第 2 亚地震级次。在第 1 亚地震级次中，水道充填序列可以进一步分为水道轴部单元及水道边缘单元，它们对第 1 亚地震级次的界面具有明显的侵蚀作用。

Prather(2000)将最低一级的地震级次中所识别的沉积单元命名为环形沉积(loops)，它决定了单一储层的规模，在传统的地震资料解释中可以被明显识别。此外，这些环形沉积具有非常典型的平面及剖面形态。例如，在平面上会表现为条带状、席状或者荚状，在剖面上有时呈现为叠瓦状。第 3 地震级次被描述为相单元(facies units)，可以通过地震反射强度、几何形态、侧向连续性及边界类型来进行表征。在该级次中，几何形态特征

第 4 章 深海水道构型级次

第1地震级次(序列组合)
- 描述为积水或过路沉积

0.8~3km

第2地震级次(相序列)
- 以凝缩层边界

0.8~2km

第3地震级次(相单元)

0.75~1km

1.4~2.9km

环形沉积
环形沉积系列
低 振幅强度 高 500m

第4地震级次
- 描述为单一储层

20~30m

0.12~2.5km

第1亚地震级次
- 归类为水道或席状砂

0.18~1.6km
1.5~15m

第2亚地震级次(建造单元)
- 水道边缘和水道轴部

5m
45~300m

第3亚地震级次(层理模式)

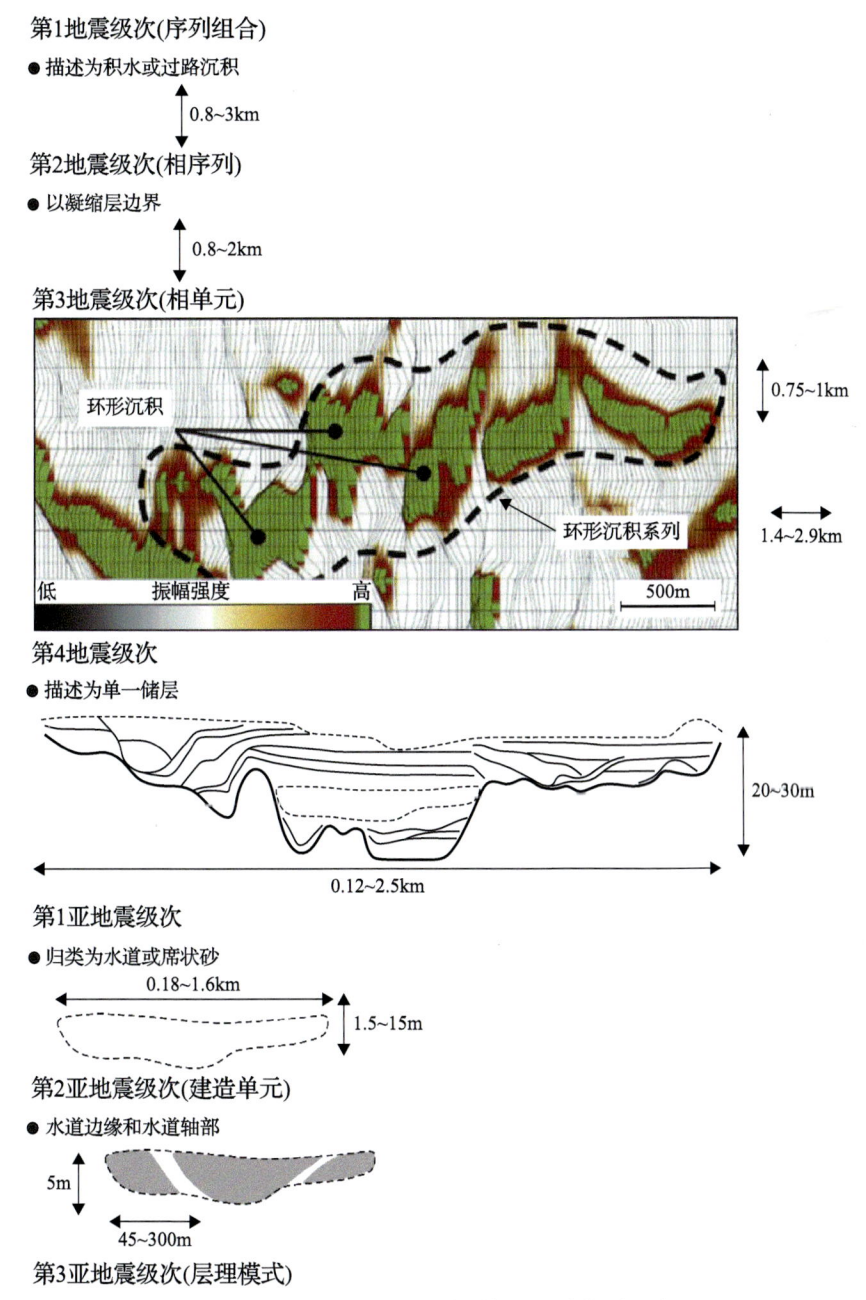

图 4-2 Prather(2000)提出的深海水道构型级次划分方案

可以用来判定三种地震相，它们分别是披覆、汇聚及杂乱。在该级次下，Prather(2000)还指出测井资料可以有效降低岩相及砂体含量预测的不确定性，而且对于该级次中沉积单元的叠置样式，可以借助小波融合程度来进行判断。

第 2 地震级次由重复的地震相序列构成，因此也可以将其描述为相序列(facies successions)。该级次所对应的深海水道沉积由多个相单元(第 3 地震级次)堆叠形成，其……期形成的凝缩层。第 2 地震级次代表了不同类型可容空间的充填模式，……控制储层构型的外部因素。第 2 地震级次所代表的相序列不断堆积则会……序列组合(assemblage successions)，即第 1 地震级次，其为级次框架中的最……墨西哥湾斜坡内盆地的案例研究中，第 1 地震级次的地震相序列组合被归类……或者过路沉积。这个最高一级的深海水道级次虽然记录了地震相的组合，但……r(2000)却没有对其内部的详细构成进行解释。另外，关于不同级次的深海水道……，Prather(2000)在图 4-2 中进行了详细标注。

……上深海水道的 7 级划分方案可以应用在储层勘探、评价、开发及生产的不同阶段。……ther(2000)认为第 1 地震级次和第 2 地震级次可在勘探阶段指导潜在储层的发现。……如，在墨西哥湾斜坡内盆地的地震相分析就帮助识别了富砂层位。第 3 和第 4 地震级……次则可以帮助评价沉积单元的叠置样式，从而进一步明确储集体的空间展布。至于亚地震级次，可以用来评估储层内部的非均质性，因此其对深海水道储层的开发具有重要的参考意义。

4.1.3 Sprague 等(2005)的构型级次划分方案

为了更好地明确和预测储层性质(储层几何形态、连续性、孔隙度、渗透率等)，Sprague 等(2005)参考层序地层学级次框架，提出了一个新的深海水道级次框架。它在多个尺度上强调了储集体的时空控制，从而可以有效用于地下预测。该级次框架可以作为标准级次，广泛应用于成因上关联的深海地层单元，尤其是限制性的深海水道沉积。该分级方案主要基于 3D 地震资料解释建立，同时也参考了测井及岩心资料。埃克森美孚公司及壳牌公司通过实践应用进一步证明了其价值。例如，在西非陆缘，综合使用测井数据和地震资料对潜在储层进行了分析，其对净毛比的估计表现出很高的准确性。Sprague 等(2005)提出的级次框架认可了 Beaubouef 等(1999)对 Brushy 峡谷组野外露头开展工作时基于层序地层学概念所提出的级次划分方案。在 2002 年的 AAPG 年会上，Sprague 等(2002)简单地将这套级次划分称为深水级次(deep-water hierarchy)；在随后的会议论文中，Sprague 等(2005)将提出的级次方案做了进一步拓展。

该级次划分方案试图对深海水道开展系统性描述，并将其和层序地层框架进行比较，因此 Sprague 等(2005)的深水级次和层序地层格架具有很好的对应关系，而且其分级标准也极为相似，如物理和成因上关联的地层主要关注由关键界面所限定的地层几何形态及垂向和侧向上的叠置关系。虽然本节也提供了与深海水道级次相对应的层序地层学术语，但是对各级次的命名使用的主要还是深海沉积的相关术语(图 4-3)。

Sprague 等(2005)提出的最低级次为岩层，其上下边界由层理界面或者不整合面所限定。岩层组由两个或者多个层理组成，其具有相同的成分、结构及沉积构造。下一个级次则为岩层系列，这个术语由 Friend 等(1979)对河流沉积进行描述时首次使用。单个水道层表现为一个侵蚀型的底界面，上覆为侧向上相组合发生明显改变的沉积单元，如从水道轴部变为水道边缘。这种相描述不仅在水道层这一级次上开展，更高一级的水道充填同样被描述为侵蚀型的基底及沉积相的侧向改变。水道充填被认为是深海沉积体系

第 4 章 深海水道构型级次

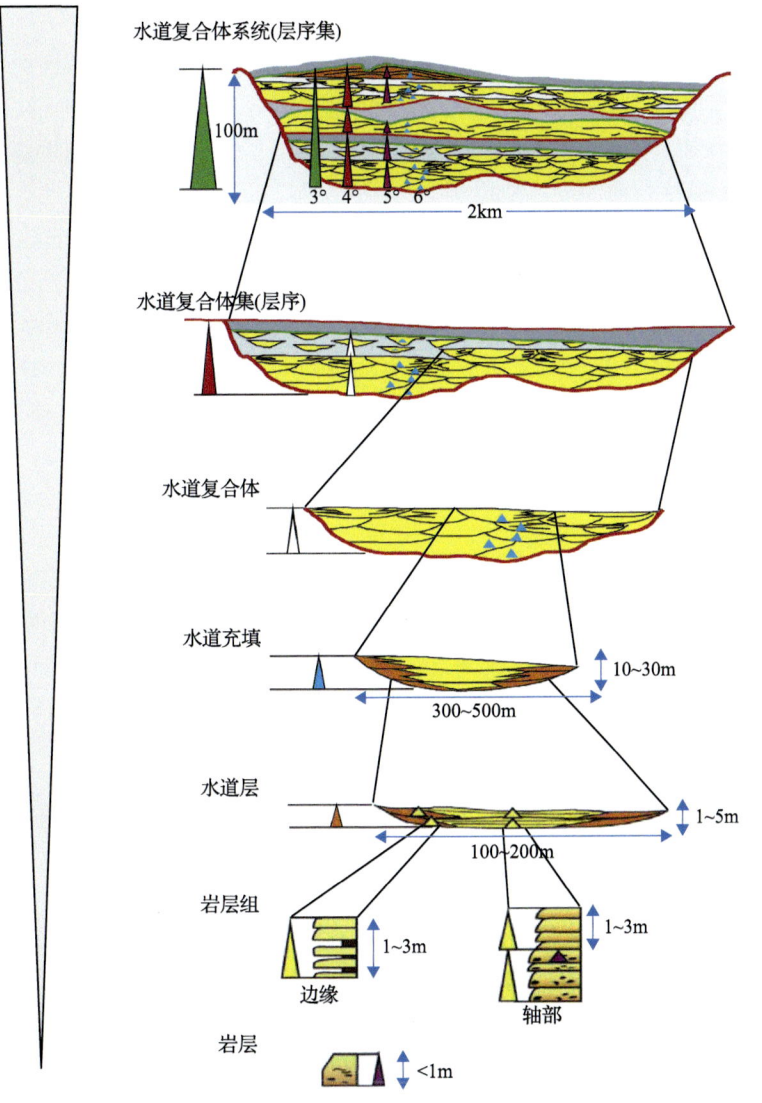

图 4-3 Sprague 等(2005)提出的深海水道构型级次划分方案

的基本建造单元,在该级次及更高一级的水道复合体,沉积单元均表现为唯一的构型样式。水道充填被解释为单一的水道充填—废弃旋回所形成的沉积,它是地震资料可识别到的最小级次。水道复合体则代表一组地震上可识别的、成因上关联的水道充填,其在沉积走向上可同时出现沉积相的侧向变化。

对于更高一级的水道复合体集,往往对应一套沉积层序的低位体系域。与水道充填、水道复合体这两个级次不同,在水道复合体集这个级次表现为构型样式变化的单元。例如,在这样一个单元中,可以发育有广泛的、围绕深海水道的背景沉积(图 4-3)。总体来说,水道复合体集由成因上关联的两个或者多个水道复合体构成,而且这些水道复合体往往呈垂向上的叠置样式,顶部还覆盖有代表水道活动暂时停止的深海披覆泥。此外,水道复合体集的底部往往为不整合面,这进一步证实了深海水道级次和层序地层学级次的对应关系。

水道复合体集不断叠置则会形成水道复合体系统，其顶界面为区域性的废弃面，底界面则为复合层序边界。Sprague 等(2005)认为水道复合体系统对应层序地层学中的层序组，其反映了相对海平面长期变化的效应。多个水道复合体系统旋回在垂向上叠置会形成水道复合体系统集，其往往对应层序地层学中的复合层序。

Sprague 等(2005)提出的深海水道级次划分方案首先被应用到了西非陆缘的地震资料解释当中。Beaubouef(2004)随后将该分级方案及相应的术语体系应用到了托雷峰(Cerro Toro)组的野外露头研究当中。此外，Campion 等(2007)也将从岩层组至水道复合体集的几个级次应用到了水道化的卡皮斯特拉诺(Capistrano)组露头研究当中。在此背景下，层被限制在水道充填单元之中，其底界面上超并合并从而形成水道的底界面。每一个水道层包含多个堆积的岩层组，其不仅在侧向上表现出明显的相组合的变化，在垂向上同样出现了相组合变化；至于单一水道层内部的岩层组，其反映了从侵蚀到过路到最后阻塞的整体沉积演化。

Sprague 等(2005)提出的级次框架同样为其他级次概念提供了基础。例如，Abreu 等(2003)修改了 Sprague 等(2002)的级次框架和术语体系，并将其用在了侧向加积体的描述当中(图 4-4)。Abreu 等(2003)主要对水道复合体的概念进行了修改，其允许水道复合体中构型样式的变化。而且，与 Sprague 等(2002)的构型级次不同的是，Abreu 等(2003)提

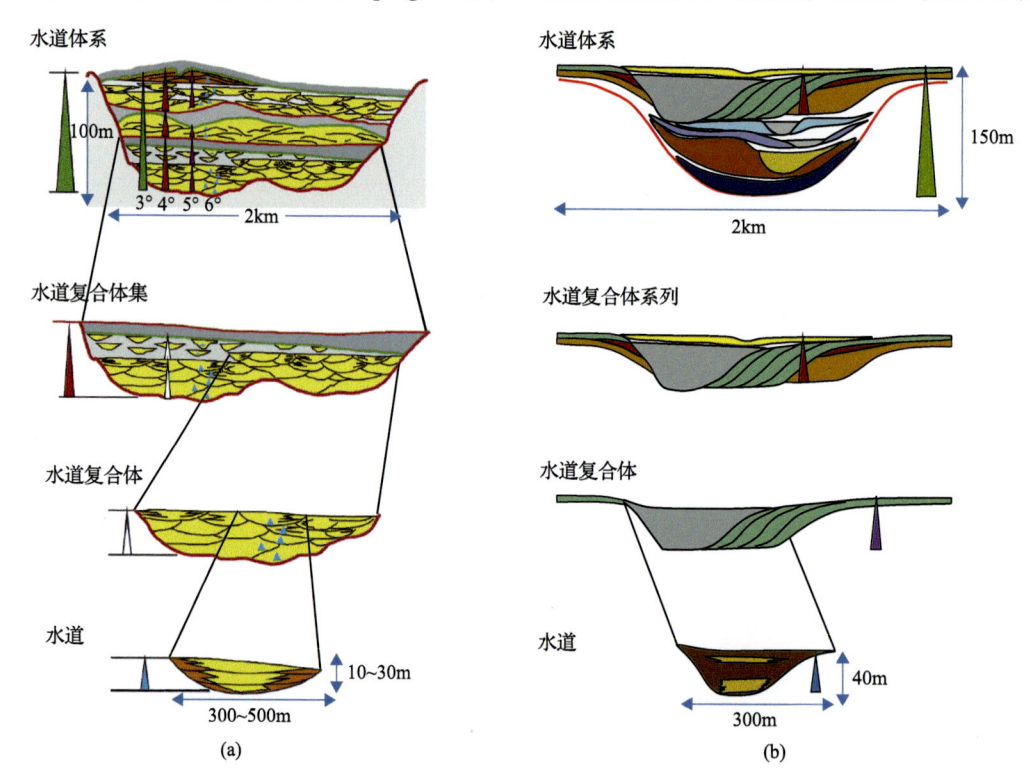

图 4-4 Sprague 等(2002)的分级方案与 Abreu 等(2003)划分水道侧向加积体级次方案的对比
(a) Sprague 等(2002)的构型级次划分方案；(b) Abreu 等(2003)的构型级次划分方案

出了两种水道复合体，这可能说明在 LAP 的级次中出现了不同的解释，但是 Abreu 等(2003)却没有明确解释。

另外，McHargue 等(2011)也使用了 Sprague 等(2005)的级次框架来建立斜坡水道的地下模型，其认识到了基于事件的正演模拟中级次框架的重要性，该模型可以产生更为可靠的模拟输出。McHargue 等(2011)的工作主要集中在三个级次：水道充填、水道复合体及水道复合体集；他将水道充填重新称为水道单元(channel element)，而且其内部同样由次一级的水道层(stories)构成。对于这三个级次，McHargue 等(2011)认为它们均对应流体能量的增强-减弱旋回。在水道复合体集这个级次上，该旋回内部叠置样式随流体行为的改变同样发生变化。总体来说，叠置样式逐渐变得有序，这种有序的叠置样式与水道单元较高的加积速率有关，其使年轻水道单元的流动路径与较老水道单元的路径相匹配。

4.1.4 Mayall 等(2006)的构型级次划分方案

在分析了许多前人关于深海水道构型级次的研究之后，Mayall 等(2006)建立了深海水道储层演化及分类的地层学方法。与之前的研究有所不同，Mayall 等(2006)强调了每条水道及其内部充填的独一性，并承认建立或者应用单一沉积模式存在巨大的困难。因此，其提出了一个与水道反复出现的特征(曲率、相、侵蚀-充填及叠置样式)相关的级次框架，可以将该框架有效应用于储层表征过程中。然而，为了和前人提出的水道级次框架形成对比，Mayall 等(2006)使用了一系列标准化的术语来描述水道规模的变化(图 4-5)。为了使用基于层序地层学的简单术语来描述深海水道的级次框架及其内部沉积单元，Mayall 等(2006)避免使用已经存在的术语来进行级次划分。

Mayall 等(2006)的工作集中在侵蚀型的限制水道上，其对应边界为 3 级层序边界(图 4-5)。这种 3 级水道的底界面为大型的侵蚀界面，相应规模为 1~3km 宽、50~200m 厚。这个 3 级层序界面在地层位置上位于 3 级最大洪泛面之间，这些最大洪泛面往往对应一定的生物地层事件，这可以帮助识别其在盆地中的年代地层学时间尺度。根据 Mayall 等(2006)的观点，3 级水道中的绝大多数充填沉积与 3 级层序的低位体系域有关，而上覆的薄层泥质沉积则代表海侵和高位体系域沉积。此外，3 级水道中的充填沉积相对比较复杂，其内部较小的侵蚀则对应 4 级和 5 级界面，而且实际工作中这两种界面(4 级和 5 级)是难以准确区分的，这是因为在 3 级水道发育过程中，水道的废弃阶段不仅受到更高级别海平面旋回的控制，同时还受到自旋回作用的影响(图 4-5)。Mayall 等(2006)也指出，在水道单元的下游位置，由于水道分叉，一个 3 级充填可能分成多个 4 级充填，因此水道的分叉作用造成了深海水道级次向下游方向降低。在 3 级水道中，最小的水道单元 10~30m 厚，其被解释为单一水道，但是 Mayall 等(2006)却并没有将这些单一水道和 4 级水道或 5 级水道建立联系，因此其在级次框架中的定位仍是不清楚的。此外，这些 4 级和 5 级水道的叠置样式对于深海水道储层中的相分布具有显著的控制作用。

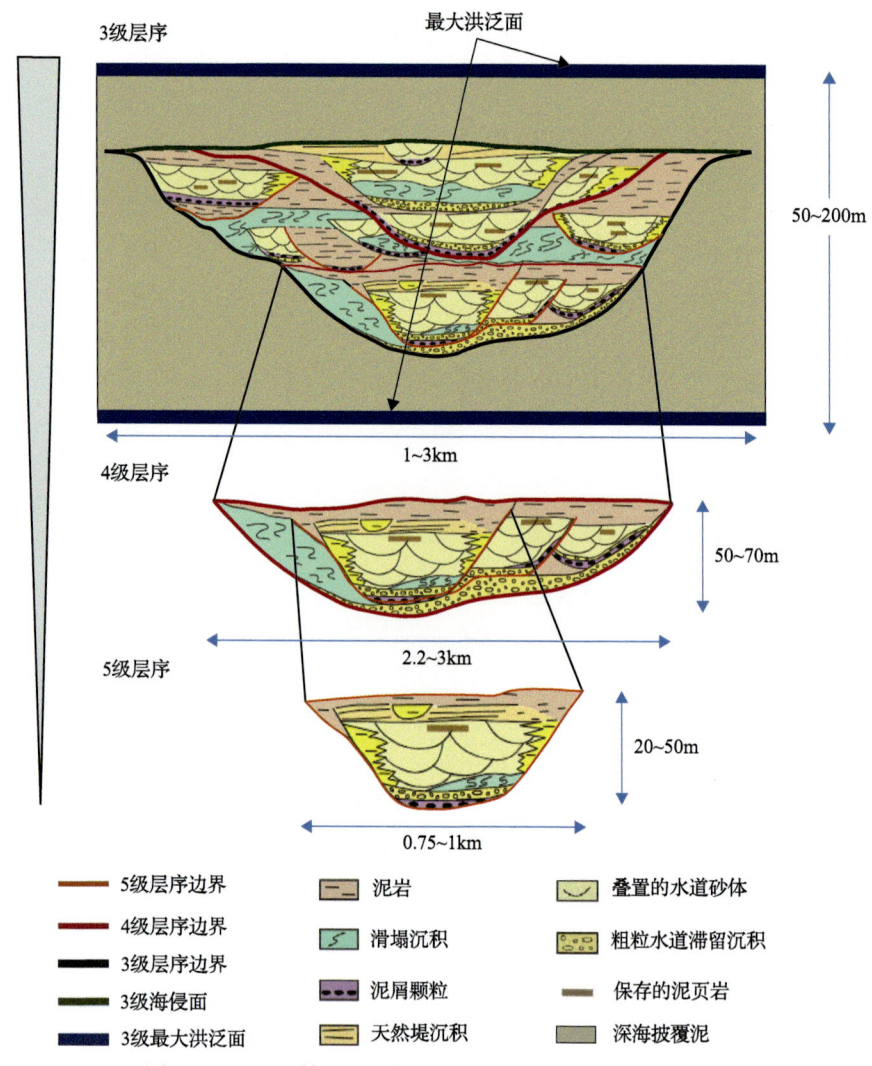

图 4-5 Mayall 等(2006)提出的深海水道构型级次划分方案

4.1.5 Pickering 和 Cantalejo(2015)的构型级次划分方案

通过对西班牙艾思萨(Ainsa)盆地始新统野外露头的研究，Pickering 和 Cantalejo(2015)提出了自己的深海水道级次框架，而且该级次框架还被用在了相同课题组在该盆地的其他研究中(Bayliss and Pickering, 2015a, 2015b)。其提出的级次框架主要依赖不同尺度上关键界面的对比，从而对各构型单元的界面给出明确定义(图 4-6)。各级次的划分标准主要包含以下几个参数：内部相组合、构型几何形态及相关界面。

在 Pickering 和 Cantalejo(2015)建立的深海水道级次框架中，主要使用 Flint 等(2008)、Sprague 等(2005)及 Figueiredo 等(2013)在卡鲁(Karoo)盆地研究中所提出的术语体系。这套术语体系涉及多个不同的尺度，包含地震和野外露头研究，而且该套术语的使用与现今层序地层学概念一致，与 Pickering 和 Cantalejo(2015)研究目的也一致，

第 4 章　深海水道构型级次

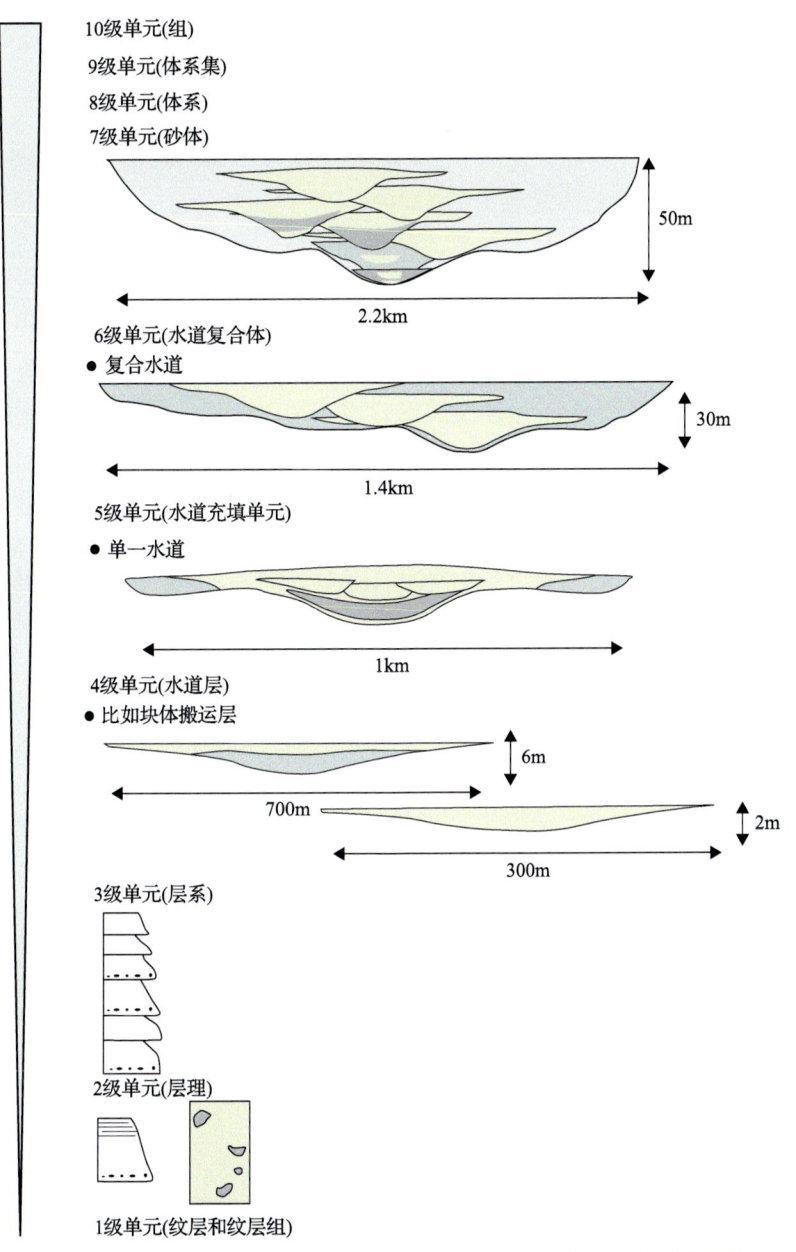

图 4-6　Pickering 和 Cantalejo（2015）提出的深海水道构型级次划分方案

即通过识别盆地规模的层序边界来提高地层对比的准确性。

纹层（lamina）和纹层组（laminaset）为该级次框架中最低的一级（1 级），其代表岩性相对统一、内部无小层的最小沉积单元。多个纹层构成了层理，其代表 2 级单元，为地层的基本建造单元。根据 Campbell（1967）的定义，一个层理由单一的沉积事件形成，也可以看成一个时间地层单元，而且可以在盆地内进行对比。至于第 3 级单元，由层理在成分、结构或者构造方面发生的变化所限定，称为层系（beds）。4 级单元为水道层（storey），该术语首先在河流体系中被使用。5 级单元由多个 4 级单元构成，被称为水道充填单元，属于水道充填沉积。5 级单元往往具有明显的侵蚀底界面，在轴部位置还表现为向上变细的序列。根据对约 64 个案例的统计，Pickering 和 Cantalejo(2015)发现这种水道充填单元平均 1000m 宽、14m 厚，而且其可以进一步划分为多个区域，如水道轴部、水道边缘及天然堤区域等。深海水道的 6 级单元为水道复合体，根据对 38 个案例的分析，Pickering 和 Cantalejo(2015)发现其大约 1400m 宽、37m 厚；而且，这些水道复合体同样具有明显的侵蚀底界面，根据其内部单元的叠置关系，可以表现为向上变细或者变粗的序列。

多个水道复合体构成了 7 级水道单元，即砂体(sandbody)，根据对 19 个实际案例的研究，发现其宽度大约在 2200m，厚度则约为 90m。Pickering 和 Cantalejo(2015)认为这种 7 级水道单元属于层序(sequence)，然而，由于层序所代表的沉积单元往往比较大，并没有在本节被使用。在 Ainsa 盆地中，这个 7 级单元砂体在底部发育有块体搬运沉积，顶部覆盖着盆地规模的披覆泥(被解释为废弃相)。而且，这个 7 级单元反映了盆地尺度充填情况，每一个砂体的发育都代表一次沉积中心的迁移。多个这种砂体(中间被细粒沉积隔断)构成了 8 级单元，称之为体系(systems)，而多个体系相互叠置则形成了体系集(system sets)，这些体系集叠置又会形成组(group)，其代表了 Ainsa 盆地最高级次的沉积单元(图 4-6)。

4.2　笔者提出的深海水道构型级次框架

通过对前人提出的深海水道级次框架进行总结，可以发现各方案存在较大差异，而且各构型单元级次亦存在不对应性。上述深海水道构型单元级次划分方案存在争议的原因可归纳为两个方面：一方面与研究所用数据有关，这种数据资料的分辨率差异性和解释多解性势必导致研究尺度、研究结果迥异(Cullis et al., 2018)。另一方面取决于深海沉积体系的复杂性。不同海底扇沉积体系，受海平面升降、沉积物供给和构造运动等大尺度因素影响，水道构型样式存在一定差异(Ogbe, 2020; Liu et al., 2021)；同时，受地形地貌、重力流流体性质等小尺度因素影响，同一水道体系不同平面位置的沉积构型样式也会存在差异(Li et al., 2018; Ashiru et al., 2020)。此外，当前人们对深海沉积体结构的认识仍不全面、不深入。这些因素均可导致不同学者对深海水道构型级次的划分存在差异。

现有构型级次划分方案的差异性，使深海水道难以实现露头与地下数据、现代沉积与古代沉积的类比。为此，笔者综合利用野外露头、浅层高频地震、深层油气藏井震联合资料、镜下薄片等多维度、多时间域、多尺度信息，基于沉积体形态、规模及叠置样式分析，系统提出了一种深海水道沉积体构型单元分级方案，详细揭示了不同水道级次沉积单元的成因及其储层内部的非均质性。

针对当前深海水道构型级次研究存在的问题，结合深海沉积环境的特点，综合利用地质、地球物理等多种信息，提出了 11 级深海水道沉积构型分级新方案(图 4-7，表 4-2)(赵晓明等，2023)。该方案充分厘定了构型单元的级次、类型、成因、形成时间跨度、结构样式、非均质性、界面规模及其地下识别资料分辨性等。另外，本节还将其与 Vail 等(1977)和 Cross(1988)的地层旋回进行了统一和对比。

第 4 章 深海水道构型级次

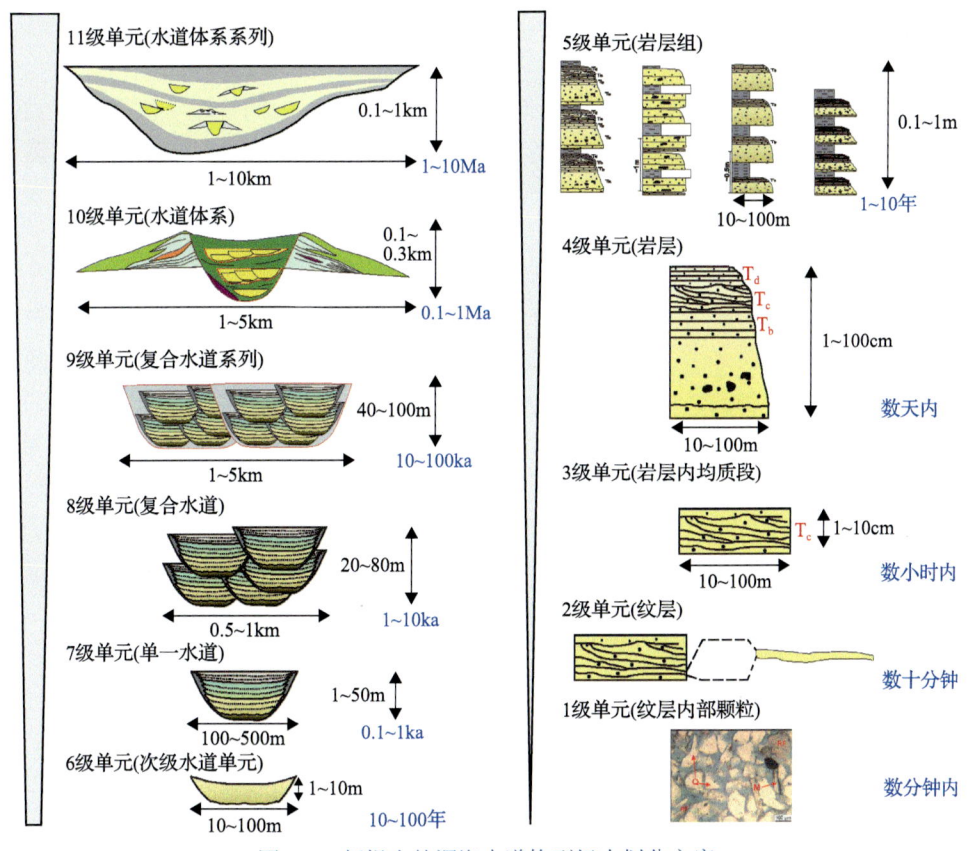

图 4-7 新提出的深海水道构型级次划分方案

表 4-2 新提出的深海水道构型级次划分方案总结

构型	构型单元	时间跨度/a	厚度/m	宽度/m	识别资料	Vail 旋回 (Vail et al., 1977)	Cross 旋回 (Cross, 1988)	米兰科维奇旋回
1级	纹层内部颗粒	$10^{-6} \sim 10^{-5}$			显微镜下			
2级	纹层	$10^{-5} \sim 10^{-3}$	$10^{-3} \sim 10^{-2}$	$10^1 \sim 10^2$	岩心			
3级	岩层内均质段	$10^{-3} \sim 10^{-2}$	$10^{-2} \sim 10^0$	$10^1 \sim 10^2$	岩心、测井			
4级	岩层	$10^{-2} \sim 10^0$	10^0	$10^1 \sim 10^2$	测井			
5级	岩层组	$1 \sim 10$	$10^0 \sim 10^1$	$10^1 \sim 10^2$	测井			
6级	次级水道单元	$10 \sim 100$	$10^0 \sim 5 \times 10^1$	$1 \times 10^2 \sim 5 \times 10^2$	测井、地震		超短周期旋回	
7级	单一水道	$100 \sim 1000$	$2 \times 10^1 \sim 8 \times 10^1$	$5 \times 10^2 \sim 1 \times 10^3$	地震		短期旋回	
8级	复合水道	$10^3 \sim 10^4$	$4 \times 10^1 \sim 1 \times 10^2$	$1 \times 10^3 \sim 5 \times 10^3$	地震	5级	中期旋回	岁差周期
9级	复合水道系列	$10^4 \sim 10^5$	$1 \times 10^2 \sim 3 \times 10^2$	10^3	地震	4级	长期旋回	黄赤交角周期
10级	水道体系	$10^5 \sim 10^6$	$10^2 \sim 10^3$	$10^3 \sim 10^4$	地震	3级	超长期旋回	偏心率周期
11级	水道体系系列	$10^6 \sim 10^7$	$10^3 \sim 10^4$	$10^4 \sim 10^5$	地震	2级	巨旋回	

4.2.1 构型单元级次

构型级次划分是开展沉积(储层)构型研究的关键。国际上的构型级次划分方式通常为正序或倒序两种，本节采用正序方案，即数字越大，构型单元级别越大。该方案将深海水道储层构型单元级次划分为 11 级，其中 1~6 级属于较小尺度，而 7~11 级属于较大尺度。因此，该构型单元级次划分能够实现地面露头与地下沉积体之间的类比，确保构型单元级次的完整性。

构型单元类型是开展沉积(储层)构型研究的基础。受沉积机制类型多变性的影响，深海水道储层结构复杂多变，加上目前深海水道储层构型研究缺乏系统性，导致同一构型单元类型存在多种术语，不同构型单元类型可能用同一术语表述，个别术语用词存在无法反映其构型内涵的问题。根据国内外经典沉积学教材和通用行业标准，明确深海水道各级次储层结构所对应的构型单元类型(图 4-7)，确保构型单元术语的规范性和统一性。上述构型单元级次具体如下。

1 级单元为纹层，为内部颗粒、填隙物、孔隙及喉道等相似的微米级区域；2 级单元为纹层，为沉积物粒级、成分和颜色相似的毫米级层；3 级单元为岩层内均质段，为沉积物颗粒大小或沉积构造变化段，对应鲍马序列某一段(如鲍马序列 T_a、T_b 或 T_c 段)，或者高密度浊流段(如 Lowe(1982)序列 S1、S2 或 R1 段)，其往往难以在块状沉积单元(如砾岩和碎屑流)内识别，内部储层均质性相对较好；4 级单元为岩层，由多个组分、结构和沉积构造相似或连续的均质层段组成，内部沉积物粒度大小可为均质的，也可为非均质的；5 级单元为岩层组，由多个组分、结构和沉积构造相似的粗粒岩层垂向叠置而成，其间可夹有细粒泥岩层；6 级单元为次级水道单元，由多套垂向上叠置、成因相连的岩层序列构成，流动路径相同，本身呈水道形态；7 级单元为单一水道，由多个垂向叠置的次级水道单元组成，是短期海平面变化或构造活动的响应结果，记录了侵蚀、过路、充填和废弃(或溢出)的沉积过程；8 级单元为复合水道，由多个单一水道组成，主要记录局部地形地貌对水道沉积过程的控制，复合水道边界可发育大型侵蚀面；9 级单元为复合水道系列，由多个复合水道组成，主要记录了局部构造运动(如底辟引发的断层活动或褶皱形成)等小规模异旋回作用对水道沉积过程的控制；10 级单元为水道体系，由多个复合水道系列组成，主要记录了相对海平面长期变化、区域构造运动等大规模异旋回作用对水道沉积过程的控制；11 级单元为水道体系系列，由多个水道体系组成，记录了 2 级海平面变化、区域构造运动等大规模异旋回作用对水道沉积过程的控制，可根据构造活动及物源供给能力等，分为富砂型、富泥型和砂泥混杂型水道体系系列，水道体系之间被厚层泥岩隔挡。

4.2.2 各级次构型单元成因及时间跨度

1. 构型单元成因

厘清各级次构型单元成因是确保级次划分科学性的关键。基于深海水道沉积动力学和层序地层学原理，揭示了各级次构型单元的成因，具体如下。

第4章 深海水道构型级次

1级单元为相同水动力条件下沉积物颗粒均匀堆积的产物；2级单元是单一重力流流体类型中相同水动力条件流态产物；3级单元是单次沉积事件中单一重力流流体类型的产物；4级单元是单次沉积事件的产物；5级单元是流体能量总体相似的一系列沉积事件的产物（Ghosh and Lowe, 1993）；6级单元是流体能量规律性变化（增强或减弱）的一系列沉积事件的产物；7级单元是流体能量渐进式变化（一般先增强后减弱）的一系列沉积事件的产物；8级单元以自旋回事件成因为主；9级单元以小规模异旋回事件成因为主（Navarre et al., 2002）；10级单元是异旋回事件成因（Mayall et al., 2006）；11级单元是区域性构造地层旋回成因（Mutti and Normark, 1987）。

2. 构型单元形成时间跨度

受成因差异性的影响，各级别构型单元的形成时间跨度也会存在差异。基于深海水道构型单元成因约束，明确了各级次构型单元的形成时间跨度，具体如下：1级单元形成于数分钟内；2级单元时间跨度数十分钟；3级单元时间跨度为数小时；4级单元常在数天内形成；5级单元时间跨度可达1~10年；6级单元时间跨度为10~100年；7级单元时间跨度为0.1~1ka；8级单元时间跨度多在1~10ka；9级单元时间跨度则为10~100ka（Navarre et al., 2002）；10级单元形成时间基本在0.1~1Ma（Mayall et al., 2006）；11级单元时间跨度则可以达到1~10Ma。依据上述深海水道构型单元成因分类和形成时间跨度标准，可反推各级次构型单元的沉积演变过程及所经历的各级地质事件，此外还可根据地层实际测定时间推测构型单元级次，以及反推各级沉积体的形成时间跨度，实现现代沉积与古代沉积之间的类比，从而确保构型单元级次划分的科学性。

4.2.3 构型分级方案适用性分析

纵观现有深海水道沉积构型划分方案，由于不同学者的研究方法及划分依据存在差异，不同沉积构型单元在规模尺度、勘探开发及实现方法等方面难以统一和对比。鉴于此，可综合不同构型单元识别资料及地下深水油藏实际应用，对新划分方案的适用性展开分析。

1. 构型级次识别资料适用性

不同级别的构型单元在沉积规模上存在较大尺度的差异，故新构型分级方案在实际应用过程中往往需要用不同的研究数据对其进行识别；同时在进行野外露头、地下数据分析时，受资料分辨率的限制，识别不同级别构型单元的能力存在差异。为此，新的构型方案基于构型单元规模约束，结合不同数据资料探测能力和分辨率，厘清了地下油气藏范围内不同级次深海水道储层结构识别资料依据，包括岩心、测井、三维地震等，同时实现了本构型单元级次划分系统在地上和地下、古代和现代沉积体之间的类比。不同级次沉积单元所适用的研究资料具体如下。

1级单元为微观尺度，主要针对矿物、基质类型、孔隙和微裂缝等，仅能在显微镜镜下（光学、电子、偏光）研究；2~3级单元尺度相对较小，可借助放大镜或者肉眼进行识别，其研究对象主要为岩心及野外露头；4级单元一般通过岩心及野外露头进行识别，或当厚度大于 0.5m 时，在测井曲线上有一定的响应特征，可用测井资料识别；5～6 级单元在地震尺度上相对较小，常规地震资料(主频小于 30Hz)往往难以识别，一般通过测井资料、钻井取心及一些野外露头进行识别；7 级单元为地震资料可分辨的最小构型单元，一般可用中高频地震资料(主频大于 30Hz)识别；8 级单元可用常规地震资料开展表征，但地震资料需进行预处理后才可分辨该级次单元；9～10 级单元一般可用深层油藏范围常规地震资料开展表征。

2. 地下应用实例

为进一步展示本方案在地下油气藏中的实际应用，特以西非尼日尔三角洲盆地陆坡区 X 油藏水道储层为例，阐述新的构型划分方案在油气勘探开发方面的适用性。

X 油藏位于西非尼日尔三角洲盆地陆坡区，构造上位于拉张带与挤压带过渡区域，水深 1300～1500m，目的层为中新统阿格巴达组，整体沉积环境为海退下的三角洲前缘，沉积相以深海水道及朵叶沉积体为主。基于新的构型分级方案指导，综合三维地震、测井信息、钻井取心及镜下薄片资料，对研究区进行沉积构型单元级次划分。

如图 4-8 所示，根据沉积层序框架约束及水道体系在外部形态、内部结构和地震响应特征方面的差异，可确定水道沉积体顶底面和包络面范围，根据其沉积特征及形态规模可确定 X 油田最大规模为水道体系级次(10 级单元)；根据水道体系形成演化阶段和地震响应特征，在水道体系内部识别出 2 期复合水道系列(9 级单元)；根据井震标定的复合水道砂体垂向叠置关系，可将复合水道系列在垂向上细分出若干期复合水道(8 级单元)；利用井震模式拟合方法，通过平-剖互动构型解剖识别出地震可分辨的最小沉积单元——单一水道(7 级单元)；以此为基础，通过岩心观察与描述，对单一水道内部充填的沉积物进行分析，将相同或相似的沉积韵律组合划分为一个次级水道单元(6 级单元)，其底部可存在小型侵蚀面，在测井和岩心上表现出一定的正韵律变化趋势。

次级单元内部沉积的单个沉积物韵律组为一个岩层组(5 级单元)，在测井和岩心上表现出明显的正韵律特征；根据岩层组内部沉积物岩性差异及其对应的测井曲线突变界面，划分出不同的岩层(4 级单元)，其为测井资料可识别的最小沉积单元；进而，将岩层中具有相同沉积构造特征的段称为均质段(3 级单元)，如层理发育段及块状沉积段等；层理发育段内的单个层理为一个纹层(2 级单元)，在块状沉积岩层段，对应的纹层为毫米级沉积层段；通过镜下薄片观察，可识别出纹层沉积物矿物、孔隙及胶结物类型，对应纹层内部颗粒(1 级单元)。

相对于深海水道沉积构型现有划分方案，新方案充分结合三维地震、测井、钻井取心、野外露头及镜下薄片等资料，实现了深海水道更为完整且系统的划分，并厘定了不同级次单元水道沉积体的沉积特征及相互空间叠置样式，丰富完善了深海水道沉积构型理论系统；同时基于不同构型级次单元沉积特征及深水油藏开发模式，利用该方案划分出宏观勘探、宏观开发与微观开发三个尺度的构型单元组合，并赋予该方案一定的勘探开发意义，并将其应用于深海水道型油藏开发中，有效指导了该类型油藏的高效开发。

第 4 章 深海水道构型级次   195

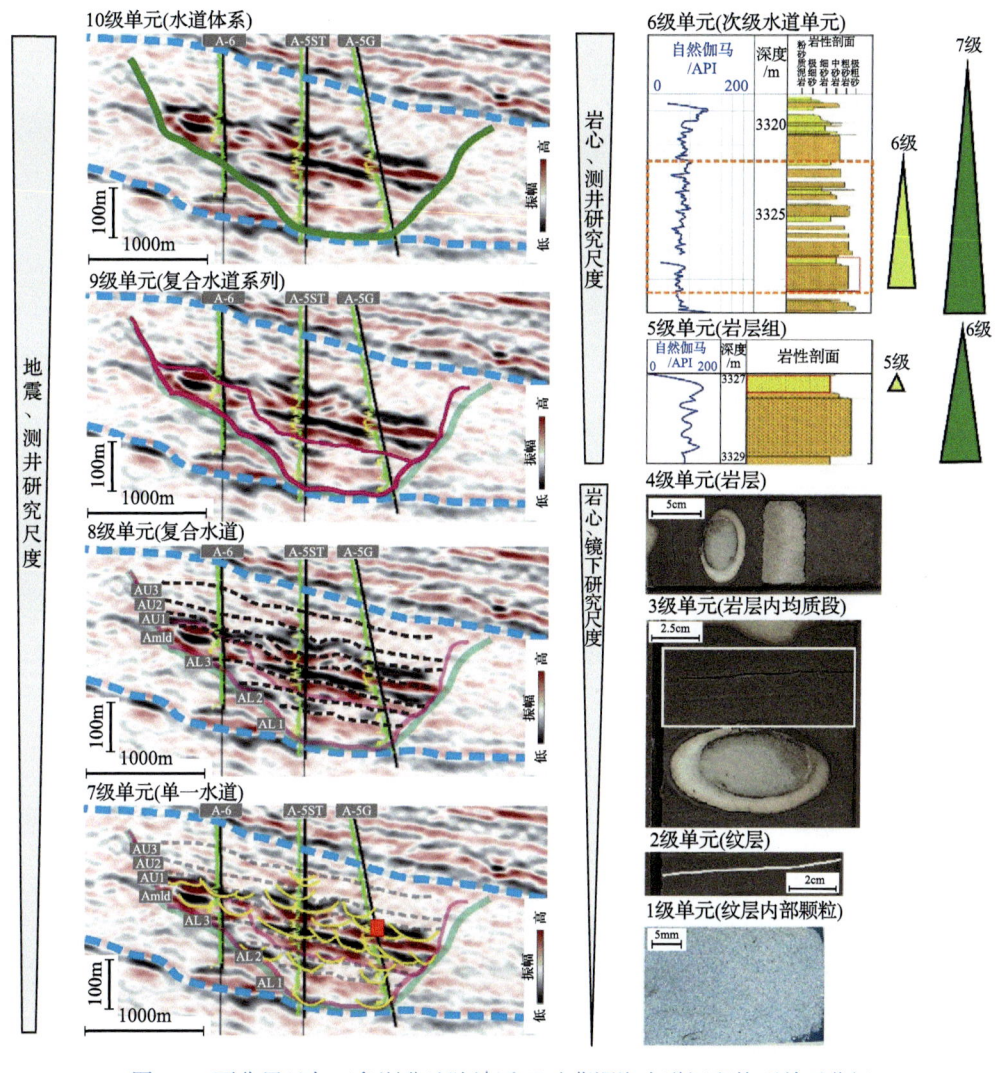

图 4-8 西非尼日尔三角洲盆地陆坡区 X 油藏深海水道沉积构型单元分级

4.3 不同级次的深海水道构型单元特征

构型单元特征决定了各级沉积体的渗流屏障和渗流差异空间分布，对油气成藏条件、油气藏高效开发和提高采收率具有重要的实际意义。基于前述的多维度、多时间域和多尺度综合信息，厘定了1~10级深海水道构型单元特征(11级单元应用较少，暂未列出)。

4.3.1 1~6 级构型单元特征

1. 结构样式及非均质性

1 级单元(纹层内部颗粒)根据岩石结构和矿物特征差异引起的孔隙规模非均质性，

可分为孔隙非均质性、颗粒非均质性和填隙物非均质性,表现为岩石矿物颗粒大小、分选及磨圆特征、胶结物和填隙物类型及生物化石碎屑差异等(图4-9)。

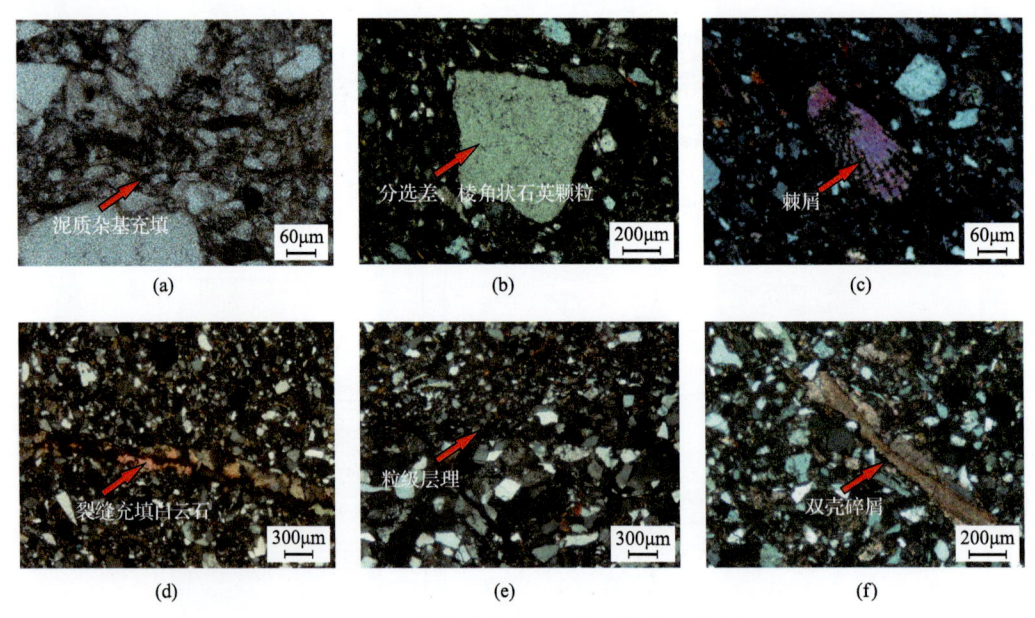

图4-9 甘南水道浊积岩矿物颗粒镜下特征
(a)、(b)基质充填差异;(c)、(d)矿物颗粒差异;(e)、(f)生物碎屑差异

2级单元(纹层)根据纹层形态特征,可分为平直状、波状、弯曲状、透镜状、不规则状等(图4-10)。其内部宏观非均质性相对极弱,但微观非均质性强。

(a)

第 4 章 深海水道构型级次

图 4-10 甘南深水露头 1～3 级构型沉积特征
(a)鲍马序列 T_a～T_e 的正韵律变化特征；(b)T_c 段波状层理；(c)T_b 段单个水平层理

3 级单元(岩层内均质段)根据流体能量变化情况，可对应为鲍马序列(中粒浊积岩)、Lowe 序列粗粒浊积岩、Stow 序列(细粒浊积岩)的某一段，如 T_a、T_b 或 T_c(图 4-10)，其内部宏观非均质性较弱。

4 级单元(岩层)依据沉积事件及重力流成因类型，可分为滑塌相、砂质碎屑流相、超高密度流相、高密度浊流相、低密度浊流相和深水半远洋—远洋沉积等，对应鲍马序列(中粒浊积岩)、Lowe 序列(粗粒浊积岩)、Stow 序列(细粒浊积岩)的完整或部分沉积序列，其内部储层非均质性较弱。

5 级单元(岩层组)依据成因类型可分为两类(图 4-11)：①多个单一韵律或(和)块状砂体(以厚层、中层为主)垂向叠置，其间可夹有薄层泥岩，主要位于水道主体部位。②多个单一韵律或块状砂体(以中层、薄层为主)与泥岩互层，多发育在水道边缘；其内部储层非均质性相对较弱。该级次单元可由单个或多个沉积序列组成，不同沉积序列之间存在较为明显的沉积物颗粒突变界面，冲刷面等明显沉积界面少见。

6 级单元(次级水道单元)依据成因类型可分为两类(图 4-12)：①透镜体形，由流体通过垂向加积作用形成的水平层状岩层系列叠置而成，水道边缘砂体以超覆或收敛状

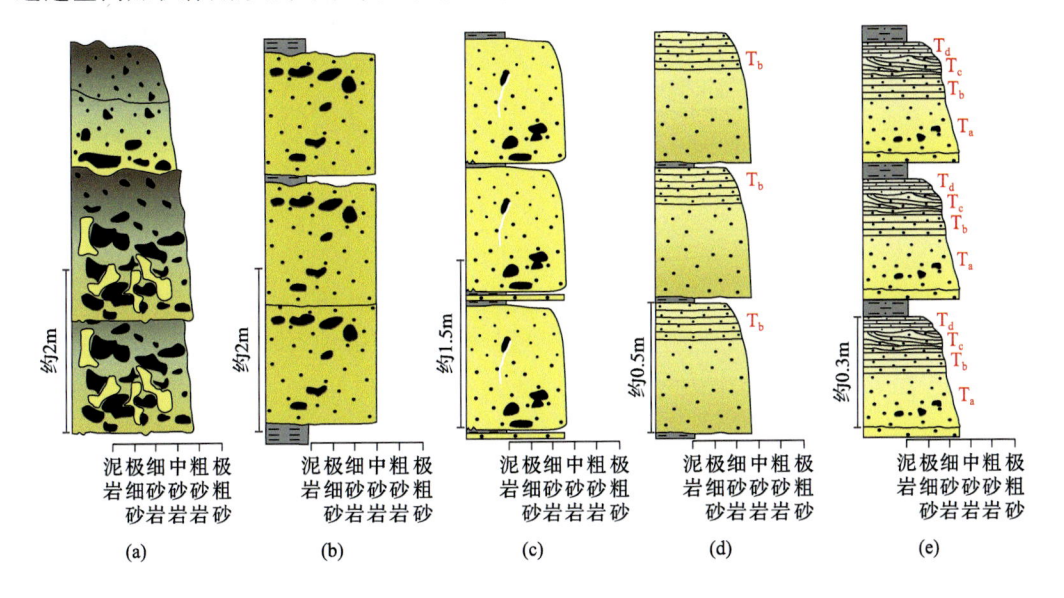

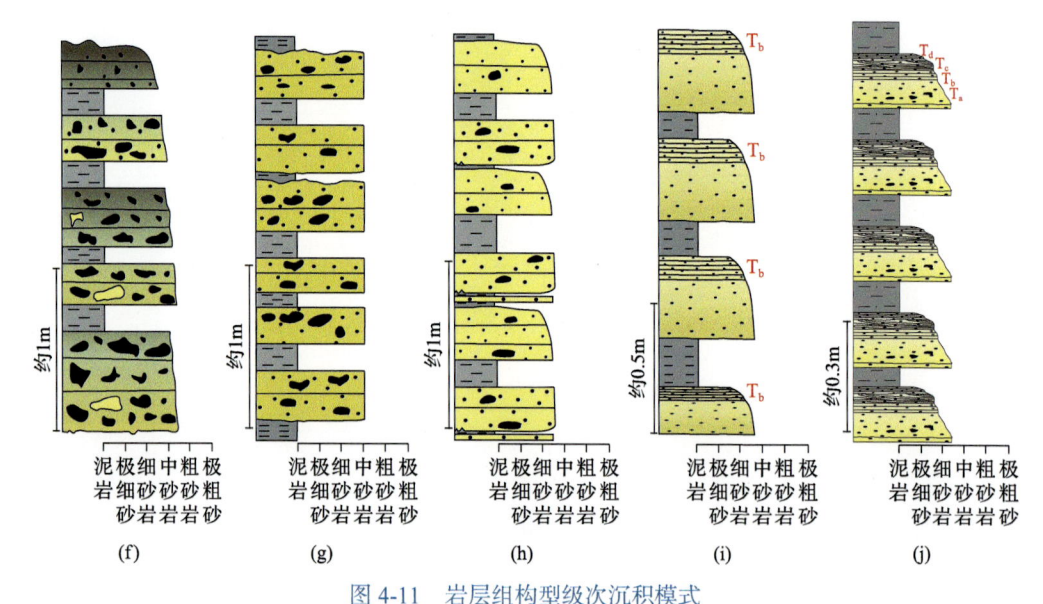

图 4-11 岩层组构型级次沉积模式

(a)~(e)单一韵律叠置夹薄层泥岩；(f)~(j)单一韵律与泥岩互层

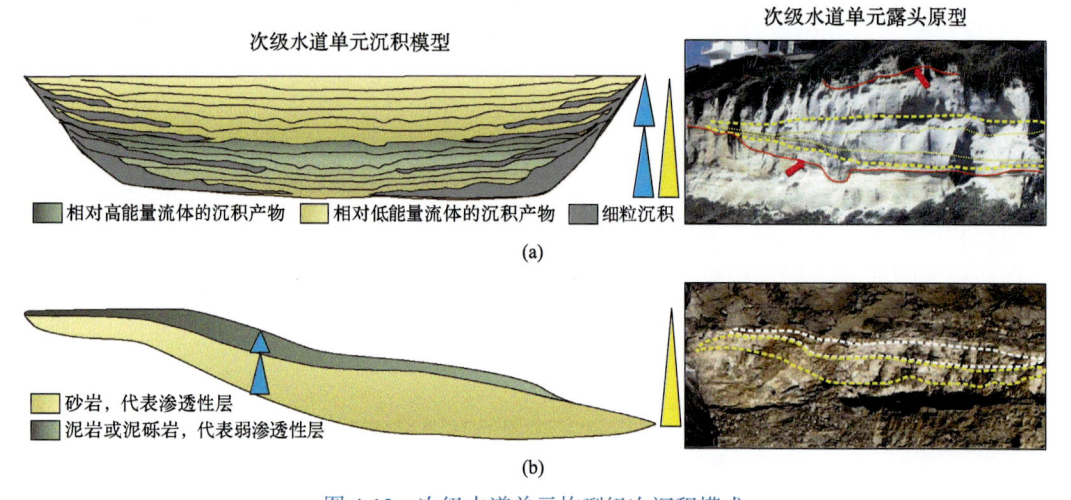

图 4-12 次级水道单元构型级次沉积模式

(a)透镜体形次级沉积单元，原型为美国圣克利门弟(San Clemente State Beach)露头[修改自 Li 等(2016)]；(b)楔状体形次级沉积单元，原型为加拿大北格里克城堡(Castle Creek North)露头[修改自 Arnott(2007)]

尖灭。②楔状体形，由流体通过侧向加积或垂向加积作用形成的岩层系列叠置而成，下部一般为渗透性的砂体，上覆泥质细粒沉积或泥砾岩等非渗透岩层。不同沉积环境下，非渗透岩层厚度不一，可被后续流体侵蚀殆尽；内部岩相由水道轴部向边缘、由水道底部向顶部可呈规律性渐变，储层平面非均质性强。

2. 规模特征

1级单元为微观构型，属微米级尺度(图4-9)。2级单元厚度大小不一，常介于数毫米到数厘米，侧向宽度一般介于数厘米到数米[图4-10(c)]。3级单元厚度介于数厘米到

第4章 深海水道构型级次

数十厘米,侧向宽度一般介于数十米到数百米[图 4-10(a)和(b)]。4 级单元顶底被小型侵蚀面或加积面约束,厚度变化区间较大,可为小于 10cm 的薄层,也可为大于 100cm 的厚层,侧向宽度介于数十米到数百米。5 级单元顶底被小型侵蚀面或加积面约束,厚度达数米级,侧向宽度介于数十米到数百米(图 4-11)。6 级单元顶底通常被侵蚀面或加积面约束,其厚度为数米到数十米,侧向宽度介于数十米到数百米(图 4-12)。

4.3.2 7～10 级构型单元特征

1. 单一水道(7 级单元)构型特征

单一水道(7 级单元)是复合水道内部的成因单元,其内部往往由多个岩性韵律段组成。依据不同部位沉积特征的大致差异,单一水道可划分为几部分,如图 4-13 所示:横向上,单一水道可分为水道边缘和水道轴部;垂向上,水道轴部可细分为水道底部、水道主体和水道顶部。不同部位具有不同的沉积特征。

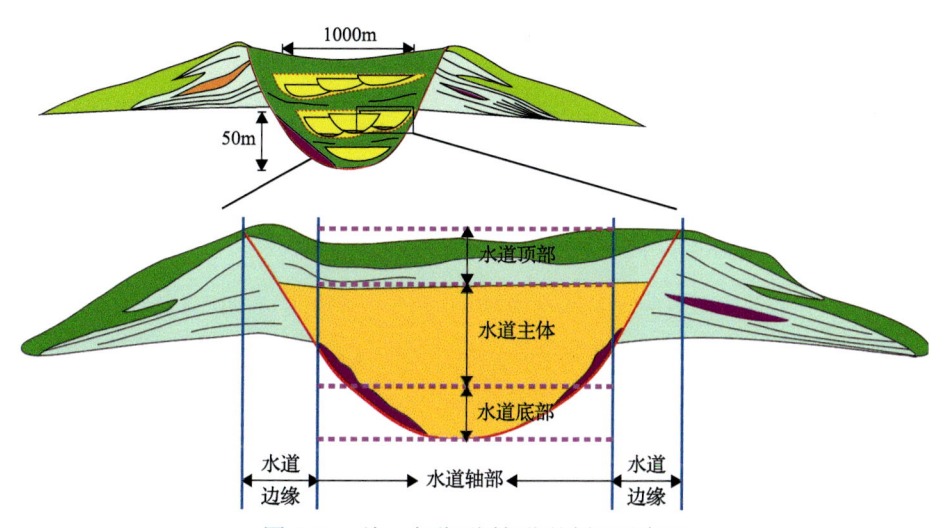

图 4-13 单一水道不同部位的剖面示意图

首先,横向上,在不同成因机制的共同作用下,水道轴部和水道边缘表现为不同的充填样式。如图 4-14 所示,在单一水道内部,由轴部向边缘方向,砂体厚度变薄、粒度变细,且被泥岩分割;水道轴部主要由厚层块状递变砂岩和砾状砂岩组成,夹泥质薄层;水道边缘砂泥互层,其砂岩类型既包括泥质含量高的非储层砂岩(属砂质碎屑流成因),也包括储集性能好的块状砂岩(属砂质碎屑流和浊流成因)。

其次,垂向上,受重力及(或)其他外力作用的影响,水道轴部不同部位表现的沉积特征有较大差异。如图 4-14 所示,水道底部常发育滞留砂砾体沉积,其渗透性差异较大,局部可呈夹层;水道主体主要由递变砂体组成,内部夹泥质或泥砾薄层,由下往上,递变砂体内各砂质韵律段呈厚度变薄、粒度变细的趋势;水道顶部砂泥薄互层。

在规模上,单一水道底部通常被大型侵蚀面约束,顶部在未被侵蚀的情况下多发育泥质细粒沉积,对应 Cross 的超短期旋回(岁差周期),其厚度为数米到数十米,一般以 10～50m 居多,侧向宽度介于数十米到数百米,一般以 100～500m 居多。

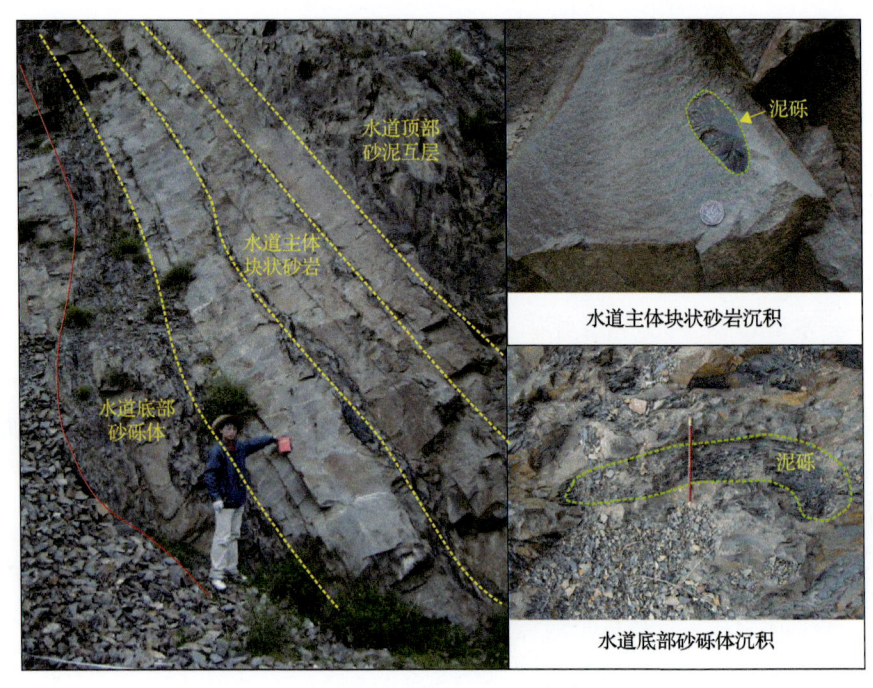

图 4-14　中国甘南合作地区浊积水道沉积露头

2. 复合水道(8 级单元)构型特征

复合水道(8 级单元)主要由多条水道侧向或垂向叠置组成,其叠置关系可分为两个层次:一是不同期复合水道间的叠置关系,即不同期复合,属不同期成因单元间的叠置,表现为不同期复合水道在纵向上的接触方式,其可受控于异旋回作用;二是同期复合水道内部不同单一水道间的叠置关系,即同期复合,为同期成因单元间的叠置,表现为同期单一水道间的迁移方式,其主要受控于自旋回作用。

1) 不同期复合水道叠置样式

利用复合水道在浅层高频地震信息上的响应特征,可以发现它们在空间上存在着多种叠置样式,可概括为垂向叠置和侧向叠置。垂向叠置样式是指不同期复合水道在纵向上的接触方式,反映的是层间砂体的接触关系。复合水道垂向叠置样式可细分为离散型、拼接型和紧凑型 3 种类型(图 4-15)。离散型叠置的 2 期复合水道在垂向上尚未接触,其间为细粒沉积,地震剖面上表现为弱振幅充填,测井曲线存在明显回返,表现为高伽马、低电阻特征,可作为流体纵向流动的遮挡层[图 4-15(a)]。拼接型叠置的 2 期复合水道在垂向上已接触,但无明显下切,地震剖面上复合水道间可见连续稳定同相轴反射,测井曲线上有回返,为早期复合水道顶部细粒沉积或末期水道底部滞留沉积,属于储层物性差的夹层[图 4-15(b)]。紧凑型叠置的 2 期复合水道在垂向上存在明显下切,地震剖面上复合水道间纵向上呈明显的叠瓦状结构,表明先期复合水道的上部被后期水道严重下切侵蚀,仅仅保留了下部的不完整旋回,测井曲线上有轻微回返,为后期复合水道的底部滞留沉积,该样式叠置关系可形成厚层复合砂体[图 4-15(c)]。

第 4 章 深海水道构型级次

图4-15 不同期复合水道（砂体）叠置样式

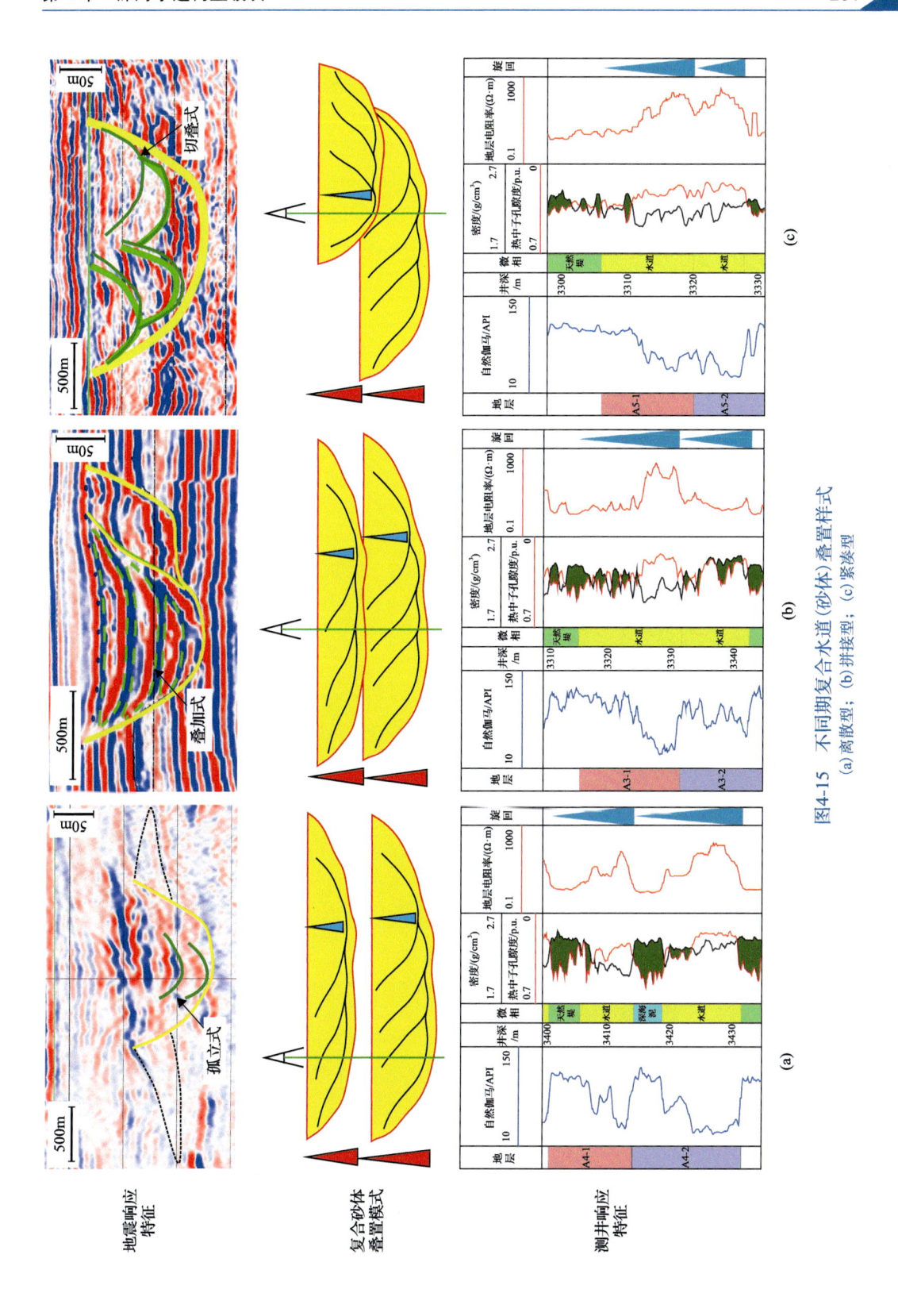

(a) 离散型；(b) 拼接型；(c) 紧凑型

对上述叠置样式的认知对深海水道油气藏的高效开发具有一定指导意义：首先，在该模式指导下，可开展地震小层的精细划分和对比；在勘探阶段，研究目标为水道体系沉积体，此时地震层位的解释只需达到含油层系或油组级别即可；而在开发阶段，要想做到高效开发和提高最终采收率，需要对复合水道层次的沉积体进行精细刻画，此时地震层位的解释需要达到砂组、小层级别，而复合水道垂向叠置模式为地震小层精细解释提供了理论依据。其次，该分类方案也有助于指导开发层系单元的合理划分和组合；对于孤立式的两期复合水道，由于层间隔层的存在，其应划分为不同的开发层系单元；而对于叠加式或切叠式的两期复合水道，由于砂体具有连通性，多划分为同一开发层系单元。

复合水道侧向叠置样式表现为同层不同位复合水道在横向上的接触方式，反映的是层内砂体侧向接触关系。复合水道存在叠合式和分离式 2 种侧向叠置样式（图 4-16）。

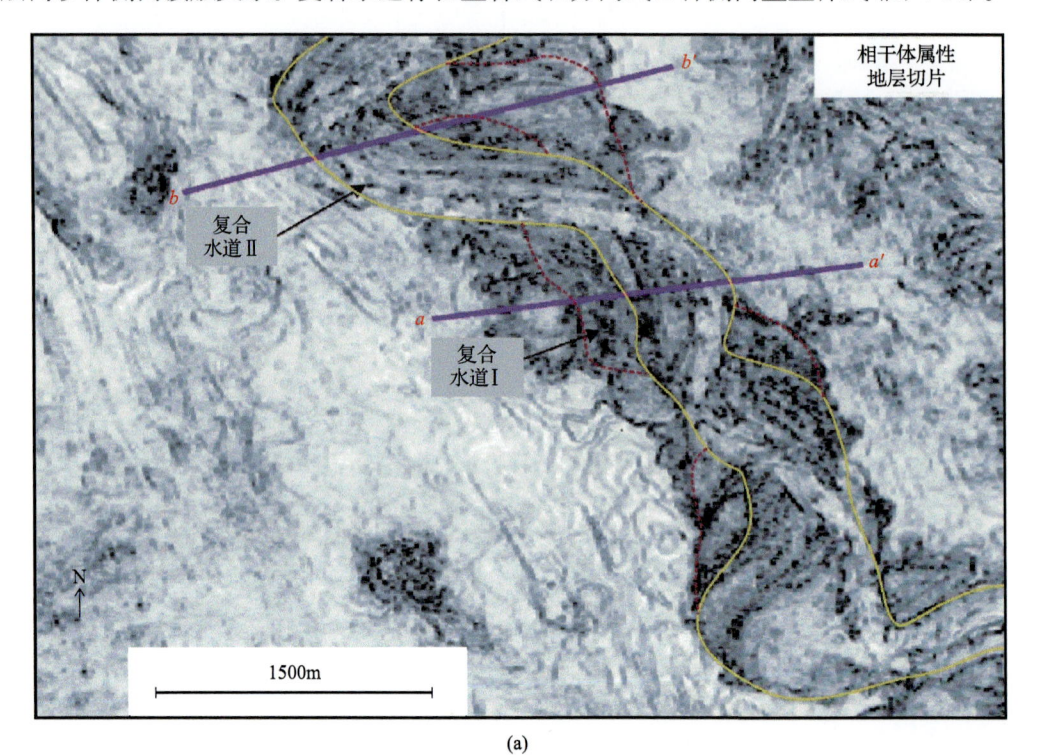

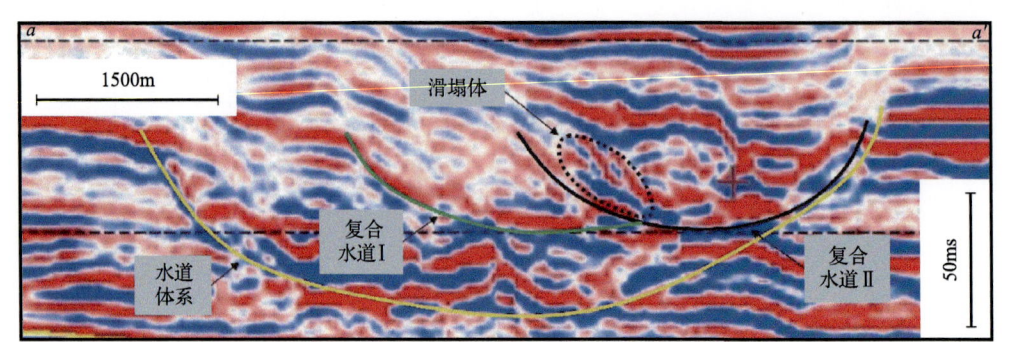

(a)

(b)

第 4 章 深海水道构型级次

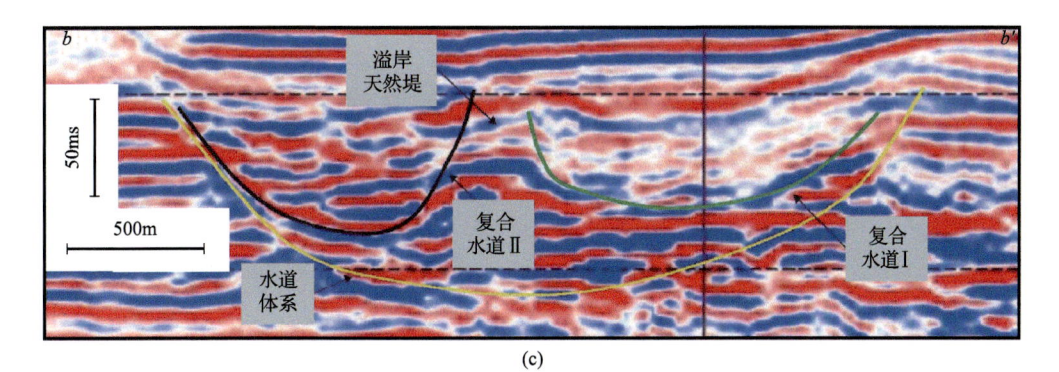

图 4-16 水道体系内部复合水道侧向叠置样式的 2 种类型

(a) 两条复合水道在地震属性图上的展示; (b) 复合水道在地震剖面 (a-a') 上的叠合式样式;
(c) 复合水道在地震剖面 (b-b') 上的分离式样式

　　叠合式复合水道平面上呈叠合状[图 4-16(a)]，同层不同位的 2 条复合水道剖面上呈侧向切叠关系，即早期水道复合体(Ⅰ)的一侧大部分被后期复合水道(Ⅱ)强烈下切侵蚀，其顶面可存在一定的高程差异，但相差不大[图 4-16(b)]；受重力作用和重力流动力学机理的影响，水道内壁可能存在储层质量差或非渗透性的滞留沉积和滑塌物，这会减弱流体在不同复合水道间的侧向流动能力，造成井间可能表现为弱或中等程度连通。

　　分离式的 2 条复合水道剖面上呈互不接触(完全分离)关系[图 4-16(c)]，其间可见弱-中振幅反射，为水道体系内部的溢岸天然堤、深海披覆泥等细粒沉积物，造成两复合水道砂体间互不连通。

　　上述侧向构型样式一方面可以很好地指导层内复合水道砂体的横向对比解剖，这是开展深海水道精细构型分析的前提；另一方面为部署注采井网提供了理论依据，即在同一井组的注水井和采油井，应至少保证部署于具有弱/中等连通性的叠合式复合水道内，而不是部署于完全不连通的分离式复合水道内。此外，该分类的认知对分析注采井对应关系也具有重要的价值。

2) 同期复合水道内部单一水道叠置样式

　　根据复合水道内部单一水道的叠置样式，可将其分为离散型、拼接型和紧凑型三大类(图 4-17)。离散型水道内部单一水道之间常充填以深海泥岩或小规模天然堤细粒沉积物，在地震剖面上表现为明显的弱振幅，水道整体形态特征较易识别。拼接型水道单一水道间可能发育规模较小的侵蚀面，指示单一水道形成时间及迁移方向。紧凑型水道内部单一水道间相互切叠，边界处发育大型侵蚀面，在地震剖面上为明显的弱振幅条带。单元内部单一水道拼接处发育的侵蚀面，可存在渗流屏障或渗流差异，储层垂向非均质性强。

　　在规模上，复合水道底部可发育大型侵蚀面，对应 Vail 的 5 级层序和 Cross 的短期旋回(偏心率短周期)，厚度达数十米，以 20~80m 为主，侧向宽度介于数百米到数千米，一般以 500~1000m 居多(图 4-17)。

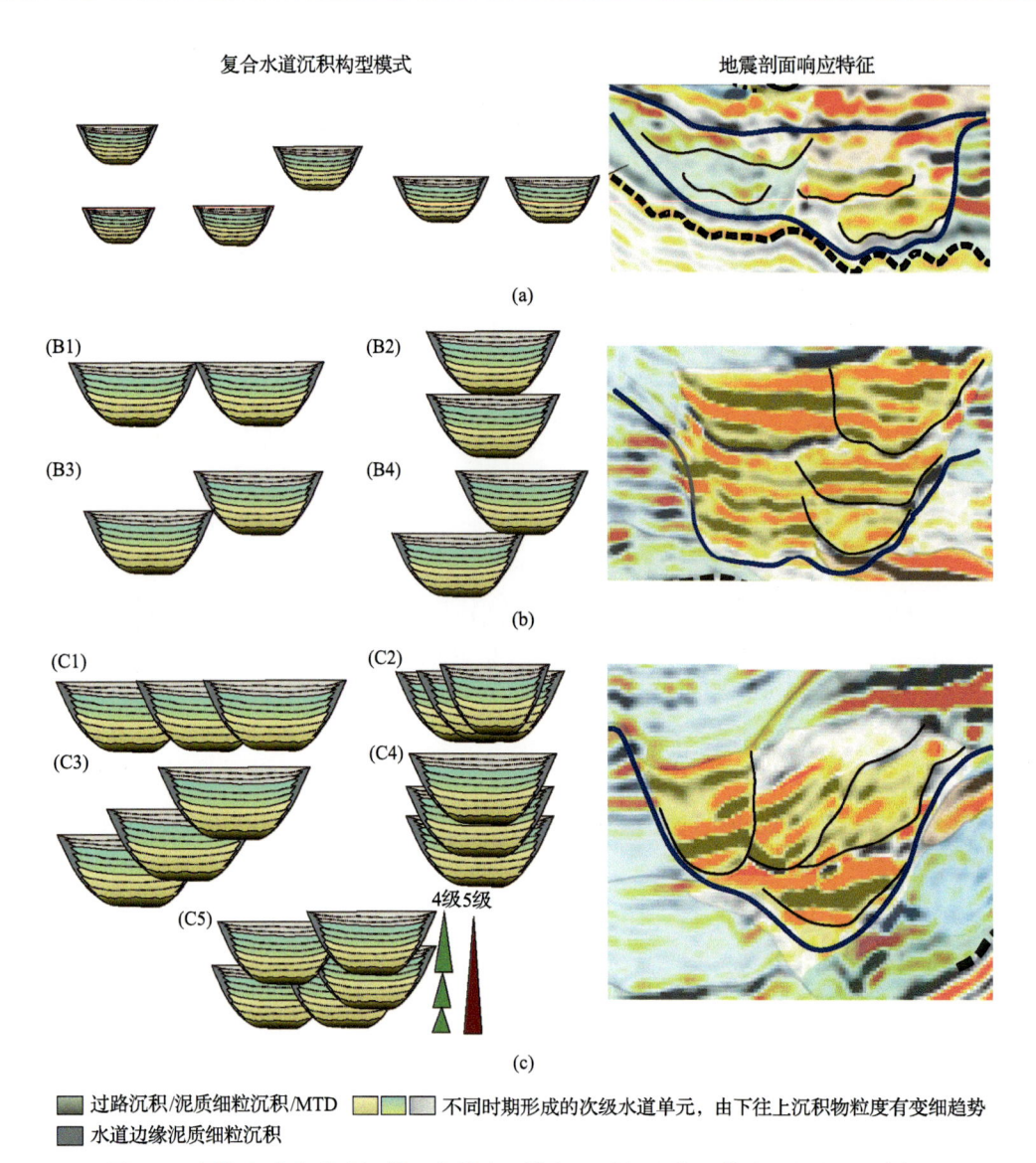

图 4-17 同期复合水道内部单一水道叠置样式(左为沉积构型模式,右为地震剖面)

(a)离散型;(b)拼接型;(c)紧凑型

图例:■ 过路沉积/泥质细粒沉积/MTD ■■ 不同时期形成的次级水道单元,由下往上沉积物粒度有变细趋势
■ 水道边缘泥质细粒沉积

3. 9 级单元(复合水道系列)构型特征

9 级单元(复合水道系列)根据不同期复合水道系列的叠置样式,也可分为离散型、拼接型和紧凑型三类(图 4-18)。其沉积构型特征与复合水道类似,但在沉积规模上差异明显,表现为地震剖面上明显的强弱振幅分布及水道边界的包络面特征。在单元内部单一复合水道拼接处,可存在渗流屏障或渗流差异,储层非均质性强。

离散型复合水道系列指的是不同复合水道系列呈孤立分布,多形成于弱侵蚀条件,以两套复合水道系列之间发育一套深海泥岩为特征,地震剖面上呈较短轴状、强反射,侧向可追踪性强(图 4-19)。例如,美国得克萨斯州二叠纪 Brushy 峡谷深水浊积水道的一组露头就很好地展示了复合水道系列间相互孤立、被一套深水泥岩隔挡的叠置模式(图 4-20)(Barton et al., 2008)。

拼接型复合水道系列多形成于中-强侵蚀条件,以垂向叠置为主,垂向上各期保存相对完整,内部复合水道地震剖面上多呈叠瓦状反射结构(图 4-19)。例如,美国得克萨斯州二叠纪 Brushy 峡谷深水浊积水道的另一组露头就很好地展示了复合水道系列

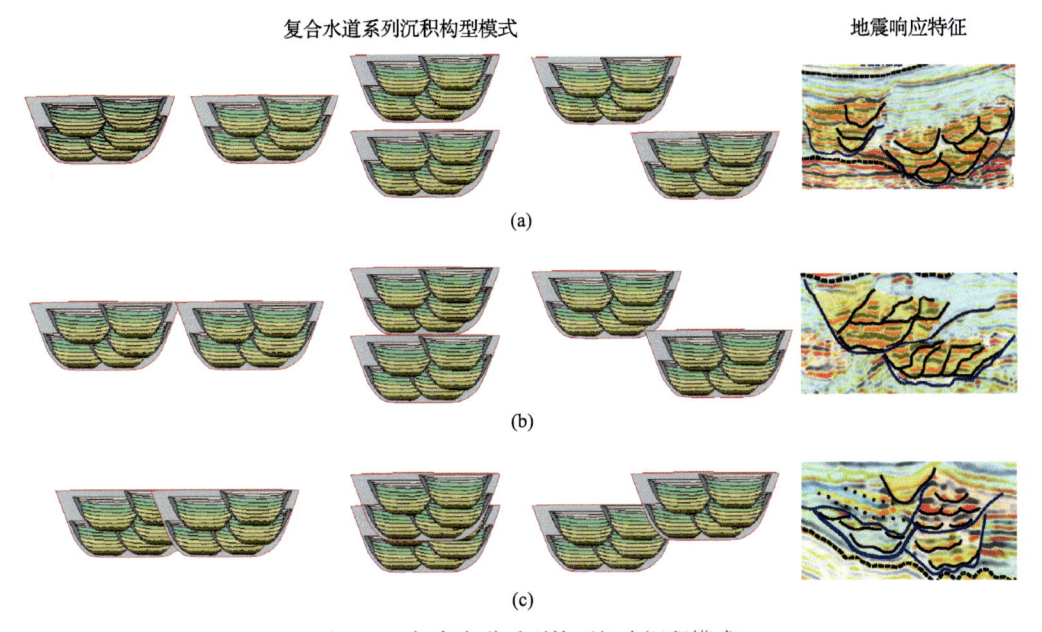

图 4-18 复合水道系列构型级次沉积模式
(a)离散型;(b)拼接型;(c)紧凑型

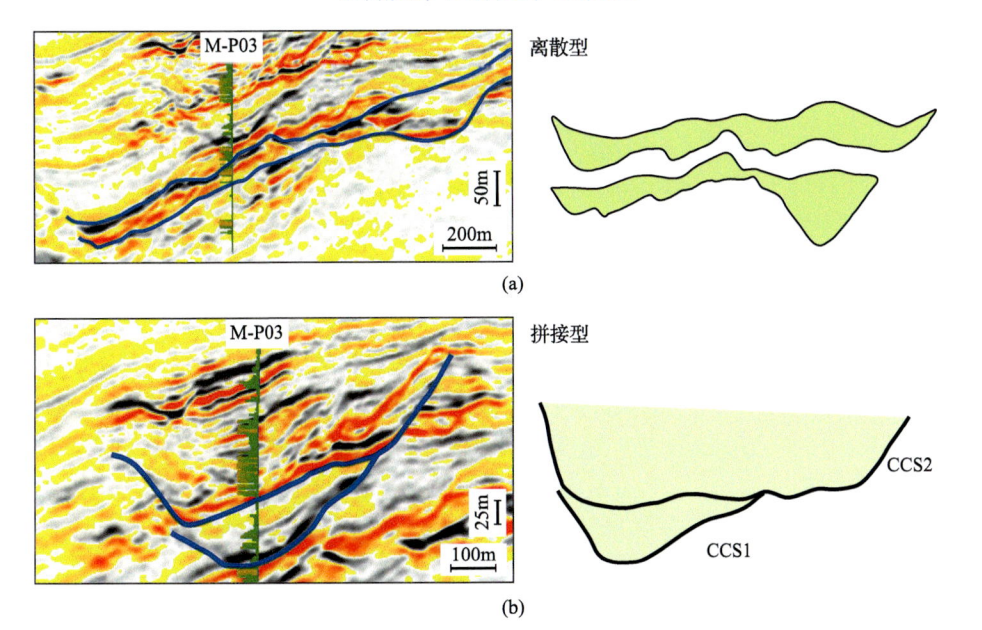

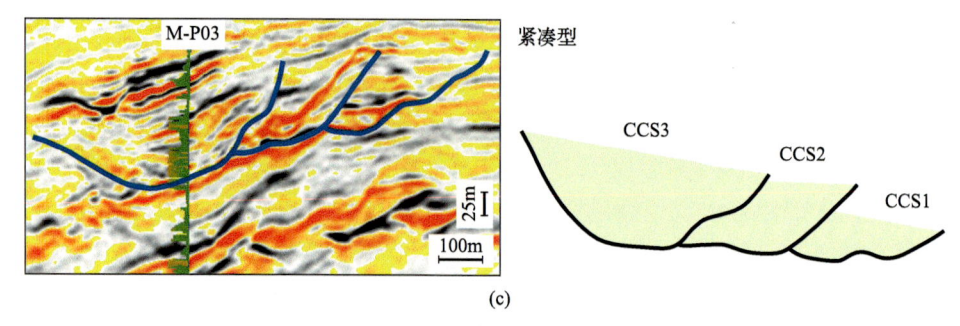

图 4-19 下刚果盆地深水区识别到的不同样式的复合水道系列
(a)离散型；(b)拼接型；(c)紧凑型

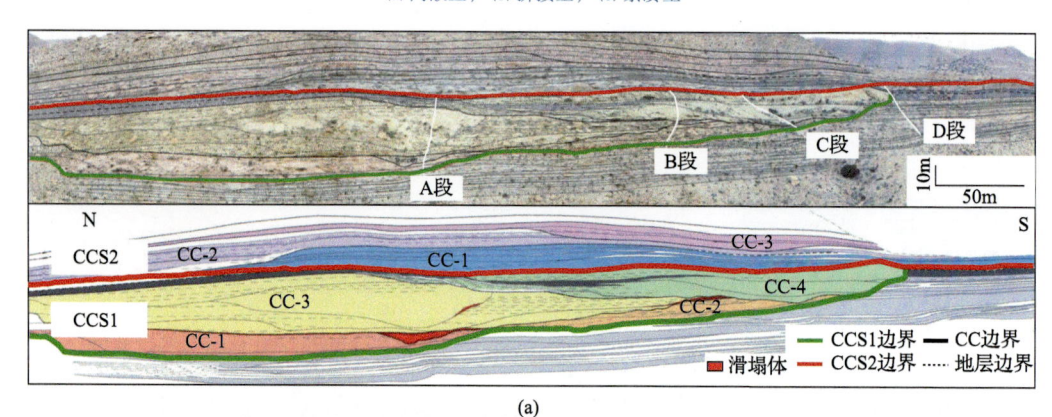

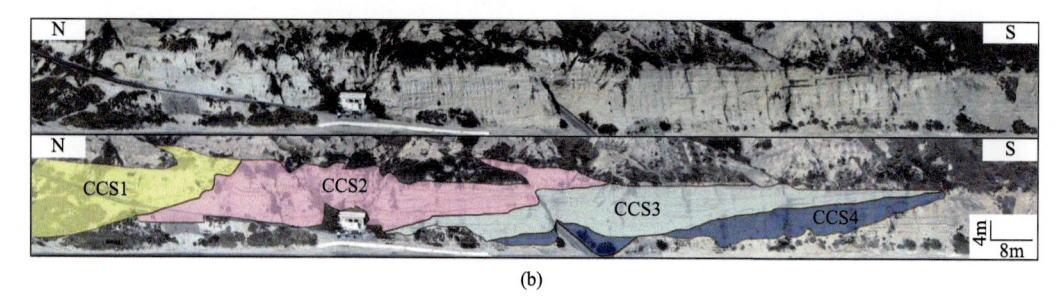

图 4-20 野外露头中识别到的不同样式的复合水道系列
(a)美国得克萨斯州二叠系 Brushy 峡谷组离散型和拼接型复合水道系列野外露头[修改自 Barton 等(2008)]；(b)美国加利福尼亚州中新统卡皮斯特拉诺(Capistrano)组紧凑型复合水道系列野外露头[修改自 Campion 等(2007)]

间的相互叠加，且下部复合水道系列并没有被上部沉积体过分切割、侵蚀的叠置模式[图 4-20(a)](Barton et al., 2008)。

紧凑型复合水道系列多发育在限制环境较弱或非限制环境中，以侧向迁移为主，早期水道被侵蚀破坏严重，边界处地震同相轴错断较为明显(图 4-19)。例如，美国 Capistrano 组深水浊积水道的一组露头就很好地展示了复合水道系列间相互切叠关系，且下部复合水道系列被上部沉积体切割、侵蚀比较严重的叠置模式[图 4-20(b)](Campion et al., 2007)。

需要说明的是，在同一水道体系内部，以上三种复合水道系列的样式可以只发育其中一种，也可以同时发育多种，这主要受控于沉积物能量和地形地貌的变化。在规模上，复合水道系列底部通常发育大型侵蚀面，顶部为厚层深水细粒沉积物，表明水道体系活

第 4 章 深海水道构型级次

动性暂时停止，该级单元可直接与一个沉积层序的低位体系域相比较，对应 Vail 的 4 级层序和 Cross 的中期旋回(偏心率长周期)；厚度为数十米到百余米，以 40～100m 为主，侧向宽度介于数百米到数千米，一般为 1000～5000m(图 4-18)。

此外，需要说明的是，前人对于复合水道系列很少展开针对性研究。这主要是由于当复合水道系列单独存在时，往往将其看作是由多个复合水道组合而成，从而着重分析其内部复合水道的特征；然而，当复合水道与天然堤共同存在或者具有统一侵蚀界面时，两者则构成了水道体系(10 级单元)，此时则着重分析水道体系的特征。综上，笔者对复合水道系列进行介绍主要是为了强调该级次的实际存在，在对深海水道的不同级次进行实际分析时，几乎不对复合水道系列进行专门说明。

4. 10 级单元(水道体系)构型特征

受侵蚀能力的影响，同一水道体系(10 级单元)不同位置处构型特征差异较大，这有两方面的含义：一是指水道体系类型多样，二是指不同水道体系类型具有特定的发育模式(图 4-21)。

不同水道体系具有不同的地貌特征，依据它们在浅层高频地震剖面上的地震相几何外形和边界关系，可将其分为限制性、半限制性和非限制性三大类(图 4-21)。限制性水道体系以发育大型下切谷为典型特征，下切谷两侧不发育或发育不明显的天然堤。限制性水道体系边界处地震同相轴明显错断，推断为大型下切谷界面，整体呈 U 形或 V 形；水道体系内部以杂乱状或叠瓦状地震反射结构为主，振幅中-强，见弱振幅充填，同相轴连续性差-中等，推断体系内部发育多期砂质和(或)泥质复合水道[图 4-21(a)]。

半限制性水道体系也发育下切谷，与限制性水道体系不同的是，其下切谷两侧发育大型天然堤。半限制性水道体系边界处地震同相轴明显错断，为大型下切谷界面，整体呈 U 形或 V 形；水道体系两侧发育楔状体，弱振幅、弱连续反射，为大型天然堤沉积，规模约占整个水道体系的 2/3；大型下切谷和天然堤组合在一起，使该类水道体系几何形状呈海鸥形；水道体系内部以杂乱状和叠瓦状地震反射结构为主，振幅中-强，见弱振幅充填，同相轴连续性差-中等，推断体系内部发育多期砂质和(或)泥质复合水道[图 4-21(b)]。

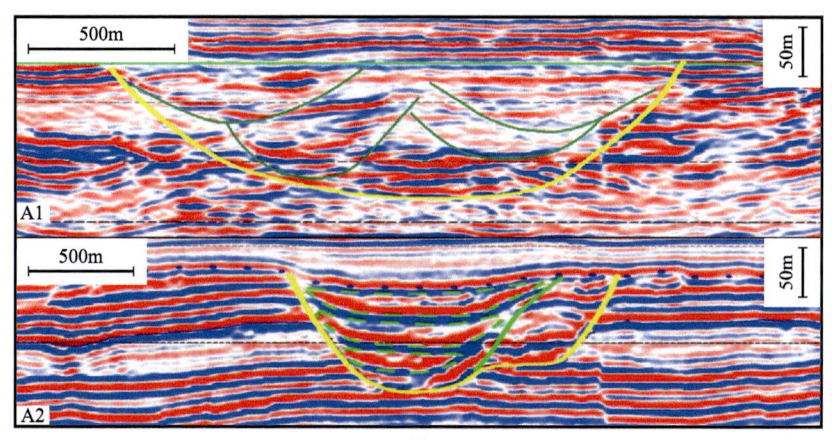

(a)

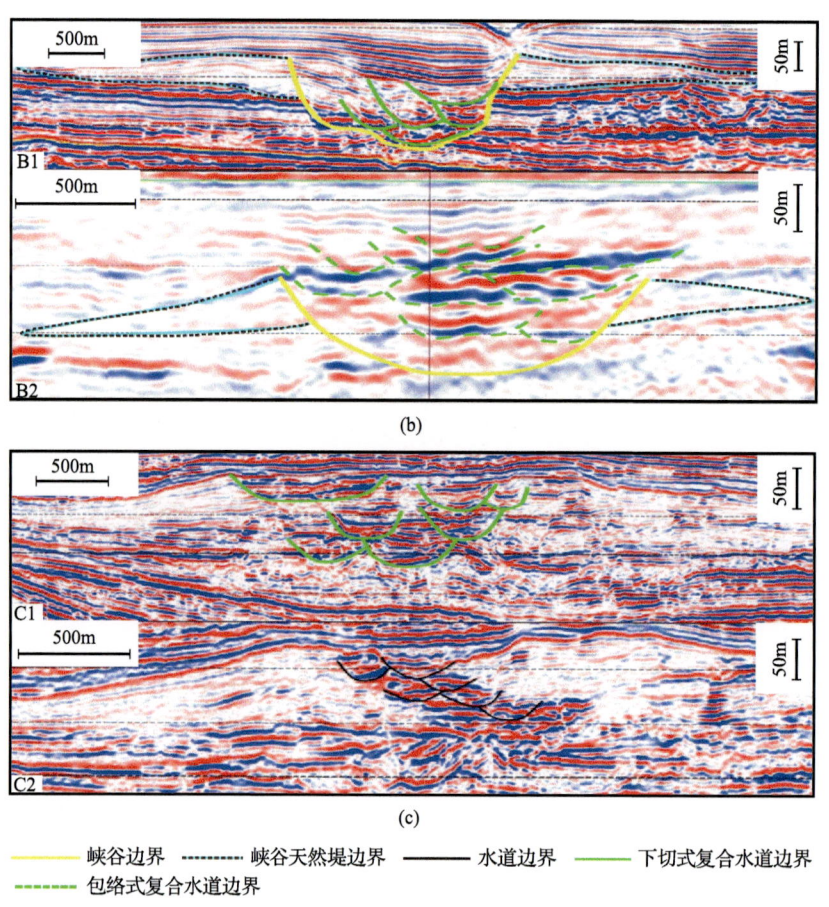

图 4-21 不同水道体系类型的地震响应特征
(a)限制性；(b)半限制性；(c)非限制性

图例：—— 峡谷边界　------ 峡谷天然堤边界　—— 水道边界　—— 下切式复合水道边界
----- 包络式复合水道边界

  非限制性水道体系的最大特点在于侵蚀作用比较弱而垂向加积作用比较强，导致天然堤发育，使得该类水道体系在地震剖面上往往呈丘状；丘状体的两翼主要为弱振幅、弱连续地震反射，局部夹有短波状强振幅反射，说明水道沉积体两侧天然堤发育，并见决口扇沉积；丘状体的中部发育 U 形或 V 形水道，它们之间存在侧向及垂向迁移，其内部为弱、强振幅充填，推断为砂质和泥质充填水道并存[图 4-21(c)]。

  水道体系内部发育复合水道，如图 4-22 所示，依据复合水道在浅层高频地震剖面上的地震相外部几何形态及其内部反射结构，将其分为两种基本类型：下切式和包络式。下切式复合水道以发育小型下切谷为特征，边界处地震同相轴明显错断，下切谷外部形态呈 U 形或 V 形，其内部弱振幅或(和)强振幅充填，呈波状或亚平行反射，可推断该类复合水道内部包含多条独立或相互切叠分布的单一水道，各单一水道外形多呈 U 形，个别呈 V 形[图 4-22(a)]。

  该类复合水道内部沉积物岩性复杂多变，可为砂质沉积，也可为砂泥混杂沉积，还可为泥岩沉积。如图 4-22(a)所示，同一水道体系内部共发育四期下切式复合水道，右下

第4章 深海水道构型级次

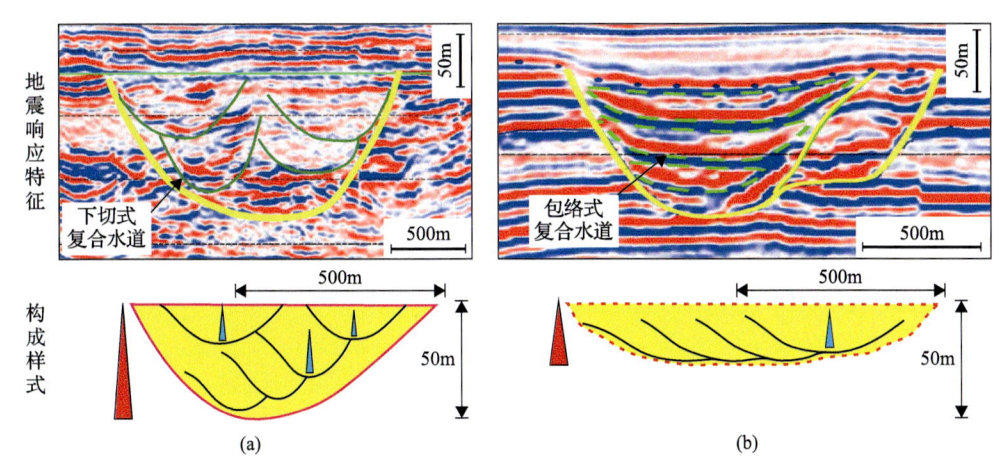

图 4-22 水道体系内部的下切式和包络式复合水道所对应的地震响应特征
(a) 下切式复合水道；(b) 包络式复合水道

方的复合水道呈弱振幅地震相，可推断为泥质细粒沉积物，而左上方的复合水道则呈短波状强振幅充填，可推断为砂质粗粒沉积物，特别需要指出的是左下方的复合水道以强振幅砂质粗粒充填为主，末期却存在弱振幅短波状泥质细粒充填物。

下切式复合水道一般形成于较强的下切侵蚀环境。诸如，在近物源端或陡坡区，重力流流动速度快，此时沉积物横向迁移能力弱，以垂向下切为主，从而形成深切于水道体系内部的小型下切谷；此后，重力流沉积会沿着该输送通道以单一水道和(或)片流的形式叠合沉积于下切谷内部，构成复合水道。

包络式复合水道与下切式复合水道的最大区别在于不发育下切谷，其边界为多条单一水道的包络线，在地震剖面上呈碟盘形，多见强振幅充填，内部各单一水道以杂乱状、叠瓦状地震反射结构为主[图 4-22(b)]。

该类复合水道主要形成于弱下切侵蚀环境。诸如，在远物源端或缓坡区，重力流流速较低，此时沉积物垂向下切能力弱，以横向迁移为主，形成多期侧向切叠的单一水道复合体。

受弱侵蚀环境的影响，包络式复合水道构型样式独特。如图 4-22 所示，不同复合水道在垂向上接触但无明显下切，侧向上延伸范围多受控于水道体系边界；由于受 U 形/V 形体系边界的限制，纵向上从早到晚各单期复合水道的横向规模逐渐增大。此外，单期复合水道之间，可披覆半远洋细粒沉积，且会由于弱侵蚀环境而得以保存，这对该类油气藏的开发有重要的指导意义。

尽管复合水道存在下切式和包络式两种类型，但在同一水道体系内部，两者可能同时发育，只不过有些水道体系以发育下切式复合水道为主，而有些则以发育包络式复合水道为主，这受控于沉积物能量的变化，在具体油藏地质研究过程中，应予以充分论证和考虑。

依据上述水道体系的地貌特征及其内部复合水道的发育类型，最终可将水道体系大类细分为如图 4-23 所示的三大类、六亚类。各亚类具体命名方法如下：以限制性水道体系为例，当其内部以发育下切式复合水道为主时，则将其命名为限制性下切式水道体系；相反，当其内部以发育包络式复合水道为主时，则将其命名为限制性包络式水道体系。

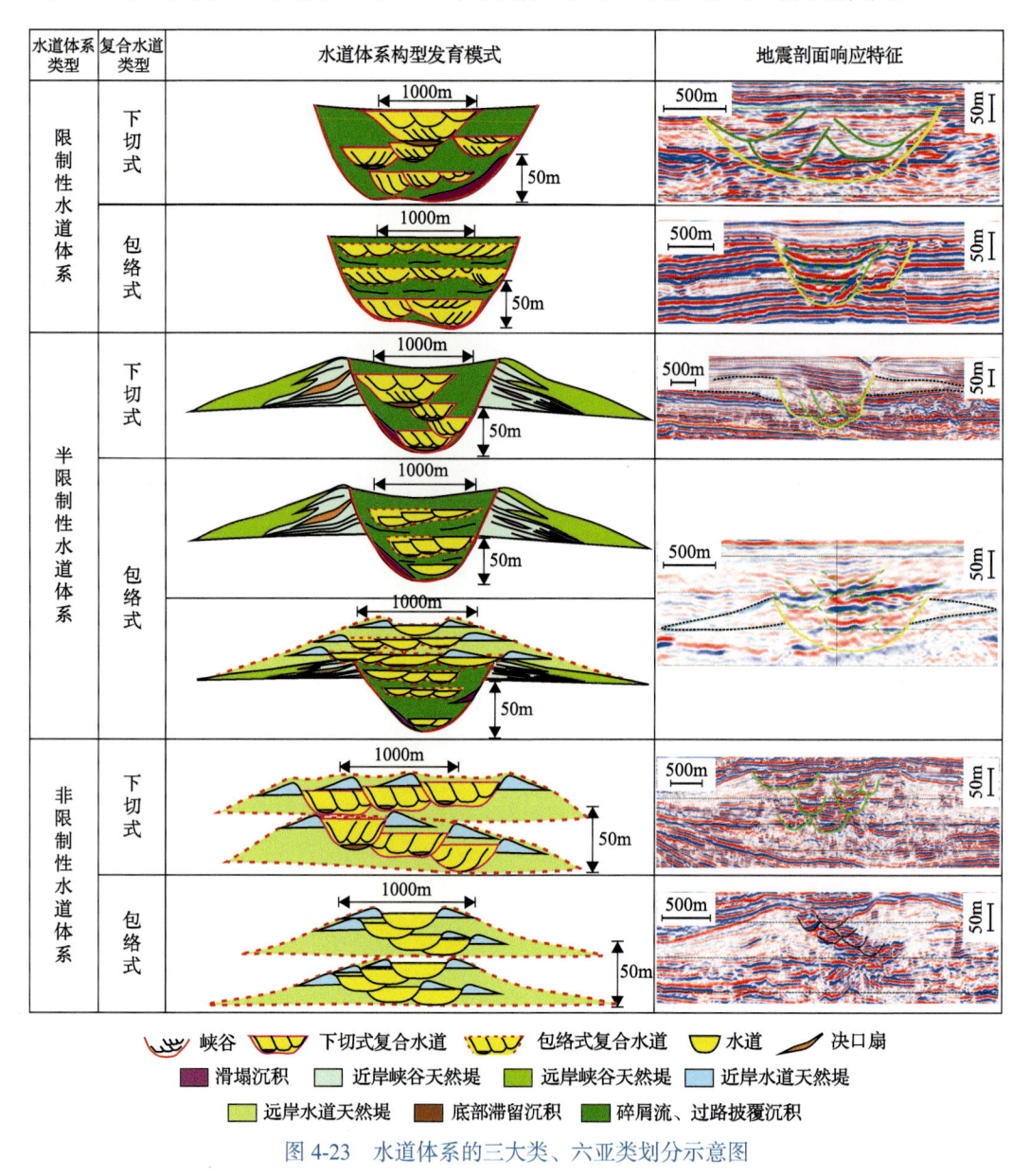

图 4-23 水道体系的三大类、六亚类划分示意图

在规模上，10级单元（水道体系）底部通常发育巨型侵蚀面（不整合面），顶部发育厚层深水细粒沉积物，为海侵或高位体系域产物，对应 Vail 的 3 级层序和 Cross 的长期旋回；其厚度为数十米到数百米，以 100~300m 为主，侧向宽度一般为数千米，可在盆地范围内进行追踪对比（图 4-23）。11 级单元顶/底部通常发育大面积的不整合面（削截），对应 Vail 的 2 级层序和 Cross 的超长期旋回，其厚度为数百米，侧向宽度为数千米到数万米，可在盆地范围内进行追踪对比。

第 5 章　深海水道构型模式

构型模式为反映沉积体(储层)及其内部构型单元的几何形态、规模、方向及三者相互关系的抽象表述,不同于传统的沉积模式,侧重对沉积单元的时段性、精细化和定量化表述。加强海底水道构型模式研究,有助于实现对海底水道砂体的内部结构进行钻前预知,从而提高井位设计和开发概念设计的质量,降低钻探风险,评价储层非均质性对油藏开发的影响。笔者系统总结了前人研究成果及西非陆缘深海水道构型特征,在水道体系、复合水道及单一水道三个级次上分别构建了深海水道的构型模式。

5.1　水道体系构型模式

5.1.1　水道体系类型、外部形态及内部结构

1. 水道体系类型与外部形态

水道体系由多期复合水道、披覆物、滑塌物等组成,为大尺度构型单元。对其识别的研究虽然较早,但系统研究较晚。早期识别和描述结果表明,水道体系平面上可表现为顺直状或弯曲状,剖面上可充填储层或非储层(Walker, 1978; Bouma, 1985; Reading and Richards, 1994)。此外,不同水道体系间、同一水道系内部不同位置处,水道体系的沉积样式往往迥异(Posamentier and Kolla, 2003; Beaubouef, 2004; Weimer and Slatt, 2007),这受控于多种地质因素。早期认为,水道体系沉积结构主要受控于区域盆地构造、海平面的变化、沉积物类型/来源和供给速率、浊流的成因机制等(Posamentier and Kolla, 2003)。

在诸多控制因素中,孰轻孰重我们不得知,但可以肯定的是沉积物侵蚀能力的差异是不同水道体系间、同一水道体系内部充填样式不同的根本原因。以此为出发点可得到动能和质量公式:

$$E = mv$$
$$m = \rho V$$

式中,E 为沉积物的动能;m 为载荷物的质量;v 为载荷物的流速;ρ 为载荷物的密度;V 为载荷物的体积。

由上述公式可推知影响沉积物侵蚀能力的物理参数包括载荷物的密度、体积和流速三方面,它们是一系列地质因素综合作用的结果,如表 5-1 所示。就载荷物的密度而言,其主要受控于沉积物的颗粒大小,通常颗粒越粗载荷物的密度越大,而影响颗粒大小的地质因素包括距离物源的远近、物源的类型等;就载荷物的体积而言,其主要受控于沉积物的供应量,影响沉积物供应量的地质因素包括海平面升降、突发事件、物源区气候等,其中突发事件主要指海啸、飓风、地震等;就载荷物的流速而言,其主要受控于

地形坡度、距离物源的远近等，一般情况下，距离物源越近、地形坡度越大，沉积物的流速越大。

表 5-1 影响水道体系构型模式的因素分析

	物理参数	沉积因素	地质因素
沉积物的能量	载荷物的质量	载荷物的密度	颗粒大小	距离物源的远近
				物源的类型，如富砾、富砂、砂泥混杂、富泥等
		载荷物的体积	沉积物的供应量	海平面升降，如低位体系域、海侵体系域、高位体系域等
				突发事件，如海啸、飓风、地震等
				物源区气候，如干旱型、湿润型
	载荷物的流速			地形坡度，如陡坡区、缓坡区
				距离物源的远近

不同沉积体系间、同一沉积体系内部，各地质因素对深海水道构型的影响程度存在一定差异。就不同水道体系而言，相比较海平面升降、地形坡度、物源区气候等，物源的类型对储层构型模式的影响更大。例如，富砾、富砂物源区易形成限制性水道体系，而砂泥混杂、富泥物源区易形成半限制性、非限制性水道体系。就同一水道沉积体系而言，各地质因素对水道体系类型的影响也不尽相同，由表 5-1 可以发现，距离物源的远近、地形坡度等对水道体系类型与外部形态起主要控制作用，其次是海平面升降和突发事件，而物源区气候对水道体系的沉积影响最小。

1) 距离物源远近对水道体系类型与外部形态的影响

平面上，顺物源方向，受沉积物侵蚀能力差异的影响，水道体系类型具有一定的变化规律(图 5-1)。

靠近物源方向的上扇区，沉积物粒度大、流速高，侵蚀作用强，可形成峡谷或大型下切谷，主要发育限制性水道体系。该类体系以输送沉积物为主，造成其内部发育大量碎屑流、浊流及滑塌沉积，局部发育顺直型或辫状水道。

中扇区，沉积物粒度变细、流速降低，造成其下切能力相对减弱、加积能力相对增强，此时主要发育半限制性水道体系。该类水道体系两侧有大型天然堤，水道体系内部发育大量下切式或包络式复合水道，并充填一定数量的碎屑流、滑塌物及过路沉积，需要指出的是，该相带内发育具有一定弯度的水道。

远离物源方向的下扇区，沉积物粒度最小、流速最低，此时，沉积物尽管下切能力较弱，但加积作用和侧向迁移能力较强，以发育非限制性水道体系为主，该体系内部水道多呈弯曲状，但随着沉积物继续搬运，其迁移能力也会逐渐减弱，从而使水道弯度降低，甚至变为顺直型，这在现代海底扇中得以证实，如扎伊尔扇在3300～4100m 水深范围内水道的平均曲率为 1.7，而在 4100～4800m 水深范围内水道曲率则降低至<1.1。

第 5 章 深海水道构型模式

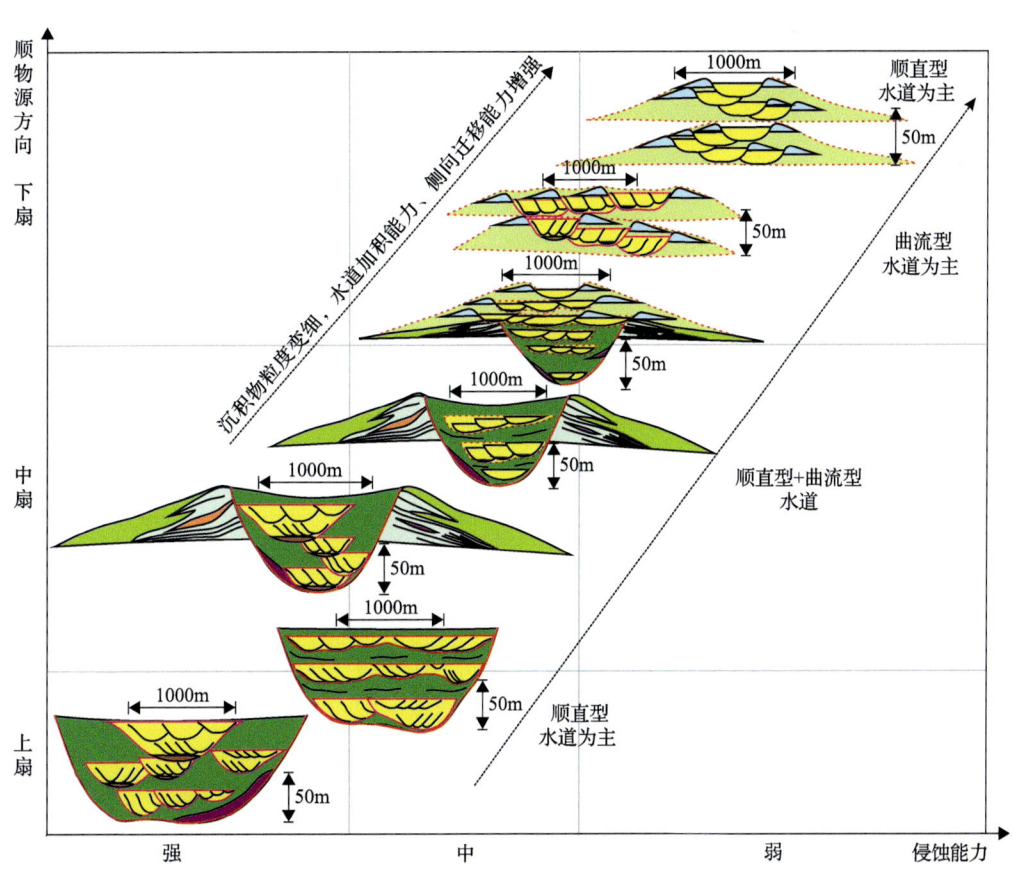

图 5-1 距离物源远近对于水道体系类型与外部形态影响的模式图

2) 地形坡度对水道体系类型与外部形态的影响

地形坡度是水道体系构型样式演化的关键，控制水道体系在局部范围内的类型及外部形态的差异，其成因可能为泥岩底辟构造，也可能为逆冲断裂构造或者沉积侵蚀地貌。

陡坡区沉积物流速快，侵蚀能力强，易形成限制性或半限制性水道体系，而缓坡区则易形成半限制性或非限制性水道体系。水道体系之所以在缓坡区和陡坡区的外部形态样式存在差异，与重力流沉积物的流动机理有关。当重力流沿着缓坡流动时，沉积物在离心力作用下会产生单向流，此时若能量足够大，重力流便会在剥离作用下分离出一部分沉积物，形成天然堤和溢岸沉积(Piper and Normark, 1983)；而当沉积物重力流进入坡度较陡段时，在重力作用下，沉积物的流速不断增加，侵蚀能力逐渐增强，水道以下切侵蚀为主，沉积物易发生过路现象，不利于天然堤和溢岸沉积的发育(Kneller, 2003)，造成陡坡段多发育限制性水道体系。

至于地形坡度对水道体系外部形态的影响，笔者发现水道体系的坡度与宽度呈明显的负相关性，无论是水道体系的平均宽度还是最大宽度，均随着地形坡度的增加而减小，这说明同一水道体系局部范围内，陡坡区的宽度往往小于缓坡区。产生这一现象的原因主要是在缓坡区，沉积地貌往往呈高低起伏特征，这容易造成重力流沉积物在流动过程中产生离心力，从而加大了其侧向迁移能力，形成宽度较大河型；而在陡坡区，尽管也可能存在高低起伏地貌，但由于地形坡度增加，此时重力作用的影响一般远大于离心力作用的影响，从而使沉积物局部具有较强的垂向下切能力，形成深度大、宽度小的水道体系。另外，水道体系的坡度与深度呈一定的正相关性。究其原因在于流动距离对重力流沉积物下切能力的影响；水道体系往往蜿蜒流动距离非常长，重力流沉积物在流动过程中侵蚀能量不断损失，当其消耗能量大于由地形坡度增加而补充的能量时，就会产生水道体系在陡坡区的下切深度小于缓坡区的现象。

笔者综合前人研究成果及自己的工作实践，建立了如图 5-2 所示的地形坡度控制下的水道体系类型演化模式图，同时它也包含了水道体系形态学特征参数之间的关系，具体内涵体现在以下几方面。

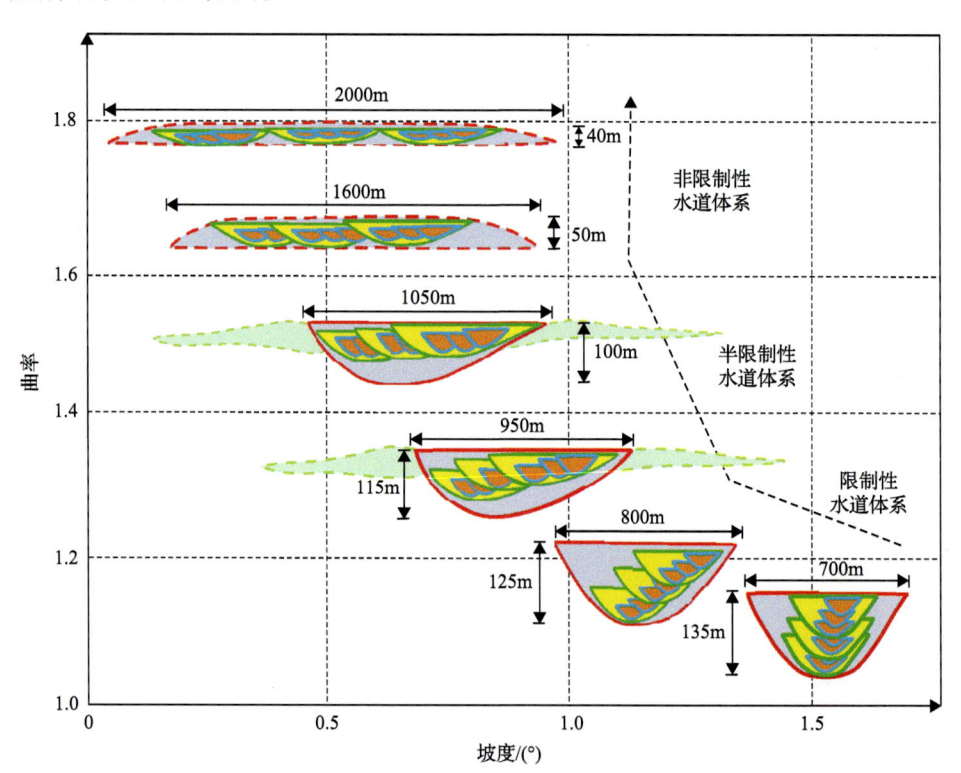

图 5-2　地形坡度对于水道体系类型与外部形态影响的模式图

(1)坡度控制了水道体系的外部形态样式：陡坡段(坡度大于 1°)主要发育限制性水道体系，缓坡段(坡度为 0.5°~1°)主要发育半限制性水道体系，平坦段(坡度小于 0.5°)主要发育非限制性水道体系。

(2)坡度控制了水道体系的宽度和深度：随着地形坡度增大，水道体系的宽度呈减小趋势，而深度则呈增加趋势。

(3)坡度控制了水道体系的宽深比。随着地形坡度增大，水道体系的宽深比减小，意味着水道向窄深型形态发展。

(4) 同一坡度条件下，水道体系的宽度与深度成正比，即宽度越大，深度越大。

(5) 同一坡度条件下，水道体系的宽度与宽深比呈明显的正相关性。

(6) 同一坡度条件下，水道体系的深度和宽深比呈两种截然不同的关系：在相对缓坡区，两者呈正相关关系，而在相对陡坡区两者则呈负相关关系。

需要说明的是，除了距离物源远近及地形坡度，水道体系类型与外部形态还受到其他多种因素相互作用的影响。利用表 5-1 的评价体系可以大致推断同一深海水道沉积不同位置处水道体系的发育类型。例如，在相对海平面下降的低位体系域沉积时期，在未发生突发事件和物源区为湿润型条件下，同一水道体系的近源陡坡地区发育限制性水道体系的可能性最大；再者，在相对海平面上升的高位体系域沉积期间，在发生突发事件和物源区为湿润型条件下，同一水道体系的远源缓坡地区发育半限制性或非限制性水道体系的可能性较大。

2. 水道体系内部结构

水道体系内部结构主要指的是其内部发育的复合水道随时空演化所形成的叠置样式。如前所述，复合水道在空间上存在着多种叠置样式，其中垂向叠置样式可细分为离散型、拼接型和紧凑型 3 种，侧向叠置样式则主要存在叠合式和分离式 2 种(图 4-15 和图 4-16)。

前人关于水道体系内部复合水道在垂向上和侧向上叠置样式的研究是相对比较充分的。Posamentier 和 Kolla(2003)观察到一些水道体系内部具有复杂的下切和充填结构，显示有横向和向下游迁移的运动，而另一些水道经历很长阶段却固定在一个位置，具有垂向叠加的特点(如加积)。水道充填沉积通常是加积的，但是许多情况下，它也以迁移为特征；在平面图上，侧向迁移被表达为弯曲带的侧向扩张，而向下游的迁移则表现为水道顺重力流总体流向的迁移[图 5-3(a)]。如图 5-3(b)所示，在印度尼西亚婆罗洲东部海域发育的水道体系中，内部复合水道在局部位置表现为侧向上的迁移或者垂向上的加积，但是在大部分位置主要表现为顺流向的迁移。

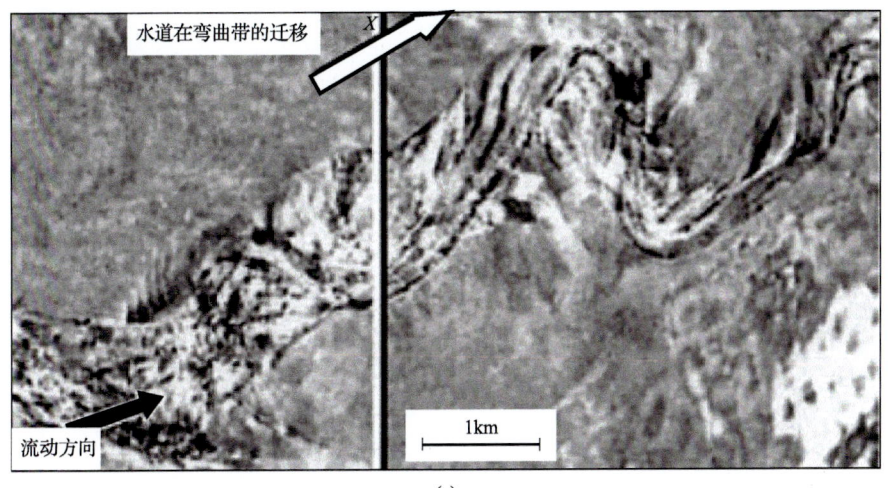

(a)

(b)

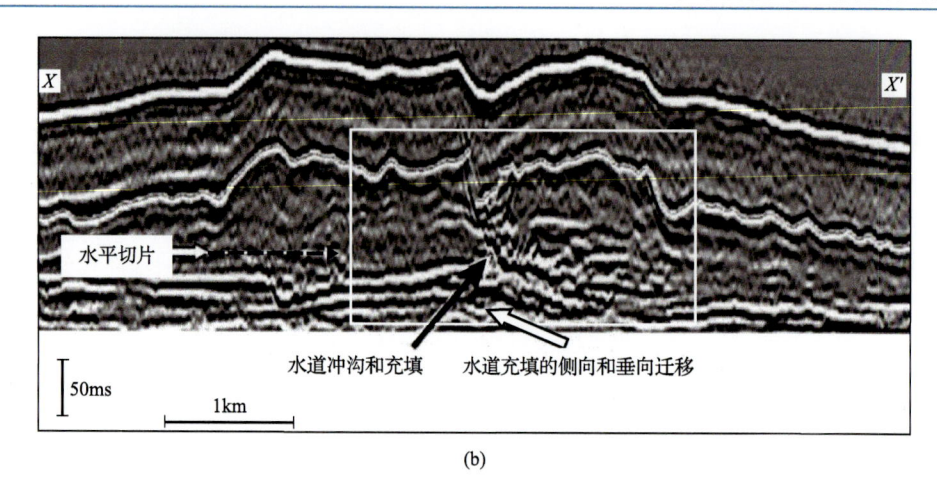

图 5-3 印度尼西亚婆罗洲东部海域发育的深海水道[修改自 Posamentier 和 Kolla(2003)]
(a)水道体系内部的侧向迁移和垂向加积在平面属性图上的表现；(b)水道体系内部的侧向迁移和垂向加积在地震剖面上的表现

此外，Posamentier 和 Kolla(2003)还对墨西哥湾德索托(de Soto)水道体系进行了表征，可以发现在相同空间位置不同时间段发育的充填沉积同样具有不同的样式。如图 5-4(a)所示，304 号切片提取自水道体系的底部(阶段 1)，此时充填的复合水道表现为中等弯曲度，具有明显的加积特征和部分侧向迁移现象。如图 5-4(b)所示的 244 号切片提取自水道体系的中部(阶段 2)，可以发现此时充填的复合水道具有较高的曲率且表现为明显的向下游方向的迁移。

然而在提取水道体系中上部的 104 号切片中(阶段 3)，可以发现充填的复合水道由于发生截弯取直，明显变得更加顺直，内部充填以垂向上的加积为主[图 5-4(c)]。以上不同切片所展示的水道体系在不同阶段(阶段 1～阶段 3)的充填模式在如图 5-4 所示的地震剖面中也进行了说明。

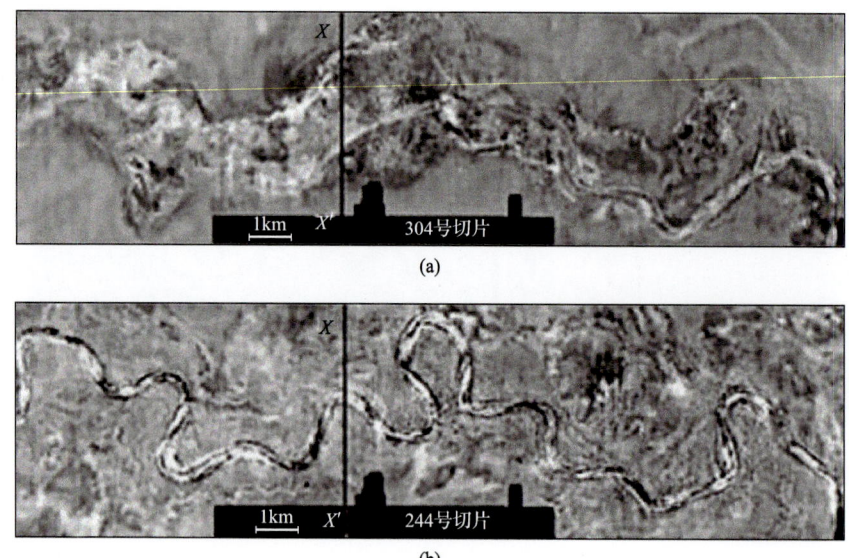

(a)

(b)

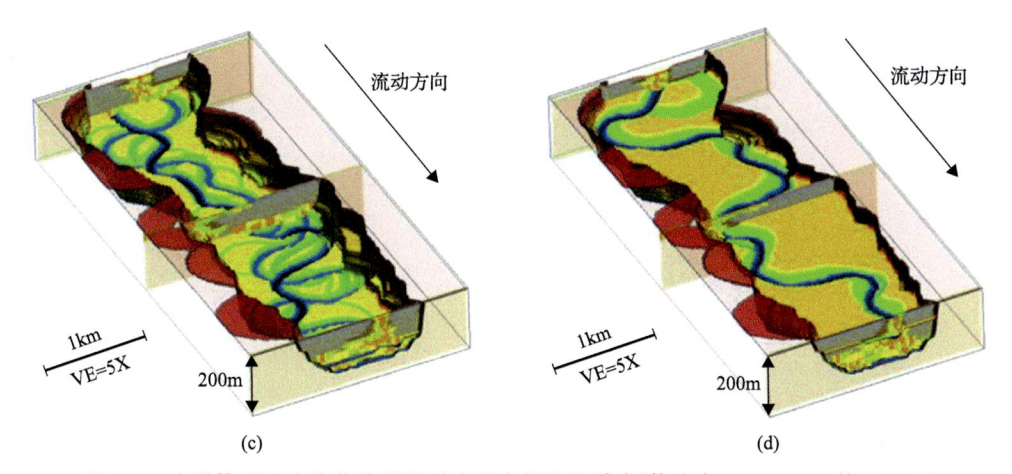

图 5-5 水道体系四个演化阶段所对应的内部叠置样式[修改自 Mc Hargue 等(2011)]

(a)阶段 1 水道体系的侵蚀；(b)阶段 2 水道体系内部复合水道的合并和部分加积；(c)阶段 3 水道体系内部复合水道的无序叠置和中等程度的加积；(d)阶段 4 水道体系内部复合水道的有序叠置和较高程度的加积；VE=5X 表示垂向上放大 5 倍

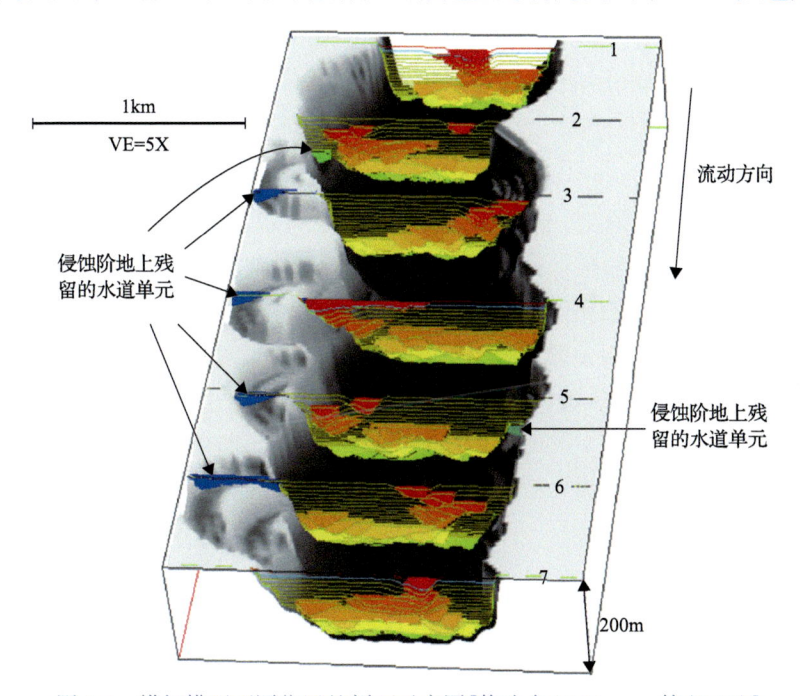

图 5-6 横切模型不同位置的剖面示意图[修改自 McHargue 等(2011)]

阶段 2 为合并(amalgamation)阶段[图 5-5(b)]。随着水道体系内部的重力流从增强阶段逐步过渡为减弱阶段的早期，平衡剖面趋于稳定，使水道体系不再下切早期地层，同时，流体中的部分粗粒成分滞留在水道体系底部。此时，水道体系还会被富泥成分披覆，但是这些泥质披覆沉积仅在水道体系的侧缘保存下来，这是由于后期重力流仍具有一定的侵蚀能力，其会在水道体系的轴部将这些泥质沉积夹带走。在这个沉积作用发生的早期，MTD 普遍较容易发育，虽然这些 MTD 是水道体系充填的重要部分，但是 Mc Hargue 等(2011)提出的模式中却没有将其纳入其中。随着水道体系中重力流活动

第 5 章 深海水道构型模式

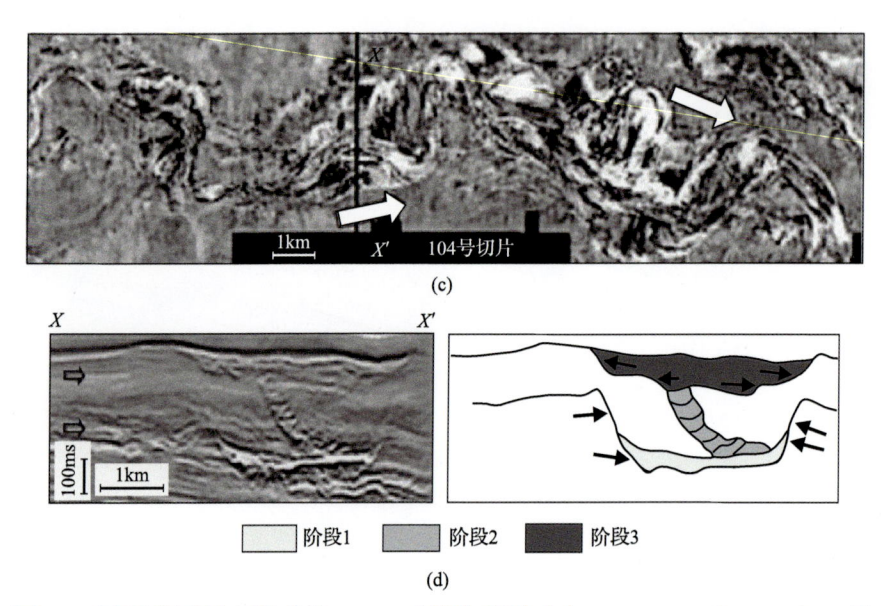

图 5-4 墨西哥湾深水区发育的 de Soto 水道体系[修改自 Posamentier 和 Kolla(2003)]
(a)304 号切片；(b)244 号切片；(c)104 号切片；(d)说明各切片位置的地震剖面

McHargue(2011)随后利用数值模拟的方法，介绍了水道体系内部复合水道的叠置样式，发现随着水道体系的演化，内部叠置样式的变化可以划分为 4 个阶段(图 5-5)。阶段 1 为侵蚀阶段，直接导致斜坡区水道形成[图 5-5(a)]。在重力流活动逐渐变强过程中，水道体系内部流体含砂率较高，具有较强的侵蚀能力。在这种重力流活动变化的背景下，水道体系所对应的平衡剖面会显著降低，从而造成强烈的侵蚀作用。此时，除了重力流富含碎屑的滞留沉积和细粒且成层的泥质沉积会在水道体系内发生沉积外，大部分沉积物只是被水道体系输送到更下游的深水区。此外，还有一种特殊情况，即水道体系在这个侵蚀阶段还会发育早期水道充填的残留沉积，其往往在水道体系侧缘形成对应的阶地(图 5-6)。

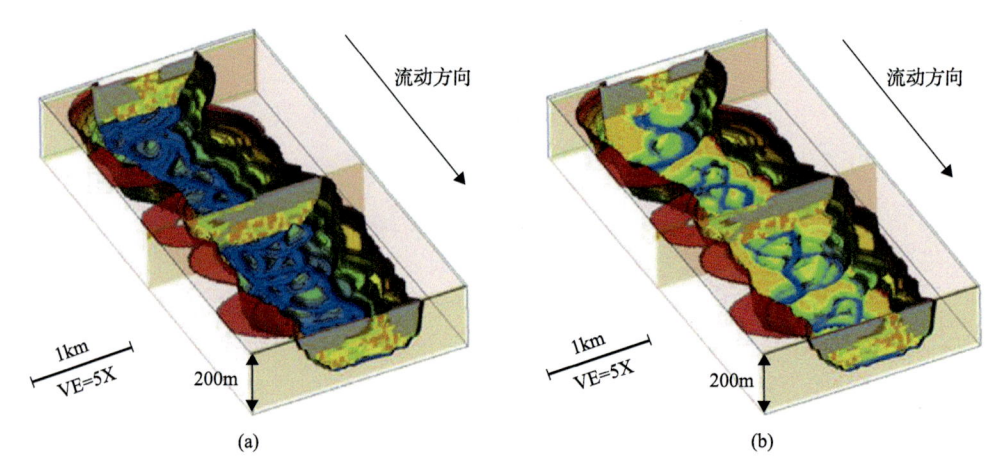

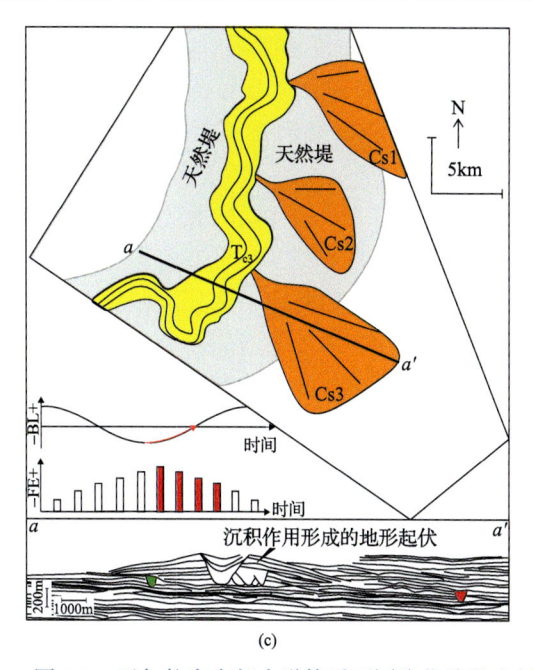

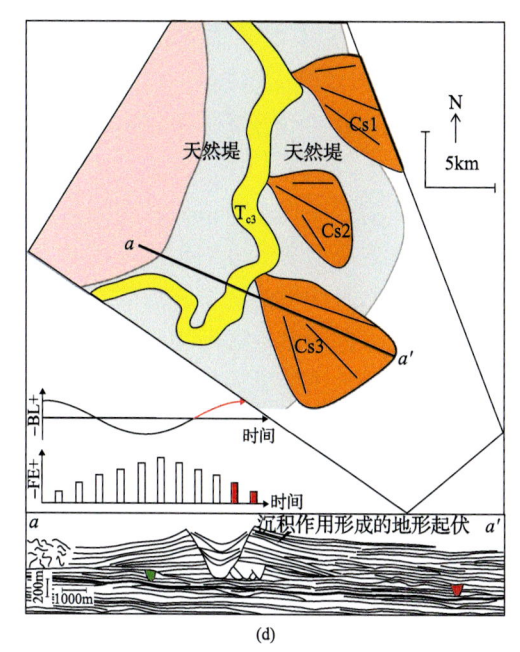

图 5-7 孟加拉扇东部水道体系不同演化阶段内部叠置样式与决口现象的关系[修改自 Qi 等(2021)]
(a)阶段 1 水道开始形成所伴随的区域决口；(b)阶段 2 水道的不规则叠置与部分决口；(c)阶段 3 (晚期阶段 1)水道的垂向加积与决口扇发育；(d)阶段 4 (晚期阶段 2)水道体系的废弃；BL-基准面；FE-重力流能量；Cs-决口扇

时候，重力流的上述各参数会逐渐减小。如图 5-7 所示，水道体系的 4 个不同演化阶段（早期阶段 1~2 和晚期阶段 1~2）对应基准面(BL)旋回及重力流能量(FE)变化的不同阶段，这 4 个阶段水道体系内部具有不同的叠置样式而且发生了不同的决口现象。

在早期阶段 1，基准面开始下降促进了斜坡垮塌及重力流的形成，在这个最早的重力流能量逐渐增强阶段，重力流的活动频率、活动强度及砂体含量总体还比较低，因此形成了小规模的单一水道，其对应水道的区域决口(regional avulsion)现象[图 5-7(a)]。

在早期阶段 2，随着基准面进一步下降，重力流的能量明显增强，相关的重力流具有较高的活动频率、较大的流量及较高的砂质成分含量，此时的重力流具有较强的侵蚀能力，因此形成的水道体系内部的充填沉积单元完全被侵蚀作用形成的水道壁限制，这种情况下充填沉积容易发生侧向和随机摆动，从而发生了局部决口(local avulsion)现象，并形成了合并型叠置的复合水道[图 5-7(b)]。在晚期阶段 1，随着基准面上升，陆源沉积物渐渐被限制在内陆架上，从而导致向深水区输送沉积物的重力流的流量及砂质成分减少，这就使水道体系开始发育天然堤，进而对内部充填沉积形成了较强的限制性。在这种较强的限制性作用下，水道体系内部充填的复合水道开始不断进行垂向上的加积，进而导致决口扇形成[图 5-7(c)]。在最后的晚期阶段 2，随着基准面上升到峰值，重力流能量进一步减小，直到重力流活动停止。此时，流体中泥质成分的含量会更高，其在两侧堤岸上充分沉积，从而修复了前期破裂的天然堤，可以看到这些在水道体系废弃之前沉积的天然堤充分覆盖在早期决口扇之上[图 5-7(d)]。

减弱的持续，流体中泥质成分含量越来越高，使平衡剖面逐渐上升，相应地，沉积物的过路作用变弱而更倾向于发生沉积，尤其是较细粒的成分更容易在水道两侧形成堤岸沉积。在这种情况下，水道体系就形成了合并的、包含侧向迁移复合水道的充填样式。

阶段3为无序(disorganized)叠置阶段[图5-5(c)]。随着水道体系内重力流活动逐渐减弱，流体内部泥质成分的含量逐渐增高，平衡剖面也不断上升，使水道内部的充填沉积(复合水道)及两侧的堤岸沉积都发生明显的加积。而且，随着堤岸部分沉积物不断堆积，水道体系的限制性逐渐增强，水道体系内部的"合并"现象逐渐消失。然而，尽管两侧天然堤为水道体系内部的充填沉积提供了一定的限制性，此时水道体系内部的复合水道仍难以容纳后期的重力流，这就造成了无序的叠置样式。

阶段4为有序(organized)叠置阶段。随着水道体系内部重力流活动进一步减弱，流体内部的泥质成分的含量进一步增高，相应的平衡剖面也进一步上升，使得水道体系内部的复合水道及外部天然堤的垂向加积速率增大。在这种情况下，天然堤形成了足够高的地形起伏，其可以有效容纳后期的重力流，这就使水道体系内部的充填沉积发生有序叠置。这种有序叠置表明较年轻的复合水道几乎总是沿着较老的复合水道的路径流动，流体动量向着下游方向不断侵蚀水道壁，从而形成了连续叠置的复合水道(图5-6)。

另外，Qi等(2021)使用高分辨率地震资料分析了孟加拉扇东部深海水道的发育演化，同样发现了类似McHargue等(2011)不同阶段的水道体系内部叠置样式。不同的是，Qi等(2021)在层序地层学背景下不仅分析了水道体系内部叠置样式，还将其和水道的决口现象建立了联系(图5-7)。

根据经典的层序地层学模式(Vail et al., 1977; Mitchum, 1985)，当基准面降低的时候，深海环境下重力流的活动频率、活动强度及砂体含量会逐渐增大，然而当基准面上升的

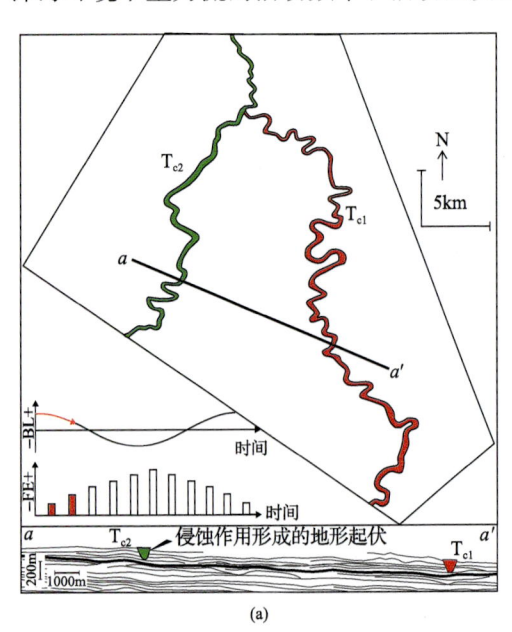

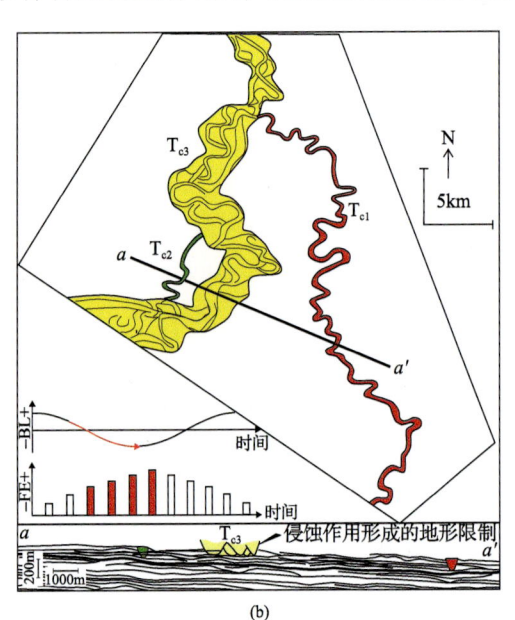

第 5 章 深海水道构型模式

除了对水道体系内部复合水道的叠置样式进行定性分析，Deptuck 等(2007)、Jobe 等(2016)及 Gong 等(2020)还对水道体系的规模进行了测量，主要包括宽度和高度等。此外，他们还对水道体系内部的复合水道开展了运动学分析，主要使用了复合水道轨迹(channel complex trajectory)及地层迁移系数(stratigraphic mobility number)两个参数(图 5-8)。

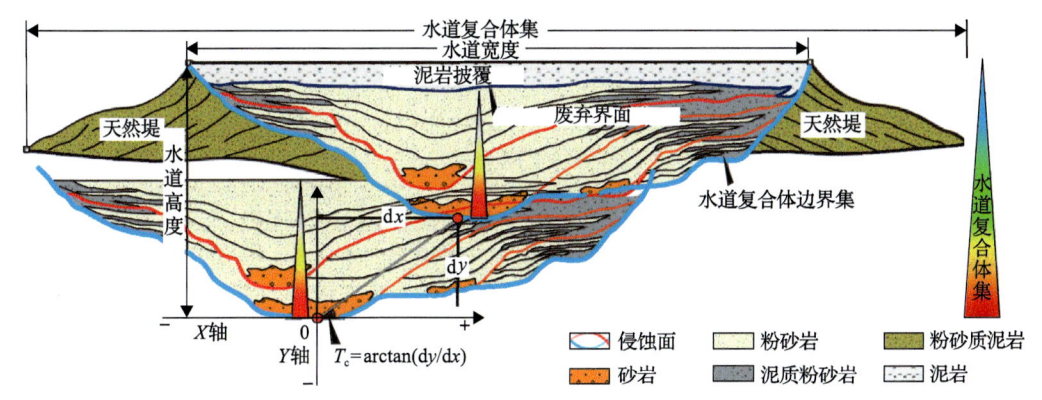

图 5-8 水道体系内部叠置样式定量表征参数[修改自 Gong 等(2020)]

如图 5-8 所示，复合水道轨迹主要用来描述复合水道连续的侧向或垂向迁移。一个复合水道轨迹记录了两个或者多个成因上关联的复合水道，其对应一个确定的轨迹角度(T_c)，具体计算公式如下：

$$T_c = \arctan(dy/dx)$$

式中，dx 和 dy 分别为一个确定水道轨迹的侧向迁移量和垂向加积量(图 5-8)。这里的 dx 始终为正值，对应复合水道在沉积走向上的迁移距离。

水道体系内部的地层迁移系数 M_s 可以有效反映复合水道的叠置样式(Jerolmack and Mohrig, 2007)，对应的计算公式如下：

$$M_s = (dx/dy)(T/W)$$

式中，T 和 W 分别为水道体系的高度和宽度(图 5-8)。需要说明的是，前人对以上定量参数的测量都没有考虑地下沉积体的压实作用。Jobe 等(2016)及 Gong 等(2020)通过将地下水道体系的定量表征参数与现今海底同类型的参数进行比较，可以发现两者差别不大，因此可以认为压实作用对于各定量表征参数的影响不大。

Gong 等(2020)对全球 142 个水道体系的形态学特征及内部复合水道的叠置样式进行了系统分析，并统计了相关数据，根据复合水道迁移轨迹的具体数值，将水道体系内复合水道的迁移分为三种类型：侧向迁移、随机迁移及垂向迁移(图 5-9)。此外，在对各复合水道的轨迹角度 T_c 进行统计的同时，也计算了相应的地层迁移系数 M_s，并对两者的相关性进行了统计。

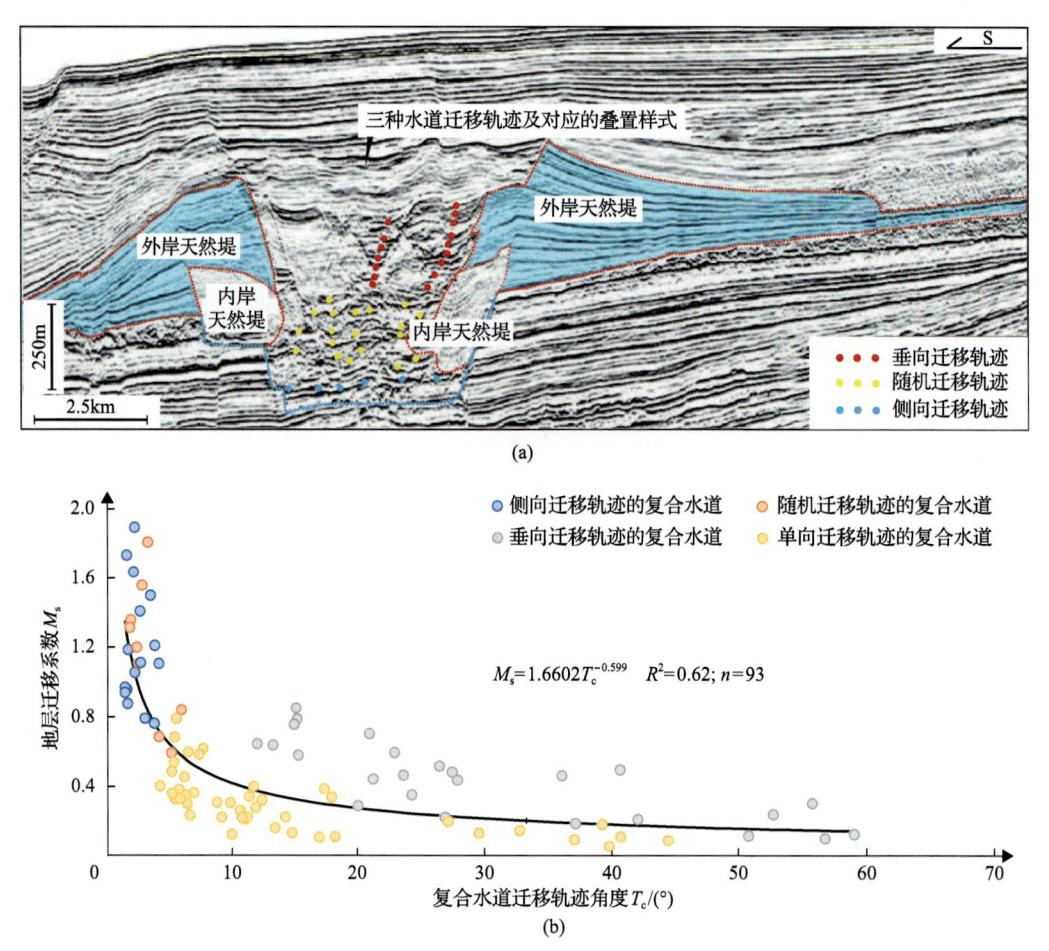

图 5-9　Gong 等(2020)对全球水道体系的形态学特征及内部复合水道叠置样式的统计示意图
(a)印度河扇发育的水道体系及其构型解释结果；(b)水道体系中复合水道 T_c 和 M_s 的相关性

如图 5-9 所示，T_c 和 M_s 的散点图表明两者之间具有幂函数关系，具体的对应公式如下：

$$M_s = 1.6602 T_c^{-0.559} \quad R^2 = 0.62;\ n = 93$$

可以发现对全球 142 个水道体系而言，M_s 和 T_c 的相关系数超过了 0.6，这充分证明复合水道迁移轨迹(T_c)可以有效反映复合水道叠置样式(M_s)，因此该结果为预测水道体系内部构型提供了有效方法。

Li 等(2018)同样使用复合水道轨迹(T_c)这个参数来对西非里奥穆尼盆地发育的水道体系开展了构型分析(图 5-10)。根据 T_c 数值的具体变化，将复合水道的叠置样式分为侧向迁移及垂向加积两种类型。如图 5-10(a)所示，Li 等(2018)认为在水道体系发育早期，内部充填的复合水道主要表现为侧向上的迁移，然而在水道体系发育晚期，内部充填的复合水道则主要表现为垂向上的加积。

另外，Li 等(2018)在分析水道体系内部复合水道迁移轨迹的同时，对陆架边缘附近同时期发育的陆架边缘轨迹也进行了表征[图 5-10(a)]。可以发现，侧向迁移的复合水道

第 5 章 深海水道构型模式

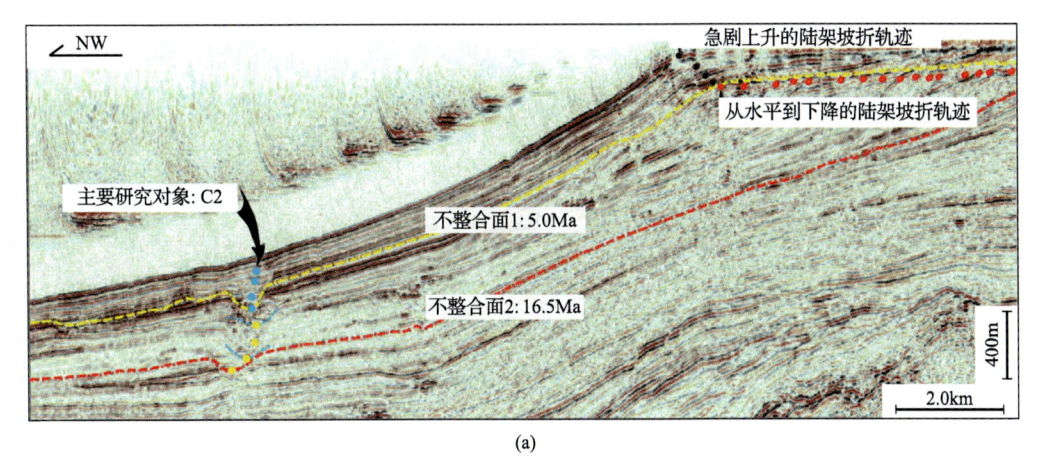

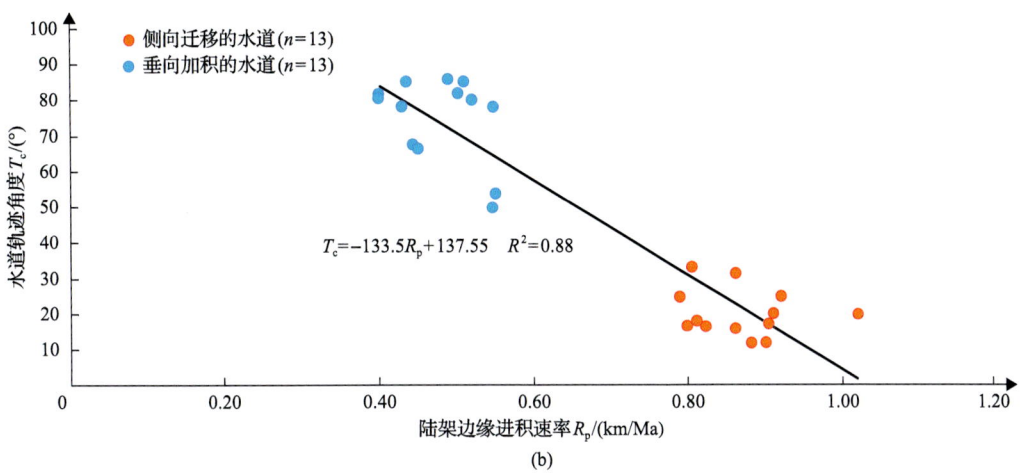

图 5-10 西非里奥穆尼盆地发育的水道体系及其内部叠置样式（复合水道）与
陆架边缘轨迹的关系[修改自 Li 等（2018）]
(a) 水道体系内部复合水道的叠置样式在地震剖面上的表现；(b) 水道体系内部复合水道的叠置样式与
陆架坡折轨迹的定量关系

轨迹对应水平或者下降的陆架边缘轨迹，然而垂向迁移的复合水道轨迹和陡峭上升的陆架边缘轨迹相伴生。这是因为在陆架边缘轨迹表现为水平或者下降时（即陆架边缘进积速率比较大时），陆架上的可容空间减少得较快，此时陆源沉积物可以大量向深水区搬运，使深水区重力流的活动强度比较大，对应的砂体含量也比较高，从而形成了侧向迁移的复合水道轨迹[图 5-10(b)]。然而，如果陆架边缘轨迹表现为陡峭上升（即陆架边缘进积速率相对比较小时），陆架上可容空间减少得较慢，此时相当一部分陆源沉积物被截留在陆架上，仅有少部分得以向深水区输送，使深水区重力流活动相对较弱，对应的砂体含量也比较低，从而形成了垂向加积的复合水道轨迹[图 5-10(b)]。

Qi 等（2021）利用高分辨率三维地震资料对孟加拉扇东北部水道体系进行了表征，同样识别了水道体系内部复合水道轨迹，如图 5-11 所示，该轨迹表现为曲棍形的样式。

此种曲棍形复合水道轨迹最早由 Jobe 等（2016）发现，其主要表现为在水道体系发育早期，复合水道主要发生侧向迁移，对应低角度轨迹；然而在水道体系发育晚期，复合水道则主要发生垂向加积，对应高角度轨迹。

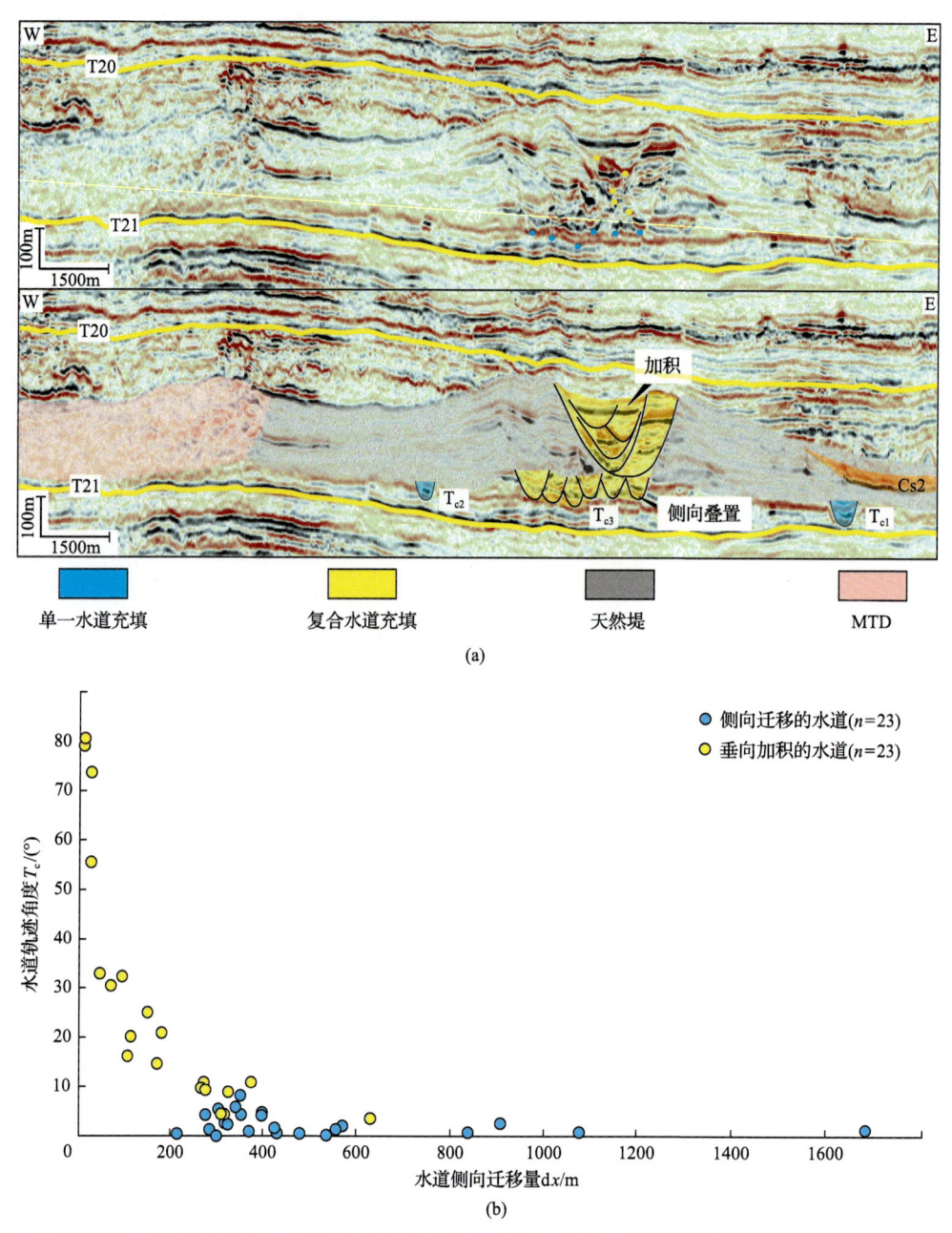

图 5-11　孟加拉扇东北部发育的水道体系及其内部复合水道轨迹情况［修改自 Qi 等（2021）］
(a) 水道体系内部复合水道的叠置样式；(b) 水道体系内部复合水道叠置样式的定量统计

此外，Qi 等(2021)还通过对复合水道轨迹进行定量分析，将水道体系内复合水道轨迹与水道的决口现象建立了对应关系。在水道体系发育早期，低角度的复合水道轨迹对应大规模的区域性决口，然而在水道体系发育晚期，高角度的复合水道轨迹对应小规模的决口(决口扇)。

5.1.2 西非陆缘水道体系构型模式实例

本节优选尼日尔三角洲盆地深水区发育的一条典型水道体系，对其构型模式展开具体研究，从定量角度揭示水道体系构型模式和盆内控制因素。

1. 典型水道体系优选

该水道体系总体自北向南流动（图 5-12），其平面上形态复杂多变；相干体属性地层切片[图 5-12(a)]表明，水道体系有的部位呈顺直状，有的则为蛇曲状，个别地段出现截弯取直现象。

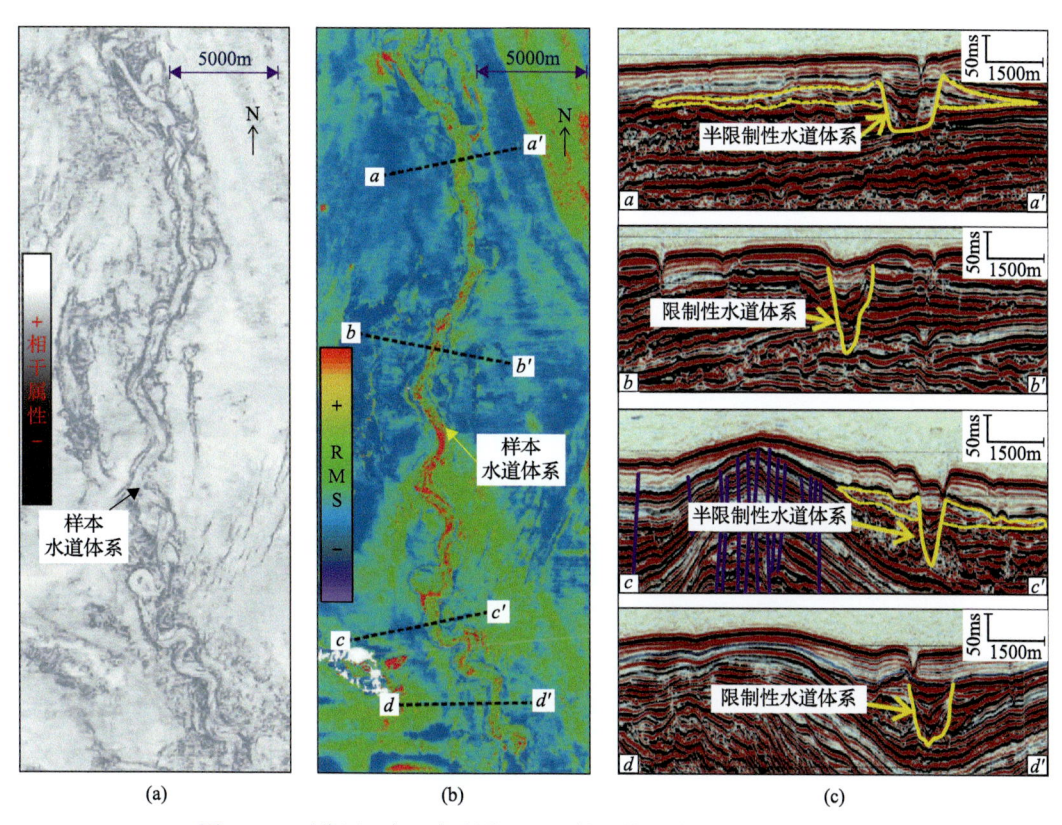

图 5-12 西非尼日尔三角洲盆地开展构型模式分析的典型水道体系
(a)展示典型水道体系的相干属性切片；(b)展示典型水道体系的 RMS 属性切片；
(c)展示典型水道体系的一系列地震剖面

水道体系内部包含 3 期相互切叠的复合水道。由图 5-12(b)所示的 RMS 属性地层切片可知，水道体系为中等、强振幅充填，中等振幅呈条带状分布，而强振幅呈梭状断续分布，显然呈现出早期砂质复合水道被后期砂泥混杂质复合水道侵蚀切割的地震响应特征。水道体系两侧弱振幅充填，推断为天然堤、披覆等泥质细粒沉积，水道中部弯曲段见扇形中-强振幅沉积体，推断为决口扇[图 5-12(b)]。

由剖面叠置样式分析可知，研究样本发育限制性和半限制性 2 种水道体系类型。如

图 5-12(c)所示，水道体系自北往南均发育明显大型下切谷，只是在顺物源方向不同位置处，有的水道段下切谷两侧发育楔状体[图 5-12(c)中的剖面 a-a'和 c-c']，有的下切谷两侧则为弱-强振幅连续反射(推断为深海披覆细粒沉积)[图 5-12(c)中的剖面 b-b'和 d-d']，前者为半限制性水道体系，而后者为限制性水道体系。

利用地震属性平面和剖面互动的方法，以约 600m 的间距[图 5-13(a)]测量了样本水

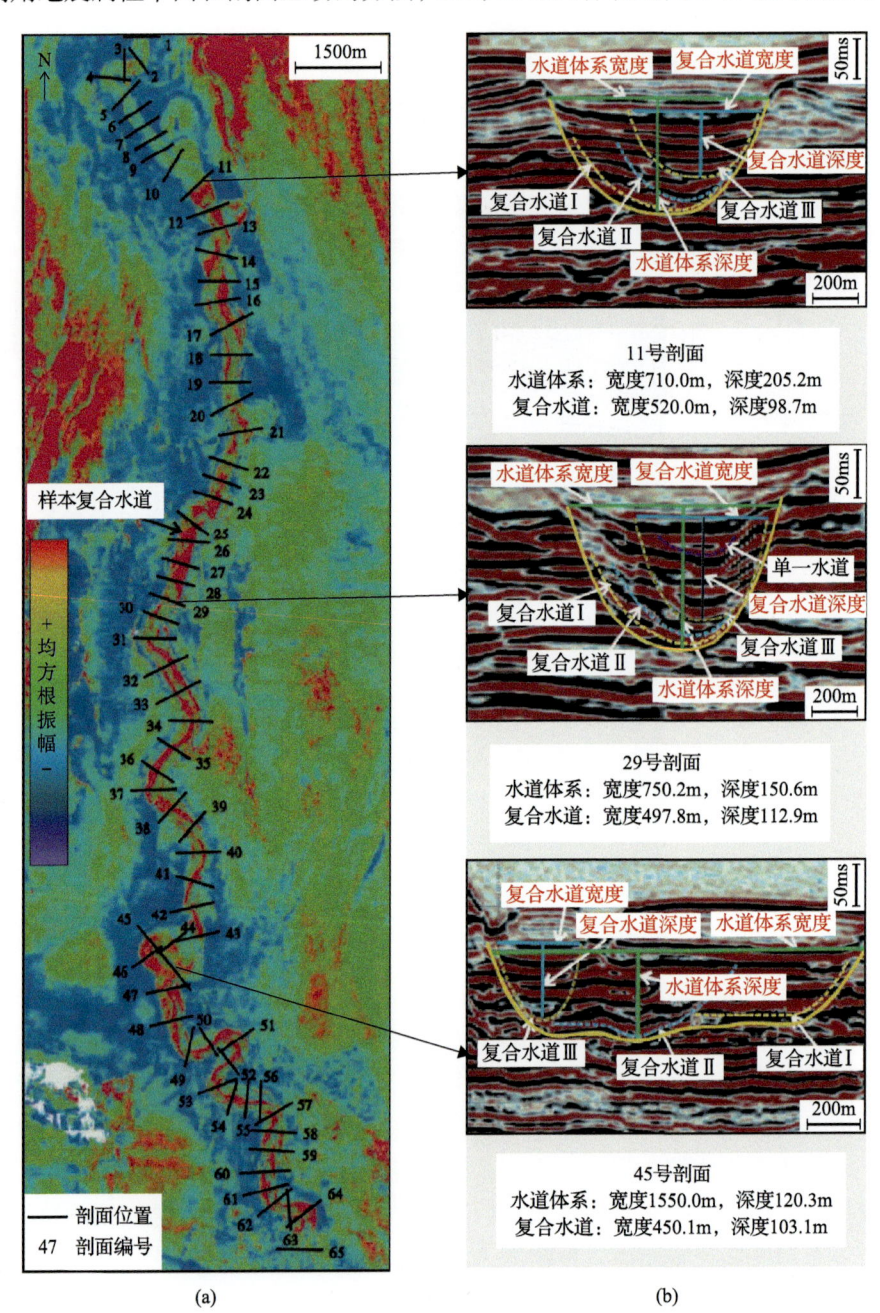

图 5-13 尼日尔三角洲盆地深水区典型水道体系及其内部复合水道测量示意图
(a)各个测量剖面在平面上的位置；(b)水道体系和内部复合水道形态参数测量实例

道体系及其内部复合水道Ⅲ的宽度、深度等数据[图 5-13(b)]，获取了 2 组共 130 个数据点，结果表明：样本水道体系的宽度为 428.6~1968m，深度为 80.9~152.0m，宽深比为 3.96~18.15；样本水道体系内部的复合水道Ⅲ宽度为 260~1000m，深度为 50~142m，宽深比为 3.18~9.31。

2. 定量特征参数的相互关系

1) 水道体系样本的分段

水道体系地形坡度的测量分析结果表明：如图 5-14 所示顺物源方向水道体系样本可划分为 A 段、B 段、C 段和 D 段共 4 个坡度段(测量单元)，其坡度值分别为 0.89°、1.12°、0.63°和 1.65°。比较复合水道坡度测量结果(对应段坡度分别为 0.72°、1.05°、0.54°和 1.31°)可知，尽管二者在测量单元分界点的平面位置相近，但同一测量单元水道体系的地形坡度明显大于复合水道。其根本原因在于，水道体系样本形成于早期的峡谷发育阶段，受泥岩底辟、伴生断层等构造作用的影响，会形成大小不一、高低起伏的小型隆起和洼地，这便使古地形变化大；到了水道体系样本发育的中后期，由于受前期复合水道的填平补齐作用，古地形的高低起伏程度大大减弱，从而造成同一测量单元样本复合水道Ⅲ的坡度相对较小。

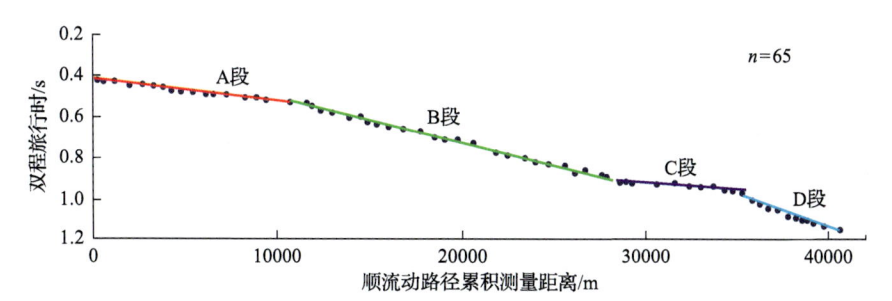

图 5-14　尼日尔三角洲盆地深水区典型水道体系顺物源方向地形坡度

2) 宽度与深度的关系

为论证样本水道体系宽度和深度规模的内在关联，按以上 4 个坡度段对宽度、深度参数进行了统计，如图 5-15(a)蓝圈中所示，在坡度相对缓的 A 段和 C 段，研究样本的宽度和深度呈正相关关系；而在坡度陡的 B 段和 D 段，如图 5-15(a)红圈中所示，研究样本的宽度和深度呈现出负相关关系。这意味着在缓坡区水道体系的宽度越大，相应位置的下切深度也会增大，而当地形坡度足够大时，这一规律会发生逆转，即宽度越大，水道体系的下切能力越弱，形成的深度越小。

3) 宽度与宽深比的关系

同理，也统计了样本水道体系宽度和宽深比的关系，结果表明，两者呈明显的正相关性。如图 5-15(b)所示，4 个坡度段的宽度与宽深比均呈良好的正相关性，且在相同宽度条件下，坡度较陡的 B 段和 D 段宽深比相对较小，主要分布在 4~9，有一半左右取样点宽深比小于 6；而坡度较缓的 A 段和 C 段宽深比相对较高，一般都大于 6。这说明

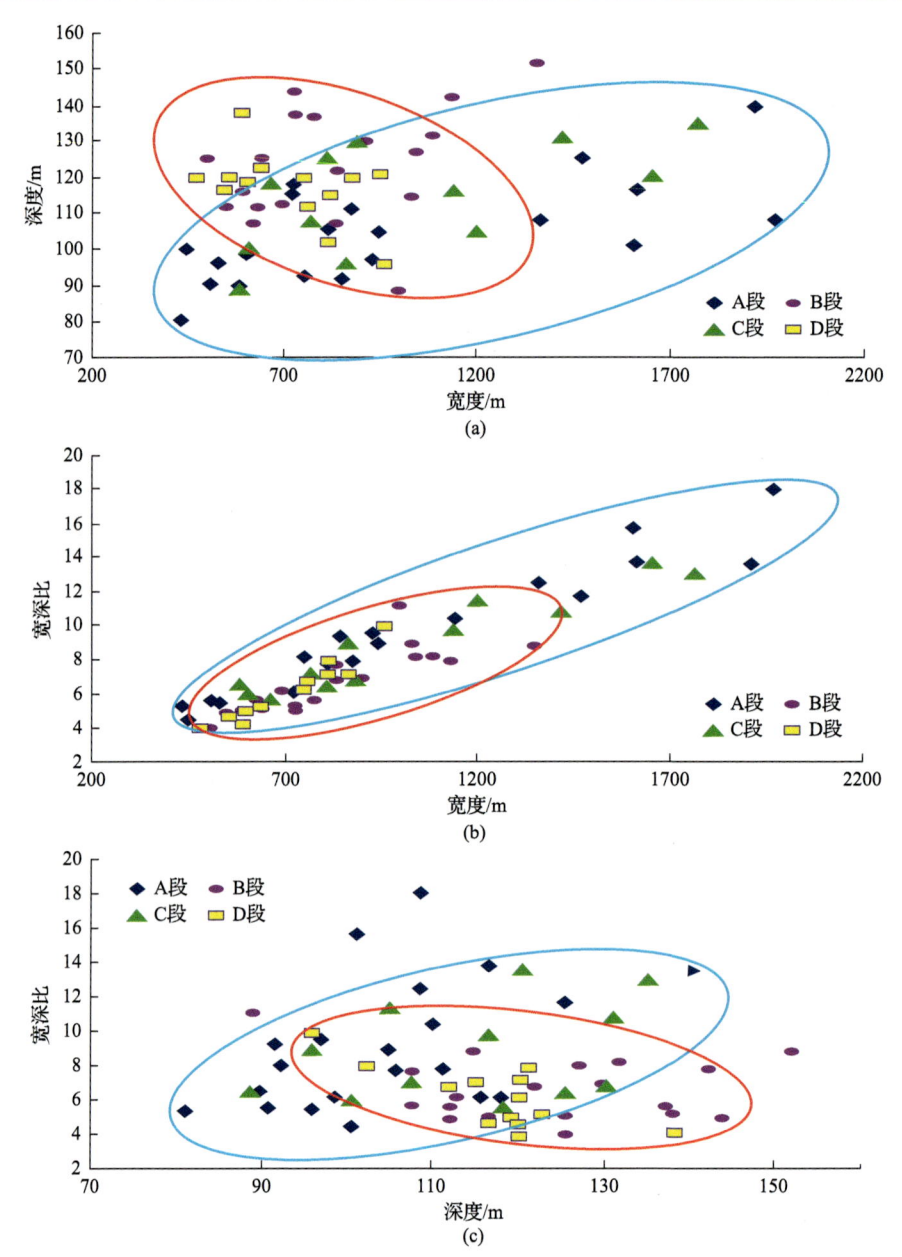

图 5-15 尼日尔三角洲盆地深水区典型水道体系宽度、深度与宽深比关系统计图
(a)宽度与深度的定量关系；(b)宽度与宽深比的定量关系；(c)深度与宽深比的定量关系

同一水道体系在不同地形条件下，陡坡区往往发育窄深型水道，而缓坡区易发育宽浅型水道。

4) 深度与宽深比的关系

受地形坡度变化的影响，水道体系深度与宽深比关系较为复杂，陡坡区深度与宽度呈负相关关系，而缓坡区两者呈正相关关系。如图 5-15(c)红圈中所示，对于坡度较陡的 B 段和 D 段，深度增加，宽深比有减小的趋势，这说明陡坡区水道体系深度越大，宽深比越小，越呈现为窄深型水道；而在坡度较缓的 A 段和 C 段，如图 5-15(c)蓝圈中所示，呈现出与陡坡区相反的趋势，即随着深度的增加，宽深比有增加之势，水道越往宽浅型形态发展，这一规律与下切式复合水道相似。

3. 典型水道体系构型演化模式

如前所述，就同一水道体系局部区域而言，地形坡度是控制其类型及外部形态的主要因素(胡孝林等，2014；Zhao et al.，2018)，同时水道体系的形态也控制了其内部复合水道构型样式的发展演化，揭示它们之间的相互关系对该类油气藏的高效开发具有重要的理论意义。

1) 坡度对水道体系类型和形态的影响

坡度影响了水道体系的外部形态样式，如图 5-12(c)所示，水道体系样本在顺物源方向上外部形态样式不断发生变化；在近物源端的剖面 a-a'，大型下切谷两侧发育天然堤，为半限制性水道体系；到了剖面 b-b'，楔状天然堤消失，水道体系类型转变为限制性；再到剖面 c-c'，水道体系又开始发育天然堤，水道体系类型转化为半限制性；而在远物源端的剖面 d-d'，天然堤又消失，形成限制性水道体系。这说明受地形坡度变化的影响，水道体系类型会交替变化。

利用前面测量的水道体系宽度、深度数据，分不同坡度段统计了研究样本宽度和深度的平均值和最大值。前者代表了同一坡度条件下水道体系宽度和深度的平均大小，后者代表了同一坡度条件下水道体系发育的最大延伸宽度和下切深度。如图 5-16(a)所示，水道体系的坡度与宽度确实呈明显的负相关性，而水道体系的坡度与深度则呈一定的正相关性。另外，如图 5-16(b)所示，尽管水道体系的坡度与深度之间的相关性不是很高，但 4 个坡度段的深度随着地形坡度的增加呈现出变大的趋势，这在坡度与平均深度的关系上更为明显。值得注意的是，研究样本存在异常点，即坡度最大的 D 段，其水道体系的最大深度明显小于坡度小的 A 段和 B 段，究其原因在于流动距离对重力流沉积物下切能力的影响；水道体系样本纵贯研究区南北，蜿蜒流动距离达 40km 有余，重力流沉积物在流动过程中侵蚀能量不断损失，当其消耗能量大于由地形坡度增加而补充的能量时，就会发生水道体系在陡坡区的下切深度小于相邻缓坡区的现象。

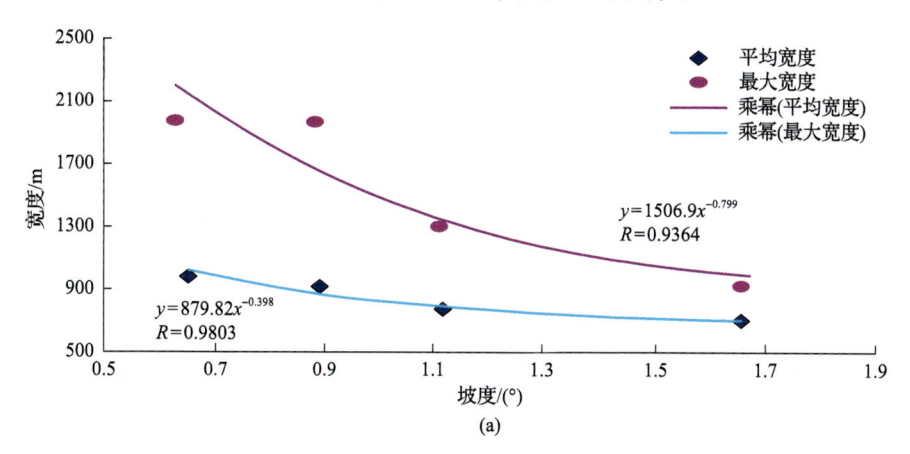

(a)

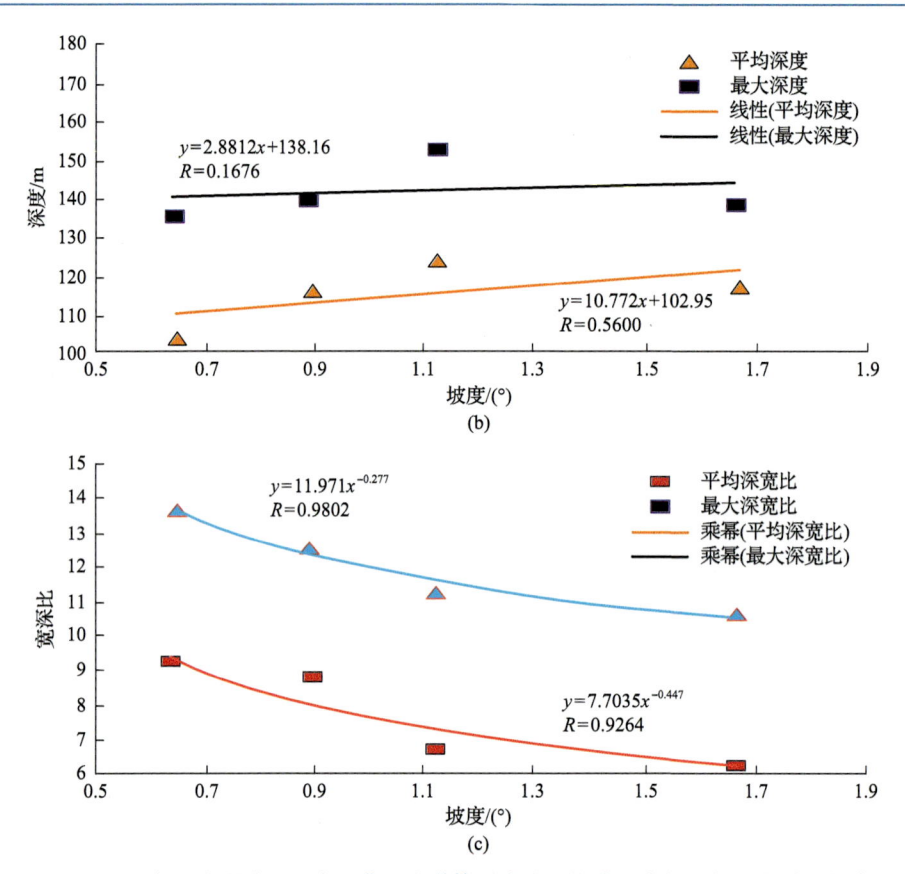

图 5-16　尼日尔三角洲盆地深水区典型水道体系宽度、深度、宽深比与坡度关系拟合图
(a)坡度与水道体系宽度定量关系；(b)坡度与水道体系深度定量关系；(c)坡度与水道体系宽深比定量关系

同样，基于不同坡度段的采样点数据，提取了水道体系宽深比的平均值和最大值，并分析了坡度对其控制作用。结果表明，随着地形坡度增加，水道体系不同段的宽深比平均值和最大值均相应减小[图 5-16(c)]。这意味着坡度对水道体系剖面形态具有良好的控制作用，即同一水道体系局部范围内，陡坡区易形成窄深型水道，而缓坡区则易形成宽浅型水道。

2) 水道体系形态对内部复合水道的影响

本节通过对处于同一位置处的水道体系与复合水道Ⅲ的宽度、深度和宽深比取样数据进行拟合（图 5-17），发现水道体系与复合水道的宽度、深度及宽深比各自表现出明显的正相关性，即随着水道体系宽度、深度和宽深比增大，复合水道的宽度、深度和宽深比也相应增大。

深入分析认为，首先，这与水道体系和复合水道的坡度变化特征类似有关，相似的坡度对水道体系和复合水道各形态学参数的控制，使二者的形态特征具有一定的相似性；其次，从深海水道体系的形成过程方面来说，水道体系对复合水道各参数也有一定的控制作用。

第5章 深海水道构型模式

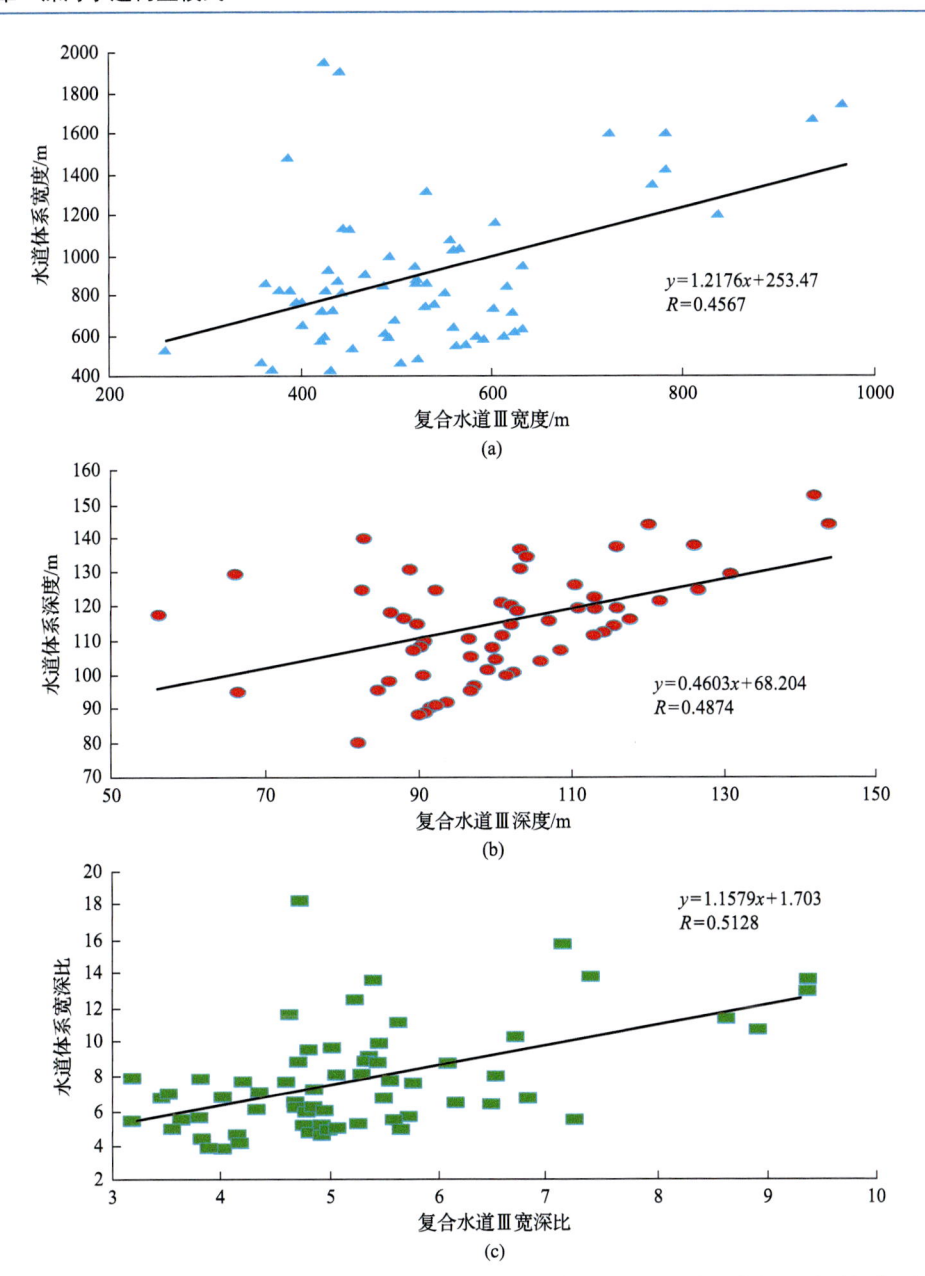

图 5-17 尼日尔三角洲盆地深水区水道体系与复合水道Ⅲ宽度、深度和宽深比关系拟合图
(a)复合水道Ⅲ宽度与水道体系宽度定量关系；(b)复合水道Ⅲ深度与水道体系深度定量关系；
(c)复合水道Ⅲ宽深比与水道体系宽深比定量关系

  限制性水道和半限制性水道体系以发育大型下切谷为特征，在水道体系形成早期，较强的重力流作用侵蚀海底形成大型下切谷，该下切谷的形成限制了复合水道横向的宽度发展和纵向的深度加大。因此，下切谷较宽、较深的地方，复合水道宽度、深度也相对较大；相对地，在下切谷较窄、较浅的地方，复合水道宽度、深度受到限制，表现为窄和浅的特征；当然，这也保证了水道体系和内部复合水道的宽深比具有一定的正相关性，但是可能由于早期水道体系峡谷边界的侧向限制作用相对更为强烈，复合水道的宽深比大多小于水道体系的宽深比。

5.2 复合水道构型模式

复合水道在水道体系的限制下发育，由多条单一水道侧向或垂向叠置组成，规模总体不大，属中等尺度单元，可利用浅层高频地震信息来研究其内部叠置模式。通过对近年来前人研究成果的汇总，结合笔者在西非陆缘深水区开展工作的实践，重点根据复合水道内单一水道的叠置规律，对复合水道在剖面及平面上的构型模式分别进行了总结。

5.2.1 复合水道剖面构型模式

1. 复合水道剖面构型模式分类

笔者综合使用前人研究成果及西非陆缘深层和浅层高分辨率地震资料及测井资料，将复合水道内部单一水道的剖面构型模式划分为垂向复合式、侧向复合式及摆动复合式三大类。

1) 垂向复合式

正如前面对复合水道构型单元所介绍的那样，复合水道内部的单一水道可以划分为离散型、拼接型、紧凑型三种类型（图4-15）。垂向拼接型及垂向紧凑型复合水道多为水道体系的前中期产物，而垂向离散型复合水道常为水道体系的末期产物。由水道体系垂向演化模式可知，在水道体系垂向演化阶段的前中期，水道体系内流体侵蚀能力较强，侧向迁移不明显，水道较平直，因此多呈垂向拼接及垂向紧凑的复合方式出现；而在末期演化阶段，水道体系内流体侧向迁移及垂向侵蚀能力都比较弱，因此多呈垂向离散的复合方式出现。由于复合水道垂向复合式在前面已经介绍，这里不再赘述。

2) 侧向复合式

当重力流流体从限制性环境向半限制性环境流动时，其环境限制性减弱，流体下切能力下降，侧向摆动能力增强，侧向叠置的复合水道开始出现（赵晓明等，2012；张国涛等，2012；刘新颖等，2012；李华等，2018），基于研究区复合水道间的接触关系，可将其划分为三种复合类型，分别是侧向离散型、侧向拼接型和侧向紧凑型（图5-18）。侧向离散型复合水道拥有较强的侧向迁移能力，复合水道间被细粒沉积物分隔，相互孤立存在；侧向拼接型复合水道的侧向迁移能力略逊于侧向离散型，复合水道之间存在相互接触；侧向紧凑型复合水道侧向切叠于前期复合水道之上，水道侧向迁移程度相对较小，多期复合水道可能相互连通。

3) 摆动复合式

受沉积环境的影响，复合水道在演化过程中常以垂向加积、侧向迁移共存的方式发育，呈现出摆动的特征，依据复合水道的接触关系可划分为摆动离散型、摆动拼接型和

第 5 章 深海水道构型模式

摆动紧凑型三种复合类型(图 5-19)。摆动离散型中各期复合水道在垂向上没有接触,在侧向上进行摆动迁移;摆动拼接型中复合水道呈相互接触的状态;摆动紧凑型的地震相显示出相邻复合水道呈明显下切,复合水道之间可能相互连通。

叠置样式	叠置模式	地震响应特征
侧向离散型		
侧向拼接型		
侧向紧凑型		

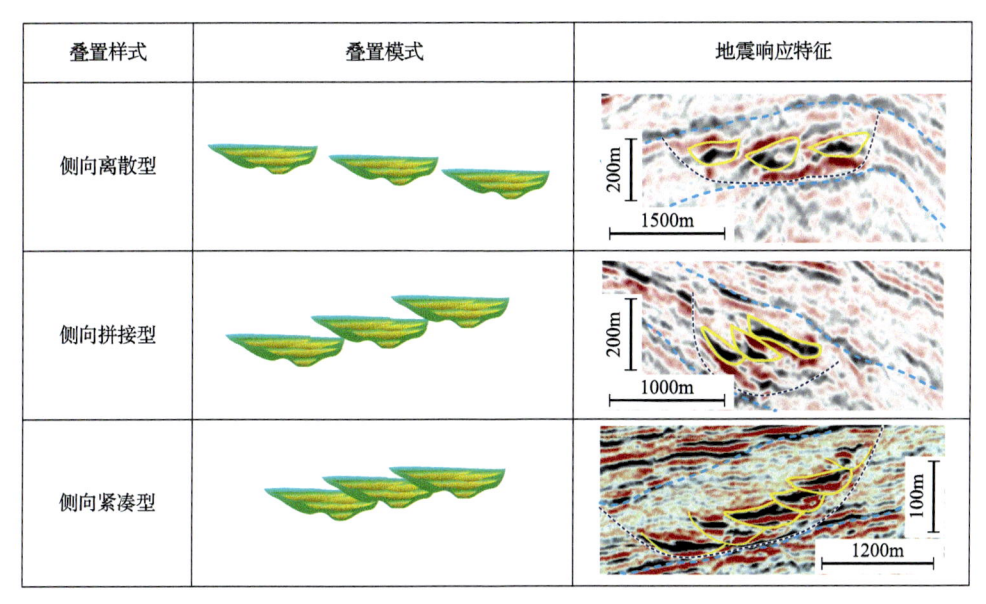

图 5-18 复合水道侧向复合式总结

叠置样式	叠置模式	地震响应特征
摆动离散型		
摆动拼接型		
摆动紧凑型		

图 5-19 复合水道摆动复合式总结

关于复合水道在剖面上的构型模式,前人也开展过一系列研究。但是,这些工作只是简单地介绍复合水道内部单一水道在剖面上的发育,并没有对其叠置样式进行系统分析。例如,Richard(2007)利用高分辨率地震资料、井数据及露头资料,建立了复合水道的三维概念模型,将复合水道内单一水道在剖面上的叠置样式简单地划分为侧向叠置及垂向叠置两种类型。而且,Richard(2007)还对两个模型开展了数值模拟,进而分析了块体搬运沉积在复合水道内部不同叠置样式中的分布情况,为预测复合水道油气藏砂体连通性提供了有利指导。

  模拟结果发现,当复合水道内部的单一水道发生侧向叠置时,由于重力流与水道壁不断发生相互作用,两侧堤岸极容易发生垮塌,从而在复合水道的侧缘形成大量块体搬运沉积。如图5-20所示,在水道弯曲带,单一水道不断发生侧向迁移,增强了两侧堤岸的不稳定性,从而造成了较大规模的沉积物垮塌。这些垮塌的沉积物与典型的水道充填沉积不同,其孔隙度和渗透率均较低,从而降低了该部分水道砂体的连续性。

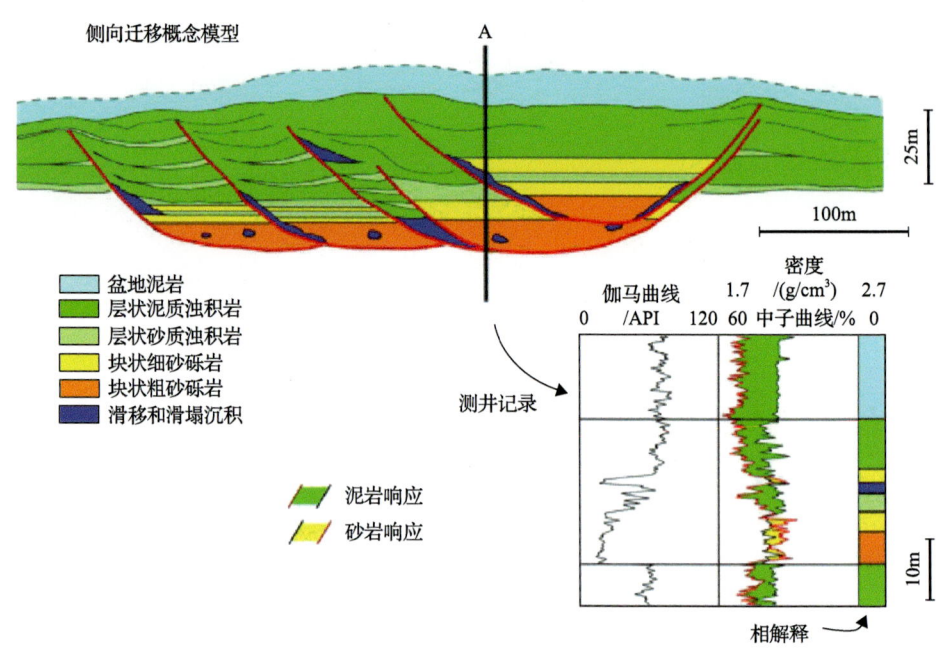

图5-20 复合水道内部单一水道的侧向迁移模式及侧缘沉积物垮塌大规模发生[修改自 Richard(2007)]

  然而,复合水道内部的单一水道以垂向上的叠置为主时,由于重力流与水道发生的相互作用有限,两侧堤岸相对比较稳定,不容易发生垮塌,从而在复合水道侧缘形成的块体搬运沉积也比较少(图5-21)。另外,各单一水道之间不断发生侵蚀—充填—侵蚀旋回,复合水道底部堆积的块体搬运沉积也很容易被后续重力流夹带走,使垮塌沉积物更难以在复合水道中保存。在此种情况下,复合水道内的砂体往往具有更好的连续性,属于更优势的开发对象。

  根据复合水道内单一水道发生侧向叠置和垂向叠置的程度,结合复合水道的发育背景,Janocko等(2013)对复合水道内部单一水道的迁移模式做了进一步总结(图5-22)。当复合水道在平面上弯曲度有限,垂向上内部各单一水道具有明显下切和加积情况时,则将复合水道命名为侵蚀复合水道(erosional channel belt)[图5-22(a)];然而,如果平面上的弯曲非常明显,垂向上各单一水道仅表现为侧向上的增生,则将复合水道命名为弯

第 5 章 深海水道构型模式

曲复合水道(meandering channel belt)[图 5-22(b)]。

另外,Janocko 等(2013)也考虑了复合水道两侧的限制情况,如果复合水道发育在限制性背景下,即两侧可见明显的天然堤沉积,并且复合水道本身具有稳定的弯曲度,则将其命名为天然堤复合水道(leveed channel belt)[图 5-22(c)];而且,在这种天然堤复合水道中,有时候内部的单一水道以垂向迁移为主、侧向迁移为辅,这种情况被称为加积的侧向增生(aggradational lateral accretion)。

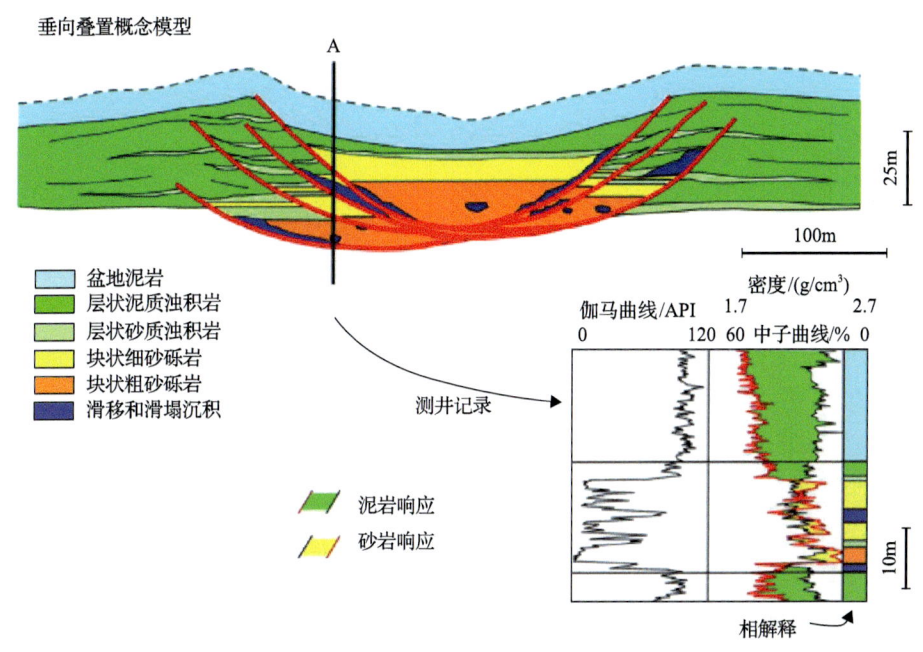

图 5-21 复合水道内部单一水道的垂向加积模式及小规模发生的沉积物垮塌[修改自 Richard(2007)]

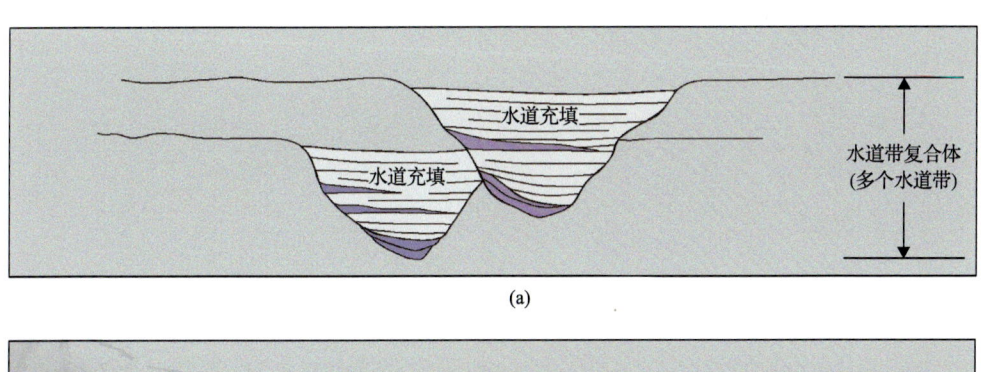

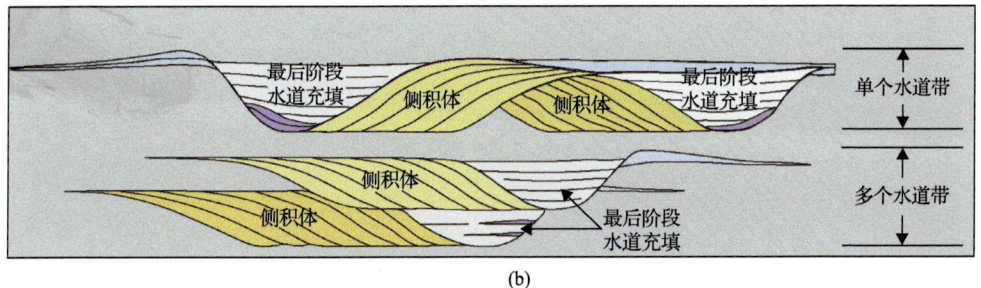

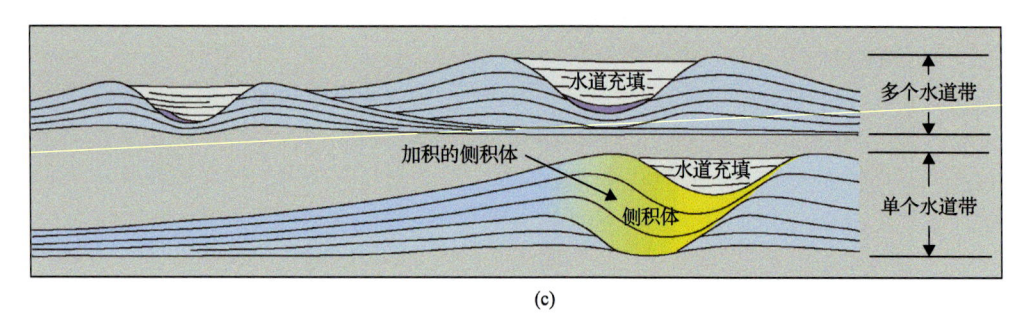

图 5-22 Janocko 等(2013)对复合水道内部单一水道有序迁移类型的进一步总结
(a)侵蚀复合水道；(b)弯曲复合水道；(c)天然堤复合水道

2. 复合水道剖面构型模式演化

由以上总结可以发现，不同位置的复合水道由于存在差异性的侧向迁移能力、垂向加积能力，将会呈现多种叠置样式。复合水道间的叠置样式不仅会以垂向复合式、侧向复合式、摆动复合式这三大类型中的任意一种单独出现，而且其通常以三种类型两两组合及三者组合的形式出现。基于已发现的复合水道叠置样式，结合前人研究（林煜等，2013；陈筱等，2018），笔者共总结出 15 种复合水道叠置构型样式（图 5-23）。

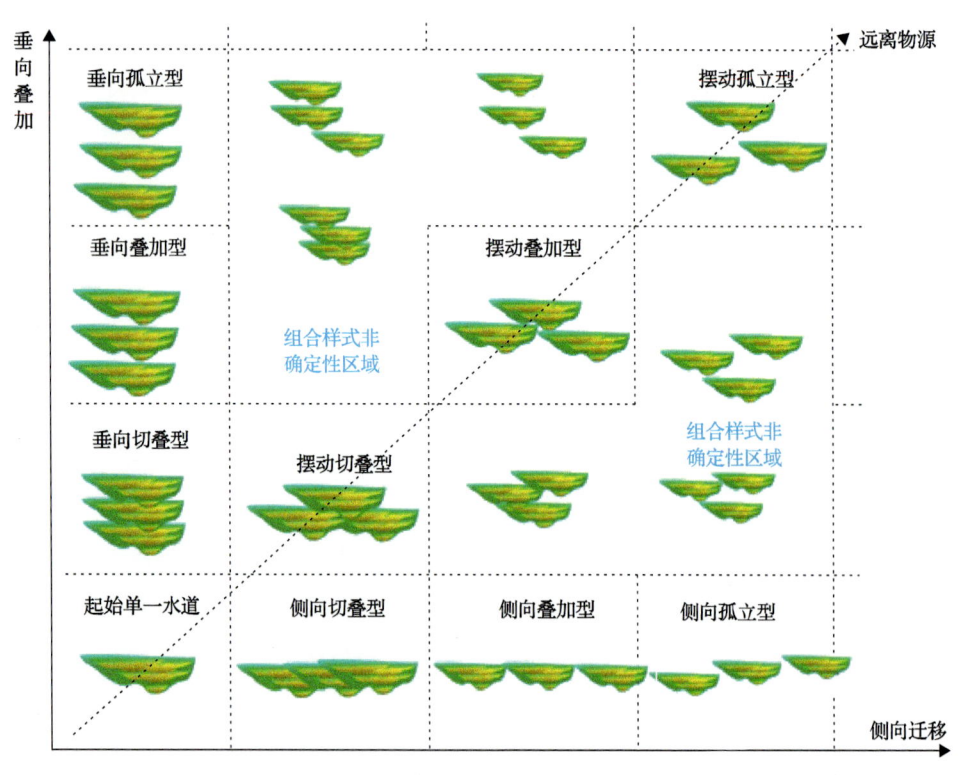

图 5-23 复合水道在剖面上的构型模式

第 5 章 深海水道构型模式

复合水道间叠置样式在空间上也存在一定的演化规律，与水道体系的主控因素相似，其同样主要受沉积物供给、流体侵蚀能力强弱等因素控制。结合西非陆缘地震资料及其他研究区水道剖析实例(Deptuck et al., 2003, 2007; Cross et al., 2009)，根据水道截面位置与物源的距离远近程度，将水道在空间上划分为五段，分别为Ⅰ近源段、Ⅱ近源-中部过渡段、Ⅲ中部段、Ⅳ中部-远源过渡段、Ⅴ远源段，并在每段区域内取多个剖面进行复合水道叠置样式的观察与总结(图 5-24)。

分段	构型样式	构型类型	构型样式所处平面位置	构型样式所处垂向位置
Ⅰ	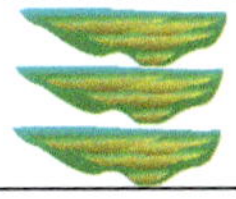	垂向孤立	近源段	水道下部
Ⅰ	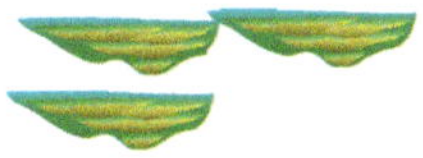	垂向孤立-侧向叠加	近源段	水道上部
Ⅱ	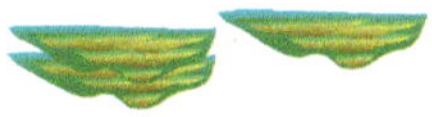	垂向切叠-侧向孤立	近源-中部过渡段	水道下部
Ⅱ		垂向叠加-侧向切叠	近源-中部过渡段	水道上部
Ⅲ	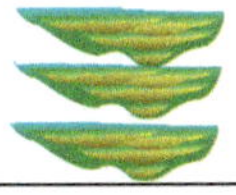	垂向叠加-垂向孤立	中部段	水道下部
Ⅲ	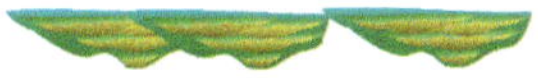	侧向切叠-侧向叠加	中部段	水道中部
Ⅲ	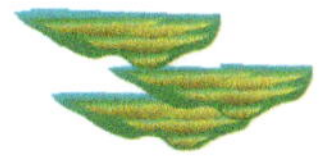	摆动切叠-摆动叠加	中部段	水道上部
Ⅳ	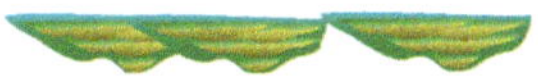	侧向切叠-侧向叠加	中部-远源过渡段	水道下部
Ⅳ	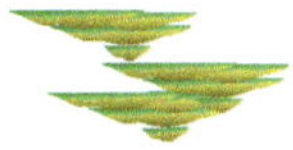	摆动切叠-摆动叠加	中部-远源过渡段	水道上部
Ⅴ	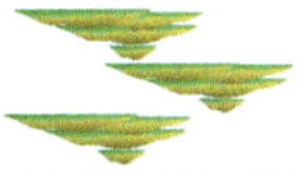	摆动孤立-摆动叠加	远源段	水道下部
Ⅴ	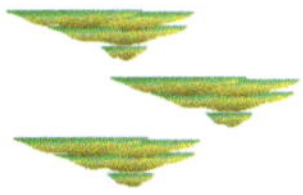	摆动孤立	远源段	水道上部

图 5-24 复合水道叠置样式及其空间演化特征

第Ⅰ段是近源段。该区域水道体系基本为限制性水道体系。近源段水道形成的初期重力流流体动力较强，下切侵蚀剧烈，可容空间较窄，水道内部以过路沉积、碎屑流、少量粗粒沉积为主，一般发育垂向及少量侧向孤立式的复合样式。到后期可容空间变大，复合水道构型样式逐渐变为垂向离散-侧向拼接复合。

第Ⅱ段是近源-中部过渡段。该区域水道体系类型为限制性向半限制性水道体系过渡类型。该区域早期流体下切侵蚀能力剧烈，但由于之前较粗粒沉积物逐渐受阻停滞，流体对基底的侵蚀有限，而流体开始逐渐侧向侵蚀，水道出现摆动趋势，复合水道构型样式由底部垂向拼接型、垂向紧凑型逐渐转变为垂向拼接-侧向拼接复合型、垂向紧凑-侧向拼接型。

第Ⅲ段是中部段。该区域水道体系基本为半限制性水道体系。该区域流体动能开始减小，下切能力逐渐减弱，其限制环境也随之减弱，侧向迁移能力增强，此时的复合水道叠置样式十分多样，下部还是以离散、拼接型为主，上部侧向、摆动复合式都有出现。

第Ⅳ段是中部-远源过渡段。该区域水道体系类型为半限制性向非限制性水道体系过渡类型。该区域流体动能继续减弱，垂向侵蚀能力逐渐被侧向迁移能力取代，水道复合形式是以侧向复合式为主，摆动复合式次之。

第Ⅴ段是远源段。该区域水道体系类型基本为非限制性水道体系类型。此区域水动力最弱，基本不存在强烈的下切能力，水道的侧向摆动能力达到最强，主要呈孤立摆动式复合水道样式存在。

5.2.2 复合水道平面构型模式

复合水道的平面迁移样式指的是内部不同期次单一水道在平面上流动轨迹的变化情况，根据单一水道轨迹变化情况，这里将其划分为有序迁移和无序迁移两大类。

1. 复合水道内部单一水道的有序迁移

根据复合水道内单一水道的有序迁移特点，本节将其分为扩张型、沿流向迁移型、收缩型、原地侵蚀型及单向迁移型五类。

1) 扩张型

表现为扩张型迁移的复合水道在平面上呈耳状弯曲段，其整体逐渐弯曲外扩，在剖面上，复合水道整体呈碟形且具有包络式形态。Abreu 等（2003）利用三维地震和野外露头资料，发现由侧向加积体构成的复合水道形成了类似点坝的特征。如图 5-25 所示，水道弯曲处存在向外岸一侧迁移的轨迹，所形成的复合水道呈包络样式，并且在地震剖面上表现为明显的叠瓦状反射。根据前面对复合水道内部单一水道在剖面上的叠置样式，可以发现其主要表现为侧向紧凑型，在弯曲段的起点和终点，则表现为摆动拼接型。

第5章 深海水道构型模式

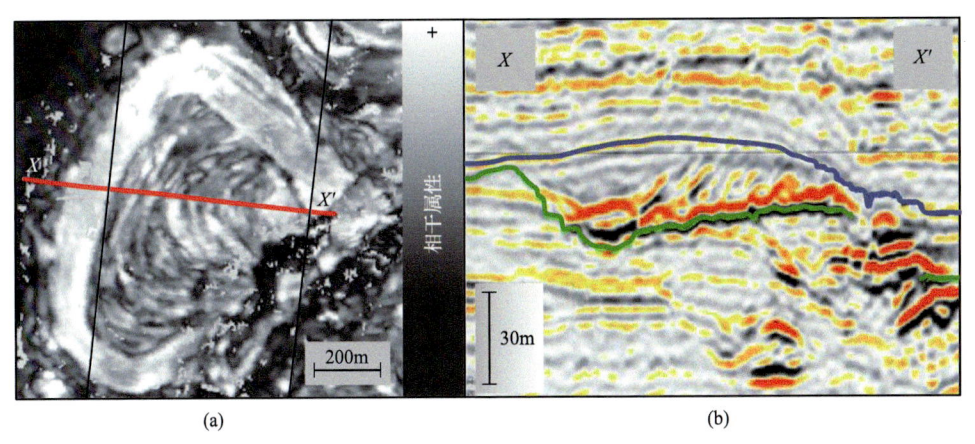

图5-25 Abreu等(2003)在西非安哥拉陆缘识别到的侧向加积体构成的复合水道

2) 沿流向迁移型

沿流向迁移型指的是复合水道内各单一水道向下游方向做整体性迁移。Deptuck等(2003)在尼日尔三角洲盆地深水区发育的复合水道中识别到了明显的沿流向迁移现象。如图5-26所示，各个不同颜色的曲线分别代表单一水道的主流线，它们分别在不同深度的属性切片中被识别出来，颜色越深(偏黑)，代表单一水道的形成时间越晚。可以发现，从较老的单一水道至年轻的单一水道，其路径确实呈现出向下游总体迁移的趋势。

这种单一水道的顺流向迁移在尼日尔三角洲盆地深水区的复合水道中同样被观察到(图5-27和图5-28)。如图5-27所示，相干体属性地层切片结果表明，水道体系物源呈NW—SE流向，边界特征明显，其内部包含了两组复合水道，受侵蚀作用影响，早期形成的复合水道Ⅰ被后期复合水道Ⅱ强烈切割，平面上断续分布。复合水道Ⅱ保存完整，

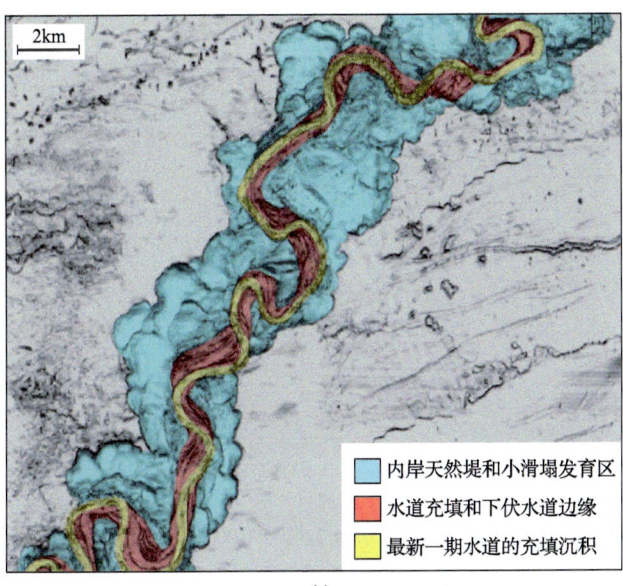

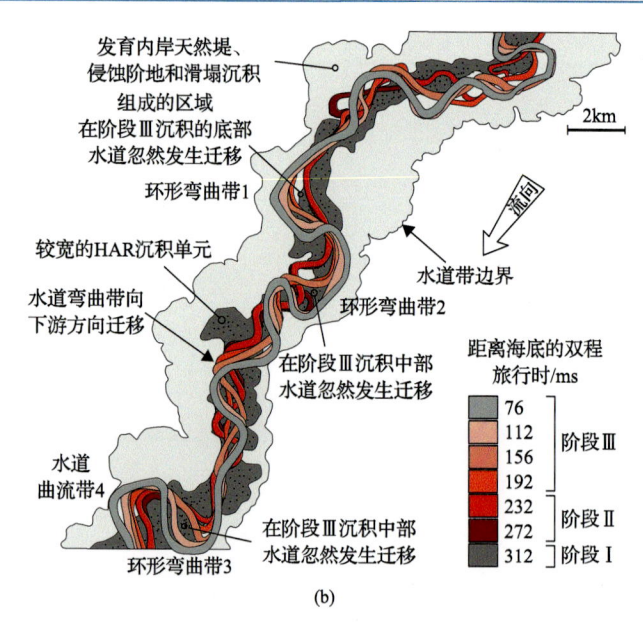

图 5-26　Deptuck 等(2003)在尼日尔三角洲盆地深水区识别到的复合水道及其内部沿流向迁移的单一水道
(a)沿流向迁移在平面属性图上的展示；(b)沿流向迁移所对应的地震解释

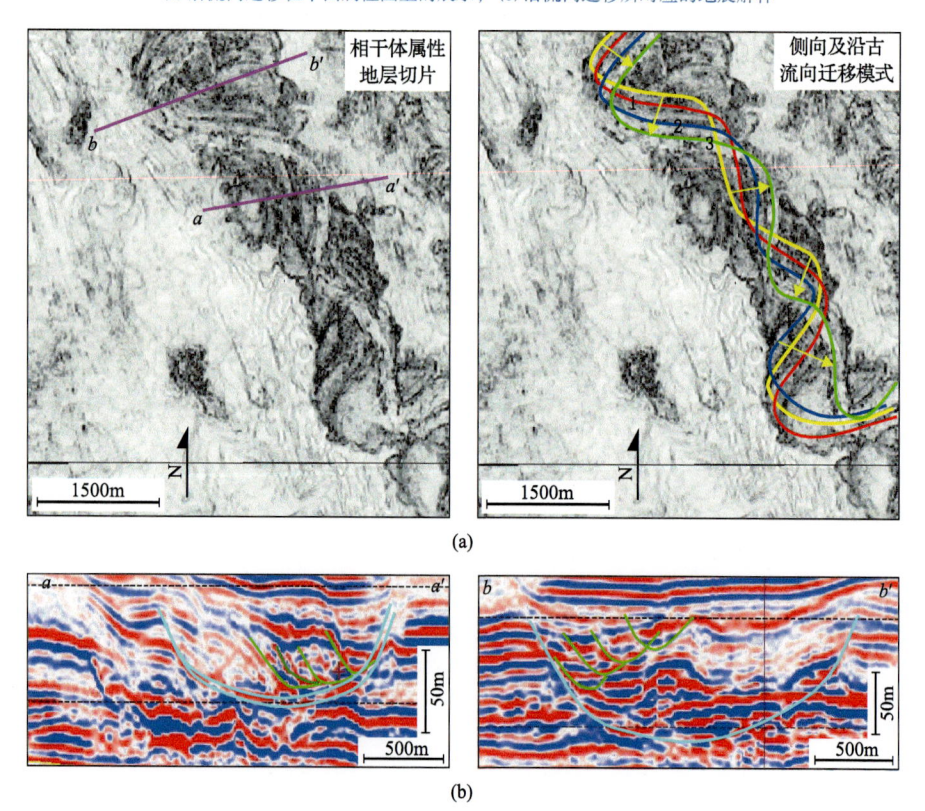

图 5-27　尼日尔三角洲盆地深水区观察到的复合水道内的沿流向迁移
(a)沿流向迁移在平面属性图上的展示；(b)沿流向迁移在地震剖面上的展示

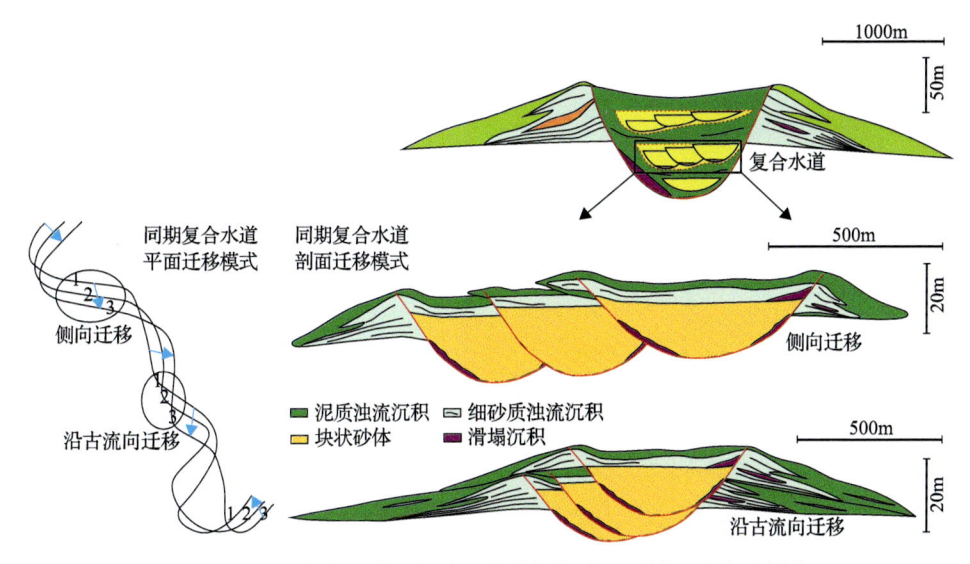

图 5-28 同期复合水道内部单一水道间的平面和剖面迁移示意图

蜿蜒分布于水道体系内，而且其平面形态多变，工区北部和南部呈高弯度特征，而中部则呈低弯度特征。

从平面分布上来看，复合水道Ⅱ内部包含 3 条单一水道，不同单一水道间存在侧向和沿流向两种类型的迁移现象。如图 5-27 和图 5-28 所示，可绘制出三条单一水道的流动路径；图 5-28 中曲线代表单一水道的主流线，数字代表不同期次的单一水道，数字越大代表单一水道的形成时间越晚，箭头代表单一水道的迁移方向；可见复合水道内部存在侧向和沿流向两类迁移，且它们在平面上交互出现；若单一水道为砂质沉积，侧向迁移可造成复合水道内部砂体呈宽条带状连片分布，而沿下游向迁移则使得砂体呈窄条带状分布。

3) 收缩型

收缩型迁移与扩张型迁移恰恰相反，指的是复合水道内单一水道向凸岸一端的迁移。如图 5-29 所示，其在平面上表现为 C 形弯曲突起，整个复合水道的曲率呈逐渐减小的趋势。在剖面上，收缩型迁移的复合水道形成宽 U 形，其同样具有统一的包络面，而且在整个弯曲段的起始点和终止点均表现为下切式形态。根据前面对于复合水道剖面构型模式的分析，各单一水道在弯曲带的起始点和终止点表现为摆动拼接型，在弯曲带的中部则表现为侧向紧凑型。

这种收缩型的平面迁移样式可能与复合水道附近的褶皱变形有关。在复合水道不断弯曲形成弯曲带后，凹岸一端褶皱构造的隆升使凹岸一端的可容空间不断减小。在这种情况下，复合水道内的弯曲水道只能向着凸岸一端迁移，从而造成了收缩型迁移现象。正如笔者在第 3 章深海水道弯曲部分所介绍的那样，褶皱 F2 阻挡了 ACLS 水道体系向凹陷一端的迁移，从而使其内部的 1~4 号单一水道向着另一端不断迁移（图 3-30）。

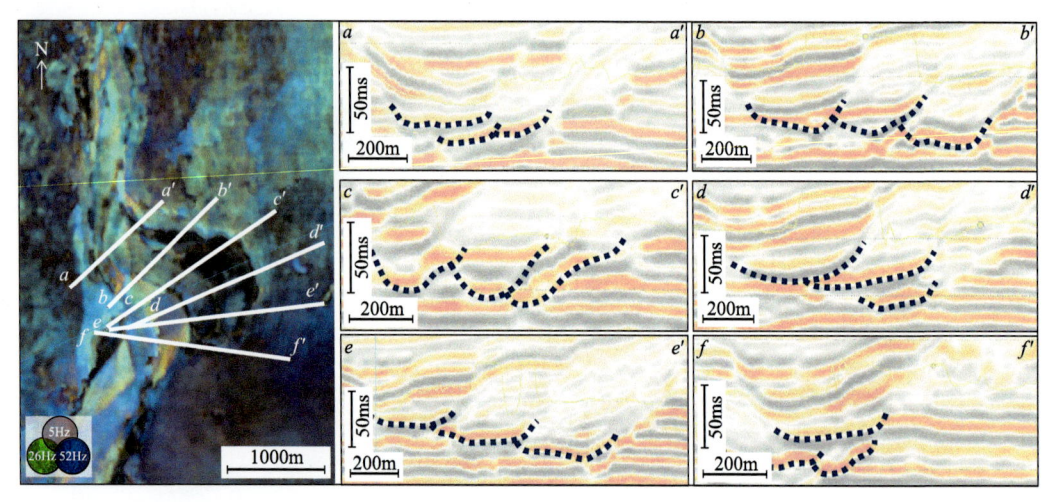

图 5-29 西非陆缘深水区识别到的收缩型迁移的复合水道

4) 原地侵蚀型

原地侵蚀型指的是复合水道在平面上的位置几乎没有变动。其在平面上表现为顺直条带状，在剖面上复合水道的侵蚀特征比较明显，呈现为窄 U 形（图 5-30）。根据前面介绍的复合水道在剖面上的构型模式，这种原地侵蚀型的复合水道，在靠近物源方向表现为垂向拼接型的叠置样式，在远离物源方向一端则表现为垂向离散型的叠置样式。

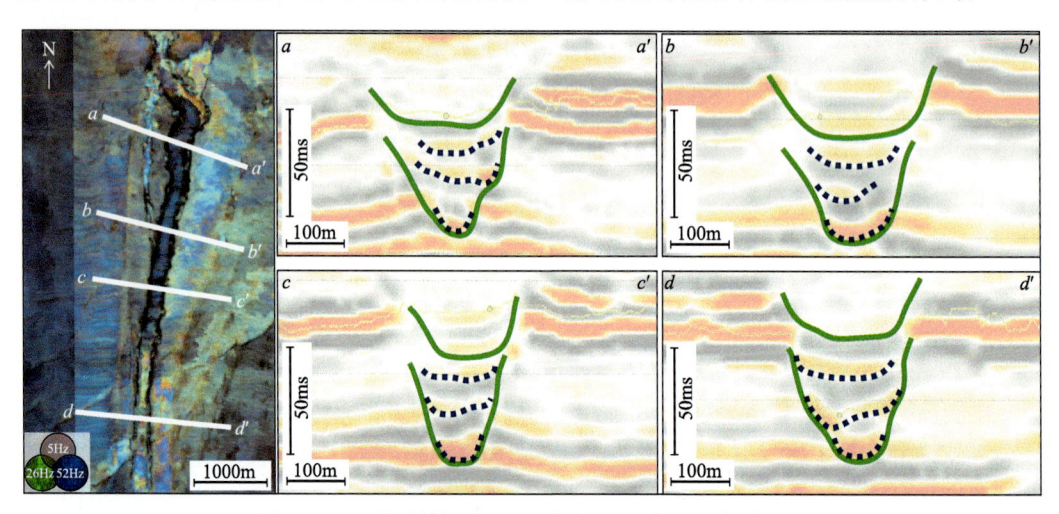

图 5-30 西非陆缘深水区识别到的原地侵蚀的复合水道

5) 单向迁移型

单向迁移型指的是复合水道内的单一水道稳定、持续地向一个方向迁移。Gong 等（2013）首先在南海北部陆缘识别到了这种单向迁移型的复合水道，如图 5-31 所示，它们在平面上呈顺直条带状，内部不同期次的单一水道沿某一方向平行分布。

根据前面介绍的复合水道内部单一水道在剖面上的叠置样式，单向迁移型复合水道在剖面上多呈垂向拼接型或者摆动拼接型，极端情况下可表现为横向拼接型（图 5-32）。

第 5 章 深海水道构型模式

目前来看，这种单向迁移的复合水道的形成主要受到底流活动的影响，一般来说复合水道迁移的方向与底流活动的方向是一致的(Gong et al., 2013, 2018; 周伟, 2021)，但是，也有一些学者发现，有些情况下单向迁移复合水道的迁移方向与底流活动的方向完全相反(Miramontes et al., 2020; Rodrigues et al., 2022)。

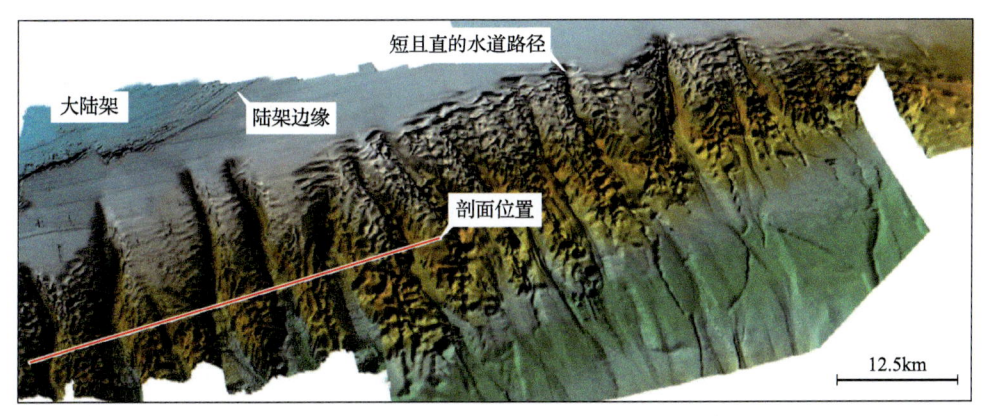

图 5-31 南海北部陆缘识别到的单向迁移的复合水道平面展布特征

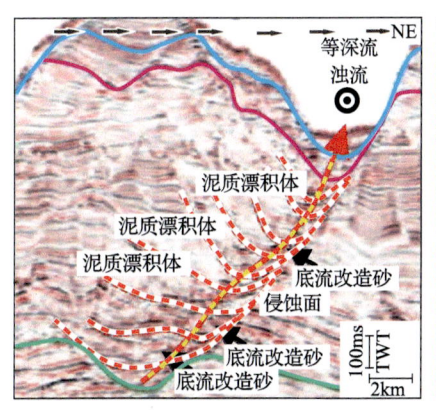

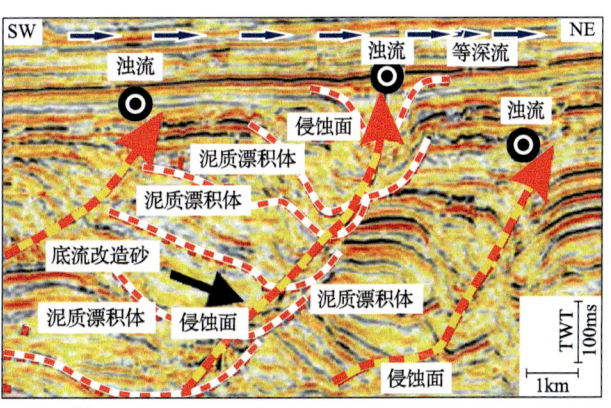

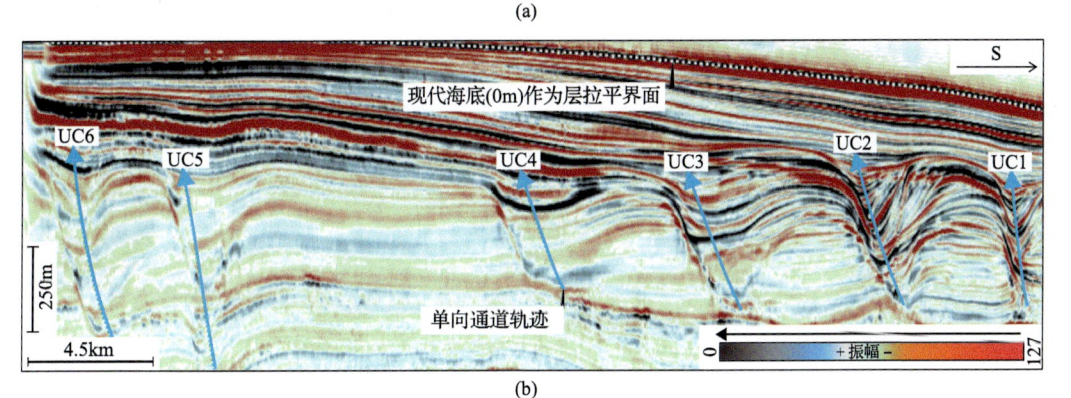

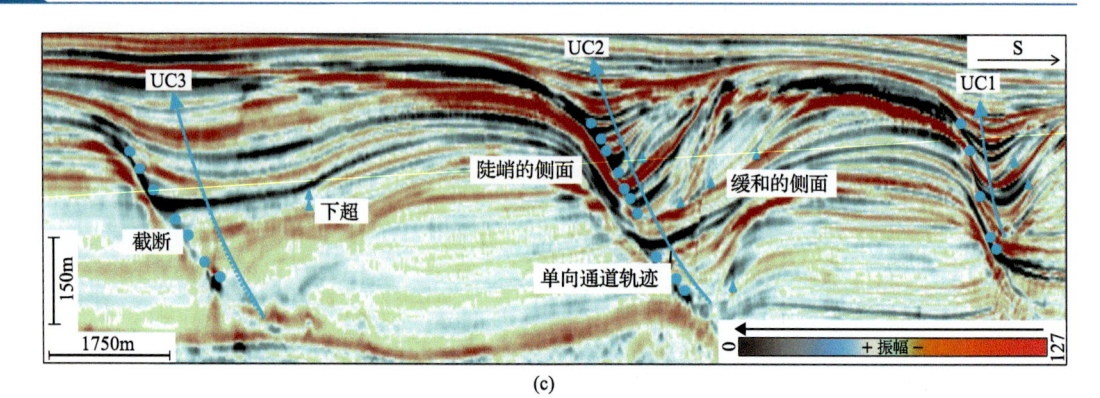

图 5-32　单向迁移复合水道剖面特征［修改自周伟（2021）以及 Gong 等（2018）］
(a)南海北部陆缘深水区发育的单向迁移水道；(b)、(c)下刚果盆地深水区发育的单向迁移水道

2. 复合水道内部单一水道的无序迁移

复合水道内部单一水道在平面上的无序迁移指的是杂乱无章的迁移，不同期次单一水道平面形态与流动路径无相似之处。根据笔者在西非陆缘的研究情况，发现在限制性环境和非限制性环境下，复合水道内部单一水道的无序迁移分别表现出不同的特征。

1）限制性环境下复合水道内部的无序迁移

在限制性环境下，复合水道内部单一水道会在复合水道两侧的水道壁之间发生不规则摆动，从而在平面上形成杂乱摆动混合条带状沉积，这种复合水道往往具有 U 形、宽 U 形及下切式和包络式的剖面形态(图 5-33)。根据前面介绍的复合水道内部单一水道在剖面上的叠置样式，在这种限制性环境下，复合水道内部单一水道表现为侧向紧凑型或者摆动拼接型。

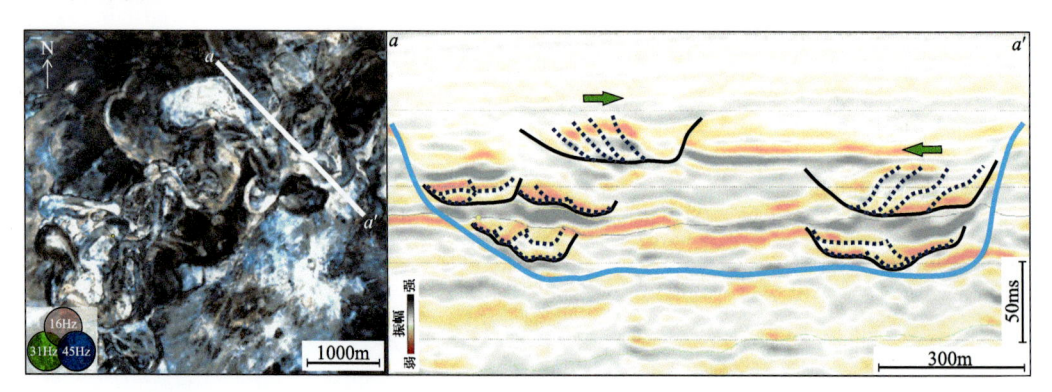

图 5-33　西非陆缘深水区识别到的限制性环境下复合水道内部的无序迁移

2）非限制性环境下复合水道内部的无序迁移

在非限制性环境下，单一水道没有受到复合水道或者水道体系两侧水道壁的任何限制，这种情况往往对应水道的出口处，多与扇体相连，重力流沿流动方向呈扇状扩散，形成了有多个分支的、无固定迁移方向的单一水道(图 5-34)。此时多个小规模单一水道

第 5 章 深海水道构型模式　　245

组成横向范围宽广的复合水道，而且无明显的复合水道边界。根据前面介绍的复合水道内部单一水道在剖面上的叠置样式，可以发现其整体呈离散型，但在个别情况下，分支水道发生交汇可能形成侧向紧凑型的叠置样式。

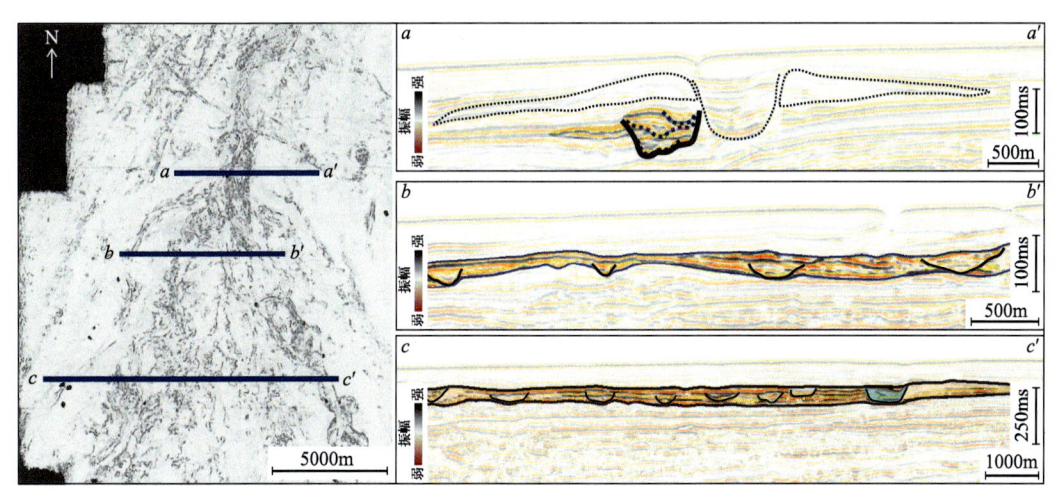

图 5-34　西非陆缘深水区识别到的非限制性环境下复合水道内部的无序迁移

5.3　单一水道构型模式

单一水道是深海水道的基本成因单元，也是众多学者在露头上长期关注的对象。从规模上看，单一水道的宽度多为数百米，厚度一般介于几米到几十米(张文彪等，2015)。由此可见单一水道规模很小，属于小尺度单元，可联合地震剖面、测井曲线、岩心信息和野外露头信息来表征其构型模式。

5.3.1　单一水道外部形态

1. 典型单一水道的优选与定量参数的求取

本节选择西非尼日尔三角洲盆地发育的一条单一水道作为研究对象，对其外部形态特征进行定量分析。如图 5-35 所示，该单一水道从一条水道体系中决口形成，其近物源端平行发育于主水道体系右侧，之后在远物源端又汇入该水道体系内，强烈切割水道体系内部充填。该单一水道内部为弱-中等强度振幅充填，推测为泥质砂岩沉积。

根据该单一水道的发育特征，可以将其划分为不受水道体系限制段和受水道体系限制段。其中，北部的不受左侧水道体系限制段受古地貌影响，水道曲率变化大，上部呈低弯度特征(段一)，中下部呈顺直型(段二)，而在末端水道曲率急剧增加，水道内部地震属性以中等振幅充填为主，局部见强振幅相；南部为受复合水道限制段，整体呈现低弯度特征，水道宽度明显增加，内部以中等振幅充填为主(图 5-35)。

定量特征参数的选取对研究水道构型发育控制内因至关重要，本节选取的单一水道定量特征参数包括宽度、深度、宽深比、主流线到水道两侧距离等。受沉积环境和物源

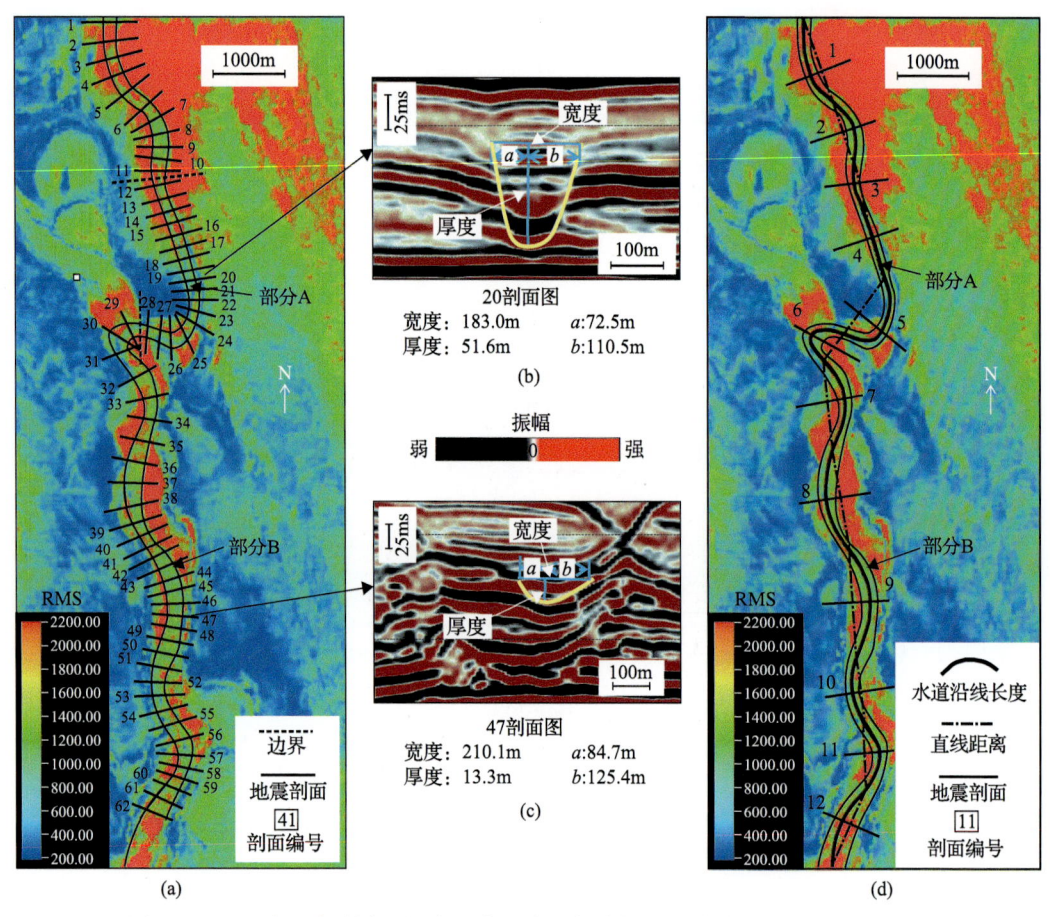

图 5-35　尼日尔三角洲盆地深水区典型单一水道在 RMS 振幅属性图的显示以及
对其开展的外部形态测量示意图

(a)单一水道形态测量的剖面位置；(b)、(c)剖面上对单一水道进行形态测量的实例；(d)单一水道曲率测量示意图

供给的影响，单一水道内部充填物的岩石物理性质和周围地层会存在差异，使声波阻抗特征显著；同时，水道自身对沉积处地层的侧向和垂向侵蚀作用，造成水道具有独特的外部形态，在地震剖面上表现为 U 形或 V 形。因此，单一水道在高频地震资料上易于识别。

如图 5-36 所示，单一水道存在如下识别特征：在单一水道的边界处，地震同相轴发生明显错断，这指示了单一水道的侧向边界；而在单一水道之上，往往覆盖着呈弱振幅连续反射的深海细粒沉积，标志着该水道已停止搬运和沉积，指示了单一水道的顶面位置。据此，可对单一水道顶面位置与侧向边界左右交点之间的距离进行测量，作为单一水道的宽度。在单一水道垂向下切过程中，受侵蚀能力差异的影响，在横剖面上可能形成大小不一的下切深度，其中水道底面下切最深处称为最深谷底处，而最深谷底处与单一水道顶面位置之间的垂直距离即单一水道的深度(图 5-36)。当然，这里测量得到的是单一水道的时间域深度，为便于真实地揭示水道构型发育控制机理，需要应用研究区的时-深转换关系，将时间域深度测量结果转化为深度域测量结果。

第 5 章　深海水道构型模式

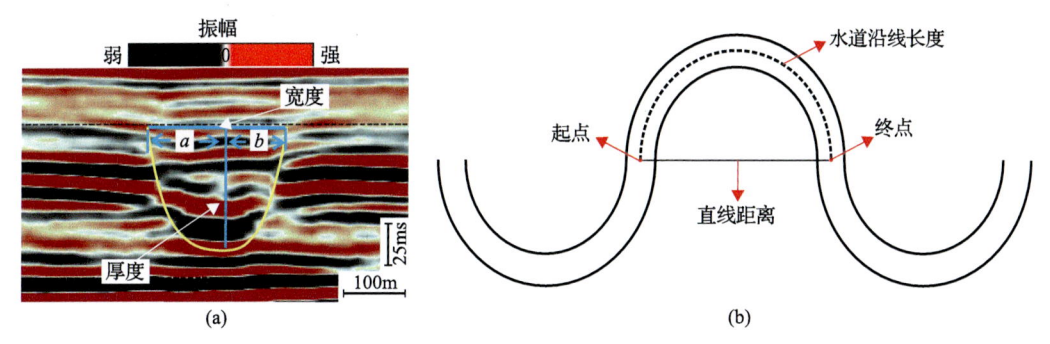

图 5-36　单一水道外部形态参数定义以及测量示意图
(a)单一水道的宽度和深度测量；(b)单一水道的曲率测量

单一水道的主流线特指最深谷底线的垂向面与水道顶面的交线。如图 5-35 所示，主流线到水道左侧边界的距离定义为 a，主流线到水道右侧边界的距离定义为 b。通过上述测量，可计算定量特征参数 a/b，以反映单一水道的剖面对称性特征。需要指出的是，要想测准这两个数据，单一水道横剖面的截取非常重要，需要充分结合水道在平面上的流动路径，严格做垂直水道流向的横剖面。

至于单一水道的曲率，数学上，曲线的曲率是针对曲线上某个点的切线方向角对弧长的转动率，通过微分来定义，表明曲线偏离直线的程度；地学上，沉积体在局部范围内，如蛇曲水道的半个波长段内，尽管其主流线的曲率在不同测量点相差甚远，但水道的宽度、深度等定量特征参数可能不会有太大的变化，从而导致该类曲率与定量特征参数间的控制关系难以明确。鉴于此，本节提出如下适合地学研究的曲率计算方法和原则。

测量单元的选取是曲率测量的第一步。对于水道而言，测量单元可为半个波长，也可为一个波长，还可为多个波长，这取决于单一水道平面弯曲形态的稳定性。在具体操作过程中，往往以半个波长作为基本波段，观察相邻波段弯曲形态的相似性；若连续多个波段平面弯曲形态相似，说明单一水道平面形态稳定，可用一个或多个波长作为基本测量单元；相反，若相邻波段弯曲形态差异大，则说明单一水道平面形态不稳定，有必要用半个波长作为测量单元，研究区便属于此情形。

在测量单元确定好后，第二步是将样本水道按照测量单元在平面上划分为若干个连续的采样段，并进行曲率测量。研究区单一水道平面形态极不稳定，故以半个波长作为基本测量单元，其单个采样段曲率测量如图 5-36(b)所示，在半个波长范围内，测量水道轨迹(最深谷底线)流经的长度和半个波长起始点直线距离的长度，将两者的比值作为该采样段的曲率值，该值可以反映出水道在平面上的弯曲程度。

依据上述定量特征参数求取方法，对选取的单一水道 62 个剖面位置处 4 组(宽度、深度、a 和 b)共 248 个数据点进行测量(图 5-35)。依据优选出的样本单一水道与复合水道平面分布的关系，将该水道分为非复合水道限制段和复合水道限制段两个大段分别进行测量和数据统计，在分段的基础上，考虑样本水道的总长度、规模及研究需要，采用 200m 左右的间距，严格按照垂直样本水道流向的方式，在每一个转弯段均匀地选取横截面位置，如图 5-35 所示，共选择了 62 个剖面位置做样本水道的横截地震剖面；在此基础上，在非限制段和限制段，分别依据制定的水道顶面、侧面和底面识别方法，划分出样本水道的轮廓及界限，对宽度、深度及主流线到水道两侧距离参数 a、b 进行测量。以同样的方法，对获取的 62 个地震剖面处样本单一水道的定量特征参数进行测量，获取 4 组（宽度、深度、a 和 b）共 248 个数据点。至于单一水道曲率测量，如图 5-35(d) 所示，以半个波长为一个取样段，分 12 个测量段进行水道轨迹长度和测量点间直线距离的测量，并根据测量结果计算出曲率值，共获取 12 个采样段曲率数据。

2. 典型单一水道不同段外部形态参数及其相互关系

非复合水道限制段的长度约 6km，特征参数测量结果表明：在该段内，单一水道的宽度为 103.7～309.6m，深度为 5.3～56m，宽深比为 3.3～25.4。

顺物源方向深度测量结果表明，受外部地形坡度因素的影响，样本水道深度剧增，如图 5-37 所示，仅在 530m 范围内，单一水道深度从 22.2m 增大至 55.0m，且之后在非复合水道限制段，深度一直保持在较深的范围内。鉴于此，特以深度突变处为界，将非复合水道限制段单一水道划分为段一（宽浅型）和段二（深切型），并分别进行宽度、深度、宽深比关系的定量分析。

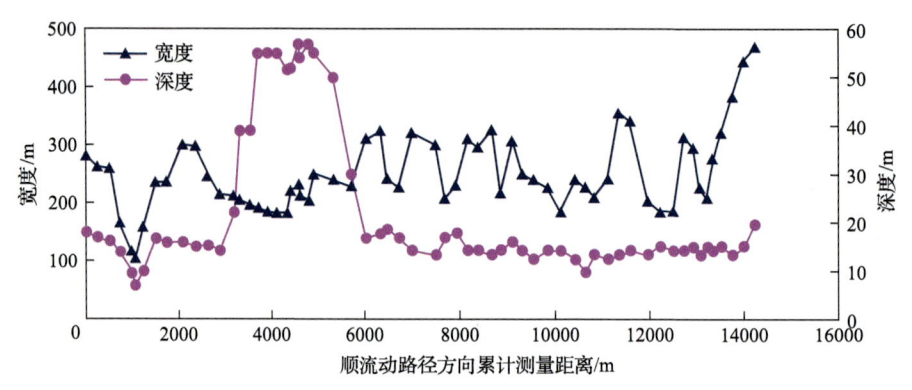

图 5-37 顺物源方向典型单一水道宽度与深度特征

1) 段一（宽浅型）

对于段一，其单一水道宽度为 103.7～300.9m，深度为 5.3～18.0m，宽深比较高，介于 11.8～25.4，属于典型的宽浅型单一水道。在定量分析过程中，分别采用线性、对数、多项式、乘幂等多种函数对测量数据进行拟合，其中对数函数的相关系数最高，故采用该函数揭示单一水道定量特征参数间的关联，其拟合公式及相关系数见图 5-38。

由拟合结果可见，宽度与深度呈明显正相关，也就是说，随着单一水道下切深度的增加，宽度也在不断增加，只是当宽度增加至一定程度后，深度增加的速率会逐渐减小；同样，宽深比与宽度、深度间亦呈较好的正相关性，这意味着在地形坡度平缓的段一情况下，单一水道的宽度与深度具有相互制约关系。因此，只要已知单一水道的垂向深度信息，就可以通过经验公式推测其宽度规模，这对深水浊积水道油藏的开发具有重要意义。

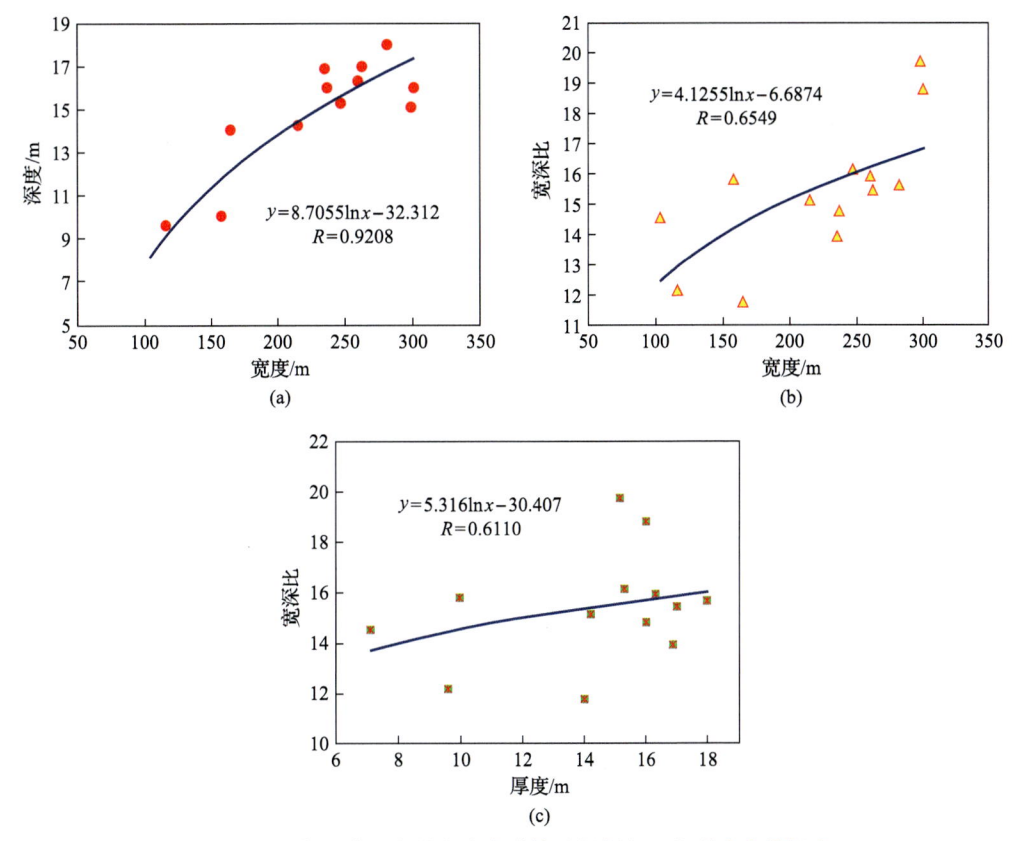

图 5-38　典型单一水道在非水道体系限制段一的形态参数拟合
(a)宽度与深度的拟合；(b)宽度与宽深比的拟合；(c)厚度与宽深比的拟合

进一步分析认为，若单一水道宽度与深度呈良好的正相关关系，则可以认为水道的规模往往与宽度和深度同步，并不存在宽度极大、深度极小或者宽度极小、深度极大的情况。同时，需要注意的是，该类单一水道随着规模变大，宽度变宽的程度相对大于深度加深的程度，故当深水单一水道规模相对较大时，其宽深比相对来说更大些。

2) 段二(深切型)

对于段二，其单一水道宽度为 183.0～309.6m，深度为 16.9～56.9m，宽深比介于 3.3～18.3，属于典型的深切型单一水道。与前述宽浅型单一水道不同，此段深切型单一水道的宽度、深度及宽深比之间的相关关系较为复杂，其中宽度与深度之间的相关关系并不明显，宽度与宽深比呈正相关，而深度与宽深比的相关关系也不明显(图 5-39)。

该定量分析结果是基于去掉异常点后对相关性分析得出的结论。如图 5-39 所示，段二作为顺物源方向段一的延伸段，在其深度由原来的 20m 左右增加至 50m 以上的过程中存在一个短距离的过渡段；同时顺物源方向后面为限制性水道段，又包含了向限制性水道过渡段。图 5-39(a)中红色圈内的异常点即该两个过渡段内的宽/深数据，抛去异常点，对测量数据点的宽度、深度和宽深比进行相关性分析，发现随着水道宽度的增加，下切深度变化并不明显；而水道宽度与宽深比呈正相关性[图 5-39(b)]；但与宽

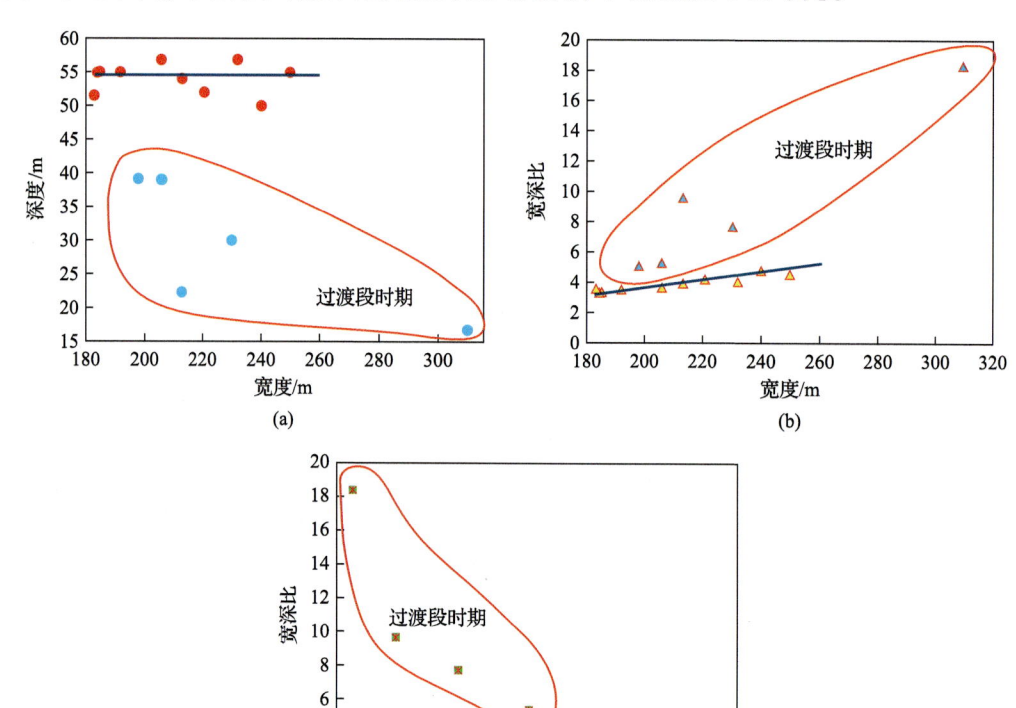

浅型水道不同，其深度与宽深比所呈的相关关系并不明显[图 5-39(c)]。

图 5-39　典型单一水道在非水道体系限制段二的形态参数拟合
(a)宽度与深度的拟合；(b)宽度与宽深比的拟合；(c)深度与宽深比的拟合

分析认为，当重力流能量较大时，沉积物垂向下切能力增强，加之该水道处于非复合水道限制段，基底岩石主要为松散的半远洋细粒沉积，造成沉积物对基岩的动力磨损作用和冲刷侵蚀作用进一步增加，从而形成了窄而深的顺直型单一河道。

受水道体系限制段的单一水道长度为 8.2km。特征参数测量结果表明，在该段内，单一水道的宽度为 184.7~470.1m，深度为 9.8~19.6m，宽深比介于 12.2~29.4(图 5-38)。

与非复合水道限制段相比，该段单一水道呈现出宽而浅的特征。宽度参数方面非复合水道限制段宽度主要分布于 100~300m，而受水道体系限制段宽度则更大，主要分布在 200~450m；深度参数方面，前者深度主要分布于 15~60m，而后者深度相对较浅，主要分布在 12~18m；宽深比参数方面，前者宽深比主要分布在 4~17，而后者宽深比相对较大，主要分布在 13~28。整体上，受复合水道限制的单一水道表现为宽度较大、深度较小、宽深比较大的特征。

同样，在定量统计分析过程中，采用线性、对数、多项式、乘幂等多种函数对测量数据进行拟合，发现对数函数更能反映各定量特征参数间的相关性。由相关性分析可见，在该段内单一水道的宽度与深度相关性并不明显[图 5-40(a)]，宽度与宽深比呈良好的

第 5 章 深海水道构型模式

正相关关系[图 5-40(b)],而深度与宽深比呈较差的负相关关系[图 5-40(c)]。

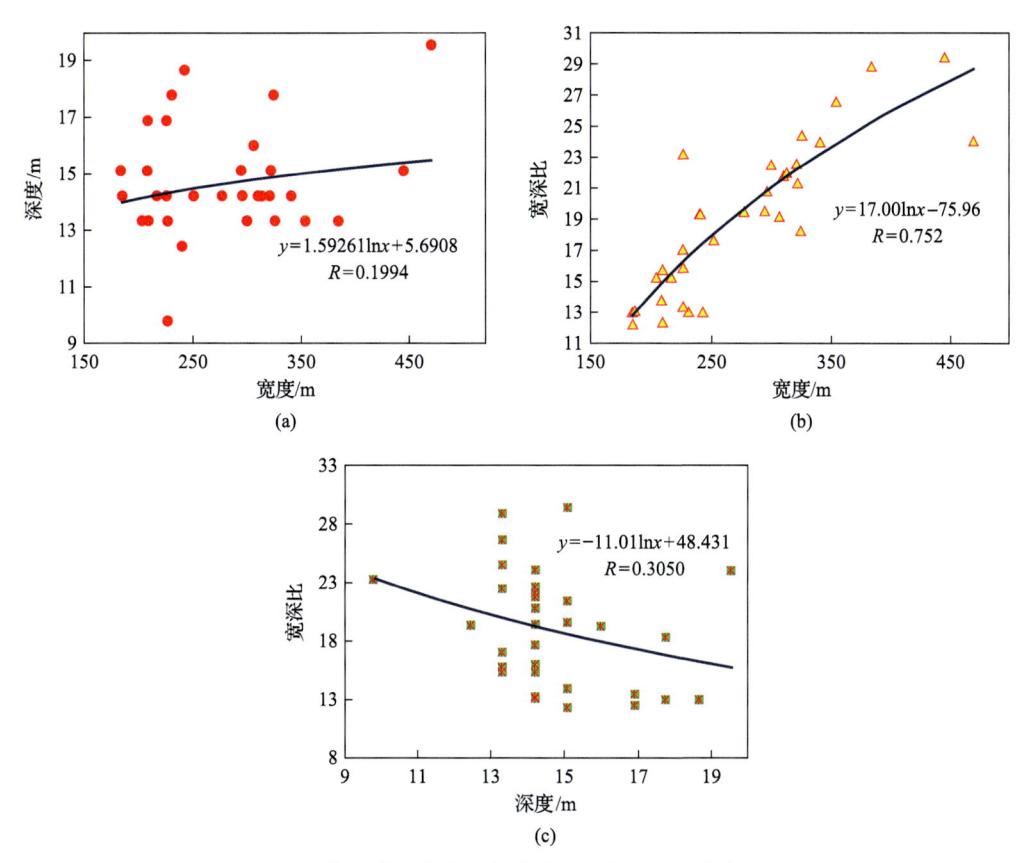

图 5-40 典型单一水道在水道体系限制段的形态参数拟合
(a)宽度与深度的拟合;(b)宽度与宽深比的拟合;(c)深度与宽深比的拟合

受复合水道限制的单一水道之所以深度浅,是受下覆地层岩性的影响,与非复合水道限制段不同,该类水道的基岩为早期复合水道的粗粒沉积体,这大大影响了单一水道的垂向下切侵蚀能力,使它在流动过程中,不像在非限制性段那样很容易侵蚀深海泥岩基底沉积而形成较深水道下切谷,因而该类水道的深度保持在一个相对较浅且数值稳定的范围内。

从该类单一水道的宽度上分析,由于早期的复合水道沉积后,下伏地层呈现出相对较平缓的地貌特征,在水体能量不变的情况下,垂向单一水道内部下切能力较弱而侧向加积能力却有所增加,表现出宽度较大的特征。

总之,受复合水道的控制,典型单一水道定量特征参数的规模及相互关系均较限制前发生较大变化。这主要是由于决口成因的单一水道规模一般较小,且其搬运的颗粒主要为粉砂岩或者泥岩等细粒沉积,故其流动过程中的能量和动力一般较小,使其一旦受限于规模相对较大的复合水道后,便难以再次冲出复合水道的限制范围,从而改变了其几何形态学特征。

3. 曲率和坡度对单一水道形态的控制

1) 曲率对单一水道空间分布的影响

基于不同采样段的曲率测量结果如图 5-35(d) 所示，选择单一采样段内数学曲率最大处(半个波长的波峰或波谷)的宽度、深度等作为样本，在非水道体系限制段和水道限制段内，分别获取了 5 组和 7 组定量数据，以探讨曲率对单一水道定量特征参数的控制机理。

(1) 曲率对宽度的控制。

对数函数拟合结果表明，在单一水道的不同限制段，曲率对宽度的影响不同。如图 5-41(a)所示，在水道体系非限制段，单一水道的曲率与宽度具有较好的正相关性，曲率越大，宽度越大，这意味着在平直段，单一水道宽度规模往往较小，反之亦然；而在水道体系限制段，单一水道的曲率与宽度的相关性并不明显[图 5-41(b)]。

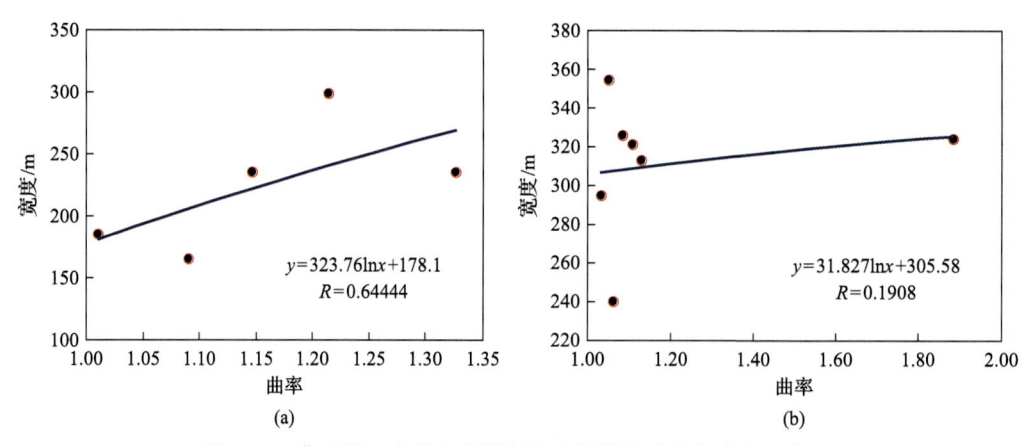

图 5-41 典型单一水道在非限制段和限制段曲率与宽度拟合图
(a)非限制段曲率与宽度的拟合；(b)限制段曲率与宽度的拟合

究其原因，认为可能与不同限制段所处的早期地层沉积环境有关。在复合水道非限制段，早期地层主要为半远洋深海泥岩沉积，疏松且易于侵蚀，故沉积物重力流在多次流动过程中易发生侧向摆动，造成曲率与宽度同步增加。而在复合水道限制段，周围地层主要为先期的砂质(或泥质)复合水道沉积，具有特定的走向和古地貌起伏形态，这大大限制了单一水道在其中流动时的摆动能力，造成其曲率和宽度无相关性或相关性差。

(2) 曲率对深度的控制。

定量分析结果表明，单一水道曲率与深度的相关性较差。如图 5-42(a)所示，在复合水道非限制段，随着曲率增加，深度并无明显增加；同样，如图 5-42(b)所示，在复合水道限制段，在相似的单一水道曲率范围内，可见到深度值变化较大，这说明此条件下曲率与深度基本无相关性。

第 5 章 深海水道构型模式

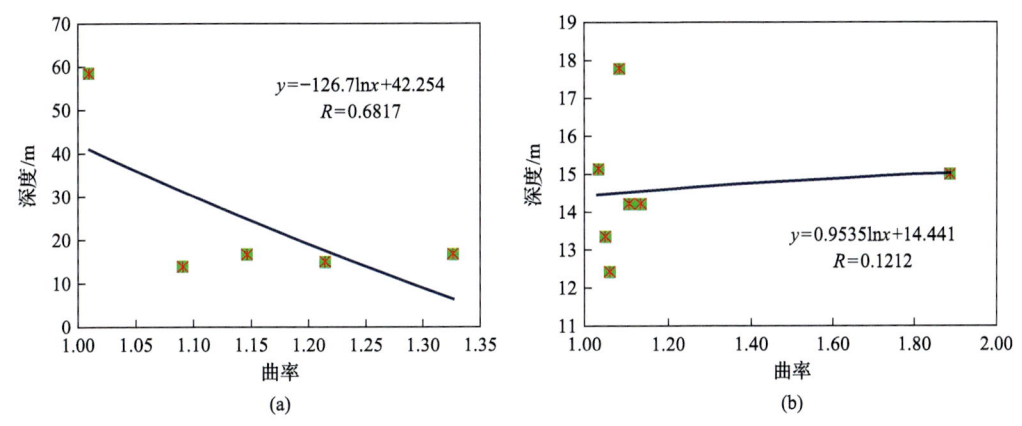

图 5-42　典型单一水道在非限制段和限制段曲率与深度拟合图
(a)非限制段曲率与深度的拟合；(b)限制段曲率与深度的拟合

分析认为，深度参数主要反映水道的垂向下切能力，而曲率参数主要反映水道的侧向摆动能力，两者理论上存在着一定的矛盾性，故很难呈正相关关系，由此可推断它们之间要么无相关性，要么呈负相关关系(即随着曲率增加，水道的切穿深度减小)。

(3) 曲率对宽深比的控制。

宽深比能反映水道的剖面形态。宽深比越大，说明水道越呈现为宽浅型；宽深比越小，说明水道越呈现为窄深型。对数拟合结果表明，相比复合水道限制段，非限制段的单一水道曲率对宽深比具有明显的控制作用，且呈正相关关系(图 5-43)。如图 5-43(a)所示，在复合水道非限制段，当曲率较小时，宽深比也较小，单一水道表现出窄而深的特征，地震剖面上呈 V 形；随着曲率增加，单一水道的宽深比不断增加，这意味着水道更趋于向宽而浅的形态发展，地震剖面上水道呈现出对称或不对称的U 形(图 5-44)。而在复合水道限制段内，如图 5-43(b)所示，单一水道曲率与宽深比无明显相关性。上述现象产生的原因同样来自早期地层的沉积环境，这已在前面论述过，在此不再赘述。

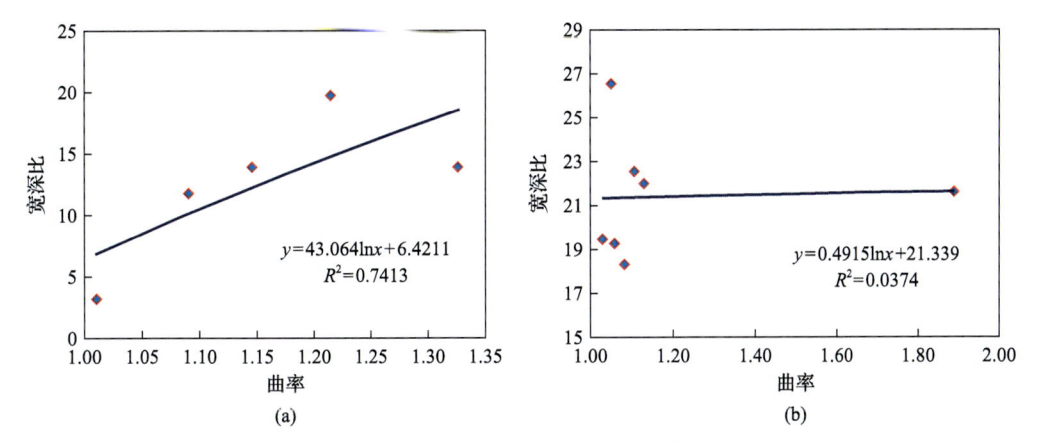

图 5-43　典型单一水道在非限制段和限制段曲率与宽深比拟合图
(a)非限制段曲率与宽深比的拟合；(b)限制段曲率与宽深比的拟合

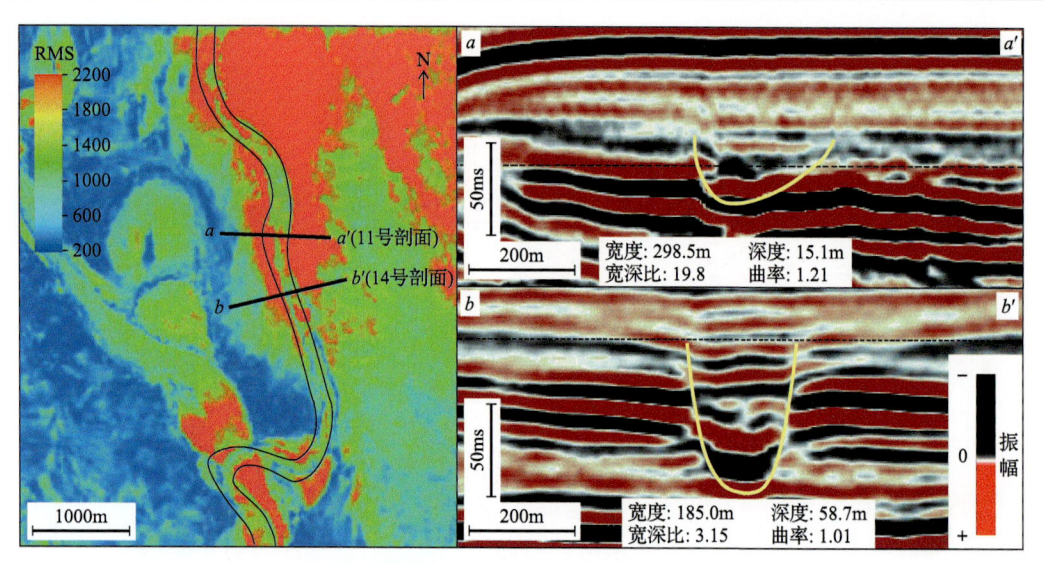

图 5-44　典型单一水道不同曲率处水道形态特征

（4）曲率对主流线到水道两侧距离的控制。

曲率对主流线到水道两侧距离 a、b 的控制作用如图 5-45 所示，无论是在复合水道限制段或是非限制段，均体现出随着曲率增大，a/b 或 b/a（这里取两者中较大值）变大的特征，即随着曲率增大，主流线更偏向于水道的某一侧边界。

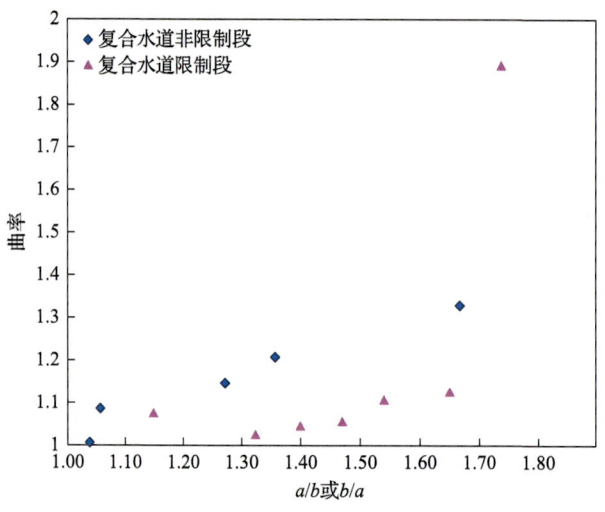

图 5-45　典型单一水道曲率与 a/b 或 b/a 交会图

进一步研究对比发现，复合水道限制段和非限制段内单一水道 a、b 的分布规律迥异。在非限制段，单一水道转弯处呈现出主流线靠近凹岸、远离凸岸的特征。如图 5-46 所示，在左转弯处，主流线距离水道左侧的距离 a 为 68m，小于主流线距离水道右侧的距离 b（179m），a 小于 b；而在右转弯处，则与之相反，a 为 121m，大于 b（为 91m）。由此可见，无论是左拐弯处还是右拐弯处，均呈现出单一水道主流线距离水道凹岸一侧距离较近的特征。

第5章 深海水道构型模式

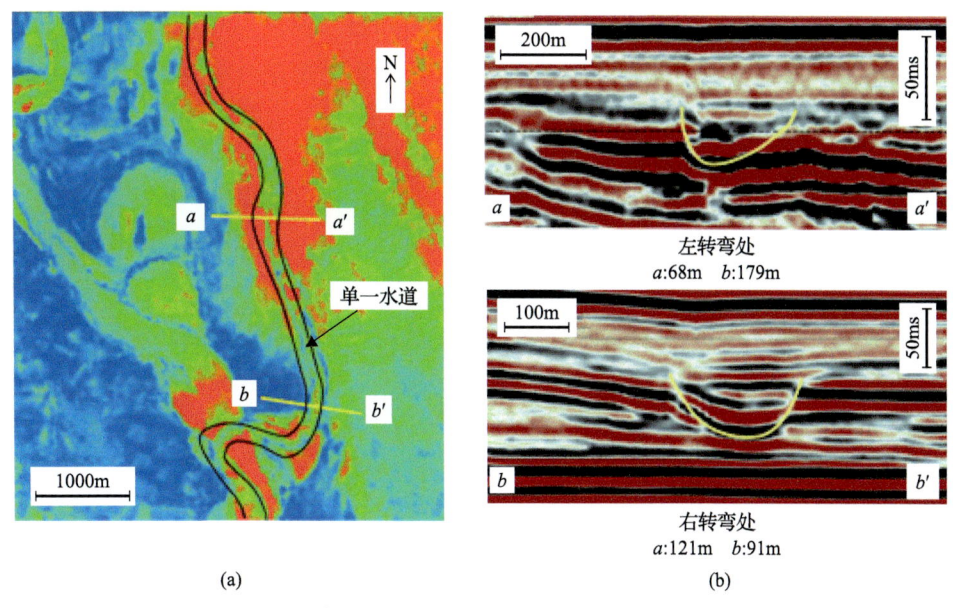

图 5-46 典型单一水道非限制段弯曲段 *a*、*b* 特征图
(a)振幅属性平面特征；(b)地震响应特征

与上述规律截然不同，在复合水道限制段，单一水道在拐弯处呈现出主流线靠近凸岸、远离凹岸的特征。如图 5-47 所示，在左转弯处，主流线距离水道左侧的距离 *a* 为 148m，主流线距离水道右侧的距离 *b* 为 94m，*a* 大于 *b*；而在右转弯处，则与之相反，*a* 为 78m，*b* 为 153m，*a* 小于 *b*。

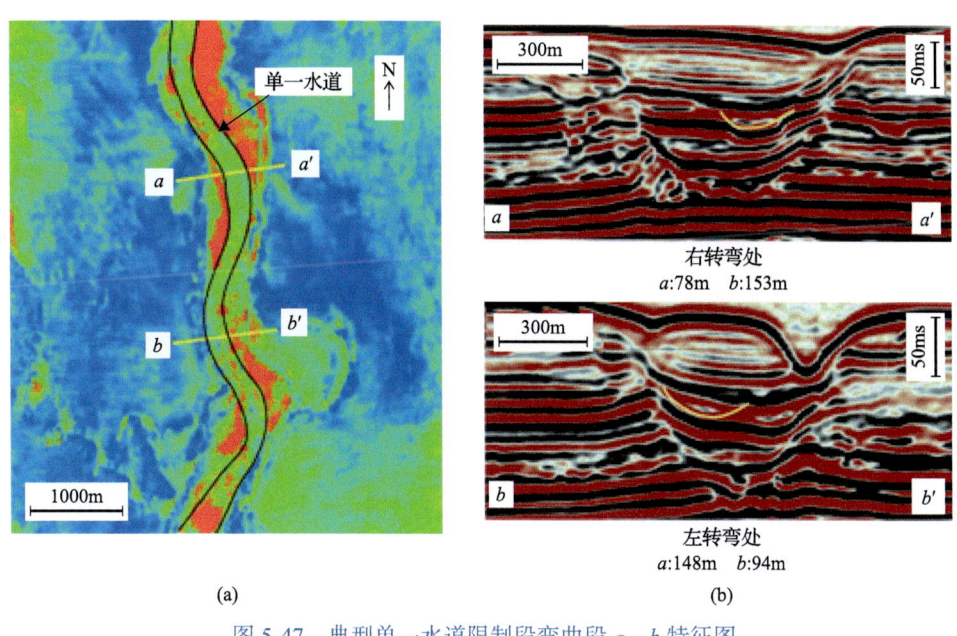

图 5-47 典型单一水道限制段弯曲段 *a*、*b* 特征图
(a)振幅属性平面特征；(b)地震响应特征

需要指出的是，在复合水道限制段呈现出靠近凸岸、远离凹岸这一规律的前提是：单一水道在流动过程中，形成该转弯段之前必须接触到早期复合水道的边缘，受到复合水道边界的限制而改变了内部流动机制，从而形成该特征。否则主流线分布仍遵循非复合水道限制段情形，即靠近凹岸、远离凸岸。

2）坡度对单一水道空间分布的影响

坡度反映了地貌单元的陡缓程度，它对水道形态分布有着重要影响。这里在坡度测量的基础上，构建其与单一水道定量参数之间的关系，试图从定量角度探讨坡度对单一水道空间分布的影响。数学上，通常把坡面的垂直高度和水平距离的比叫作坡度，可表示为两点的高程差与其水平距离的百分比。地学上，在一定的区域构造背景下，用不同间距的两点可计算出数值迥异的坡度，这源自局部构造运动和侵蚀地貌的影响。例如，研究区沿着单一水道流动路径，若分别以 200m 和 2000m 为水平间隔计算地形坡度，会得到不同的结果，其原因在于泥岩底辟、逆冲断层及侵蚀地貌均可能造成局部地形坡度剧变。

鉴于此，依据研究区局部构造和侵蚀地貌特征，沿着单一水道顺物源流动的路径，以横向 200m 左右为采样间隔，读取了水道底床的时间深度，并通过时-深转换获得米制深度，进而在对地形进行宏观分析的基础上，将地貌变化不大的横向取样段作为基本测量单元，计算其两端点间的深度差与水平距离，进而通过反余切函数求取其坡度大小。

按照上述测量方法，对决口改道式样本水道进行了坡度计算。结果表明，研究区样本水道可划分为 A、B、C、D 四个明显的测量单元，如图 5-48 所示，其坡度分别为 0.85°、2.11°、0.42° 和 0.45°。

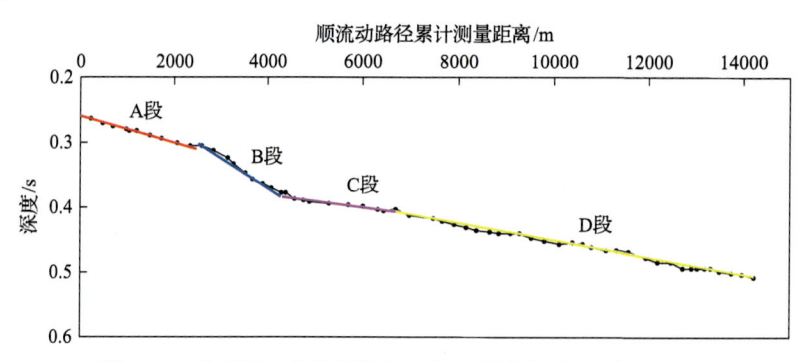

图 5-48 典型单一水道顺物源方向地形坡度图（62 个测量点）

基于样本水道测量单元的坡度计算结果，揭示了单一水道坡度与定量特征参数间的耦合和关联。在复合水道非限制段，坡度是单一水道曲率、宽度、深度等参数的主控因素。就样本水道而言，其坡度较缓慢的 A 段（0.85°），三个波段的曲率分别为 1.09、1.15 和 1.21，呈低弯度特征，水道坡面上表现为宽而浅的特征；而在坡度较陡的 B 段（2.11°），测量波段的曲率较 A 段减小，为 1.01，基本呈顺直型，水道剖面上表现为"窄而深"的特征。

分析其原因认为，水道弯曲段的形成受重力流能量的控制，而地形坡度是影响重力流能量的重要因素。当坡度较大时，流体能量强，流速较快，对下伏地层具有强烈侵蚀能力，可以从含砂量相对较高的轴向侵蚀早期沉积，从而形成沉积物的多期重复侵蚀充填，以垂向加积为主要特征，平面上呈现出相对顺直的轨迹；相反，当坡度较小时，沉积物流体能量相对较弱，流速相对较慢，其对下伏地层侵蚀能力不足，但侧向迁移能力较强，以侧向加积或迁移为特征，呈现出蛇曲前进的特征，平面为较弯曲的形态。需要指出的是，在坡度转换的过渡段，单一水道形态可能保留上一坡度段的特征，如样本水道的 C 段，其坡度为 0.42°，较 A 段(0.85°)小，理应形成更为宽浅型的水道，但实际水道较 A 段深度增加、宽度减小，其原因在于 C 段处于坡度转换处，其水道保留了坡度较大的 B 段水道特征，故在评价坡度对水道形态学特征的影响时，应充分考虑各坡度段之间的位置和毗邻关系。

在复合水道限制段，坡度对单一水道形态参数的控制能力明显减弱，而先期沉积的对单一水道流动起限制性作用的复合水道控制能力增强。例如，样本水道 D 段由于受早期复合水道填平补齐作用的影响，坡度较为平缓，仅为 0.45°，理应形成曲率较大高弯度水道，但实际水道曲率并不比 A 段大。分析其原因认为，受到早期沉积的复合水道边界的控制，单一水道的横向摆动范围受限，加之该类水道重力流沉积规模较小，能量不足，在流动过程中易发生遇复合水道折回的现象，使它们难以冲出复合水道限制而形成较大的弯曲段，整个单一水道在复合水道边界范围内迂回，弯曲度逐渐减小且能量大量消耗，最终消失在复合水道内部。

4. 单一水道外部形态定量演化模式

目前国内外对单一水道外部形态的定量分析较少。笔者基于三维高频地震资料，对西非陆缘浅层单一水道开展形态学参数定量分析，构建了单一水道外部形态控制因素及其定量演化模式。

总体来说，单一水道形态学特征受控于多种地质因素，可大致分为内因和外因两类：内因指的是形态学特征参数间的关联因素，包括宽度、深度、宽深比及曲率等，它们之间本身就存在着内在成因联系；外因指的是影响单一水道形态的外部因素，如地形坡度、沉积地貌环境等。在不同地质条件下，不同因素对水道形态的控制作用及轻重程度均存在差异。

在单一水道没有受到更高级次构型单元限制的条件下，坡度是单一水道空间分布最重要的控制因素。笔者综合前人研究成果及自己的工作实践，建立了复合水道非限制段的单一水道构型演化模式(图 5-49)。

当地形坡度增加时，受重力作用，沉积物的流动速度增加，横向迁移能力减弱，垂向侵蚀能力增强，单一水道曲率变小，宽度变窄，深度加深，宽深比变小；当地形坡度减小时，沉积物流速相对于坡度较大段减小，侧向迁移能力增强，此时单一水道曲率变大，宽度加宽，深度变浅，宽深比较大(图 5-49)。此外，在没有受到更高级次构型单元限制的条件下，单一水道的深度与宽度呈良好的正相关性，充分认知这一定量关系，将有助于对沉积体横向规模的预测，即通过钻井资料读取水道深度信息，再利用宽深定量关系预测水道横向规模，将大大降低钻探风险。

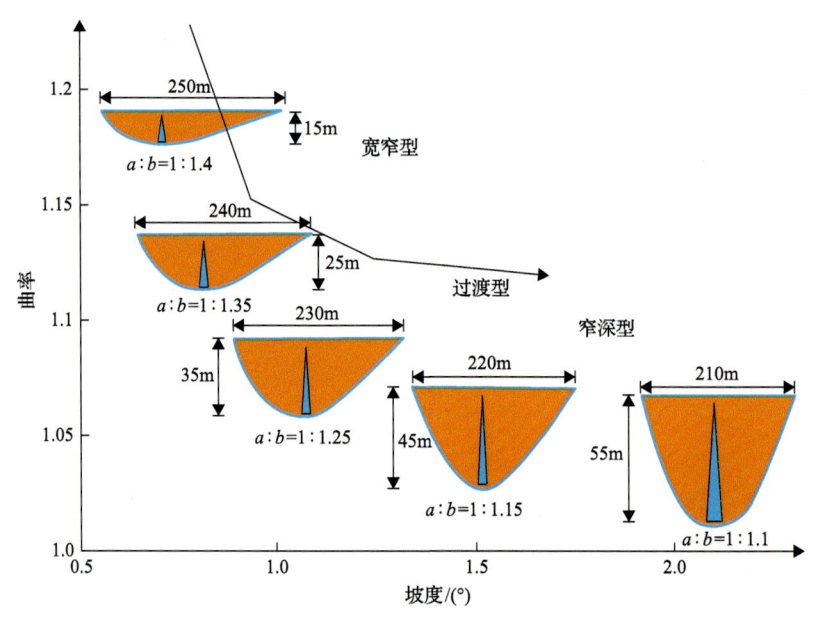

图 5-49　坡度和曲率控制下非限制段的单一水道构型模式图

5.3.2　单一水道内部结构

1. 单一水道内部充填样式划分

如前所述，笔者将单一水道的内部充填样式划分为五种类型，分别是层状充填型、束状充填型、侧积型、切叠型及块状充填型（图 5-50）。

1）层状充填型

层状充填型单一水道的内部由垂向上相互平行的次级水道单元叠置而成，水道整体表现出一定的正韵律特征。其典型沉积特征是内部各次级水道单元界面基本平行于水道顶面，并上超于水道底界面之上，水道底界面一般为侵蚀面。水道轴部以中厚层砂岩为主，水道边缘以中薄层砂岩为主，夹薄层泥岩。此种充填样式的单一水道可以在加拿大 Castle Creek North 露头发现[图 5-50(a)]。

2）束状充填型

束状充填型水道整体沉积特征与层状充填型水道相似，其典型沉积特征是内部各次级水道单元界面向水道边缘方向呈束状收敛样式，水道底界可见侵蚀面。水道轴部以中厚层砂岩为主，夹薄层细粒沉积（粉砂岩、泥岩等）；水道边缘以中薄层砂岩为主，夹薄层泥岩。水道垂向上有粒度变细的趋势。此种充填样式的单一水道可以在美国 San Clemente State Beach 露头中发现[图 5-50(b)]。

3）侧积型

侧积型单一水道典型沉积特征是内部各次级水道单元呈梭状（橄榄球状），而非透镜状；根据该类单一水道内部非渗透层分布和相应的连通性，可将其细分为连通型、半连通型和非连通型三类，即 C1～C3。

第5章 深海水道构型模式

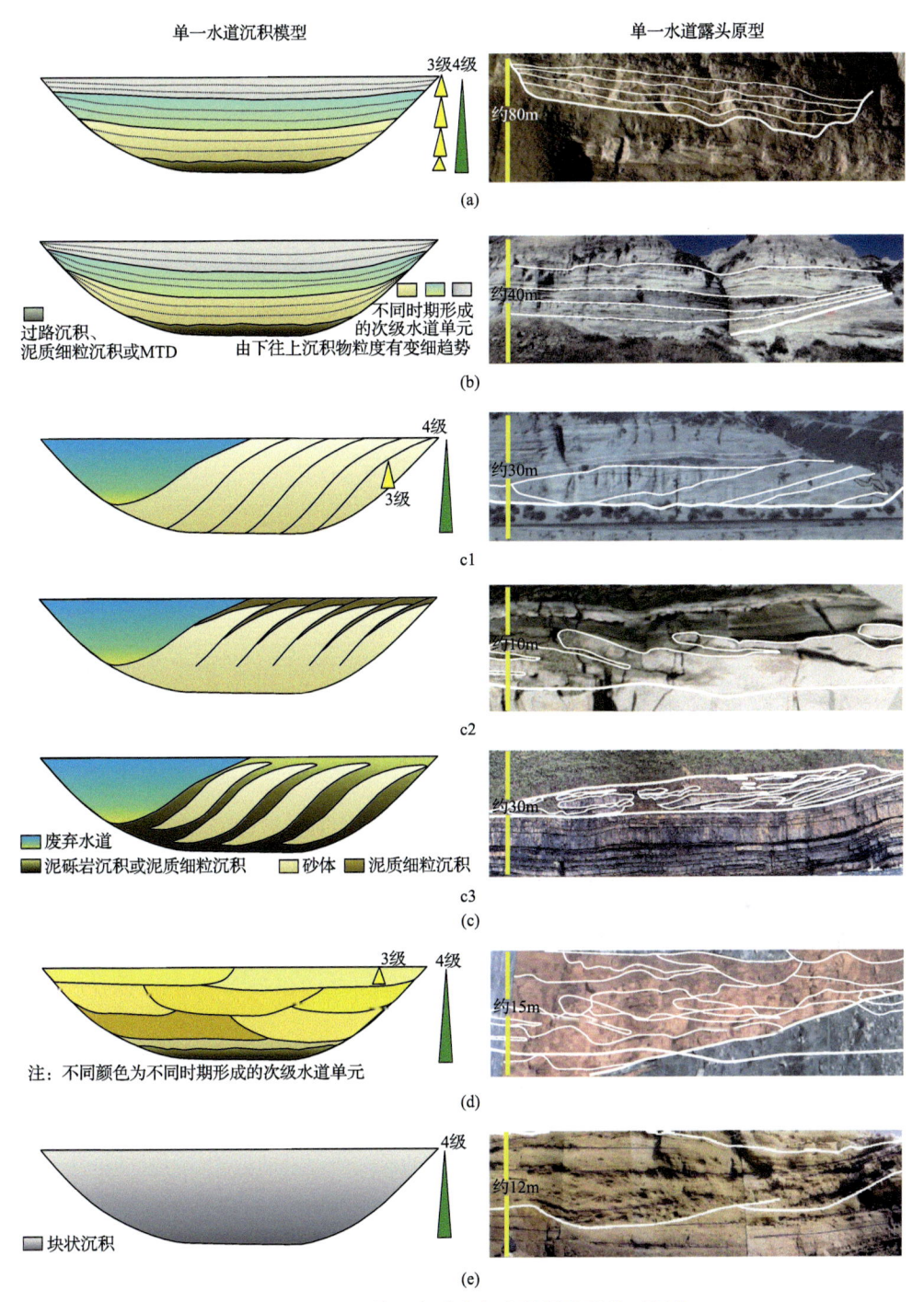

图 5-50　针对单一水道内部充填样式的类型划分

(a) 层状充填型及加拿大 Castle Creek North 露头[修改自 Arnott(2007)]；(b) 束状充填型及美国 San Clemente State Beach 露头实例[修改自 Walker(1975)]；(c) 侧积型，其中 c1 为泥质含量较少沉积体及美国鲍姆加德纳采石场(Bom San Clemente State Beach)露头实例[修改自 Li 等(2016)]，c2 为含一定泥质沉积体及美国北卡斯德溪(Baumgardner Quarryd)露头实例，c3 为泥质含量较多沉积体及美国 Rehy Cliffs 露头实例[修改自 Abreu 等(2003)]；(d) 切叠型及加拿大 North Casde Creek 露头实例[修改自 Arnott(2007)]；(e) 块状充填型及秘鲁洛维托斯村(Lobitos Village)露头实例[修改自 Nilsen 等(2008)]

连通型单一水道指单一水道内部各次级水道单元之间的砂体相对连通。因为单一水道内部大部分为砂体，泥质侧积层不发育，所以在整个单一水道内部叠置的次级水道单元基本连通。这种类型的单一水道一般发育在低弯曲度水道中，具有极高的砂地比(Abreu et al., 2003)。单一水道内部从水道轴部到水道边缘逐渐补偿叠加，且偶有泥岩发育，但泥岩基本为横向展布，对连通性影响极小。

在野外露头上，如加拿大艾萨克(Issac)组单一水道野外露头内部为块状砂体，两期次级水道单元之间几乎不发育泥岩隔层，砂体间基本保持连通(图5-51)(Ciaran et al., 2008)，这与研究区发育的连通型单一水道特征类似。

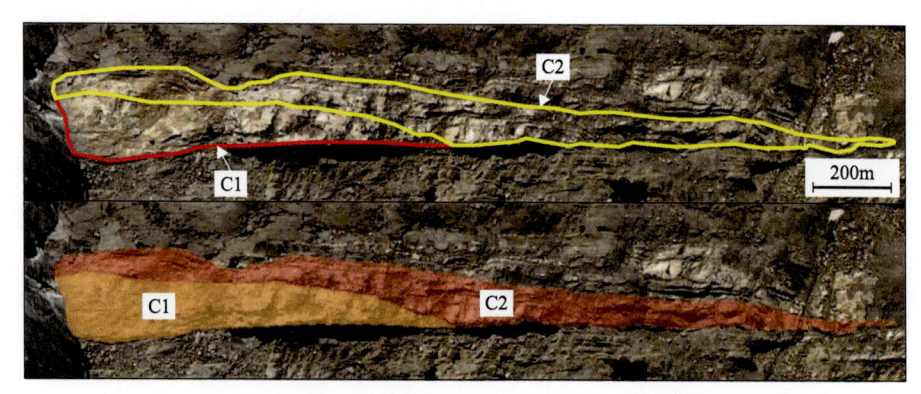

图5-51　单一水道内部的侧积型(连通型)充填样式在野外露头上的特征
(加拿大Issac组野外露头)[修改自Ciaran等(2008)]
C1、C2-单一水道内部的2个次级水道单元

半连通型单一水道，泥质夹层覆盖在水道砂体的顶部或中上部，但并未侵蚀至底部(或侵蚀至底部的泥质夹层被冲刷而未被保存)，表现出整个砂体中上部位被泥质夹层隔挡，砂体间几乎不连通，但下部主要发育的是高连通性浊积砂岩，保持了较好的连通性，这类水道被称为半连通型单一水道。

在野外露头上，如美国阿肯色州杰克福特(Jack Fork)组的半连通单一水道，顶部侧积层以细粒悬浮沉积为主，小规模弯曲水道大约0.5m厚，整体由半连通的块状砂岩夹低连通的泥质浊积岩组成(图5-52)(Abreu et al., 2003)。大量的砂岩向下变厚，在河道底部形成一套混合层。向上块状砂岩逐渐过渡为平行层状砂岩和波状纹层砂岩，这与研究区半连通型单一水道特征类似(图5-52)。

在非连通型单一水道内部侧积充填中，整个水道砂体被较厚的泥质夹层贯穿，使砂体之间相互不连通，即被称为非连通型单一水道。该类型侧积水道是由倾斜的、透镜状的砂体夹泥砾组成。

在野外露头上，如爱尔兰罗斯(Ross)组非连通型单一水道，由牵引流-悬浮混合沉积的侧向加积体夹有高连通性的悬浮浊积砂岩组成，而且是以牵引流主导的泥砾沉积作为底负载(图5-53)，其净毛比在45%～60%。单个砂体具有扁平的透镜状特征，向上和向下都逐渐变细(Abreu et al., 2003)。由于块状砂岩含量较小且不连续，这些侧积体不管是横向还是纵向连通性都较差，被称为非连通型单一水道。

第 5 章 深海水道构型模式

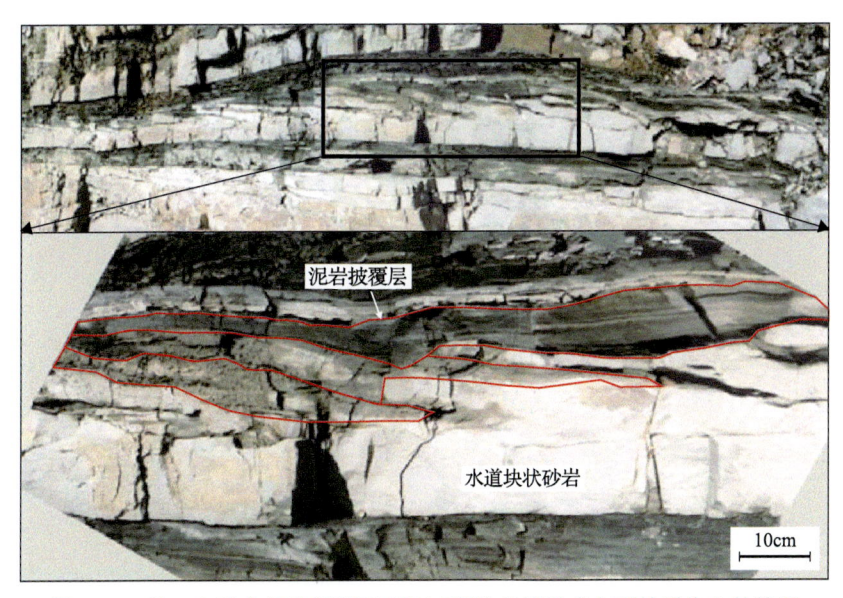

图 5-52 单一水道内部的侧积型(半连通型)充填样式在野外露头上的特征
(美国阿肯色州 Jack Fork 组野外露头)[修改自 Abreu 等(2003)]

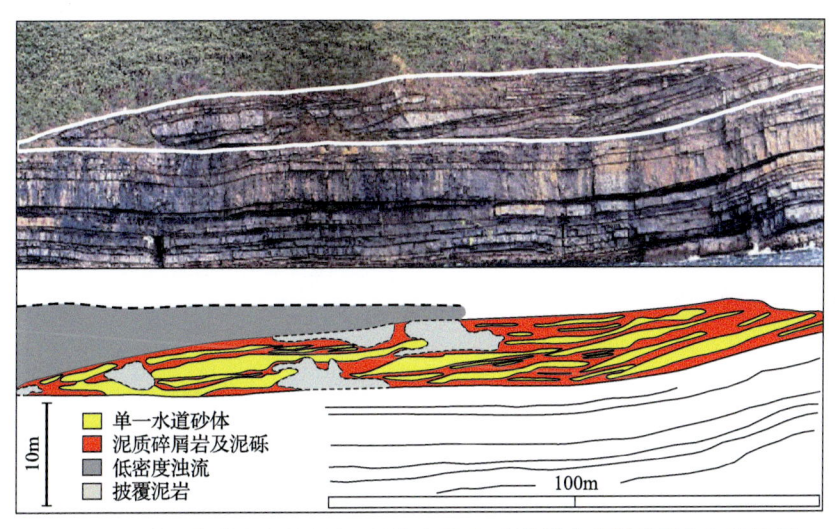

图 5-53 单一水道内部的侧积型(非连通型)充填样式在野外露头上的特征
(爱尔兰 Ross 组野外露头)[修改自 Abreu 等(2003)]

4) 切叠型

切叠型单一水道典型沉积特征是内部各次级水道单元空间相互切叠，水道底界发育侵蚀面。水道内部隔夹层随机无序分布，储层非均质性强。水道垂向上有粒度变细的趋势。此种切叠型充填的单一水道在巴基斯坦北部的帕布(Pab)盆地扇野外露头中有很好的显示(图 5-54)(Euzen et al., 2007)。

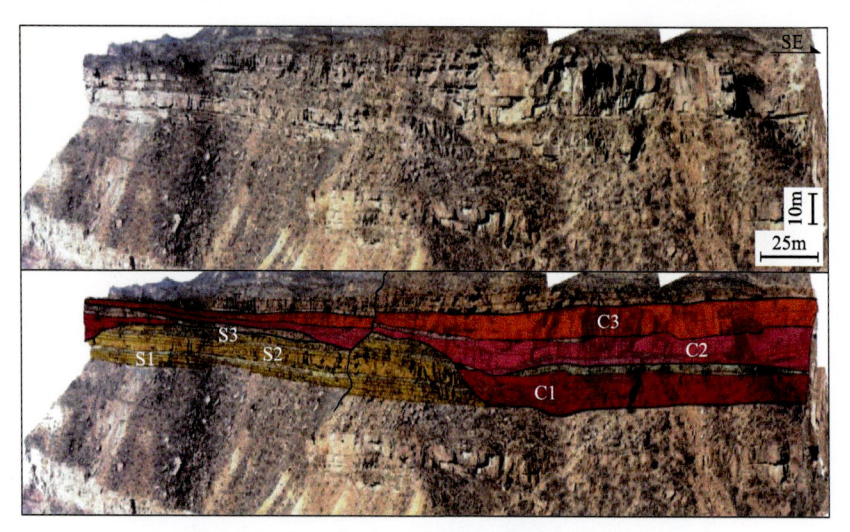

图 5-54 单一水道内部的切叠型充填在野外露头上的特征
（巴基斯坦北部的 Pab 盆地扇野外露头）[修改自 Euzen 等（2007）]
S1~S3-不同期次的天然堤沉积；C1~C3-代表单一水道内部的次级水道单元

5）块状充填型

块状充填型单一水道的典型沉积特征是内部充填岩相成层性差或无成层性，岩层界面很难识别，总体呈块状，水道底界发育侵蚀面。该类水道多被泥质、砾质沉积物充填，也可见块状砂岩充填，内部结构非均质性较弱[图 5-50(e)]。

基于单一水道内部充填的不同样式，可以总结出不同单一水道的连续性特征（表 5-2）。层状充填型内部为相互平行的次级单元相互叠置，其在横向上的连续性非常好，但不同次级单元之间可能充填少量细粒沉积物，其在纵向上的连续性中等，进而导致其在平面上的连续性呈好—中等特征；束状充填型单一水道沉积特征与层状充填型类似，其连续性特征相对变化不大，在横向上的连续性好，纵向上连续性中等，平面上连续性呈好—中等。

表 5-2 单一水道内部不同充填样式所对应的砂体连续性情况

充填类型	模型样式	横向连续性	纵向连续性	平面连续性
层状充填型		好	中等	好—中等
束状充填型		好	中等	好—中等
侧积型-1		较好	中等	中等—较好

第 5 章 深海水道构型模式

续表

充填类型	模型样式	横向连续性	纵向连续性	平面连续性
侧积型-2		中等	中等—差	中等
侧积型-3		差	差	差
切叠型	注：不同颜色为不同时期形成的次级水道单元	中等—较好	中等—较差	中等—较差
块状充填型	块状沉积	好	好	好

侧积型根据侧积体之间细粒沉积物的充填量不同，可以分为三类讨论：当侧积体之间充填较少细粒沉积物时，在横向上的连续性较好，在纵向上的连续性中等，平面上的连续性中等—较好；当侧积体之间充填较少细粒沉积物时，在横向上的连续性中等，在纵向上的连续性中等—差，在平面上的连续性中等；当侧积体之间充填较多细粒沉积物或砾石质的渗透层时，侧积体之间相互孤立，在横向上、纵向上以及平面上的连续性都较差。切叠型单一水道在横向上的连续性中等—较好，纵向上的连续性中等—较差，平面上的连续性中等—较差。块状充填型由于为整体沉积沉降，在横向上、纵向上以及平面上的连续性都好。

2. 单一水道内部充填样式成因

如笔者在 1.4.4 节所介绍的那样，按照水道内部低密度浊流、高密度浊流和碎屑流沉积的占比，可以将单一水道划分为 9 种成因类型，分别是：低密度浊流充填水道、高密度浊流充填水道、碎屑流充填水道、块状砂质混合充填水道、含砾砂质混合充填水道、层状砂质混合充填水道、夹碎屑砂质混合充填水道、等相混合充填水道和含砂砾质混合充填水道(图 1-18 和表 1-1)。

基于以上深海水道分类方案，系统分析了全球已公开的、出露条相对完整的 26 处深海水道野外露头(图 5-55)，并识别出 155 条单一水道。依据 155 条深海水道中低密度浊流、高密度浊流和碎屑流沉积的占比数据在水道分类三角图(图 1-18)中进行投点，从而实现对全球单一水道内部充填的成因类型进行统计(图 5-56，表 5-3)。结果显示高密度浊流充填水道、低密度浊流充填水道、层状砂质混合充填水道及碎屑流充填水道这四种类型居多(图 5-56)。

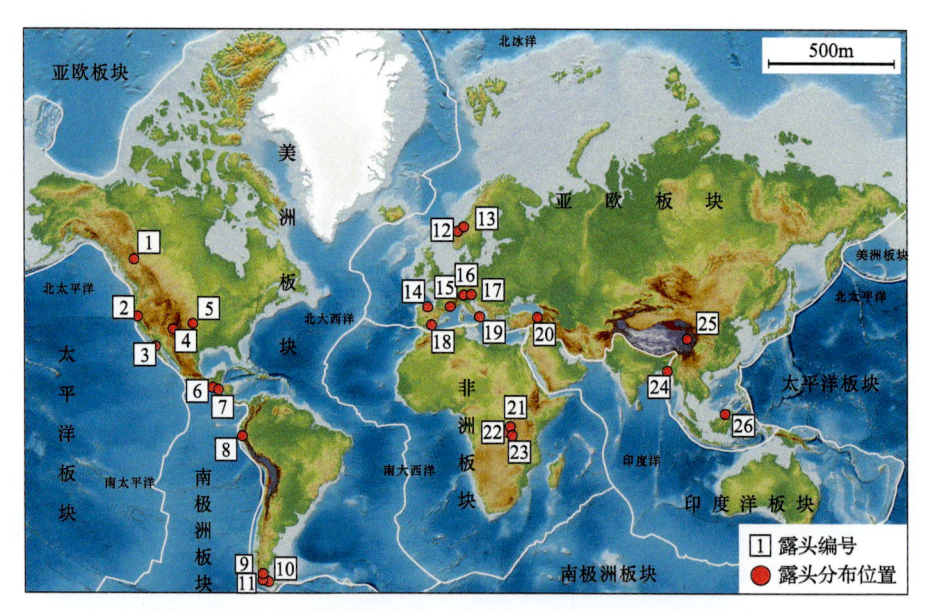

图 5-55　全球范围内部分公开文献中的深海水道野外露头分布

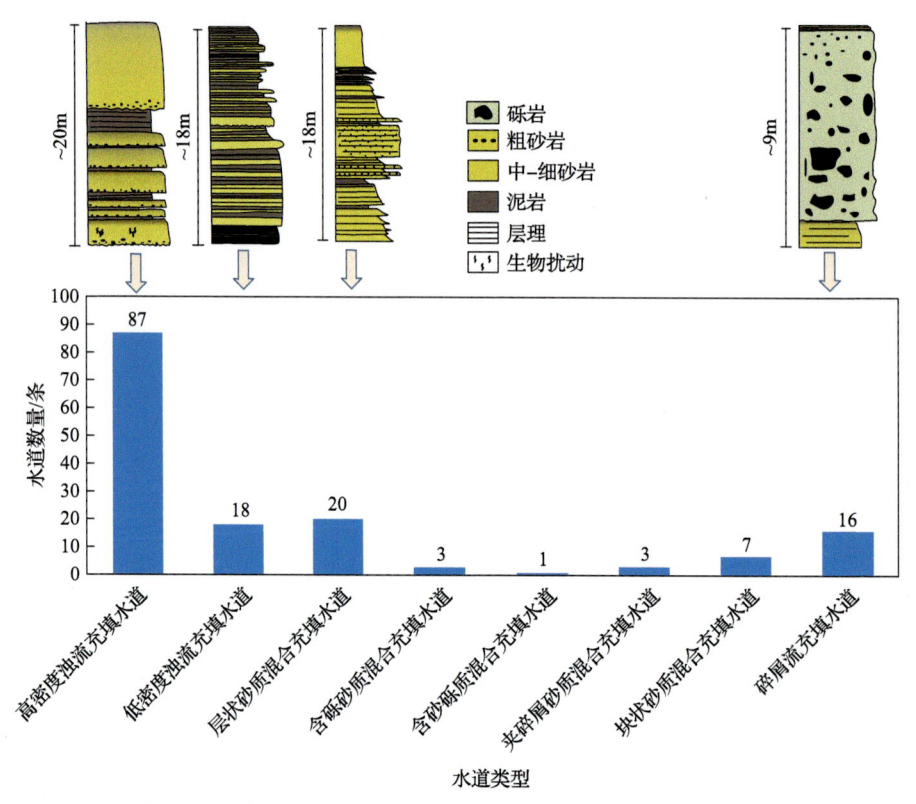

图 5-56　全球范围内 155 条单一水道内部充填的成因类型统计

第 5 章 深海水道构型模式

表 5-3 不同重力流成因的单一水道所对应的内部叠置样式统计

水道类型	数量	垂向叠积型	侧向加积型	含泥侧向加积型	泥质侧向加积型	摆动叠积型	块状充填型
高密度浊流充填水道	87	60	19	3	1	1	3
低密度浊流充填水道	18	16		0	0	1	1
层状砂质混合充填水道	20	10	1	4	4	1	0
含砾砂质混合充填水道	3	2	0	0	0	0	1
含砂砾质混合充填水道	1	0	0	0	0	0	1
夹碎屑砂质混合充填水道	3	3	0	0	0	0	0
块状砂质混合充填水道	7	2	1	2	1	1	0
碎屑流充填水道	16	0	0	0	0	0	16
单一水道数量	155	93	21	9	6	4	22

单一水道中的这四种重力流成因类型除了在露头上有大量的案例外，在地下单一水道中也经常发现。如图 5-57(a)所示，碎屑流充填水道对应侵蚀能力较强。从单井上来看，水道底部发育块状泥砾岩、泥质砂岩(物性较差)，水道主体发育块状砾岩、粗砂，顶部发育不等粒砂岩及泥岩，垂向上整体呈现出反韵律的特征；测井曲线上，自然伽马、电阻率曲线在水道底部呈现出低幅度的锯齿状箱形特征，上部表现出高幅度箱形或漏斗形。高密度浊流充填水道底部发育块状砾质粗砂岩，水道主体向上发育块状的中—粗砂岩、中-细砂岩，水道顶部发育薄层细粒泥质砂岩，垂向上整体表现为正韵律特征。在测井上，自然伽马、电阻率曲线表现出箱形或钟形的外部形态特征[图 5-57(b)]。低密度浊流充填水道底部主要发育少量块状中-细砂岩及少量泥砾碎屑，水道主体为厚层块状中-细砂岩和少量细砂岩，水道顶部为泥岩，垂向上为正韵律特征；在测井上，自然伽马、电阻率曲线呈钟形[图 5-57(c)]。至于层状砂质混合充填所形成的单一水道，底部发育有块状中-细砂岩，水道主体发育泥质细粒沉积夹细砂岩，水道顶部发育泥岩，垂向上总体为正韵律特征；在测井曲线上，自然伽马、电阻率呈钟形外形，内部锯齿化严重[图 5-57(d)]。

以上不同重力流成因的单一水道，在垂向上具有一定的演化规律(图 5-58)。在水道体系早期形成阶段，沉积物流速高，以碎屑流为主，其中夹杂过路沉积及一些粗粒沉积，因此主要发育碎屑流充填单一水道[内部充填见图 5-57(a)]；随着海平面继续下降，到达水道快速发育阶段，重力流流体转变为高密度砂质浊流，水道内部流体携砂能力较前一发育阶段明显增强，高密度浊流充填单一水道开始发育[内部充填见图 5-57(b)]；随着海平面升高，到达水道发育平稳阶段，重力流流体变为以低密度浊流为主导，其砂质含量相对于前一阶段有所减弱，但仍有砂体继续堆积，水道类型转变为低密度浊流充填单一水道[内部充填见图 5-57(c)]；当海平面达到高点，重力流流体以泥质浊流占主导，单一水道类型转变为最终的层状砂质混合充填[内部充填见图 5-57(d)]。综上，水道体系由底

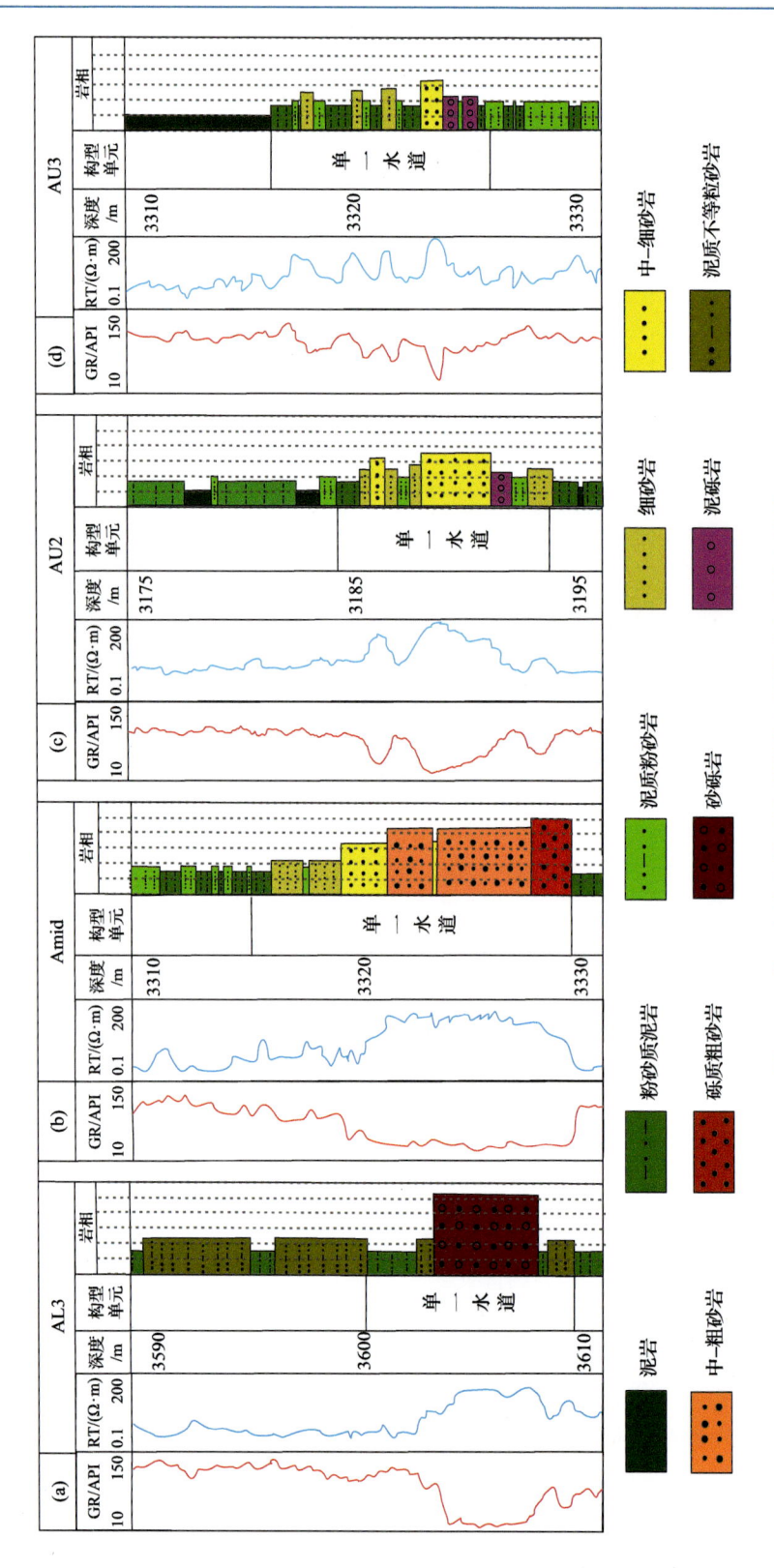

图 5-57 单一水道内部不同成因的充填所对应的岩电特征

(a)碎屑流充填水道；(b)高密度浊流充填水道；(c)低密度浊流充填水道；(d)层状砂质混合充填水道

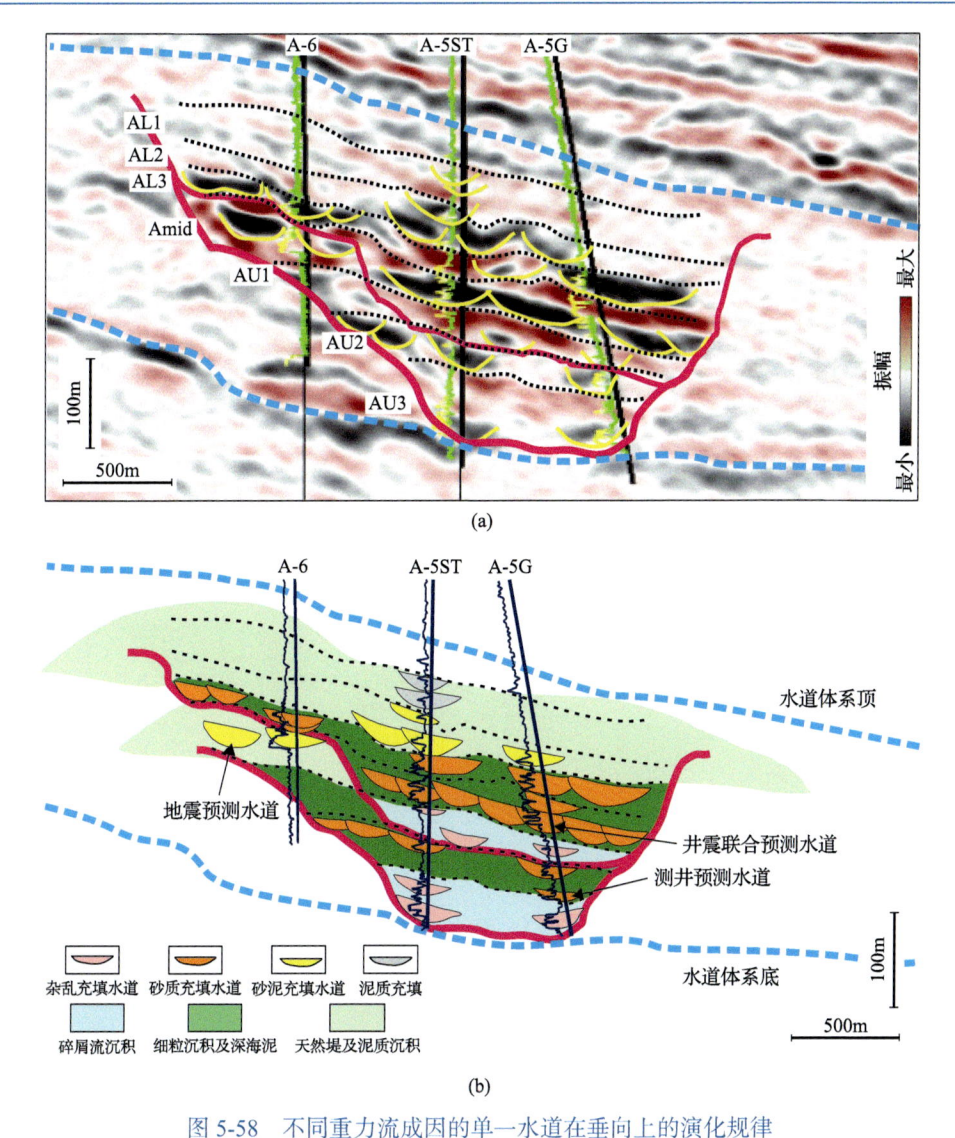

第5章 深海水道构型模式

图 5-58 不同重力流成因的单一水道在垂向上的演化规律
(a) 不同重力流成因的单一水道在地震剖面上的展示；(b) 不同重力流成因的单一水道所对应的地震剖面解释结果

至顶在纵向上呈依次发育碎屑流充填水道、高密度浊流充填水道、低密度浊流充填水道、层状砂质混合充填水道的垂向演化规律，但在其他研究区也可能存在流体类型非正常顺序出现的现象。

在考虑单一水道内部充填的重力流成因的同时，还对以上155条单一水道的内部充填样式进行了统计，由此可对单一水道不同充填样式的成因类型进行分析（图5-59），进而建立单一水道成因类型与水道内部充填样式响应模板（图5-60）。如表5-3所示，对不同重力流成因的单一水道进行了叠置样式统计，可以发现，无论单一水道内部是何种重力流成因，垂向叠积（包括层状充填和束状充填）和侧向叠积（侧向加积、含泥侧向加积及泥质侧向加积）始终占据主导地位。下面针对单一水道的四种主要重力流成因，即高密度浊流充填、低密度浊流充填、层状砂质混合充填及碎屑流充填进行内部叠置样式介绍。

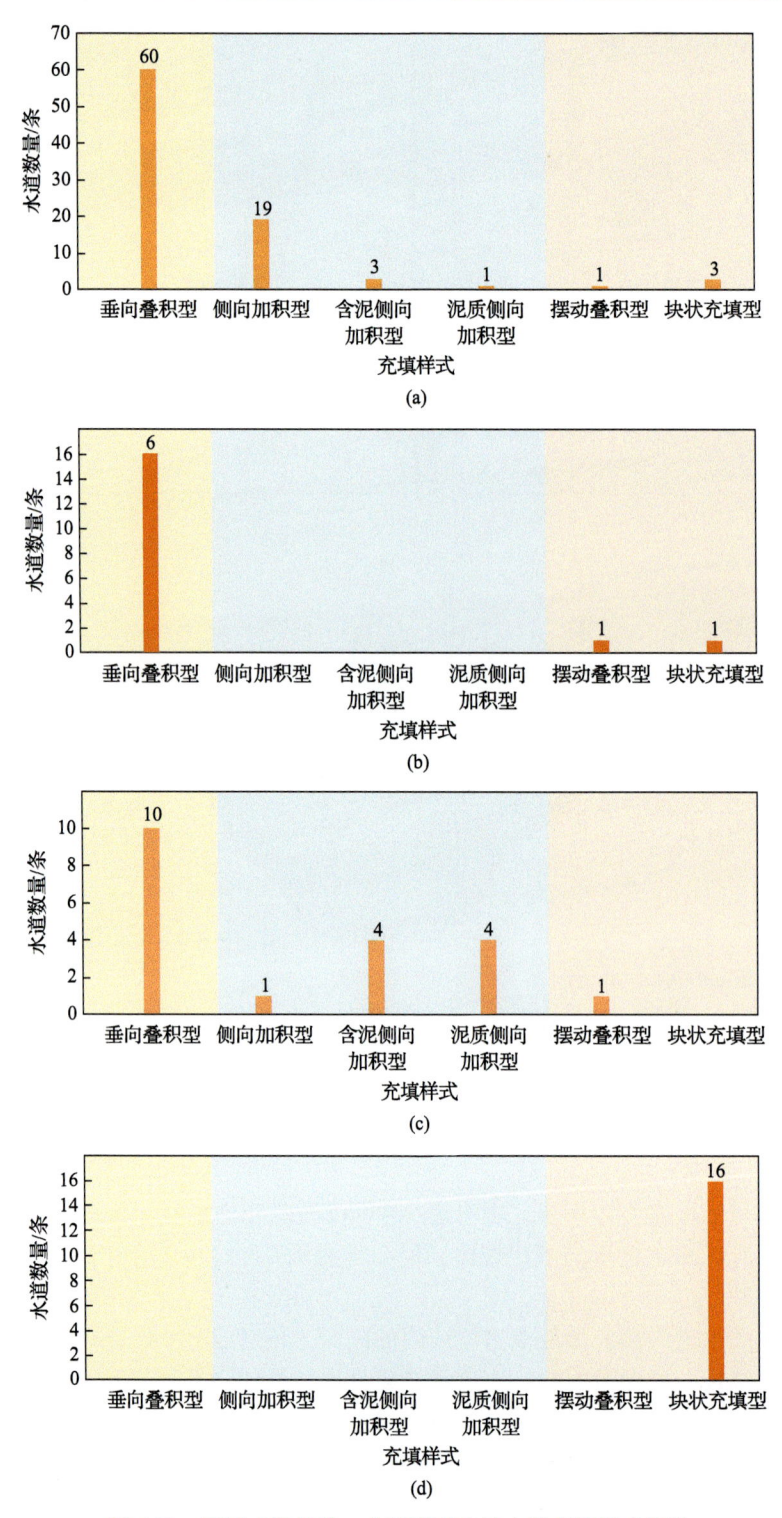

图 5-59　不同成因的单一水道所对应的内部充填样式统计

(a)高密度浊流成因；(b)低密度浊流成因；(c)层状砂质混合充填成因；(d)碎屑流成因

第 5 章 深海水道构型模式

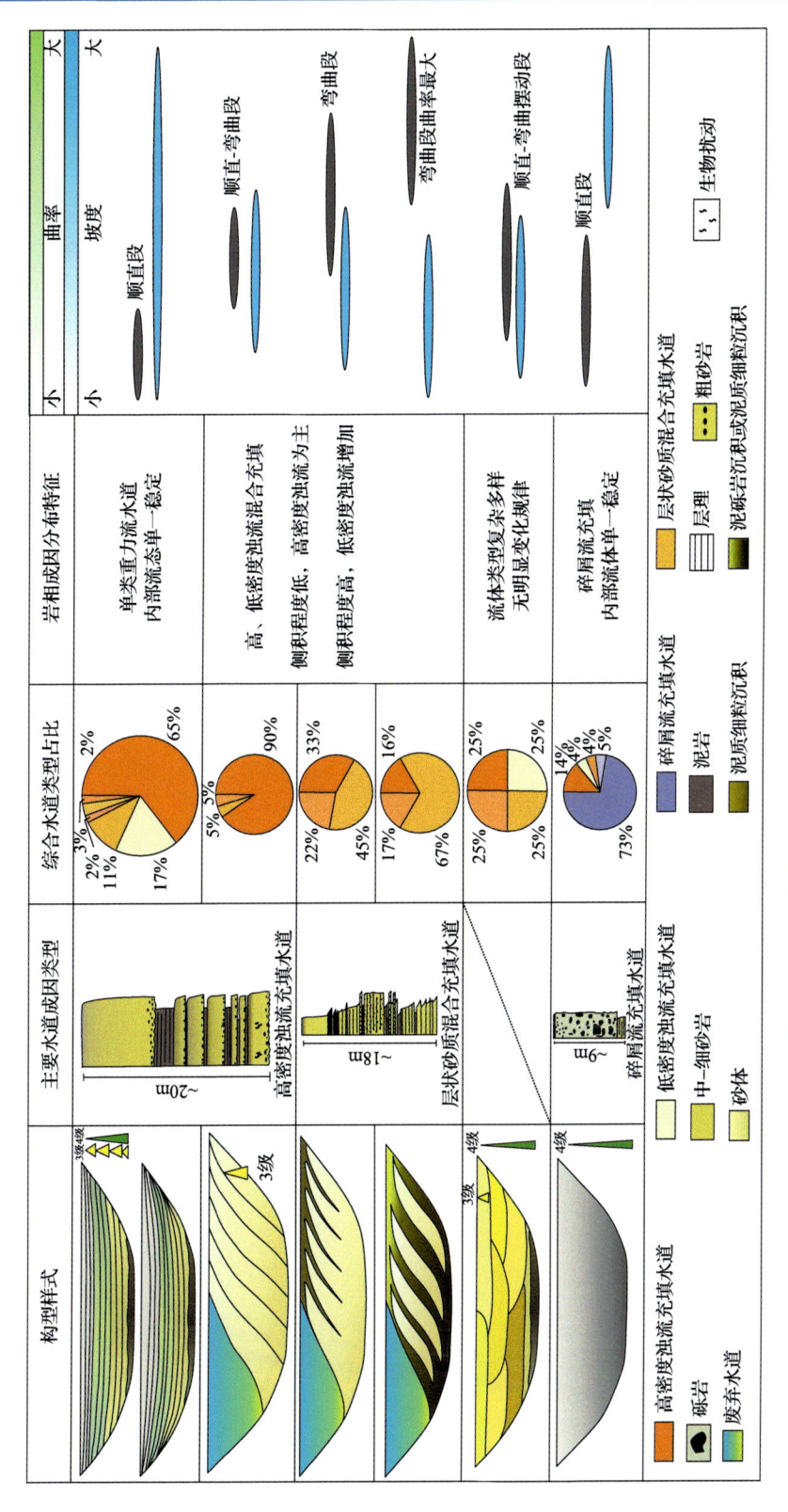

图 5-60 单一水道成因类型与水道内部充填样式响应模版

对于高密度浊流成因的单一水道来说，其内部往往表现为垂向叠积，即层状充填型和束状充填型，部分表现为侧向加积型，即侧向加积、含泥侧向加积及泥质侧向加积[图5-59(a)]。

对于低密度浊流成因的单一水道来说，其内部充填样式一般只表现为垂向叠积，也就是以层状充填型和束状充填型为主，不易形成侧向加积型的内部充填样式[图5-59(b)]。

对于层状砂质混合充填成因的单一水道来说，其内部充填样式主要表现为垂向叠积（层状充填型和束状充填型）和侧向加积。如图5-59(c)所示，在20个层状砂质混合充填成因的单一水道中，有10个表现为垂向叠积的内部充填样式，有9个则表现为侧向加积型的内部充填样式。

对于碎屑流成因的单一水道来说，其内部的充填样式主要表现为块状充填，也就是说，水道内主要由单一成因岩相充填。如图5-59(d)所示，在全球范围内识别到的16个碎屑流成因的单一水道中，其统一表现为块状充填。

综上，笔者最终建立了如图5-60所示的单一水道成因类型与水道内部充填样式响应模板。如果单一水道内部充填样式表现为垂向叠积，其主要对应高密度浊流沉积，低密度浊流沉积次之，这类叠积型单一水道主要分布在曲率小的区域。若单一水道内部充填样式表现为侧向加积型，其主要对应高密度浊流沉积和层状砂质混合充填沉积，这类侧向加积型单一水道分布在曲率大、坡度小的区域。当单一水道内部表现为块状充填时，其主要对应碎屑流沉积，而且这种样式的单一水道多分布在曲率低、坡度大的区域。

第 6 章　深海水道储层构型表征与砂体展布

精细的储层构型表征在提高油气采收率、最大限度地开发油气资源等方面取得了显著效果。然而，受作业成本的限制，深海水道油藏的开发井距往往较大，多为稀井网区，显然针对密井网区的基于多井模式拟合的储层表征方法不能应用于此类油藏。为此，本章以前述的深海水道构型模式为指导，利用井震联合的方法，开展了西非陆缘各个典型深海水道油藏的储层构型解剖，并在此基础上分析了相关砂体的展布规律。这不仅对高效开发此类油藏具有十分重要的实用价值，而且对油藏评价、开发早期油田稀井网区的地下储层研究具有重要的指导意义。

6.1　深海水道油藏储层构型表征技术

如前所述，在较大尺度上深海水道主要分为水道体系、复合水道及单一水道三个级次，不同层次的构型单元规模存在差异，因此在进行地下表征时所采用的研究资料和研究手段也不同。下面先详细介绍了稀井网区深海水道储层构型表征方案，在此基础上，重点以尼日尔三角洲盆地的 A 油田及下刚果盆地的 G 油田为例，分不同级次介绍深海水道的地下储层构型表征技术。

6.1.1　深海水道储层构型表征方案

针对稀井网区深海水道储层，笔者提出了一套专门的构型解剖方案，其能够精细刻画地下不同规模级次深海水道成因砂体的形态、规模及其相互叠置关系。该方案的具体实施可以分为以下 4 个步骤(图 6-1)。

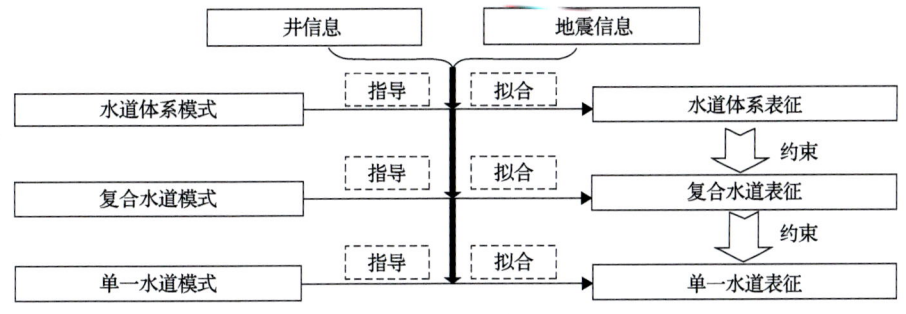

图 6-1　稀井网区深海水道储层构型表征流程图

步骤 1：基于岩心-测井-地震资料标定分析，开展深海水道不同级次成因砂体构型界面的识别。如前所述，在对深海水道储层进行构型解析时，往往在水道体系、复合水道及单一水道三个级次上开展工作，因此该步骤又可以细分为以下三步：首先，依据单一水道底界面小型冲刷或岩相突变特征，在岩心上识别出单一水道级次结构界面；其次，用岩心标定测井，在测井曲线上确定单一水道级次结构界面特征，并通过单一水道组合、中型冲刷面及岩相变化特征，识别出复合水道级次结构界面测井响应特征；最后，用测井标定地震，通过井震剖面形态样式分析，确定单一水道、复合水道结构界面地震响应特征，并通过复合水道组合、地震剖面结构分析，识别出水道体系级次结构界面井震响应特征。

步骤 2：以三级层序界面为约束，在水道体系沉积模式指导下，依据水道体系结构界面标定结果，将钻井和地震资料进行拟合，开展水道体系级次的砂体构型分析。具体来说，该步骤可分为以下三步实施：首先，根据地震反射结构及同相轴终止关系，确定三级层序地层界面；其次，以所述三级层序地层界面为约束，在限制性、半限制性和非限制性水道体系剖面沉积模式的指导下，综合水道体系结构界面的井震标定结果，开展四级层序界面的识别与追踪解释，在此框架内进行水道体系剖面砂体构型表征，确定其剖面形态、厚度及剖面分布样式；最后，以剖面解剖为约束，在水道体系平面演变模式的指导下，提取四级层序界面约束的地震属性，确定水道体系平面边界，厘定其流动路径、宽度、平面分布样式，完成水道体系平面砂体构型表征。

步骤 3：基于水道体系分析结果，在复合水道剖面和平面叠置模式的指导下，综合复合水道结构界面标定结果，根据复合水道系列剖面叠置类型，开展基于水道体系约束的复合水道级次的砂体构型分析。具体来说，该步骤包括以下两步：首先，基于复合水道系列剖析结果，分孤立式和切叠式两种情况确定不同情形的井震识别特征，进而以复合水道剖面拼接或加积模式为指导，分别开展复合水道剖面砂体构型解剖，确定不同类型复合水道的厚度及其相互叠置关系；其次，提取能反映复合水道的地震属性，进而在复合水道平面叠置模式的指导下，确定复合水道平面边界，厘定其流动路径、宽度、平面分布样式，完成复合水道平面砂体构型表征。

步骤 4：基于复合水道分析结果，在单一水道剖面和平面分布模式的指导下，综合水道结构界面标定结果，开展单一水道的砂体建筑结构分析。具体来说，该步骤的实施可进一步分为以下两步：首先，基于复合水道剖析结果，在单一水道连通性、半连通性和非连通性三类剖面迁移模式的指导下，综合单一水道井震标定结果，开展单一水道剖面砂体构型剖析，确定单一水道厚度及其相互叠置关系、连通性；其次，在单一水道平面迁移模式的指导下，确定单一水道平面边界，厘定其流动路径、宽度及平面分布样式，完成单一水道平面砂体构型表征。

6.1.2 尼日尔三角洲盆地 A 油田储层构型解剖案例

1. A 油田 A 油藏背景

尼日尔三角洲盆地 A 油田 A 油藏位于尼日尔三角洲盆地哈科特（Harcourt）港以南 200km，受构造和岩性控制，属于典型的构造-岩性油气藏（图 6-2）。A 油田 A 油藏构造位置处于盆地拉张和挤压构造的转换带上，即泥岩底辟构造区，底辟构造区发育在大陆坡上部，以发育大量泥底辟构造为主要特征（Cohen and Mcclay, 1996; Adeogba et al., 2005; Nyantakyi et al., 2015）。A 油藏底部底辟拱升，被断层发育切割，断层东西向延伸较长、

第6章 深海水道储层构型表征与砂体展布

南北向延伸相对较短[图6-3(a)]。垂向上,深、浅层构造形态、样式较为简单。

(a)

(b)

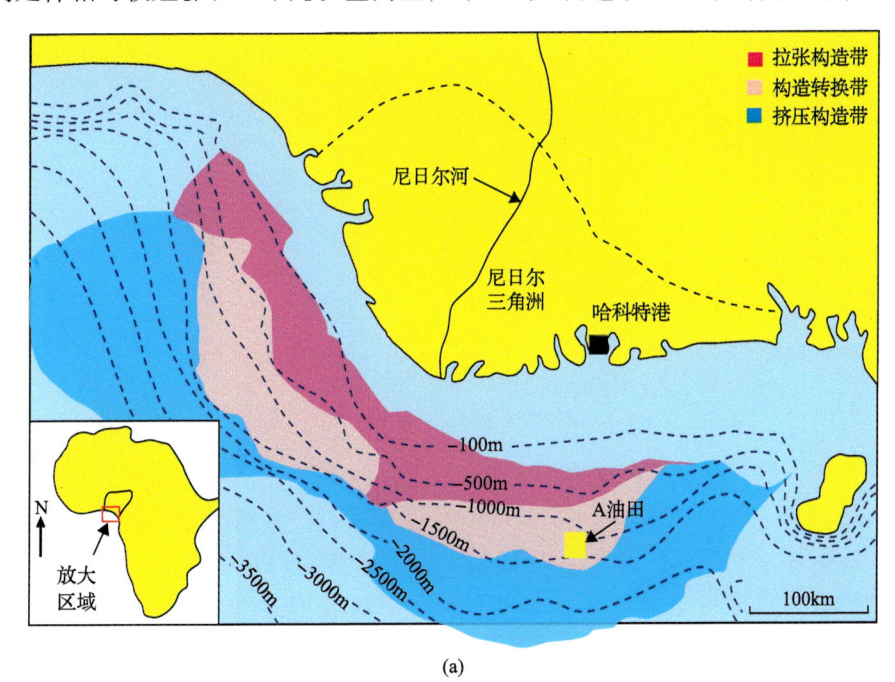

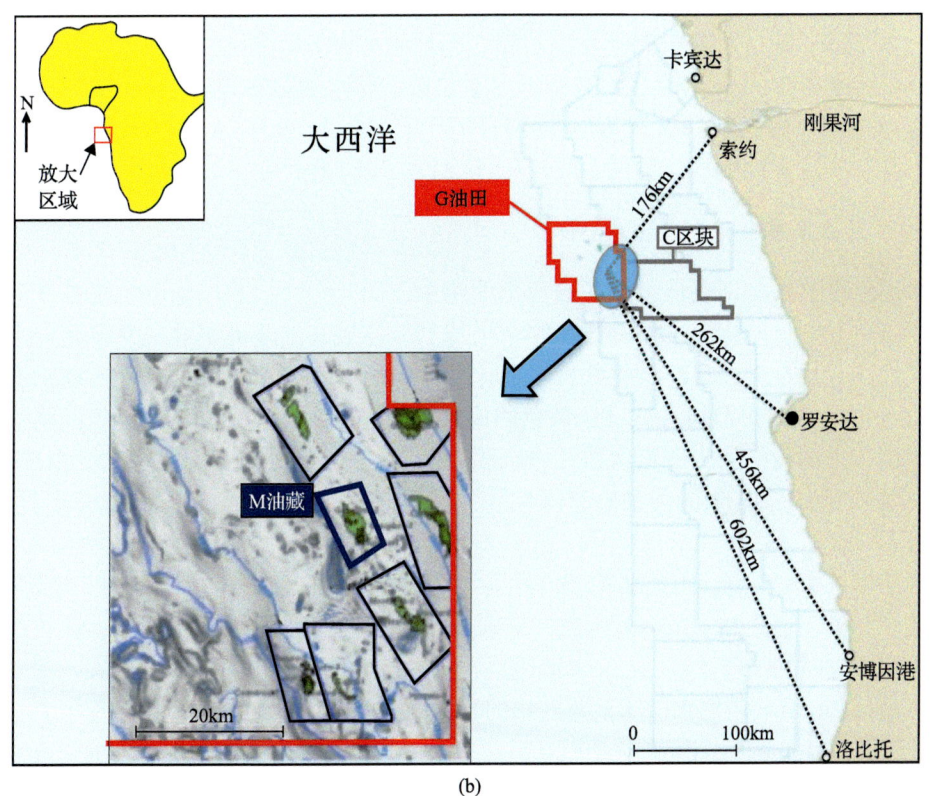

图6-2 A油田和G油田地理位置示意图
(a)位于尼日尔三角洲盆地的A油田;(b)位于下刚果盆地的G油田

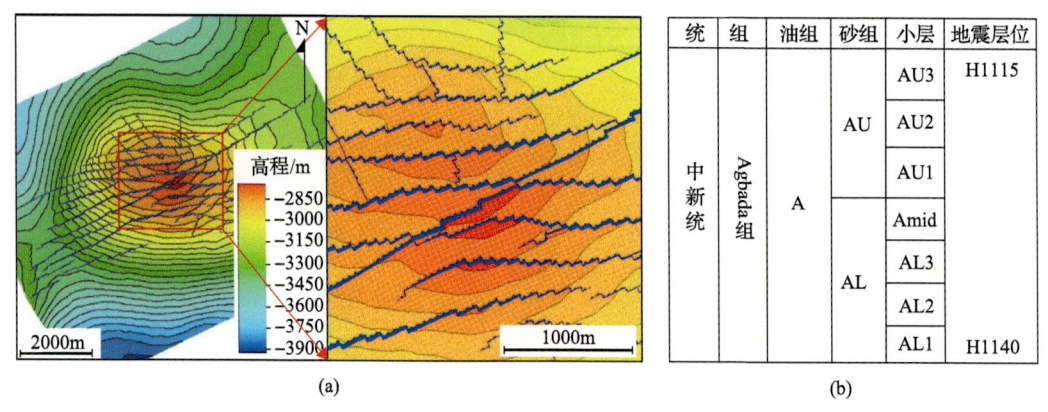

图 6-3　A 油田 A 油藏顶面构造图及对应的地层背景

(a) A 油藏顶面构造图；(b) A 油藏对应的地层

如前所述，尼日尔三角洲盆地主要的三套进积型岩性地层单元由下至上依次为底部以泥岩为主的前三角洲环境的阿卡塔（Akata）组，中部以砂岩和泥岩为主的三角洲前缘环境的 Agbada 组，顶部以砂岩为主的三角洲平原和冲积环境的贝宁（Benin）组（Short and stauble，1967）。A 油田 A 油藏主要的含油层系位于 Agbada 组，其砂泥岩交替出现。A 油藏拥有来自北部原尼日尔水系丰富的物源供给，虽然存在多期海平面下降事件，但研究区从始新世到上新世一直处于深水环境，与此同时，研究区距离坡折带较近（吕明等，2008），所以在一定的触发机制下发生滑塌、浊流的概率极大。由地震沉积学分析及钻井、地震资料结果得出，A 油藏沉积类型以海退阶段的深水浊积水道为主（Nyantakyi et al.，2015）。如图 6-3(b) 所示，A 油藏 A 油组自下往上细分为 AL1～AU3 七个小层，A 油组就是本章深海沉积构型研究的目的层位（赵晓明等，2012）。

2. 水道体系层次构型表征

水道体系层次构型表征包括平面和剖面两个方面。平面上的构型分析是基于油组级别的油层单元开展的，通过提取能反映水道体系砂体展布的地震属性，并将其与水道体系层次的测井相进行叠合，从而分析水道体系砂体的平面分布特征。由图 6-4(a) 所示的 A 油田 A 油组 RMS 属性可知，红-黄色的属性高值区为水道体系砂体，紫色的属性低值区为水道体系两侧的泥岩和半远洋页岩沉积，红色实线表示水道体系的边界，由图可见，A 油田发育近 S—N 向的大型水道体系，且存在分叉、合并现象，其宽度介于 1000～3000m。

水道体系类型多样，由前述构型模式介绍可知，主要有限制性、半限制性和非限制性三大类。A 油田由两套水道体系组成，分别是下部西北物源方向的水道体系 AL，以及上部东北物源方向的水道体系 AU，水道体系在研究区中部位置进行交汇，存在水道部分切叠的关系（图 6-4）。依据水道体系地震相的几何外形及其内部复合水道振幅反射特征，如图 6-4 所示，目标层段 A 油组发育半限制性和非限制性水道体系，它们在平面上具有一定的演化趋势；靠近物源方向，水道下切能力强，以发育半限制性水道体系为主；远离物源方向，沉积物下切能力减弱，加积作用增强，以发育非限制性水道体系为主。

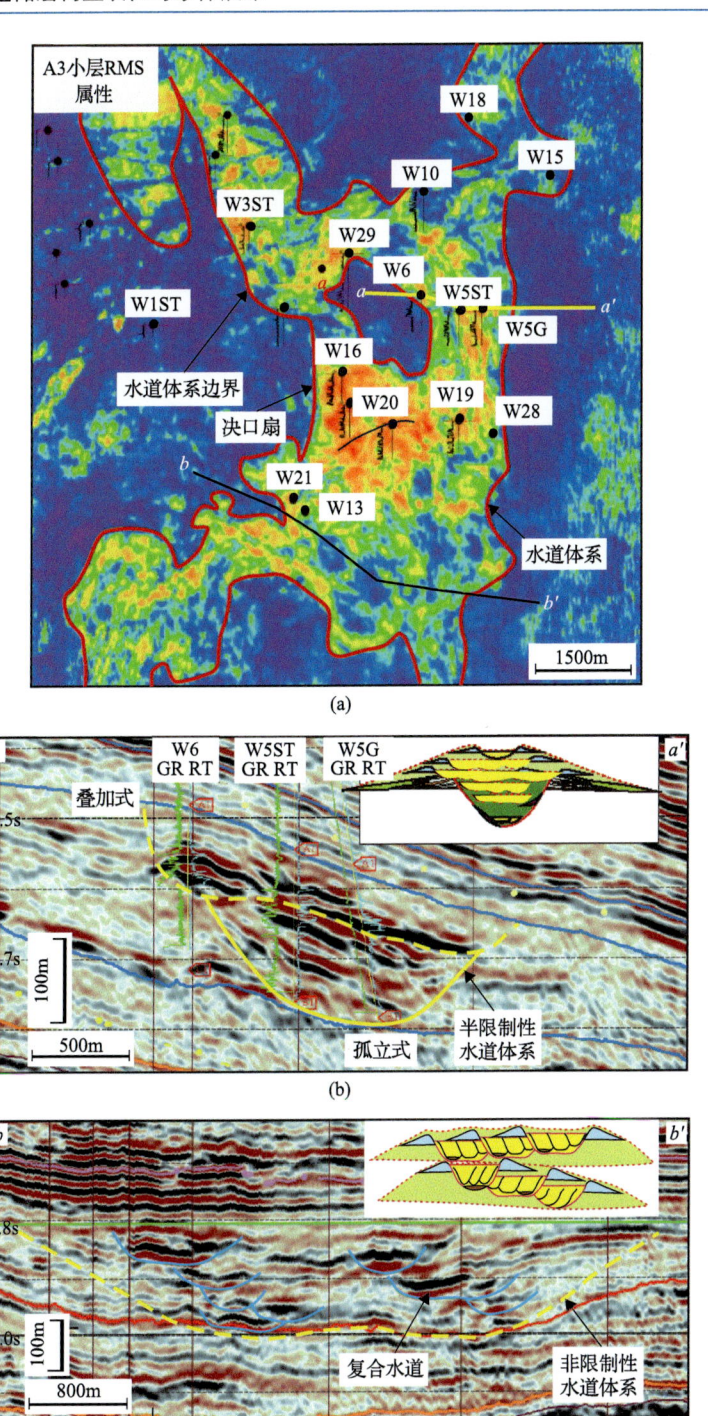

第 6 章　深海水道储层构型表征与砂体展布

图 6-4　尼日尔三角洲盆地 A 油田水道体系构型解剖结果
(a) 水道体系在 RMS 属性图上的展示；(b) 半限制性水道体系在地震剖面上的展示；
(c) 非限制性水道体系在地震剖面上的展示；GR-自然伽马；RT-电阻率

对于半限制性水道体系而言，其纵向上也具有一定的演化规律，由下往上，水道体系发育早期，沉积物下切能力强，发育大型下切谷，到了水道体系发育晚期，随着海平面上升，水道体系下切能力减弱，加积作用和侧向迁移能力增强，以发育包络式复合水道为主，其两侧不存在大型下切界面[图6-4(b)]，属于典型的半限制性包络式水道体系。

对于非限制水道体系而言，由图6-4(c)可以看出，水道体系是由多条复合水道侧向及垂向迁移形成，不发育大型下切谷，该沉积部位水道下切能力较弱，而加积作用和侧向迁移能力较强，属于典型的非限制性包络式水道体系。

以半限制性-非限制性水道体系构型模式为指导，在井震标定的基础上，利用基于油组级别的RMS地震属性[图6-4(a)]，将测井与地震信息进行拟合，从而完成油组内部水道体系层次的地下储层构型表征。水道体系构型解剖结果表明，研究区A油组发育近S-N向的大型水道体系，其规模较大，宽度介于1000~3000m，厚度介于80~280m，同一水道体系局部有分叉、合并现象。

3. 复合水道层次构型表征

水道体系内部包含多期复合水道，不同期复合水道间存在叠置现象，主要表现在垂向和侧向两方面：垂向上，叠置关系包括离散型、拼接型和下切型三种，主要受控于异旋回作用；侧向上，叠置关系多体现为相变，主要受控于自旋回作用。基于上述模式发育特点，该层次构型单元的井震模式拟合可以概括为垂向分期和侧向定位。

1) 垂向分期

垂向分期包含两方面的含义：一是针对单井，对复合水道级次构型单元进行解释，并进行期次划分；二是针对地震剖面，开展油组内部小层级别的地震层位追踪。其步骤如下：首先，在岩心分析的基础上，通过岩电标定，确定复合水道的测井响应特征，建立相应的构型单元测井解释模型，应用测井资料对复合水道进行单井解释，这与前人的方法一致，在此不再赘述；其次，在井震标定的基础上，以复合水道的垂向叠置模式为指导，在水道体系内部开展复合水道的横向对比，即油组内部小层级别的地震层位追踪。

不同的复合水道垂向叠置模式具有不同的地球物理响应特征(图6-4)：离散型叠置的两期复合水道砂体在垂向上未接触，其间为细粒沉积，测井曲线回返明显，地震剖面上呈较短轴状、强反射，侧向可追踪性强；拼接型叠置的两期复合水道垂向上已接触，但无明显下切，测井曲线有回返，地震剖面上多呈短轴状、强反射，侧向可追踪性较强；下切型叠置的两期复合水道垂向上存在明显下切，先期水道的上部往往被后来的水道冲刷掉，仅仅保留了下部的不完整旋回，测井曲线有轻微回返，地震剖面上同相轴强弱不一，侧向可追踪性差(图6-4)。

在上述复合水道垂向叠置模式的指导下，对A油组(水道体系层次)开展了地震小层(复合水道层次)的追踪，如图6-5所示的垂向分期结果表明，研究区水道体系内部复合水道可分为七期(即A油组可细分为AL1~AU3七个小层)，不同期复合水道间的垂向叠置模式具有一定的发育规律，水道体系的下部以发育孤立式复合水道为主，中上部主要发育下切式和叠加式复合水道，这可能是水道体系内部不同期沉积物侵蚀、加积能力的

第 6 章 深海水道储层构型表征与砂体展布

差异造成的。

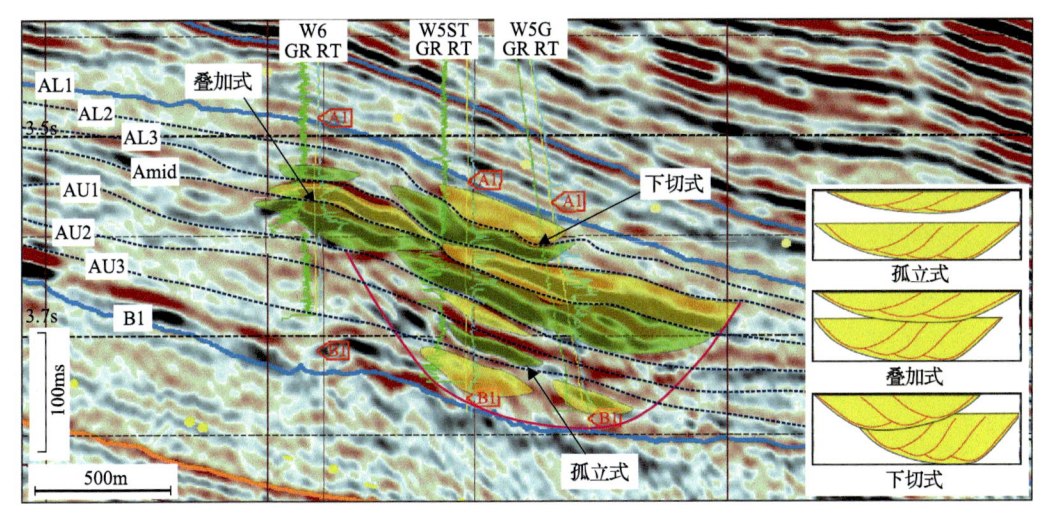

图 6-5 尼日尔三角洲盆地 A 油田 A 油组不同期复合水道间的地球物理响应特征

2) 侧向定位

侧向定位是指在侧向相变模式的指导下,根据构型单元井震划分标志识别井间构型单元。侧向定位也包括两个步骤:首先,在垂向分期的基础上(即地震小层的追踪解释),提取基于小层的 RMS 属性平面图(图 6-6),综合平面测井相,对构型单元平面展布做预分析(图 6-7);其次,以侧向相变构型模式为指导,利用井震联合的方法,识别井间构型单元边界,并在平面预分析结果上将边界进行连接(或识别出构型单元的主流线位置),从而完成侧向定位(图 6-8)。

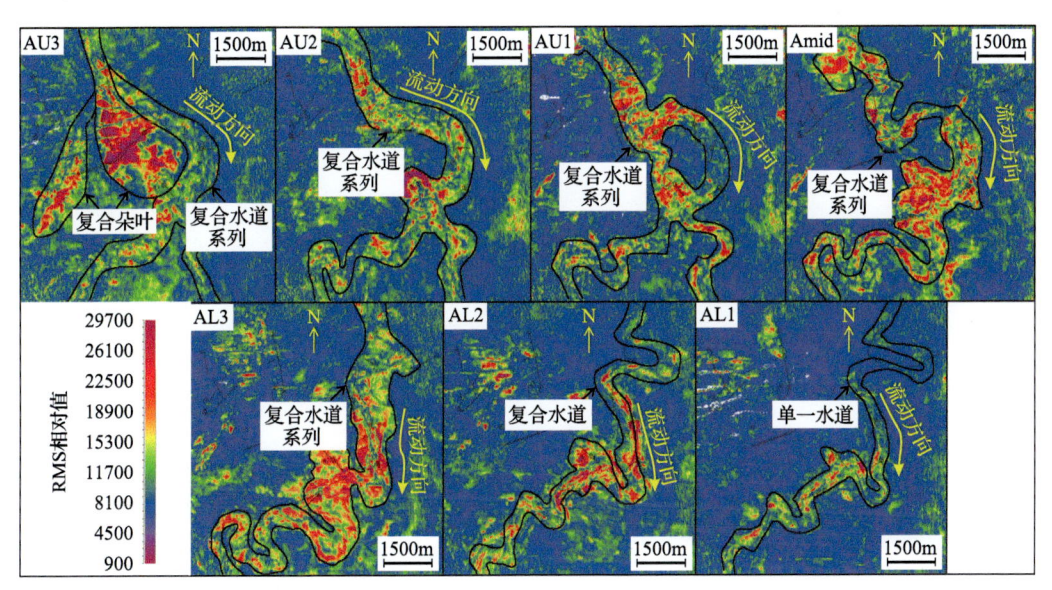

图 6-6 尼日尔三角洲盆地 A 油田 A 油组各小层 RMS 属性图

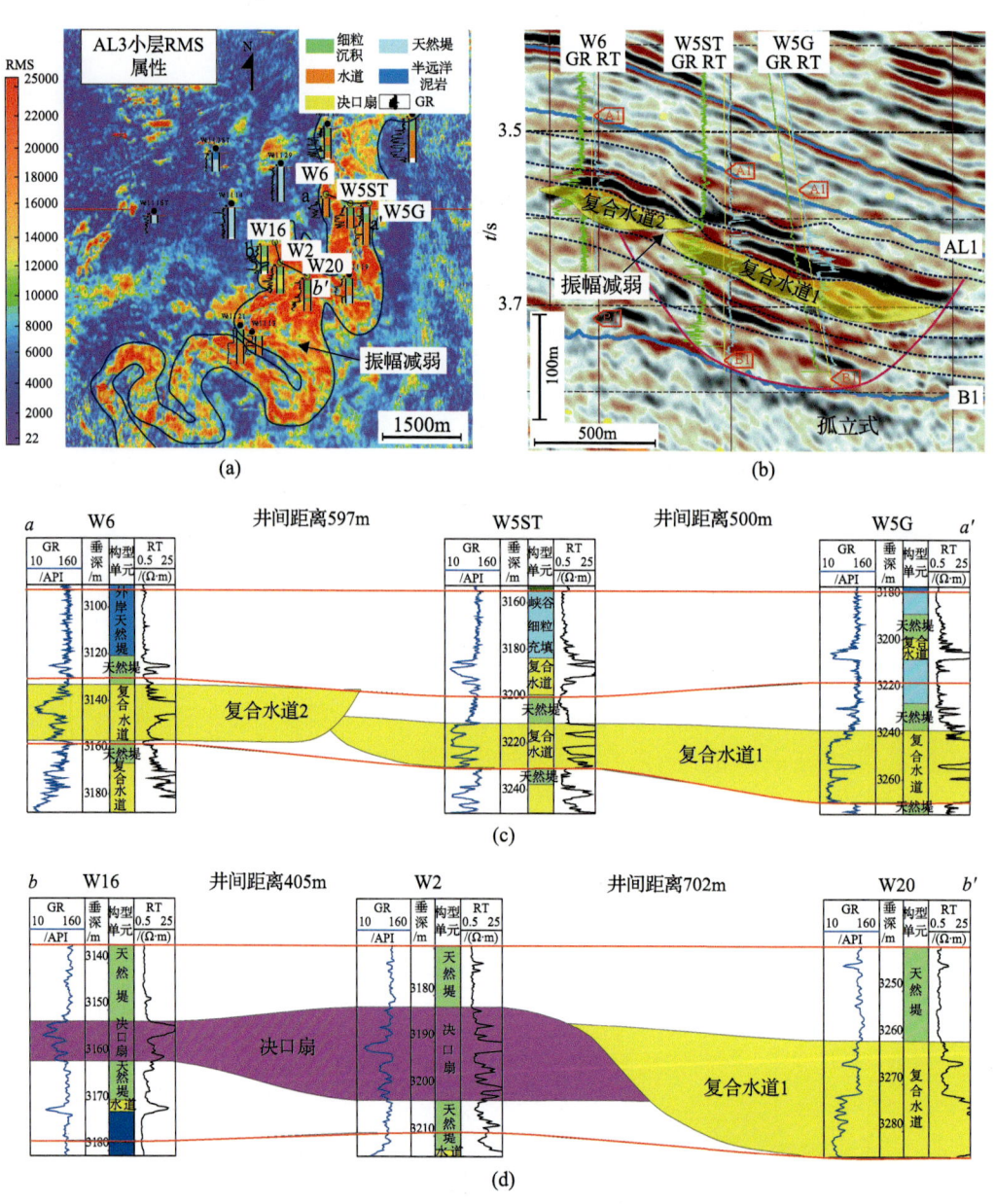

图 6-7 尼日尔三角洲盆地 A 油田 AL3 小层复合水道层次构型单元的井震识别特征

(a)复合水道在 RMS 属性图上的展示；(b)复合水道在地震剖面上的展示；(c)、(d)复合水道在连井剖面上的展示

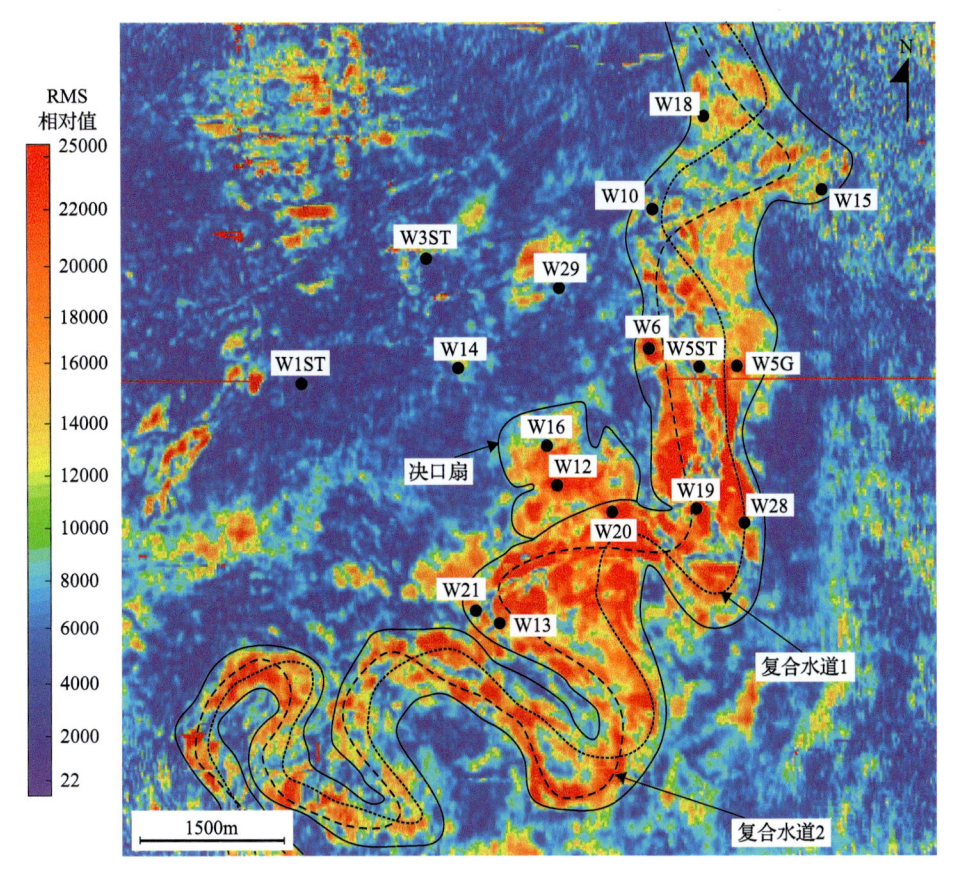

图 6-8 尼日尔三角洲盆地 A 油田 AL3 小层复合水道层次构型单元侧向定位结果

侧向相变构型模式为同期不同位的成因单元间侧向迁移的结果，相变的成因单元可发生在复合水道与复合水道间、复合水道与决口扇间等。不同成因单元边界处，由于砂岩与泥岩含量、高程等发生变化，存在一定的井震识别特征，地震剖面上表现为振幅强度明显不同［图 6-7(a)和(b)］，相对密井网剖面上表现为成因单元间有一定的高程差［图 6-7(c)和(d)］。

在侧向相变模式的指导下，开展了 A 油组内部各小层复合水道层次构型单元的井震模式拟合。下面以 AL3 小层为例，阐述其侧向定位结果，如图 6-8 所示，研究区 A 油田 AL3 小层内部共发育 2 条复合水道，不同复合水道间存在侧向和沿古流向迁移的现象，复合水道宽度为 400~1000m，平面几何形态呈顺直型或高弯曲型，这可能受控于地形坡度；复合水道侧向迁移处发育决口扇，其厚度变化大，剖面上呈楔状，径向延伸长度为 1100m 左右。

4. 单一水道层次构型表征

单一水道是复合水道内部的基本成因单元。其岩性上以块状砂岩为主，夹有泥质细粒沉积，水道底部有时见滞留沉积(撕裂的泥岩碎屑)，水道顶部为砂泥薄互层沉积(图 6-9)；沉积构造上如图 6-10 所示，以块状构造为主，块状砂岩内部可见漂砾，且可见多重冲刷(次一级的侵蚀)，局部可见泥质滑塌形成的扭曲泥岩层，水道顶部可见交错层理、平行层理等，水道底部一般发育侵蚀基底；韵律上，砂体一般呈向上变细的正韵律，即

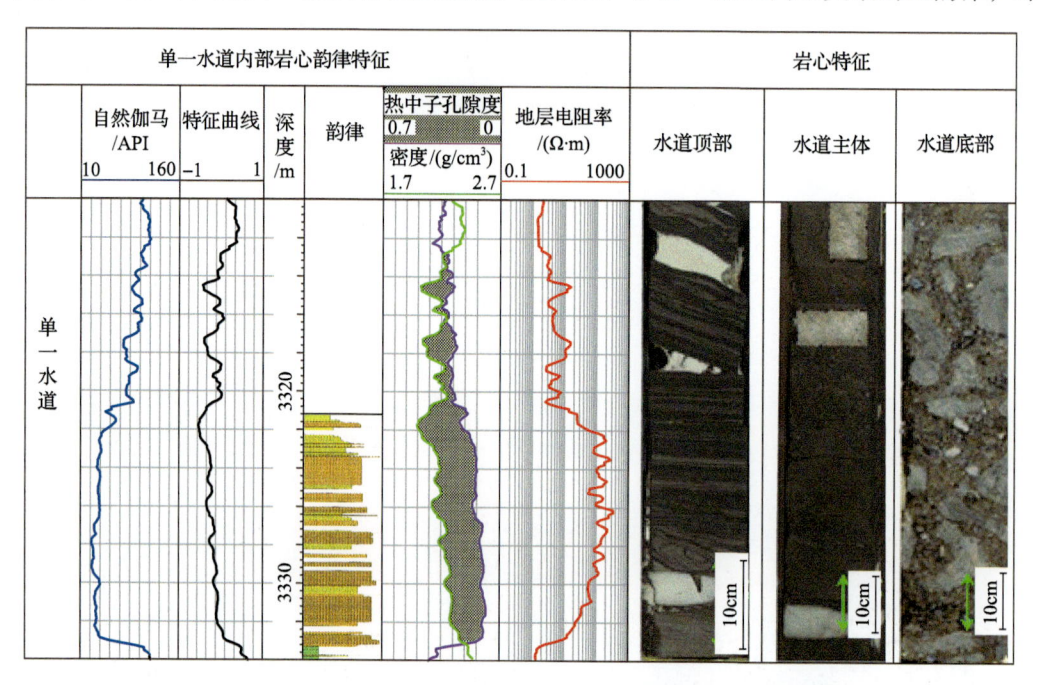

图 6-9　尼日尔三角洲盆地 A 油田单一水道轴部垂向充填模式

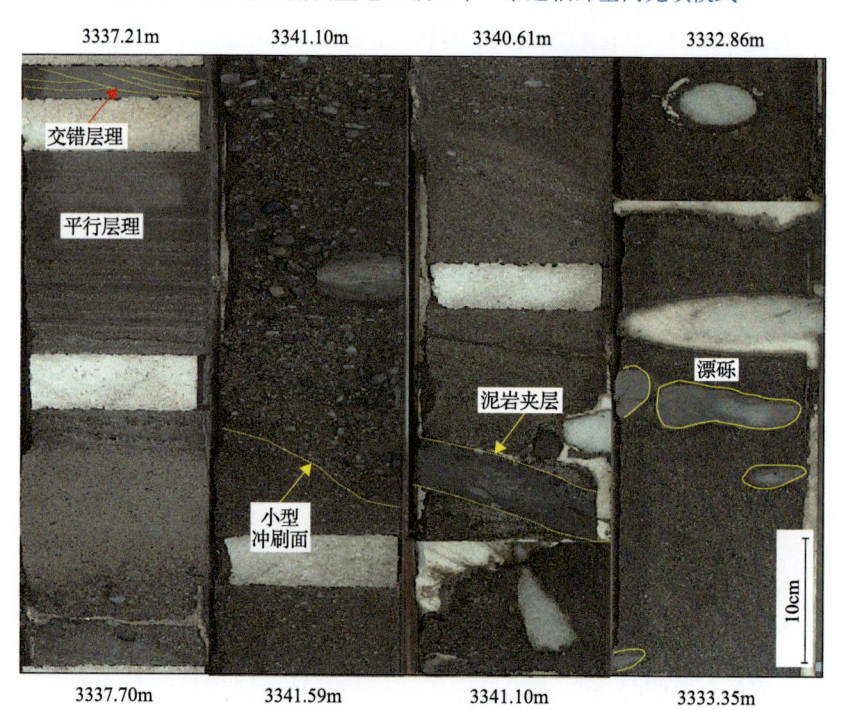

图 6-10　尼日尔三角洲盆地 A 油田单一水道岩心特征

第6章 深海水道储层构型表征与砂体展布

水道内部由下往上岩相多呈底部滞留沉积、块状砾质-粗砂岩(或含泥屑)、块状中-细砂岩、交错层状砂岩、细粒沉积的组合方式，此外，水道内部单层砂体厚度由下往上也有变薄的趋势(图6-9)。

单一水道内部特定的沉积序列产生了相应的地球物理响应。测井曲线上，自然伽马多表现为近箱形、钟形，电阻率曲线略呈漏斗形、近箱形，特征曲线由下往上呈近箱形或漏斗形-钟形组合(图6-9)；地震剖面上，显示为中-强振幅，平行或波状反射，连续性较好。整体来说，单一水道属小尺度单元，稀井网条件下很难控制住边界。为此，确定了基于井震模式拟合的、由剖面到平面的单一水道表征方法。

单一水道属小尺度单元，稀井网资料往往难以控制其边界，地震资料虽然可探测，但难以准确分辨。为此，研发了基于井震联合和模式指导(简称为井震模式拟合)、由剖面到平面再到三维的单一水道表征方法。井震模式拟合是指在沉积或储层构型模式指导下，分别开展基于小层、小层内部切片等不同级别油层单元(或层序地层单元)的井震联合研究，将不同层次的构型模式与钻井、地震资料进行拟合，完成沉积或储层单元的构型表征。

1) 剖面构型解剖

在单井构型解释的基础上，以单一水道剖面迁移模式为指导，通过对水道边界划分标志的分析，开展井震联合的剖面构型解剖(图6-11)。

单一水道剖面迁移模式可分为侧向和垂向两种类型。侧向迁移造成水道间侧向上相互拼接，砂体垂向厚度与单一水道深度相近，垂向非均质性相对较弱；而垂向迁移造成水道在垂向上相互叠置，砂体厚度多大于单一水道深度，由于水道底部滑塌物和滞留沉积等差渗透层(或非渗透层)的影响，该类砂体垂向非均质性强。

受水道剖面迁移特征及其内部砂泥岩充填样式的影响，单一水道边界处具有明显的井震响应特征。地震剖面上[图6-11(a)]，单一水道边界处，由于砂、泥岩含量的变化，

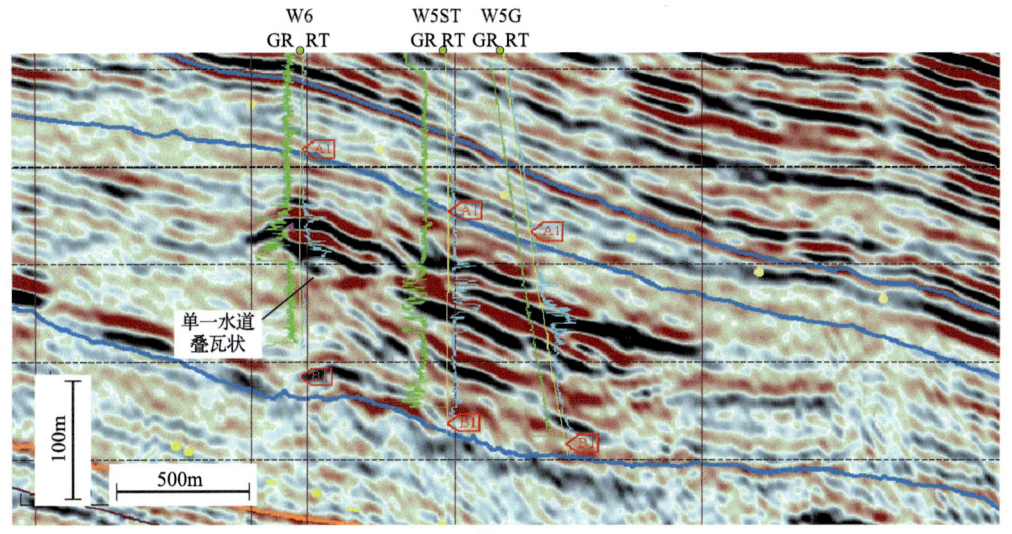

(a)

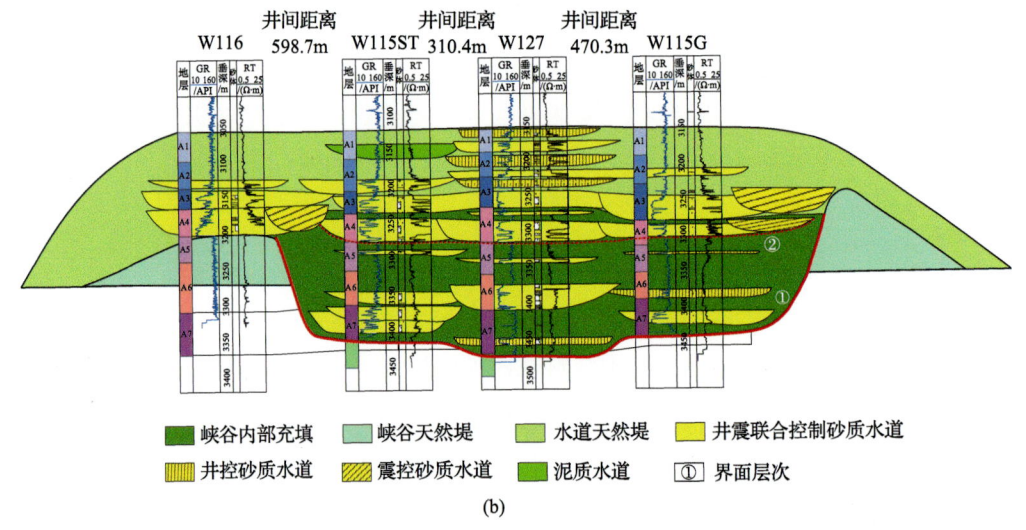

图 6-11　尼日尔三角洲盆地 A 油田 A 油组内部的单一水道
(a)单一水道井震模式拟合；(b)单一水道剖面构型解剖结果

振幅发生明显变化，多数情况表现为振幅强度的减弱，这是利用地震资料识别单一水道的主要标志；此外，在地震分辨率足够高的情况下，水道迁移会造成地震剖面上有叠瓦状响应。相对密井网区连井剖面上，由于同一时间单元内不同期次水道发育的时间不同，水道砂体顶面距地层界面(或标志层)的相对距离会有差异，即不同水道间存在高程上的差异，这是连井剖面上识别单一水道的重要标志；同时，单一水道边界处由于砂体厚度较薄，且出现砂泥互层现象，测井曲线上多表现为锯齿状。

依据构型单元划分标志，以水道剖面迁移模式为指导，将井震信息进行拟合，从而完成小层内部的剖面构型解剖。如图 6-11(b)所示的水道体系内部单一水道剖面构型解剖结果表明，研究区 A 油组水道体系发育初期，沉积物流速高，以过路沉积为主，水道发育数量少；水道体系演化中期，沉积物加积作用增强，发育大量水道；而水道体系发育末期，沉积物以垂向加积作用为主，水道侧向迁移能力减弱，以废弃为主。单一水道的厚度一般介于 10～30m。

2) 平面构型解剖

在各小层剖面构型解剖的基础上，以单一水道平面迁移模式为指导，利用基于小层的地震切片技术，开展小层内部井震模式拟合的单一水道平面构型解剖。不同类型的剖面迁移模式形成了独特的平面迁移特征。剖面侧向迁移造成水道在平面上表现为斜交古流向迁移，使砂体平面上连片分布；剖面垂向迁移造成水道在平面上表现为沿古流向(顺物源方向)迁移，使砂体呈宽条带状分布。

水道存在上述迁移，势必会造成同一小层内部不同等时沉积界面上水道位置有所差异。为合理表征单一水道的空间展布，现利用基于小层的地层切片技术来开展单一水道平面构型分布研究。地层切片技术是地震沉积学的关键技术之一，充分考虑了沉积速率随平面位置的变化，比时间切片和沿层切片更加合理而且更接近等时沉积界面。以研究区 AL3 小层为例，在其 RMS 属性体内部等比例内插五个地层切片，不同切片可反映不同时期水道的平面分布位置及迁移关系，如图 6-12 所示，地层由下往上分别对应切片 5~切片 1：早期(切片 5)，沉积物供应充足，侵蚀能力强，加之地形平坦，工区中南部主要发育弯曲水道和决口扇；中期(切片 4、切片 3)，沉积物仍然供应充足，但海平面开始上升，单一水道间侧向迁移能力逐渐增强；到了后期(切片 2、切片 1)，随着海平面进一步上升和沉积物供应量减少，水道迁移能力减弱，出现废弃和取直现象。

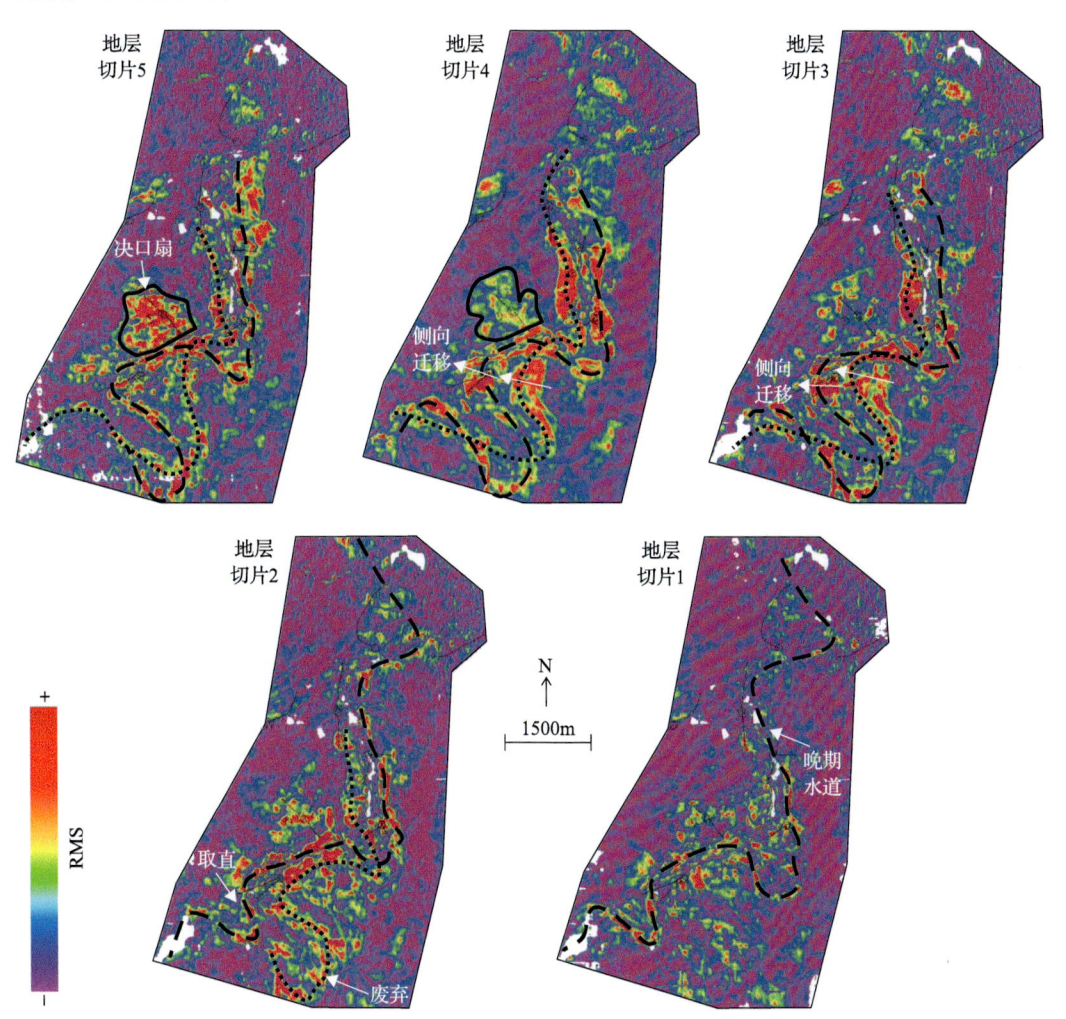

图 6-12　尼日尔三角洲盆地 A 油田 AL3 小层 RMS 属性地层切片图

利用地层切片技术，以水道平面迁移模式为指导，以剖面构型解剖成果为约束，结合井震平面标定，在每个切片上可勾画单一水道主流线方向，如图 6-13 所示。平面解剖结果表明，单一水道宽度一般介于 300~600m。

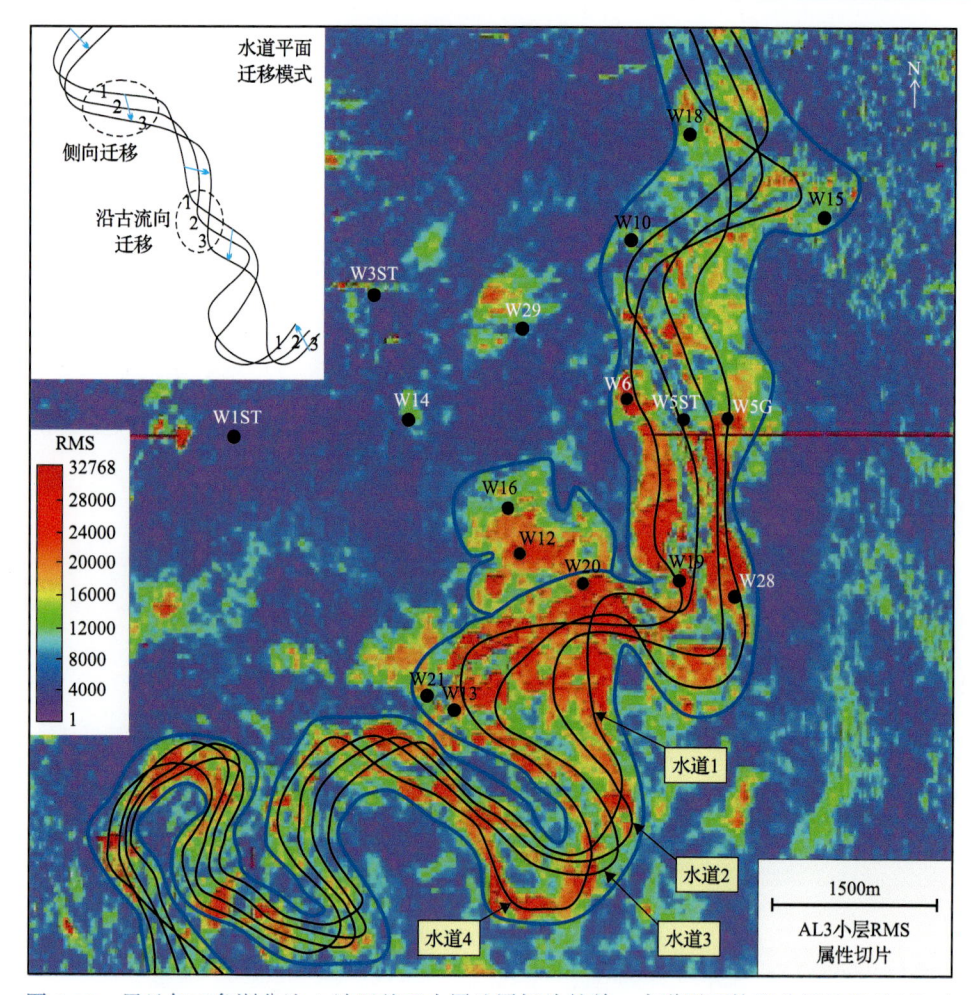

图 6-13　尼日尔三角洲盆地 A 油田基于小层地层切片的单一水道平面构型分析结果(切片 4)

6.1.3　下刚果盆地 G 油田储层构型表征案例

1. G 油田 M 油藏背景

1) G 油田 M 油藏简介

G 油田位于安哥拉陆缘的下刚果盆地。该盆地具有典型的被动大陆边缘特征，是世界著名的含油气盆地和勘探开发热点区域之一[图 6-2(b)](Kolla, 2007; 陈亮等, 2017)。其距离索约 176km, 距离罗安达 262km 左右, 距离安博因港 456km 左右, 距离洛比托 602km 左右, 地震工区面积约 200km^2, 油藏区块面积约 20km^2, 水深为 1400～2000m, 位于构造挤压区, 储层类型为典型的深海重力流水道沉积[图 6-2(b)]。

下刚果盆地主要发育有中生界上侏罗统—新生界, 可分为盐下层、盐岩层和盐上层三个充填序列(李士涛等, 2011; 杨晓娟等, 2012); 盐下层包含多个时期的沉积(图 6-14), 位于盆地南部的范基(Vandji)组和位于盆地北部的鲁库拉(Lucula)组是上侏罗统沉积, 岩性大致为砾岩、长石石英砂岩和泥岩; 之上为盐下层主体下白垩统欧特里夫阶(Neocomian)

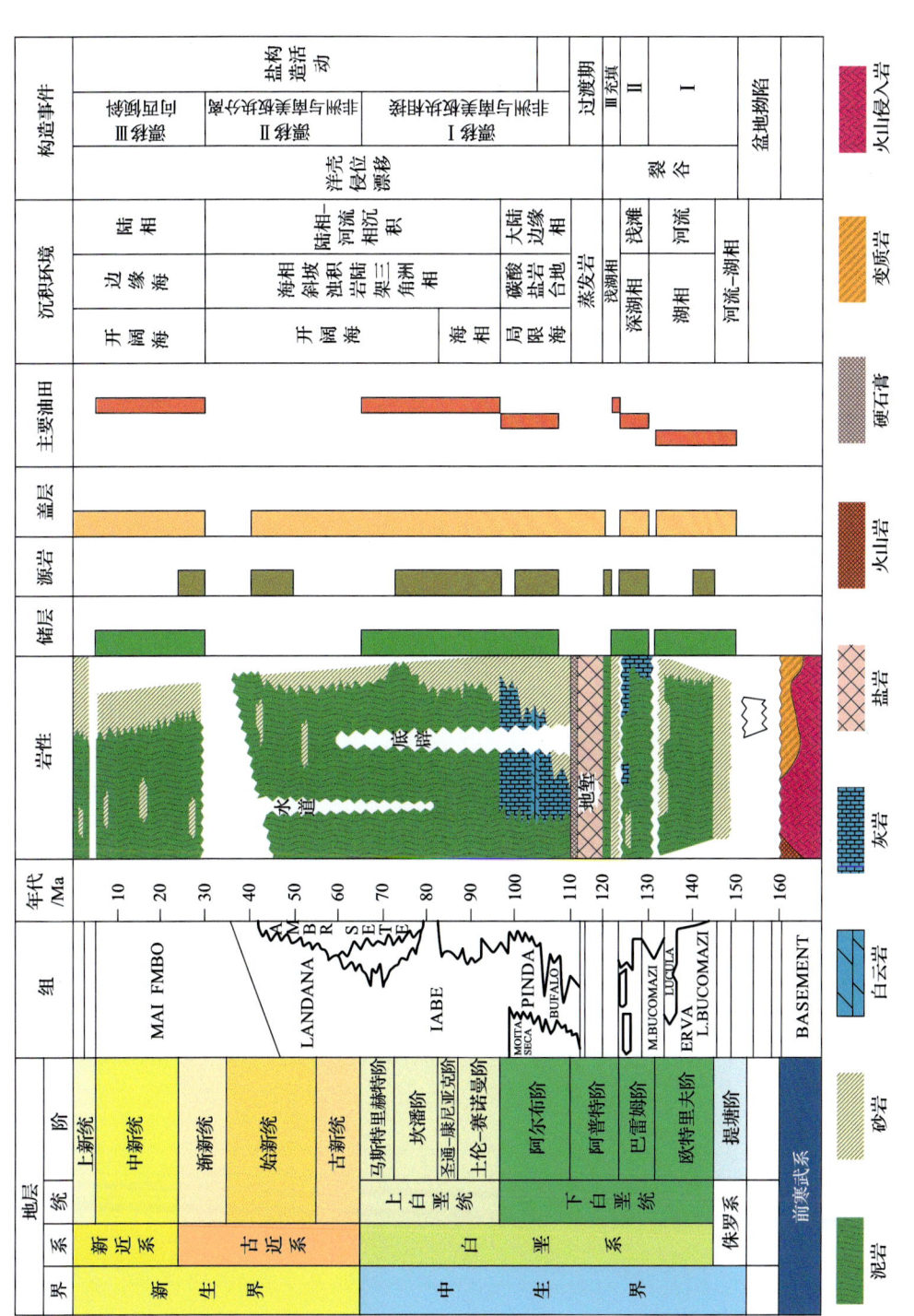

第6章 深海水道储层构型表征与砂体展布

图 6-14 下刚果盆地综合地层柱状图 [修改自李士涛等 (2011)]

组和巴雷姆阶(Barremian)组沉积，岩性为灰岩和砂、泥岩互层；盐下层与盐岩层之间为一个不整合面，之后快速的海侵运动导致该不整合面被覆盖，岩性为砂岩，局部地区为泥岩、钙质粉砂岩和白云岩，厚度约 60m，属于下白垩统早阿普特期切拉(Chela)组沉积，至此，海相沉积开始(杨晓娟等，2012)。

盐岩层蒸发岩为下白垩统晚阿普特期洛米(Loeme)组沉积(图 6-14)，岩性主要为盐岩和泥岩夹层等，厚度几十米到上千米不等，盐层厚度由南向北变薄，其中盐丘部位厚度可达到 3000m 左右(杨晓娟等，2012)。盐上层最底部(蒸发岩之上)被阿尔布期曼乌玛(Mavuma)组或伊组卡(Inhuca)组薄层硬石膏和白云岩覆盖，厚约 60m(图 6-14)。沿海岸向东为维梅尔哈(Vermelha)组的砂岩和泥岩，向西为平达(Pinda)组的碳酸盐岩，厚 500~600m；上覆上白垩统的海相伊博(Iabe)组页岩和泥灰岩，厚几十米到几百米不等；始新统的灰岩、粉砂岩不整合于白垩系之上，再之后是一个比较重要的沉积间断，该沉积间断在所有的西非海岸盆地共有(杨晓娟等，2012)。

渐新世以来，全球海平面下降，古刚果河复活，沉积物沿古刚果河向盆地内搬运和沉积，形成了一个巨大的刚果扇体系，最大厚度可达 6000m，统称为马伦博(Malembo)组，以深海页岩夹浊积水道砂体为主(图 6-14)，Malembo 组的浊积砂体是目前下刚果—刚果扇盆地最重要的储层和产层(杨晓娟等，2012)。G 油田 M 油藏为中新统 20.5~14.2Ma 的地层，也位于 Malembo 组。

2) G 油田地层划分与厚度分布

在测井上的岩电特征、地震波组、沉积旋回对比的基础上，结合大段泥岩作为标志层，将 G 油田下—中新统目的层划分成 2 个二级层序界面、2 个三级层序界面、3 个四级层序界面、3 个五级层序界面。下-中新统目的层为 SB1、SB6 两个二级层序界面所限定的大型水道体系复合，自下而上由 SB1+、SB3 两个三级层序界面分为 SQⅠ、SQⅡ、SQⅢ三套水道体系，水道体系自下到上被四级层序界面 SB2、SB4、SB5 分为 M1、M2、M3、M3+、M4、M5+6 六个砂层组[图 6-15(a)，表 6-1]，M3、M4、M5+6 砂层组自下而上被 SB2-1、SB4-1、SB5-1 五级层序界面分为 M3_1、M3_2、M4_1、M4_2、M5+6_1、M5+6_2 小层[图 6-15(b)，表 6-1]。小层之中，M3_1、M3_2、M4_1、M4_2、M5+6_1、M5+6_2 为高含砂段，应在后期作为主力产层重点解剖(表 6-1)。

表 6-1　G 油田含油层系地层划分方案

系	统	砂层组	小层
新近系	下—中新统	M5+6	M5+6_1，M5+6_2
		M4	M4_1，M4_2
		M3+	
		M3	M3_1，M3_2
		M2	
		M1	

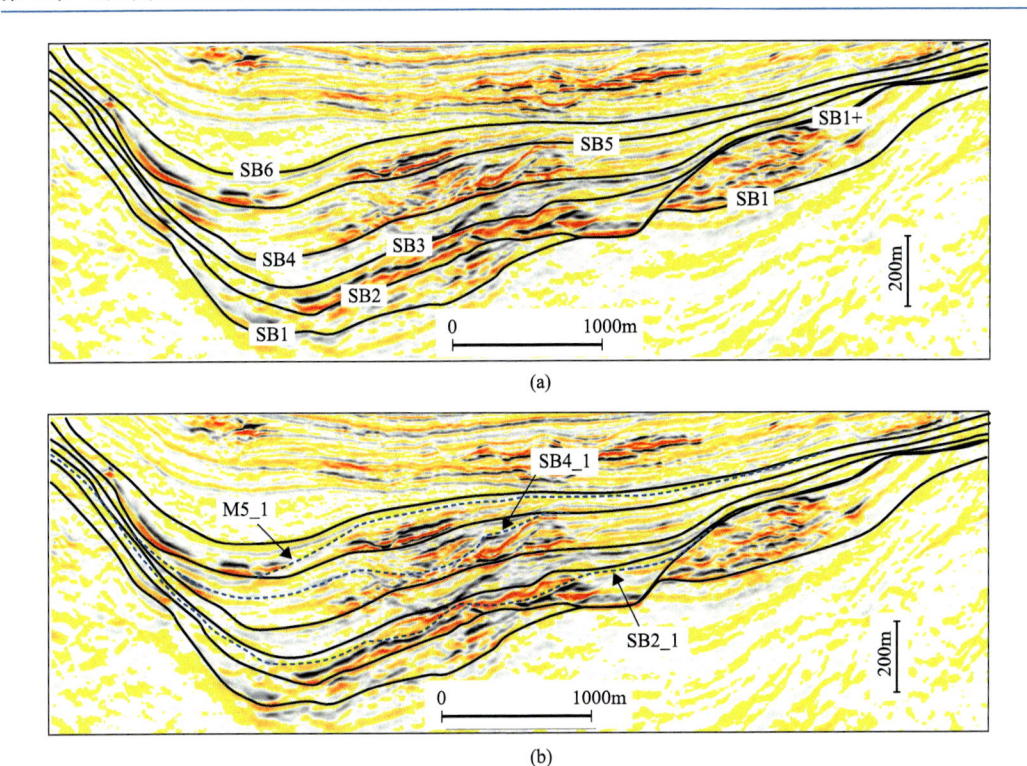

第6章 深海水道储层构型表征与砂体展布

图 6-15 G油田目的层地震解释结果
(a)各砂层组解释结果；(b)各小层解释结果

各小层厚度分布如下：M1+M2 层厚度相对较大，最大可达 450m，且 M1 层的厚度大约为 M2 层的两倍，M2 层厚度在北东向较大，向西南逐渐变薄[图 6-16(a)]。

M3 层厚度最大为 160m，在中间偏北部分地层厚度较大，两侧厚度相对较小。其中，M3_1 和 M3_2 小层砂体虽然也展现出类似的分布规律，但 M3_1 小层最大厚度约为 120m[图 6-16(b)]，M3_2 小层最大厚度只有 70m[图 6-16(c)]。

M3+层为一套过渡泥岩层，最大层厚度可达 160m。在中间偏北部分地层厚度较大，平均约 100m，且厚层沉积从东向北西方向延伸，北东方向和西南方向大部分为相对较薄层的沉积[图 6-16(d)]。

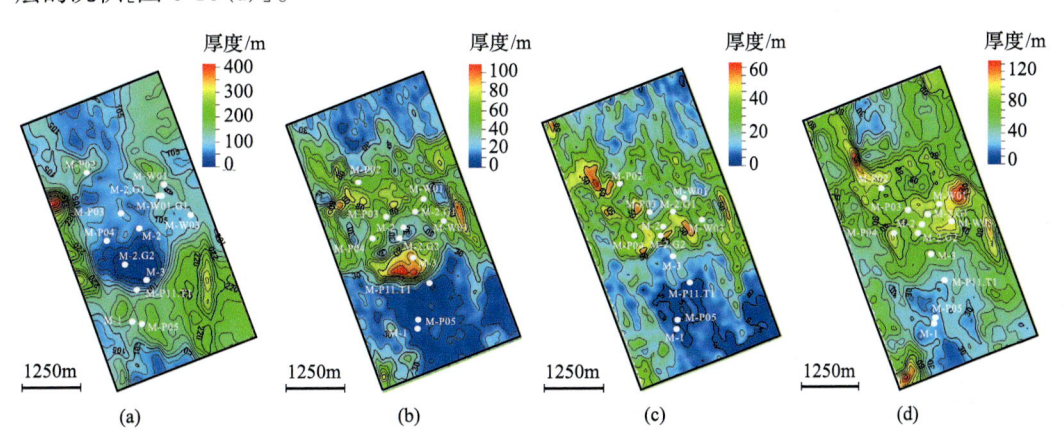

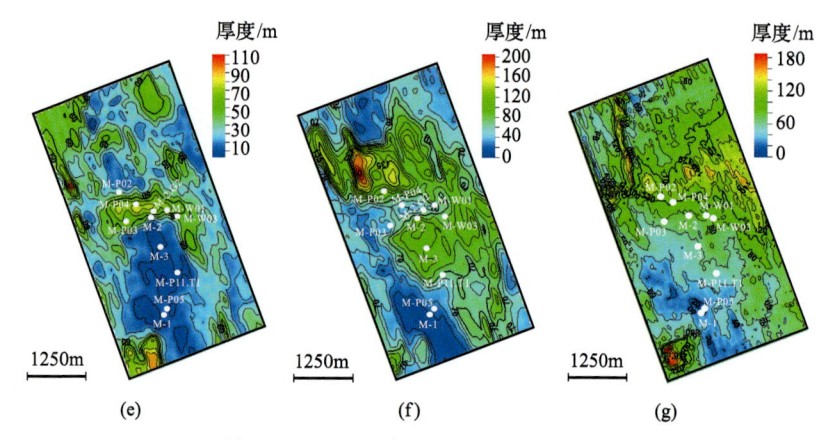

图 6-16 G 油田各小层时间厚度分布图

(a)M1+M2 层厚度图；(b)M3_1 小层厚度图；(c)M3_2 小层厚度图；(d)M3+层厚度图；(e)M4_1 小层厚度图；
(f)M4_2 小层厚度图；(g)M5+6 层厚度图

M4 层厚度相对 M3 和 M3+都要大，最大厚度约为 275m。其厚层和薄层分布特征与 M3+极为相似，但厚层平均层厚大约在 150m。其中，M4_1 的厚层主要集中分布在中部和靠西北方向[图 6-16(e)]，而 M4_2 的厚层主要集中分布在中部，其余部分零星分散[图 6-16(f)]。

M5+6 层厚度最大为 250m，厚层主要分布在自东向西和自北向中部的延伸线上，厚层平均厚度约为 150m[图 6-16(g)]。其中，M5+6_2 小层中间到北部层厚相对较大，且分布比较均匀，但平均厚度大约 50m，相对下部层段厚度较小。南部地区厚度则非常小，大约只有几米厚；相反，M5+6_1 层在南部相对较厚，其平均厚度大约有 100m，而从中间到北部层厚相对较小，大约只有几米厚。

2. 水道体系层次构型表征

G 油田主要发育半限制性包络式水道体系(水道体系Ⅱ)和非限制性下切式水道体系(水道体系Ⅲ)(图 6-17)。水道体系Ⅰ被水道体系Ⅱ切割严重，水道形态不够完整，故本

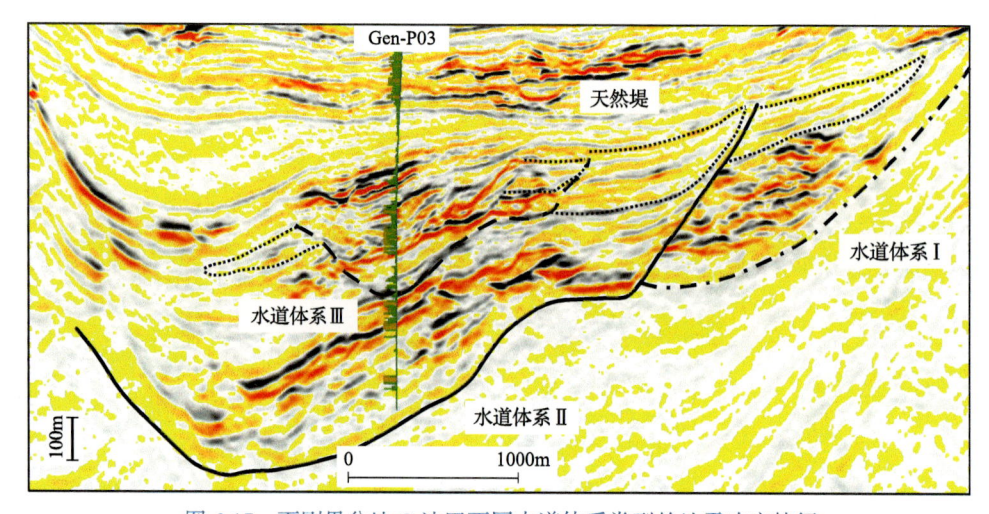

图 6-17 下刚果盆地 G 油田不同水道体系类型的地震响应特征

第6章 深海水道储层构型表征与砂体展布

节不对水道体系Ⅰ进行表征，特此说明。

以半限制性-非限制性水道体系构型模式为指导，在井震标定的基础上，利用 RMS 地震属性（图 6-18），完成对研究区水道体系层次的构型表征。

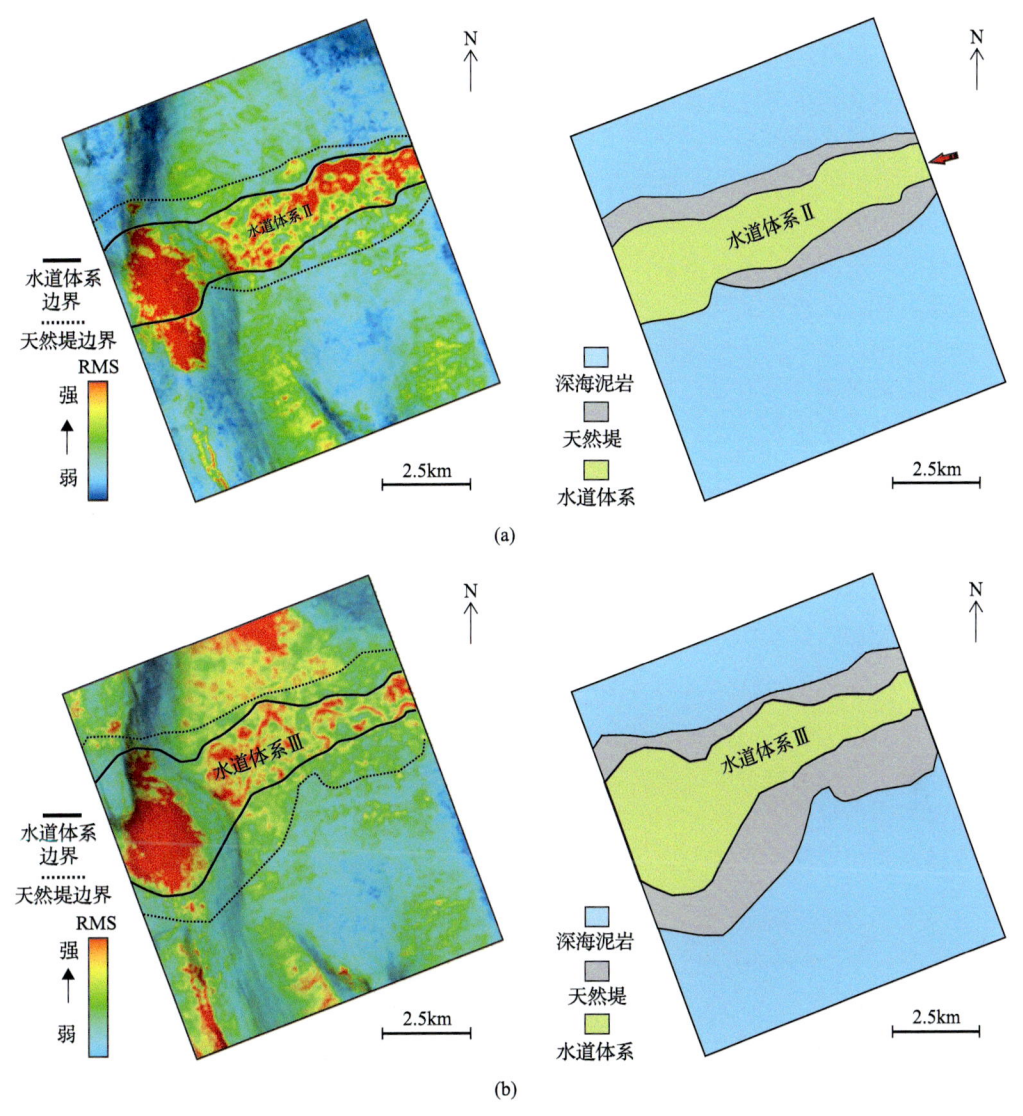

图 6-18 下刚果盆地 G 油田水道体系 RMS 属性图及沉积相图
(a) 水道体系Ⅱ；(b) 水道体系Ⅲ

由对图 6-17 和图 6-18 的分析和统计可知：水道体系Ⅱ在剖面上显示出一个宽 U 形，底部较为平坦。平面形态为顺直型，走向近东西。其宽度分布不均，在井区附近宽度较大，平均为 1800～4000m，在近物源方向相对较窄，而且宽度较为平均，约 1500m，井区附近地层厚度介于 100～300m。水道体系Ⅱ中包括水道（砂质）、天然堤及深海泥岩沉积，水道内部砂体大致由北东向南西方向连续展布，偶有同时期泥岩沉积出现［图 6-18(a)］。

水道体系Ⅲ在剖面上显示出一个近似 V 形，底部较为突出。平面形态及走向均与水道体系Ⅱ相似。宽度分布不均：在井区附近宽度较大，平均为 2500～4000m；在近物源方向相对较窄，平均为 1200～2000m。井区附近厚度较大，介于 100～320m。水道体系Ⅲ中包括水道体系（砂质）、天然堤及深海泥岩沉积，水道内部砂体大致由北东向南西方向连续展布，偶有同时期泥岩沉积出现[图 6-18(b)]。

水道体系Ⅱ和水道体系Ⅲ在展布样式、规模及内部砂体分布等方面出现差异的原因各有不同。两期水道体系分别受控于两个完整的海平面升降。水道体系Ⅱ受水道体系Ⅰ的影响，属于相对宽泛的半限制环境，底部相对平坦，加之海平面上升，物源供给减弱，水道下切能力减弱，而侧向迁移能力较强，在剖面上呈 U 形，横向上水道及内部砂体分布规模较大，垂向上砂体厚度较小，当海平面达到最高时，水道体系Ⅱ被废弃。之后海平面快速下降，又快速上升，形成一套深海泥岩层。水道体系Ⅲ在沉积初期，处于海平面缓慢上升期，海平面依然较低，物源供应充足，水道下切能力增强，导致在底部出现 V 形，随着海平面逐步升高，物源供给减弱，加之沉积环境变得没有限制，侧向迁移能力增强，水道宽度变大，直到被废弃。

3. 复合水道层次构型表征

基于前面的介绍，对复合水道层次构型单元的表征同样包括垂向分期和侧向定位两大部分。

1）垂向分期

一般通过井震联合解释进行垂向分期，即在单井上对复合水道进行期次划分，在地震剖面上对小层进行横向追踪。在此基础上，以复合水道构型模式为指导，进行复合水道垂向分期。不同的复合水道垂向叠置模式具有不同的地球物理响应特征（图 6-19）。拼接式叠置的两期复合水道在侧向上继承发育，侧向迁移并拼接，地震剖面上同相轴在边界位置错断明显；加积式复合水道下切能力较强，具有明显的下切侵蚀面，先期水道的

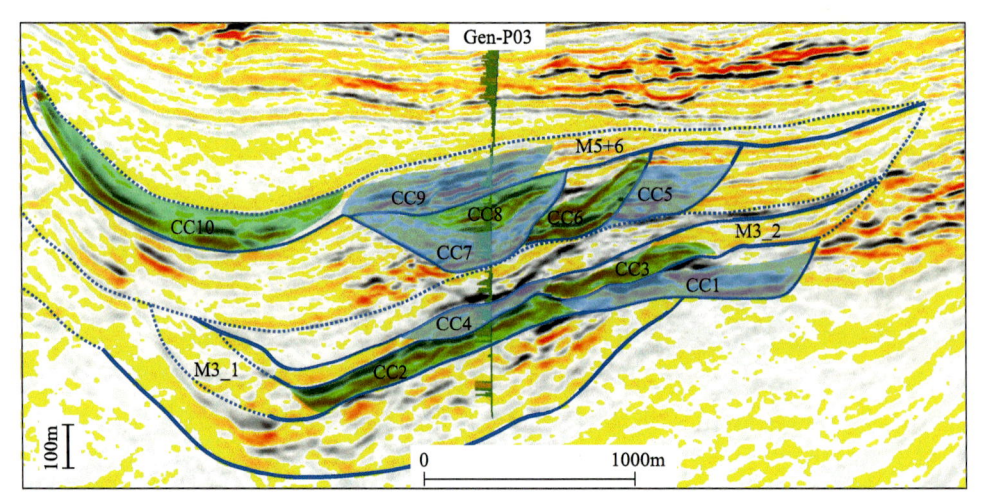

图 6-19　下刚果盆地 G 油田不同期复合水道间的地球物理响应特征
CC1～CC10-复合水道编号

第6章 深海水道储层构型表征与砂体展布

上部往往被后期水道侵蚀掉，保存下来的是一个不完整的旋回，自然伽马测井曲线有回返现象，地震剖面上同相轴强弱不一，侧向可追踪性差。

在上述复合水道垂向叠置模式的指导下，对本研究区开展了复合水道层次的地震层位追踪，如图6-19所示的垂向分期结果表明，研究区复合水道系列内部复合水道可分为10期（CC1～CC10），垂向上，不同水道体系中的复合水道具有一定的叠置规律，沉积早期半限制性环境中的复合水道间主要为拼接式，沉积后期非限制性环境中的复合水道间主要为加积式，这可能是沉积物源供给导致的侵蚀/加积程度不同和限制程度不同造成的。

2）侧向定位

如前所述，侧向定位是指在侧向相变模式的指导下，根据构型单元井震划分标志识别井间构型单元。根据上面介绍开展侧向定位的两个步骤，可以将G油田划分为6个小层：M3_1、M3_2、M4_1、M4_2、M5+6_1及M5+6_2。

M3_1小层共发育CC1和CC2两条复合水道，CC1发育在南侧、CC2发育在北侧。不同复合水道间存在侧向迁移的现象，其迁移方向向北，叠置模式为拼接式。两条复合水道在地震剖面上均呈扁平状（图6-19），平面形态为低弯曲状，CC1的宽度介于650～900m，厚度（井上）为40～60m，主要包括砂质水道和深海泥岩沉积，砂体大致沿东西向连片分布；CC2的平均宽度介于500～1200m，厚度（井上）相对变化不大，平均约为50m，构成要素、砂体展布方向与CC2基本一致（图6-20）。

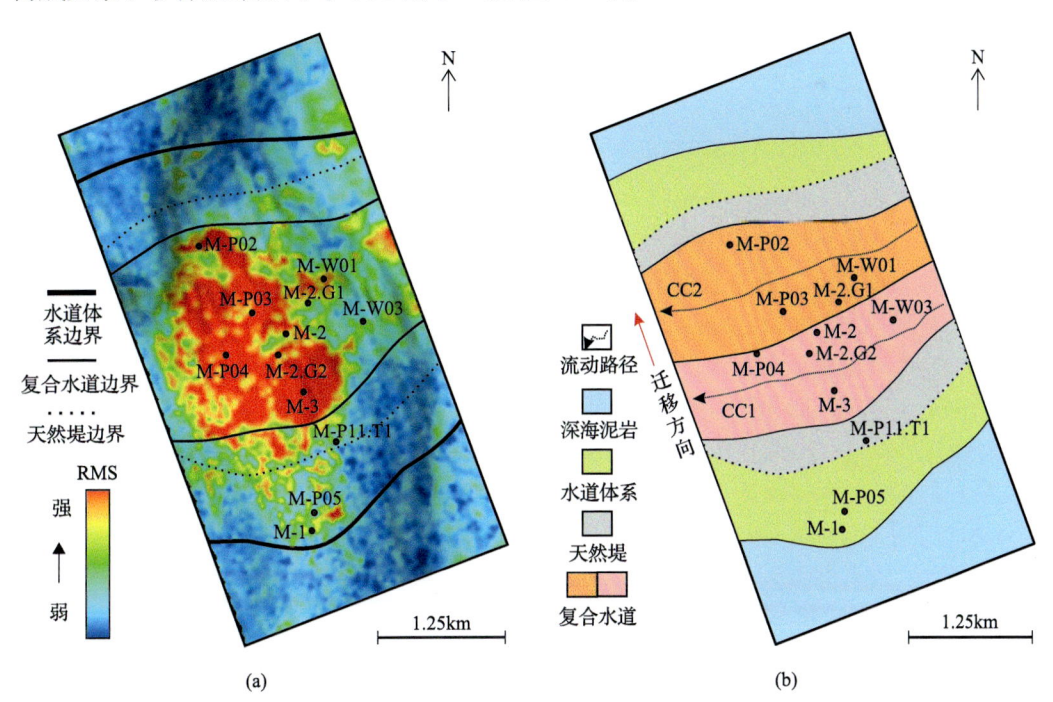

图6-20 G油田CC1和CC2的RMS属性图及对应的沉积相图
(a)RMS属性图；(b)对应的沉积相图

M3_2 小层(CCS3)共发育 CC3 和 CC4 两条复合水道,CC3 发育在南侧,CC4 发育在北侧。不同复合水道间存在侧向迁移的现象,其迁移方向向北,叠置模式同样为拼接式,在地震剖面上均呈透镜状(图 6-19),平面形态均为顺直型。两条复合水道宽度和厚度大致相同,平均宽度为 500~700m,厚度(井上)为 18~43m,均包括砂质水道和深海泥岩沉积,砂体均大致沿东西向连片分布(图 6-21)。

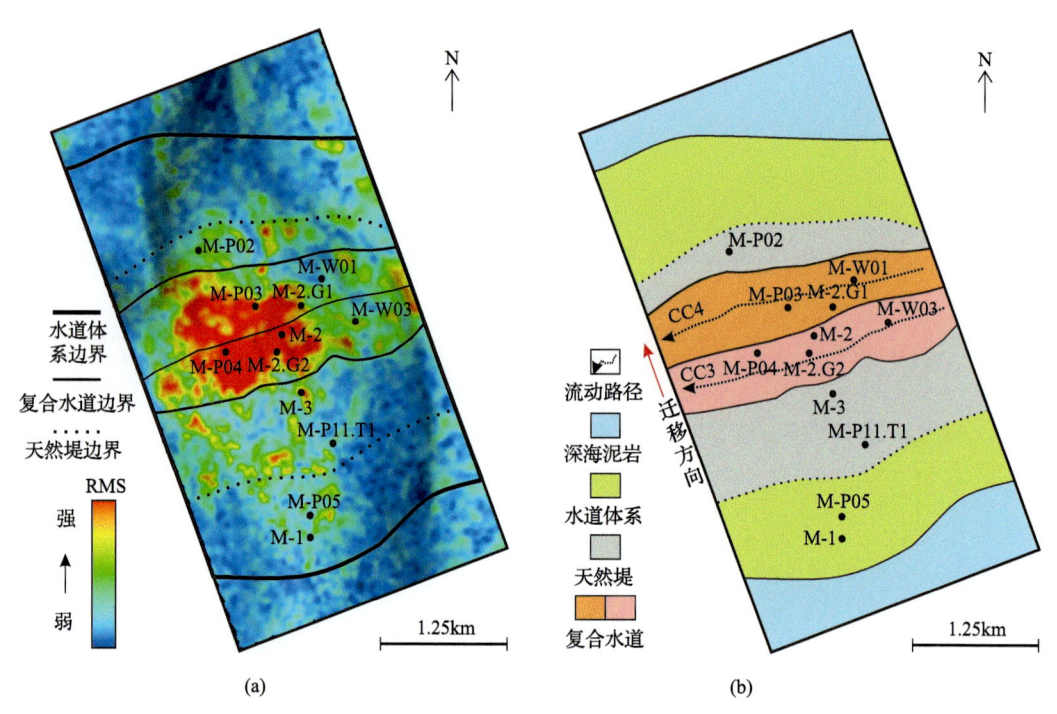

图 6-21 G 油田 CC3 和 CC4 的 RMS 属性图及对应的沉积相图
(a)RMS 属性图;(b)沉积相图

M4_1 小层发育 CC5、CC6、CC7 三条复合水道,不同复合水道间存在侧向迁移现象,其迁移方向向北。复合水道 CC5 和 CC6 在地震剖面上呈楔状(图 6-19),平面几何形态呈顺直型。CC5 平均宽度约 300m,CC6 平均宽度约 400m,厚度相差不大,均在 30~70m。均包含砂质水道和深海泥岩沉积,水道中砂体大致沿 SE-NW 向连片分布;CC7 在地震剖面上呈 U 形(图 6-19),平面几何形态呈局部弯曲状,宽度相对较大,平均约 700m,厚度在 30~90m,构成要素、砂体展布方向与 CC5 和 CC6 类似(图 6-22)。

M4_2 小层发育一条复合水道 CC8,与下伏复合水道 CC7 的叠置关系呈加积式。地震剖面形态为 U 形(图 6-19),平面几何形态呈弯曲状,宽度为 800~1200m,厚度在 35~90m。包括砂质水道和深海泥岩沉积,水道中砂体大致沿东西向分布,但不完全连续(图 6-23)。

M5+6_1 小层贫砂型水道化朵叶体中发育的复合水道 CC9 发育位置靠北。地震剖面上呈透镜状(图 6-19),平面几何形态呈顺直型。宽度平均为 900~1200m,厚度在 55~95m。包括砂质水道、决口水道和深海泥岩沉积,砂质水道中砂体大致沿 NE—SW 向连续分布(图 6-24)。

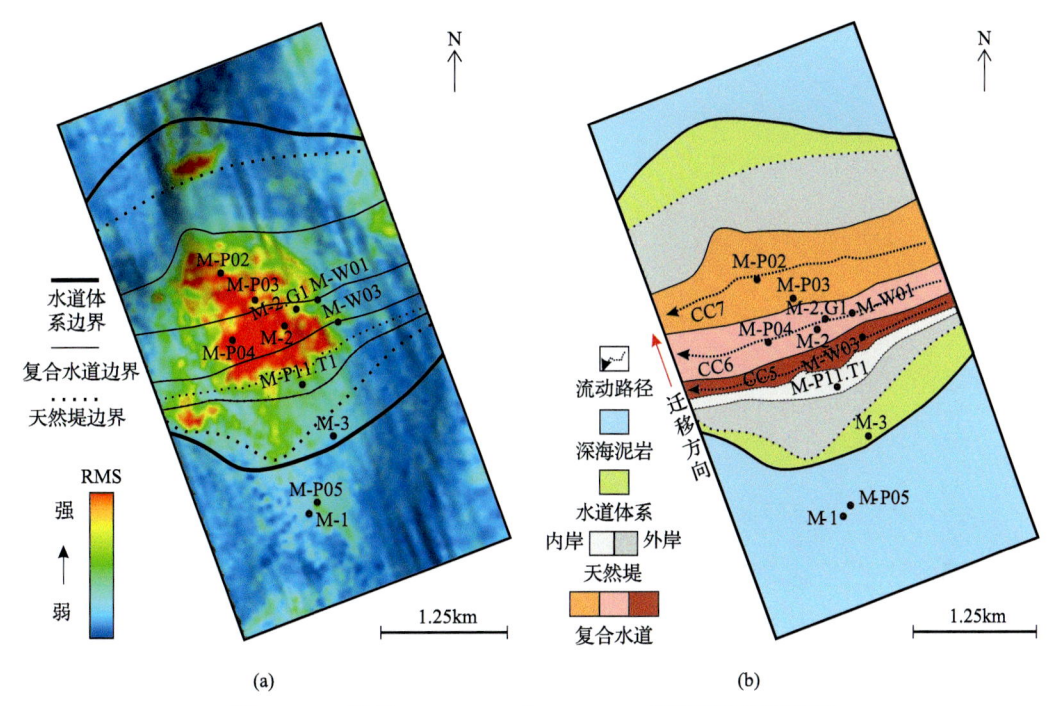

第 6 章 深海水道储层构型表征与砂体展布

图 6-22 G 油田 CC5、CC6 和 CC7 RMS 属性图和沉积相图
(a)RMS 属性图；(b)沉积相图

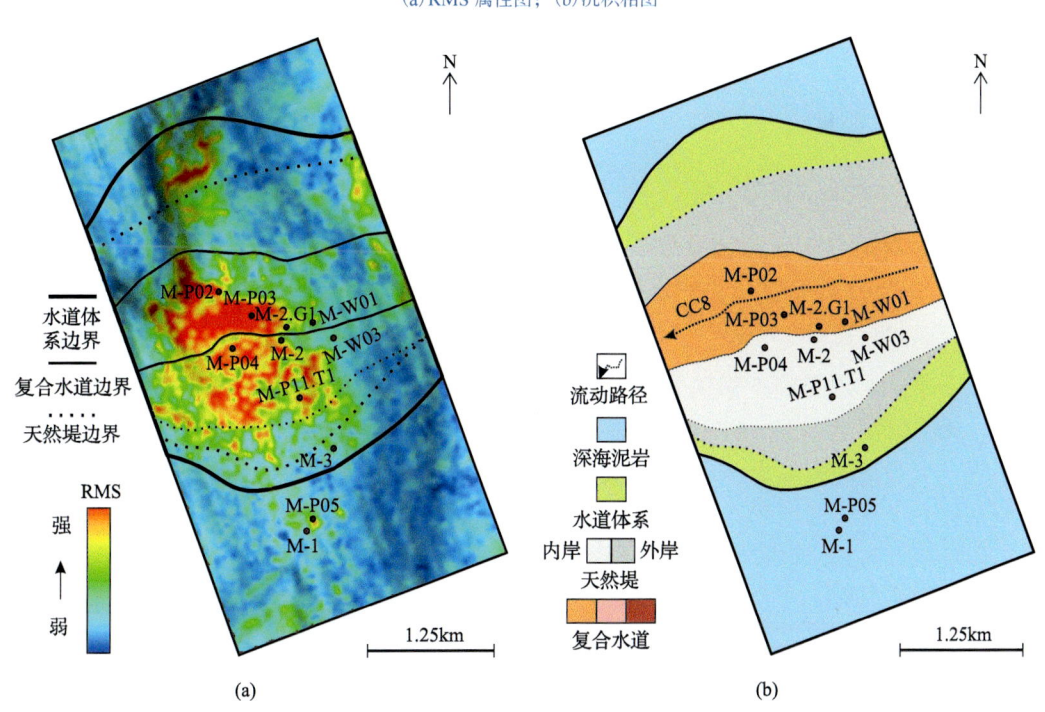

图 6-23 G 油田 CC8 RMS 属性图和沉积相图
(a)RMS 属性图；(b)沉积相图

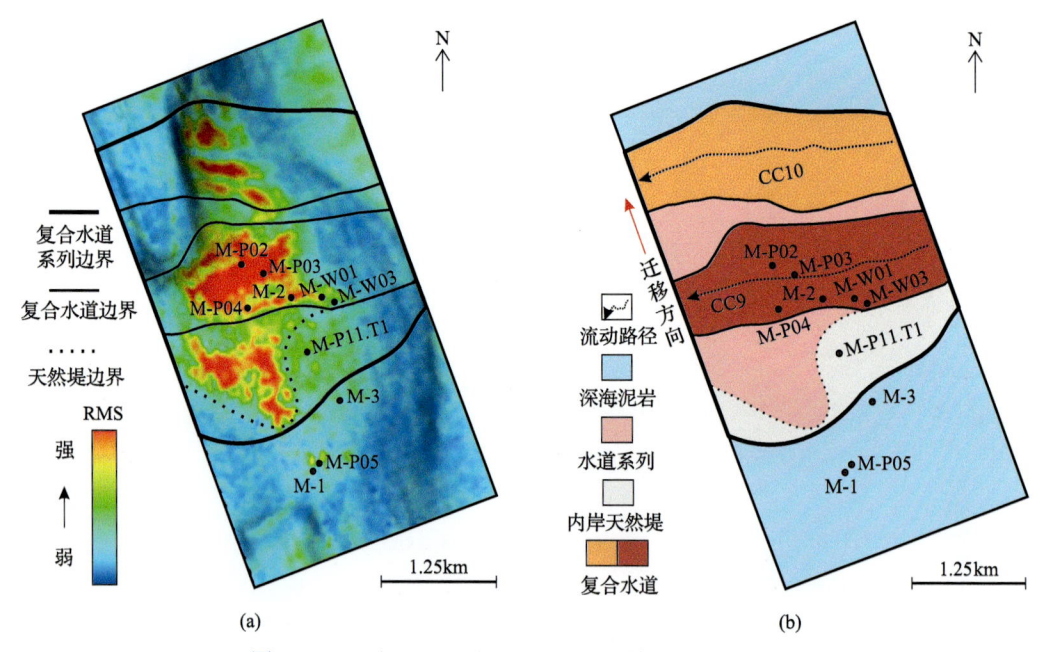

图 6-24 G 油田 CC9 和 CC10 RMS 属性图和沉积相图
(a)RMS 属性图；(b)沉积相图

M5+6_2 小层发育的一条复合水道 CC10，由三条明显的单一水道组成，其发育位置在最北边，在地震剖面上均呈扁平状（图 6-19），平面形态为低弯曲状，水道宽度在 1000～1500m，厚度为 40～90m。包括砂质水道和深海泥岩沉积，水道中砂体大致沿 SE—NW 向连续分布（图 6-24）。

4. 单一水道层次构型表征

与前面对尼日尔三角洲盆地 A 油田单一水道构型剖析相似，这里采用井震联合、平-剖互动的方法对 G 油田单一水道进行表征。

1）剖面构型解剖

由于单一水道受到迁移模式和内部砂泥关系的影响，其井震响应特征极为明显（图 6-25）。地震剖面上，单一水道边界处砂泥含量变化使地震振幅突变，即强/弱振幅交替，会出现一个明显的突变点。而且水道侧向和垂向迁移都会使水道呈一定的叠置关系，在地震剖面上出现较强振幅之间的叠瓦状反射特征，这些都是识别单一水道边界的重要依据。在测井曲线上，如果该单一水道砂体厚度较大，则表现为钟形，如果砂体厚度较小，一般表现为锯齿形。

2）平面构型解剖

在各小层剖面构型解剖的基础上，以单一水道平面迁移模式为指导，利用基于小层提取的 RMS 属性图开展小层内部单一水道平面构型解剖。

由于单一水道也存在迁移现象，那么在同一小层内部不同等时面上的水道位置会有所不同。因此，为了精确刻画单一水道的空间展布关系，现基于各小层 RMS 属性图、

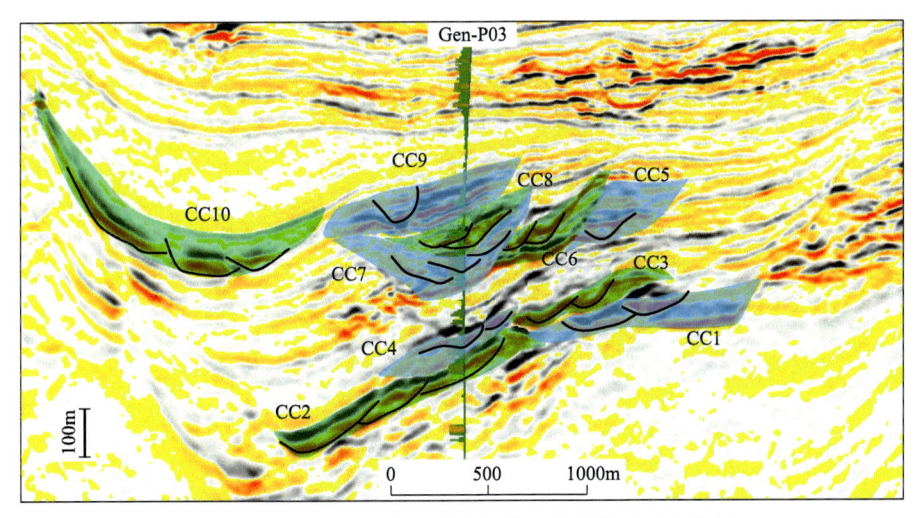

第 6 章 深海水道储层构型表征与砂体展布

图 6-25　G 油田复合水道内部单一水道井震响应特征

利用平-剖互动的方法开展单一水道平面构型研究，以确定其侧向边界。

CC1 发育 3 条规模相对较大的单一水道，均为连通型单一水道。其迁移方向有变化，一开始单一水道向北单向迁移，但随后由于其地形条件和物源供给等发生改变单一水道转为向南迁移。单一水道的平均宽度大约为 500m，平均深度大约为 20m，砂体走向大致为 NE—SW 向，厚度与水道深度相当，局部稍大于水道深度（图 6-26）。

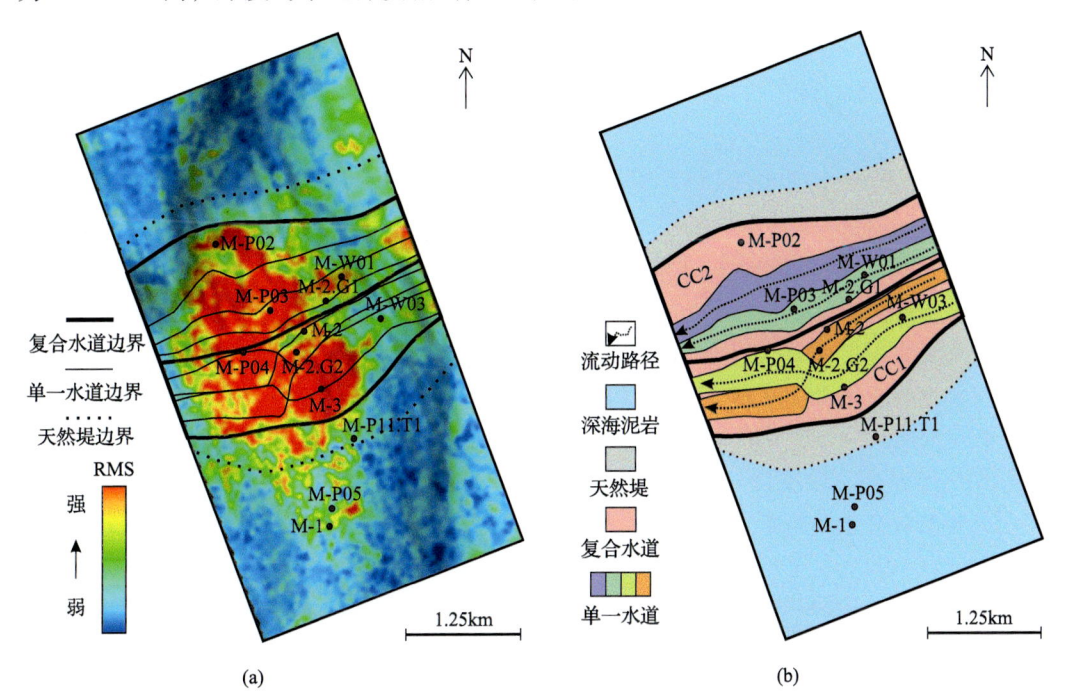

图 6-26　G 油田 CC1 和 CC2 内部单一水道所对应的 RMS 属性图和沉积相图
(a)RMS 属性图；(b)沉积相图

CC2 发育 2 条规模相对较大的单一水道，均为连通型单一水道。其迁移方向一致向北(单向迁移)。单一水道的宽度大约为 350m，平均深度大约为 25m，砂体走向大致为 NE—SW 向，厚度与水道深度相当(图 6-26)。

CC3 发育 2 条单一水道，均为半连通型单一水道。这几期单一水道向北单向迁移，平均宽度大约为 250m，深度为 25~30m，砂体走向大致为东西向，厚度与水道深度相当(图 6-27)。

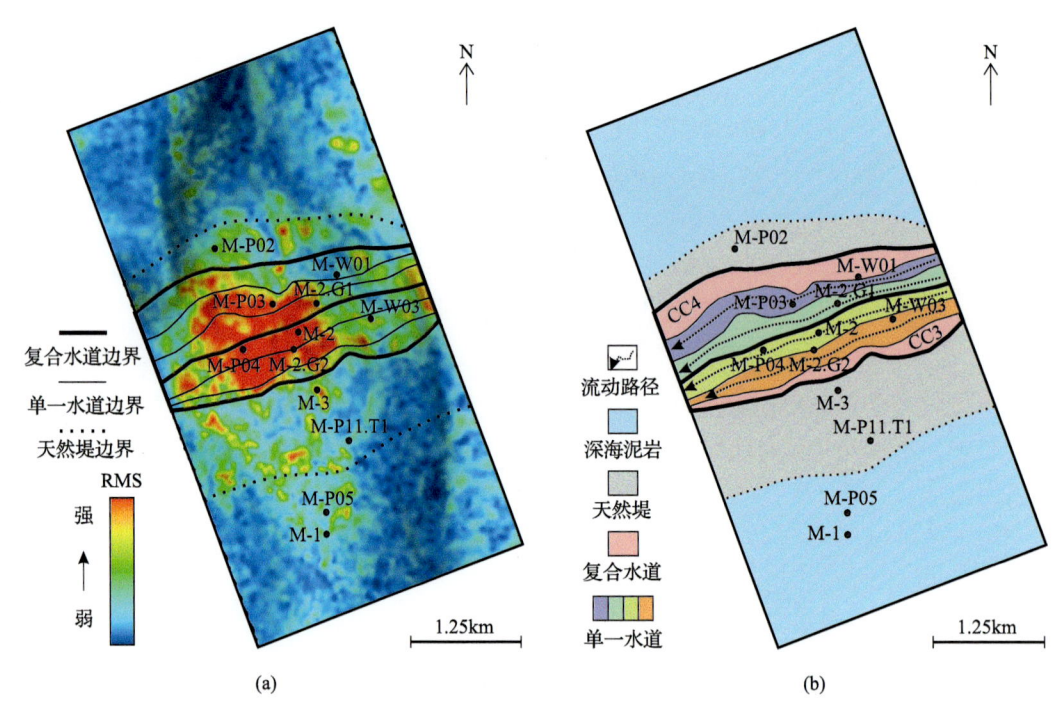

图 6-27　G 油田 CC3 和 CC4 内部单一水道所对应的 RMS 属性图和沉积相图
(a)RMS 属性图；(b)沉积相图

CC4 发育 2 条规模相对较小的单一水道，均为半连通型单一水道。这几期单一水道向北单向迁移，平均宽度约为 200m，平均深度大约为 18m，砂体走向大致为东西向，厚度与水道深度相当(图 6-27)。

CC5 发育 1 条单一水道、CC6 发育 2 条单一水道、CC7 发育 3 条单一水道，均为连通型单一水道。一致向北迁移，宽度为 100~200m，平均深度大约为 20m，砂体走向大致为 NE—SW 向，厚度约为 12m(图 6-28)。

CC8 发育 2 条单一水道，均为非连通型单一水道。这几期单一水道一致向北迁移，宽度为 120~250m，平均深度大约为 22m，砂体走向大致为 NE-SW 向，厚度略小于水道深度，约 18m(图 6-29)。

CC9 北部发育 1 条明显的单一水道，为半连通型单一水道。宽度为 150~200m，平均深度大约为 30m，砂体走向大致为 NE—SW 向，厚度约 15m；南部发育 2 条小型决口水道，其宽度为 80~120m(图 6-30)。

CC10 发育 3 条单一水道，均为半连通型单一水道。这几期单一水道一致向北单向迁移，宽度在 60~150m，平均深度大约为 25m，砂体走向大致为 SE—NW 向，厚度约 10m(图 6-30)。

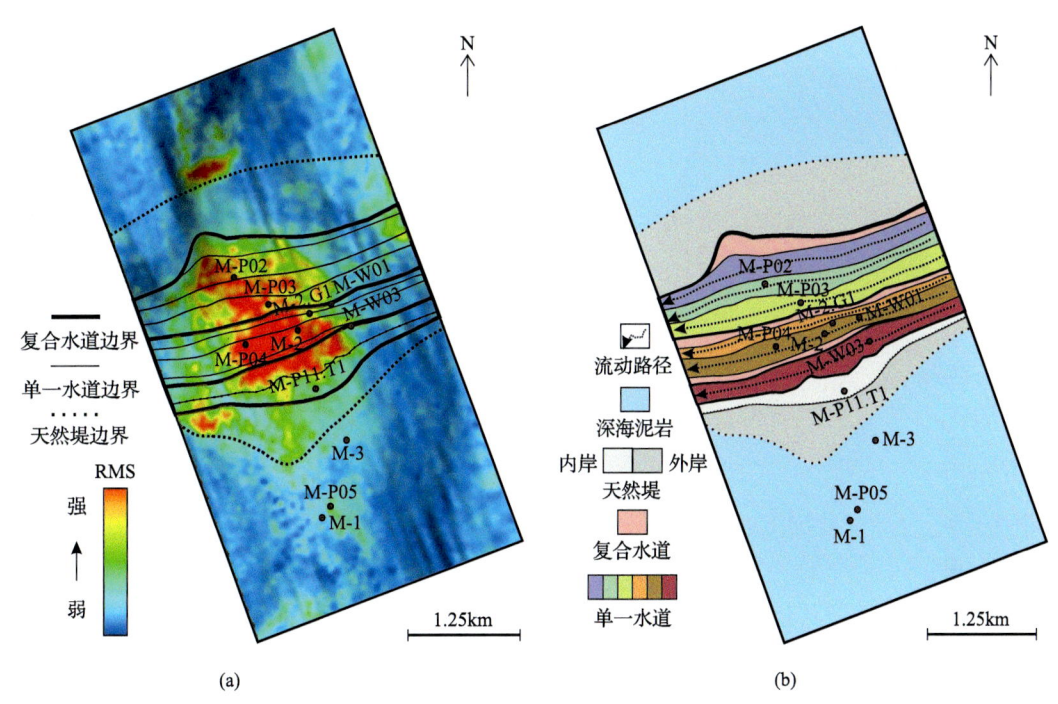

第 6 章 深海水道储层构型表征与砂体展布

图 6-28 G 油田 CC5、CC6 和 CC7 内部单一水道所对应的 RMS 属性图和沉积相图
(a) RMS 属性图；(b) 沉积相图

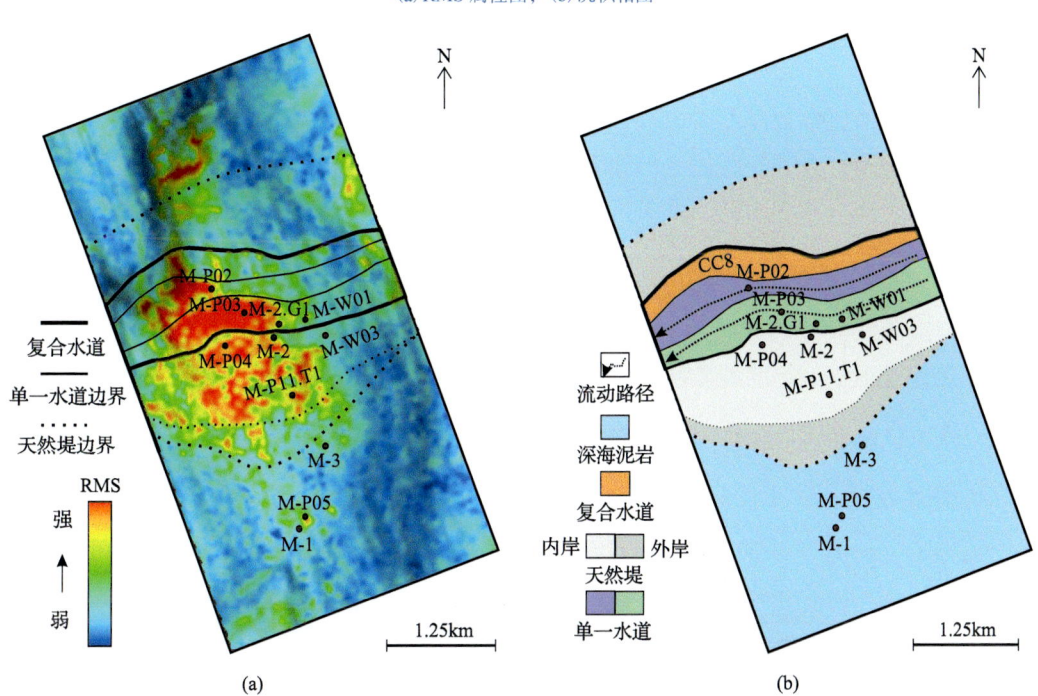

图 6-29 G 油田 CC8 内部单一水道所对应的 RMS 属性图和沉积相图
(a) RMS 属性图；(b) 沉积相图

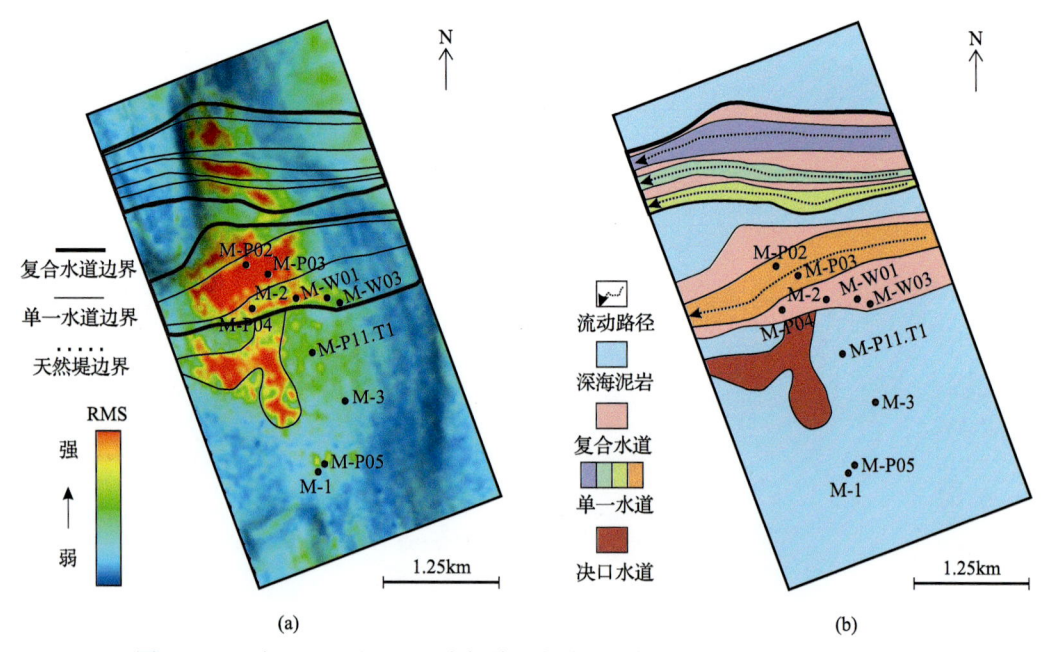

图 6-30　G 油田 CC9 和 CC10 内部单一水道所对应的 RMS 属性图和沉积相图
(a)RMS 属性图；(b)沉积相图

6.2　基于构型约束的深海水道砂体展布特征

近年来，地震资料的品质得到了显著提升，地震属性分析技术也在地下储层预测中得到了广泛应用。在井间距较大但地震资料品质相对较好的海上油气田，地震属性分析技术成为海上油田储层预测的重要首选技术手段。本节以尼日尔三角洲盆地 A 油田为例，基于"井震联合、平-剖互动"的原则，运用优势地震属性分析技术手段及优势地震属性与砂体厚度间相关性关系，在构型模式的指导下，对深层研究层段水道内部填充的砂体进行不同级次的定性-半定量化预测，并对砂体间连通性进行讨论，以期能够为油气田的实际勘探开发提供一定的地质基础及理论依据。

6.2.1　水道体系层次砂体展布

1. 地震属性与岩性信息间的相关性分析

多年来，国内外专家在地震属性和岩性信息之间的联系方面进行了大量研究，形成了基于地震属性预测储层的研究方法（蔡涵鹏等，2014；黎祺和胡明毅，2014）。前人研究表明，地震分析技术的关键就是建立优选地震属性与岩性等地层信息之间的定性和定量关系，因为地震属性信息与岩性信息之间并没有直接联系，也不能单从岩石物理特征方面进行解释。因此，应运用统计散点及图形相分析建立起多种地震属性与岩性信息（如砂体厚度）之间的联系，而后优选出一种或者多种相关性最好的地震属性，最终可预测出水道内部砂体厚度，并探讨其展布情况。

第6章 深海水道储层构型表征与砂体展布

实例 A 油田的沉积类型主要为深海水道沉积。一套完整的水道体系沉积由多个次一级次的复合水道组成，每一个成因单元之间都是相互独立的。由取心井的岩心资料可知，水道各构型级次之间存在较为稳定的泥岩，因此在理想情况下，研究区砂体厚度和地震振幅的线性正相关关系应十分明显。目前较为常见的砂体厚度预测方法为振幅图版法（孙鲁平等，2010；李雪英等，2014；刁新东等，2018），其原理就是运用研究区已有井网中单井目的层的砂体厚度与井震联合后井点处的振幅值标定得到关系图版，而后再提取全区振幅与图版进行比对，最终得到研究区范围内砂体厚度图。本节将运用此方法对深层目的层段内各构型级次进行地震振幅与砂体厚度之间的相关拟合。

以 A 油田 7 期复合水道构型单元为例，分别提取 7 期复合水道系列的 15 种振幅类地震属性，并利用提取井点振幅类地震属性和井点处砂体厚度（标定后井震联合得到井点处各层段砂体厚度）交会后的相关系数进行统计后做相关性分析（表 6-2）。

表 6-2　尼日尔三角洲盆地 A 油田井点地震振幅属性值与各小层砂体厚度相关性系数统计表

地震属性	地震振幅属性与砂体厚度相关系数						
	AU3	AU2	AU1	Amid	AL3	AL2	AL1
振幅变换率	0.58	0.26	0.35	0.05	0.18	0.25	0.44
峰态振幅	0.45	0.30	0.52	0.12	0.17	0.42	0.34
平均振幅	0.14	0.56	0.48	0.06	0.32	0.55	0.42
总能量	0.53	0.24	0.68	0.23	0.35	0.12	0.51
平均能量	0.35	0.04	0.30	0.21	0.54	0.29	0.41
最大波峰振幅	0.26	0.24	0.55	0.37	0.24	0.32	0.48
总绝对振幅	0.54	0.62	0.71	0.59	0.79	0.43	0.67
平均绝对振幅	0.61	0.61	0.59	0.66	0.82	0.75	0.80
最大绝对振幅	0.58	0.53	0.66	0.49	0.71	0.64	0.52
均方根振幅	0.68	0.75	0.81	0.79	0.69	0.80	0.63
平均波谷振幅	0.61	0.59	0.48	0.55	0.49	0.43	0.52
平均瞬时振幅	0.44	0.49	0.58	0.46	0.28	0.55	0.65
最大波谷振幅	0.69	0.61	0.59	0.71	0.67	0.82	0.59
总振幅	0.62	0.71	0.60	0.66	0.64	0.70	0.58
最小负振幅	0.71	0.60	0.61	0.59	0.81	0.63	0.66

由表 6-2 可以看出，不同期复合水道、不同种类地震振幅属性与砂体厚度相关系数各不相同，但总的来说，总绝对振幅、平均绝对振幅、最大绝对振幅、均方根振幅（RMS）、总振幅、最小负振幅 6 种类型振幅属性与砂体厚度都有较高的相关系数，并且相关系数大部分在 0.6 以上。在这 6 种振幅属性之中，RMS 是将振幅平方的平均值再开方，因此 RMS 对振幅的变化非常敏感，而其他 5 种振幅属性则是对振幅进行绝对值或者平方等计算，减弱了一些负振幅的影响。因此，本节将选用 RMS 属性有效识别平面沉积相边界及岩性组合特征。

2. 水道体系内砂体平面分布及其垂向叠置关系

尼日尔三角洲盆地 A 油田研究层段(A 油组)由两套水道体系组成，分别是下部西北物源方向的水道体系 AL 以及上部东北物源方向的水道体系 AU，它们在研究区中部位置进行交汇，存在水道部分切叠的关系。在深水环境中，水道体系外的大部分沉积物为粒度较细的深海泥质沉积，水道内部一般由砂岩及砂质泥岩组成，不同沉积相带之间岩性差异较为明显，因此本节运用对振幅变化敏感性较高的 RMS 属性准确识别水道外边界(图 6-31)。

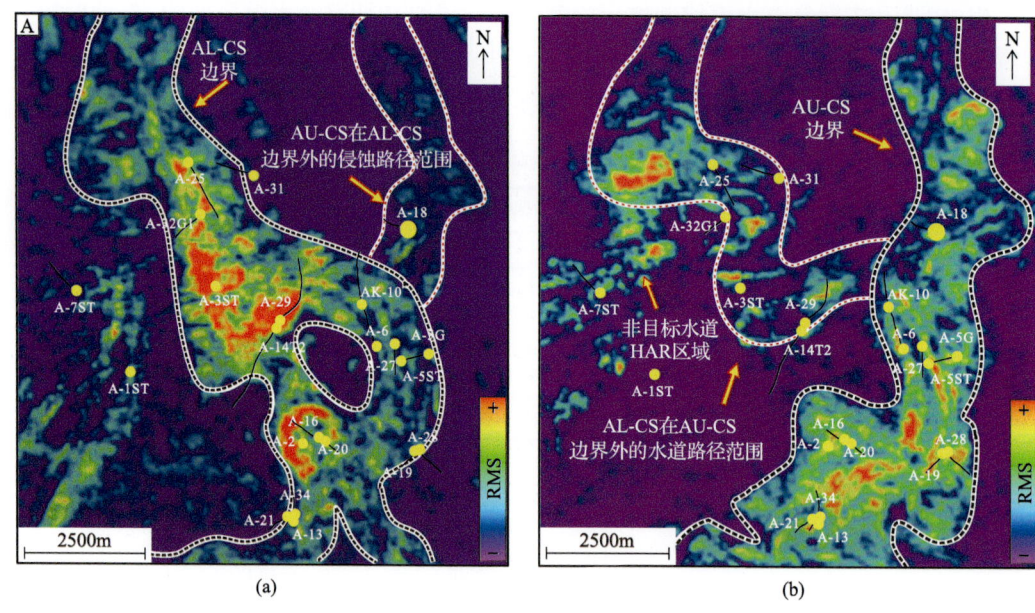

图 6-31　AL 水道体系及 AU 水道体系 RMS 属性平面图

(a) AL 水道体系；(b) AU 水道体系

从图 6-31 中 AL 水道体系 RMS 属性平面图中观察到，来自西北物源方向的水道体系 AL，在研究区东北部区域存在违背"相控模式"的散点状中强振幅表象(深海环境中，除海底扇内存在砂质沉积物，其余区域均为弱振幅的半远洋披覆泥岩沉积)。产生这种表象的原因可能是后续形成的 AU 水道体系侵蚀了先前沉积的 AL 水道体系内的 AU1 小层及 Amid 小层，AU 水道体系沉积物出现在了 AU1 及 Amid 小层(即 AU 水道体系与 AL 水道体系在 AU1 小层及 Amid 小层都有水道沉积产物的出现)，因此在 AL 的 RMS 属性平面图中不可避免地产生了散点状中强振幅(AU 水道体系 AU1、Amid 时期沉积砂体)；同理，在 AU 的 RMS 属性平面图中，也可以观察到 AL 水道体系在 Amid 小层的水道沉积产物。

通过统计及提取的方式得到研究区目的层段单井复合砂体厚度值及井点处振幅属性值，并对二者进行振幅属性-砂体厚度交会分析。从砂体厚度与振幅属性交会分析的结果可以看出，AL 及 AU 的复合砂体厚度与对应井点处 RMS 属性值之间呈很好的正相关关系，二者相关系数分别可以达到 0.8707 及 0.8373(图 6-32)。

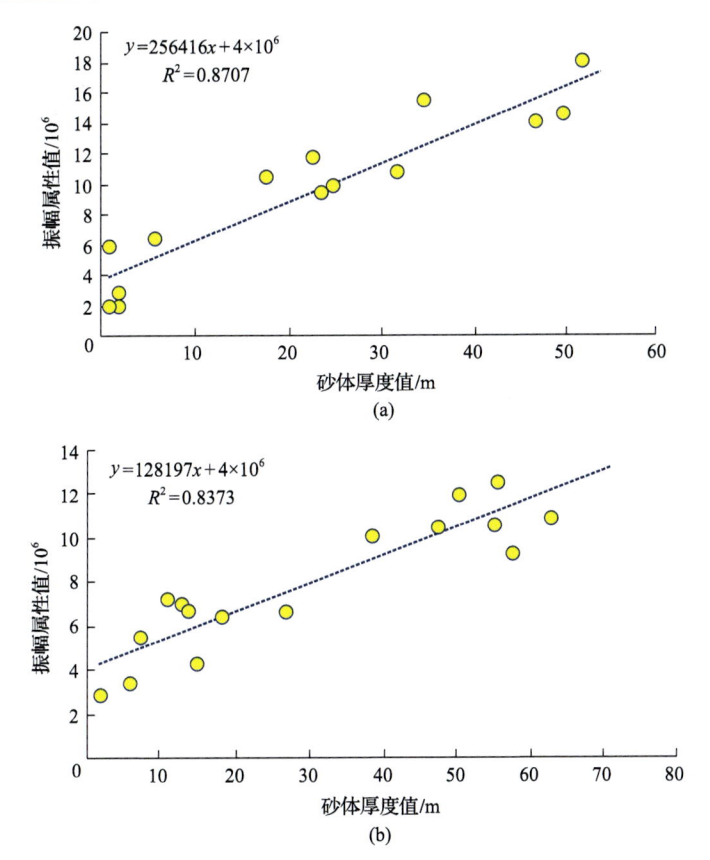

图 6-32 AL 及 AU 水道体系井点处 RMS 地震属性与砂体厚度交会图
(a) AL 水道体系；(b) AU 水道体系

依据"井震联合，模式指导"的研究思路，结合 RMS 地震属性和测井解释砂体厚度的定量关系，在沉积模式的指导下预测砂体分布范围。在完成砂体边界刻画的基础上，依据振幅属性和砂体厚度之间良好的线性关系将砂体分布范围内的振幅属性转化为砂体厚度，即完成对砂体厚度的初步预测；然后从提取初步预测砂体厚度图中提取各井点位置的预测砂体厚度值，并用这些数据和测井解释的砂体厚度进行残差比对，绘制残差图；根据残差图对初步预测出来的砂体厚度图进行矫正，最终得到基于井震联合的 AL 及 AU 预测砂体厚度图（图 6-33）。

然而，由于资料丰度限制等，最终得到的井点处振幅预测砂体厚度与测井解释砂体厚度在部分井位依然存在差异。因此，井点处振幅预测砂体厚度与测井解释砂体厚度之间的吻合程度（当地震预测砂体厚度与测井解释砂体厚度误差在±1m 内时视为吻合，反之>1m 则视为不吻合）决定了振幅预测砂体厚度的概率，如表 6-3 所示，AL 及 AU 水道体系振幅预测砂体厚度概率分别为 68% 及 63%。

从振幅预测砂体厚度平面图（图 6-33）可以看出，两水道体系内部砂体平面上的长和宽都分布在 50～500m，砂体厚度分布在 1～60m，主要呈条带状、串珠状及散点状形态展布。受异旋回成因控制的水道体系 AU、AL 内部砂体呈现出从北至南砂体分布面积越来越广、砂体厚度越来越厚的特征。结合沉积构型模式总结的规律，产生这种特征的原

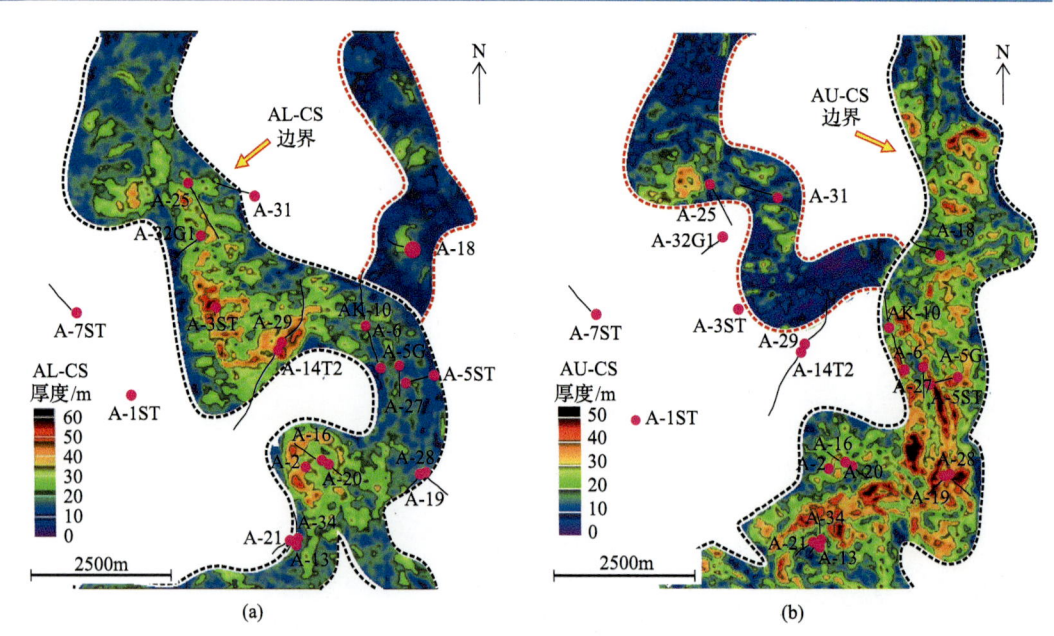

图 6-33　AL 水道体系和 AU 水道体系振幅预测砂体厚度平面图

(a) AL 水道体系(概率 68%)；(b) AU 水道体系(概率 63%)

表 6-3　AU、AL 水道体系过井点处振幅预测砂体厚度与测井解释砂体厚度吻合程度统计表

水道体系类型	井名	吻合程度	井名	吻合程度
AU 水道体系	A-29	吻合	A-14T2	吻合
	A-28	吻合	A-13	不吻合
	A-27	吻合	A-10	不吻合
	A-21	不吻合	A-6	不吻合
	A-20	吻合	A-5G	吻合
	A-19	吻合	A-5ST	吻合
	A-18	吻合	A-3ST	吻合
	A-16	不吻合	A-2	吻合
	A-34	不吻合	A-16	吻合
	A-32G1	不吻合	A-14T2	吻合
	A-31	不吻合	A-13	吻合
AL 水道体系	A-29	吻合	A-10	不
	A-28	吻合	A-6	吻合
	A-27	不吻合	A-5G	吻合
	A-25	吻合	A-5ST	吻合
	A-21	吻合	A-3ST	不吻合
	A-20	吻合	A-2	吻合
	A-19	吻合		

第6章 深海水道储层构型表征与砂体展布

因是在水道体系靠近物源处，水道体系类型主要为限制性水道体系，水道内流体水动力较强，以输送沉积物为主，因此砂体在此处沉积作用不明显；当流体逐渐由北向南往下游方向迁移时，水道体系类型主要转变为半限制性水道体系及非限制性水道体系，其内部流体侵蚀能力、水动力减弱致使砂体开始堆积，从而造成了北薄南厚的平面上的砂体分布特点。

在垂向的地震反演剖面上，研究区中部位置到远离物源区域，即两水道体系交汇区域，AU、AL 复合砂体之间是以垂向组合的方式进行叠置的（图 6-34）；而在靠近物源区域到研究区中部位置，AU、AL 内部的复合砂体彼此间以孤立分离的形式存在。

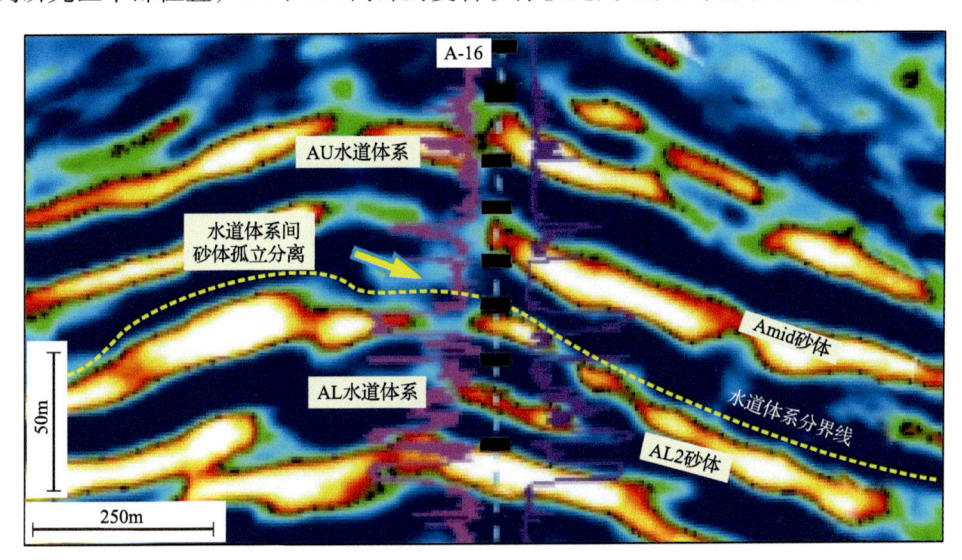

图 6-34 AU 水道体系及 AL 水道体系叠置区域反演地震剖面

3. 水道体系层次砂体连通性

AL 水道体系在水道演化的末期阶段，物源供给逐渐减弱，较细粒的重力流沉积物开始在水道内堆积，最终水道体系顶部形成泥质隔层。受局部海平面升降变化等控制因素影响，东北物源方向的 AU 水道体系开始发育，并且在研究区中部位置与下伏 AL 水道体系发生汇聚（图 6-31）。如前所述，在这一阶段，AU 水道体系内部初始侵蚀性流体对 AL 产生强烈破坏，这将导致 AL 水道体系内 AU1、Amid 小层原有沉积物遭到侵蚀，而后被水道体系形成初期的碎屑流、少量粗砂砾沉积、过路沉积等沉积物取代。因此，下切能力较强的 AU 底部复合砂体与 AL 顶部复合砂体可能发生直接接触，增大了水道体系之间砂体连通的可能性，但在大部分情况下，由于 AU、AL 分别在不同区域，加之泥质隔层的遮挡，两组水道体系砂体之间基本不连通。

6.2.2 复合水道层次砂体展布

1. 复合水道内砂体平面分布及其垂向叠置关系

依据前期复合水道的分期结果（图 6-5），对各小层提取 RMS 属性平面图，而后基于

"井震联合，模式指导，平-剖互动"的原则，确定出每期复合水道系列的边界（图6-6）。由7组RMS属性平面图可以得知，除AU3小层复合水道西南部可能沉积一套小型扇形沉积体外，其余6组小层均只有沉积水道发育。由于构型单元级次的降低，相对于水道体系AU及水道体系AL来说，这7组复合水道的宽度都相应减小，宽度分布为1800～2500m。与水道沉积构型演化模式中水道自底至顶弯曲度逐渐由小变大这一规律相对应的是，AU3～Amid小层及AL3～AL1小层，复合水道系列的弯曲度也呈现出由小变大的规律（图6-6）。值得注意的是，由图6-5可以看出，在AU1及Amid两个小层振幅属性图上，研究区东北部都有条带状中-强振幅出现，这就进一步解释了AL水道体系东北部显示的散点状中-强振幅可能是AU水道体系形成早期碎屑流占主导的侵蚀性流体对AU3、Amid小层先侵蚀、后沉积所造成的。

对7组复合水道系列进行振幅属性值-砂体厚度交会分析（图6-35），从AU3～AL1复合水道交会相关系数可以得知，7组复合水道的砂体厚度-振幅属性值相关系数都高于0.7，两者具有良好的线性相关关系，结合砂体厚度-振幅属性值回归关系计算残差后，

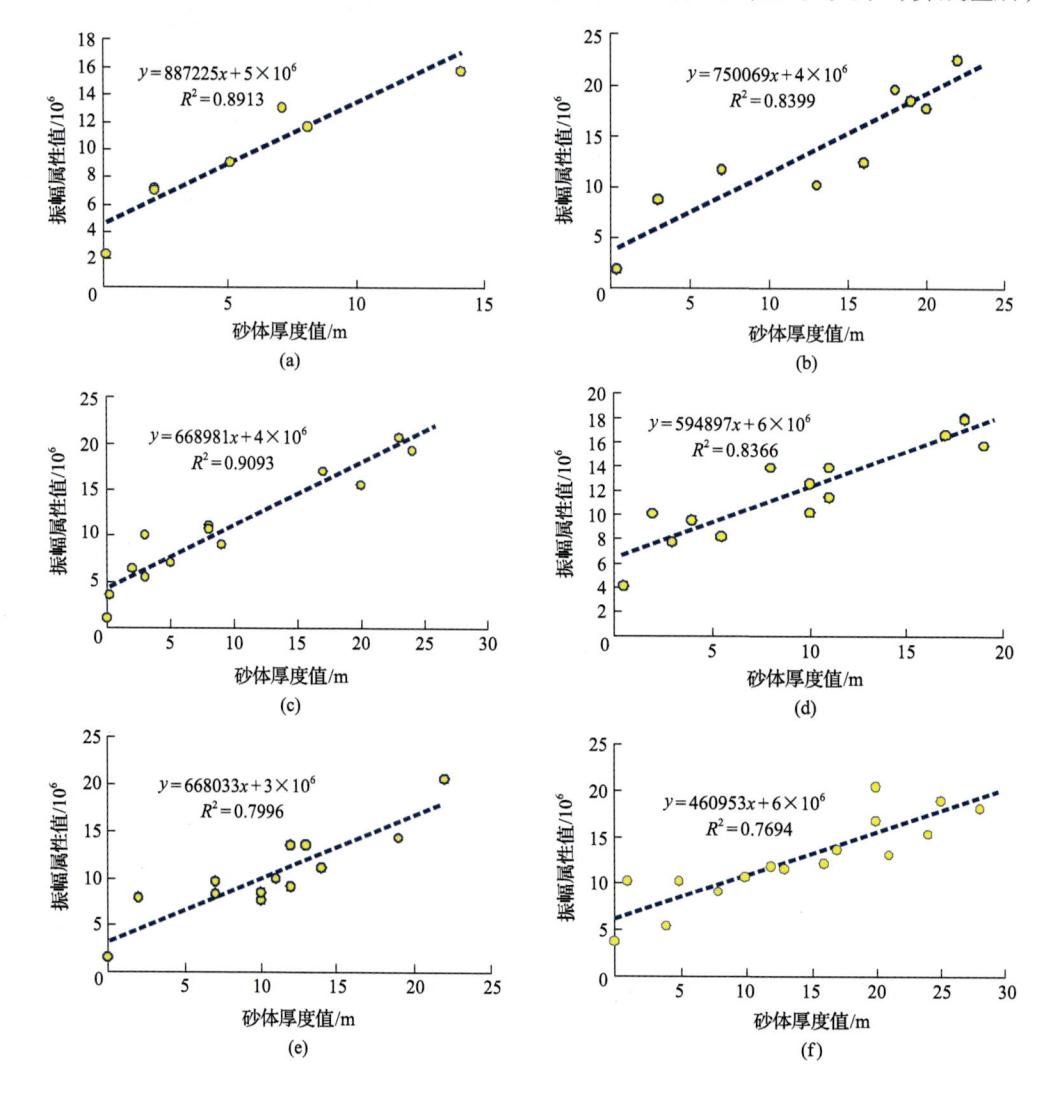

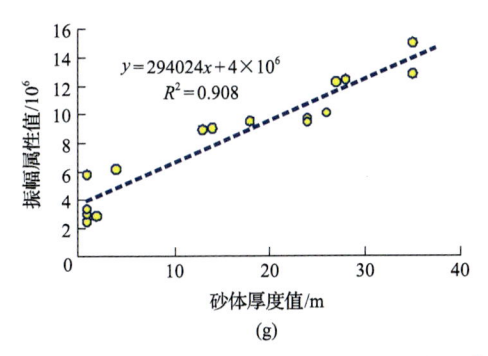

第 6 章 深海水道储层构型表征与砂体展布

$$y = 294024x + 4\times 10^6$$
$$R^2 = 0.908$$

(g)

图 6-35 各个复合水道(AL1～AU3)井点处振幅属性与砂体厚度交会图
(a) AL1；(b) AL2；(c) AL3；(d) Amid；(e) AU1；(f) AU2；(g) AU3

得到 7 组振幅预测的复合水道砂体厚度平面图(图 6-36)。将各小层井点处振幅预测砂体厚度与测井解释厚度进行对比,得出 7 小层振幅预测砂体厚度概率分别为 84%、72%、76%、71%、69%、60%、57%(顺序为自 AU3～AL1 小层,方法同上)。

从图 6-36 可以看出,砂体长、宽分布在 20～400m,各小层内部砂体厚度分布在 0.4～34m,砂体大部分依然呈条带状、串珠状及散点状的形态分布。该构型单元级次砂体在平面上依然表现出北薄南厚的展布特征,因为近物源的水道内部流体以输送沉积物为主,砂体沉降较少,而到了远离物源区域,动能减小、限制性环境减弱,复合砂体堆积相对较多。在水道体系内部,各期复合水道砂体分布与该级次沉积构型发育模式相吻合。

从 Amid 小层开始向上演化过程中,砂体分布范围开始变大(图 6-36),而后砂体分布范围逐渐变小,结合沉积构型模式分析,产生这种现象的原因可能和重力流流体性质改变有关,海平面变化使砂质浊流砂体开始沉降；而后期海平面快速上升,重力流流体以泥质浊流占主导,此时由 AL1 振幅预测砂体厚度平面图可以观察到(图 6-36),相比于前两期复合水道 AL1 砂体厚度降低且水道内砂体规模减小,水道此后逐渐消亡将没有砂

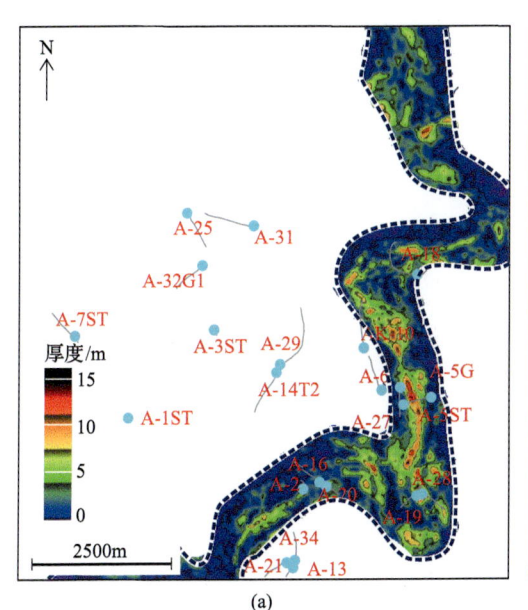

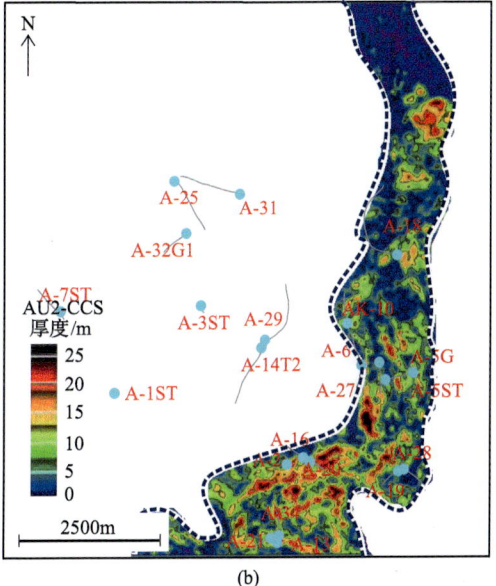

(a)

(b)

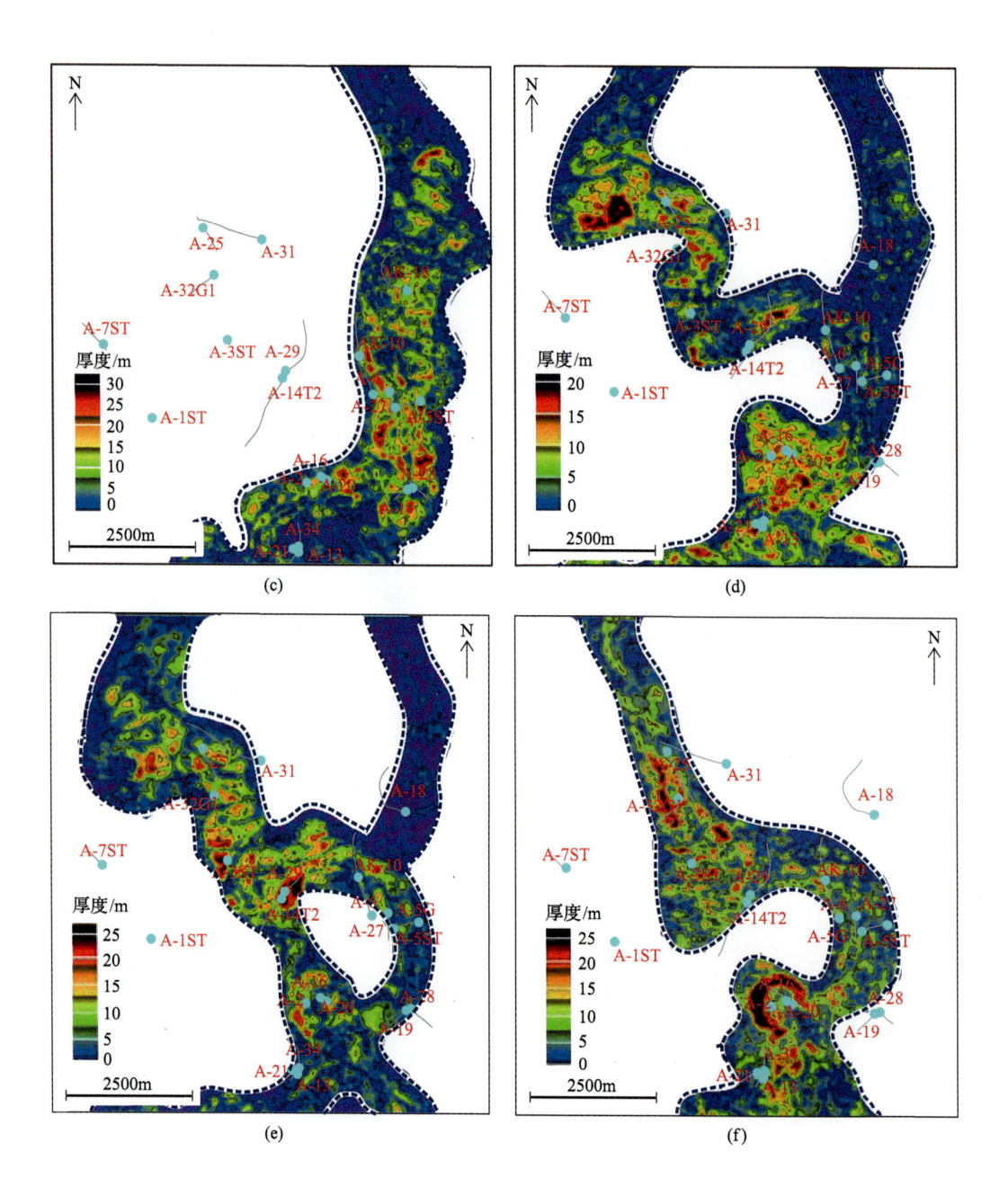

306　深海水道沉积地质理论与实践

(c)

(d)

(e)

(f)

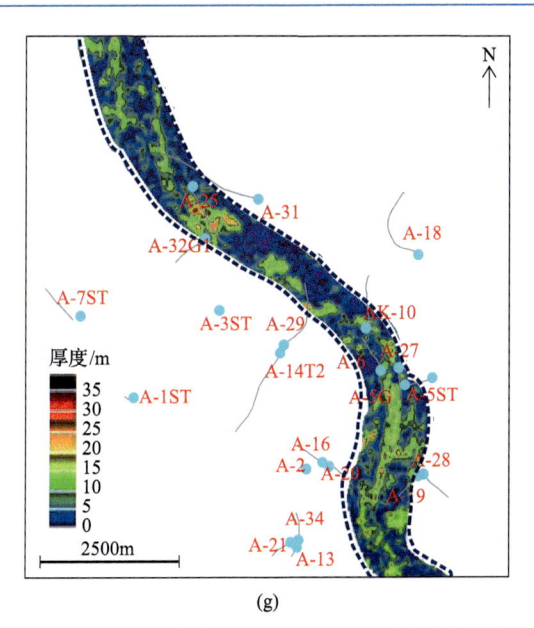

第 6 章　深海水道储层构型表征与砂体展布

(g)

图 6-36　A 油田各复合水道(AL1～AU3)预测砂体厚度平面图
(a) AU3；(b) AU2；(c) AU1；(d) Amid；(e) AL3；(f) AL2；(g) AL1

体沉降。总的来看，以 AU 水道体系内部各小层砂体分布范围为例，砂体分布呈现由少变多再变少的规律，这与水道体系内部充填垂向演化规律相互对应。

在垂向上，研究区水道体系系列级次复合砂体组合方式和复合水道垂向堆叠构型模式在形态上十分相似。复合水道砂体垂向上的组合关系分为：孤立组合型、拼接组合型、紧凑组合型。通过地震反演响应特征及单井测井解释联合研究，得到复合水道间砂体结构特征，具体特征见表 6-4。

表 6-4　复合水道所对应砂体的组合特征

砂体组合方式	地质模式	地震响应	测井响应	地质含义	连通性
孤立组合型		AU3 / AU2	A-20 GR + AU3　AU2	砂体孤立分布彼此不接触	无连通性
拼接组合型		AU2 / AU1	A-5G GR + AU2　AU1	砂体垂向接触相互搭接	和泥质夹层厚度有关
紧凑组合型		AU1 / Amid	A-27 GR + AU1　Amid	砂体垂向叠置，上部砂体嵌入下伏砂体	基本连通

2. 复合水道层次砂体连通性

从表 6-4 可以看出，复合水道层次三种组合方式的砂体连通性是存在差异的。孤立组合型复合砂体连通性较差，复合砂体之间为厚层泥质；拼接组合型复合砂体连通性适中，视砂体之间夹层厚度而定；紧凑组合型复合砂体连通性较好，上覆砂体直接切叠入下伏砂体之中，砂体相连接。

孤立组合型复合砂体的连通性特征：前期砂体开始沉降直到沉积过程中沉积物供给小于可容纳空间，砂体沉积开始间断，沉积了多套泥岩隔层，而后受物源影响又有砂体开始沉降，但两期砂体之间已被泥岩层形成的较厚的隔层遮挡，因此两期砂体彼此不连通。

拼接组合型复合砂体的连通性特征：受异旋回控制的不同期砂质沉积物长期加积，但由于沉降过程中沉积物供给小于或者等于可容纳空间，此时连续沉降的砂体顶部出现间断产生薄层泥岩夹层，而后物源紧接着开始供给，即又有新的砂体沉降，进而叠置于前期砂体之上。因此，两期砂体之间的连通性需要视情况而定，可以通过测井响应特征去观察夹层厚度。

紧凑组合型复合砂体连通性特征：重力流沉积物在水道体系内稳定的水动力条件下长期加积，此时沉积物供给大于可容纳空间，因此多期砂体相互叠置、相互切割，砂体之间没有间断大范围连续加积。因此，在无夹层或小夹层情况下砂体间连通性较好，砂体基本连通。

6.2.3 单一水道层次砂体展布

1. 单一砂体的叠置

在深层研究层段，基于井震联合剖面可以对单一水道的位置与边界进行定位与划分，但要想知晓单一水道级次砂体的展布情况，则只能在纵向上借助垂向高分辨率的测井曲线，观察标志测线的回返程度来确定单砂体的叠置特征。因此对于单一水道构型级次，本节在井资料的支撑下，开展垂向单井砂体叠置构型定性描述及砂体间连通性探讨。

由于受到地震资料垂向分辨率限制，只能靠垂向分辨率较高的测井响应特征去识别单一砂体垂向上的单井砂体叠置构型特征。基于井点处测井曲线的外部形态、回返程度及单砂期数，并统计研究区单井部分取心资料，将垂向上单井单一砂体叠置分为单期型、两期组合型、多期组合型三大类，又将两期组合型分为上接触型、对称型、下接触型三小类，共五种类型的单一砂体叠置，具体特征见表6-5。

表6-5 A油田单一砂体叠置特征统计

单一水道砂体组合类型	地质-测井相应模式	曲线形态	岩性解释	井点处构型意义
单期型		钟形		单期砂体
两期型-上接触型		上：指形或低幅钟形；下：钟形或箱形		上：砂体侧缘；下：砂体主体 两期叠置
两期型-对称型		钟形叠加		两期砂体 相同部位叠置

第6章 深海水道储层构型表征与砂体展布

续表

单一水道砂体组合类型	地质-测井相应模式	曲线形态	岩性解释	井点处构型意义
两期型-下接触型	GR	上：钟形或箱形；下：指形或低幅钟形		上：砂体主体；下：砂体侧缘 两期叠置
多期组合型	GR	齿化箱形		多期砂体叠置

单期型单一砂体为一个独立的流动单元，四周均为泥质隔挡层，所以单期型单砂体之间不存在连通性；两期组合型分为上接触型、对称型、下接触型三种类型，上接触型和下接触型水道边缘为较细粒泥质砂岩，造成砂体间连而不通的现象，对称型单一砂体组合因为是砂体主体部分的接触、切蚀，所以连通性相对较好；多期组合型砂体类似于两期组合型砂体间的两两搭配，应视单一砂体间接触位置而定，若砂体边缘物性较好，连通性也相应较好。总的来说，两期型-对称型砂体组合连通性较好，多期组合型、两期型-上接触型、两期型-下接触型单一组合砂体应视研究区岩性物性资料情况而定，而单期型单一砂体则不与围岩相互连通。

2. 单一水道砂体连续性定量分析

复合水道砂体内部发育多期单一水道砂体，在注水开发过程中，注入水在复合砂体内部流动时，本质是从注水井穿越多个单一水道砂体抵达开发井，因此单一水道砂体储层叠置样式往往决定了注采井间的连续性关系。基于"井震联合，模式指导"的原则，已得到不同构型级次控制的储层叠置样式，但前人研究大多停滞于对储层叠置样式定性模式的研究，为此这里从叠置样式统计、连续性系数概念特征等方面入手，对不同叠置样式储层连续性进行定量分析，最终得到水道储层连续性定量预测图版。

水道型储层连续性的优劣，归根到底体现为水道内部构型单元的叠置样式差异。基于不同叠置样式井震响应特征的差异，前面已对单一水道叠置样式进行定性总结及描述，但各叠置样式之间的切叠程度、切叠位置等参数都需要定量表征（表6-5），根据叠置样式模式图可以发现，单一水道相互间隔、接触或嵌入，但是砂体接触比例、叠置程度差异较大，所以储层连续性及开发效果必然存在差异，因此只靠定性描述叠置样式已无法精确表征水道储层连续性的具体程度，需要一组精细参数对储层连续性进行表征。

通过对不同叠置样式的比较，其最大的差异就是储层砂体叠置之后的叠置程度不同，反映到水道外在形态学上，就是复合水道的宽度与厚度的差异。为此，对单一水道宽度、厚度及组合后复合水道宽度、厚度进行定量统计。

在砂体的叠置关系中主要存在两种叠置：一种是横向叠置，另一种是垂向叠置。经过前面分析及多剖面计算拟合，发现可将侧向叠置比例定义为复合水道宽度/单一水道复合后全宽度叠加，垂向叠置比例定义为复合水道厚度/单一水道复合后全厚度叠加，此时这两个参数与其他地质参数之间的相关性较好。

在此种定义中，横向叠置比例表征同一期复合水道砂体内单一水道多次侧向迁移的侵蚀程度，其数值大小代表水道横向叠置程度，数值越小，代表横向切叠越剧烈，数值越大，代表横向切叠程度较弱甚至相互孤立；而垂向叠置比例则反映了垂向上砂体的加积侵蚀程度，在侵蚀程度高的区域，垂向上可能存在切叠，砂体与砂体之间的渗流屏障较弱。因此，侧向叠置比例和垂向叠置比例越低，水道的连续性越强。图 6-37 为单一水道叠置比例计算方法的示意图，横向叠置关系中，单一水道宽度分别为 $L_1, L_2, L_3, \cdots$，单一水道复合后全宽度为 L，实际复合水道宽度为 L'，横向叠置比例为 L'/L；同理，垂向叠置关系中，单一水道厚度分别为 $H_1, H_2, H_3, \cdots$，单一水道复合后全厚度为 H，实际复合水道厚度为 H'，横向叠置比例为 H'/H。

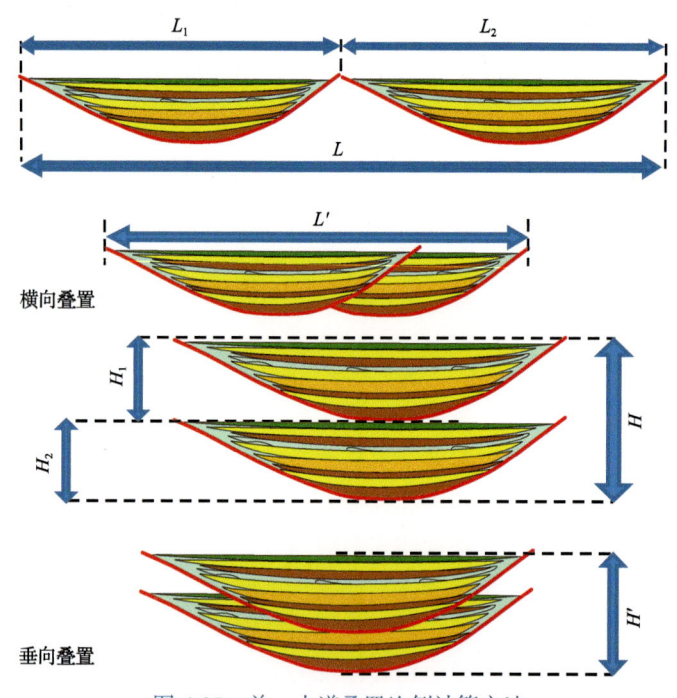

图 6-37　单一水道叠置比例计算方法

以 A 油田过井剖面为例，对其地震相特征及测井响应特征展开分析，并结合前面所述的单一水道砂体在单井上的叠置，同样可将单一水道叠置样式划分为紧凑型、拼接型、孤立型三种类型。紧凑型叠置单一水道，同向轴地震反射呈强振幅、高连续性特征，且同向轴仅有微弱的明暗变化，其井点处单一水道砂体间砂泥岩薄互层厚度<4m；拼接型叠置单一水道，同向轴地震反射特征呈中-强振幅、弱连续性特征，同向轴存在较明显的明暗变化，井点处水道砂体间砂泥薄互层厚度为 4~15m；孤立型叠置单一水道，同向轴地震反射呈弱振幅、不连续的特征，且同向轴明暗段有明显距离，其井点处单一水道砂体间砂泥岩薄互层厚度>15m。在缺少实际生产动态资料的情况下，通过调研发现，前人已对西非地区砂体连通性相关问题进行过定量研究，研究表明，当单一水道砂体间泥

第6章 深海水道储层构型表征与砂体展布

岩厚度小于4m时，复合砂体为强连续型；当泥岩厚度在4~15m时，复合砂体为弱连续型；当泥岩厚度大于15m时，复合砂体为不连续型。因此，紧凑型叠置样式近似可代表连续性较好的强连续型(3型)复合砂体，拼接型及孤立型叠置样式分别对应弱连续型(2型)复合砂体和不连续型(1型)复合砂体(图6-38)。

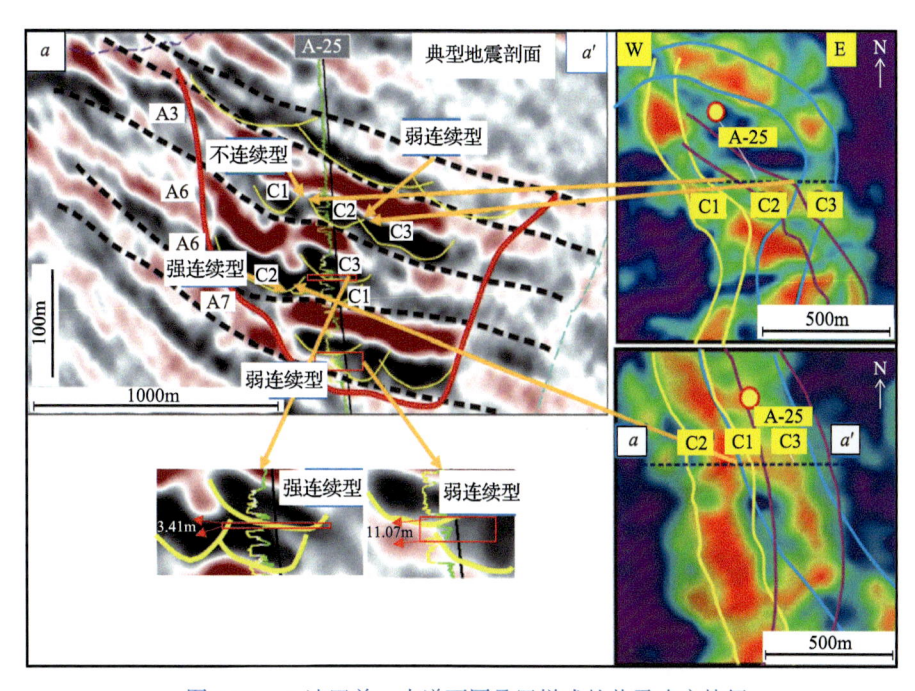

图6-38 A油田单一水道不同叠置样式的井震响应特征

结合前述地震相特征及测井响应特征的划分标准，精细刻画A油田A油组7个小层切水道流动路径的多个剖面，并对单一水道宽度($L_1, L_2, L_3, \cdots$)、厚度($H_1, H_2, H_3, \cdots$)及组合后复合水道宽度(L)、厚度(H)进行定量统计。

通过统计，AU3小层横向叠置比例：1型＞1.00，2型介于0.86~1.00，3型介于0.50~0.86。垂向叠置比例：1型介于0.50~0.81，2型介于0.81~1.00，3型＞1.00(图6-39)。由前述研究可知，AU3小层内部主要充填一些侵蚀性较强的碎屑流，因此AU3内部单一水道叠置样式分布较为杂乱、规律性相对较差。对AU3小层切水道方向纵、横向叠置比例进行统计可以看出，近物源端弯曲水道段，水道在横向上相互孤立，因此水道间较多表现为孤立型接触(1型)，而到了水道顺直段，单一水道在横向多表现相互切叠，主要呈现紧凑、拼接的叠置样式(2~3型)。这种弯曲段近似倾向于间隔式，顺直段近似倾向于嵌入型、接触型的趋势，在顺物源方向一直存在。单一水道的发育受自旋回成因控制，因此在垂向上，单一水道的高程差变化十分微弱，叠置样式多为嵌入型(3型)及接触型(2型)。

对A油田A油组其他层位开展相同内容研究，最终得到不同层位叠置样式对应的叠置比例。经过统计，A油田小层横向叠置比例：1型=1.00，2型介于0.85~1.00，3型介于0.50~0.85。垂向叠置比例：1型=1.00，2型介于0.80~1.00，3型＜0.80(表6-6)。

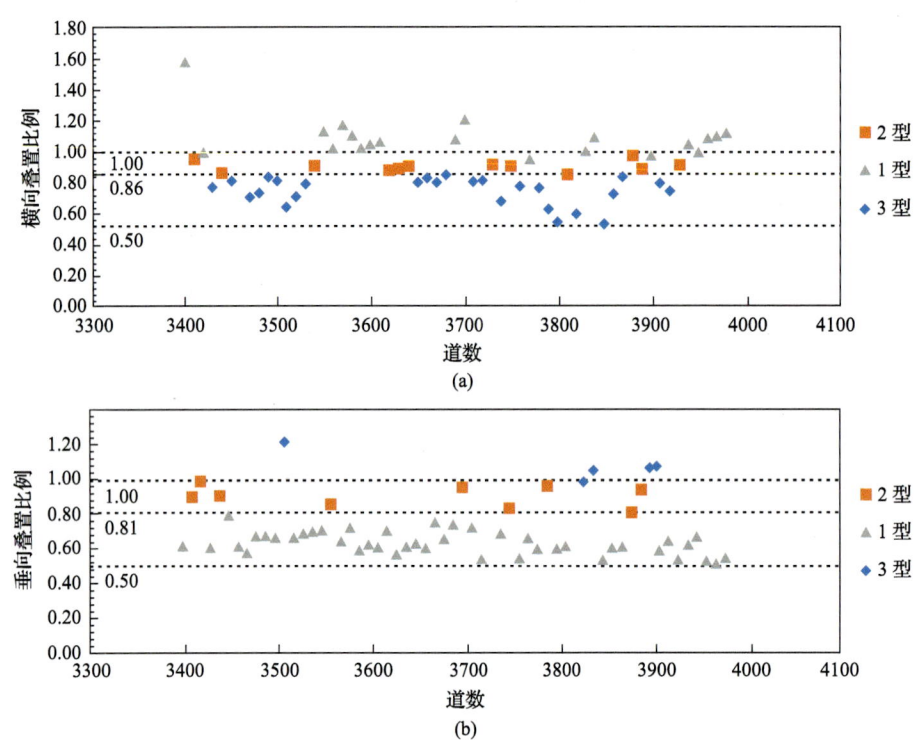

图 6-39　A 油田 AU3 小层砂体叠置比例
(a)横向叠置比例；(b)垂向叠置比例

表 6-6　A 油田各小层叠置比例系数统计

层位	垂向叠置			横向叠置		
	不连续型	弱连续型	强连续型	不连续型	弱连续型	强连续型
AU3	1.00	0.81	0.50	1.00	0.86	0.50
AU2	1.00	0.80	0.34	1.00	0.85	0.50
AU1	1.00	0.79	0.43	1.00	0.86	0.58
Amid	1.00	0.79	0.34	1.00	0..85	0.65
AL3	1.00	0.79	0.28	1.00	0.85	0.60
AL2	1.00	0.82	0.34	1.00	0.85	0.55
AL1	1.00	0.80	0.52	1.00	0.85	0.52

经上述分析，本节最终完成了对 A 油田多条单一水道深度、宽度、横向叠置比例、垂向叠置比例、连续性系数和曲率等相关参数的综合统计，并通过表格的形式汇总建立了水道形态特征数据库，最终基于数据库内容开展水道叠置比例与连续性系数定量化分析研究。

3. 单一水道连续性定量预测图版

定量研究叠置比例的核心目的是实现对水道储层连续性的定量化精细刻画与表征。因此，基于不同水道构型的叠置比例差异，提出水道储层连续性系数这一概念。连续性系数是描述不同单一水道之间连续程度的参数,综合考量水道在横向和纵向上的连续情况,可以定量表征和刻画不同叠置样式的整体综合连续程度。经过反复计算并验证后,得到叠置比例与连续性系数之间的经验公式:连续性系数=1/(垂向叠置比例×横向叠置比例),连续性系数越高,水道砂体间连续性较好。

连续性系数能够代表单一水道之间的空间连续程度,在一定程度上受复合水道叠置样式的约束,即不同叠置样式下的水道连续性系数分布可能存在一定规律。而这种分布规律的主控因素主要为顺物源方向流动距离、水道曲率及地形坡度等。

1) 顺物源方向流动距离

连续性系数与物源端的远近有一定的相关关系。水道连续性系数随距离物源由远及近,基本呈减小趋势,靠近物源端水道限制环境较强、水道内部流体水动力较强,因此水道多为嵌入型、接触型样式叠置,连续性相对较好;而到了远离物源端,限制性环境减弱、水道内水动力衰退,水道多为间隔型样式叠置,因此呈现出了水道连续性系数随物源运移呈减小的演化规律。

以 A 油田为例,AU 及 AL 水道体系中连续性系数与顺物源方向距物源由远及近具有良好的相关关系。从图 6-40 统计可以看出,AU2、AU1、Amid、AL3 与 AL2 水道连续性系数随距物源由远及近呈减小趋势,但是 AU3、AL1 小层的相关性较差,分析其原因为 AU3 处于研究区最底层,多为碎屑流沉积物,碎屑流侵蚀作用较强且分散不均匀,其连续性系数变化规律性较差;AL1 处于研究区最顶层,多为细粒沉积物,各资料所反映的响应特征较弱,因此层内水道连续性系数较小,变化范围不大。

通过对 A 油田砂体叠置样式的综合统计,不难发现不同叠置样式随切叠程度的加深,连续性系数呈逐渐增大的趋势(图 6-41)。紧凑型叠置样式的水道一般符合 3 型、强连续的规律特点,拼接型叠置样式的水道一般符合 2 型、弱连续的规律特点,孤立型叠置样

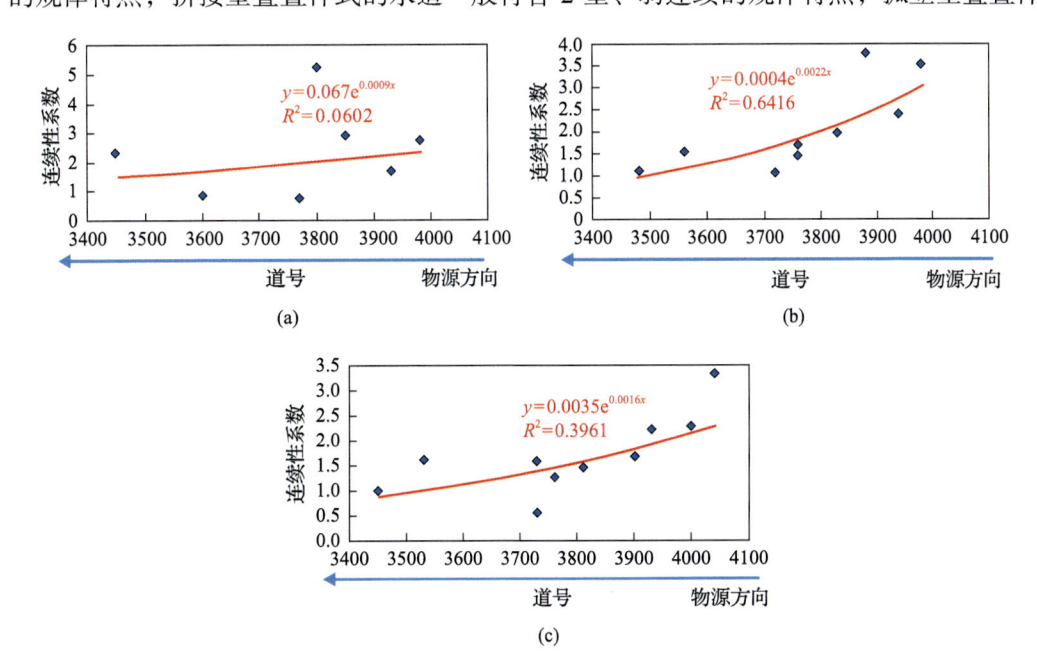

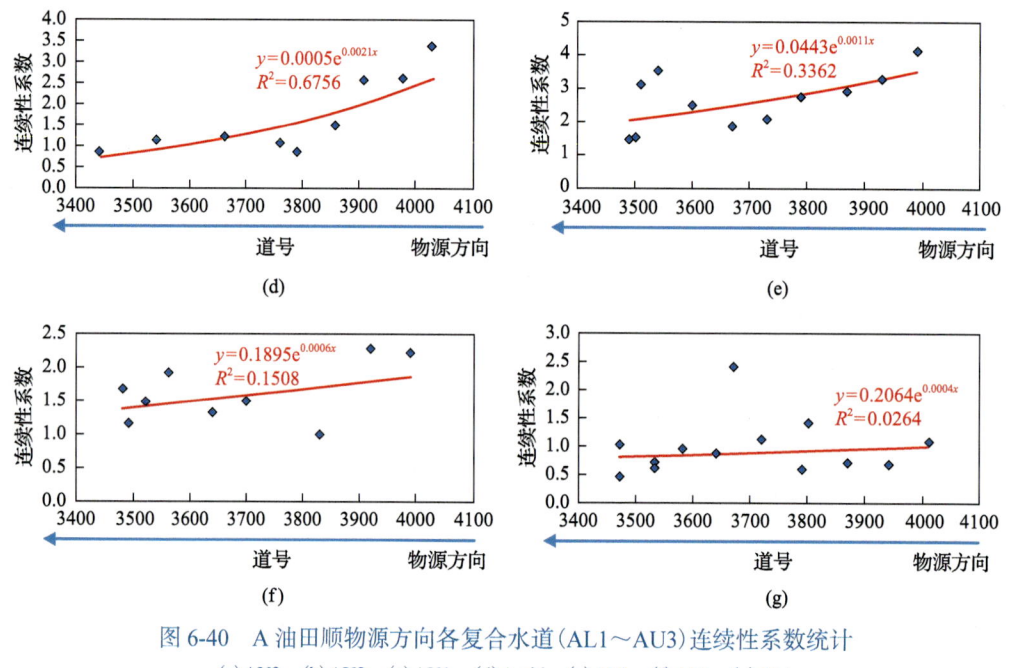

图 6-40　A 油田顺物源方向各复合水道（AL1～AU3）连续性系数统计
(a) AU3；(b) AU2；(c) AU1；(d) Amid；(e) AL3；(f) AL2；(g) AL1

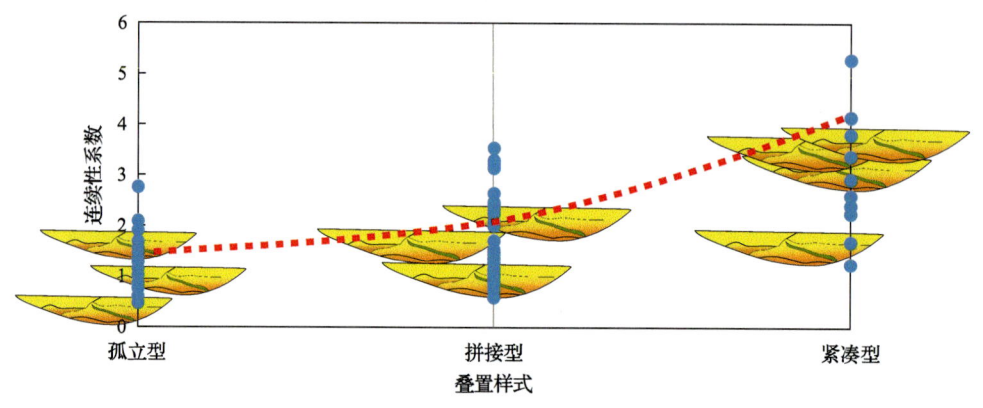

图 6-41　A 油田砂体叠置样式与连续性系数分布统计

式的水道一般符合 1 型、不连续的规律特点，且利用水道叠置比例统计数据分析可知，孤立型（1 型）连续性系数分布区间为 0.86～1.68，拼接型（2 型）连续性系数分布区间为 1.19～2.41；紧凑型（3 型）连续性系数分布区间为 2.25～3.79。

2）水道曲率

西非地区水道连续性主控因素除受重力流类型改变影响外，地形地势的差异及地貌特征的变化也是较重要的控制因素（具体内容前面已讲，此处不过多赘述），而水道曲率变化是影响砂体叠置样式最主要的控制因素，叠置样式将最终决定水道储层连续性。

以 A 油田工区为例，水道体系各小层内部水道曲率与连续性系数之间呈幂相关关系（图 6-42），水道内部连续性系数随曲率增大而减小，且乘幂函数系数随水道演化也逐渐变小，代表曲率对于连续性系数的影响力逐渐降低，这是由于 AL1 小层处于各研究区发

图6-42 油田各小层(AL1~AU3)水道曲率-连续性系数相关关系

(a) AU3; (b) AU2; (c) AU1; (d) Amid; (e) AL3; (f) AL2; (g) AL1

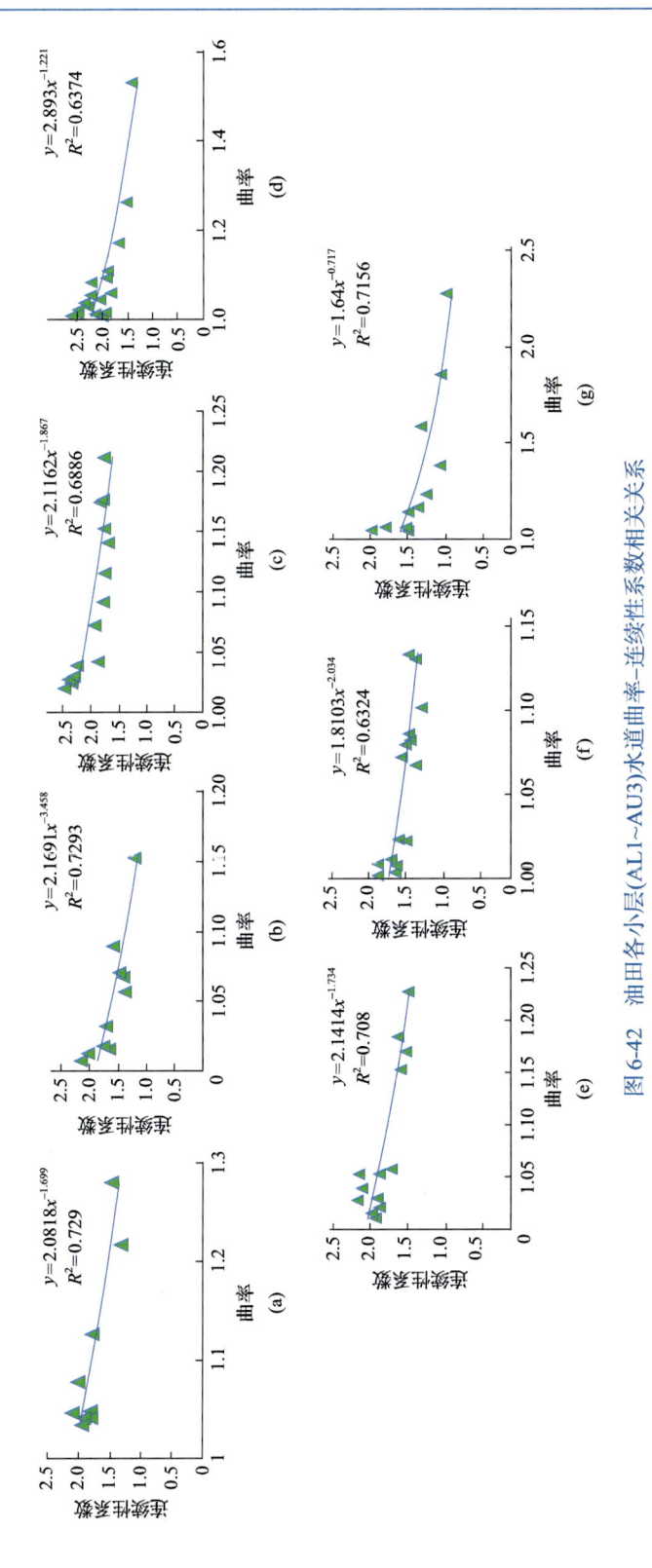

育最顶层，其内部充填多为细粒沉积物，层内水道连续性系数逐渐变小，幂函数也随之减小。总体上来看，水道体系曲率与连续性系数之间呈较好的幂相关关系，水道内部连续性系数随曲率增大表现出减小的趋势(图6-43)。

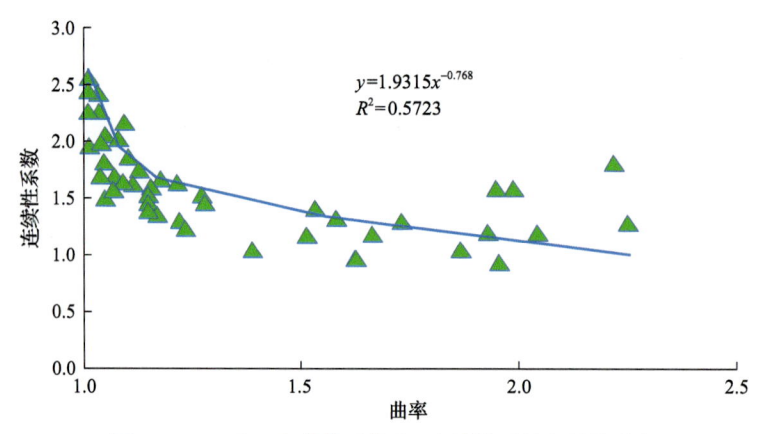

图6-43 A油田水道体系曲率-连续性系数相关性分析

通过对A油田水道曲率与叠置样式的统计发现，随着曲率增大，叠置样式由紧凑型(3型)向孤立(1型)趋势进行演化。这表明，在水道靠近物源端的顺直水道段，由于水动力、限制性较强，水道以紧凑型(3型)及拼接型(2型)的样式叠置。

在远源弯曲水道段，水道以孤立型(1型)及拼接型(2型)样式进行叠置。其中，间隔型(1型)曲率分布区间为1.0～1.11，拼接型(2型)曲率分布区间为1.09～1.28，紧凑型(3型)曲率分布区间为1.23～1.51(图6-44)。

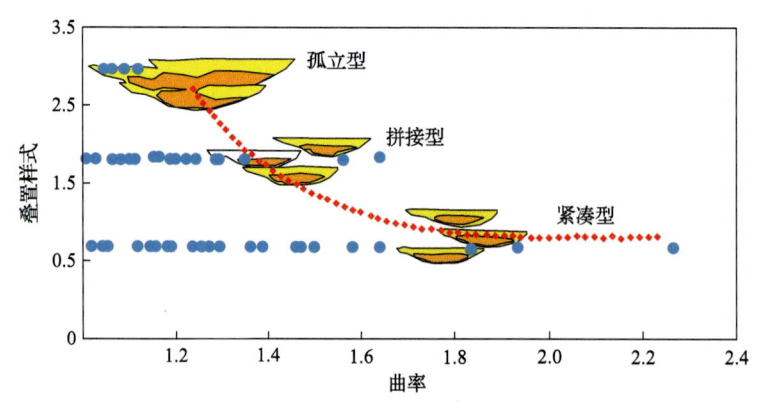

图6-44 A油田砂体叠置样式与曲率分布统计

3) 地形坡度

曲率变化与水道叠置样式之间存在良好的相关关系，而地形坡度变化作为西非地区地形地貌方面另一个重要的主控因素，与水道叠置样式同样具有良好的相关关系。前面对尼日尔三角洲盆地浅层水道进行曲率与地形坡度的统计：表明西非地区曲率与地形坡度的变化呈负相关关系，曲率越大，地形坡度越小。需要说明的是，Eg示例工区目的层段存在大量的构造变形、底辟拱升作用，地形坡度的统计将十分困难，因此特将沉积环

第6章 深海水道储层构型表征与砂体展布

境类似、构造变形较少的水道作为原型，以此研究西非地区曲率与地形坡度变化，最终得到曲率-地形坡度-连续性系数的定量模板。

综合砂体叠置样式与曲率、曲率与地形坡度之间的良好相关关系，将叠置样式与典型控制因素（曲率、地形坡度）进行交会，最终得到水道储层连续性定量预测模板（图6-45）。由图6-45可知，西非陆缘水道连续性系数与曲率呈负相关的幂函数关系，和地形坡度呈正相关的统计关系。随着曲率增大，单一水道间的叠置关系由紧凑型逐渐转变为拼接型，且最终转变为孤立型。而连续性系数与砂体叠置样式的相关性则刚好相反。

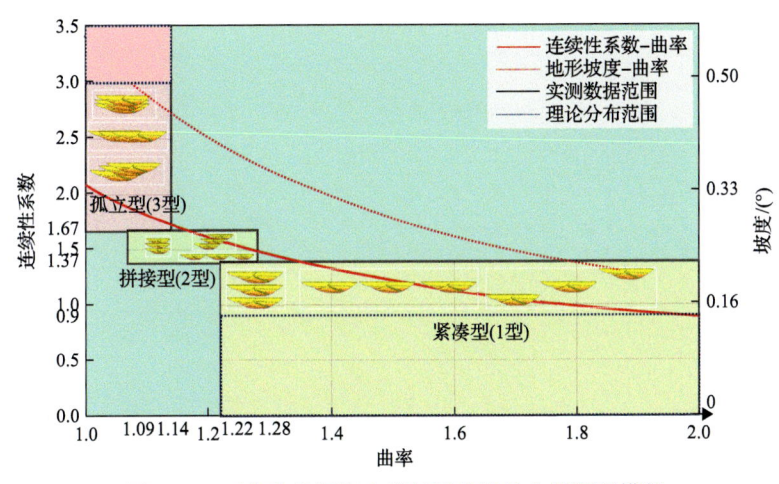

图6-45 西非陆缘深海水道储层连续性定量预测模版

其中紧凑型（3型）叠置样式水道主要分布于曲率为1.0~1.14区段，其连续性系数分布范围为1.67~3.0，该区域内的单一水道相互之间具有较高的叠置程度，连续性较好，在地震平面上往往表现出较强的振幅相，或者较大范围的砂体连续展布。拼接型（2型）叠置样式水道主要分布于曲率为1.09~1.28范围内，连续性系数区间为1.37~1.67；该区域内的单一水道相互之间叠置程度相对较低，往往只有水道边缘部分发生切叠，其连续性程度一般，在地震平面上往往表现为两条水道间存在少量振幅较强区域，整体识别特征相对不太明显。孤立型（1型）叠置样式水道主要分布在曲率为1.22~2.0区域，连续性系数区间范围0.9~1.37，此区段内的单一水道在横向和（或）纵向上相互分离，水道无相互接触区域，水道间常充填泥质沉积物或天然堤内的细粒沉积物，连续性一般较差，其在地震平面上表现为明显的两条水道相互分离，水道间有时可见明显的弱振幅带。

从图6-45中可以看出，不同叠置样式水道连续性系数存在明显的界限，紧凑型与拼接型界限为1.67，拼接型与孤立型界限为1.37，其主要原因为连续性系数及构型模式的约束，再结合水道叠置比例定量预测图版，可对复合水道叠置样式进行准确判断。而不同叠置样式水道类型的曲率分布则没有较为明确的界限，如在曲率为1.09~1.14的区间内，同时存在紧凑型与拼接型两种水道砂体叠置样式，这在一定程度上反映了水道的沉积演化模式。在曲率较小区段，水道形态为顺直型，水道内部相互切叠，形成紧凑型叠置样式。随着曲率增大，水道内部沉积流体在重力及弯曲处产生的离心力作用下向外迁移，逐渐形成接触型水道，在这个过程当中水道叠置样式往往会在紧凑型和拼接型两者间相互转变，致使在某个曲率区间范围内同时发育两种叠置样式。

上述连续性系数和曲率区间的数据主要来源于西非陆缘深海水道储层，而借助深海水道构型理论模式的指导，可以推测出其他区间的水道砂体叠置样式。例如，曲率为1～1.14范围内，西非地区水道连续性系数分布区间为1.67～3.0，由连续性系数越大水道间连续程度越高的原则可以推测，在该曲率范围内，连续性系数＞3.0的区域也应为紧凑型。同理，西非地区孤立型水道连续性系数区间为0.9～1.37，可以推测当连续性系数在0～0.9时的复合水道，其砂体叠置样式也应为孤立型。

第7章 深海水道储层三维地质建模

为了获取深海水道储层及其相关参数在三维空间的分布规律,三维地质建模是最为有效的手段。本章首先详细介绍了基于统计学的深海水道储层三维地质建模方法;其次以尼日尔三角洲盆地的 A 油田和下刚果盆地的 G 油田为例,对其储层展开模式驱动的构型建模;最后重点表征了 A 油田深海水道储层构型分布,进而建立了其储层参数三维模型。

7.1 基于统计学的深海水道储层三维地质建模方法

储层三维地质建模方法是指利用地质、物探、开发等资料,通过特定的统计学方法开展井间储层预测,构建地下储层三维模型。下面重点介绍示性点过程三维地质建模方法及多点统计学三维地质建模方法。

7.1.1 深海水道储层示性点过程三维地质建模方法

1. 示性点过程三维地质建模方法简介

示性点过程三维地质建模方法通过目标整体生成的形式反映储层形态,其优点是在研究区井少的情况下较容易再现目标体几何形态,缺点是在实际应用中参数准确求取比较困难,因此如何获取定量化的地质信息来约束模拟结果,尽可能提高相模拟的合理性则是利用该方法进行建模的关键所在。为此,笔者提出了基于构型模式约束的深海水道示性点过程三维地质建模技术,内容如下:以水道体系、复合水道和单一水道三个层次的水道构型模式为约束,利用提取的多种地震属性,提出了基于沉积构型定量分析的深海水道模拟技术。即通过深海水道沉积构型定量模式研究,可获得浅层深海水道的宽度、深度、宽深比、水道波长、水道弯曲幅度等参数,进而可拟合出浅层深海水道宽度与深度间的定量关系和经验公式;根据已有的浅层沉积定量关系及经验公式,结合深层油藏范围内井震标定的水道深度,求取深层水道的宽度、数量等参数;进而,在浅层水道波长、幅高和深层钻井信息的约束下,运用基于目标模拟方法,模拟深层水道的三维空间分布(图 7-1)。

针对深海油田井少、地震资料分辨率难以识别单砂体(单一水道)的情况,需要探索如何利用好已有的构型定量模式及定量关系指导单一水道三维地质模型的建立。储层随机建模是基于地质统计学的基本原理再现地下储层分布的一项技术。根据模拟对象的不同,随机模拟方法分为基于象元和基于目标的模拟方法,基于目标的模拟方法通过目标整体生成的形式能够较好地反映储层形态,在研究区井少的情况下较容易再现目标体几何形态,尤其适用于水道分布模拟。

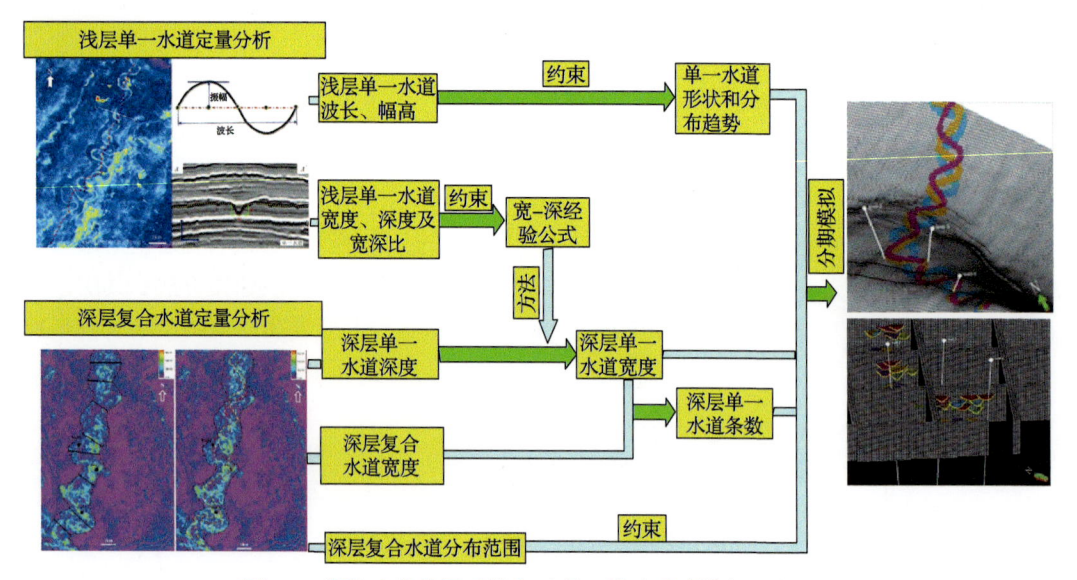

图 7-1　深海水道储层示性点过程三维地质建模方法流程图

2. 示性点过程三维地质建模方法过程

1)深海水道外部形态定量关系研究

关于深海水道的定量参数主要包括宽度、深度、弯曲度、幅高和波长等，而这些参数分布受沉积和构造综合影响。单一水道的摆动特征影响了复合水道乃至整个水道体系的分布特征，也是进行地质研究及后续三维地质建模过程中最基本的模拟单元，因此对于单一水道的活动特征和定量关系研究至关重要。

单一水道的规模研究主要基于浅层高频地震的单一水道识别结果。如 5.3.1 节所述，依托浅层高频地震资料，通过多种属性地层切片综合分析，选取西非陆缘 20 条单一水道作为样本，选取了多个样品点对其宽度、深度进行直接测量并统计分析，建立了相关数据表(表 5-2)。相应结果可以指导该区深层同类油气田水道沉积的定量认识。

由于单一水道属于单期一次或多次性成因沉积单元，其深度、宽度之间可能存在一定的关系。对单一水道的宽度、深度数据进行相关性分析，经过交会图分析发现，单一水道的宽度(w)与深度(h)之间存在较好的线性正相关关系，关系式为$w=14.372h+9.5299$，复相关系数为 0.9087。在一定范围内，水道的深度随着宽度的增大而加深，且增长速率呈上升趋势。

波长反映了一个完整蛇曲段内水道前进的距离，可能与底形坡度有较大关系。鉴于样本获取位置限制，本节仅统计了波长分布范围，未对其与底形坡度的关系进行深入研究；幅高大小反映了单一水道平面摆动能力的强弱，关于单一水道幅高与弯曲度关系的研究，相关报道较少。在 5.3.1 节，笔者选取了西非陆缘典型单一水道的多个样品点对水道的幅高和相应弯曲度进行了精细测量，针对其分布特征和相关性开展了统计研究工作，并建立了相关数据表(表 7-1)。

第 7 章 深海水道储层三维地质建模

表 7-1 单一水道波长、幅高统计数据表

样本编号	幅高/m	波长/m	样本编号	幅高/m	波长/m
1	101.5	717.5	30	441.2	1011.5
2	152.2	752.5	31	452.8	1044.4
3	168.6	759.5	32	595.2	1047.2
4	150.3	787.5	33	695.6	1147.3
5	122.2	790.3	34	615.4	1085.0
6	193.6	770.0	35	386.4	1141.0
7	198.4	910.0	36	300.8	1123.5
8	221.3	789.6	37	321.5	1092.0
9	248.8	773.5	38	341.7	1190.0
10	235.5	875.0	39	500.6	1199.8
11	246.6	875.0	40	552.5	1217.3
12	251.4	840.0	41	549.8	1211.7
13	279.3	868.0	42	556.7	1138.2
14	291.6	833.0	43	606.6	1172.5
15	283.8	822.5	44	333.5	1277.5
16	265.4	961.8	45	597.6	1365.0
17	285.5	959.7	46	421.6	1248.1
18	300.9	962.5	47	491.2	1298.5
19	331.4	956.9	48	624.4	1295.7
20	351.3	896.0	49	696.2	1295.0
21	394.6	850.5	50	784.6	1290.1
22	369.2	957.6	51	512.5	1477.0
23	220.6	966.7	52	675.3	1491.0
24	259.2	994.0	53	742.4	1442.0
25	292.6	1027.6	54	832.6	1596.0
26	249.3	1042.3	55	900.5	1617.0
27	448.8	941.2	56	816.5	1792.0
28	421.3	997.5	57	954.4	1711.5
29	467.9	994.7	58	952.6	1799.0

研究结果(图 7-2)表明：单一水道幅高介于 100~1020m，平均为 440m，其中小于 800m 的占 86%；对研究区单一水道的波长分布进行了统计，其分布范围为 720~1800m，平均为 1100m，其中小于 1400m 的占 85%。

2) 深海水道示性点过程模拟

浊积水道在沉积过程中以重力流成因为主，随着搬运能量的减弱，沉积物卸载并在原地沉积，往往形成中间厚、边部薄的水道沉积。因此，对于浊积水道沉积类型来说，用基于目标(示性点过程)模拟的方法更具有代表性。基于目标建模方法需要通过先验认

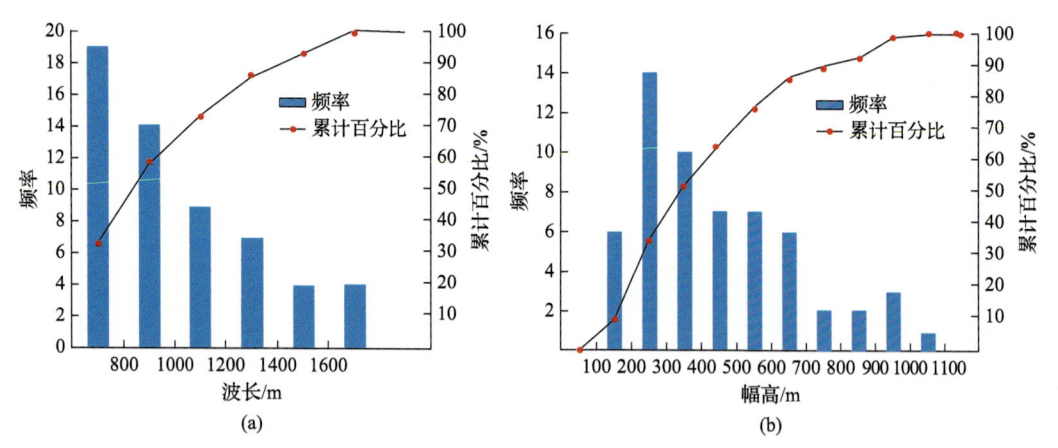

图 7-2 单一水道波长和振幅统计结果

(a)波长统计结果；(b)振幅统计结果

识对目标体几何形状进行确定性的定义，由于在不同研究区针对每种沉积微相目标体都有对应的几何参数(如宽度、厚度等)，采用基于目标方法进行沉积微相模拟时，参数确定很关键(图 7-1)。

基于 Petrel 地质建模软件，针对该建模方法提供了多种可供选择的沉积目标几何形状，而对于沉积微相中呈顶平底凸状的水道砂，Petrel 软件单独定义了一个目标形状，呈弯曲条带状。模拟单元的几何参数包括水道的幅高、波长、宽度和深度等，取值范围均参考上述浅层沉积定量研究结果及相应的经验公式。水道模拟过程中任意一个参数的调整都会对模拟结果产生一定的影响，本节在模拟过程中设置水道波长为定值的情况下，发现水道的幅高越大，模拟结果中水道的弯曲度就越高；反之，模拟水道具有较低的弯曲度。所以在模拟过程中须慎重选择所用参数(图 7-1)。

就西非陆缘的深海水道而言，基于目标水道模拟方法关键技术的目标体参数的设置主要体现为水道规模(宽度、深度)、水道数量、水道形状及分布趋势等参数的设置，主要包括以下几个关键步骤。

第一，实际油田单一水道宽度和深度范围的确定。根据前面浅层地震资料的统计和分析已经获得了一些定量参数的取值范围，可以作为参考。但具体到确定的研究层位，为使结果更贴近实际，借助研究区已获得的宽度、深度关系经验公式，从实际钻井的测井解释获知油田单一水道砂体的厚度(深度)范围，通过经验公式进一步计算得到单一水道砂体的宽度范围。

第二，同一复合水道带内部相互独立的单一水道的数目。如果油田有钻穿复合水道的水平井，基于水平井信息获取单一水道数目是一个较好的途径。如果没有水平井信息，可大致采用如下方法：首先，最大程度提取目的层地震信息，得到复合水道砂体分布特征(研究区目的层地震主频通常能够刻画复合水道砂的分布)。其次，从能够反映复合水道平面分布的属性图上对其宽度进行测量。最后，根据复合水道内部单一水道的迁移特征，用复合水道平均宽度除以单一水道平均宽度进行估算。计算过程中，由于单一水道在侧向迁移过程中存在切叠现象，估算过程中单一水道的宽度取值要考虑叠置部分的误差，这样计算可将计算结果取近似值，该近似值基本代表了复合水道带内单一水道的数目。

第三，水道形状及分布趋势。定量沉积分析表明，水道平面上呈条带状，横截面呈顶平底凸状。水道分布趋势的确定是基于目标模拟方法的难点和重点。本节主要通过测量波长和幅高来限定水道展布，模拟过程中主要参考已获得的浅层沉积统计结果（表7-1），水道幅高范围为100~1020m，波长范围为720~1800m。这样对单一水道的弯曲度分布也进行了控制，模拟过程中未出现截弯取直现象。

第四，垂向分期模拟。根据水道垂向分期演化特征，分期次（小层）按照前面3个步骤逐一模拟，过程中注意后期沉积对前期沉积的改造作用（平面和垂向），保证沉积过程的连续性和继承性。

7.1.2 深海水道储层多点统计学三维地质建模方法

1. 多点统计学三维地质建模方法简介

多点统计学三维地质建模方法可以描述具有复杂空间结构和几何形态的地质体，是今后地质统计学发展的一个热门方向，其应用难点在于训练图像的获取。以往训练图像制作多以密井网区资料为基础，通过单井内插和外推进行模式拟合，获取不同微相的平面形态特征，得到二维训练图像。该方法制作的训练图像很大程度上依赖于地质人员推测，不确定性较大。海上油田钻井成本高，井网密度小，难以控制单一砂体（单一水道）规模，而且深海水道在沉积过程中迁移摆动频繁，单一水道间交切关系复杂，常规二维训练图像难以描述变化频繁的沉积过程，需要能够表征空间结构关系的三维训练图像。为此，本书提出了基于构型定量模式约束的多点统计学三维地质建模技术，具体内容包括三维训练图像获取和多点地质统计学模拟。关于三维训练图像获取：首先，获取浅层深海水道的形态特征、规模分布及相关参数定量关系；其次，通过定量关系类比，指导深层油藏范围内单井钻遇水道砂体分析，并对比两类（浅层和深层）水道砂体规模的差异，将其作为多点模拟过程中砂体规模变化（扩大或缩小）系数的参考；最后，利用浅层高频地震高精度反演资料，结合人工解释的水道侧向迁移包络线，通过地球物理雕刻技术提取三维深海水道目标地质体，建立深海水道定量化三维训练图像（图7-3）。该方法提供的三维训练图像，能从空间上提供微相砂体间的几何关系及单一砂体本身的形态特征，在多点统计模拟中更接近实际情况。

关于多点地质统计学模拟，以深层油藏测井相数据为基础，以复合水道构型模式为指导开展复合水道层次储层构型表征，以此为约束，采用Snesim算法，借助生成的三维训练图像进行单一水道层次的三维地质建模（图7-3）。模拟过程主要包括数据准备、扫描训练图像并构建稳定的搜索树、调整匹配参数、选择随机路径、序贯求取各模拟点数据事件的条件概率分布函数并抽样获得模拟实现。规模系数代表训练图像砂体规模与实际模拟砂体规模的倍数，可通过浅层水道宽度（或深度）平均值除以深层（实际研究区）水道宽度（或深度）平均值来获取，在建立训练图像网格时需要考虑这一倍数关系。

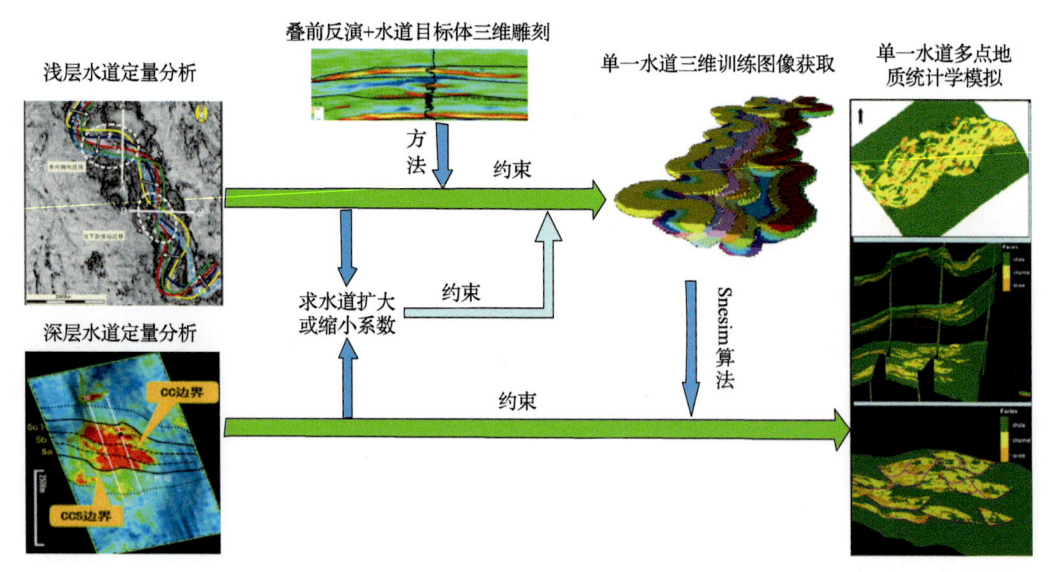

图 7-3 深海水道储层多点统计学三维地质建模方法流程图

2. 多点统计学三维地质建模方法过程

1) 训练图像的获取

与示性点过程三维地质建模方法类似,开展多点统计学三维地质建模同样需要首先分析深海水道外部形态的定量特征,这里不再赘述。在明确深海水道外部形态之后,下一步则需要获取三维训练图像。如前所述,获取训练图像的关键在于在浅层高频地震反演资料中提取三维浊积水道目标地质体。本节以该区浊积岩岩石物理模型为基础,充分挖掘叠前地震岩性信息,用多道地震记录自相关统计方法并结合井震标定结果估算子波,采用叠前参数反演技术进行储层反演,最后优选出梯度阻抗(GR_inp)作为砂泥岩识别的最佳参数(图 7-4)。与常规叠后声波阻抗(P)反演相比,梯度阻抗区分砂泥岩清晰,参数交叉重叠部分少,而且该反演方法受井控约束程度小,反演信息主要来自并尊重地震原始信息,反演结果更可靠。

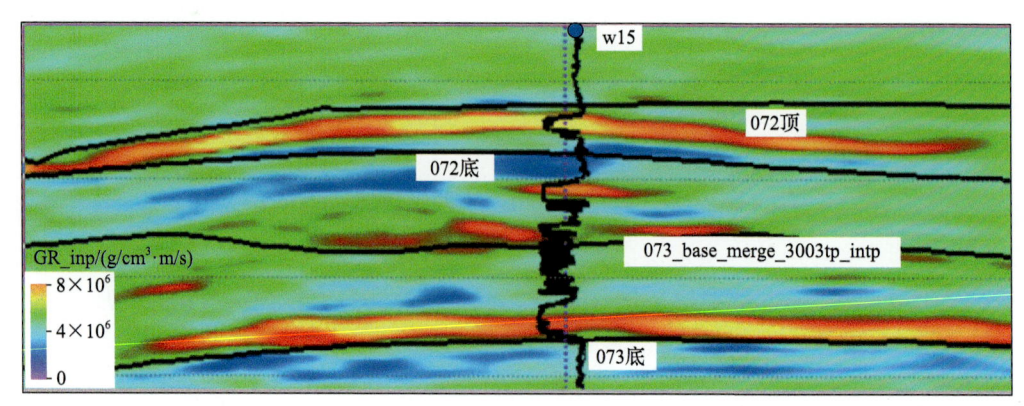

(a)

第7章 深海水道储层三维地质建模

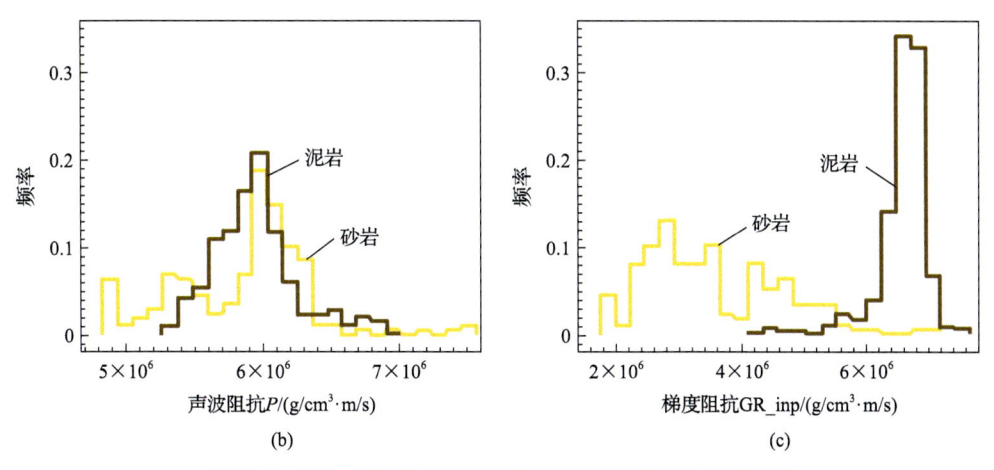

图 7-4 梯度阻抗与声波阻抗识别砂泥岩对比及反演结果

基于反演得到的梯度阻抗数据体及人工解释的水道侧向迁移包络线，通过地球物理雕刻技术(用砂岩梯度阻抗范围截断)提取浅层水道三维目标体，将该目标体导入 Petrel 软件中并进行网格化。根据前期对构型模式的研究得知浊积水道往往伴有天然堤沉积，垂向相序上一般都沉积在水道主体的上部及平面水道条带的边部，且天然堤内部砂体往往泥质含量增加。所以根据梯度阻抗反演结果，将导入 Petrel 中的目标体声波阻抗值进行二次划分(依据重叠部分截断值)，将目标体微相划分为水道和天然堤，背景相为泥岩，由于目标提取过程中受分辨率限制难免存在误差，主要依据沉积模式进行适当人工调整。图 7-5 为本次建立的反映水道、天然堤砂体与水道间泥岩分布的三维训练图像，从平面上能体现出水道的展布形态，天然堤沿水道两侧边部分布，三维栅状图剖面上水道呈顶平底凸状，且单一水道间的迁移、叠置关系明显，符合地质模式及先验认识，说明该训练图像可靠。三维训练图像从空间上提供了微相砂体间的几何关系及单一砂体本身的形态特征，在多点统计模拟中指示意义更接近地质实际情况。

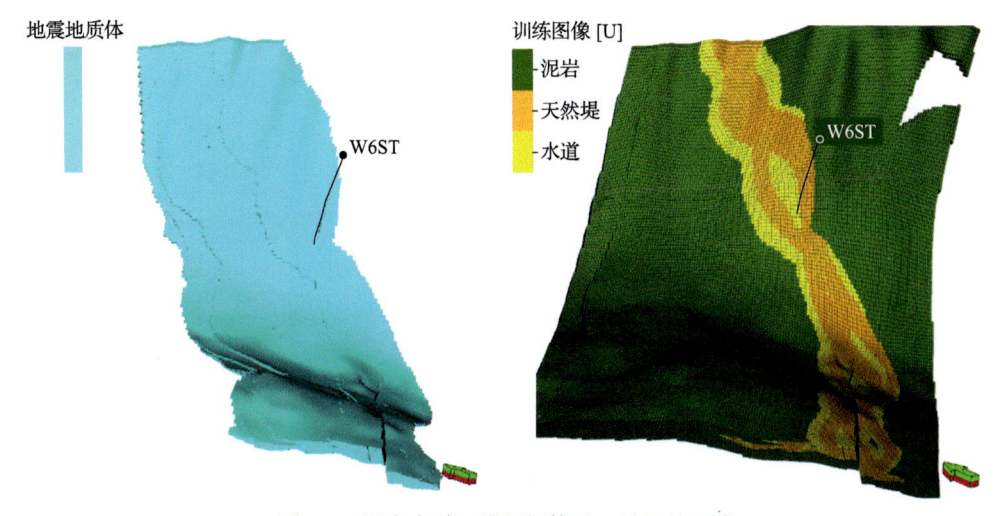

图 7-5 深海水道三维目标体及三维训练图像

2) 多点地质统计模拟

多点地质统计学目前代表性算法为 Snesim 和 Simpat，其中 Snesim 算法因运算速度较快，在目前商业软件 Petrel 中最为常用。多点地质统计学方法用于地质建模具备一定优势：首先，模拟过程中考虑复杂形状地质体的空间配位关系；其次，考虑储层在不同水动力条件下的沉积模式；再次，模拟过程综合了地质学家的经验；最后，相关算法快速灵活，易于多次模拟从而进行模型优选。

多点统计模拟方法主要基于 Petrel 软件平台，采用 Snesim 算法，以井点测井相为硬数据，以复合水道砂体分布范围作为约束，借助生成的三维训练图像对实际油田区水道砂体分布进行模拟（图 7-3）。模拟过程主要包括数据准备、扫描训练图像并构建稳定的搜索树、调整匹配参数、选择随机路径、序贯求取各模拟点数据事件的条件概率分布函数并抽样获得模拟实现，这一过程均通过 Petrel 软件自动完成。其中在调整规模系数这一项参数时，获取办法为浅层水道宽度（或深度）平均值除以实际模拟区水道宽度（或深度）平均值。

7.2 基于模式驱动的深海水道储层三维构型建模

以前述深海水道储层构型模式为指导，本节开展了深海水道储层三维构型建模，形成了深海水道储层确定性与随机性相结合的建模方法，并建立了针对建模结果的不确定性评价技术。上述技术强调的是确定性与随机性相结合的逐级相控建模方法，并对建模结果进行了不确定性评价，以此最大限度地降低表征结果的不确定性。

7.2.1 基于模式驱动的深海水道储层三维构型建模方法

1. 模式驱动的三维构型建模方法简介

针对深海水道体系的构型模式，提出了分级次储层构型要素建模技术，其基本思想为：在储层构型模式的指导下，以构型解剖结果为硬约束数据，以各小层地震属性信息为软约束数据，利用确定性与随机性相结合的建模方法，分复合水道、单一水道、岩相三个级次开展逐级相控的储层构型建模。

在这种逐级相控的建模思路指导下，深海水道储层构型建模的最终点落到了岩相上。由生产实践发现，仅以单一水道作为构型表征的最小级次，无法满足开发中后期的要求，开发生产过程中遇到了较多问题，如注水不见效、地质模型储量计算偏大等。主要原因在于，对单一水道内部构型要素分布特征认知不足。而对于三维地质建模，在预测技术达到的情况下，总是希望能够建立更精细的三维地质模型，为进一步推动浊积岩建模精度的提高，在单一水道内部岩相发育规律和发育模式的基础上，建立了岩相三维模型，以期为油田开发过程中精细数值模拟研究提供物质基础。

首先，基于岩心、测井、野外露头、高频地震等信息，对深海水道内部岩相进行划分及特征描述，从岩性变化的角度总结深海水道内部岩相变化规律；其次，基于层次建模的原则，水道体系约束复合水道、复合水道约束单一水道，采用已建立的完善的统计

第 7 章 深海水道储层三维地质建模

学方法，通过层层约束的方式建立深海水道分布模型；最后，以单一水道模型为基础，以水道内部岩相发育规律为约束，采用统计学方法形成三维岩相分布模型（图 7-6）。

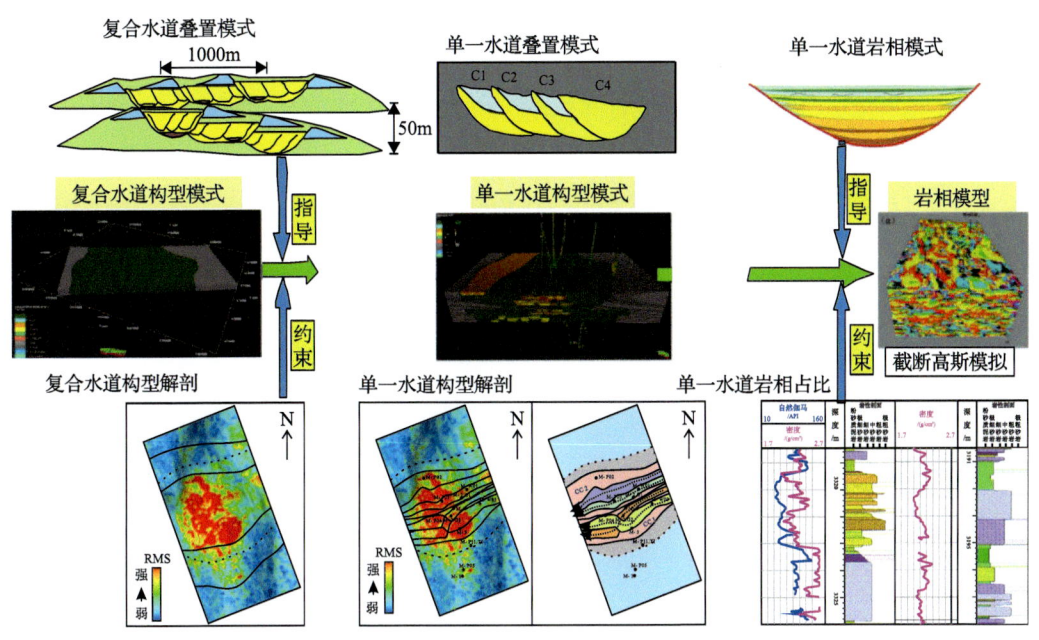

图 7-6 基于模式驱动的深海水道储层三维构型建模方法流程

2. 模式驱动的三维构型建模方法过程

1) 深海水道岩相模式分析

无论是复合水道还是单一水道，水道的主体到边部均会发生岩性变化，且沉积厚度也会逐渐减薄，因此从平面分布位置上将其划分为水道主体、水道边部两部分（图 7-7）。但两部分之间的界限并无明确的划分标准，水道主体和边部之间的比例依据水道沉积结

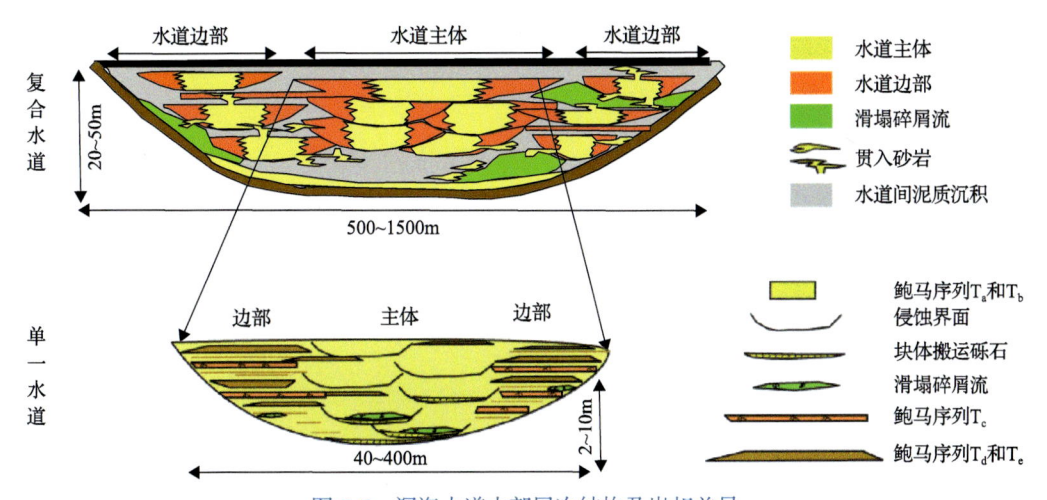

图 7-7 深海水道内部层次结构及岩相差异

果的不同处于变化之中,存在一定的不确定性。

在水道构型分析过程中认识到水道主体和水道边部岩性差异明显,二者共同构成了完整的水道目标体。水道主体除底部含有少量砾岩及碎屑流沉积外,以大套块状中-粗砂岩为主,体现为鲍马序列的 T_a 和 T_b 段,偶有薄泥岩夹层;水道边部砂体逐渐减薄,泥质含量增加,多数体现为鲍马序列的 T_c、T_d 和 T_e 段(图 7-7)。每一期单一水道内部的充填序列都会存在一定的差异,如果一期水道内部充填物以泥质滑塌或碎屑流为主,那么与上一期下切剩余沉积产物之间就会相互独立,但整体从水道底部到顶部会呈现出一定的规律性。

2) 水道级别三维模拟

水道级别模拟主要采用基于目标的模拟方法。完整的水道单元包含水道主体和水道边部,且水道主体和边部之间的界限位置存在不确定性。因此,本次模拟过程为评估不同比例对模拟结果的影响,将水道主体:边部设置为 70%:30%作为基础方案,另外分别设置 60%:40%和 80%:20%作为敏感性分析方案。基于 RMS 地质建模软件,以单井解释构型要素及岩相结果作为条件数据,采用较为成熟的基于目标模拟的方法,在参数设置的基础上进行三维水道分布模拟(图 7-8)。

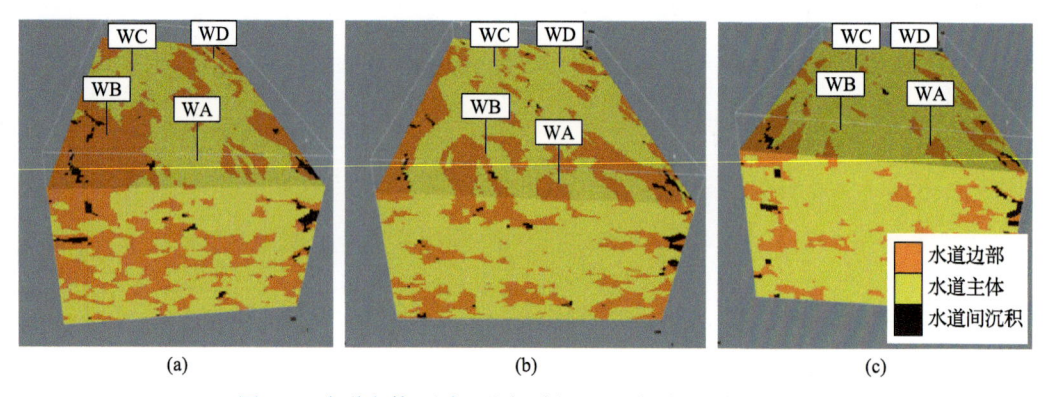

图 7-8 水道主体:边部不同比例下浊积水道三维模拟结果
(a)水道主体:边部为 60%:40%;(b)水道主体:边部为 70%:30%;(c)水道主体:边部为 80%:20%

从模拟结果(图 7-8)来看,不同比例的初始值对结果影响较大,尤其对比图 7-8(a)与(c),水道主体和边部的不同比例均得到较好的体现。从模拟结果的三维结构来看,水道之间的叠置关系也符合前期分析的构型模式,达到了参数控制和模式约束的预期效果。该模拟结果可以作为下一步三维岩相模拟的基础。

3) 水道内部岩相模拟

岩相模拟的基础数据主要来自多口井的岩心分析或测井解释。统计每种岩相的比例,在单一水道不同比例(水道主体:边部)模型的约束下,采用截断高斯模拟方法模拟浊积水道岩相三维分布。截断高斯模拟能够较真实地反映岩相的沉积序列,从三维分布结果(图 7-9)来看,受不同水道类型(主体:边部不同)约束的影响,岩相分布呈现出明显差异,图

7-9(c)中鲍马序列 T_a/T_b 段高密度浊流沉积比例较高，该段属于高净毛比浊积砂体；而图 7-9(a)中由于水道边部比例相对较高，多表现为废弃的泥质沉积和边部滑塌沉积。

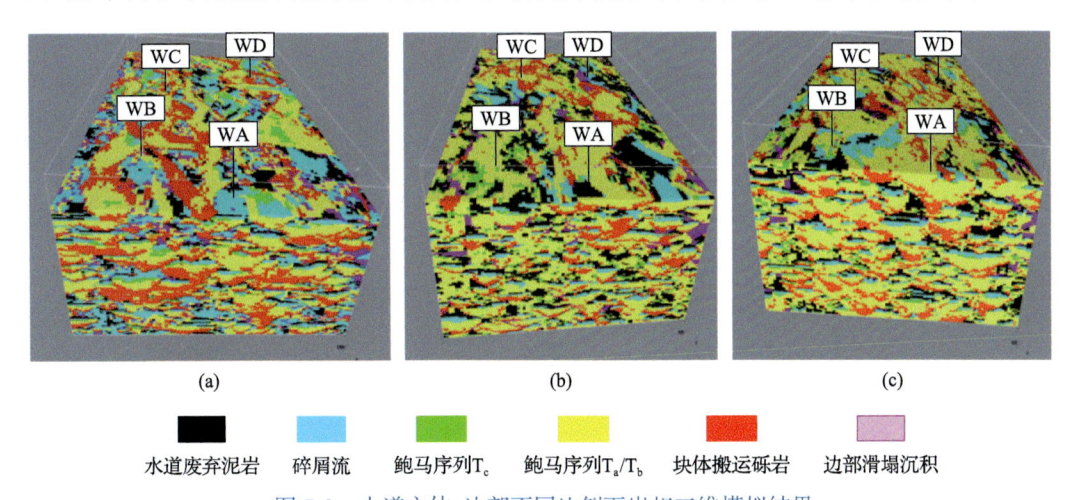

图 7-9 水道主体:边部不同比例下岩相三维模拟结果

(a)水道主体:边部为 60%:40%；(b)水道主体:边部为 70%:30%；(c)水道主体:边部为 80%:20%

另外，为充分印证岩相模拟结果的可靠性，选取基础参考模型(70%:30%)进行横截面分析。从剖面分析结果来看：垂直物源方向[图 7-10(a)]水道内部从底部到顶部体现为砾岩沉积—中粗粒的鲍马序列 T_a/T_b—中细粒的 T_c 段—泥质碎屑或细粒泥质沉积的正旋回序列，且单一水道之间的叠置关系(斜列、垂向叠置等)明显；从平行物源方向[图 7-10(b)]来看，水道内部的正粒序特征明显，砂体的连续性增强，受水道弯曲程度影响，截面位置依然能看到完整的单一水道形态。

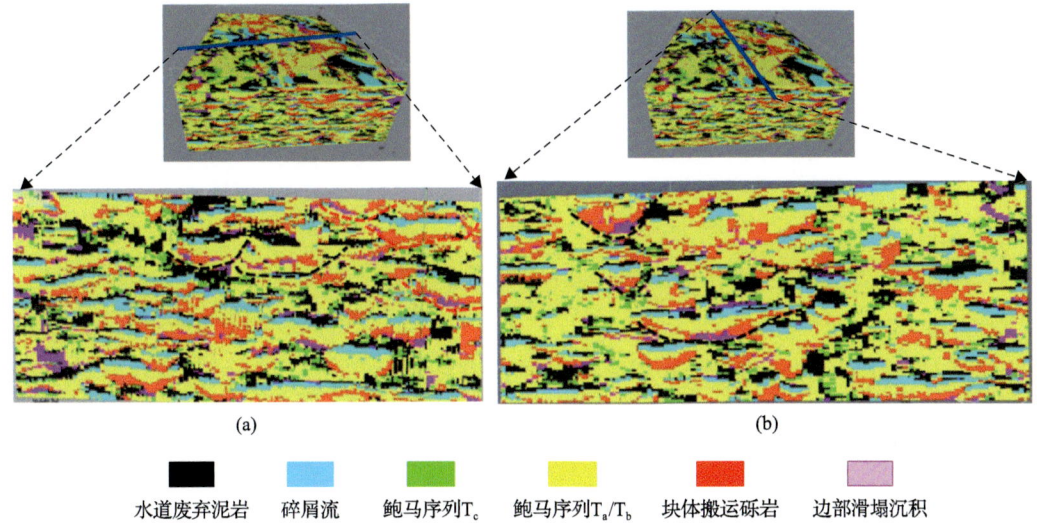

图 7-10 主体:边部(70%:30%)比例下岩相模拟剖面结果

(a)垂直物源方向；(b)平行物源方向

7.2.2 A 油田深海水道储层构型三维建模实例

针对尼日尔三角洲盆地 A 油田的深海水道储层构型模式，本小节利用上述介绍的建模方法，分复合水道、单一水道、岩相三个级次开展逐级相控的深海水道储层构型三维建模。

1. 复合水道层次构型建模

复合水道级次建模的具体做法：以一维、二维构型表征结果为硬约束数据，以各小层(AL3~AL1)RMS 属性为软约束数据，得到符合地质认识和地质模式的三维构型模型(图 7-11)。

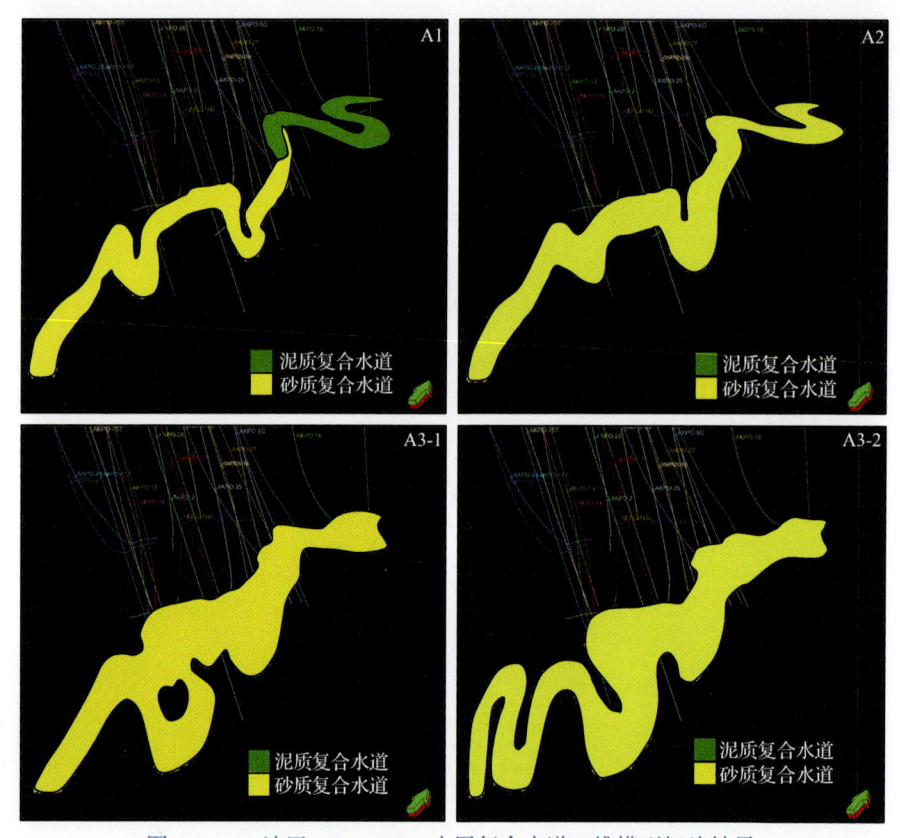

图 7-11　A 油田 AL1~AL3 小层复合水道三维模型切片结果

由图 7-11 所示的三维模型的切片可知，复合水道在空间上具有一定的演化特征。AL3 早期复合水道连片分布，规模较大，随着海平面的上升，部分水道出现截弯取直现象，复合水道规模逐渐减小，到了 AL1 晚期，水道出现废弃现象，工区北部见泥质充填水道。

2. 单一水道层次构型建模

以复合水道模型为约束，在储层构型解剖的基础上开展了 AL3~AL1 小层单一水道的三维建模，具体实现步骤如下：以平面构型解剖结果为基础，对于确定段(工区中南部

第7章 深海水道储层三维地质建模

地震资料品质好的区域，图 7-12），采用序贯指示+人机交互处理的方法，将切片平面构型解剖结果赋值于对应的三维网格中，从而建立确定段单一水道的三维空间展布模型，该方法属于传统的地质学方法，在此不再赘述；而对于不确定段(工区北部地震资料品质差的区域，图 7-12)，则采用基于目标的方法建立三维水道模型，下面重点介绍该方法的实际应用。

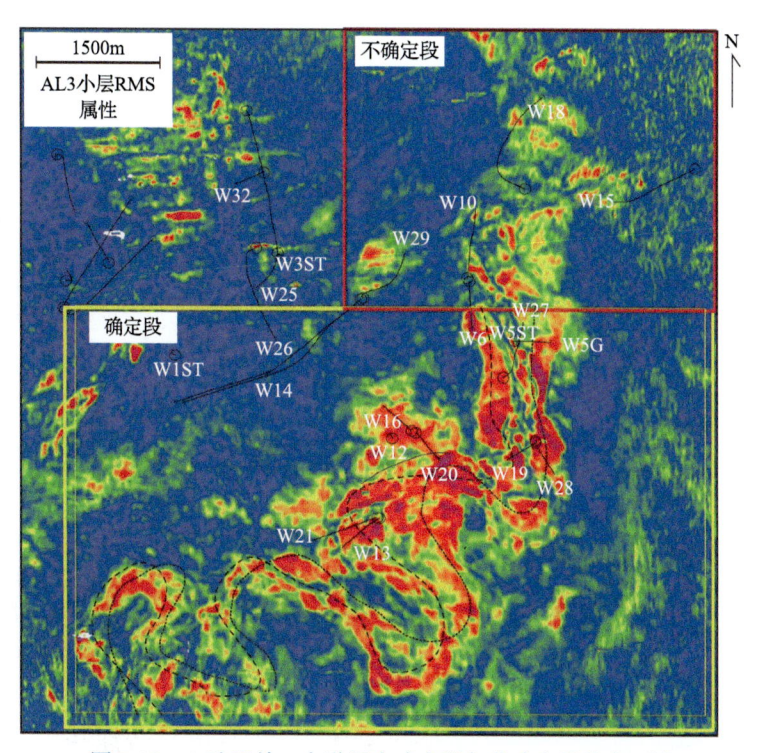

图 7-12　A 油田单一水道层次确定段与非确定段分布区域

基于目标建模方法的关键技术在于目标体参数的设置，就研究区而言则主要体现在水道数量、水道形状及分布趋势、水道规模等参数的设置。

1) 水道数量

水道数量主要利用水平井井震联合剖面、密井网区连井剖面等二维构型解剖结果来确定。以 AL3 小层为例，如图 7-13 所示，水平井 W18 井震联合信息表明，AL3 小层内部共发育 4 条水道，各水道空间上相互叠置，这在相对密井网区切物源井剖面上也具有同样的显示(图 6-11)。

2) 水道形状及分布趋势

构型模式研究表明，水道平面上呈条带状，横截面呈顶平底凸形。水道分布趋势的确定是基于目标建模方法的重点和难点，本节主要通过测量波长和幅高来限定水道展布。二维构型解剖结果表明，AL3～AL1 小层水道发育具有继承性（图 6-5），且 AL2 小层地震属性能较好地显示水道边界，基于这一认识将 AL2 和 AL3 小层的水道复合体边界叠合，如图 7-14(a) 所示，不同区域水道随时间的演化趋势有差异，在确定段以曲率较小

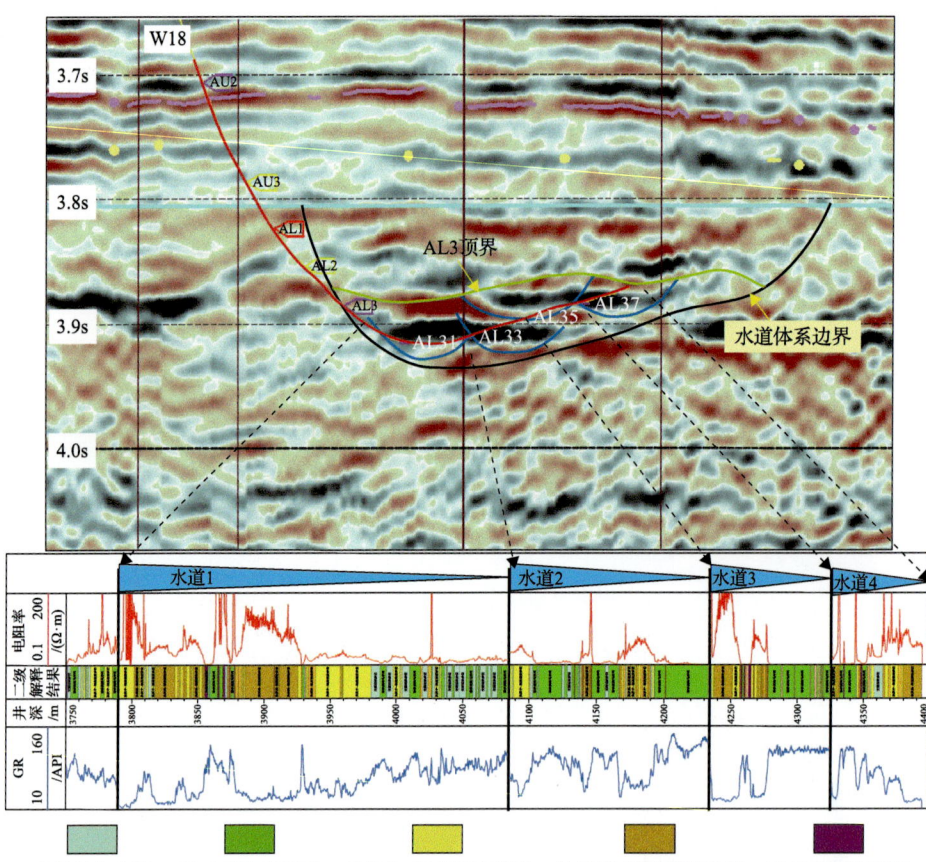

图 7-13　A 油田水平井 W18 井震联合信息

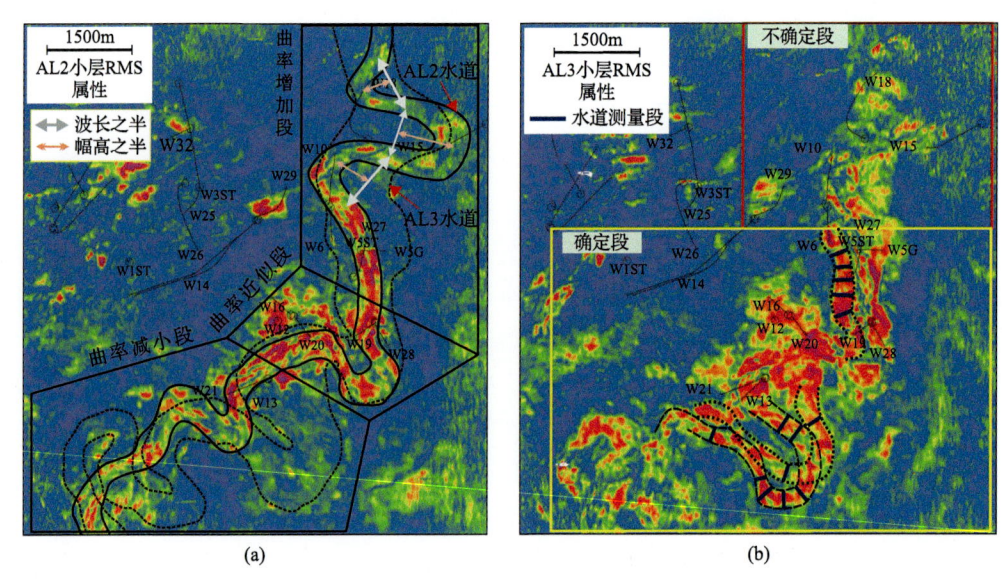

图 7-14　A 油田内部单一水道波长、幅高及宽度的测量和确定方法
(a) AL2 小层单一水道；(b) AL3 小层单一水道

第 7 章　深海水道储层三维地质建模

（近似取直）为主要趋势，而在不确定段则体现为曲率增加的趋势，故可利用 AL2 小层的水道分布趋势来大致约束 AL3 小层水道的波长和幅高，其测量结果如下：水道波长介于 900～1450m，平均值约为 1150m；幅高介于 550～800m，平均值约为 650m。

3) 水道规模

水道规模主要包括宽度和深度两个参数。深度参数主要利用一维（单井）和剖面单一水道构型解剖结果来确定，在此不再赘述。水道宽度测量是以单一水道模式研究成果、二维平面构型解剖结果和地震属性分析为依据。如图 7-14(b) 所示，通过对 AL3 小层地震属性的分析，可大致判断单一水道平面分布，进而判定单一水道宽度。测量结果表明：A 油田单一水道的宽度介于 300～600m，平均值为 450m；深度介于 10～30m，平均值约为 15m。

以上述水道参数为控制，在井数据的约束下，应用基于目标的方法，对不确定段开展了单一水道的 50 次随机模拟，如图 7-15 所示，从模拟结果上看，不确定段与确定段水道拼接关系较好，不确定段内部水道迁移叠置关系明显，基本符合地质模式。

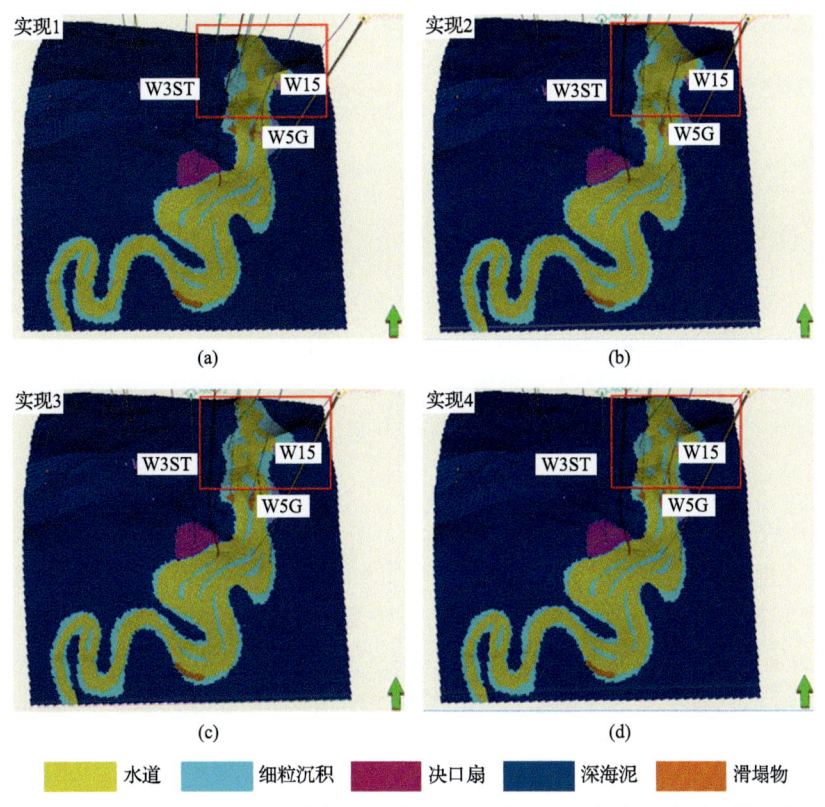

图 7-15　A 油田 AL3 小层不确定段（红色圈定区域）基于目标的四个随机模拟实现
(a)实现 1；(b)实现 2；(c)实现 3；(d)实现 4

为了能更好地体现研究区实际地质认识，需要对随机模拟结果进行优选。优选依据为复合水道二维表征时勾绘的主流线方向（图 6-13），优选结果如图 7-16 所示，其与地震属性所反映的水道主流线方向基本吻合。三维构型模型栅状切片结果表明，水道顶平底凸的透镜状形态明显，各水道间存在明显的迁移，符合地质模式。

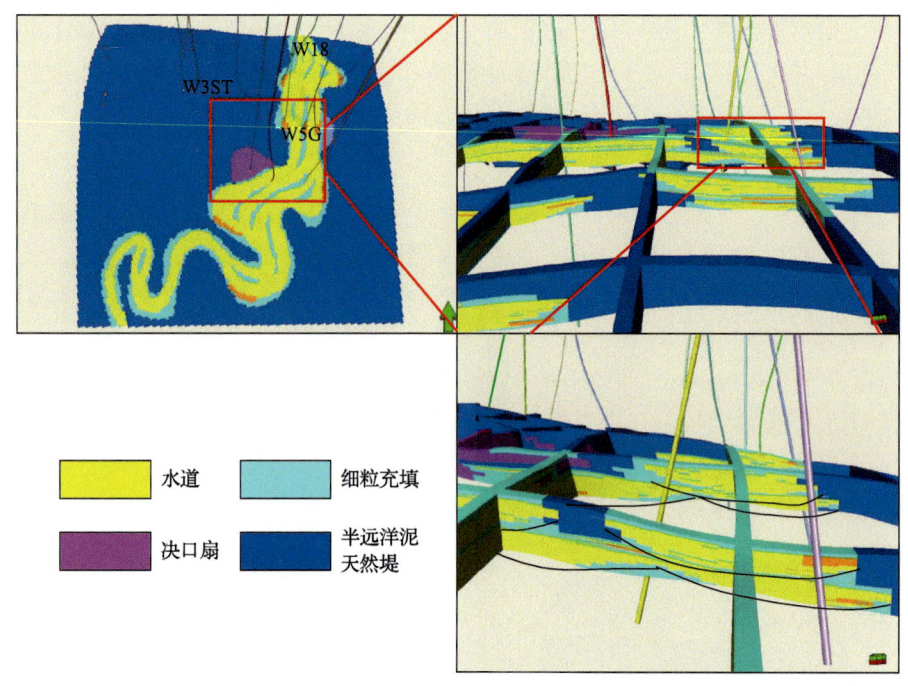

图 7-16 A 油田 AL3～AL1 小层单一水道构型建模结果

3. 岩相层次构型建模

以单一水道模型为约束，采用序贯指示的随机模拟方法来建立岩相构型模型。其实现步骤如下：在单一水道模型的相控下，以单井岩相测井识别结果为硬约束数据，以地震属性数据为软约束数据，采用序贯指示的模拟方法建立储层岩相模型。其关键技术有两方面：一是变差函数的确定，二是用于软约束的地震属性与岩相间的概率关系的确定。

1) 变差函数的确定

A 油田尽管平均井距较大（平均约 2500m），但水道体系内部开发井相对密集，局部地区的井距甚至能控制住单一水道的展布，这为变差函数的准确求取奠定了数据基础。

在设置变差函数时，不仅计算了岩相的实验变差函数，而且还进行了理论模型拟合。图 7-17 是储层岩相变差函数图，灰线是实验变差函数曲线，选择指数模型拟合（蓝线），从图中可以看出二者吻合非常好。主方位角在 NE13°左右，主变程在 2600m 左右[图 7-17(a)]，次变程在 500m 左右[图 7-17(b)]，垂向变程在 1.4m 左右[图 7-17(c)]，这基本与单一水道的构型解剖规模相符合。

2) 地震属性与岩相间的概率关系

通过对 A 油组内部地震属性与岩相概率关系的统计可以发现，相比较声波阻抗属性，A 油田原始振幅属性与岩相关系更为密切（图 7-18），因此采用原始振幅属性来约束岩相建模。表 7-2 是 A 油组内部振幅与岩相概率关系表，不同振幅取值区间具有不同的砂岩相或泥岩相概率值。

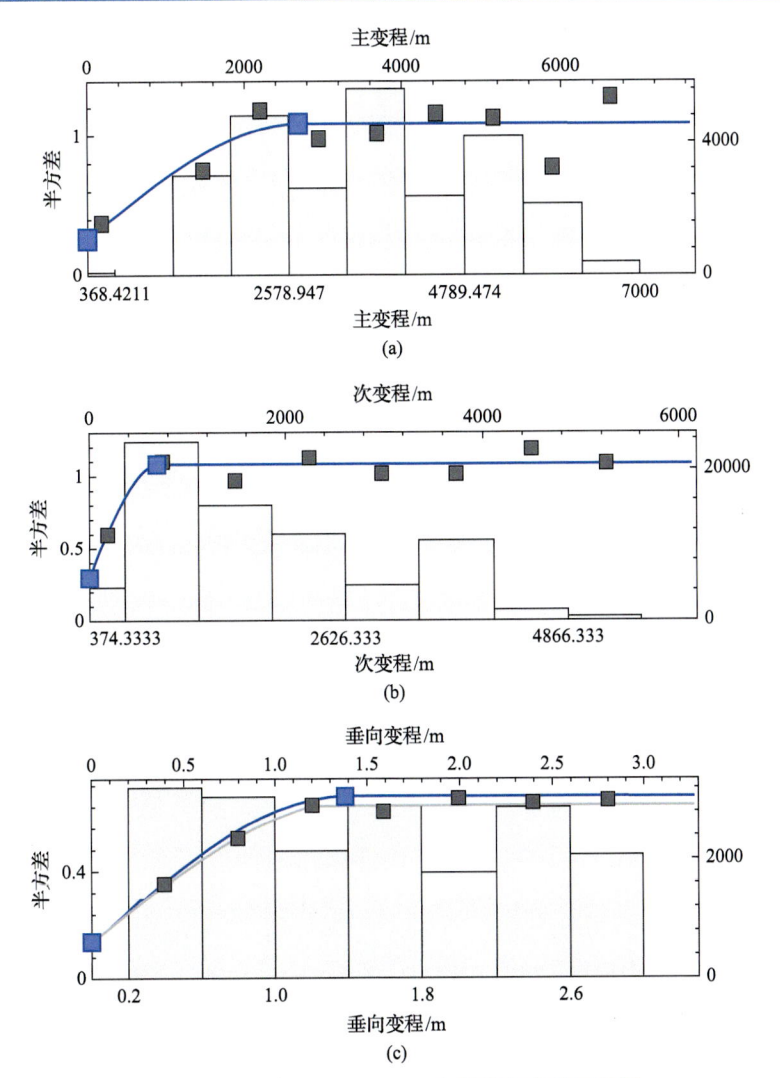

图 7-17　A 油田 AL3～AL1 小层岩相变差函数图
(a) 主变程；(b) 次变程；(c) 垂向变程

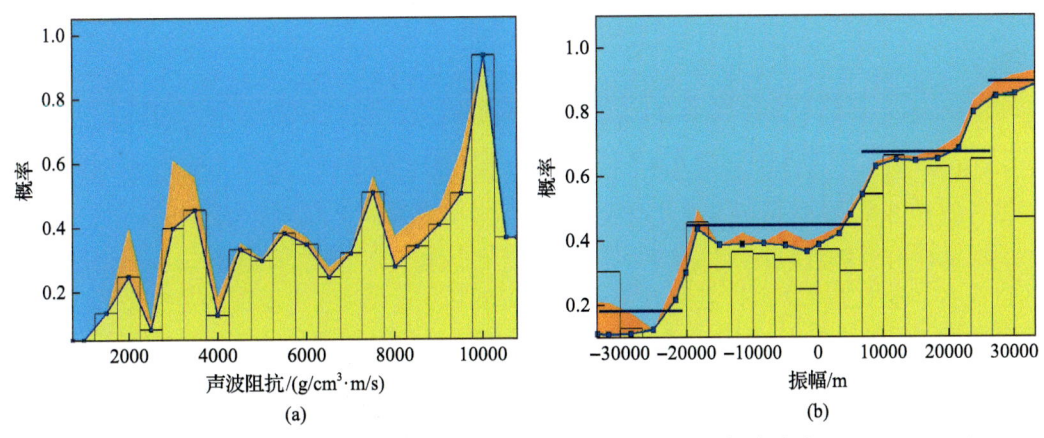

图 7-18　A 油田 A 油组内部地震属性的岩相概率关系图

表 7-2　A 油田 A 油组内部振幅与岩相概率关系表

振幅范围	砂岩概率	泥岩概率
<−19660	0.04	0.96
−19660~6550	0.36	0.64
6550~26000	0.55	0.45
>26000	0.8	0.2

3）建模结果及其不确定性评价

在单一水道模型的相控下，以单井岩相测井解释结果为硬约束数据，以振幅属性为软约束数据，应用序贯指示的方法进行了 50 次随机模拟，如图 7-19 所示。

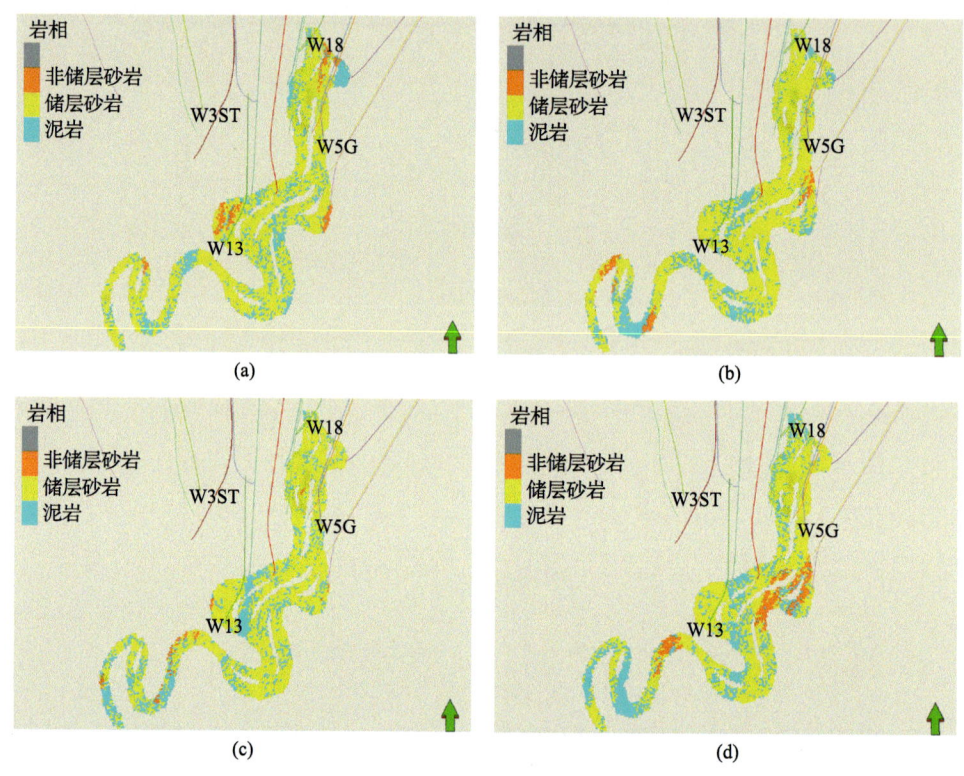

图 7-19　A 油田 AL3 小层岩相的四个模拟实现
(a)实现 1；(b)实现 2；(c)实现 3；(d)实现 4

应用上述建模方法可给出多个预测结果（即随机模拟实现），而在实际储层预测时需要尽可能给出确定性的结果，因此需要对随机预测结果中的不确定性因素进行定量评价。

定量评价最显著的方式就是求取储层概率分布模型，该模型是通过提取三维空间各网格在多个模拟实现中某指定离散变量的出现频率，来获取该建模层指定变量的三维概率分布模型。图 7-20 为研究区 AL3 小层依据 50 次随机模拟得到的储层砂岩相三维概率分布模型，图中的颜色反映了储层砂岩在三维空间不同位置的概率（确定性程度），如概率为 0 表明某位置为非砂岩相，概率为 1 则表明某位置为砂岩相，概率为 0.8 则表明某

第7章 深海水道储层三维地质建模

位置80%的可能性为砂岩相。

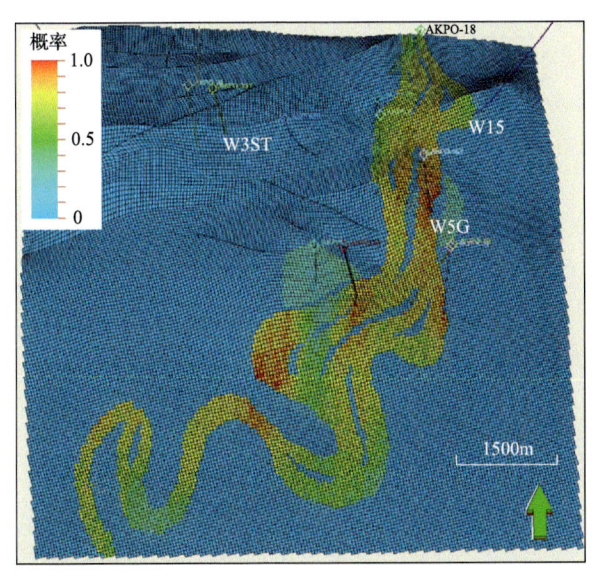

图7-20 A油田AL3小层基于随机模拟结果的砂岩相概率分布模型

按照某一概率截断值(确定性程度截断值)，可以获得指定变量在某一概率条件下的三维分布模型，如图7-21所示。应用不同的截断值对砂岩相概率分布模型进行分析，可

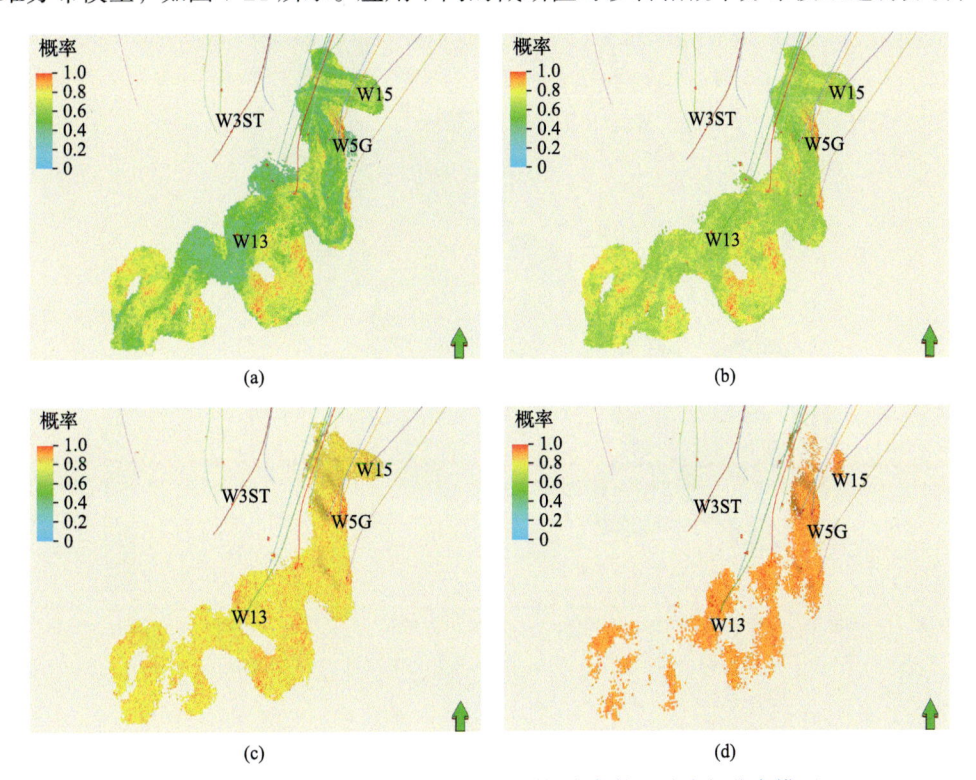

图7-21 A油田AL3～AL1小层不同概率条件下砂岩相分布模型
(a)大于0.4；(b)大于0.6；(c)大于0.8；(d)大于0.9

得出在不同概率范围的储层砂岩相空间分布，图 7-21 中分别为储层砂岩相概率大于 0.4、大于 0.6、大于 0.8、大于 0.9 的分布模型。

三维概率分布模型截断处理虽能较好地展示某确定性程度下指定变量的空间分布，但没有垂向厚度的概念，因此本节以某概率条件下的三维模型为基础，通过计算垂向网格的累计厚度来表征该概率条件下储层的平面分布。图 7-22 为 AL3～AL1 小层储层砂岩相概率大于 0.8 条件下的砂体厚度分布图，图中红-黄色区域表示砂体厚度较大的区域（大于 60m），浅绿色区域表示砂体厚度中等（30～60m）的区域，而浅蓝色区域则代表砂体厚度较小区域（小于 30m）。由图 7-22 可以看出，厚砂体呈串珠状分布，且主要集中在工区中部区域。

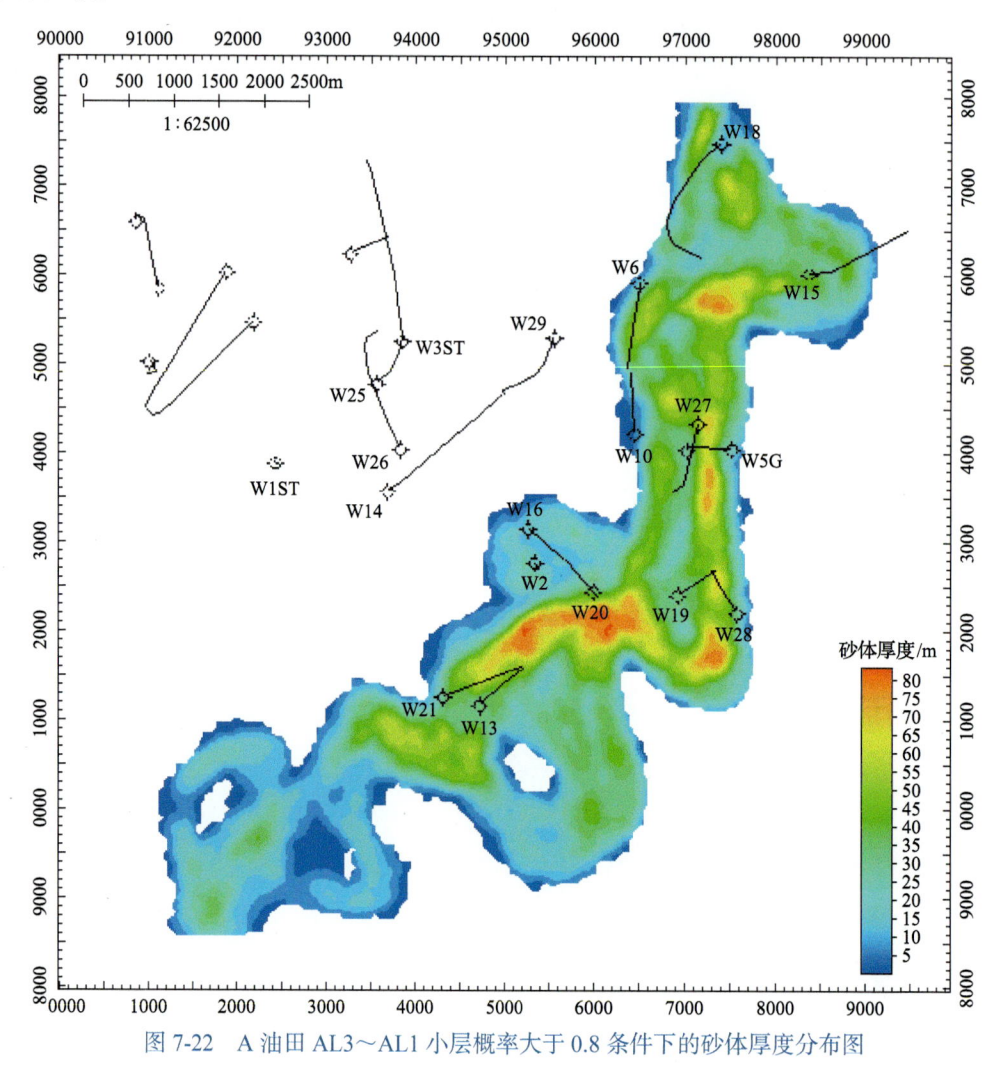

图 7-22　A 油田 AL3～AL1 小层概率大于 0.8 条件下的砂体厚度分布图

7.2.3　G 油田深海水道储层构型三维建模实例

针对下刚果盆地 G 油田的深海水道储层构型模式，利用上述介绍的建模方法，本

第 7 章 深海水道储层三维地质建模

小节同样分复合水道、单一水道、岩相三个级次开展逐级相控的深海水道储层构型三维建模。

1. 复合水道层次构型建模

针对复合水道层次，该部分的建模方法如下：在水道体系模型的框架内，以井-震构型表征结果为硬约束，以各小层 RMS 属性为软约束，通过多点统计学三维地质建模方法，得到最终符合地质认识和地质模式的复合水道三维构型模型。

在单井、地震剖面和二维平面相研究的基础上可知，M3_1、M3_2 小层内各发育 2 个复合水道，M4_1 小层内发育 3 个复合水道，M4_2 小层内发育 1 个复合水道，M5+6_1 小层内发育 1 个复合水道，M5+6_2 小层内发育 1 个复合水道，综合均方根振幅属性建立了研究区各小层内复合水道级次的三维模型。模型切片显示，可以再现研究区复合浊积水道在空间上的演化特征。该油藏的主力产层为 M3 和 M4 层，因此本节主要展示这两个层段的复合水道模型。

如图 7-23 所示，M3 层复合水道在空间上具有一定的演化规律。M3 层复合水道均以

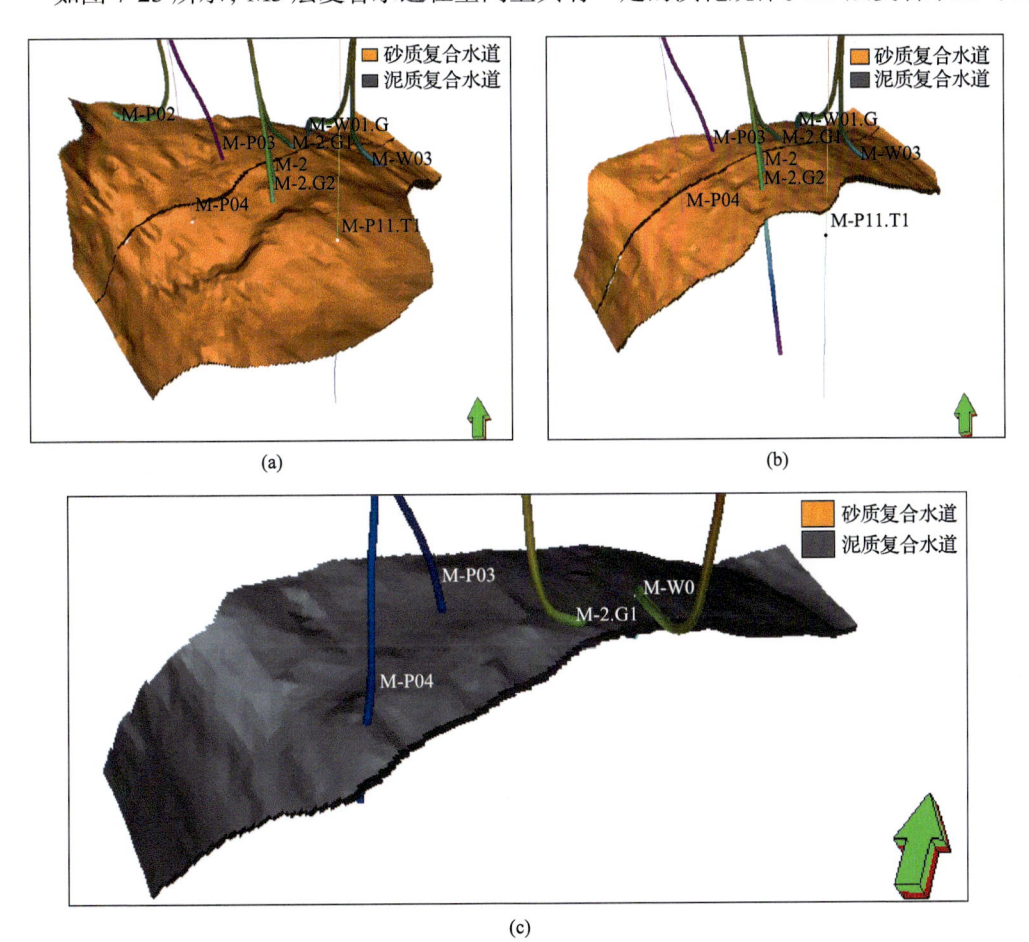

图 7-23 G 油田 M3 层复合水道模型
(a) M3_1 小层；(b) M3_2 小层；(c) M3+小层

侧向上的拼接式为主。其中，M3_1 小层处于海平面上升期，复合水道呈现为宽浅型，规模较大[7-23(a)]，但随着海平面上升，到 M3_2 小层复合水道逐渐被废弃，规模逐渐减小[图 7-23(b)]。M3+小层为海平面快速下降和快速上升的过渡阶段，有一期快速的泥质充填[图 7-23(c)]，但极不稳定，含有许多块体搬运沉积的垮塌体。

如图 7-24 所示，M4_1 小层处于海平面缓慢上升期，沉积物供应充足，限制性较小，侧向迁移能力较强，所以沉积宽度和厚度都较大[图 7-24(a)]。随着海平面再一次升高，M4_2 小层的沉积物供给减弱，宽度和厚度均减小[图 7-24(b)]。当海平面升到最高时，M5+6_1 小层的水道逐渐被废弃，而且由于下部水道被完全充填，出现较为宽泛的环境，沉积物向周围扩散形成水道化朵叶体沉积，其宽度较 M4 层更大，但厚度减小[图 7-24(c)]。随后 M5+6_1 小层发生侧向迁移，形成 M5+6_2 小层复合水道[图 7-24(d)]。

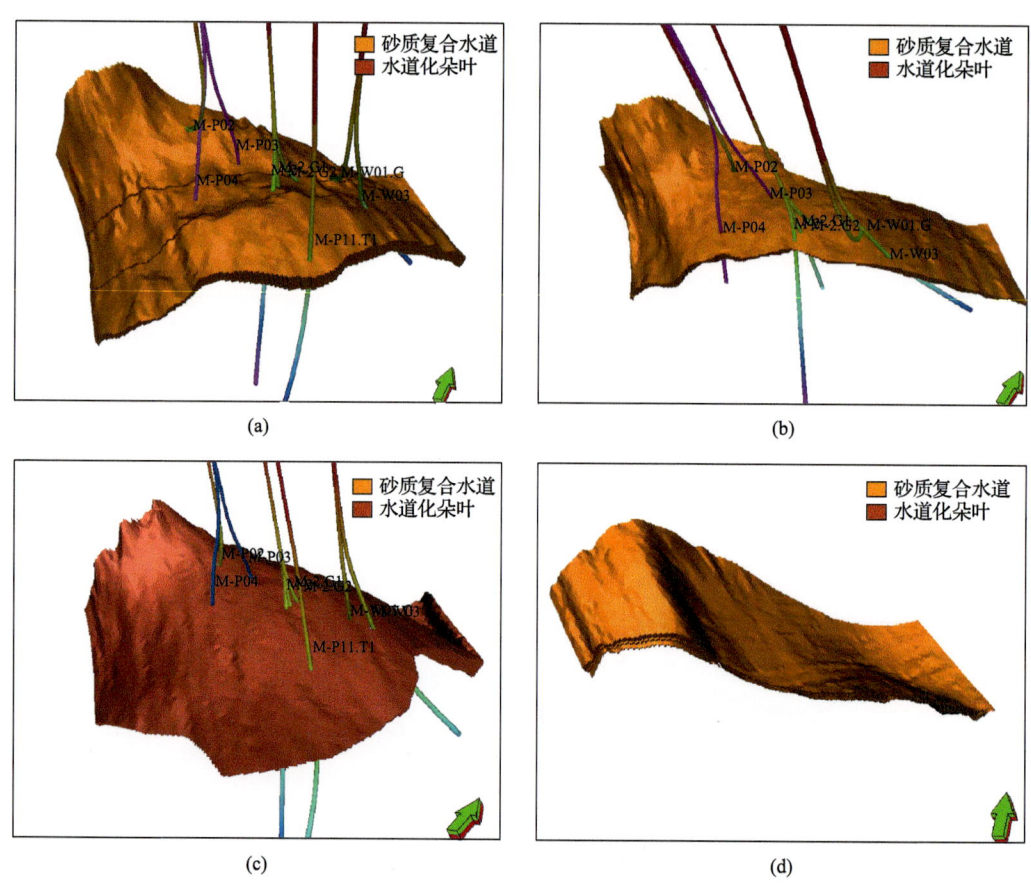

图 7-24　G 油田 M4 和 M5+6 层复合水道模型
(a)M4_1 小层；(b)M4_2 小层；(c)M5+6_1 小层；(d)M5+6_2 小层

2. 单一水道层次构型建模

在复合水道构型模型框架内，以井震构型解剖结果为硬约束，以 RMS 属性为软约束，通过确定性的赋值建模方法得到最终符合地质认识和地质模式的单一水道三维构型模

第 7 章　深海水道储层三维地质建模

型。模型切片显示（图 7-25 和图 7-26），其流动路径和边界与二维表征时勾绘的主流线方向和水道边界（图 6-25～图 6-30）完全吻合，可以完全呈现研究区的单一水道数量、水道形状及水道的分布趋势（长度、宽度、深度等），也可以再现其在空间上的演化特征。如单一水道模型栅状图（图 7-27）所示，其在横切剖面上呈现出顶平底凸的透镜状形态，局部被侵蚀，在平面上各水道间存在明显的迁移现象，这些均符合之前的地质认识。

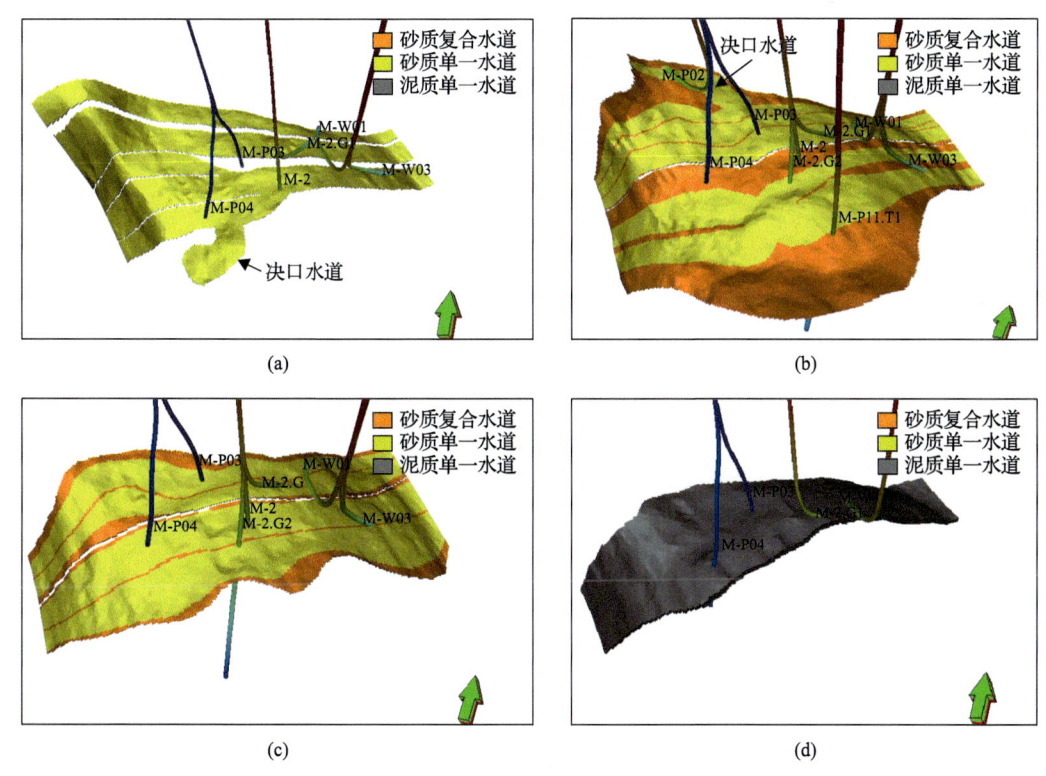

图 7-25　G 油田 M2 层、M3_1 小层、M3_2 小层和 M3+层单一水道模型
(a) M2 层；(b) M3_1 小层；(c) M3_2 小层；(d) M3+层

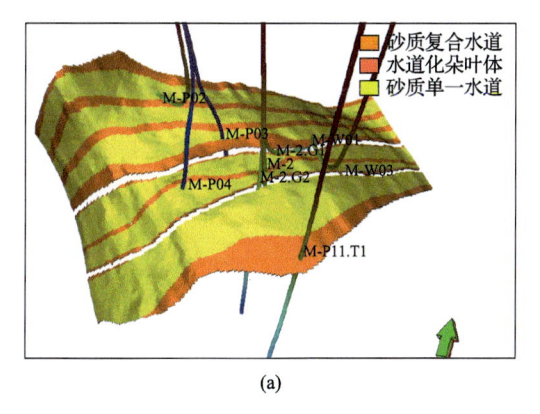

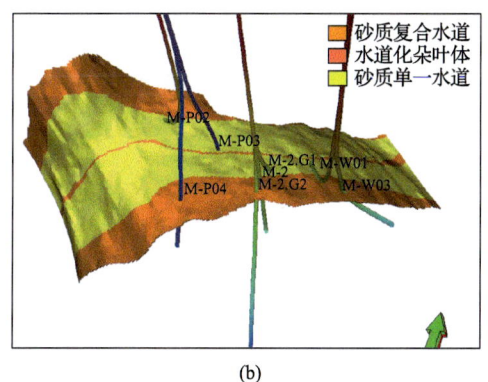

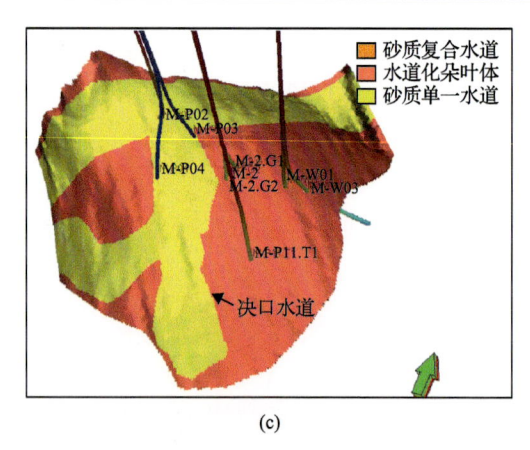

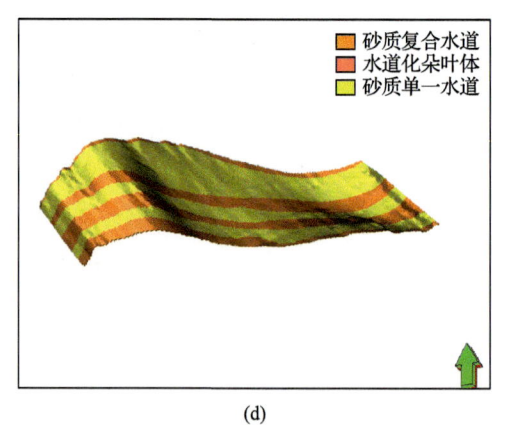

图 7-26　G 油田 M4_1、M4_2、M5+6_1 和 M5+6_2 小层单一水道模型

(a) M4_1 小层；(b) M4_2 小层；(c) M5+6_1 小层；(d) M5+6_2 小层

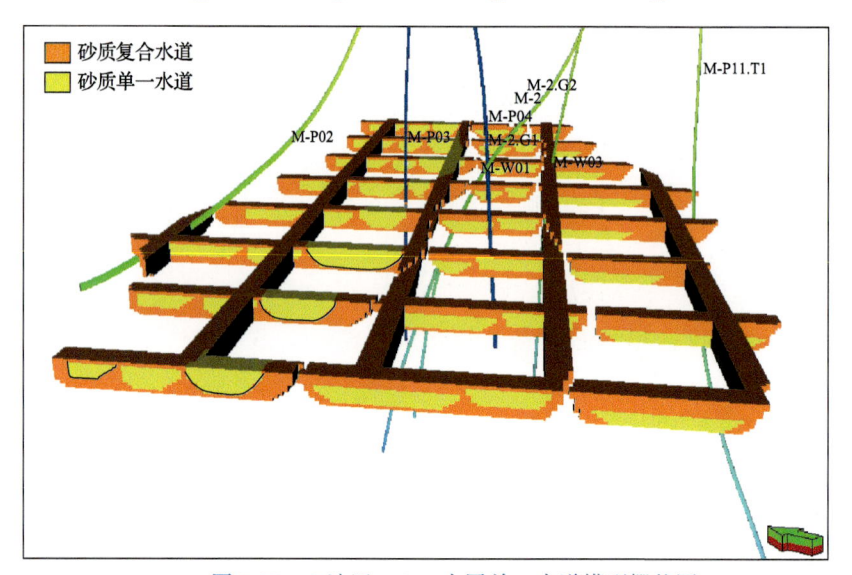

图 7-27　G 油田 M3_1 小层单一水道模型栅状图

需要特别强调：M2 层发育 3 条单一水道，并伴有两条决口水道，虽然沉积宽度和厚度都相对较大，但由于其相对孤立，不成规模，不在本节重点研究范畴；M5+6_2 小层位于研究区最北边，有三条相对孤立的单一水道，而且没有井位部署，故也不在本节重点研究范畴。

3. 岩相层次构型建模

1) 变差函数分析

变差函数是区域化变量空间变异性的一种度量，反映了空间变异程度随距离而变化的特征。变差函数强调三维空间上的数据构形，从而可定量描述区域化变量的空间相关性，即地质规律所造成的储层参数在空间上的相关性。它是克里金技术及随机模拟中的一个重要工具。变差函数包括若干关键参数，其中最主要的是变程。其中，变程又包括主变程、次变程、垂向变程的方向和变程大小。

变程是指区域化变量在空间上具有相关性的范围。在变程范围之内，数据具有相关性；而在变程范围之外，数据之间互不相关，即在变程以外的观测值不对估计结果产生影响。具体来说，假如某种属性在空间上是各向同性的，也就是说在各个方向上的变化一致，那么以某一观测点为球心，以变程为半径画一个球体，该观测点和球体内的所有其他数据相关；反之，超出这个范围的数据与该观测点无关。因此，变程的大小反映了变量空间相关性的大小，变程相对较大意味着该方向的观测数据在较大范围内相关；反之，则相关性较小。

一般来说，一个研究区只需要确定一个变差函数，而且主变程方向大体为沉积相的主流线方向，次变程方向垂直于主变程方向。主变程大小一般为相长度，次变程大小一般为相宽度的一半，垂向变程可通过井筒数据计算求得。

但就该研究区而言，由于平均井距较大，局部地区很难控制水道的展布，而且每个小层的砂体展布也不尽相同。因此，我们对每个小层都分别求取一个变差函数。

以 M3_2 小层为例，对二维平面变差函数图测量可知，该层的主变程方向为 65°，次变程方向为–25°。对简单变差函数图分析可知，主变程大小在 1000m 左右；但次变程大小通过该方法不太好确定，因此我们通过经验分析得出次变程大小大约为 300m；通过对井筒数据分析，确定垂向变程大小约为 20m。

运用同样的方法，可以求取研究区其他层段的变差函数参数，其结果如表 7-3 所示。其中，M5+6_2 小层由于无井数据进行匹配，无法求取变差函数，在后续进行建模工作时，该小层完全依据反演体的次级约束来完成；M3+层为一条单一的泥质水道，不是主要的储层段，因此不对其进行过多分析，在后续建模工作时，完全由赋值法来完成。

表 7-3 G 油田变差函数参数表

层段	主变程/m	次变程/m	垂向变程/m	方位角/(°)
M5+6_1	1800	600	35	48
M4_2	1700	300	12	76
M4_1	1600	200	20	67
M3_2	1000	300	20	65
M3_1	2100	270	20	58
M1+M2	1700	260	30	88

2) 岩相与反演属性间的概率关系

统计发现，研究区内部反演声波阻抗与岩相之间存在一定的概率关系（图 7-28），因此，可以采用反演声波阻抗数据来约束岩相建模。表 7-4 是研究区内部反演声波阻抗与岩相的概率关系表。其中，不同的声波阻抗取值区间具有不同的砂岩相或泥岩相概率值。

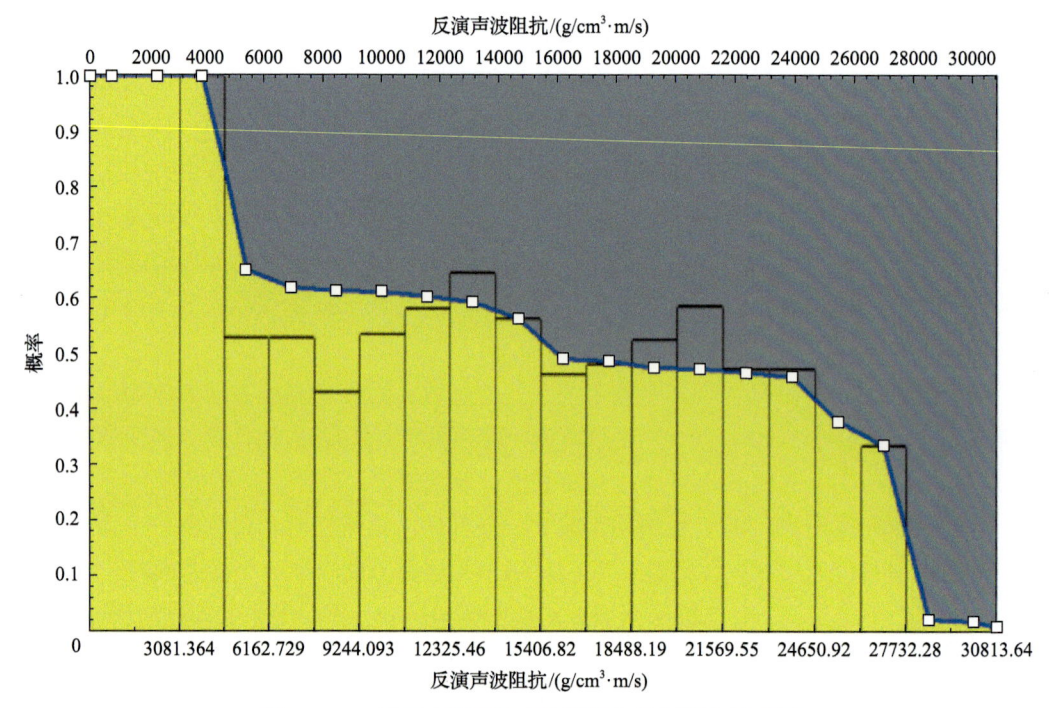

图 7-28　G 油田内部反演声波阻抗与岩相概率关系图

表 7-4　G 研究区内部反演声波阻抗与岩相的概率关系表　　（单位：g/cm³·m/s）

声波阻抗范围	<5000	5000~16000	16000~23000	23000~28000	>28000
砂岩概率	1	0.63	0.5	0.42	0
泥岩概率	0	0.37	0.5	0.58	1

3）建模结果及评价

在单一水道层次的相控下，以反演声波阻抗为约束进行序贯指示随机模拟。模拟结果可以展示砂体在空间上的分布关系，但并不能展示垂向上的厚度分布特点。为此，基于该模拟结果，通过计算砂体占有垂向网格的累计厚度来表征该模拟结果条件下储层砂体的平面分布图，图中不同的颜色代表砂岩在该位置的真实模拟厚度。由于 M3 和 M4 层才是该油藏的主力产层，本节只展示这两个层中 4 个小层的模拟结果。

M3_1 小层主要为连通型单一水道，砂体基本连片分布，偶有缺失[图 7-29（a）]。砂体平均厚度在 20~30m，符合之前的构型解剖结果和地质认识，但局部厚度可达 60~70m[图 7-29（b）]，这可能是由单一水道互相切叠、交叉导致的。

M3_2 小层主要为半连通型单一水道，砂体大部分呈连片分布，但泥岩沉积、非储层砂岩等其他沉积同样分布广泛[图 7-30（a）]。大部分砂体厚度介于 10~20m，局部厚度可达 30~40m[图 7-30（b）]。

M4_1 小层为连通型单一水道，不论是单一水道内部还是同一复合水道内单一水道

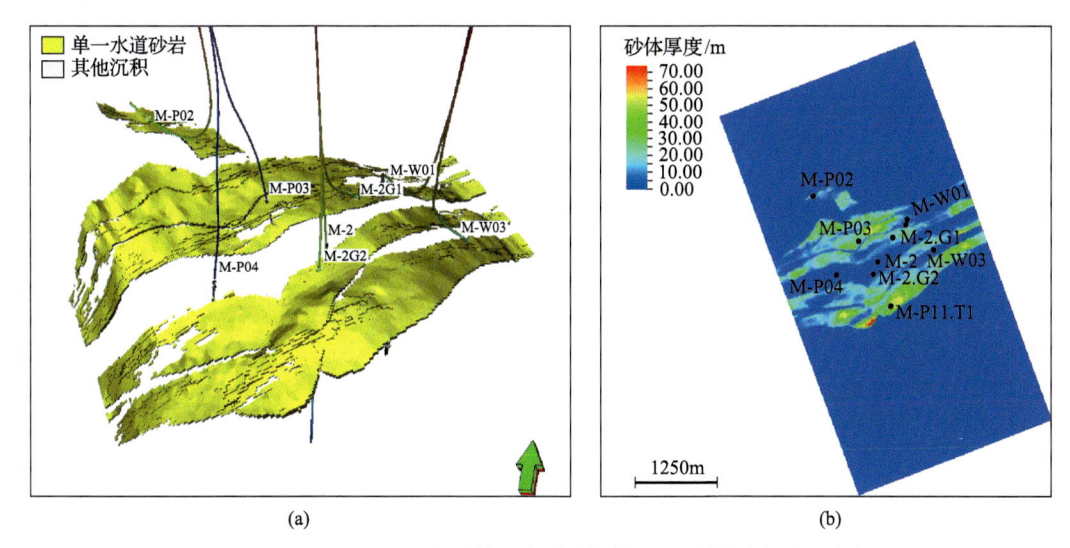

第 7 章　深海水道储层三维地质建模

图 7-29　G 油田 M3_1 小层单一水道岩性模型和砂体厚度平面分布图
(a)单一水道岩性模型；(b)单一水道砂体厚度平面分布图

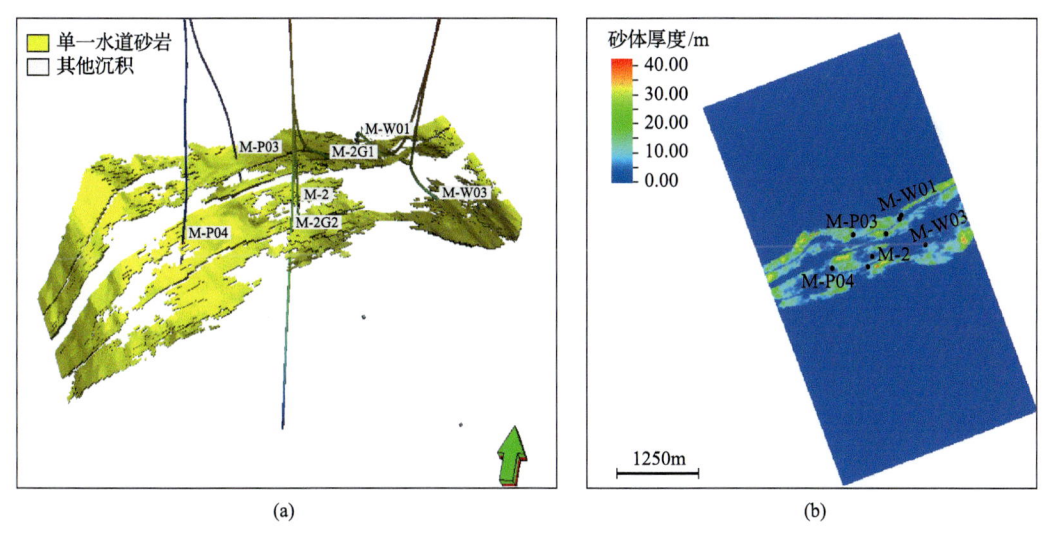

图 7-30　G 油田 M3_2 小层单一水道岩性模型和砂体厚度平面分布图
(a)单一水道岩性模型；(b)单一水道砂体厚度平面分布图

间的砂体连通性都比较好，泥质沉积零星分布[图 7-31(a)]。砂体厚度大都在 20~40m，局部可达到 60~90m[图 7-31(b)]，这种异常值出现的原因可能是这部分没有井数据进行约束，而且反演声波阻抗约束也出现些微偏差，这在储层随机模拟过程中也是不可避免的问题。

M4_2 小层为非连通型单一水道，砂体呈长条状零星分布，几乎不连通，泥岩和非储层砂岩等其他沉积分布广泛[图 7-32(a)]，厚度大都分布在 5~10m[图 7-32(b)]。

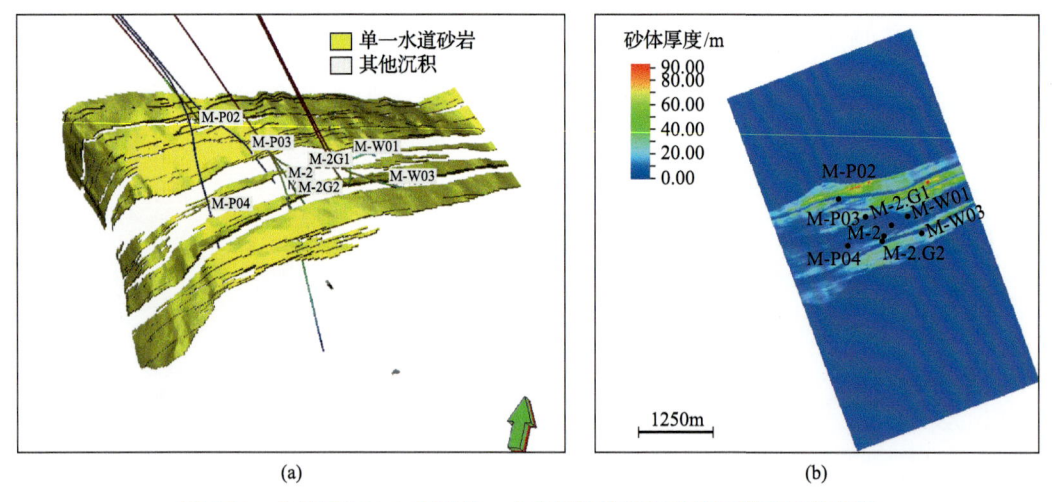

图 7-31　G 油田 M4_1 小层单一水道岩性模型和砂体厚度平面分布图
(a)单一水道岩性模型；(b)单一水道砂体厚度平面分布图

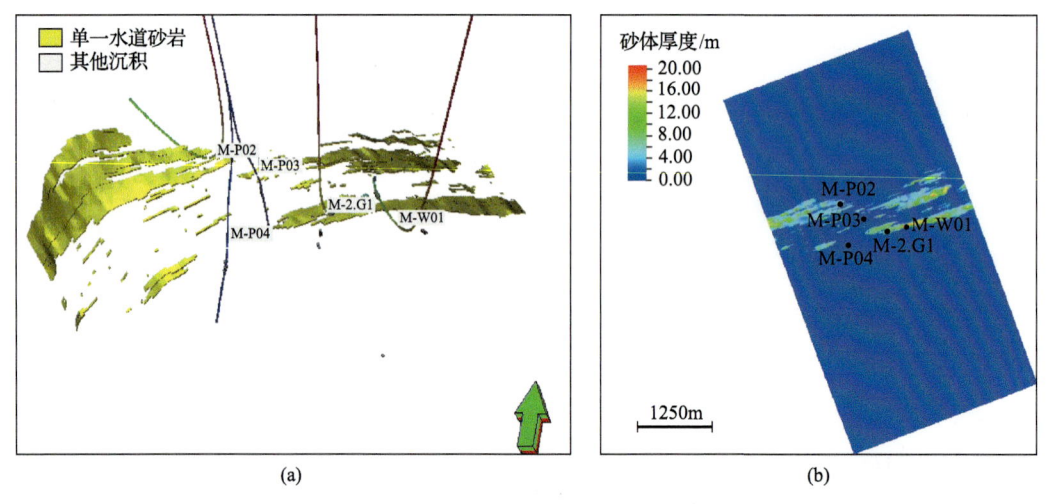

图 7-32　G 油田 M4_2 小层单一水道岩性模型和砂体厚度平面分布图
(a)单一水道岩性模型；(b)单一水道砂体厚度平面分布图

7.3　深海水道储层质量分析与三维建模

关于深海水道储层参数的三维建模，本节主要以尼日尔三角洲盆地的 A 油田为例，先对其相应储层质量展开分析，在此基础上开展储层参数的三维建模。

7.3.1　A 油田储层质量分析

1. A 油田深海水道储层物性特征

A 油田深海水道储层成岩强度弱，孔隙以原生粒间孔为主，可见粒间溶孔，储层质量主要受控于沉积作用。下面分岩相和基本成因单元讨论储层物性特征。

1) 岩相物性特征

研究区岩相类型多样，其中储层类岩相主要包括交错层状砂岩、块状中-细砂岩、块状砾质-粗砂岩、块状含泥屑砾质-粗砂岩、底部滞留砂砾岩等。各类岩相物性统计结果表明（表 7-5）：孔隙度介于 14.05%～37.34%，算术平均值为 24.04%，渗透率为 0.94～5883.33mD，算术平均值为 1015.304mD，属于中-高孔、高渗-特高渗储层。

表 7-5　A 油田深海水道储层类岩相物性特征统计表

岩相类型	孔隙度变化范围/% 算术平均值/几何平均值（样品数）	渗透率变化范围/mD 算术平均值/几何平均值（样品数）
交错层状砂岩	23.83～37.34 31.02/24.3（35）	22.17～2806.92 707.1/469.2（35）
块状中-细砂岩	17.23～33.94 24.82/24.18（89）	23.71～5883.33 994.97/546.9（89）
块状砾质-粗砂岩	16.53～30.64 23.25/23.76（109）	52.78～4531.52 1409.29/（109）
块状含泥屑砾质-粗砂岩	15.26～24.58 20.34/20.55（12）	0.94～2743.51 735.84/387.31（12）
底部滞留砂砾岩	14.05～26.13 18.25/23.63（34）	20.59～4505.31 1229.32/718.54（34）

由于粒度、分选及泥质含量的差异，不同岩相具有不同的孔、渗特征。如图 7-33 所示，交错层状砂岩孔隙度最高，算术平均值达 31.02%，但其渗透率相对较低，算术平均值仅 707.1mD；底部滞留砂砾岩孔隙度最低，算术平均值仅 18.25%，但其渗透率中等，为 1229.32mD；块状砾质-粗砂岩孔隙度相对中等，但其渗透率最高，算术平均值可达 1409.29mD。

分选性与泥质含量的差异是产生上述现象的主要原因。例如，交错层状砂岩分选好，故孔隙度高，但粒度偏细，造成渗透率最低；底部滞留砂砾岩分选差，泥质含量高，故孔隙度低，但局部含粗粒成分，造成渗透性中等；块状砾质-粗砂岩粒度大，分选好，泥质含量相对少，故渗透率最高。

2) 成因单元物性特征

储层构型界面级次不同，成因单元类型亦有差异，这里的成因单元指的是基本成因单元，即泛指水道，下面分别介绍其物性平均特征和物性垂向韵律特征。

(1) 物性平均特征。

物性平均值是指水道砂体内孔隙度、渗透率的算术平均值。A 油田水道砂体的物性统计结果表明水道砂体平均孔隙度范围为 14.05%～36.74%，算术平均值为 24.21%；渗透率的范围为 20.59×10^{-3}～$4505.3\times10^{-3}\mu m^2$，算术平均值则为 $1413.05\times10^{-3}\mu m^2$。

(2) 物性垂向韵律特征。

垂向渗透率韵律是指渗透率大小在纵向上变化所构成的韵律性。一般情况下，渗透

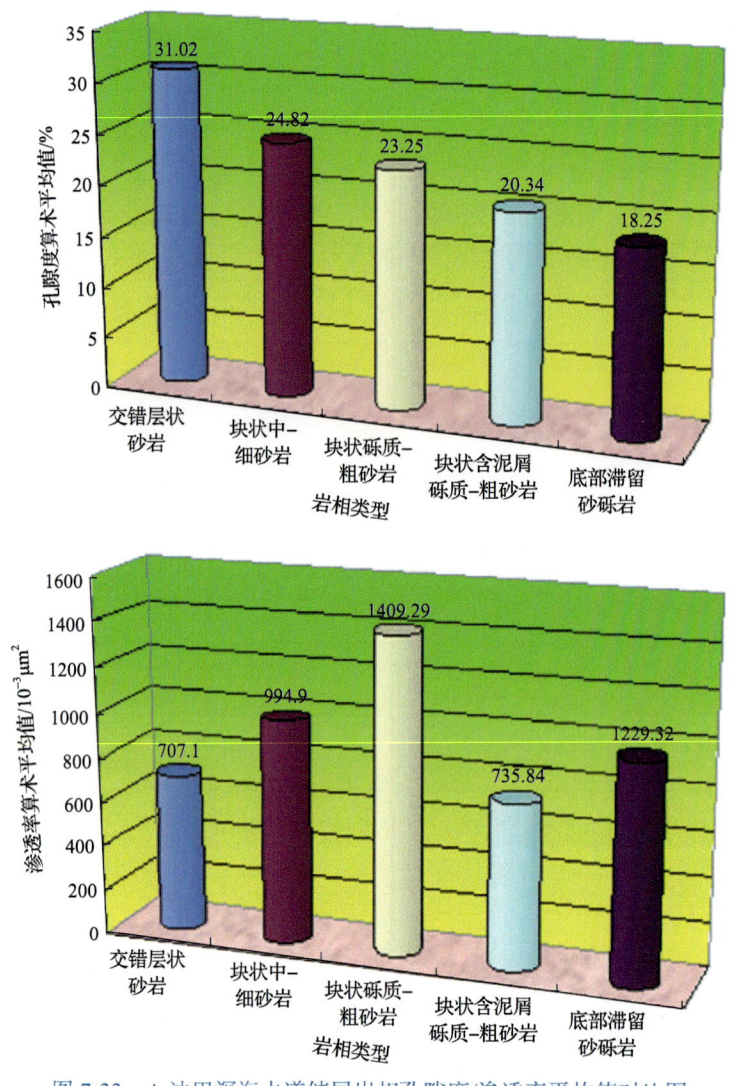

图 7-33　A 油田深海水道储层岩相孔隙度/渗透率平均值对比图

率韵律与粒度韵律基本一致，但也不尽然，因其同时受到沉积组构和成岩作用的影响。渗透率韵律可分为正韵律、反韵律、复合韵律、均质韵律。不同成因单元由于沉积组构上的差异，渗透率垂向韵律性类型不同。单一水道砂体的渗透率韵律性主要体系为复合反正韵律。复合反正韵律是由多个正韵律组成，如图 7-34 所示，单一水道砂体底部渗透率总体偏低，中部渗透率相对较高，且往上部渗透率有变小的趋势，形成不对称型的复合反正韵律。其成因在于水道底部泥质、泥屑含量相对高，分选差，岩相以底部滞留砂砾岩、砂质碎屑流沉积为主，造成渗透率相对低，水道中部粒度相对大，分选好，泥质-泥屑含量低，岩相以块状砾质-粗砂岩、块状中-细砂岩为主，渗透率高，水道顶部粒度相对变细，岩相以交错层状砂岩为主，造成渗透率变低。

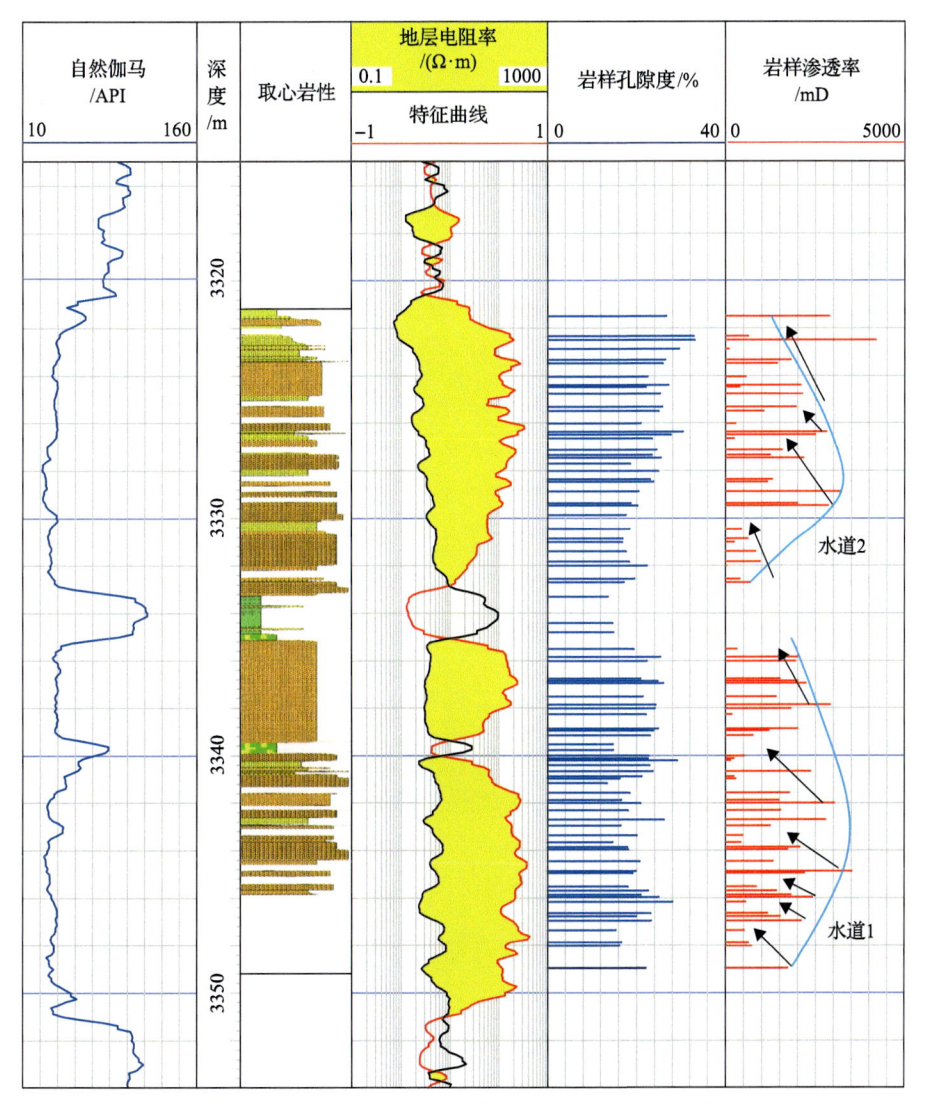

第 7 章 深海水道储层三维地质建模

图 7-34 A 油田单一水道内部的不对称型复合反正韵律

2. A 油田单井储层参数解释

一维储层参数解释是开展井间储层质量表征的基础和关键。A 油田深海水道储层岩相类型多样，不同岩相之间、同一岩相内部泥质含量存在差异，这便造成孔渗关系复杂，用传统简单的线性关系难以准确解释储层参数。为此，本小节采用多元线性回归技术，在充分考虑各测井参数物理意义的基础上建立孔隙度解释模型，并分岩性建立了渗透率解释模型，从而大大提高了储层参数解释的精度。

1) 物性模型的建立

在建立物性模型前，对经过岩心归位的分析化验井开展了覆压校正。众所周知，所有井的孔、渗数据均是在地面压力条件下测得的，因此在开展地下储层质量表征时，需要将地面储层参数分析化验数据校正到地下压力条件下。现以垂深3500m为界，采用两套覆压校正公式进行计算。

垂深3500m以上，覆压校正公式如下：

$$\phi = \phi_{lab} - 8.0 \times 10^{-5} \times (P_{res} - P_{lab})$$

$$K = K_{lab} \times [1 - 2.9 \times 10^{-3} \times (P_{res} - P_{lab})]$$

垂深3500m以下，覆压校正公式如下：

$$\phi = \phi_{lab} - 3.5 \times 10^{-5} \times (P_{res} - P_{lab})$$

$$K = K_{lab} \times [1 - 1.2 \times 10^{-3} \times (P_{res} - P_{lab})]$$

式中，ϕ 为地下孔隙度；ϕ_{lab} 为实验室内测定的样品孔隙度；K 为地下渗透率，$10^{-3}\mu m^2$；K_{lab} 为实验室内测定的样品渗透率，$10^{-3}\mu m^2$；P_{res} 为油藏内部的油层压力，bar[①]；P_{lab} 为地面大气压力，取125bar。在上述工作的基础上，利用多元线性回归技术，充分考虑各测井参数的物理意义，遵循回归所得到的数学模型，建立了西非A油田储层孔隙度解释模型，并分岩性建立了渗透率解释模型。孔隙度解释模型如下：

$$\phi = 160.186 - 199.515 \times DEN + 39.669 \times TNPH + 12.202 \times \Delta GR$$
$$+ 824.862 \times lgDEN - 13.888 \times lgTNPH$$

式中，GR为自然伽马测井值，API；TNPH为中子孔隙度测井值，%；DEN为密度测井值，g/cm^3。

对于渗透率解释模型而言，为比较特征曲线(CurveN)在解释渗透率应用中的优势，建立了两套模型，第一套采用CurveN曲线，第二套不采用CurveN曲线，并利用渗透率分析化验资料，比较了两套模型解释结果的可靠性。

第一套渗透率解释模型(采用CurveN曲线)如下所述。

(1)底部滞留沉积渗透率解释模型：

$$K = Exp(259.16 - 0.572 \times GR - 526.024 \times DEN + 36.474 \times TNPH$$
$$+ 41.587 \times CurveN - 33.737 \times \Delta GR + 61.97 \times lgGR$$
$$+ 2378.064 \times lgDEN - 23.043 \times lgTNPH + 0.219 \times \phi)$$

(2)块状砾质-粗砂岩、块状含泥屑砾质-粗砂岩渗透率解释模型：

$$K = Exp(-43.834 + 0.15 \times \phi$$
$$+ 89.602 \times DEN - 1.508 \times CurveN - 438.923 \times lgDEN)$$

式中，CurveN为中子和密度组合测井值，无因次。

[①] 1bar=10^5Pa。

第7章　深海水道储层三维地质建模

(3) 块状中-细砂岩渗透率解释模型:

$$K = \mathrm{Exp}(18.485 + 0.09903 \times \phi \\ - 11.24 \times \mathrm{DEN} + 1.717 \times \mathrm{CurveN} + 30.733 \times \mathrm{lgDEN})$$

(4) 交错层状砂岩、贯入砂体渗透率解释模型:

$$K = \mathrm{Exp}(88.342 + 0.397 \times \phi \\ - 211.189 \times \mathrm{DEN} - 4.436 \times \mathrm{CurveN} + 1080.449 \times \mathrm{lgDEN})$$

第二套渗透率解释模型(未采用 CurveN 曲线)如下所述。

(1) 底部滞留沉积渗透率解释模型:

$$K = \mathrm{Exp}(434.02 - 0.452 \times \mathrm{GR} - 431.158 \times \mathrm{DEN} + 23.920 \times \mathrm{TNPH} \\ - 25.638 \times \Delta\mathrm{GR} + 51.57 \times \mathrm{lgGR} + 3032.531 \times \mathrm{lgDEN}] \\ - 19.479 \times \mathrm{lgTNPH} + 0.204 \times \phi)$$

(2) 块状砾质-粗砂岩、块状含泥屑砾质-粗砂岩渗透率解释模型:

$$K = \mathrm{Exp}(-59.342 + 0.19 \times \phi \\ + 100.156 \times \mathrm{DEN} - 329.820 \times \mathrm{lgDEN})$$

(3) 块状中-细砂岩渗透率解释模型:

$$K = \mathrm{Exp}(15.652 + 0.1282 \times \phi \\ - 15.84 \times \mathrm{DEN} + 24.633 \times \mathrm{lgDEN})$$

(4) 交错层状砂岩、贯入砂体渗透率解释模型:

$$K = \mathrm{Exp}(72.482 + 0.485 \times \phi \\ - 301.479 \times \mathrm{DEN} + 890.921 \times \mathrm{lgDEN})$$

2) 物性模型的检验

物性测井解释模型的可靠性直接决定了储层质量表征的准确程度,因此有必要对所建模型进行可靠性检验。检验方法:依据取心井孔、渗等分析化验资料,将其和相应井段的测井解释结果进行比较,从定性和定量两个方面对测井解释模型进行检验。此外,为说明特征曲线(CurveN)在解释渗透率中的优势,特利用渗透率分析化验资料比较了两套模型解释结果的可靠性(图 7-35)。

从定性角度分析,如图 7-35 所示,杆状图代表岩样分析化验结果,蓝色实线代表本节第一套模型解释结果,蓝色点划线代表第二套模型解释结果,浅绿色实线代表前人测井解释结果。由图 7-35 可以看出,对于孔隙度而言,本节研究所解释的结果与分析化验结果相关性较好,与前人测井解释结果相比,解释精度有所提高;对于渗透率而言,相

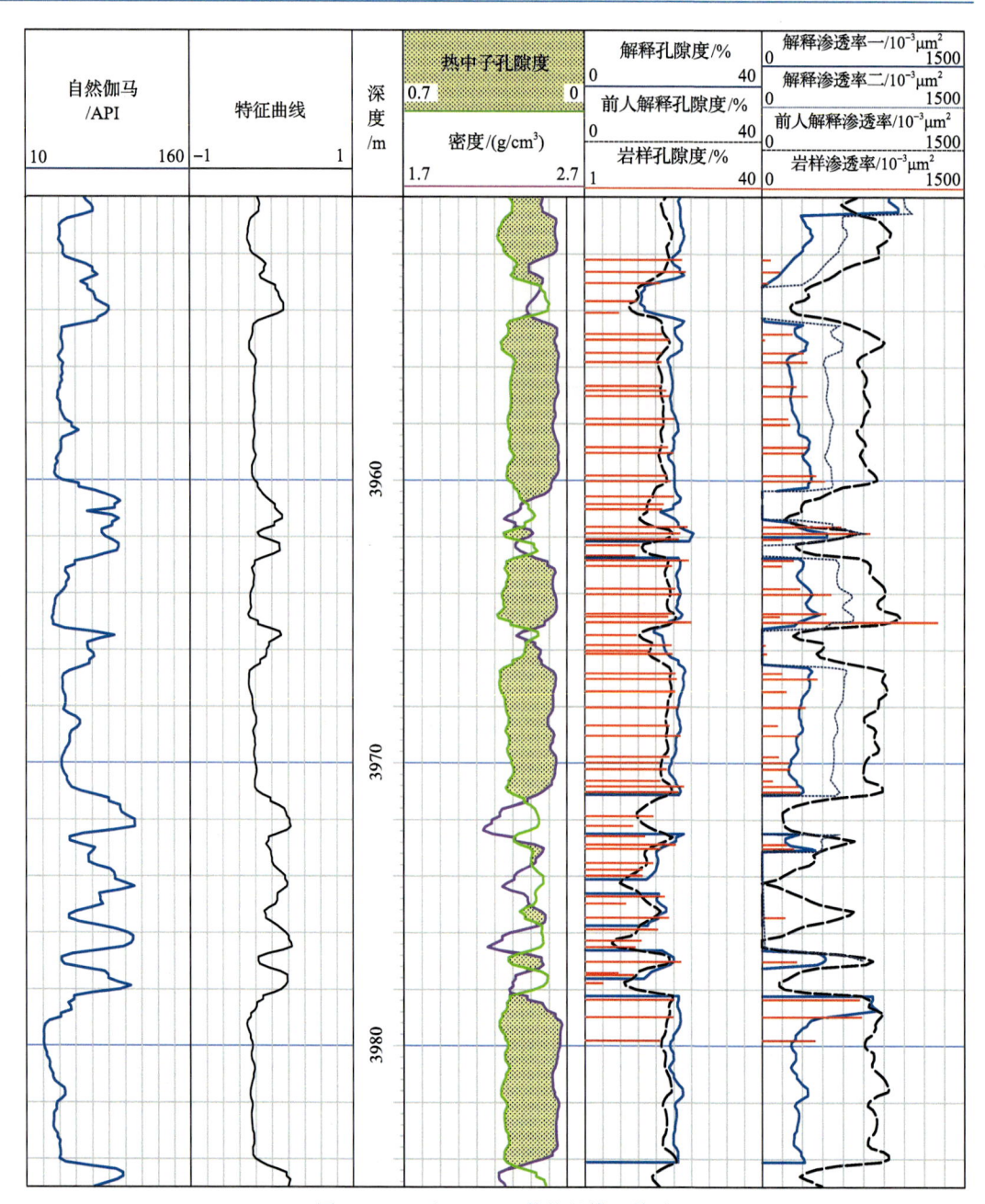

图 7-35 A 油田 W4G 井物性模型检验

比较第二套解释模型，利用特征曲线（CurveN）所建的第一套模型测井解释结果明显具有更好的相关性，与前人解释结果相比，解释精度显然大大提高。

从定量角度分析，A 油田 W2、W3ST、W4、W4G、W5G 五口取心井不同井段岩心分析孔隙度与测井解释孔隙度均值结果（表 7-6）表明，孔隙度相对误差多数小于 5%，最大相对误差仅 6.8%；岩心分析孔隙度与测井解释孔隙度相关性较好，相关系数可达 0.93（图 7-36）。由此可见，使用此物性测井解释模型进行研究区深水海底扇储层物性解释是可行的、可信的。以此为出发点，对研究区 29 口井开展了储层参数测井解释。

表 7-6　A 油田分析孔隙度与解释孔隙度统计结果对比

井号	井段/m	样品数/个	岩心分析孔隙度/%	测井解释孔隙度/%	绝对差值	相对误差
W2	3222.0~3223.0	3	31.7	30.6	1.1	3.5
	3223.7~3224.6	2	26.7	28.0	1.3	4.9
	3227.0~3227.9	3	29.3	28.4	0.9	3.1
	3227.0~3227.9	5	27.8	27.4	0.4	1.4
	3235.6~3237.3	4	23.6	22.4	1.2	5.1
	3253.1~3253.8	2	31.9	31.5	0.4	1.3
	3271.0~3272.3	4	19.5	20.6	1.1	5.6
	3303.9~3309.9	9	31.2	29.2	2.0	6.4
	3309.8~3316.4	19	24.8	25.7	0.9	3.6
	3342.5~3352.4	15	22.0	22.2	0.2	0.9
W3ST	2971.6~2978.2	19	26.1	26.4	0.3	1.1
	2987.4~2990.6	3	33.8	32.5	1.3	3.8
	3363.0~3371.9	25	25.2	26.2	1.0	4.0
	3373.0~3375.3	9	29.0	28.6	0.4	1.4
W4	3123.3~3123.9	3	28.6	28.8	0.2	0.7
	3125.1~3127.6	11	29.3	30.0	0.7	2.4
	3130.3~3133.1	5	21.8	22.3	0.5	2.3
W4G	3951.8~2952.1	2	21.1	20.9	0.2	0.9
	3952.5~3953.0	2	20.4	20.5	0.1	0.5
	3954.6~3960.6	13	19.1	20.1	1.0	5.2
	3961.5~3962.3	3	22.4	22.2	0.2	0.9
	3962.8~3965.1	7	21.5	21.0	0.5	2.3
	3965.5~3966.3	2	20.2	18.8	1.4	6.9
	3966.8~3971.8	12	20.3	20.9	0.6	3.0
	3978.1~3980.6	3	19.4	20.5	1.1	5.7
W5G	3320.8~3333.1	36	23.3	22.7	0.6	2.6
	3335.4~3339.1	13	23.2	21.9	1.3	5.6
	3339.8~3349.4	33	20.3	20.3	0	0

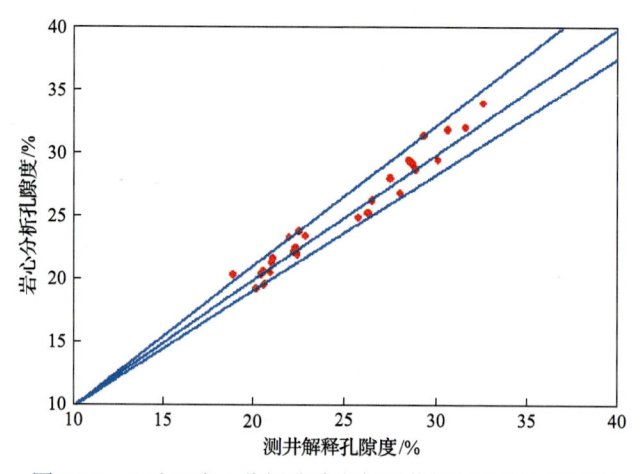

图 7-36　A 油田岩心分析孔隙度与测井解释孔隙度关系图

3. A 油田二维储层非均质性分析

以一维储层参数解释结果为基础，开展了基于小层的二维储层非均质性分析。储层非均质性是指油气储集层在空间分布及内部各种属性上的不均匀变化。深海水道储层属碎屑岩沉积，反映渗流特性的渗透率可作为评价该类储层非均质性的重要参数。依据物性分析化验及测井解释成果，利用变异系数、突进系数和级差等参数，以 AL1～AL7 小层为例，分层间、平面、层内等方面进行深海水道储层非均质性分析。

1) 层间非均质性

层间非均质性反映纵向上多个油层之间的非均质变化，重点突出不同层次油层(砂组、油)之间的非均质性。下面分油组、砂组两个层次研究各小层层间渗透率差异程度。

对于油组级次，以 A 油组为例，通过统计各小层的渗透率平均值来确定油组内小层间的非均质性。如图 7-37 所示的统计结果表明，A 油组内部各小层的平均渗透率差异较小，介于 $722.2 \times 10^{-3} \sim 885.7 \times 10^{-3} \mu m^2$，层间非均质程度相对较弱。

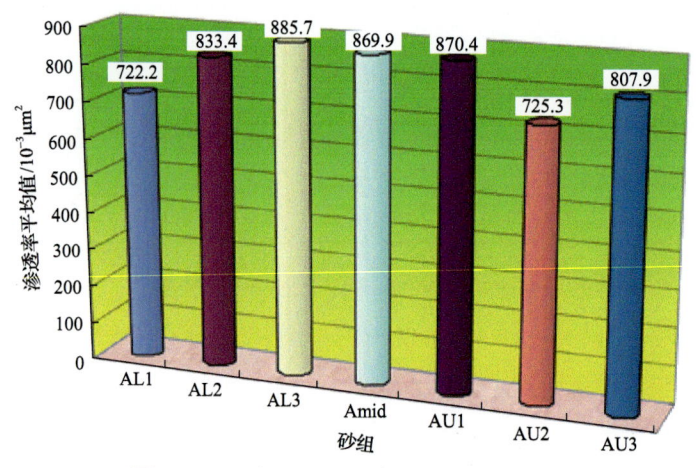

图 7-37　A 油田油组级别层间非均质性统计

第 7 章　深海水道储层三维地质建模

对于砂组级次，按 AU(A 上砂组)、AL(A 下砂组)砂组分别统计层间渗透率变异系数、突进系数和级差，以此来表征砂组内部层间非均质性。需要说明的是，层间非均质参数的样本为垂向上的各砂层(各层渗透率以平均值计)。如表 7-7 所示的统计结果表明，AU 和 AL 砂组内，层间非均质性均较弱，其变异系数平均值分别约 0.2 和 0.3，突进系数平均值分别约 1.2 和 1.4；相比较 AU 砂组而言，AL 砂组层间非均质性强，该现象可能是由沉积物的分选存在差异性造成的，AU 砂组形成于水道体系的中-晚期，此时单一水道的发育不受下切谷的限制，其侧向迁移的空间相对大，从而使水道内部沉积物分选相对充分，而 AL 砂组形成于水道体系的早-中期，此时水道的发育受峡谷的限制，早期发育的水道沉积分选差，中期发育的水道沉积物分选相对较好，从而造成非均质性相对强。当然，这种沉积物组构上的差异并不足以改变浊积水道的层间非均质程度，也就是说无论是 AU 砂组还是 AL 砂组，其层间非均质性均较弱。

表 7-7　A 油田砂组级别层间非均质性参数统计

砂组	数值类型	变异系数	突进系数	级差
AU	平均值	0.169	1.202	1.506
	最大值	0.59	1.84	3.22
AL	平均值	0.264	1.359	1.986
	最大值	0.73	2.03	4.60

此外，还利用单井层间非均质性参数(突进系数、变异系数)的计算结果研究了 AU 与 AL 砂组层间非均质程度的平面分布特征。如图 7-38 所示，各砂组层间非均质性以弱为主，局部地区存在中等非均质性，如 W19、W3ST 等井位附近，其原因在于该井钻遇了水道和朵叶体两种不同类型的沉积单元。

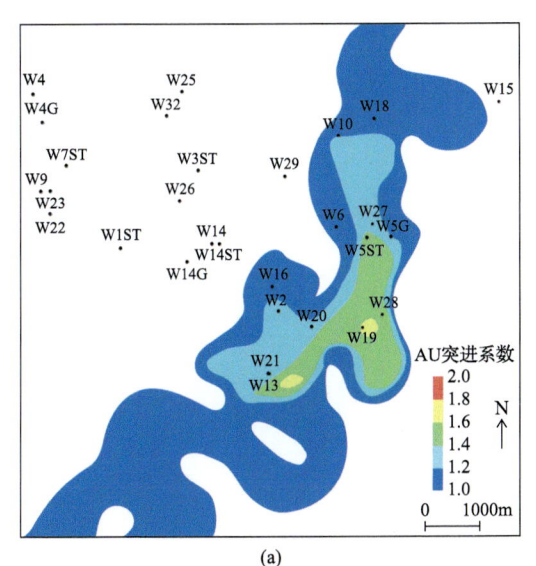

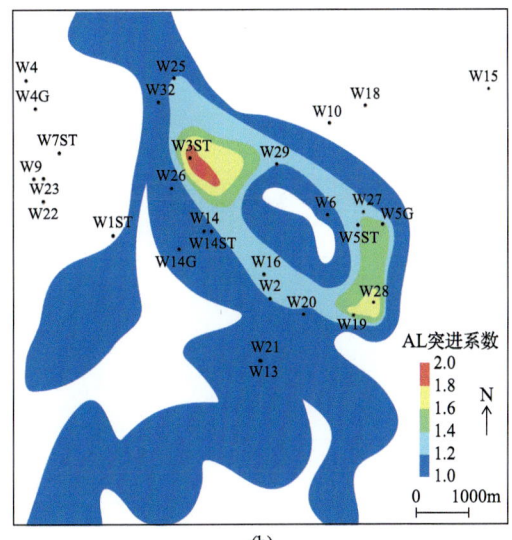

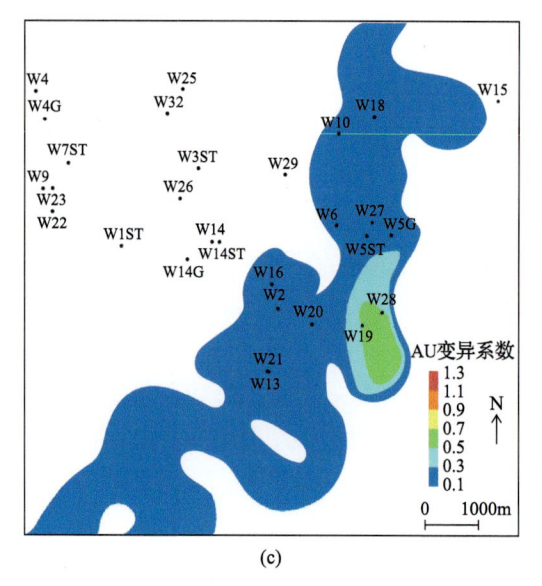

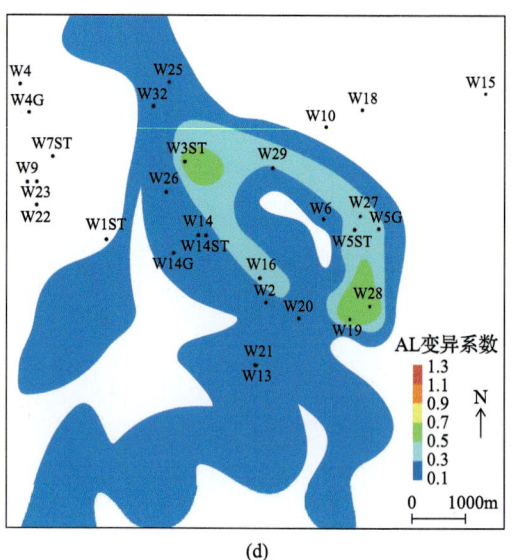

图 7-38　A 油田 AU、AL 砂组突进系数、变异系数平面分布图

2）平面非均质性

平面非均质性主要描述单油层在平面上的非均质变化，这里主要表征孔隙度、渗透率的平面变化和方向性。需要说明的是，孔隙度、渗透率平面图是在相控约束下通过井间插值来预测的。

受沉积过程平面差异性的控制，储层的孔隙度、渗透率参数在平面上大都具有变化性。不同微相具有不同的孔渗分布。如图 7-39 所示，水道（Amid 小层）高孔、高渗区多呈串珠状分布，同一微相不同部位的孔渗特征也具有差异性。

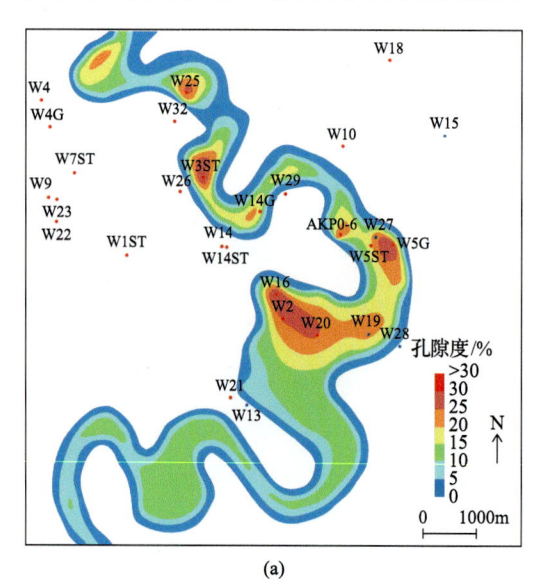

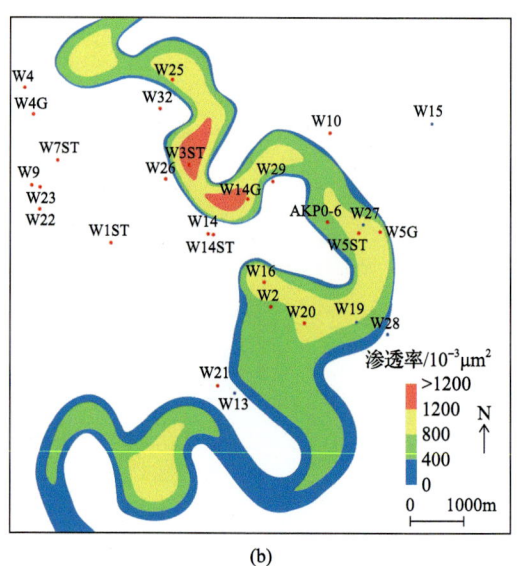

图 7-39　A 油田 Amid 小层储层质量
(a) Amid 小层孔隙度平面分布图；(b) Amid 小层渗透率平面分布图

第 7 章　深海水道储层三维地质建模

3) 层内非均质性

层内非均质性是指单一油层内部渗流能力的差异性。它直接控制和影响一个单砂层垂向上的注入剂波及厚度。下面重点介绍砂体的渗透率层内非均质程度。

层内渗透率非均质性程度为层内渗透率(主要是水平渗透率)的垂向变化程度,这是定量描述层内非均质性的重要内容,可采用渗透率变异系数、突进系数和级差表示。公式形式与前述的层间渗透率非均质程度的表征参数相同,但内涵有所差别,其样本点可以是岩心分析样品(取样应比较均匀,而且样品密度最好大于 5 块/m),也可以是测井解释值,还可以为砂体内的相对均值段。

不同成因单元层内非均质程度存在差异。分析化验资料层内非均质参数的统计发现,水道层内非均质性较强。W5G 井资料表明 AL3 小层的渗透率变异系数、突进系数、级差分别为 0.73、3.1、79.33。

7.3.2　A 油田储层参数三维建模

1. 储层孔隙度建模

储层参数三维建模的目的是获取储层各种参数(孔隙度、渗透率)的三维分布规律,明确储层参数的空间非均质性特征。为了使所建的储层物性参数模型更符合地质实际,以 AL1～AL3 小层为例,在单一水道模型控制的基础上,以孔隙度测井解释结果为硬数据,以地震属性体数据为软数据建立三维孔隙度模型。

孔隙度三维建模思路如下:在岩相模型的控制下,以一维孔隙度测井解释结果为硬约束数据,以声波阻抗地震属性数据为软约束数据,采用序贯高斯模拟方法建立三维孔隙度模型。该建模方法的关键技术有两方面:一是孔隙度与声波阻抗属性的相关性分析;二是变差函数的确定。

1) 孔隙度与声波阻抗属性的相关性分析

声波阻抗数据体约束三维建模的前提是其与孔隙度具有相关性,下面分别分析井阻抗、反演声波阻抗与孔隙度的关系(图 7-40)。

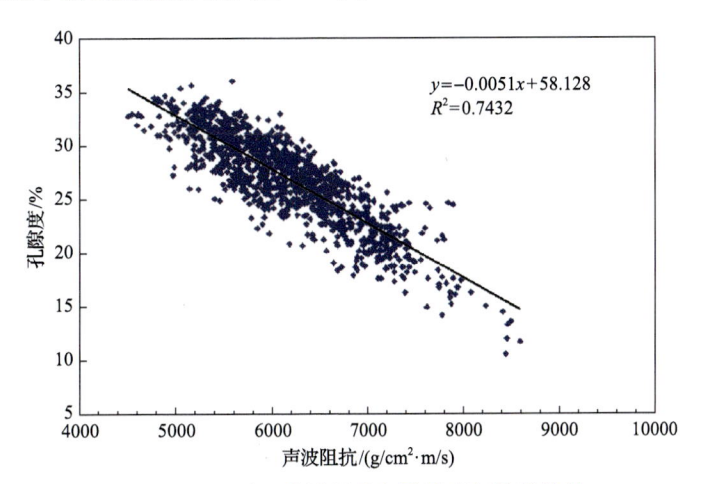

图 7-40　A 油田声波阻抗与孔隙度相关性统计

$y=-0.0051x+58.128$
$R^2=0.7432$

首先是井阻抗与孔隙度的相关性分析。选取 W1ST、W2、W3ST 及 W4 等井,利用其密度、声波时差测井曲线计算出井阻抗值,结合孔隙度测井解释结果,做砂岩孔隙度-绝对声波阻抗交会图,如图 7-40 所示。由图 7-40 可以看出,A 油组砂岩孔隙度与绝对声波阻抗相关性很好,相关系数开方后为 0.7432,说明声波阻抗体可以反映砂岩孔隙度的变化。

其次是反演声波阻抗与孔隙度的相关性分析。在反演声波阻抗时-深转换的基础上,分别提取 A 油组相应井段砂岩测井解释孔隙度与反演声波阻抗,由图 7-41 所示的相关性分析可知,反演声波阻抗与砂岩孔隙度相关性较好,基本可以用于约束砂岩孔隙度的三维建模。基于上述分析可知,研究区声波阻抗反演数据体可以协同约束的方式用于孔隙度参数的三维建模。

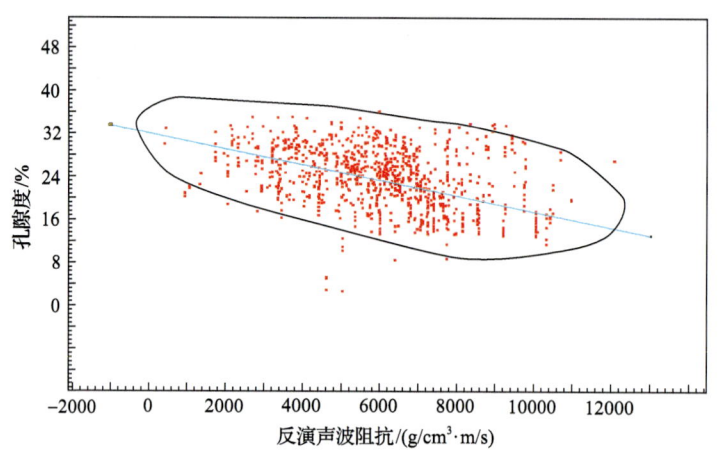

图 7-41 A 油组反演声波阻抗与孔隙度相关性统计

2) 变差函数的确定

变差函数反映储层参数的空间相关性。变差函数的参数可通过计算求取。但当井点数据较少时,变差函数的求取会有较大的误差。因此,在实际的建模过程中,一般可应用地质概念模式来估计变差函数的变程。变程的主方向为沉积相的主流线方向,主变程反映了成因单元顺物源同一方向展布的长度,次变程反映了成因单元切物源展布的宽度,而垂向变程大体相当于一个单一沉积单元的厚度。

就水道沉积而言,尽管研究区平均井距较大(平均约 2500m),但水道体系内部开发井相对密集,局部地区切物源剖面甚至能反映单一水道展布,这为变差函数的准确求取奠定了数据基础。这里在设置变差函数时,计算了砂岩孔隙度的实验变差函数并进行理论模型拟合。图 7-42 是储层砂岩孔隙度变差函数图,灰线是实验变差函数曲线,选择指数模型拟合(蓝线),从图中可以看出二者吻合非常好。主方位角在 NE13°左右,主变程在 750m 左右[图 7-42(a)],次变程在 450m 左右[图 7-42(b)],垂直变程在 2.5m 左右[图 7-42(c)],这基本与研究区单一水道构型模式相符合。

3) 建模结果

在岩相模型的控制下,以一维测井解释孔隙度为硬约束数据,以声波阻抗地震属性体为软约束数据,应用序贯高斯的方法对 AL3 小层进行了 50 次随机模拟,如图 7-43 所

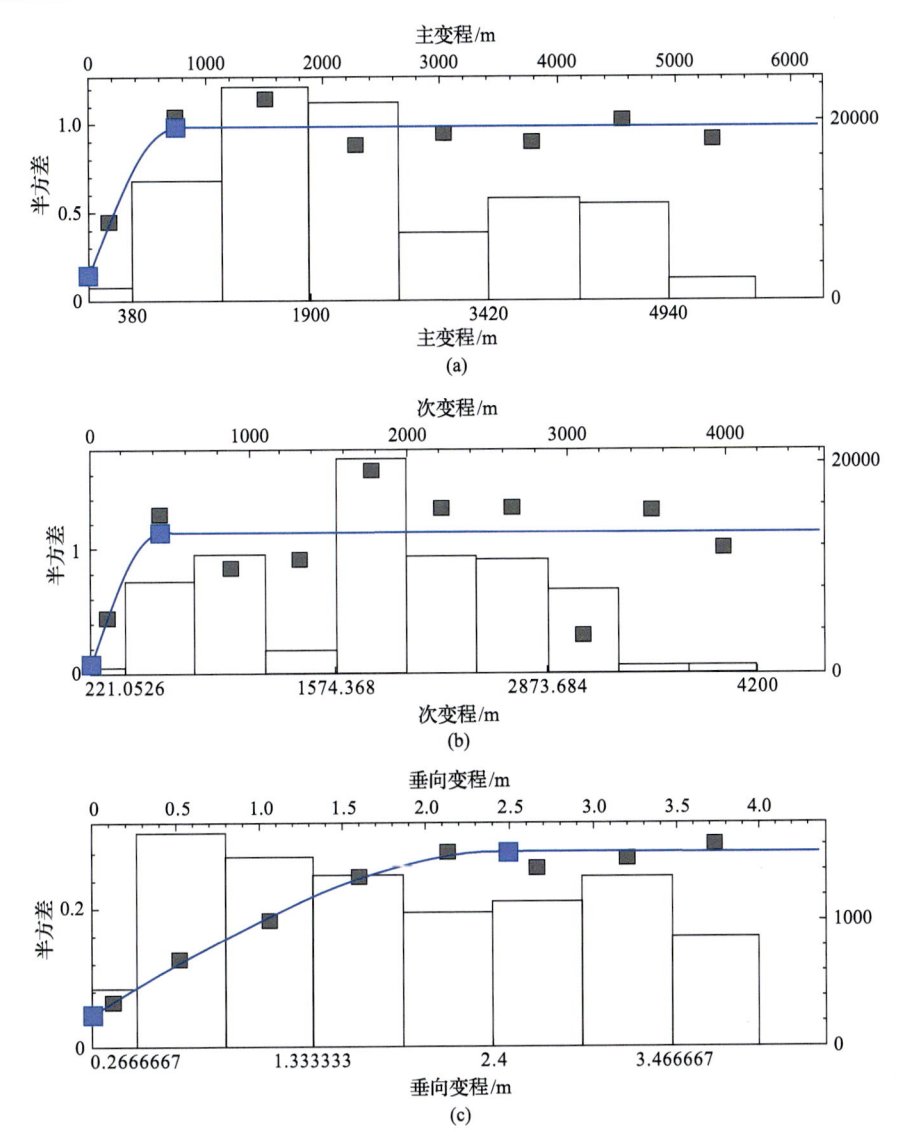

第 7 章 深海水道储层三维地质建模

图 7-42 A 油田 A 油组水道体系内部砂岩孔隙度变差函数图
(a) 主变程；(b) 次变程；(c) 垂向变程

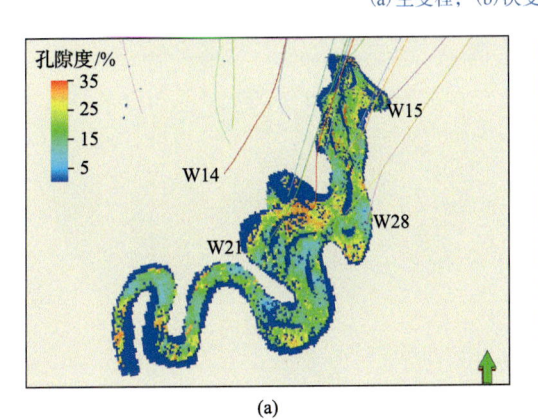

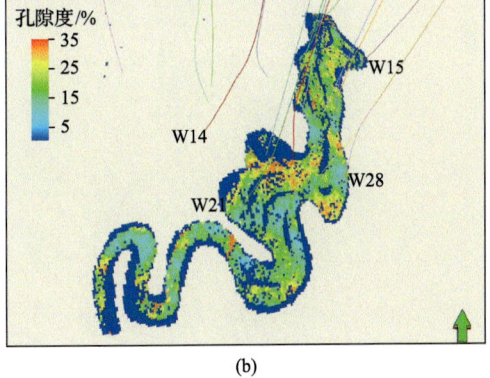

(c)   (d)

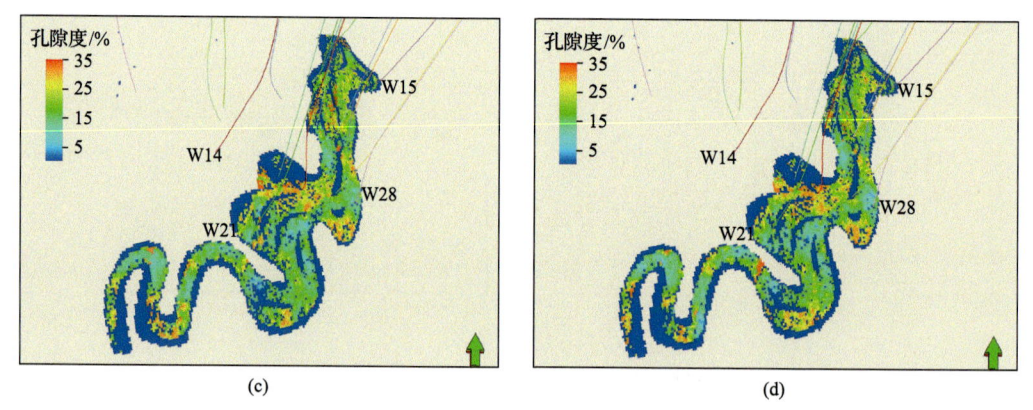

图 7-43　A 油田 AL3 小层水道砂岩孔隙度的四个模拟实现
(a)实现 1；(b)实现 2；(c)实现 3；(d)实现 4

示，红-黄色区域为孔隙度高值区。由图 7-43 可以看出，不同成因单元孔隙度分布趋势有差异，水道内部高孔区呈串珠状分布，这是符合实际地质模式的。

　　为给出确定性的建模结果，对上述 50 次随机模拟结果进行了均值化处理（算术平均），以给出三维孔隙度分布模型。图 7-44 为 AL1～AL3 小层及 D1 小层均值化处理后的三维孔隙度分布模型。

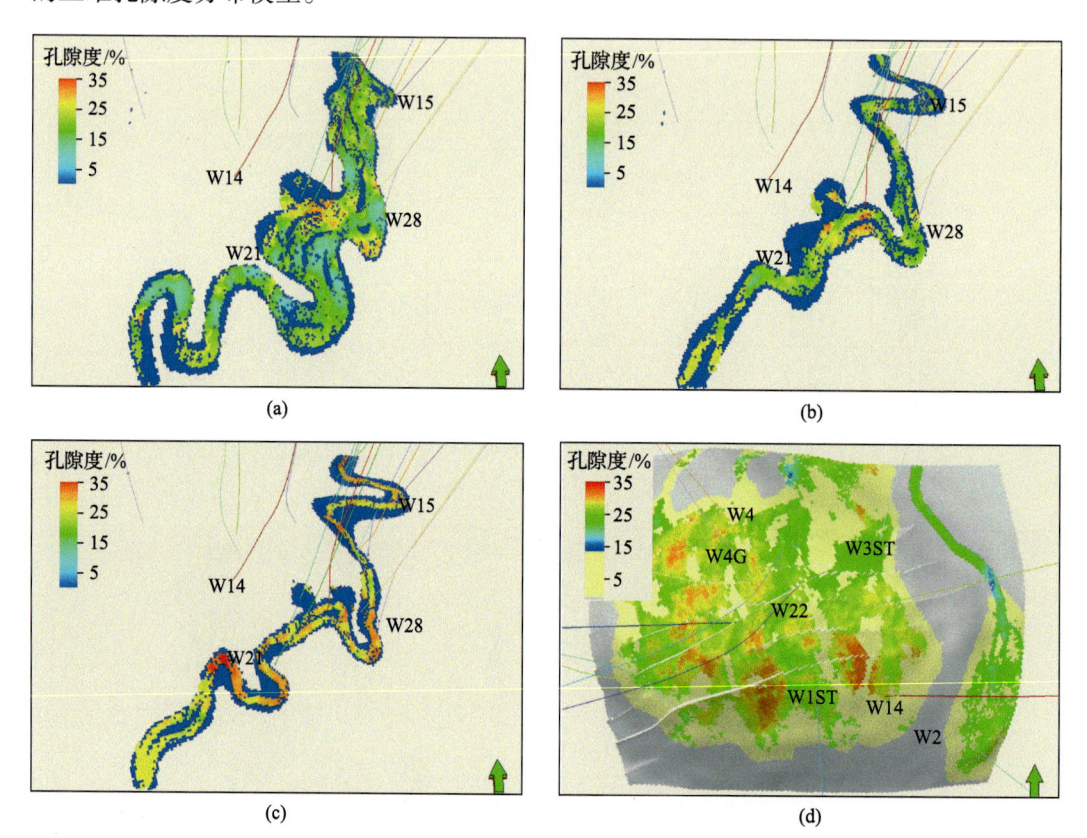

(a)   (b)

(c)   (d)

图 7-44　A 油田 A 油组内各小层砂岩孔隙度模型
(a)AL3；(b)AL2；(c)AL1；(d)D1

2. 渗透率建模

在建立孔隙度模型之后，以孔隙度模型为约束，综合渗透率测井解释结果建立三维渗透率模型。渗透率三维建模思路如下：在岩相模型的控制下，以一维渗透率测井解释结果为硬约束数据，以三维孔隙度模型为软约束数据，采用序贯高斯模拟方法建立三维渗透率模型。

1）孔-渗关性分析

孔-渗相关性分析是用孔隙度作为约束进行渗透率三维建模的前提。如图 7-45 所示，A 油田孔隙度、渗透率测井解释结果统计表明，二者具有较好的相关性。

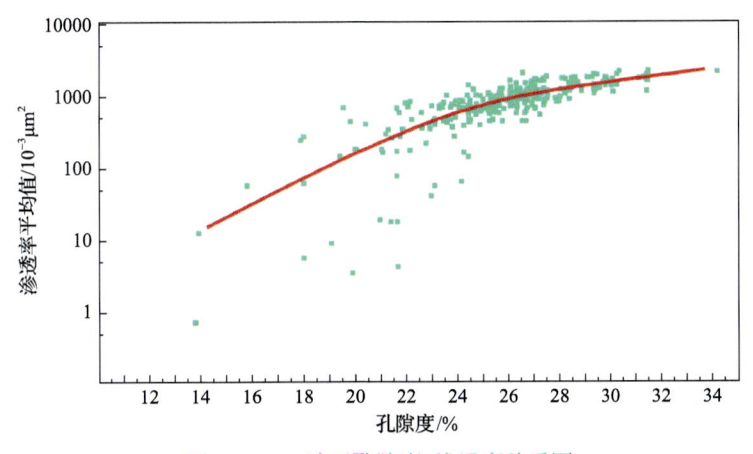

图 7-45 　A 油田孔隙度-渗透率关系图

2）变差函数确定

同砂岩孔隙度一样，对砂岩渗透率也进行了实验变差函数的计算和理论模型拟合。图 7-46 是水道沉积储层砂岩渗透率变差函数图，灰线是实验变差函数曲线，选择指数模型拟合（蓝线），从图中可以看出二者吻合较好。主方位角在 NE13°左右，主变程在 605m 左右，次变程在 510m 左右，垂直变程在 1.1m 左右，这基本与实际地质情况相符合。

3）建模结果

在岩相模型的控制下，以一维测井解释渗透率为硬约束数据，以孔隙度模型为软约束数据，应用序贯高斯模拟方法分别对 AL3 小层进行了 50 次随机模拟。如图 7-47 所示，

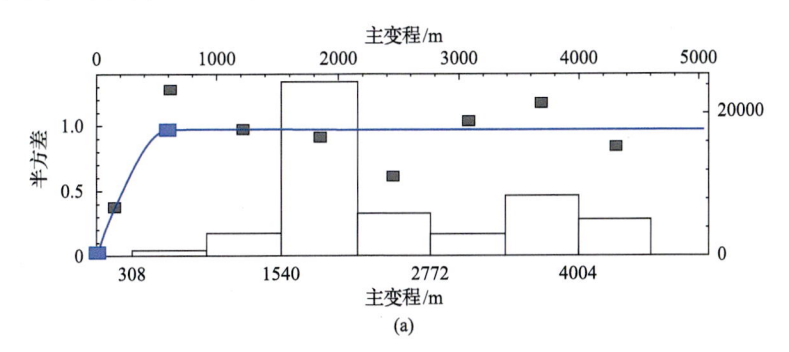

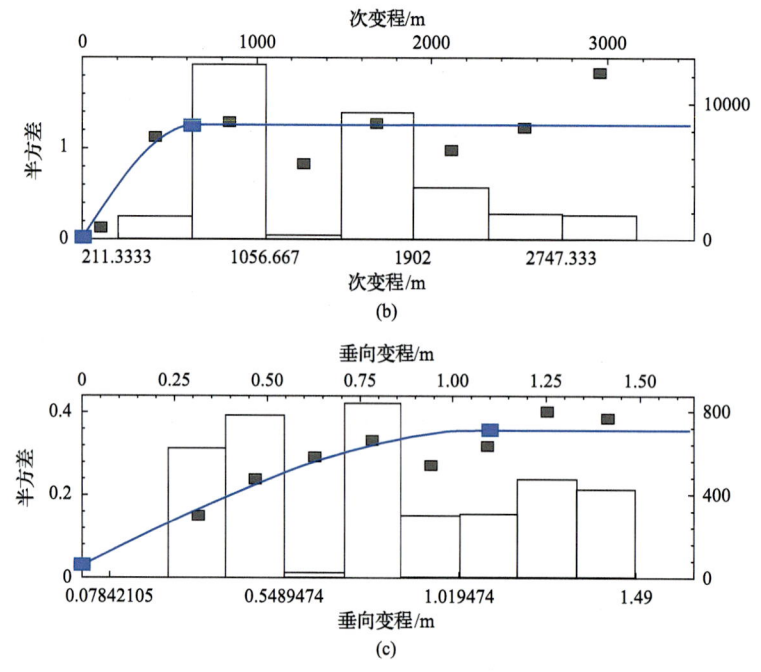

图 7-46　A 油田 A 油组水道体系砂岩渗透率变差函数图

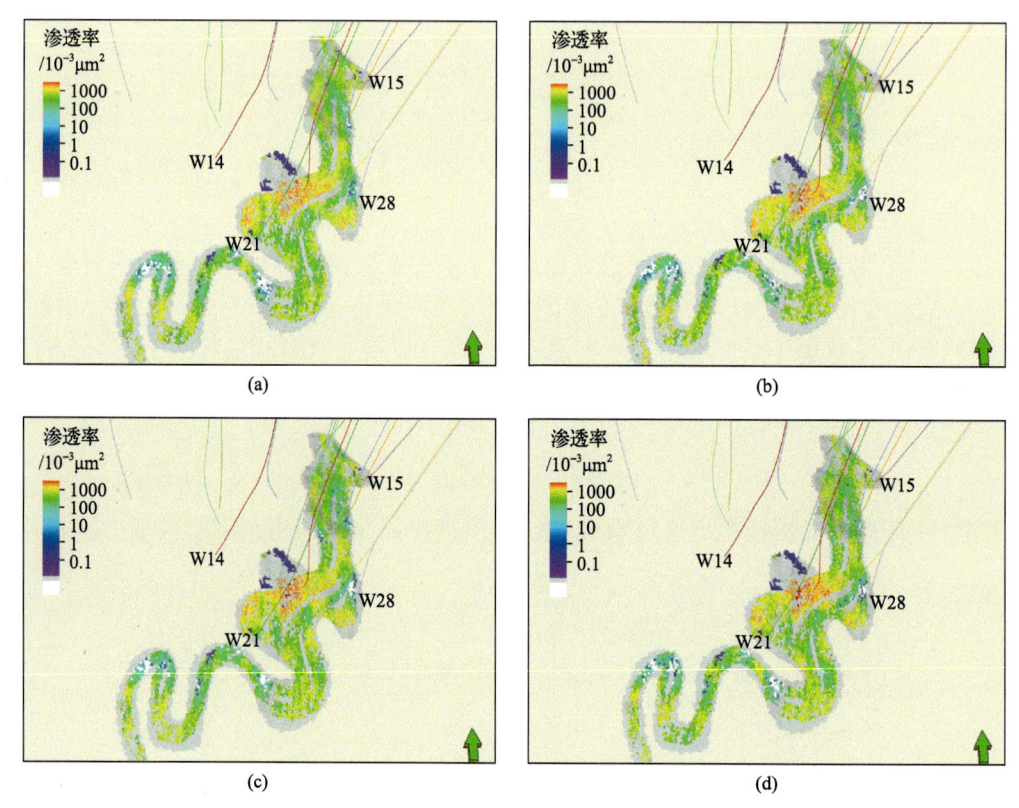

图 7-47　A 油田 AL3 小层砂岩渗透率的四个模拟实现
(a)实现 1；(b)实现 2；(c)实现 3；(d)实现 4

第 7 章　深海水道储层三维地质建模

红-黄色区域为渗透率高值区，与孔隙度分布趋势类似，水道内部高渗区呈串珠状分布，这是符合实际地质模式的。同三维孔隙度模型一样，渗透率仍采用均值化处理的方法来给出三维分布模型。图 7-48 为 AL1～AL3 小层及 D1 均值化处理后的三维渗透率分布模型。

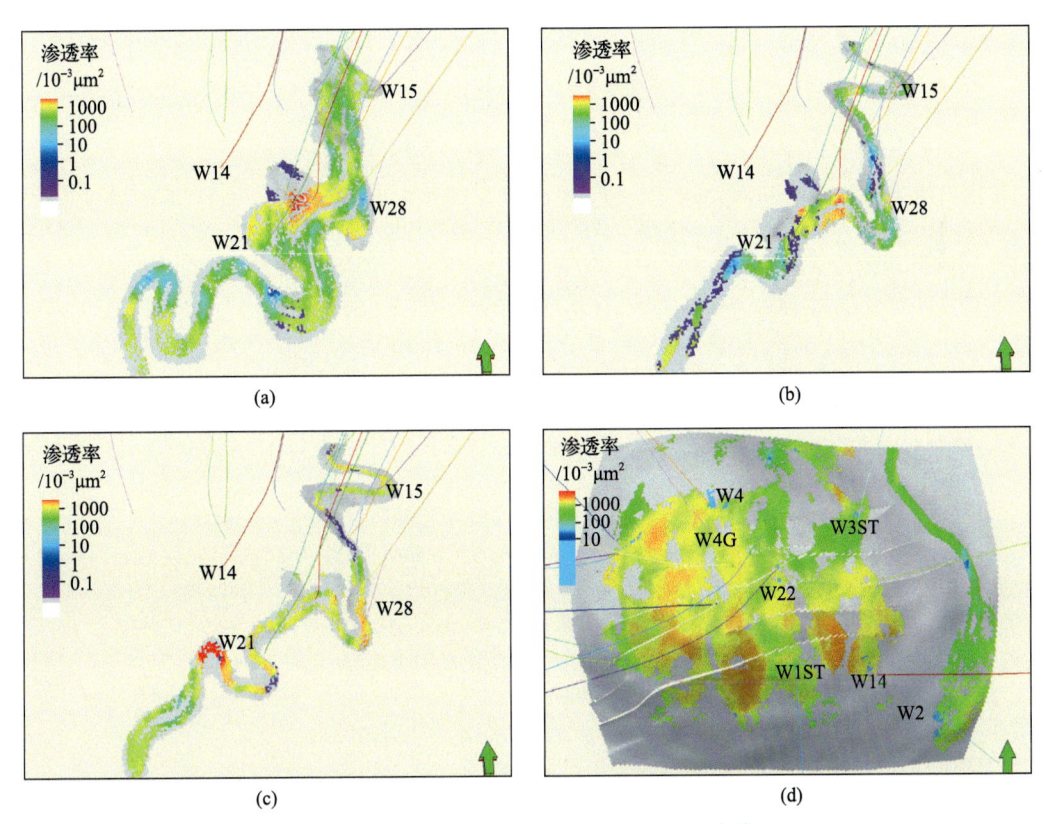

图 7-48　A 油田 A 油组内各小层砂岩渗透率模型
(a) AL3；(b) AL2；(c) AL1；(d) D1

参 考 文 献

蔡涵鹏, 龙浩, 贺振华, 等. 2014. 基于地震数据瞬时相位谱的地层厚度估算[J]. 天然气地球科学(4): 102-109.

操应长, 杨田, 王艳忠, 等. 2017. 深水碎屑流与浊流混合事件层类型及成因机制[J]. 地学前缘, 24(3): 234-248.

陈亮, 赵千慧, 王英民, 等. 2017. 盐构造与深水水道的交互作用——以下刚果盆地为例[J]. 沉积学报, 35(6): 1197-1204.

陈筱, 卜范青, 王昊, 等. 2018. 西非深水浊积复合水道储层连通模式表征[J]. 西南石油大学学报(自然科学版), 40(6): 39-50.

邓荣敬, 邓运华, 于水, 等. 2008. 尼日尔三角洲盆地油气地质与成藏特征[J]. 石油勘探与开发, 35: 755-762.

刁新东, 李映涛, 顾伟欣, 2018. 三角洲水下分流河道砂体地震预测方法研究——以塔河油田三叠系河道砂岩为例[J]. 物探与化探(3): 44-150.

冯潇飞, 赵晓明, 谭程鹏, 等. 2020. 深海弯曲水道内部一种特殊的沉积单元: 凹岸坝[J]. 沉积学报, 38(2): 440-450.

冯益民, 曹宣铎, 张二朋. 2003. 西秦岭造山带的演化、构造格局和性质[J]. 西北地质, 36(1): 1-10.

胡孝林, 于水, 刘新颖. 2014. 尼日尔三角洲盆地过路朵叶体特征及发育模式[J]. 东北石油大学学报, 38(5): 31-40.

黄文奥, 赵晓明, 谭程鹏, 等. 2020. 西秦岭直合隆地区三叠系深水水道沉积模式分析[J]. 沉积学报, 38(5): 1061-1075.

蒋恕, 王华, Weimer P. 2008. 深水沉积层序特点及构成要素[J]. 地球科学: 中国地质大学学报, 33(6): 825-833.

井涌泉, 栾东肖, 张雨晴, 等. 2018. 基于地震属性特征的河流相叠置砂岩储层预测方法[J]. 石油地球物理勘探, 53(5): 175-184.

赖旭龙, 殷鸿福, 杨逢清. 1995. 秦岭三叠纪古海洋再造[J]. 地球科学: 中国地质大学学报, 20(6): 648-656.

黎祺, 胡明毅. 2014. 地震沉积学在河流—三角洲沉积相及有利砂体预测方面的应用[J]. 天然气地球科学, 25(9): 1341-1349.

李国发, 岳英, 国春香, 等. 2011. 基于模型的薄互层地震属性分析及其应用[J]. 石油物探, 50(2): 144-149.

李华, 何幼斌, 冯斌, 等. 2018. 鄂尔多斯盆地西缘奥陶系拉什仲组深水水道沉积类型及演化[J]. 地球科学, 43(6): 2149-2159.

李林, 曲永强, 孟庆任, 等. 2011. 重力流沉积: 理论研究与野外识别[J]. 沉积学报, 29(4): 677-688.

李士涛, 王振奇, 张笑, 等. 2011. 非洲下刚果盆地多边形断层系统及其对油气的意义[J]. 海相油气地质, 16(2): 77-84.

李雪英, 李东庆, 白诗缘. 2014. 薄层研究方法综述[J]. 地球物理学进展, 29(5): 2197-2203.

刘飞, 赵晓明, 冯潇飞, 等. 2021. 基于重力流相的深水水道分类方案研究[J]. 古地理学报, 23(5): 951-965.

刘新颖, 于水, 陶维祥, 等. 2012. 刚果扇盆地上中新世深水水道充填结构及演化特征[J]. 地球科学: 中国地质大学学报, 37(1): 105-112.

林煜, 吴胜和, 王星, 等. 2013. 深水浊积水道体系构型模式研究——以西非尼日尔三角洲盆地某深水研究区为例[J]. 地质论评, 59(3): 510-520.

吕明, 王颖, 陈莹. 2008. 尼日利亚深水区海底扇沉积模式成因探讨和勘探意义[J]. 中国海上油气, 20(4): 275-282.

廖纪佳, 朱筱敏, 邓秀芹, 等. 2013. 鄂尔多斯盆地陇东地区延长组重力流沉积特征及其模式[J]. 地学前缘, 20(2): 29-39.

Posamentier H W, Kolla V, 刘化清. 2019. 深水浊流沉积综述[J]. 沉积学报, 37(5): 879-903.

孙鲁平, 郑晓东, 首皓, 等. 2010. 薄层地震峰值频率与厚度关系研究[J]. 石油地球物理勘探, 45(2): 103-108.

孙宁亮, 钟建华, 王书宝, 等. 2017. 鄂尔多斯盆地南部三叠系延长组深水重力流沉积特征及其石油地质意义[J]. 古地理学报, 19(2): 299-314.

塔斯肯, 李江海, 李维波, 等. 2014. 三叠纪全球板块再造及岩相古地理研究[J]. 海洋地质与第四纪地质, 34(5): 153-162.

田向盛, 王建飞, 赵志成, 等. 2016. 甘肃加甘滩金矿床地质特征及找矿标志[J]. 甘肃地质, 25(1): 25-31.

吴胜和, 岳大力, 刘建民, 等. 2008. 地下古河道储层构型的层次建模研究[J]. 中国科学: 地球科学, 38(201): 111-121.

鲜本忠, 万锦峰, 姜在兴, 等. 2012. 断陷湖盆洼陷带重力流沉积特征与模式: 以南堡凹陷东部东营组为例[J]. 地学前缘, 19(1): 121-135.

鲜本忠, 万锦峰, 董艳蕾, 等. 2013. 湖相深水块状砂岩特征、成因及发育模式——以南堡凹陷东营组为例[J]. 岩石学报, 29(9): 3287-3299.

严琼, 郑崔勇, 王建良. 2017. 青海省泽库县尼玛龙卡钨矿地质特征及找矿前景[J]. 甘肃冶金, 39(5): 83-85.

参 考 文 献

杨仁超, 金之钧, 孙冬胜, 等. 2015. 鄂尔多斯晚三叠世湖盆异重流沉积新发现[J]. 沉积学报, 33(1): 10-20.

杨晓娟, 李军, 于炳松. 2012. 下刚果盆地构造特征及油气勘探潜力[J]. 地球物理学进展, 27(6): 2585-2593.

杨田, 操应长, 王艳忠, 等. 2015. 异重流沉积动力学过程及沉积特征[J]. 地质论评, 61(1): 23-33.

袁珍, 李文厚, 范萌萌, 等. 2011. 深水块状砂岩沉积特征及其成因机制探讨: 以鄂尔多斯盆地东南缘上三叠统长6油层组为例[J]. 地质科技情报, 30(4): 43-49.

岳大力, 胡光义, 范廷恩, 等. 2017. 分频段地震属性优选及砂体预测方法——秦皇岛32-6油田北区实例[J]. 石油地球物理勘探, 52(1): 121-130.

赵江天, 杨逢清. 1991. 甘肃合作地区早、中三叠世盆地—斜坡沉积环境分析[J]. 岩相古地理, 11(5): 27-34.

张昌民, 朱锐, 李少华, 等. 2015. 广西潞城深水沉积地层构型特征及其石油地质意义[J]. 岩性油气藏, 27(4): 1-10.

张国涛, 张尚锋, 李媛, 等. 2012. 尼日尔深水区海底扇水道地震形态与迁移历史[J]. 大庆石油学院学报, 36(1): 19-24.

张文彪, 陈志海, 刘志强, 等. 2015. 深水水道形态定量分析及沉积模拟——以西非Gengibre油田为例[J]. 石油学报, 36(1): 41-49.

张兴阳, 罗顺社, 何幼斌. 2001. 沉积物重力流—深水牵引流沉积组合—鲍玛序列多解性探讨[J]. 江汉石油学院学报, 23(1): 1-4.

赵晓明, 吴胜和, 刘丽. 2012. 尼日尔三角洲盆地AKPO油田新近系深水浊积水道储集层构型表征[J]. 石油学报, 33(6): 1049-1058.

赵晓明, 刘丽, 谭程鹏, 等. 2018. 海底水道体系沉积构型样式及控制因素: 以尼日尔三角洲盆地陆坡区为例[J]. 古地理学报, 20(5): 825-840.

赵晓明, 刘飞, 葛家旺, 等. 2023. 深水水道沉积构型单元分级与结构样式[J]. 沉积学报, 41(1): 37-51.

周伟. 2021. 深水单向迁移水道建造模式与成因机制研究进展[J]. 古地理学报, 23(6): 1082-1093.

邹才能, 赵政璋, 杨华, 等. 2009. 陆相湖盆深水砂质碎屑流成因机制与分布特征——以鄂尔多斯盆地为例[J]. 沉积学报, 27(6): 1065-1075.

Aalto K R. 1976. Sedimentology of a mélange: Franciscan of Trinidad, California[J]. Journal of Sedimentary Petrology, 46(4): 913-929.

Abreu V, Sullivan M, Pirmez C, et al. 2003. Lateral accretion packages (LAPs): An important reservoir element in deep water sinuous channels[J]. Marine and Petroleum Geology, 20(6): 631-648.

Adeogba A A, McHargue T R, Graham S A. 2005. Transient fan architecture and depositional controls from near-surface 3-D seismic data, Niger Delta continental slope[J]. AAPG Bulletin, 89(5): 627-643.

Alfaro E, Holz M. 2014. Seismic geomorphological analysis of deepwater gravity-driven deposits on a slope system of the southern Colombian Caribbean margin[J]. Marine and Petroleum Geology, 57: 294-311.

Allen J R L. 1977. The plan shape of current ripples in relation to flow conditions[J]. Sedimentology, 24(1): 53-62.

Armitage D A, Romans B W, Covault J A, et al. 2009. The influence of mass transport deposit surface topography on the evolution of turbidite architecture: The Sierra Contreras, Tres Pasos formation (Cretaceous), southern Chile[J]. Journal of Sedimentary Research, 79(5): 287-301.

Armitage D A, McHargue T, Fildani A, et al. 2012. Postavulsion channel evolution: Niger Delta continental slope[J]. AAPG Bulletin, 96(5): 823-843.

Arnott R W C, Hand B M. 1989. Bedforms, primary structures and grain fabric in the presence of suspended sediment rain[J]. Journal of Sedimentary Petrology, 59(6): 1062-1069.

Arnott R W C. 2007. Stratal architecture and origin of lateral accretion deposits (LADs) and conterminuous inner-bank levee deposits in a base-of-slope sinuous channel, Lower Isaac Formation (Neoproterozoic), East-Central British Columbia, Canada[J]. Marine and Petroleum Geology, 24(6): 515-528.

Ashiru O R, Qin Y, Wu S. 2020. Structural controls on submarine channel morphology, evolution, and architecture, offshore western Niger Delta[J]. Marine and Petroleum Geology, 118: 104413.

Babonneau N, Savoye B, Cremer M, et al. 2004. Multiple terraces within the deep incised Zaire Valley (ZaiAngo project): Are they confined levees? [J]. Geological Society, 222(1): 91-114.

Barton M D, O'Byrne C J, Pirmez C. 2008. Facies Architecture of a Deep-water Fan Valley, Plane Crash canyon, Brushy canyon formation, Texas, USA[G]//The Atlas of Deep-Water Outcrops. AAPG Studies in Geology, AAPG and Shell Exploration & Production Special Publication (Tulsa, Oklahorna): 445-449.

Bayliss N J, Pickering K T. 2015a. Transition from deep-marine lower-slope erosional channels to proximal basin-floor stacked channel-levée-overbank deposits, and synsedimentary growth structures, Middle Eocene Banastón System, Ainsa basin, Spanish Pyrenees[J]. Earth-Science Reviews, 144: 23-46.

Bayliss N J, Pickering K T. 2015b. Deep-marine structurally confined channelised sandy fans: Middle Eocene Morillo Systen, Ainsa basin, Spanish Pyrenees[J]. Earth-Science Reviews, 144: 82-106.

Beaubouef R T, Abreu V. 2006. Basin of the Brazos-Trinity slope system: Anatomy of the terminal portion of an intra-slope lowstand systems tract[J]. Gcags Transactions, 56: 39-49.

Beaubouef R T, Rossen C, Zelt F B, et al. 1999. Deep-water Sandstones of the Brushy canyon formation, west Texas[C]. Hedberg Field Research Conference, Houston: 15-20.

Beaubouef R T. 2004. Deep-water leveed-channel complexes of the Cerro Toro Formation, Upper Cretaceous, southern Chile[J]. AAPG Bulletin, 88(11): 1471-1500.

Benjamin U, Huuse M, Hodgetts D. 2015. Canyon-confined pockmarks on the western Niger delta slope[J]. African Earth Sciences, 107: 15-27.

Biscara L, Mulder T, Hanquiez V, et al. 2013. Morphological evolution pf cap Lopez canyon (Gabon): Illustration of lateral migration processes of a submarine canyon[J]. Marine Geology, 340: 49-56.

Biscara L, Mulder T, Martinez P, et al. 2011. Transport of terrestrial organic matter in the Ogooué deep sea turbidite system (Gabon)[J]. Marine and Petroleum Geology, 28(5): 1061-1072.

Bouchakour M, Zhao X, Ge J, et al. 2022. Evolution of submarine channel morphology in intra-slope mini-basins: 3D-seismic interpretation from offshore Niger delta[J]. Marine and Petroleum Geology, 146: 105912.

Bouchakour M, Zhao X, Miclăus C, et al. 2023. Lateral migration and channel bend morphology around growing folds (Niger delta continental slope)[J]. Basin Research, 35: 1154-1192.

Bouma A H. 1985. Introduction to Submarine Fans and Related Turbidite Systems[M]//Bouma A H, Normark W R, Barnes N E. Submarine Fans and Related Turbidite Systems. New York: Springer-Verlag: 3-5.

Bradford S F, Katopodes N D. 1999. Hydrodynamics of turbid underflows. Ⅱ: Aggradation, avulsion, and channelization[J]. Journal of Hydraulic Engineering, 125(10): 1016-1028.

Brami T R, Pirmez C, Archie C, et al. 2000. Late Pleistocene deep-water stratigraphy and depositional processes, offshore Trinidad and Tobago[J]. GCSSEPM Proceedings, 15: 104-115.

Bull S, Cartwright J, Huuse M, et al. 2009. A review of kinematic indicators from mass-transport complexes using 3D seismic data[J]. Marine and Petroleum Geology, 26(7): 1132-1151.

Bursik M I, Woods A W. 2000. The effects of topography on sedimentation from particle laden turbulent density currents[J]. Journal of Sedimentary Research, 70(1): 53-63.

Caley T, Malaizé B, Zaragosi S, et al. 2011. New Arabian Sea records help decipher orbital timing of Indo-Asian monsoon[J]. Earth and Planetary Science Letters, 308(3-4): 433-444.

Campbell C V. 1967. Lamina, laminaset, bed and bedset[J]. Sedimentology, 8(1): 7-26.

Campion K M, Sprague A R, Sullivan M D. 2007. Architecture and lithofacies of the Miocene Capistrano formation, San Clemente State Beach, California, USA//[G] Nilsen T H, Shew R D, Steffens G S, et al. Atlas of Deep-Water Outcrops. AAPG Studies in Geology, 56: 395-400.

Carminatti M, Zimmermann L, Jahnert R, et al. 1996. Upper Cretaceous bioturbated fine-to-medium sands: A problem for deep-water exploration in Campos basin, offshore Brazil[J]. AAPG Bulletin, 80: 358-372.

Carter C, Gani M, Roesler T, et al. 2016. Submarine channel evolution linked to rising salt domes, Gulf of Mexico, USA[J].

Sedimentary Geology, 342(4): 237-253.

Catterall V, Redfern J, Gawthorpe R, et al. 2010. Architectural style and quantification of a submarine channel-levee system located in a structurally complex area: offshore Nile delta[J]. Journal of Sedimentary Research, 80(11): 991-1017.

Chima K I, do Couto D, Leroux E, et al. 2019. Seismic stratigraphy and depositional architecture of Neogene intraslope basins, offshore western Niger delta [J]. Marine Petroleum Geology, 109: 449-468.

Chow J, Lee J S, Lie C S, et al. 2001. A submarine canyon as the cause of a mud volcano— Liuchieuyu island in Taiwan[J]. Marine Geology, 176: 55-63.

Ciaran J O, Mark D B, Gary S S, et al. 2008. Architecture of a Laterally Migrating Channel Complex: Channel 4, Isaac formation, Windermere Supergroup, Castle Creek North, British Columbia, Canada//The Atlas of Deep-Water Outcrops[G]. AAPG Studies In Geology, SEPM Special Publication, AAPG and Shell Exploration & Production Special Publication (Tulsa, Oklahoma): 115-118.

Clark I R, Cartwright J A. 2009. Interactions between submarine channel systems and deformation in deepwater fold belts: Examples from the Levant basin, eastern Mediterranean sea[J]. Marine and Petroleum Geology, 26(8): 1465-1482.

Clark I R, Cartwright J A. 2011. Key controls on submarine channel development in structurally active settings[J]. Marine and Petroleum Geology, 28(7): 1333-1349.

Clark J D, Pickering K T. 1996. Architectural elements and growth patterns of submarine channels: Application to hydrocarbon exploration[J]. AAPG Bulletin, 80(2): 194-221.

Cohen H A, Mcclay K. 1996. Sedimentation and shale tectonics of the northwestern Niger delta front[J]. Marine Petroleum Geology, 13(3): 313-328.

Corella J P, Loizeau J L, Kremer K, et al. 2016. The role of mass-transport deposits and turbidites in shaping modern lacustrine deepwater channels[J]. Marine and Petroleum Geology, 77: 515-525.

Corney R K T, Peakall J, Parsons D R, et al. 2006. The orientation of helical flow in curved channels[J]. Sedimentology, 53(2): 249-257.

Covault J A, Sylvester Z, Hudec M R, et al. 2019. Submarine channels 'swept' downstream after bend cutoff in salt basins[J]. The Depositional Record, 6(1): 259-272.

Cramez C, Jackson M P A. 2000. Superposed deformation straddling the continental-oceanic transition in deep-water Angola[J]. Marine and Petroleum Geology, 17(10): 1095-1109.

Cross N E, Cunningham A, Cook R J, et al. 2009. Three-dimensional seismic geomorphohgy of a deep-water slope-channel system: The Sequoia field, offshore west Nile delta[J]. AAPG Bulletin, 93(8): 1063-1086.

Cross T A. 1988. Controls on coal distribution in transgressive e regressive cycles, Upper Cretaceous, western Interior, USA[J]. Special Publications, 42: 371-380.

Cullis S, Colombera L, Patacci M, et al. 2018. Hierarchical classifications of the sedimentary architecture of deep-marine depositional systems[J]. Earth-Science Reviews, 179: 38-71.

Curray J R, Emmel F J, Moore D G. 2003. The Bengal fan: Morphology, geometry, stratigraphy, history and processes[J]. Marine and Petroleum Geology, 19(10): 1191-1223.

Curray J R, Moore D G. 1971. Growth of the Bengal deep-sea fan and denudation of the Himalayas[J]. GSA Bulletin, 82(3): 563-572.

Damuth J E, Flood R D, Kowsmann R O, et al. 1988. Anatomy and growth pattern of Amazon deep-sea fan as revealed by long-range side-scan sonar (GLORIA) and high-resolution seismic studies [J]. AAPG Bulletin, 72(8): 415-423.

Damuth J E, Kolla V, Flood R D, et al. 1983. Distributary channel meandering and bifurcation patterns on the Amazon deep-sea fan as revealed by long-range side-scan sonar[J]. Geology, 11(2): 94-98.

Damuth J E. 1994. Neogene gravity tectonics and depositional processes on the deep Niger delta continental margin[J]. Marine and Petroleum Geology, 11(3): 320-346.

Dasgupta P. 2003. Sediment gravity flow—the conceptual problems[J]. Earth-Science Reviews, 62(3): 265-281.

de Leeuw J, Eggenhuisen J T, Cartigny M. 2016. Morphodynamics of submarine channel inception revealed by new experimental approach[J]. Nature Communications, 7(1): 10886.

Deptuck M E, Steffens G S, Barton M, et al. 2003. Architecture and evolution of upper fan channel-belts on the Niger delta slope and in the Arabian Sea[J]. Marine and Petroleum Geology, 20(6): 649.

Deptuck M E, Sylvester Z C, Pirmez C, et al. 2007. Migration–aggradation history and 3-D seismic geomorphology of submarine channels in the Pleistocene Benin major canyon, western Niger delta slope[J]. Marine and Petroleum Geology, 24(6): 406-433.

Dott R H, Jr. 1963. Dynamics of subaqueous gravity depositional processes[J]. AAPG Bulletin, 47(1): 104-128.

Doughty-Jones G, Lonergan L, Mayall M, et al. 2019. The role of structural growth in controlling the facies and distribution of mass transport deposits in a deep-water salt minbasin[J]. Marine Petroleum Geology, 104: 106-124.

Doust H, Omatsola E. 1990. Niger Delta[M]//Edwards J D, Santogrossi P A. Divergent/Passive Margin Basins. Tulsa: Dklahoma.

Droz L, Marsset T, Ondréas H, et al. 2003. Architecture of an active mud-rich turbidite system: The Zaire fan (Congo–Angola margin southeast Atlantic): Results from ZaïAngo 1 and 2 cruises[J]. AAPG Bulletin, 87(7): 1145-1168.

Dugan B, Stigall J. 2010. Origin of overpressure and slope failure in the Ursa Region, northern Gulf of Mexico[J]. Submarine Mass Movements and Their Consequences, 28: 167-178.

Eggenhuisen J T, McCaffrey W D, Haughton P D W, et al. 2010. Reconstructing large-scale remobilisation of deepwater deposits and its impact on sand-body architecture from cored wells: The Lower Cretaceous Britannia Sandstone formation, UK North Sea[J]. Marine and Petroleum Geology, 27(7): 1595-1615.

Eggenhuisen J T, McCaffrey W D, Haughton P D W, et al. 2011. Shallow erosion beneath turbidity currents and its impact on the architectural development of turbidite sheet system[J]. Sedimentology, 58(4): 936-959.

Euzen T, Eschard R, Albouy E, et al. 2007. Stratigraphic architecture of a channel complex in the Midfan setting of the lower Pab basin-floor fan, North Baddho Dhora, Pakistan[M]//The Atlas of Deep Water Outcrops AAPG Studies In Geology SEPM Special Publication, 2008: 290-294.

Fadiya L S, Salami B M. 2015. A Neogene calcareous nannofossil biozonation scheme for the deep offshore Niger delta[J]. Journal of African Earth Sciences, 112: 251-275.

Fauquembergue K, Fournier L, Zaragosi S, et al. 2019. Factors controlling frequency of turbidites in the Bengal fan during the last 248 kyr cal BP: Clues from a presently inactive channel[J]. Marine Geology, 415: 105965.

Ferry J N, Mulder T, Parize O, et al. 2005. Concept of equilibrium profile in deep-water turbidite system: Effects of local physiographic changes on the nature of sedimentary process and the geometries of deposits[J]. Geological Society, 244(1): 181-193.

Figueiredo J J P, Hodgson D M, Flint S S, et al. 2013. Architecture of a channel complex formed and filled during long-term degradation and entrenchment on the upper submarine slope, Unit F, Fort Brown Fm, SW Karoo basin, South Africa[J]. Marine and Petroleum Geology, 41: 104-116.

Fildani A, Hubbard S M, Covault J A, et al. 2013. Erosion at inception of deep-sea channels[J]. Marine and Petroleum Geology, 41: 48-61.

Fildani A, Normark W R, Kostic S, et al. 2006. Channel formation by flow stripping: Large-scale scour features along the Monterey East Channel and their relation to sediment waves[J]. Sedimentology, 53(6): 1265-1287.

Flint S, Hodgson D, Sprague A, et al. 2008. A physical stratigraphic hierarchy for deep-water slope system reservoirs 1: Super sequences to complexes[C]. American Association of Petroleum Geologists International Conference, Cape Town.

Flood R D, Manley P L, Kowsmann R O, et al. 1991. Seismic facies and late quaternary growth of Amazon submarine fan[M]//Weimer P, Link M H. Seismic Facies and Sedimentary Process of Submarine Fans and Turbidite Systems. New York: Springer: 415-433.

Flood R D, Piper D W. 1997. Amazon Fan Sedimentation: The Relationship to Equatorial Climate Change, Continental Denudation, and Sea-Level Fluctuations [M]. New York: Springer: 221-238.

Franke M R, Lugon H A, Beraldo W L. 1990. Petroleum geology of Campos basin, Brazil: A successful case history of deep water exploration[J]. AAPG Bulletin, 74: 656-657.

Friend P F, Slater M J, Williams R C. 1979. Vertical and lateral building of river sandstone bodies, Ebro basin, Spain[J]. Journal of the Geological Society, 136(1): 39-46.

Funk J E, Slatt R M, Pyles D R. 2012. Quantification of static connectivity between deep-water channels and stratigraphically adjacent architectural elements using outcrop analogs[J]. AAPG Bulletin, 96(2): 277-300.

Galloway W E, Hobday D K. 1983. Terrigenous Clastic Depositional Systems: Applications to Petroleum, Coal and Uranium Exploration[M]. New York: Springer: 416.

Gamboa D, Alves T, Cartwright J, 2012. A submarine channel confluence classification for topographically confined slopes[J]. Marine and Petroleum Geology, 35(1): 176-189.

Gamboa D, Alves T, Cartwright J, et al. 2010. Mass-transport deposits distribution on a 'passive' continental margin: The Espirito Santo Basin (SE Brazil) during the Palaeogene[J]. Marine and Petroleum Geology, 35: 176-189.

Gardner M H, Borer J M, Melik J J, et al. 2003. Stratigraphic process-response model for submarine channels and related features from studies of Permian Brushy Canyon outcrops, west Texas[J]. Marine and Petroleum Geology, 20(6): 757-788.

Gardner M H, Borer J M. 2000. Submarine channel architecture along a slope to basin profile, Brushy Canyon Formation, west Texas, in fine-grained turbidite systems[J]. AAPG Bulletin, 68: 195-215.

Gay A, Lopez M, Berndt C, et al. 2007. Geological controls on focused fluid flow associated with seafloor seeps in the Lower Congo Basin[J]. Marine Geology, 244(1): 68-92.

Gay A, Lopez M, Cochonat P, et al. 2003. Sinuous pockmark belt as indicator of a shallow buried turbiditic channel on the lower slope of the Congo Basin, west African margin[J]. Geological Society, 216(1): 173-189.

Gay A. 2006. Reply to comment on: Seafloor facies related to upward methane flux within a giant pockmark of the Lower Congo Basin[J]. Marine Geology, 232(1): 103-104.

Gee M J R, Gawthorpe R L, Bakke K, et al. 2007. Seismic geomorphology and evolution of submarine channels from the Angolan continental margin[J]. Journal of Sedimentary Research, 77(5): 433-446.

Gee M J R, Gawthorpe R L. 2006. Submarine channels con-trolled by salt tectonics: Examples from 3D seismic data off-shore Angola[J]. Marine and Petroleum Geology, 23(4): 443-458.

Georgiopoulou A, Cartwright J. 2013. A critical test of the concept of submarine equilibrium profile[J]. Marine and Petroleum Geology, 41: 35-47.

Ghosh B, Lowe D. 1993. The architecture of deep-water channel complexes, Cretaceous Venado sandstone member, Sacramento valley, California[J]. Geology, 73: 51-65.

Gong C L, Wang Y M, Hodgson D M, et al. 2014. Origin and anatomy of two different types of mass-transport complexes: A 3D seismic case study from the northern South China Sea margin[J]. Marine and Petroleum Geology, 54: 198-215.

Gong C, Steel J R, Qi K, et al. 2020. Deep-water channel morphologies, architectures, and population densities in relation to stacking trajectories and climate states[J]. GSA Bulletin, 133: 287-306.

Gong C, Wang Y, Rebesco M, et al. 2018. How do turbidity flows interact with contour currents in unidirectionally migrating deep-water channels? [J]. Geology, 46: 551-554.

Gong C, Wang Y, Zhu W, et al. 2013. Upper Miocene to Quaternary unidirectionally migrating deep-water channels in the Pearl River Mouth basin, northern South China Sea[J]. American Association of Petroleum Geologists Bulletin, 97: 285-308.

Grozic J L. 2010. Interplay Between Gas Hydrates and Submarine Slope Failure[M]. Netherlands: Springer: 11-30.

Hage S, Cartigny M J B, Sumner E J, et al. 2019. Direct monitoring reveals initiation of turbidity currents from extremely dilute river plumes[J]. Geophysical Research Letters, 46(20): 11310-11320.

Hagen R A, Bergersen D D, Moberly R, et al. 1994. Morphology of a large meandering submarine canyon system on the Peru-Chile forearc[J]. Marine Geology, 119: 7-38.

Hamilton E L. 1993. Physical principles of sedimentology: A readable textbook for beginners and experts: K. J. Hsü. Springer-Verlag, Berlin, Heidelberg, NewYork, 1989, x + 233pp, DM 42(paperback), ISBN 3-540-51268-3[J]. Marine Geology,

110(1/2): 187-188.

Hance J J. 2003. Development of a database and assessment of seafloor slope stability based on published literature[D]. Austin: University of Texas at Austin.

Hansen L, Callow R, Kane I, et al. 2015. Genesis and character of thin-bedded turbidites associated with submarine channels[J]. Marine and Petroleum Geology, 67: 852-879.

Hansen L, Janocko M, Kane I, et al. 2017. Submarine channel evolution, terrace development, and preservation of intra-channel thin-bedded turbidites: Mahin and Avon channels, offshore Nigeria[J]. Marine Geology, 383: 146-167.

Hansen L, L'Heureux J S, Sauvin G, et al. 2013. The effect of mass-wasting on the stratigraphic architecture of Afjord-Valley fill: Correlation of onshore, shear wave seismics and marine seismic data at Trondheim[J]. Norway Sediment Geol, 289: 1-18.

Haq B U, Hardenbol J, Vail P R. 1987. Chronology of fluctuating sea levels since the Triassic[J]. Science, 235: 1156-1167.

Harris P T, Whiteway T. 2011. Global distribution of large submarine canyons: Geomorphic differences between active and passive continental margins[J]. Marine Geology, 285(1-4): 69-86.

Harrison S, Smith D E, Glasser N F. 2019. Late Quaternary meltwater pulses and sea level change[J]. Journal of Quaternary Science, 34: 1-15.

Haughton P, Davis C, McCaffrey W, et al. 2009. Hybrid sediment gravity flow deposits–classification, origin and significance[J]. Marine and Petroleum Geology, 26(10): 1900-1918.

Heiniö P, Davies R J. 2007. Knickpoint migration in submarine channels in response to fold growth, western Niger delta[J]. Marine and Petroleum Geology, 24(6/7/8/9): 434-449.

Henderson J, Purves S J, Leppard C. 2007. Automated delineation of geological elements from 3D seismic data through analysis of multi-channel, volumetric spectral decomposition data[J]. First Break, 25: 87-93.

Hiscott R N. 1994. Loss of capacity, not competence, as the fundamental process governing deposition from turbidity currents[J]. Journal of Sedimentary Research, 64(2a): 209-214.

Hizzett J L, Hughes Clarke J E, Sumner E J, et al. 2018. Which triggers produce the most erosive, frequent, and longest runout turbidity currents on deltas?[J]. Geophysical Research Letters, 45(2): 855-863.

Hooke J M. 1995. River channel adjustment to meander cutoffs on the river Bollin and river Dane, northwest England[J]. Geomorphology, 14: 235-253.

Howlett D M, Gawthorpe R L, Ge Z, et al. 2020. Turbidites, topography and tectonics: Evolution of submarine[J]. Basin Research, 33: 1076-1110.

Howlett D M, Gawthorpe R L, Ge Z, et al. 2021. Turbidites, topography and tectonics: Evolution of submarine channel-lobe systems in the salt-influenced. Kwanza basin offshore Angola[J]. Basin Research, 33: 1076-1110.

Huang H, Imran J, Pirmez C. 2007. Numerical modeling of poorly sorted depositional turbidity currents[J]. Journal of Geophysical Research, 112: C01014.

Hubbard S M, Fildani A, Romans B W, et al. 2010. Highrelief slope clinoform development: Insights from outcrop, Magallanes basin, Chile[J]. Journal of Sediment Research, 80: 357-375.

Hubbard S M, Jobe Z R, Romans B W, et al. 2020. The stratigraphic evolution of a submarine channel: Linking seafloor dynamics to depositional products[J]. Journal of Sediment Research, 60: 673-686.

Huebscher C, Spiess V, Breitzke M, et al. 1997. The youngest channel-levee system of the Bengal fan: Results from digital sediment echosounder data[J]. Marine Geology, 141: 125-145.

Huyghe P, Foata M, Deville E, et al. 2004. Channel profiles through the active thrust front of the southern Barbados prism[J]. Geology, 32: 429-432.

Inman D L. 1963. Physical Properties and Mechanics of Sedimentation[M]//Shepard F P. Sub-Marine Geology. New York: Harper & Row: 101-151.

Jackson C A L, Johnson H D. 2009. Sustained turbidity currents and their interaction with debrite-related topography: Labuan Island, offshore NW Borneo, Malaysia[J]. Sedimentary Geology, 219(1-4): 77-96.

Janocko J, Basilici G. 2021. Architecture of coarse-grained gravity flow deposits in a structurally confined submarine canyon (Late Eocene Tokaren Conglomerate, Slovakia)[J]. Sedimentary Geology, 417: 105880.

Janocko M, Nemec W, Henriksen S, et al. 2013. The diversity of deep-water sinuous channel belts and slope valley-fill complexes[J]. Marine and Petroleum Geology, 41: 7-34.

Jazi S D, Wells M G. 2020. Dynamics of settling-driven convection beneath a sediment-laden buoyant overflow: Implications for the length‐scale of deposition in lakes and the coastal ocean[J]. Sedimentology, 67(1): 699-720.

Jerolmack D J, Mohrig D. 2007. Conditions for branching in depositional rivers[J]. Geology, 35(5): 463-466.

Joane C, Collot J Y, Lamarche G, et al. 2010. Continental slope reconstruction after a giant mass failure, the example of the Matakaoa margin, New Zealand[J]. Marine and Petroleum Geology, 25: 67-84.

Jobe Z R, Sylvester Z, Parker A, et al. 2015. Rapid adjustment of submarine channel architecture to changes in sediment supply[J]. Journal of Sedimentary Research, 85: 729-753.

Jobe Z, Howes N, Auchter N. 2016. Comparing submarine and fluvial channel kinematics: Implications for stratigraphic architecture[J]. Geology, 44: 931-934.

Johansson M, Stow D A V. 1995. A classification scheme for shale clasts in deep water sandstones[J]. Geological Society, 94(1): 221-241.

Jolly B A, Lonergan L, Whittaker A C. 2016. Growth history of fault-related folds and interaction with seabed channels in the toe-thrust region of the deep-water Niger delta[J]. Marine and Petroleum Geology, 70: 58-76.

Kane I A, Hodgson D M. 2011. Sedimentological criteria to differentiate submarine channel levee subenvironments: Exhumed examples from the Rosario Fm. (Upper Cretaceous) of Baja California, Mexico, and the Fort Brown Fm. (Permian), Karoo basin, S. Africa[J]. Marine and Petroleum Geology, 28: 807-823.

Kane I A, McCaffrey W D, Peakall J. 2008. Controls on sinuosity evolution within submarine channels[J]. Geology, 36(4): 287-290.

Kane I A, McCaffrey W D, Peakall J. 2010. On the origin of palaeocurrent complexity in deep marine channel-levees[J]. Journal of Sediment Research, 80: 54-66.

Kastens K A, Shor A N. 1985. Depositional processes of a meandering channel on Mississippi fan[J]. AAPG Bulletin, 69: 190-202.

Keevil G M, Peakall J, Best J L, et al. 2006. Flow structure in sinuous submarine channels: Velocity and turbulence structure of and experimental submarine channel[J]. Marine Geology, 229(3/4): 241-257.

Kenyon N H, Amir A, Cramp A, et al. 1995. Geometry of the Younger Sediment Bodies of the Indus Fan[M]. Netherlands: Springer, 89-93.

Klaucke I, Hesse R. 1996. Fluvial features in the deep-sea: New insights from the glacigenic submarine drainage system of the northwest Atlantic Mid-Ocean channel in the Labrador Sea[J]. Sedimentary Geology, 106: 223-234.

Klein G D. 1975. Resedimented pelagic carbonate and volcaniclastic sediments and sedimentary structures in Leg 30 DSDP cores from the western equatorial Pacific[J]. Geology, 3: 39-42.

Kneller B, Dykstra M, Fairweather L, et al. 2016. Mass-transport and slope accommodation: Implications for turbidite sandstone reservoirs[J]. AAPG Bulletin 100: 213-235.

Kneller B. 2003. The influence of flow parameters on turbidite slope channel architecture[J]. Marine and Petroleum Geology, 20: 901-910.

Kolla V, Bourges P, Urruty J M, et al. 2001. Evolution of deep-water Tertiary sinuous channels offshore Angola(west Africa) and implications for reservoir architecture[J]. AAPG Bulletin, 85: 1373-1405.

Kolla V, Coumes F. 1987. Morphology, internal structure, seismic stratigraphy and sedimentation of Indus Fan[J]. AAPG Bulletin, 71: 650-677.

Kolla V, Posamentier H W, Wood L J. 2007. Deep-water and fluvial sinuous channels-characteristics, similarities and dissimilarities, and modes of formation[J]. Marine and Petroleum Geology, 24(6/7/8/9): 388-405.

Kolla V. 2007. A review of sinuous channel avulsion patterns in some major deep-sea fans and factors controlling them[J]. Marine and Petroleum Geology, 24: 450-469.

Kostic S, Parker G. 2006. The response of turbidity currents to a canyon-fan transition: Internal hydraulic jumps and depositional signatures[J]. Journal of Hydraulic Research, 44: 631-653.

Kostic S. 2011. Modeling of submarine cyclic steps: Controls on their formation, migration, and architecture[J]. Geosphere, 7: 294-304.

Kuenen P H, Migliorini C. 1950. Turbidity currents as a cause of graded bedding[J]. The Journal of Geology, 58(2): 91-127.

Le A N, Huuse M, Redfern J, et al. 2015. Seismic characterization of a Bottom Simulating Reflection (BSR) and plumbing system of the Cameroon margin, offshore west Africa[J]. Marine and Petroleum Geology, 68: 629-647.

Leonard M E, Laabs B, Marcott A S, et al. 2023. Chronology and climate of the last glacial maximum and the subsequent deglaciation in the northern Medicine BOW Mountains, Wyoming, USA[J]. Quaternary Science Advances, 12: 100109.

Lewis G W, Lewin J. 1983. Alluvial cutoffs in Wales and the Borderlands[M]//Collinson J D, Lewin J. Modern and Ancient Fluvial Systems. London: Special Publications of the International Association of Sedimentologists Wiley: 145-154.

Li L, Gong C L, Steel R J. 2018. Bankfull discharge as a key control on submarine channel morphology and architecture: Case study from the Rio Muni basin, west Africa[J]. Marine Geology, 401: 66-80.

Li P, Kneller B C, Hansen L, et al. 2016. The classical turbidite outcrop at San Clemente, California revisited: An example of sandy submarine channels with asymmetric facies architecture[J]. Sedimentary Geology, 346: 1-16.

Lisiecki L E, Raymo M E. 2005. A Pliocene-Pleistocene stack of 57 globally distributed benthic $\delta^{18}O$ records. Paleoceanography 20, (2): PA1003.

Liu C S, Lundberg N, Reed D L, et al. 1993. Morphological and seismic characteristics of the Kaoping Submarine canyon[J]. Marine Geology, 111: 93-108.

Liu L, Wen H G, Chen H D, et al. 2021. Depositional architectures and evolutional processes of channel systems in lacustrine rift basins: The Eocene Shahejie formation, Zhanhua Depression, Bohai Bay basin[J]. Marine and Petroleum Geology, 131: 105155.

Liu X, Rendle-Buhring R, Henrich R. 2016. Climate and sea-level controls on turbidity current activity on the Tanzanian upper slope during the last deglaciation and the Holocene[J]. Quaternary Science Reviews, 133: 15-27.

Lowe D R. 1976. Subaqueous liquefied and fluidized sediment flows and their deposits[J]. Sedimentology, 23: 285-308.

Lowe D R. 1982. Sediment gravity flows; II, Depositional models with special reference to the deposits of high-density turbidity currents[J]. Journal of Sedimentary Research, 52(1): 343-361.

Lowe R D, Graham A S, Malkowski A M, et al. 2019. The role of avulsion and splay development in deep-water channel systems: Sedimentology, architecture, and evolution of the deep-water Pliocene Godavari "A" channel complex, India[J]. Marine and Petroleum Geology, 105: 81-99.

Macdonald R G, Alexander J, Bacon J C, et al. 2009. Flow patterns, sedimentation and deposit architecture under a hydraulic jump on a non-eroding bed: defining hydraulic-jump unit bars[J]. Sedimentology, 56(5): 1346-1367.

Maier K L, Fildani A, Paull C K, et al. 2013. Deep-sea channel evolution and stratigraphic architecture from inception to abandonment from high-resolution autonomous underwater vehicle surveys offshore central California[J]. Sedimentology, 60: 935-960.

Maloney D, Davies R, Imber J, et al. 2010. New insights into deformation mechanisms in the gravitationally driven Niger delta deep-water fold and thrust belt[J]. AAPG Bulletin, 94: 1401-1424.

Manley P L, Flood R D. 1988. Cyclic deposition within Amazon deep-sea fan[J]. AAPG Bulletin, 72: 912-925.

Marzo M, Puigdefábregas C. 2009. Interpretation of Bedding Geometry Within Ancient Point-Bar Deposits[M]//Marzo M, Puigdefábregas C. Alluvial Sedimentation. Oxford: Blackwell Publishing Ltd: 101-114.

Masalimova L, Lowe D R, Mchargue T, et al. 2015. Interplay between an axial channel belt, slope gullies and overbank deposition in the Puchkirchen formation in the Molasse basin, Austria[J]. Sedimentology, 62: 1717-1748.

Maslin M, Owen M, Day S, et al. 2004. Linking continental-slope failures and climate change: Testing the clathrate gun hypothesis[J]. Geology, 32: 53-56.

Masson D G, Kenyon N H, Gardner J V, et al. 1995. Monterey Fan: Channel and Overbank Morphology[M]//Pickering K T, Hiscott

R N, Smith R D A, et al. Atlas of Deep Water Environments: Architectural Style in TurbMite Systems. London: Chapman & Hall: 74-79.

Masson D G, Niel B V, Weaver P P E. 1997. Flow processes and sediment deformation in the canary debris flow on the NW African continental rise[J]. Sedimentary Geology, 110: 163-179.

Masson D G, Wynn R B, Talling P J. 2010. Large Landslides on Passive Continental Margins: Processes, Hypotheses and Outstanding Questions[M]. Netherlands: Springer, 153-166.

Mayall M, Jones E, Casey M. 2006. Turbidite channel reservoirs-key elements in facies prediction and effective development[J]. Marine and Petroleum Geology, 23: 821-841.

Mayall M, Lonergan L, Bowman A, et al. 2010. The response of turbidite slope channels to growth induced seabed topography[J]. AAPG Bulletin, 94: 1011-1030.

Mayall M, Stewart I. 2000. The architecture of turbidite slope channels[C]. Perkins Research Conference, Houston: 578-586.

McArdle N, Ackers M. 2012. Understanding seismic thin-bed responses using frequency decomposition and RGB blending[J]. First Break, 30: 57-65.

McHargue T R, Webb J E. 1986. Internal geometry, seismic facies, and petroleum potential of canyons and inner fan channels of the Indus submarine fan[J]. AAPG Bulletin, 70: 2.

McHargue T R. 1991. Seismic Facies, Processes, and Evolution of Miocene Inner-Fan Channels, Indus submarine fan[M]//Link M L. Seismic Facies and Sedimentary Processes of Submarine Fans and Turbidite Systems. New York: Springer: 403-413.

McHargue T, Pyrcz M J, Sullivan M D, et al. 2011. Architecture of turbidite channel systems on the continental slope: Patterns and predictions[J]. Marine and Petroleum Geology, 28(3): 728-743.

Miall A D. 1985. Architectural-element analysis: A new method of facies analysis applied to fluvial deposits[J]. Earth-Science Reviews, 22(4): 261-308.

Micheli E R, Larse E W. 2010. River channel cutoff dynamics, Sacramento river, California, USA[J]. River Research and Applications, 27: 328-344.

Middleton G V, Hampton M A. 1973. Sediment Gravity Flows: Mechanics of Flow and Deposition[M]//SEPM Pacific Section, Short Course Lecture Notes: 1-38.

Miramontes E, Eggenhuisen J, Jacinto R, et al. 2020. Channel-levee evolution in combined contour current-turbidity current flows from flume-tank experiments[J]. Geology, 48: 353-357.

Mitchell W H, Whittaker A, Mayall M, et al. 2021. Quantifying structural controls on submarine channel architecture and kinematics[J]. GSA Bulletin, 134(3-4): 928-940.

Mitchum R M. 1985. Seismic Stratigraphy Expression of Submarine Fans[M]//Berg O R, Woolverton G D. Seismic Stratigraphy. Tulsa: American Association of Petroleum Geologist Bulletinvol: 117-138.

Mohrig D, Buttles J. 2007. Deep turbidity currents in shallow channels[J]. Geology, 35(2): 155-158.

Mohrig D, Ellis C, Parker G, et al. 1998. Hydroplaning of subaqueous debris flows[J]. GSA Bulletin, 110(3): 387-394.

Morgan R. 2004. Structural Controls on the Positioning of Submarine Channels on the Lower Slopes of the Niger Delta[M]//Davies R J, Cartwright J A, Stewart S A, et al. 3D Seismic Technology: Application for the Exploration of Sedimentary basins. London: Geological Society: 45-51.

Morley C K, Guerin G. 1996. Comparison of gravitydriven deformation styles and behavior associated with mobile shales and salt[J]. Tectonics, 15: 1154-1170.

Morris E A, Hodgson D M, Flint S, et al. 2014. Sedimentology, stratigraphic architecture, and depositional context of submarine frontal-lobe complexes[J]. Journal of Sedimentary Research, 84: 763-780.

Moscardelli L, Wood L, Mann P. 2006. Mass-transport complexes and associated processes in the offshore area of Trinidad and Venezuela[J]. AAPG Bull, 90(7): 1059-1088.

Mulder T, Alexander J. 2001. The physical character of subaqueous sedimentary density flows and their deposits[J]. Sedimentology, 48(2): 269-299.

Mutti E, Normark W R. 1987. Comparing Examples of Modern and Ancient Turbidite Systems, Problems and Concepts[M]//Leggett J K, Zuffa G G. Marine Clastic Sedimentology, Concepts and Case Studies. London: Graham and Trotman: 1-37.

Nakajima T, Kneller B C. 2013. Quantitative analysis of the geometry of submarine external levées[J]. Sedimentology, 60: 877-910.

Nakajima T, Satoh M, Okamura Y. 1998. Channel-levee complexes, terminal deep-sea fan and sediment wave fields associated with the Toyama deep-sea channel system in the Japan Sea[J]. Marine Geology, 149: 25-41.

Nakajima T, Peakall J, McCaffrey W D, et al. 2009. Outer-bank bars: A new intra-channel architectural element within sinuous submarine slope channel[J]. Journal of Sedimentary Research, 79(12): 872-886.

Navarre J C, Claude D, Liberelle E, et al. 2002. Deepwater turbidite system analysis, west Africa: Sedimentary model and implications for reservoir model construction[J]. The Leading Edge, 21(11): 1132-1139.

Nilsen T H, Shew R D, Steffens G S, et al. 2008. Atlas of Deep-Water Outcrops[M]. Tulsa: American Association of Petroleum Geologists.

Normark W R, Piper D J W, Hiscott R N. 1998. Sea level effects on the depositional architecture of the Hueneme and associated submarine fan systems, Santa Monica basin, California[J]. Sedimentology, 45: 53-70.

Normark W R. 1970. Growth patterns of deep sea fans[J]. AAPG Bulletin, 54: 2170-2195.

Normark W R. 1978. Fan-valleys, channels and depositional lobes on modern submarine fans: Characters for the recognition of sandy turbidite environments[J]. AAPG Bulletin, 61: 912-931.

Nyantakyi E K, Li T, Hu W S, et al. 2015. Structural and stratigraphic characteristics on distal parts of the outer fold and thrust belt of southern Niger delta, Nigeria[J]. Arabian Journal of Geosciences, 8(9): 6677-6695.

O'Connell S, McHugh C, Ryan W B F. 1995. Unique Fan Morphology in An Entrenched Thalweg Channel on the Rhone Fan[M]//Pickering K T, Hiscott R N, Smith, R D A, et al. Atlas of Deep Environments. London: Chapman & Hall: 80-83.

Ogbe O B. 2020. Sequence stratigraphic controls on reservoir characterization and architectural analysis: A case study of Tovo field, coastal swamp depobelt, Niger delta basin, Nigeria[J]. Marine and Petroleum Geology, 121: 104579.

Olafiranye K, Jackson A L, Hodgson D M. 2013. The role of tectonics and mass-transport complex emplacement on upper slope stratigraphic evolution: A 3D seismic case study from offshore Angola[J]. Marine and Petroleum Geology, 44: 196-216.

Olayiwola M A, Bamford M K, Durugbo E U. 2017. Graphic correlation: A powerful tool for biostratigraphic correlation of petroleum exploration and production in the Cenozoic deep offshore Niger delta, Nigeria[J]. Journal of African Earth Sciences, 131: 156-165.

Oluboyo A P, Gawthorpe R L, Bakke K, et al. 2014. Salt tectonic controls on deep-water turbidite depositional systems: Miocene, southwestern Lower Congo basin, offshore Angola[J]. Basin Research, 26: 597-620.

Ortiz-Karpf A, Hodgson D M, Jackson C A L, et al. 2017. Influence of seabed morphology and substrate composition on mass-transport flow processes and pathways: Insights from the Magdalena fan, offshore Colombia[J]. Journal of Sedimentary Research, 87: 189-209.

Ortiz-Karpf A, Hodgson D M, McCaffrey W D. 2015. The role of mass-transport complexes in controlling channel avulsion and the subsequent sediment dispersal patterns on an active margin: The Magdalena fan, offshore Colombia[J]. Marine and Petroleum Geology, 64: 58-75.

Palm F A, Peakall J, Hodgson D M, et al. 2021. Width variation around submarine channel bends: Implications for sedimentation and channel evolution[J]. Marine Geology, 437: 106504.

Parsons J D, Bush J W M, Syvitski J P M. 2001. Hyperpycnal plume formation from riverine outflows with small sediment concentrations[J]. Sedimentology, 48(2): 465-478.

Paull C K, Ussler W, Greene H G, et al. 2002. Caught in the act: The 20 December 2001 gravity flow event in Monterey canyon[J]. Geo-Marine Letters, 22: 227-232.

Peakall J, Amos K J, Keevil G M, et al. 2007. Flow processes and sedimentation in submarine channel bends[J]. Marine and Petroleum Geology, 24(6/7/8/9): 470-486.

Peakall J, McCaffrey B, Kneller B. 2000. A process model for the evolution, morphology, and architecture of sinuous submarine channels[J]. Journal of Sedimentary Research, 70 (3): 434-448.

Peakall J, Sumner E J. 2015. Submarine channel flow processes and deposits: A process-product perspective[J]. Geomorphology, 244: 95-120.

Phillips S. 1987. Dipmeter interpretation of turbidite-channel reservoir sandstones, Indian draw field, New Mexico[J]. AAPG Bulletin, 40: 113-128.

Pichevin L, Bertrand P, Boussafir M, et al. 2004. Organic matter accumulation and preservation controls in a deep sea modern environment: An example from Namibian slope sediments[J]. Organic Geochemistry, 35: 543-559.

Pickering K T, Cantalejo B. 2015. Deep-marine environments of the Middle Eocene Upper Hecho group, Spanish Pyrenees: Introduction[J]. Earth Science Reviews, 144: 1-9.

Pickering K T, Clark J D, Smith R D A, et al. 1995. Architectural Element Analysis of Turbidite Systems, and Selected Topical Problems for Sand-Prone Deep-Water Systems[M]//Pickering K T, Hiscott R N, Kenyon N H, et al. Atlas of Deep Water Environments: Architectural Style in Turbidite Systems. London: Chapman & Hall: 1-10.

Pickering K T, Corregidor J, Clark J D. 2015. Architecture and stacking patterns of lower-slope and proximal basin-floor channelized submarine fans, Middle Eocene Ainsa System, Spanish Pyrenees: An integrated outcrop-subsurface study[J]. Earth-Science Reviews, 144: 47-81.

Pickering K T, Corregidor J. 2005. Mass transport complexes and tectonic control on confined basin-floor submarine fans, Middle Eocene, south Spanish Pyrenees[J]. Geological Society London, Special Publications, 224(1): 51-74.

Pickering K T, Hiscott R N. 2015. Deep Marine Systems: Processes, Deposits, Environments, Tectonics and Sedimentation[M]. New York: American Geophysical Union, Wiley: 696.

Picot M, Droz L, Marsset T, et al. 2016. Controls on turbidite sedimentation: Insights from a quantitative approach of submarine channel and lobe architecture (Late Quaternary Congo fan)[J]. Marine and Petroleum Geology, 72: 423-446.

Piper D J W, Hiscott R N, Narmark W R. 1999. Outcrop-scale acoustic facies analysis and latest Quaternary development of Hueneme and Dume submarine fans, offshore California[J]. Sedimentology, 46: 47-78.

Piper D J W, Normark W R. 2009. Processes that initiate turbidity currents and their influence on turbidites: A marine geology perspective[J]. Journal of Sedimentary Research, 79 (6): 347-362.

Piper D J, Flood R D, Cisowski S, et al. 1997. Synthesis of stratigraphic correlations of Amazon fan[J]. Proceedings of the Ocean Drilling Program Scientific Results, 72: 1447-1465.

Piper D W, Normark W R. 1983. Turbidite depositional patterns and flow characteristics, navy submarine fan, California Borderland[J]. Sedimentology, 30: 681-694.

Pirmez C, Beaubouef R T, Friedmann S J, et al. 2000. Equilibrium profile and baselevel in submarine channels: Examples from Late Pleistocene Systems and implications for the architecture of deepwater reservoirs[C]. GCSSEPM Foundation 20th Annual Research Conference, Houston: 782-805.

Pirmez C, Flood D R. 1995. Morphology and structure of Amazon channel[J]. Proceedings of the Ocean Drilling Program, Initial Reports, 155: 23-45.

Pirmez C, Hiscott R N, Kronen J D. 1997. Sandy turbidite successions at the base of channel-levee systems of the Amazon fan revealed by FMS logs and cores: Unraveling the facies architecture of large submarine fans[J]. Proceedings of the Ocean Drilling Program, Scientific Results, 155: 7-33.

Pirmez C, Imran J. 2003. Reconstruction of turbidity currents in Amazon channel[J]. Marine and Petroleum Geology, 20: 823-849.

Pizzi M, Lonergan L, Whittaker A C, et al. 2020. Growth of a thrust fault array in space and time: An example from the deep-water Niger delta[J]. Journal of Structural Geology, 137: 104088.

Posamentier H W, Kolla V. 2003. Seismic geomorphology and stratigraphy of depositional elements in deep-water settings[J]. Journal of Sedimentary Research, 73 (3): 367-388.

Posamentier H W, Walker R G. 2006. Deep-Water Turbidites and Submarine Fans[M]//Posamentier H W, Walker R G. Facies Models Revisited. Tulsa: SEPM Society for Sedimentary Geology: 399-520.

Posamentier H, Martinsen O. 2011. The character and genesis of submarinemass-transport deposits: insights from outcrop and 3D seismic data[G]//Verwer K, Playton T, Harris P. Mass-transport Deposits in Deepwater Settings. SEPM Special Publication, 96: 7-38.

Postma G, Cartigny M J B. 2014. Supercritical and subcritical turbidity currents and their deposits-A synthesis[J]. Geology, 42: 987-990.

Postma G, Cartigny M, Kleverlaan K. 2009. Structureless, coarse-tail graded Bouma Ta formed by internal hydraulic jump of the turbidity current?[J]. Sedimentary Geology, 219（1-4）: 1-6.

Postma G, Nemec W, Kleinspehn K L. 1988. Large floating clasts in turbidites: A mechanism for their emplacement[J]. Sedimentary Geology, 58（1）: 47-61.

Prather B E, Booth J R, Steffens E S, et al. 1998. Classification lithologic calibration, and stratigraphic succession of seismic facies of intraslope basins, deep-water Gulf of Mexico[J]. AAPG Bulletin, 82（5A）: 701-728.

Prather B E. 2000. Calibration and visualization of depositional process models for above-grade slopes: A case study from the Gulf of Mexico[J]. Marine and Petroleum Geology, 17（5）: 619-638.

Qi K, Ding L, Gong C, et al. 2021. Different avulsion events throughout the evolution of submarine channel-levee systems: A 3D seismic case study from the northern Bengal fan[J]. Marine and Petroleum Geology, 105310.

Qi K, Gong C, Fauquembergue K, et al. 2022a. Did eustatic sea-level control deep-water systems at Milankovitch and my timescales?An answer from Quaternary Pearl River margin[J]. Sedimentary Geology, 439: 106217.

Qi K, Gong C, Steel J R, et al. 2022b. The formation and development of avulsions and splays of submarine channel systems: Insights from 3D seismic data from the northeastern Bengal fan[J]. Sedimentary Geology, 440: 106239.

Qin Y P, Alves T M, Constantine J, et al. 2017. The role of mass wasting in the progressive development of submarine channels (Espirito Santo basin, SE Brazil)[J]. Journal of Sedimentary Research, 87: 500-516.

Qin Y, Alves T M, Constantine J, et al. 2016. Quantitative seismic geomorphology of a submarine channel system in SE Brazil (Espírito Santo basin): Scale comparison with other submarine channel systems[J]. Marine and Petroleum Geology, 78: 455-473.

Reading H G, Richards M. 1994. Turbidite systems in deep-water basin margins classified by grain size and feeder system[J]. AAPG Bulletin, 78（5）: 213-235.

Richard L. 2007. Integrated three-dimensional modeling approach of stacked turbidite channels[J]. AAPG Bulletin, 91: 1603-1618.

Rodrigues S, Hernandez-Moling F, Fonnesu M, et al. 2022. Reply to the comment on "A new classification system for mixed （turbidite-contourite）depositional systems: Examples, conceptual models and diagnostic criteria for modern and ancient records" by Sara Rodrigues, F. Javier Hernández-Molina, Marco Fonnesu, Elda Miramontes, Michele Rebesco, D. Calvin Campbell[J]. Earth-Science Reviews, 232: 104155.

Rogers K G, Goodbred S L, Khan S R. 2015. Shelf-to-canyon connections: Transport related morphology and mass balance at the shallow-headed, rapidly aggrading swatch of no ground（Bay of Bengal）[J]. Marine Geology, 369: 288-299.

Rovere M, Gamberi F, Mercorella A, et al. 2014. Venting and seepage systems associated with mud volcanoes and mud diapirs in the southern Tyrrhenian Sea[J]. Marine Geology, 347: 153-171.

Rowland J C, Hilley G E, Fildani A. 2010. A test of initiation of submarine leveed channels by deposition alone[J]. Journal of Sedimentary Research, 80: 710-727.

Saller A, Dharmasamadhi I N. 2012. Controls on the development of valleys, canyons, and unconfined cannel-levee complexes on the Pleistocene slope of east Kalimantan, Indonesia[J]. Marine and Petroleum Geology, 29: 15-34.

Samuel O J, Cornford C, Jones M, et al. 2009. Improved understanding of the petroleum systems of the Niger delta basin, Nigeria[J]. Organic Geochemistry, 40: 461-483.

Scheidt C, Caers J. 2009. Uncertainty quantification in reservoir performance using distances and kernel methods-application to a west Africa deepwater turbidite reservoir[J]. SPE Journal, 14: 680-692.

Scully M E, Friedrichs C T, Wright L D. 2002. Application of an analytical model of critically stratified gravity-driven sediment transport and deposition to observations from the Eel River continental shelf, northern California[J]. Continental Shelf Research, 22 (14): 1951-1974.

Sequeiros O E. 2012. Estimating turbidity current conditions from channel morphology: A Froude number approach[J]. Geophysical Research Atmospheres, 117: 3-21.

Shanmugam G. 1996. High-density turbidity currents: Are they sandy debris flows?[J]. Journal of Sedimentary Research, 66(1): 2-10.

Shanmugam G. 2012. New Perspectives on Deep-water Sandstones: Origin, Recognition, Initiation, and Reservoir Quality[M]. Amsterdam: Elsevier: 524.

Shanmugam G. 2016. Submarine fans: A critical retrospective[J]. Journal of Palaeogeography, 5(2): 110-184.

Shepard F P, Dill R F. 1966. Submarine Canyons and Other Sea Valleys[M]. Chicago: Rand McNally & Co: 381.

Shepard F P, Emery K O. 1973. Congo submarine canyon and fan valley[J]. AAPG Bulletin, 57(9): 1679-1691.

Short K C, Stauble A J. 1967. Outline of Geology of Niger delta[J]. AAPG Bulletin, 51 (5): 761-799.

Skene K I, Piper D J W, Hill P S. 2002. Quantitative analysis of variations in depositional sequence thickness from submarine channel levees[J]. Sedimentology, 49: 1411-1430.

Smith R. 2004. Silled Sub-Basins to Connected Tortuous Corridors: Sediment Distribution Systems on Topographically Complex Sub-Aqueous Slopes[M]//Lomas S A, Joseph P. Confined Turbidite Systems. London: Geological Society: 23-43.

Sohn Y K. 1977. On traction-carpet sedimentation[J]. Journal of Sedimentary Research, 67(3): 502-509.

Somme T O, Helland-Hansen W, Granjeon D. 2009. Impact of eustatic amplitude variations on shelf morphology, sediment dispersal, and sequence stratigraphic interpretation: Icehouse versus Greenhouse systems[J]. Geology, 37 (7): 587-590.

Spinewine B, Sequeiros O E, Garcia M H. 2009. Experiments on wedge-shaped deep sea sedimentary deposits in minbasins and/or on channel levees emplaced by turbidity currents. Part II. Morphodynamic evolution of the wedge and of the associated bedforms[J]. Journey of Sedimentary. Research, 79: 608-628.

Sprague A R G, Garfield T R, Goulding F J, et al. 2005. Integrated slope channel depositional models: The key to successful prediction of reservoir presence and quality in offshore west Africa[C]. CIPM, Veracruz: 113.

Sprague A R G, Sullivan M D, Campion K M, et al. 2002. The physical stratigraphy of deep-water strata: A hierarchical approach to the analysis of genetically related stratigraphic elements for improved reservoir prediction (abstract)[C]. American Association of Petroleum Geologists, Annual Meeting, Houston: A167.

Stanford J D, Rohling E J, Hunter S E, et al. 2006. Timing of meltwater pulse 1A and climate responses to meltwater injections[J]. Paleoceanography, 21(4): A4103(1-9).

Stevenson C J. 2013. The flows that left no trace: Very large-volume turbidity currents that bypassed sediment through submarine channels without eroding the sea floor[J]. Marine and Petroleum Geology, 41: 186-205.

Stow D A, Reading H G, Collinson J D. 1996. Deep Seas[M]. Oxford: Blackwell Science: 395-453.

Straight L, Bernhardt A, Boucher A. 2013. DFTopoSim: Modeling topographically- controlled deposition of subseismic scale sandstone packages within a mass transport dominated deep-water channel belt[J]. Mathematical Geosciences, 45: 277-296.

Straub K M, Mohrig D, McElroy B, et al. 2008. Interactions between turbidity currents and topography in aggrading sinuous submarine channels: A laboratory study[J]. GSA Bulletin, 120(3/4): 368-385.

Surlyk F. 1987. Slope and deep shelf gully sandstones, upper Jurassic, East Greenland[J]. AAPG Bulletin, 71: 464-475.

Sylvester Z, Pirmez C, Cantelli A. 2011. A model of submarine channel-levee evolution based on channel trajectories; implications for stratigraphic architecture[J]. Marine and Petroleum Geology, 28: 716-727.

Talling P J, Allin J, Armitage D A, et al. 2015. Key future directions for research on turbidity currents and their deposits[J]. Journal of Sedimentary Research. 85(2): 153-169.

Talling P J, Masson D G, Sumner E J, et al. 2012. Subaqueous sediment density flows: Depositional processes and deposit types[J]. Sedimentology, 59(7): 1937-2003.

Talling P J, Wynn R B, Masson D G, et al. 2007. Onset of submarine debris flow deposition far from original giant landslide[J].

Nature, 450 (7169): 541.

Talling P J. 2013. Hybrid submarine flows comprising turbidity current and cohesive debris flow: Deposits, theoretical and experimental analyses, and generalized models[J]. Geological Society of America, 9: 460-488.

Talling P J. 2014. On the triggers, resulting flow types and frequencies of subaqueous sediment density flows in different settings[J]. Marine Geology, 352: 155-182.

Torres J. 1997. Deep-sea avulsion and morphosedimentary evolution of the Rhone Fan valley and Neofan during the late Quaternary (northwester Mediterranean Sea)[J]. Sedimentology, 44: 457-477.

Turmel D, Parker G, Locat J. 2016. Evolution of an anthropic source-to-sink system: Wabush Lake[J]. Earth-Science Reviews, 153: 175-191.

Twichell D C, Cross V A, Hanson A D, et al. 2005. Seismic architecture and lithofacies of turbidites in lake mead (Arizona and Nevada, USA), an analogue for topographically complex basins[J]. Journal of Sedimentary Research, 75 (1): 134-148.

Twichell D C, Kenyon N H, Parson L M, et al. 1991. Depositional Patterns of the Mississippi Fan Surface: Evidence from GLORIA II and High-Resolution Seismic Profiles[M]//Weimer P, Link M H. Seismic Facies and Sedimentary Processes of Submarine Fans and Turbidite Systems[M]. New York: Springer Verlag: 349-364.

Vail P R, Mitchum R M, Thompson S. 1977. Seismic Stratigraphy and Global Changes of Sea Level, Part 4, Global Cycles of Relative Changes of Sea Level[M]//Payton C E. Seismic Stratigraphy, Application to Hydrocarbon Exploration. American Association of Petroleum Geologists Bulletinvol, Tulsa, Oklahoma: 83-97.

van der Knaap W, Elrpe R. 1968. Some experiments on the genesis of turbidity currents[J]. Sedimentology, 11: 115-124.

Von Rad, Tahir M, 1997. Late Quaternary sedimentation on the outer Indus shelf and slope (Pakistan): evidence from high resolution seismic data and coring. Marine Geology, 138: 193-236.

Walker R G. 1975. Nested submarine-fan channels in the Capistrano formation, San Clemente, California[J]. GSA Bulletin, 86 (7): 915-924.

Walker R G. 1978. Deep-water sandstone facies and ancient submarine fans: Models for exploration for stratigraphic traps[J]. AAPG Bulletin, 62: 932-966.

Wang Z, Xian B, Liu J, et al. 2022. Initiation and evolution of fault-controlled slope-parallel submarine channels: Miocene eastern slope of Yinggehai basin, South China Sea[J]. Basin Research, 35: 592-619.

Ward I P N, Alves M T, Blenkinsop G T. 2018. Submarine sediment routing over a blocky mass-transport deposit in the Espirito Santo basin, SE Brazil[J]. Basin Research, 30: 816-834.

Weimer P, Slatt R M, Dromgoole P, et al. 2000. Developing and managing turbidite reservoirs: Case histories and experiences: Results of the 1998 EAGE/AAPG Bulletin[J]. Petroleum Geoscience, 84: 453-464.

Weimer P, Slatt R M. 2007. Introduction to the petroleum geology of deep-water settings[J]. AAPG Memoir, 57: 419-456.

Weimer P. 1990. Sequence stratigraphy, seismic geometries, and depositional history of the Mississippi fan, deep gulf of Mexico[J]. AAPG Bulletin, 74: 425-453.

Wynn R B, Cronin B T, Peakall J. 2007. Sinuous deep-water channels: Genesis, geometry and architecture[J]. Marine and Petroleum Geology, 24 (6/7/8/9): 341-387.

Xu J P. 2010. Normalized velocity profiles of field-measured turbidity currents[J]. Geology, 38: 563-566.

Zavala C, Arcuri M. 2016. Intravaginal and extraspinal turbidites: Origin and distinctive characteristics[J]. Sedimentary Geology, 337: 36-54.

Zhang J, Wu S, Hu G, et al. 2018. Sea-level control on the submarine fan architecture in a deepwater sequence of the Niger delta basin[J]. Marine and Petroleum Geology, 94: 179-197.

Zhang J, Wu S, Wang X, et al. 2015. Reservoir quality variations within a sinuous deep water channel system in the Niger delta Basin, offshore west Africa[J]. Marine and Petroleum Geology, 63: 166-188.

Zhang X W, Scholz C A, Hecky R E, et al. 2014. Climatic control of the late Quaternary turbidite sedimentology of Lake Kivu, east Africa: Implications for deep mixing and geologic hazards[J]. Geology, 42 (9): 811-814.

Zhao X M, Qi K, Liu L, et al. 2018. Development of a partially-avulsed submarine channel on the Niger delta continental slope: Architecture and controlling factors[J]. Marine and Petroleum Geology, 95: 30-49.

Zhao X, Qi K, Patacci M, et al. 2019. Submarine channel network evolution above an extensive mass-transport complex: A 3D seismic case study from the Niger delta continental slope[J]. Marine and Petroleum Geology, 104: 231-248.

Zucker E, Gvirtzman Z, Steinberg J, et al. 2017. Diversion and morphology of submarine channels in response to regional slopes and localized salt tectonics, Levant basin[J]. Marine and Petroleum Geology, 81: 98-111.